教育部国家级一流本科课程建设规划教材
高等学校自动化专业系列规划教材

自动控制原理

侍洪波 杨 文 曹萃文 等 编著

ZIDONG
KONGZHI
YUANLI

化学工业出版社
·北京·

内 容 简 介

本书系统介绍了自动控制的基本概念、数学模型的建立、时域特性分析、根轨迹分析、频域特性分析等基本知识和分析方法，并将相关知识和数学模型方法用于分析、判断控制工程问题。全书共分为9章，分别为：绪论、连续时间控制系统的数学模型、线性系统的时域特性分析、根轨迹分析法、线性系统的频域特性分析、线性系统的校正、线性离散系统的分析、非线性控制系统分析、控制系统的状态空间分析。本书对重要的概念及例题提供了短视频讲解，典型问题提供了MATLAB仿真程序源代码。每章末附有习题及参考答案，书末附录介绍了拉普拉斯变换、z变换。

本书可作为高等学校自动化、电气工程及其自动化、人工智能、测控技术与仪器等相关专业的教材，也可供从事自动控制研究的科研和工程技术人员参考。

图书在版编目（CIP）数据

自动控制原理/侍洪波等编著．—北京：化学工业出版社，2021.9（2022.5重印）
高等学校自动化专业系列规划教材
ISBN 978-7-122-39527-6

Ⅰ.①自… Ⅱ.①侍… Ⅲ.①自动控制理论-高等学校-教材 Ⅳ.①TP13

中国版本图书馆CIP数据核字（2021）第139561号

责任编辑：郝英华　　　　文字编辑：蔡晓雅　师明远
责任校对：宋　玮　　　　装帧设计：史利平

出版发行：化学工业出版社（北京市东城区青年湖南街13号　邮政编码100011）
印　　装：北京印刷集团有限责任公司
880mm×1230mm　1/16　印张21　字数722千字　　2022年5月北京第1版第2次印刷

购书咨询：010-64518888　　　　售后服务：010-64518899
网　　址：http://www.cip.com.cn
凡购买本书，如有缺损质量问题，本社销售中心负责调换。

定　　价：89.00元

Preface

前　言

自动控制技术是20世纪发展最快、影响最大的技术之一，也是21世纪最重要的技术之一。从远古的漏壶计时，到公元前的水利枢纽工程；从中世纪的钟摆、天文望远镜，到第一次工业革命的蒸汽机；从百年前的飞机、汽车和电话，到八十多年前的电子放大器、模拟计算机；从第二次世界大战期间的雷达、火炮防空网，到冷战时期的卫星、导弹和数字计算机；从20世纪60年代的登月飞船，到现代的航天飞机、宇宙和星球探测器，这些科技发明直接催生和发展了自动控制技术。今天，自动控制技术被广泛应用于生产、军事、管理、生活等各个领域，特别是随着大数据和人工智能的快速发展，自动控制技术也正朝着更加智能化和网络化的方向发展，已经成为人类科技文明的重要组成部分。

随着科技的发展和实际应用的迫切需求，分析和设计自动控制系统的控制理论也得到了快速发展，它的概念、方法和体系已经被很多学科领域吸收。目前，自动控制原理是国内外各高校自动化及相关专业最重要的专业基础课，本书吸取了国内外同类教材的优点，系统性地介绍了自动控制理论中基础的知识点，比较全面地介绍了经典控制理论与现代控制理论的基本原理和分析方法。

全书共有9章，分别为：绪论、连续时间控制系统的数学模型、线性系统的时域特性分析、根轨迹分析法、线性系统的频域特性分析、线性系统的校正、线性离散系统的分析、非线性控制系统分析、控制系统的状态空间分析。书末有两个附录，分别为拉普拉斯变换、常用函数 z 变换表。

本书对重要的概念及例题提供了短视频讲解，课后习题从连续时间控制系统的数学模型开始，对典型问题提供了MATLAB仿真程序源代码供读者学习。同时借助参考文献，使读者能运用基本原理综合分析比较多种方案并获得有效结论,为进一步学习自动化相关专业课程或从事自动化分析和设计工作打下坚实的理论基础。

本书由谭帅（第1章）、曹萃文（第2、5、6章）、侍洪波（第3、4章，附录A、附录B）、杨文（第7、8、9章）编著，全书习题和MATLAB仿真计算程序由宋冰提供。侍洪波负责全书内容的审阅与最终定稿。

由于编者水平有限，书中定有不妥之处，敬请读者指正。

编者

2021年3月于华东理工大学

Contents

目　录

第 1 章　绪论

第 2 章　连续时间控制系统的数学模型

第 3 章　线性系统的时域特性分析

第4章 根轨迹分析法

第5章 线性系统的频域特性分析

第6章 线性系统的校正

第7章 线性离散系统的分析

第8章 非线性控制系统分析

第9章 控制系统的状态空间分析

附录 A 拉普拉斯变换

附录 B 常用函数 z 变换表

参考文献

第1章 绪论

1.1 引言

1.1.1 自动控制技术和理论

随着科学技术的飞速发展，自动控制技术和理论已经成为现代社会不可缺少的组成部分，广泛地应用于机械、冶金、石油、化工、电子、电力、航空、航天等各个学科领域。近年来，自动控制技术和大数据结合起来，在此基础上模拟人工智能，通过对海量数据进行收集、处理与分析，建立反馈机制，应用范围已扩展至生物、医学、环境、经济管理和其他许多领域中。如化工生产中合成氨反应塔内的温度和压力能够自动维持恒定不变，雷达跟踪和指挥仪所组成的防空系统能使火炮自动地瞄准目标，无人驾驶飞机能按预定轨道自动飞行，人造地球卫星能够发射到预定轨道并能准确回收等，都是自动控制技术应用的成果。

我们把研究对象称为“系统”，作为“系统”会有输入信号（原因）和输出信号（结果）。将系统输入和系统输出之间建立一条信息渠道称为反馈通道。反馈指的是将输出的变量通过处理，然后与输入变量作比较，建立起输入和输出的联系。自动控制就是利用系统输入和输出信号的偏差，选择正确策略，采取实时调整措施，使得系统输出自动地按照期望规律稳定运行。

自动控制理论是研究有关自动控制系统组成、分析和综合运用的一般性理论，是研究自动控制共同规律的科学技术。学习和研究自动控制理论是运用各种数据知识，对系统中的信息传递与转换关系进行定量分析，使系统达到稳定的性能指标，为建立高性能的自动控制系统提供必要的理论依据。

1.1.2 自动控制技术的发展

最早的自动控制技术的应用，可以追溯到公元前我国古代的自动计时器和漏壶指南车，而自动控制技术的广泛应用则开始于欧洲工业革命时期。1788年，英国人瓦特（JamesWatt）在他发明的蒸汽机上使用了离心调速器，解决了蒸汽机的速度控制问题，引发了人们对于控制技术的重视，但是后来在试图改善调速器的准确性时，却常常导致系统产生振荡。1868年，以离心式调速器为背景，英国物理学家麦克斯韦尔（J. C. Maxwell）通过对调速系统建立线性常微分方程，解释了瓦特速度控制系统中出现的不稳定问题，至此，物理学和数学的自动控制原理开始逐步形成。1892年，俄国学者李雅普诺夫（A. M. Lyapunov）发表论文《运动稳定性的一般问题》，提出了李雅普诺夫稳定性理论。1927年贝尔电话实验室的布朗克（H. S. Black）发明了电子反馈放大器，从而确立了“反馈”在自动控制技术中的核心地位。

20世纪10年代，PID控制器出现并获得广泛应用。1927年，反馈放大器的诞生确定了“反馈”在自动控制理论中的核心地位，并且有关系统稳定性和性能品质分析的大量研究成果应运而生。1932年，奈奎斯特（H. Nyquist）提出基于频率响应实验判别系统稳定性的依据。1940年，波特（H. Bode）提出了利用频域响应的对数坐标图来简化频域分析的方法。1943年，哈尔（A. C. Hall）利用S域传递函数与方框图，将频域响应方法与时域方法统一起来，构成复域分析方法。1948年，伊万斯（W. R. Evans）提出了根轨迹方法，为分析系统性能随系统参数变化的规律性提供了有力的工具。到20世纪50年代，形成了以传递函数作为描述系统的数学模型，以时域分析法、根轨迹法和频域分析法为主要分析设计工具，面向单输入-单输出线性定常系统的经典控制理论框架。

20 世纪 50 年代中期，空间技术得到快速发展，1957 年，苏联成功发射了第一颗人造地球卫星，1968 年，美国阿波罗飞船成功登上月球。航天科技的需求推动了控制理论的进步。1956 年，苏联科学家庞特里亚金（Pontryagin）提出极大值原理。同年，美国数学家贝尔曼（R. Bellman）创立了动态规划。极大值原理和动态规划为解决最优控制问题提供了理论基础。1959 年，美国数学家卡尔曼（R. Kalman）提出了卡尔曼滤波方法，次年又提出系统的可控性和观测性问题。到 20 世纪 60 年代，面向多输入-多输出的非线性时变系统，以状态方程为系统描述的数学模型，以最优控制和卡尔曼滤波为核心的现代控制理论框架基本形成。

20 世纪 70 年代，随着计算机技术的不断进步，生产过程从过去针对单个对象进行控制系统设计，发展到对若干个相互关联的子系统进行整体优化控制，控制目标也由单一的生产稳定安全扩展到高效、经济、环保等多方面的复杂综合指标，逐步形成最优控制理论、最优估计理论、随机控制理论、系统辨识理论、自适应控制等一系列先进控制方法。

近几年，随着人工智能算法的快速发展，人工智能理论在控制系统中得到广泛应用，比如对复杂的被控对象进行建模、描述模糊的系统信息等，逐步形成模糊控制、专家系统、网络控制等智能控制算法。目前控制理论还在继续朝前发展，朝着控制论、信息论和仿生学相互融合的智能控制理论方向继续深入。

1.2 自动控制系统的基本概念

1.2.1 水槽液位控制系统

【例 1-1】 图 1-1(a) 描述的是一个水槽系统，为了稳定生产，要求通过调节出水口的阀门开度将水槽的液位保持在一个固定的高度 H 上。当工况稳定时，进水与出水的阀门开度一定，即进水量 Q_{in} 与出水量 Q_{out} 保持平衡，液位恒定在 H。当采用人工进行控制时，需要用眼睛时刻观测水槽液位的实际高度 h，在大脑中将观测液位 h 与目标值 H 进行比较。当实际液位 h 低于期望液位 H 时，需手动操作关小出水口控制阀，将液位升至 H；反之当 h 高于期望液位 H 时，需手动操作开大出水口控制阀，将液位调低至 H。

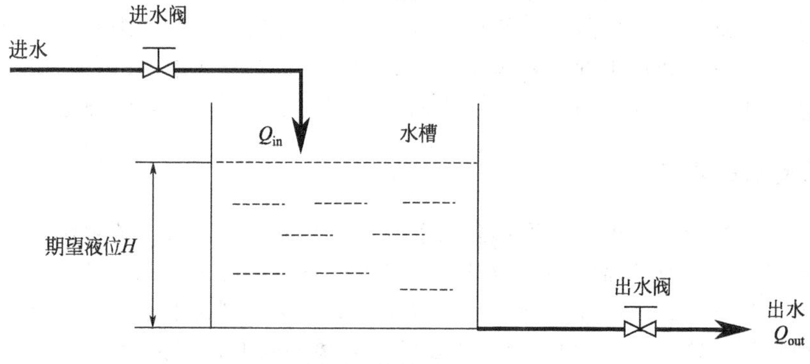

(a) 液位人工控制系统

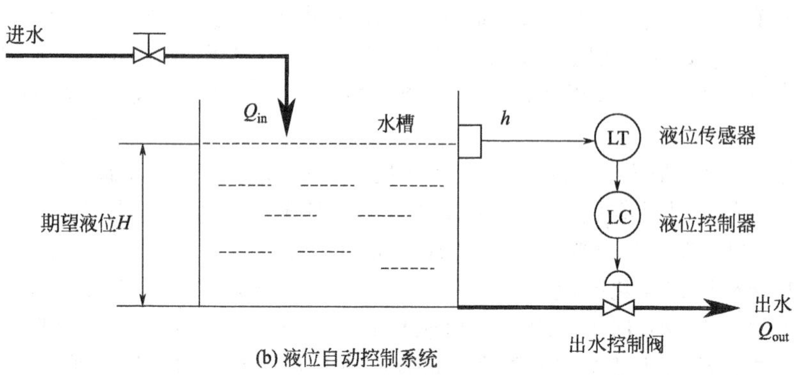

(b) 液位自动控制系统

图 1-1 水槽液位控制系统

在手动控制系统中，为了保持液位恒定，操作人员需要实时观测液位、思考判断、手动调节阀门，最终保证液位恒定在高度 H。把液位调节当作一个反馈控制系统时，眼睛是检测机构，大脑是控制机构，手是执行机构。人把输出量送回输入端，并与输入信号相比产生偏差信号的过程，称为反馈。若反馈的信号与输入信号相减，使产生的偏差越来越小，则称为负反馈；反之，则称为正反馈。反馈控制就是采用负反馈并利用偏差进行控制的过程。

为了实现无人自动控制，可以设计一个水槽液位自动控制系统，如图 1-1(b) 所示。其中液位传感器 LT 用来代替人的眼睛，用以感知水槽液位的高度 h；检测到的液位信号 h 传送给液位控制器 LC，代替人的大脑，实现信号 h 与期望液位 H 的比较，并根据二者的偏差信号判断出水流量的调节量；调节量被送到出水控制阀，驱动阀门“开大”或“关小”，自动调节出水流量，以使水槽液位与期望液位 H 一致。由以上液位控制系统可以看到，只要液位 h 发生变化，系统都会自动检测到改变而采取控制，调整液位上升或下降，直至偏差为零，达到平衡状态。

1.2.2 加热炉炉温控制系统

【例 1-2】 图 1-2(a) 是电加热炉温度控制系统。该系统的控制目标是通过调整自耦变压器滑动端的位置来改变电阻炉的温度，调整自耦变压器的滑动端可以改变电压 u，对应了一个电阻炉的温度 T，改变 u 也就改变了 T。热电偶将所检测炉子温度 T 转化为电压 u_t，如果电位器设定电压 u_r 比所检测的电压 u_t 高（期望炉温比实际炉温高），误差信号 $e=u_r-u_t>0$，经过功率放大器去驱动电动机 M，电动机带动自耦变压器滑动端上移，使得电炉丝两端电压变大，炉温升高；如果电位器设定电压 u_r 比所检测的电压 u_t 低（期望炉温比实际炉温低），误差信号 $e=u_r-u_t<0$，电动机带动自耦变压器滑动端下移，电炉丝两端电压变小，炉温降低。系统经过反复调整，最终使得电加热炉的温度稳定在期望炉温，系统达到平衡。

图 1-2(b) 是炉温自动控制系统方框图，系统的被控对象是电加热炉，被控变量是炉温，测温装置是热电偶，给定和比较环节由电位器来完成，执行机构是功率放大器、电动机和联动齿轮箱。

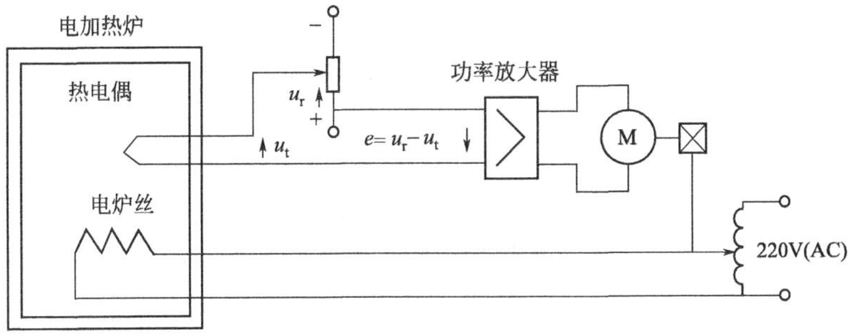

(a) 炉温控制系统原理图

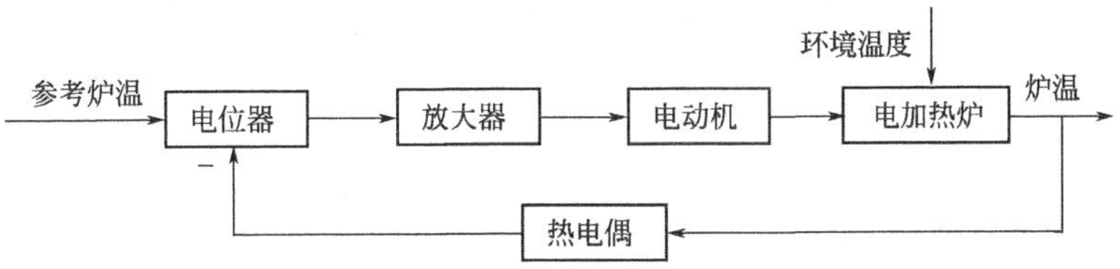

(b) 炉温控制系统方框图

图 1-2 加热炉炉温控制系统

1.2.3 控制系统的基本组成

控制系统由一些相互联系和相互影响的环节组成，是有特定功能的一个整体。控制系统中的主要因素有：

被控对象——被控制的对象，即被控制的设备或生产过程，比如前面所举例子中的水槽、加热炉等。

被控变量——被控对象的输出变量，表征了被控对象的状态与性能，也是控制系统需控制的物理量，比如水槽液位、加热炉炉温等。

控制变量——又叫作操作变量，作用于被控对象，是改变被控对象的状态与性能的变量。

给定信号——被控变量的期望值。

反馈信号——从系统输出端检测到的输出变量值。

偏差信号——系统期望值与实际输出值之间的偏差。

扰动信号——作用于系统使得系统输出值偏离期望值的干扰变量，比如液位控制系统中进水管压力的波动，炉温控制系统中加热用电阻丝两端电压的变化。

检测机构——用来检测被控变量的物理量，并将其转换为电信号，比如测量液位的液位计，测量炉温的热电偶等。

执行机构——控制决策的执行机构，一般由传动装置和调节机构组成。执行机构直接作用于被控对象，调节被控变量使其达到期望值，比如阀门、执行电动机等。

给定环节——设定被控变量给定值的装置，常用的给定环节有电位器、指令开关等。

比较环节——将给定信号与反馈信号进行比较，得到偏差信号。

放大装置——将偏差信号进行放大，来推动执行机构去调整被控对象。

校正环节——又叫作调节器或控制器，用来产生控制信号的校正装置，它可以按照某种规律对偏差信号进行运算，用运算的结果控制执行机构，以改善被控变量的稳态和暂态性能。

在控制系统中，常把比较环节、放大装置、校正环节合在一起称为控制器。

典型的反馈控制系统结构如图 1-3 所示。系统的基本组成用方框图表示，即被控对象、检测机构、执行机构、控制器等；○代表了比较元件，它将反馈信号与给定信号进行比较，负号表示两者符号相反，正号表示两者符号相同；箭头表明信号传递的方向。

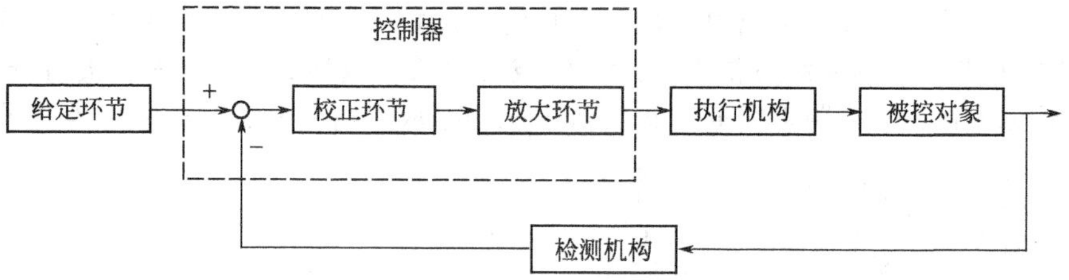

图 1-3　典型的反馈控制系统方框图

系统的输入分为期望信号和扰动信号两部分。由扰动部分引起输出变化的通道称作扰动通道；由偏差部分引起输出变化的通道称作控制通道；从输出信号返回输入信号的通道称作反馈通道。

1.3　自动控制系统的结构

控制系统按其结构可以分为开环控制系统、闭环（反馈）控制系统、顺馈控制系统和复合控制系统。

1.3.1　开环控制系统

开环控制是指控制装置与被控对象之间的控制作用传递是单向的，系统的输出由输入驱动产生，输出无法影响到输入端。在开环控制系统中，只有输入量对输出量产生控制作用，输出量不参与系统的控制，因此开环系统没有抗干扰能力。

如图 1-4 所示，开环控制系统中，参考输入信号经控制器得到控制信号，作用在执行机构和被控对象上，信号是单方向传递的，输出量不对控制作用产生影响。开环控制无须对被控量进行测量。在开环控制系统中，由于扰动作用和系统运行参数发生变化引起的输出和系统性能的改变，无法得到及时的修正和补偿。

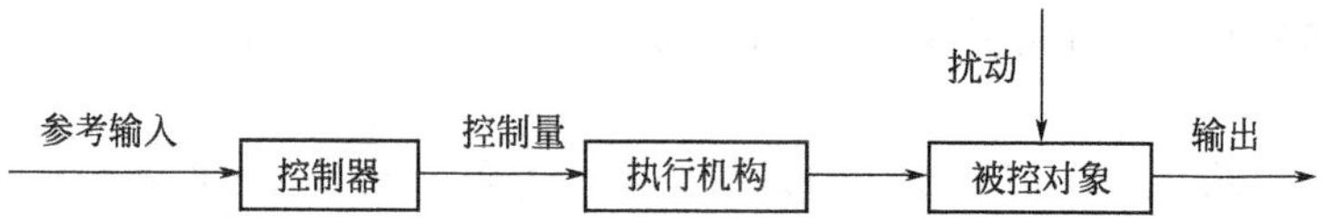

图 1-4　开环控制系统方框图

【例 1-3】 龙门刨床主要用于刨削大型工件。刨床主电动机 SM 是电枢控制的直流电动机，如图 1-5 所示，龙门刨床的速度控制系统是按照给定速度进行控制的。刨床期望的速度值是事先调节功率放大器输出的控制电压 u_0 确定的。因此，在工作过程中，即使刨床速度偏离期望值，系统也不会调整控制电压 u_0，这种开环控制方式没有自动修正偏差的能力，抗扰性较差。但由于其结构简单、调整方便、成本低，在精度要求不高或扰动影响较小的情况下，这种控制方式有一定的实用价值。

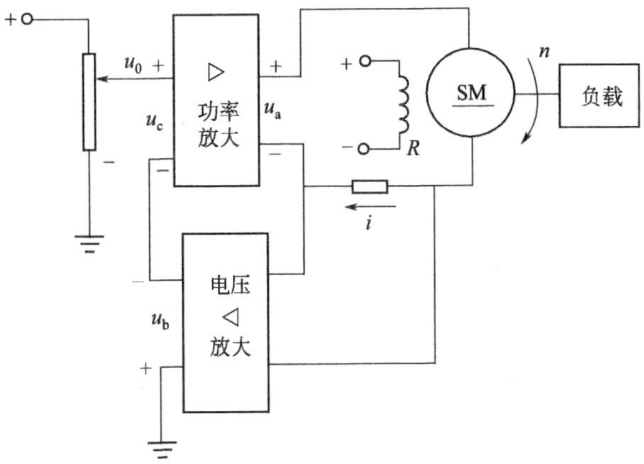

图 1-5 龙门刨床控制系统

1.3.2 闭环（反馈）控制系统

闭环控制也称为反馈控制，它的原理框图如图 1-6 所示。在反馈控制系统中，除了输入量对输出量产生控制作用之外，输出量也参与系统的控制。反馈控制是按偏差进行控制的，不论什么原因使被控量偏离期望值而出现偏差，必定会产生一个相应的控制作用去降低或消除这个偏差，使被控量与期望值趋于一致。反馈控制系统具有抑制内、外扰动对被控量产生影响的能力，有较高的控制精度。

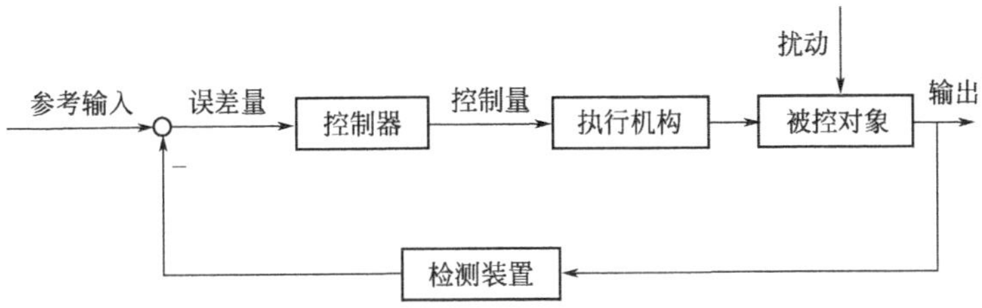

图 1-6 反馈控制系统方框图

采用反馈控制可以有效地抑制前向通路中各种扰动对系统输出的影响。以参考输入为恒定值的情况为例，假设扰动作用使输出量减小，则反馈量也相应减小，由于参考输入未变，故误差增大，控制作用增强，增强的控制作用加载到被控对象上又使被控对象的输出增大，向减小误差的方向变化；反之，如果扰动作用使输出量增大，误差变小或变负，使控制作用减弱，被控对象的输出减小，同样向减小误差的方向变化。总之，反馈控制对扰动引起的输出量的波动起到了调节抑制作用，可以有效地克服开环控制系统存在的缺点，提高控制系统的响应速度、控制精度和抗干扰能力。

【例 1-4】 在工业控制中，龙门刨床速度控制系统是按照反馈原理进行的。通常，当龙门刨床加工表面不平整的毛坯时，负载会有很大波动，但是为了保证加工精度和表面光洁度，一般不允许刨床速度变化过大，因此必须对速度进行控制。图 1-7 是利用速度反馈对刨床速度进行自动控制的原理图。图中，刨床

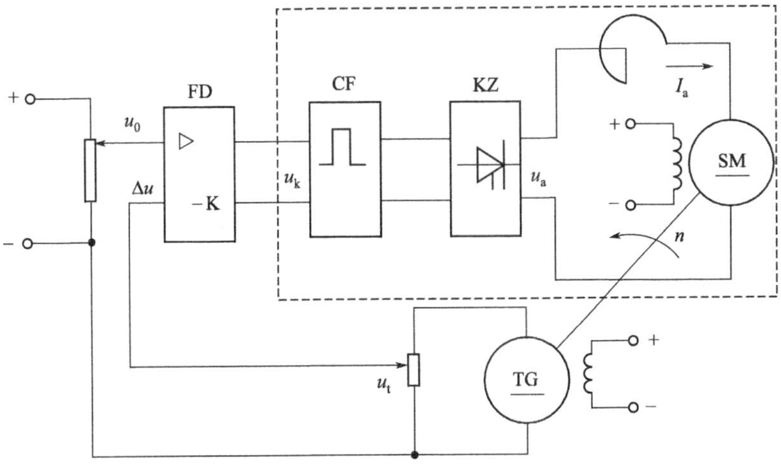

图 1-7 龙门刨床速度反馈控制系统原理图

主电动机 SM 的电枢电压由晶闸管整流装置 KZ 提供，并通过调节触发器 CF 的控制电压 u_k，来改变电动机的电枢电压，从而改变电动机的速度（被控量）。测速发电机 TG 是测量元件，用来测量刨床速度并给出与速度成正比的电压 u_t。将 u_t 反馈到输入端并与给定电压 u_0 对比得到偏差电压 $\Delta u=u_0-u_t$。在这里，Δu 是负反馈电压，偏差电压一般比较微弱，需经过放大器 FD 放大后才能作为触发器的控制电压。

如图 1-8 所示，在这个系统中，被控对象是电动机，由测量元件（测速发电机）对被控量（速度）进行检测，将被控量反馈至比较电路并与给定值相减而得到偏差电压（速度负反馈），放大器对信号进行放大，触发器和晶闸管整流装置起了执行控制动作的作用，执行元件依据偏差电压的性质对被控量（速度）进行调节，从而使偏差消失或减小到允许范围。

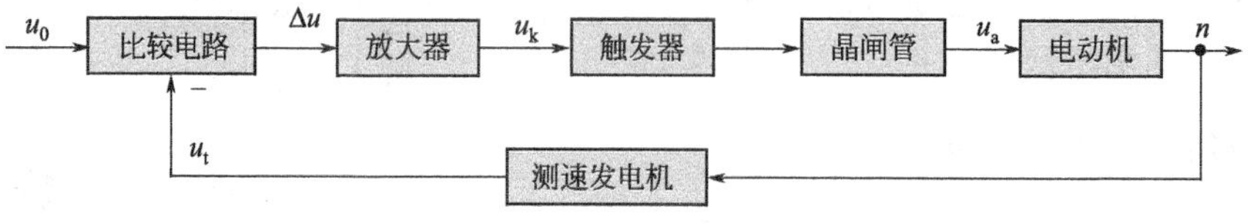

图 1-8　龙门刨床速度控制系统方框图

1.3.3　顺馈控制系统

对于某些可以预知或可以测量的扰动，反馈控制并不是唯一的选择。为了克服扰动的影响，可以将预知的或测得的扰动折算到系统输入端，对控制量的大小进行修正，这种控制方法称为补偿控制。补偿控制相较于反馈控制更简单、经济。补偿控制没有在系统中形成信号流程的闭合回路，所以也称作顺馈控制。图 1-9 给出了顺馈控制的系统方框图。

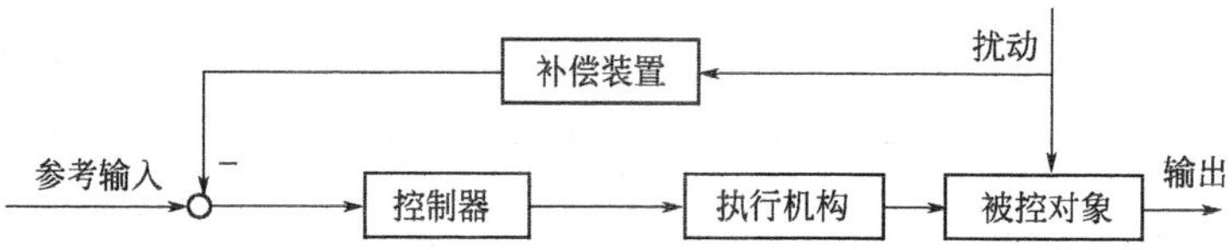

图 1-9　顺馈控制系统方框图

1.3.4　复合控制系统

在工程实践中，反馈控制系统的快速性、准确性、稳定性的设计往往会相互矛盾和制约。在某些情况下，将顺馈控制方式和反馈控制方式相结合，往往可以达到更好的控制效果。如图 1-10 所示，在反馈控制回路的基础上，控制作用除了考虑偏差控制作用外，还加入输入信号补偿装置或者扰动信号补偿装置，

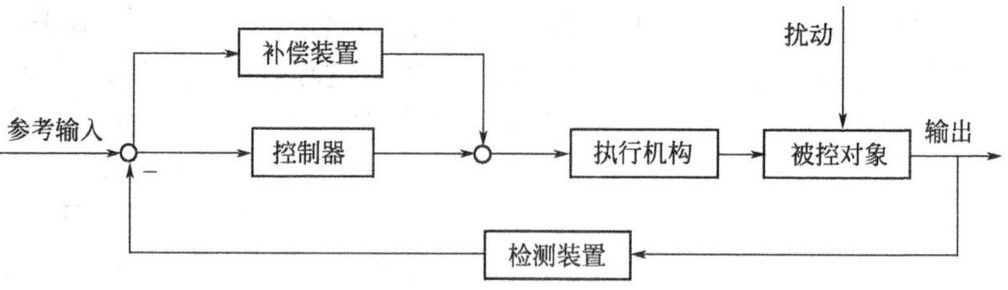

(a) 按输入作用补偿

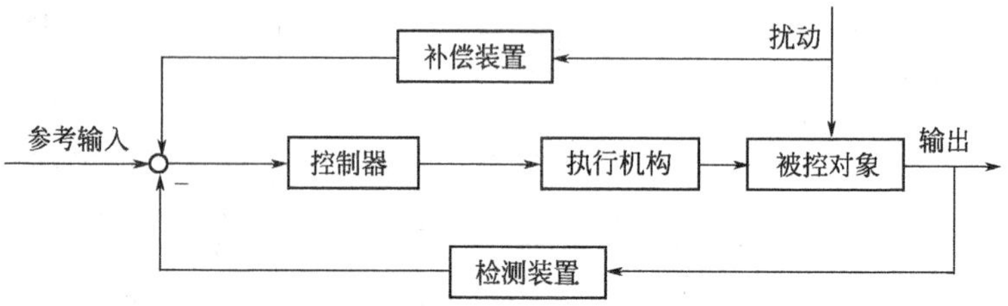

(b) 按扰动作用补偿

图 1-10　复合控制系统方框图

分别形成按输入信号或扰动信号补偿的复合控制系统。

【例 1-5】 按扰动控制方式（顺馈控制）在技术上较按偏差控制方式（反馈控制）简单，但它只适用于扰动是可测量的场合，而且一个补偿装置只能补偿一种扰动因素，对其余扰动均不起补偿作用。因此，比较合理的一种控制方式是把按偏差控制与按扰动控制结合起来，对于主要扰动采用适当的补偿装置实现按扰动控制，同时，再组成反馈控制系统实现按偏差控制，以消除其余扰动产生的偏差。这样，系统的主要扰动已被补偿，反馈控制系统就比较容易设计，控制效果也会更好。图 1-11 是龙门刨床同时按偏差和扰动控制电动机速度的复合控制系统原理图，图 1-12 是其对应的速度复合控制系统方框图。

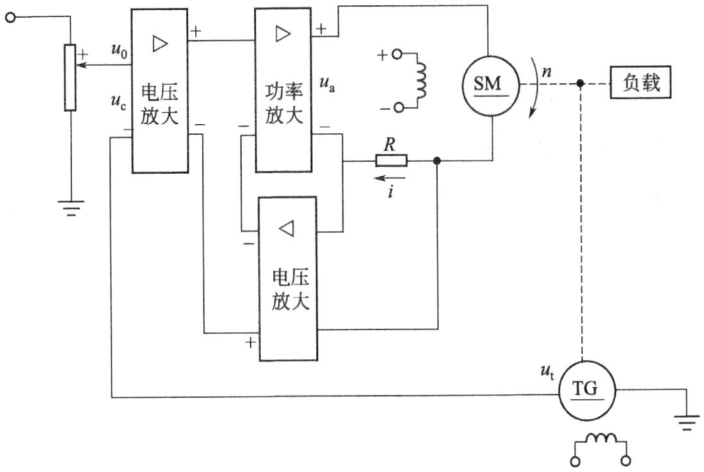

图 1-11　龙门刨床速度复合控制系统原理图

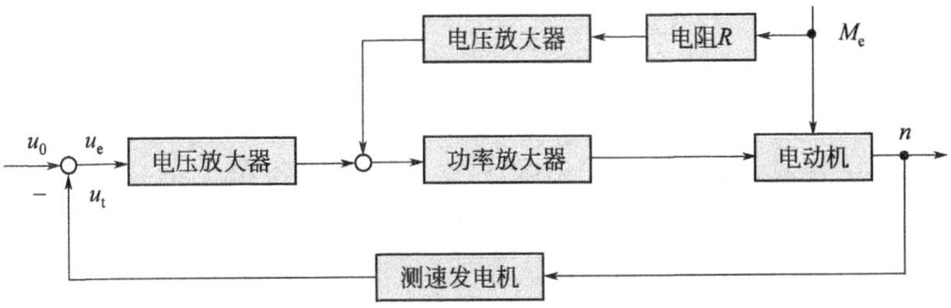

图 1-12　龙门刨床速度复合控制系统方框图

1.4 自动控制系统的分类

1.4.1 按给定信号分类

按给定信号的形式不同，可将控制系统划分为定值控制系统、随动控制系统。

(1) 定值控制系统

定值控制系统也称恒值控制系统，是指给定信号是一个恒定的值，系统的被控变量受某种干扰偏离期望值时，系统能够通过自动调节回到正常状态；即使系统不能完全恢复期望值，当系统达到平衡时，误差应在一个可接受的范围内。比如前面提到的水槽液位控制系统、加热炉炉温控制系统都属于定值控制系统。定值控制系统主要考虑的问题是如何抑制各种能使系统输出量偏离常值的扰动，提高系统的稳定性能。

(2) 随动控制系统

随动控制系统也称伺服系统，是指给定信号随时间不断变化，系统的任务是使输出信号快速准确地随着给定信号的变化而变化。比如航天自动导航系统、火炮自动跟踪系统等都属于随动控制系统。随动控制系统主要考虑的问题是如何克服系统的惯性，使之能随被跟踪信号及时变动，此时，与系统的灵敏性相比，抗干扰问题降为次要矛盾。

1.4.2 按信号类型分类

按系统信号的类型不同，可将控制系统划分为连续控制系统、离散控制系统。

(1) 连续控制系统

连续控制系统是指系统中各环节的信号是时间 t 的连续函数，连续系统中的信号称为模拟量，系统模型用微分方程描述，多数实际物理系统都属于连续系统。

(2) 离散控制系统

离散控制系统是指系统中有一处或几处信号是脉冲序列或数字信号，离散系统一般用差分方程描述。实际物理系统多为连续系统，但是计算机只能处理数字信号，必须通过采样环节将模拟信号转化为数字信号，送入计算机进行处理，因此计算机控制系统都是离散控制系统，又称作采样控制系统。

1.4.3 按系统参数时变规律分类

按系统参数是否随时间变化，可将控制系统划分为定常控制系统、时变控制系统。

(1) 定常控制系统

如果描述系统的微分方程或差分方程的参数均为常数，则这类系统为定常控制系统。这类系统的特点是系统的响应只取决于输入信号和系统特性，与输入信号的施加时刻无关。

(2) 时变控制系统

实际系统会受到外界条件、元器件老化等多种因素影响，如果系统的结构或参数随时间而变化，则这类系统成为时变控制系统。时变控制系统的特点是系统的响应不仅取决于输入信号和系统特性，而且与输入信号施加到系统的时刻有关。对于同一个时变系统来说，当信号在不同时刻作用到系统时，系统的响应是不同的。

1.4.4 按系统变量分类

按系统输入变量、输出变量数目不同，可将控制系统划分为单变量控制系统、多变量控制系统。

(1) 单变量控制系统

单变量系统（single input single output，SISO）是只考虑一个输入信号和一个输出信号的系统。在单变量系统中，系统的内部变量可能有多个，但是在进行控制系统分析时，只研究系统外部输入和输出信号之间的关系，而将内部变量均看作是中间变量。

(2) 多变量控制系统

多变量系统（multi input multi output，MIMO）是指有多个输入信号或多个输出信号的系统。多变量系统是现代控制理论研究的主要对象，多变量系统的变量之间存在耦合关系，在数学描述上以状态空间方法为基础。

1.4.5 按系统的数学描述分类

按系统输入-输出特性的数学模型不同，可将控制系统划分为线性控制系统、非线性控制系统。

(1) 线性控制系统

线性系统是由线性元部件组成的系统，系统的运动方程能用线性微分方程描述。线性系统的主要特点是具有齐次性和叠加性。线性控制系统已有较成熟的研究成果和分析设计方法。

(2) 非线性控制系统

系统中只要有一个元部件的输入-输出特性是非线性的，这类系统就称作非线性控制系统。非线性系统的运动方程要用非线性微分方程描述，非线性方程的系数与变量有关，或者方程中含有的变量及其导数的高次幂或乘积项。实际物理系统中大部分系统都含有特性不同的非线性元部件，比如放大器的饱和特性、运动部件的死区特性等。对于非线性程度不太严重的元部件，可以采用在一定范围内线性化的方法，将非线性控制系统近似为线性控制系统。

1.4.6 按系统的参数描述分类

按系统参数的描述方式，可将控制系统划分为集中参数系统、分布参数系统。

(1) 集中参数系统

集中参数系统是指可以用常微分方程来描述的系统。集中参数系统中的参量要么是定常的，要么是时间的函数。系统的各状态量，比如输入量、输出量以及中间量都是时间的函数，因此，可以用时间作为变量的微分方程来描述该系统的变化规律。

(2) 分布参数系统

分布参数系统是指系统不能用常微分方程，而需用偏微分方程描述的系统。在这种系统中，可能一部分环节能用常微分方程描述，但至少有一个环节需用偏微分方程描述其运动。这个环节的参量不只是时间的函数，而是明显地依赖这一环节的状态。因此，系统的输出将不再单纯是时间变量的函数，而且还是系统内部状态变量的函数，所以需用偏微分方程描述。

1.5 对自动控制系统的基本要求

一个闭环控制系统，当扰动信号或给定信号发生变化时，被控变量会偏离期望值而产生偏差，经过短暂的过渡过程，被控量又趋近恢复到原来稳定状态，或过渡到新的平衡状态。我们把被控变量处于变化状态的过程称为动态过程或暂态过程，把被控变量处于相对稳定的状态称为静态或稳态。自动控制系统的暂态品质和稳态性能具有相应的指标，可以从稳定性、快速性、准确性三个方面进行衡量。

1.5.1 稳定性

稳定性是指系统重新恢复平衡状态的能力，是保证控制系统正常工作的先决条件。一个稳定的控制系统，被控变量因扰动而偏离期望值后，由于控制系统的反馈作用，系统进行自动调节，最后系统有可能重新进入稳定状态，如图 1-13(a) 所示。但并不是所有负反馈系统都能够稳定，若系统设计不当或参数调整不合理，系统也有可能出现振荡甚至发散，其被控量距离期望值的偏差会越来越大，如图 1-13(b) 所示，因此，不稳定的控制系统无法完成所设定的控制任务。

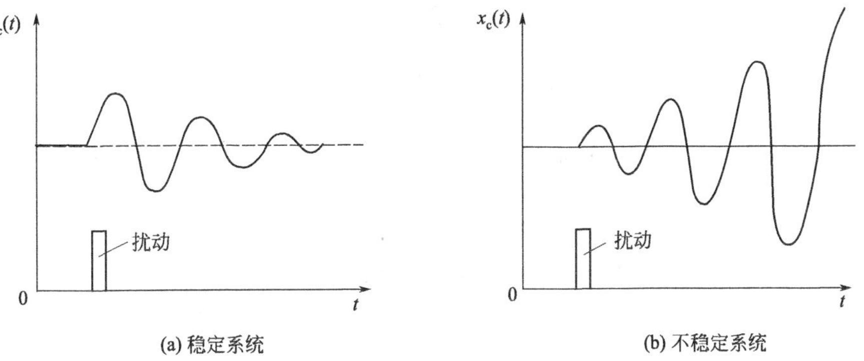

图 1-13 扰动作用下控制系统过渡过程

1.5.2 快速性

快速性是对系统暂态品质的要求。当系统的给定值改变或外界出现扰动时，系统输出响应会偏离原来平衡状态，但是由于控制系统一般都含有能量无法突变的储能元件或惯性元件，输出不可能立刻跳变到新的平稳状态或马上恢复到原来的平衡状态，而是需要经过一个过渡过程。

对于一般的控制系统，当给定量突然增加时，输出量有可能是：①单调收敛过程：输出量单调变化，缓慢地达到新的稳态值（图 1-14 中曲线 2）；②振荡收敛过程：输出量产生超调，经过几次振荡后，达到新的稳定工作状态（图 1-14 中曲线 1）；③等幅振荡过程：输出量持续振荡，始终不能达到新的稳定工作状态（图 1-14 中曲线 3）；④发散过程：输出量发散，与期望值偏差越来越大，不能达到所要求的稳定工作状态（图 1-14 中曲线 4、曲线 5）。

衡量系统过渡过程的性能可以用平稳性和快速性综合评价。平稳是指系统由初始状态过渡到新的平衡状态时，尽可能具有较小的超调和振荡；快速是指系统过渡到新的平衡状态所需要的调节时间要尽可能短。在同一个控制系统中，上述性能指标之间往往存在矛盾，必须兼顾相互之间的要求，根据具体情况合

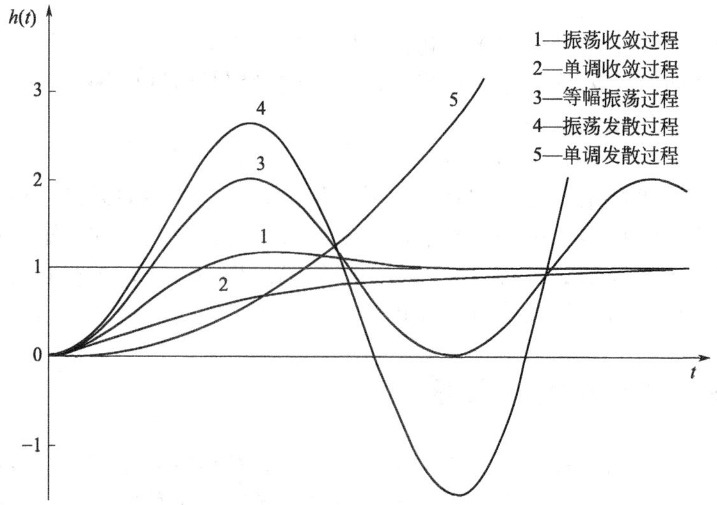

图 1-14　系统的单位阶跃响应过程

理设计控制方案。

1.5.3　准确性

准确性是对系统稳态性能的要求。当系统从一个稳态过渡到新的稳态，或系统受扰动作用又重新平衡后，系统可能会出现偏差，这种偏差称为稳态误差。一个反馈控制系统的稳态性能用稳态误差来表示。系统稳态误差的大小反映系统的稳态精度，它表明了系统控制的准确程度。稳态误差越小，则系统的稳态精度越高。稳态误差为零，则系统称为无差系统；若稳态误差不为零，则系统称为有差系统。

本章小结

本章通过具体的控制系统案例，介绍了控制系统的概念、组成和工作原理，使读者了解了自动控制系统的专用名字、相关术语。

自动控制系统的结构有开环控制、闭环（反馈）控制、顺馈控制和复合控制。闭环控制系统的工作原理是将系统输出信号反馈到输入端，与输入信号进行比较，利用得到的偏差信号进行控制，达到减小偏差或消除偏差的目的。

控制系统由被控对象和控制装置组成，控制装置包括测量元件、比较元件、放大元件、执行机构、校正元件和给定元件。应理解控制装置各组成部分的功能，并能用方框图表示系统，通过方框图可以进一步抽象出系统的数学模型。

自动控制系统的分类方法很多：按给定信号的形式不同，可将控制系统划分为定值控制系统、随动控制系统；按系统信号的类型不同，可将控制系统划分为连续控制系统、离散控制系统；按系统参数是否随时间变化，可将控制系统划分为定常控制系统、时变控制系统；按系统输入变量、输出变量数目不同，可将控制系统划分为单变量控制系统、多变量控制系统；按系统输入-输出特性的数学模型不同，可将控制系统划分为线性控制系统、非线性控制系统；按系统参数的描述方式不同，可将控制系统划分为集中参数系统、分布参数系统。

对自动控制系统的基本要求是：系统必须是稳定的；系统的响应过程要平稳快速；系统的稳态控制精度要高。以上要求可以归纳为“稳、快、准”三个字。

习　题

1-1　图 1-15 是仓库大门自动开闭控制系统原理图。试说明系统自动控制大门开闭的工作原理并画出系统方框图。

1-2　图 1-16 为水温控制系统原理示意图。冷水在热交换器中由通入的蒸汽加热，从而得到一定温度的热水。冷水流量变化用流量计测量。试绘制系统方框图，并说明为了保持热水温度为期望值，系统是如何工作的？系统的被控对象和控制装置各是什么？

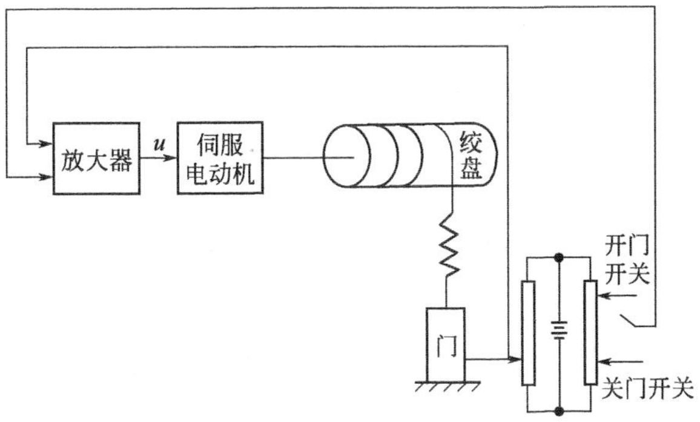

图 1-15 题 1-1 仓库大门自动开闭控制系统原理图

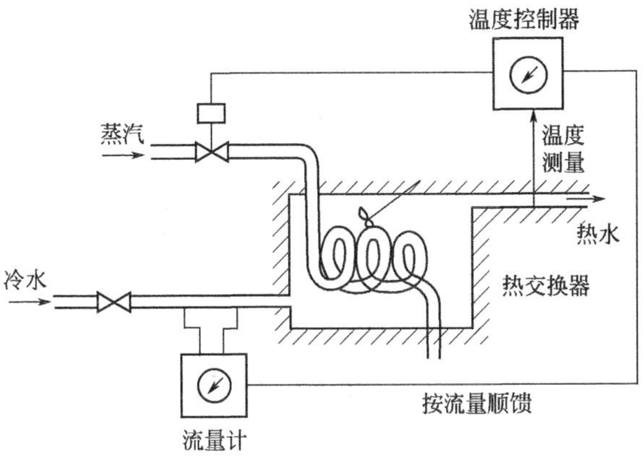

图 1-16 题 1-2 水温控制系统原理图

1-3 下列 (1)～(7) 式是描述系统的微分方程，其中 $c(t)$ 为输出量，$r(t)$ 为输入量，试判断哪些是线性定常或时变系统，哪些是非线性系统。

(1) $c(t)=5+r^2(t)+t\dfrac{d^2r(t)}{dt^2}$

(2) $\dfrac{d^3c(t)}{dt^3}+3\dfrac{d^2c(t)}{dt^2}+6\dfrac{dc(t)}{dt}+8c(t)=r(t)$

(3) $t\dfrac{dc(t)}{dt}+c(t)=r(t)+3\dfrac{dr(t)}{dt}$

(4) $c(t)=r(t)\cos\omega t+5$

(5) $c(t)=3r(t)+6\dfrac{dr(t)}{dt}+5\int_{-\infty}^{t}r(\tau)d\tau$

(6) $c(t)=r^2(t)$

(7) $c(t)=\begin{cases}0, & t<6\\ r(t), & t\geqslant 6\end{cases}$

1-4 某转台速度控制系统的结构如图 1-17 所示。问：

(1)该系统的被控对象、控制器和执行机构分别是什么？

(2)判断该系统是开环控制系统还是闭环控制系统，请画出系统的组成方框图。

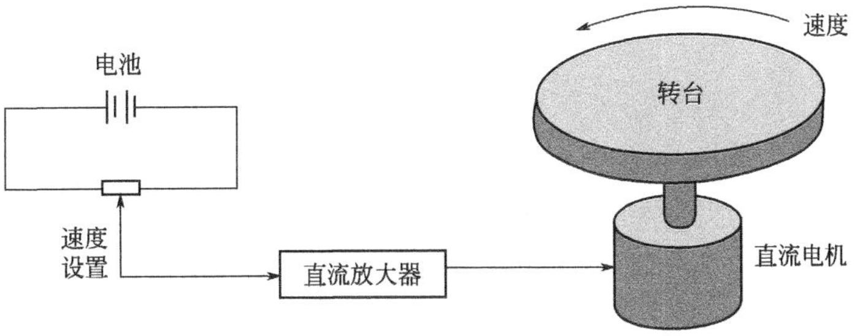

图 1-17 题 1-4 某转台速度控制系统

1-5 现代社会中的人们出行已经离不开汽车。大部分汽车上都装有驾驶和制动用的动力装置，它们通过液压放大器将操纵动力放大，以便控制驱动轮或者刹车，快速准确地对司机的操纵做出响应。若将驾驶汽车的过程看成是一个控制系统，请给出该系统的工作原理，指出系统的被控对象、输入变量、输出变量、反馈量、执行机构、检测传感部分、控制器。并画出其方框图。

1-6　水箱液位高度控制系统的三种原理方案如图 1-18 所示。在运行中，希望液面高度 H 维持不变。试说明各系统的工作原理，画出各系统的方框图，并指出被控对象、被控量、给定值、干扰量是什么？

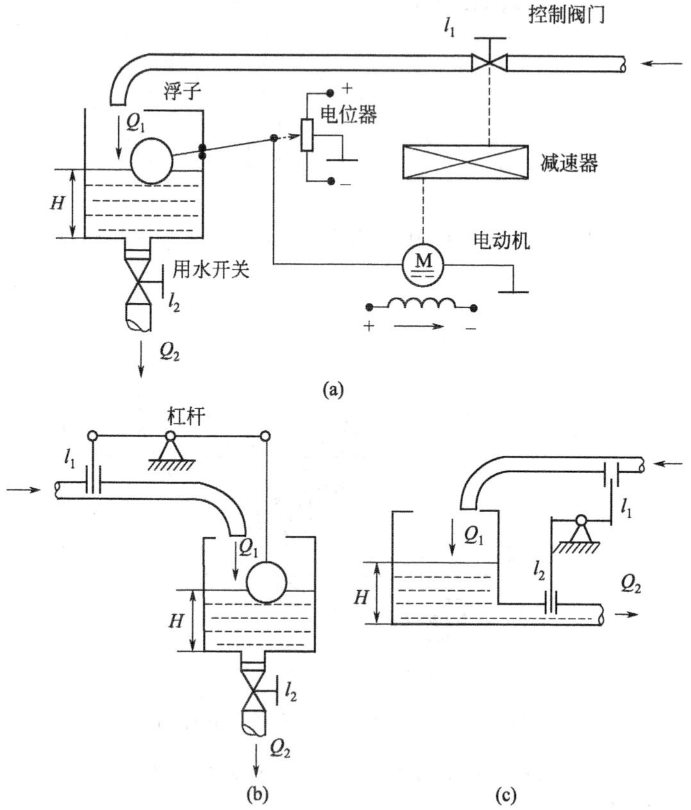

图 1-18　题 1-6 水箱液位高度控制系统

第2章 连续时间控制系统的数学模型

典型的自动控制系统通常由被控对象、控制器、传感器、变送器和执行机构等基本环节组成，控制系统的设计人员必须首先建立这些环节（特别是被控对象）与整个系统的数学模型，分析系统的动态特性和静态特性，从而设计出满意的控制系统。

控制系统的数学模型是将系统（或环节）的输出变量与输入变量（或内部变量）之间的相互关系抽象成数学表达式。静态数学模型用代数方程描述系统稳态条件下的特性；动态数学模型用微分方程或微分方程组描述系统从一个平稳状态变化到另一个平稳状态的过程特性。数学模型是分析研究系统性质以及设计控制系统的基础。

建立系统数学模型主要采用机理分析与实验测试两种方法。机理分析法是通过对系统的运动机理进行分析，根据它们运动的物理或化学变化规律（如电学中的基尔霍夫定律，力学中的牛顿运动定律以及物料与能量守恒等），忽略次要因素后，列写出相应的运动方程。所建模型被称为机理模型。实验测试法建模的基础是数据。一般是人为地在系统的输入端施加测试信号，记录系统在该输入下的输出数据，采用适当的数学模型去模拟该过程，所获得的数学模型称为辨识模型。经过几十年的发展，实验法建模已经成为控制理论的一个重要分支，称为系统辨识。这两种方法的区别在于，机理建模需要对系统内部机构、运动机理有清楚的了解；而系统辨识不需要了解系统内部情况，故常被称为黑箱建模方法。

需要说明的是，对复杂对象的建模非常困难和耗时，本教材只对最基本的机理建模的基本概念与方法进行介绍，研究的系统以线性时不变系统为主，并假设系统变量均与几何位置无关。

2.1 列写动态系统的输入-输出数学模型

在经典控制理论中，采用系统的输入-输出描述（或称外部描述），其目的是通过该数学模型确定被控对象的被控量的设定值或扰动（即输入）与被控量的实际输出之间的关系，为分析或设计系统创造条件。在输入信号（广义的）的作用下，系统的输出称为系统的响应。

2.1.1 微分方程模型

微分方程是描述控制系统动态特性的基本数学模型。但实际中的物理系统多种多样，组成控制系统各个环节的部件种类繁多、结构各异，人们研究系统的目的也可能各不相同，这就要求在具体建模时，结合建模的目的和条件，列写出符合要求的数学模型。为了对更复杂的系统建模，下面给出列写微分方程的一般步骤与微分方程的一般特征。

列写微分方程的一般步骤：

① 找出系统的因果关系，确定系统的输入量、输出量以及内部中间变量，分析中间变量与输入输出之间的关系；

② 为了简化运算，方便建模，可作一些合乎实际情况的假设，以忽略次要因素；

③ 根据对象的内在机理，找出支配系统动态特性的基本定律，列写系统各个部分的原始方程，常用的基本定律有基尔霍夫定律、牛顿运动定律、能量守恒定律、物质守恒定律等；

④ 列写各中间变量与输入输出变量之间的因果关系式，至此，列写出的方程数目与所设的变量数目

(除输入变量)应相等;

⑤ 将已经得到的方程,消去中间变量,最终得到只包含系统输入与输出变量的微分方程;

⑥ 将已经得到的方程化成标准型,即将与输入量有关的各项放在方程的右边,与输出量有关的各项放在方程的左边,且各导数项以降阶次形式从左至右排列;

⑦ 对连续时间线性时不变系统而言,得到的微分方程是线性定常系数微分方程;

⑧ 若得到的微分方程或差分方程是非线性的,则通常需要进行线性化处理。

当然,并不是对所有系统的建模均需经过以上步骤,对简单的系统建模或在建模熟悉以后可直接进行,但掌握一般的建模步骤显然对分析复杂系统大有好处。

(1) *R-L-C* 电路系统

电路通常由电阻、电容和电感组成,其中,电感 L 和电容 C 分别储存磁能和电能,电阻 R 本身不储存能量,是一种将电能转换为热能耗散掉的耗能元件。分析任何实际的电路系统都要依据基尔霍夫的回路电压定律和节点电流定律来建立该电路的数学模型。

① 回路电压定律:任意电路中,一个封闭回路的所有电压的代数和为零。

② 节点电流定律:任意电路中,流入一个节点的电流总和等于流出该节点的电流总和。

电阻两端的电压满足欧姆定律

$$v_R = Ri \tag{2-1}$$

电感的电压满足法拉第定律

$$v_L = L\frac{\mathrm{d}i}{\mathrm{d}t} \tag{2-2}$$

电容的电压满足

$$v_C = \frac{q}{C} = \frac{1}{C}\int_0^t i\,\mathrm{d}t + \frac{Q_0}{C} \tag{2-3}$$

式中,R、L、C 分别为电阻、电感、电容;q 和 Q_0 分别为电容上的电荷及其初值。

【例 2-1a】 图 2-1(a) 中的电源是时间的函数,电路系统由电阻 R、电感 L 和电容 C 组成。试写出当开关合上后,以 $e(t)$ 为输入、$v_C(t)$ 为输出的微分方程。

解 由基尔霍夫定律,当开关合上后,回路中升高的电压等于降低的电压,于是

$$v_L(t) + v_C(t) + v_R(t) = e(t) \tag{2-4}$$

设回路电流为 $i(t)$,即有

$$L\frac{\mathrm{d}i(t)}{\mathrm{d}t} + \frac{1}{C}\int i(t)\mathrm{d}t + Ri(t) = e(t) \tag{2-5}$$

由式(2-3),得 $i(t) = C\dfrac{\mathrm{d}v_C(t)}{\mathrm{d}t}$,代入式(2-5),消去中间变量 $i(t)$,可得到描述该电路开关合上后系统输出 $v_C(t)$ 与输入 $e(t)$ 之间关系的微分方程

$$LC\frac{\mathrm{d}^2 v_C(t)}{\mathrm{d}t^2} + RC\frac{\mathrm{d}v_C(t)}{\mathrm{d}t} + v_C(t) = e(t) \tag{2-6}$$

将上式整理成标准形式,令 $T_1 = \dfrac{L}{R}$,$T_2 = RC$,则方程为

$$T_1T_2\frac{\mathrm{d}^2 v_C(t)}{\mathrm{d}t^2} + T_2\frac{\mathrm{d}v_C(t)}{\mathrm{d}t} + v_C(t) = e(t) \tag{2-7}$$

注:分析 T_1、T_2 的量纲

$$[T_1] = \left[\frac{L}{R}\right] = \frac{\mathrm{V/(A/s)}}{\mathrm{V/A}} = \mathrm{s};\quad [T_2] = [RC] = \frac{\mathrm{V}}{\mathrm{A}} \times \frac{\mathrm{A \cdot s}}{\mathrm{V}} = \mathrm{s}$$

可见,T_1、T_2 具有时间量纲,常被称为电路网络的时间常数,它们决定了方程的解[即电容 C 上的电压 $v_C(t)$]随时间变化的快慢。注意到,电路中存在电感 L 与电容 C 两个独立的储能元件,故微分方程式左端的最高阶次为 2,称该系统为二阶系统。

由式(2-7) 可看出,电路达到稳态时有 $v_C(t) = e(t)$,说明稳态时的输出电压 $v_C(t)$ 等于输入电压 $e(t)$,这与电容的充电特性完全吻合。静态方程中输入 $e(t)$ 前的系数称为静态放大倍数,其量纲代表了输出与输入的物理量转换关系。显然,例 2-1a 的静态放大倍数是 1,且无量纲(因输入与输出的量纲相同)。

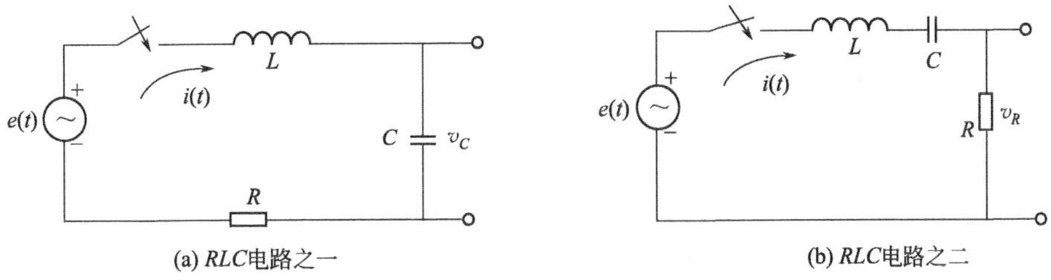

图 2-1 单回路 RLC 电路示意图

【例 2-1b】 设例 2-1a 中的输入量不变，输出量改为 $v_R(t)$，即将图 2-1(a) 改画为图 2-1(b)，请给出当开关合上时，系统输入 $e(t)$ 和输出 $v_R(t)$ 之间的微分方程。

解 仍设回路电流为 $i(t)$，可列出与例 2-1a 相同的方程 (2-4) 与方程 (2-5)。

因 $v_R(t)=Ri(t)$，$i(t)=\dfrac{v_R(t)}{R}$，代入式(2-5) 后消去中间变量 $i(t)$，得到描述该电路系统输入输出关系的微分方程为

$$\frac{L}{R}\cdot\frac{\mathrm{d}v_R^2(t)}{\mathrm{d}t^2}+\frac{\mathrm{d}v_R(t)}{\mathrm{d}t}+\frac{1}{RC}v_R(t)=\frac{\mathrm{d}e(t)}{\mathrm{d}t} \tag{2-8}$$

同样，令 $T_1=\dfrac{L}{R}$，$T_2=RC$，则可将方程整理成标准形式

$$T_1T_2\frac{\mathrm{d}^2v_R(t)}{\mathrm{d}t^2}+T_2\frac{\mathrm{d}v_R(t)}{\mathrm{d}t}+v_R(t)=T_2\frac{\mathrm{d}e(t)}{\mathrm{d}t} \tag{2-9}$$

请读者自己比较式(2-9) 与式(2-7) 的异同。从此例可以看到，即使是对同一电路系统建模，关注点不同（例中是输出变量不同），其数学模型也就可能不同。

【例 2-2】 如图 2-2(a) 所示的多回路电路，请列写描述开关合上后的输出量 $v_o(t)$ 与输入量 $e(t)$ 之间关系的微分方程，回路电压定律或节点电流定律均可采用。

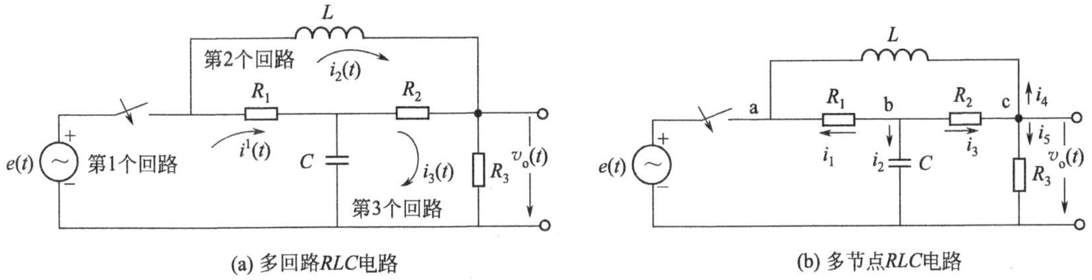

图 2-2 多回路 RLC 电路示意图

解 方法一：采用回路电压法。如图 2-2(a) 所示，电路有 3 个独立的回路。若各回路的电流分别为 $i_1(t)$、$i_2(t)$、$i_3(t)$，根据回路电压定律有（为简单起见，在不会引起误解的地方，下面方程中的变量均省略了时间变量 t）

第 1 个回路 $$R_1i_1+\frac{1}{C}\int i_1\mathrm{d}t-R_1i_2-\frac{1}{C}\int i_3\mathrm{d}t=e(t) \tag{2-10}$$

第 2 个回路 $$-R_1i_1+R_1i_2+R_2i_2+L\frac{\mathrm{d}i_2}{\mathrm{d}t}-R_2i_3=0 \tag{2-11}$$

第 3 个回路 $$-\frac{1}{C}\int i_1\mathrm{d}t-R_2i_2+R_2i_3+R_3i_3+\frac{1}{C}\int i_3\mathrm{d}t=0 \tag{2-12}$$

联立上述 3 个方程，消去中间变量 $i_1(t)$、$i_2(t)$、$i_3(t)$，并注意到输出电压是 $v_o=R_3i_3$，且 $v_o=e-L\dfrac{\mathrm{d}i_2}{\mathrm{d}t}$，便可得到输出 $v_o(t)$ 与输入 $e(t)$ 之间的微分方程。

$$R_1(R_2+R_3)LC\frac{\mathrm{d}^2v_o}{\mathrm{d}t^2}+[L(R_2+R_3)+R_1R_2R_3+R_1L]\frac{\mathrm{d}v_o}{\mathrm{d}t}+R_3(R_1+R_2)v_o$$

$$=R_3(L+R_1R_2C)\frac{de}{dt}+R_3(R_1+R_2)e(t) \tag{2-13}$$

方法二：采用节点电流法。该电路有 3 个独立节点 a、b、c，流入流出各节点的电流如图 2-2(b) 所示。因而有

对节点 b
$$i_1+i_2+i_3=0 \tag{2-14}$$

对节点 c
$$-i_3+i_4+i_5=0 \tag{2-15}$$

采用节点电压表示式(2-14) 与式(2-15)

$$\frac{v_b-v_a}{R_1}+C\frac{dv_b}{dt}+\frac{v_b-v_o}{R}=0 \tag{2-16}$$

$$\frac{v_o-v_b}{R_2}+\frac{v_o}{R_3}+\frac{1}{L}\int(v_o-e)dt=0 \tag{2-17}$$

注意到 $v_a=e$，代入并整理得

$$\frac{1}{R_1}v_b+C\frac{dv_b}{dt}+\frac{1}{R_2}v_b-\frac{1}{R_2}v_o=\frac{1}{R_1}e \tag{2-18}$$

$$-\frac{1}{R_2}v_b+\frac{1}{R_2}v_o+\frac{1}{R_3}v_o+\frac{1}{L}\int v_o dt=\frac{1}{L}\int e dt \tag{2-19}$$

联立方程 (2-18) 和方程 (2-19)（用节点电流的方法只需要这两个方程），消去中间变量 $v_b(t)$，便可得到输出 $v_o(t)$ 与输入 $e(t)$ 之间的微分方程

$$R_1(R_2+R_3)LC\frac{d^2v_o}{dt^2}+[L(R_2+R_3)+R_1R_2R_3+R_1L]\frac{dv_o}{dt}+R_3(R_1+R_2)v_o$$
$$=R_3(L+R_1R_2C)\frac{de}{dt}+R_3(R_1+R_2)e(t) \tag{2-20}$$

虽然在上面推导时用了两种不同的方法，但殊途同归，得到的输出 $v_o(t)$ 与输入 $e(t)$ 之间的微分方程 (2-13)、方程 (2-20) 相同，这是因为建模的对象是同一电路，且选取的输入输出变量相同。此外，虽然图 2-2 的电路看上去比图 2-1 的电路复杂，但由于电路系统中也只含有电感与电容两个独立的储能元件，所以描述系统动态特性的微分方程仍为 2 阶。

例 2-2 的推导可以看出，当系统变复杂后，描述系统输入输出动态关系的微分方程相应变得复杂。是否有其他的数学模型形式可以描述系统的动态特性？是否有能描述系统内部变量动态特性的模型呢？答案是肯定的，即系统的状态空间模型。

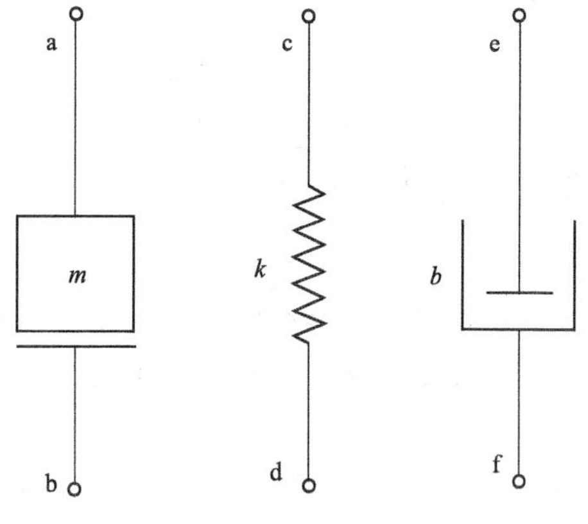

图 2-3　机械动力学系统的基本元件

(2) 机械动力系统

类似于电路系统均由电阻、电容和电感组成，机械动力系统有如图 2-3 所示的三个基本元件：质量为 m 的物块，弹簧刚度为 k 的弹簧和阻尼系数为 b 的阻尼器。它们的力学性质与作用是建立机械动力学系统模型的基础。

① 惯性力。这是一种与质量有关的力，具有阻止启动和阻止停止运动的性质。根据牛顿第二定律

$$F_m=ma=m\frac{dv}{dt}=m\frac{d^2y}{dt^2} \tag{2-21}$$

式中，a 是加速度；v 代表速度；y 代表位移；m 是物块的质量。质量 m 是系统中的固有参数，其物理意义是单位加速度的惯性力，可看成是系统中储存动能的储能元件。

② 弹性力。指弹簧的弹性恢复力，其大小与形变成正比，即

$$F_k=k(y_c-y_d)=k\int v dt \tag{2-22}$$

式中，k 为弹簧刚度。k 在弹性力表示式中也是系统的一个固有参数，其物理意义是单位形变的恢复力。弹簧也属于储能元件，储存弹性势能。

③ 阻尼力。指阻尼器产生的黏性摩擦阻力，其大小与阻尼中活塞和缸体的相对运动速度称正比，即

$$F_b=b(v_e-v_f)=b\frac{d(y_e-y_f)}{dt} \tag{2-23}$$

式中，b 为阻尼系数，也是系统的一个固有参数，其物理意义表示单位速度的阻尼力。阻尼器本身不储存任何动能和势能，主要用来吸收系统能量并转换成热能耗散掉。

【例 2-3】 简单的弹簧-质量-阻尼器串联系统如图 2-4 所示，设初始为静止状态。试列写出以外力 $F(t)$ 为输入量，以质量块 m 的位移 $y(t)$ 为输出量的运动方程。

解 由题意分析，已知 $F(t)$ 是输入，$y(t)$ 为输出，弹性力 F_k 与黏性力 F_b 为中间变量。

从已知条件知：当无外力作用时，系统处于静止状态（平衡状态）。当外力作用于质量块 m 时，根据牛顿第二定律列写原始方程

$$\sum F=F(t)+F_k(t)+F_b(t)=ma=m\frac{d^2y}{dt^2} \tag{2-24}$$

由弹性力方程（2-22）与阻尼力方程（2-23）得

$$F_k(t)=-ky \tag{2-25}$$

$$F_b=-b\frac{dy}{dt} \tag{2-26}$$

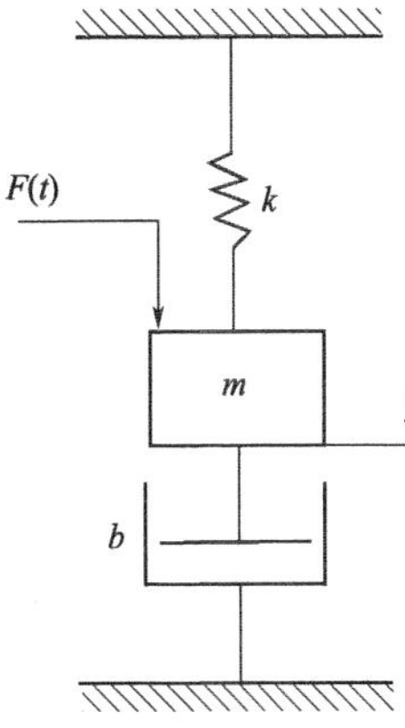

图 2-4 简单机械系统示意图

将式(2-25)、式(2-26) 代入式(2-24)，得

$$F(t)-ky-b\frac{dy}{dt}=m\frac{d^2y}{dt^2}$$

整理成标准形式，得

$$\frac{m}{k}\cdot\frac{d^2y}{dt^2}+\frac{b}{k}\cdot\frac{dy}{dt}+y=\frac{1}{k}F(t) \tag{2-27}$$

令 $T_m^2=\frac{m}{k}$；$T_b=\frac{b}{k}$，则方程简化为

$$T_m^2\frac{d^2y(t)}{dt^2}+T_b\frac{dy(t)}{dt}+y(t)=\frac{1}{k}F(t) \tag{2-28}$$

此为标准的 2 阶线性常系数微分方程。考察图 2-4，系统有质量 m 和弹簧 k 这两个独立的储能元件，故描述系统动态特性的模型应为 2 阶微分方程。

分析 T_m、T_b 的量纲：

$$[T_m^2]=\left[\frac{m}{k}\right]=\frac{kg}{N/m}=\frac{kg}{(kg\times m/s^2)/m}=s^2$$

$$[T_b]=\left[\frac{b}{k}\right]=\frac{N/(m/s)}{N/m}=s,\quad \left[\frac{1}{k}\right]=\frac{1}{N/m}=\frac{m}{N}$$

可见，类似于电路网络中的时间常数 T、T_m 和 T_b 均具有时间量纲，所以 T_m、T_b 被称为该机械力学系统的时间常数。静态放大倍数 $1/k$ 的量纲代表了两种物理量的转换。

例 2-1～例 2-3 分别介绍了电路系统与机械动力学系统，且均假设系统初始时处于静止状态。若被控对象是一个连续的过程，且初始条件不为零，该如何建立数学模型呢?

(3) 直接蒸汽加热器

【例 2-4】 图 2-5 是一个简单换热装置——直接蒸汽加热器的示意图。其功能是将输入温度为 θ_c 的冷流体用蒸汽加热到温度为 θ_a 的热流体输出。设冷流体的流量为 G_c，蒸汽流量为 W，正常情况下加热过程连续进行。试建立该连续加热过程的数学模型。

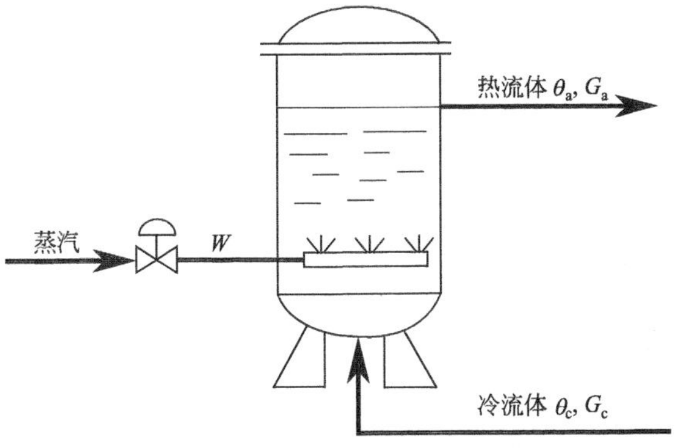

图 2-5 直接蒸汽加热器示意图

解 ① 确定系统的输入变量与输出变量。直接蒸汽加热器的作用是换热，目的是获得指定温度为 θ_a 的热流体，所以系统的输出变量（也即被控变量）显然就是热流体的温度 θ_a。输入变量是指能引起输出变

量变化的量。此例中，蒸汽流量 W、冷流体的流量 G_c 和温度 θ_c，以及装置的环境温度都会引起 θ_a 的变化。从已知条件可知，工艺设计上是以蒸汽流量 W 来加热冷流体，使其达到温度 θ_a，所以选 W 作为控制变量（输入变量）。其余可能引起 θ_a 变化的量，如 G_c、θ_c 以及环境温度等由于未加控制，称为扰动变量（或干扰）。

② 忽略次要因素，并作合理的假设以简化问题。

为方便起见，在建模过程中通常需要忽略次要因素，并作一些合理的假设。首先，分析该流程中诸多影响被控变量温度 θ_a 变化的因素：冷流体流量 G_c 代表的是设备的物料处理能力（工艺上称为负荷），应作为设计参数予以保留；而环境温度对 θ_a 变化的影响最小，可作为次要扰动予以忽略。其次，假设加热器内部温度均匀，即加热器内部各点的温度相同，这样得到的数学模型称为集中参数模型；再假设加热器的保温性能良好，加热过程中的散热量可忽略不计。最后假设冷流体流量 G_c 和冷流体温度 θ_c 变化不大，可近似为常数。

③ 根据对象的内在机理，列出系统原始方程，以及各中间变量与输入输出变量之间的关系，消去中间变量。

对于加热过程，系统应满足能量守恒定律，在单位时间内加热器存在平衡关系：进入加热器的能量＝带出加热器的能量＋加热器内部能量的变化量

第一种情况：稳态。此时 θ_a 保持不变，即加热器内单位时间能量变化量为零，有

$$Q_c+Q_s=Q_a+Q_l \tag{2-29}$$

式中，Q_c 为单位时间冷流体带入的热量；Q_s 为单位时间蒸汽带入的热量；Q_a 为单位时间热流体带走的热量；Q_l 为单位时间加热器散失的热量。

由前面所作的假设，令 $Q_l=0$，于是有

$$Q_c+Q_s=Q_a \tag{2-30}$$

由于，$Q_c=G_c c_c \theta_c$，$Q_s=WH$，$Q_a=G_a c_a \theta_a$，代入式(2-30) 后，得到系统输入输出变量达到稳态时的关系式

$$G_c c_c \theta_c+WH=G_a c_a \theta_a \tag{2-31}$$

式中，H 是蒸汽热焓，为常数；c_c、c_a 分别为冷流体与热流体的比热容，可近似为常数，用 c 来表示。

由于热流体的流量 $G_a=G_c+W$，一般 W 比 G_c 小得多，故可认为 $G_a \approx G_c$，由此又有

$$\theta_a=\theta_c+\frac{H}{G_a c}W \tag{2-32}$$

上式描述了稳态情况下被控对象直接蒸汽加热器的各工艺参数 θ_a、θ_c、G_a、c、W 之间的关系，称为系统的稳态数学模型，反映了对象输入输出参数的静态特性，可用图 2-6 表示。

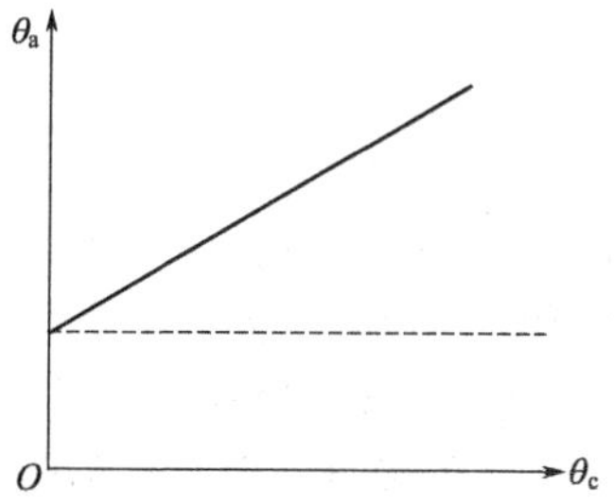

图 2-6　G_a、W 为常数时的加热器静特性示意图

第二种情况：动态。即加热器内部的单位时间能量变化量不为零。从控制的角度来说，稳态是相对的，人们更关心的是系统的动态数学模型。根据能量守恒定律，单位时间内：

容器中增加的热量＝输入的热量－输出的热量，即

$$\frac{dQ}{dt}=Q_c+Q_s-Q_a \tag{2-33}$$

式中，Q 为加热器中聚集的热量。$Q=V\gamma_c\theta_a$，V 为加热器的有效容积，γ_c 为流体密度。

一般 $V\gamma_c$ 为一常数，称为热容，用 C 表示。代入式(2-33)，$Q=C\theta_a$，且

$$\frac{dQ}{dt}=C\frac{d\theta_a}{dt}=G_c c\theta_c+WH-G_a c\theta_a \tag{2-34}$$

可见，上式是只含有系统输入变量 θ_c 和 W 与输出变量 θ_a 的微分方程。

④ 将已经得到的微分方程式(2-34) 写成标准形式。

为方便起见，令 $R=\dfrac{1}{G_c c}$，$T=RC=\dfrac{C}{G_c c}$，$K=HR=\dfrac{H}{G_a c}$，此处 $G_a \approx G_c$，代入式(2-34)，得到

$$T\frac{\mathrm{d}\theta_a}{\mathrm{d}t}+\theta_a=KW+\theta_c \tag{2-35}$$

式中，T 称为时间常数，它具有时间量纲；R 称为热阻，表示加热器阻止带走热量的能力：K 为放大倍数或静态增益。这就是直接蒸汽加热器的输入输出动态数学模型，它刻画了加热器系统输出变量 θ_a 与输入变量 θ_c、W 之间的动态关系，可理解为，热流体温度 θ_a 的变化是蒸汽流量 W 和冷流体温度 θ_c 等因素变化的共同作用。其中，W 是已选择的控制变量，当输出温度 θ_a 因为某种原因（如 θ_c 变化或环境温度突变）偏离给定值时，控制系统将通过调整 W 使 θ_a 回到给定值上。W-θ_a 通道称为调节通道；作为扰动变量，冷流体温度 θ_c 的变化也会引起 θ_a 变化，θ_a 通道称为扰动通道；而环境温度或加热器散热等引起的 θ_a 变化在建模时已经忽略，只能作为未建模因素，视为外界干扰。

由于该系统只有加热器本身可储存能量，所以动态模型为一阶微分方程。

若式(2-35）中的$\frac{\mathrm{d}\theta_a}{\mathrm{d}t}=0$，则式(2-35）退化为式(2-32）所表达的稳态数学模型。可见，稳态模型仅是动态模型的一种特殊情况。一般情况下，可以直接建立动态数学模型，而将稳态情况视为相对的静止状态。

(4) 汽车控制系统的简单模型

【例 2-5】 图 2-7 是一辆正在行驶的汽车示意图，前进方向如图所示。假设发动机的牵引力为 u，列写以汽车速度 v 为变量的动态方程（即在 u 作用下，汽车速度变化的动态方程）。

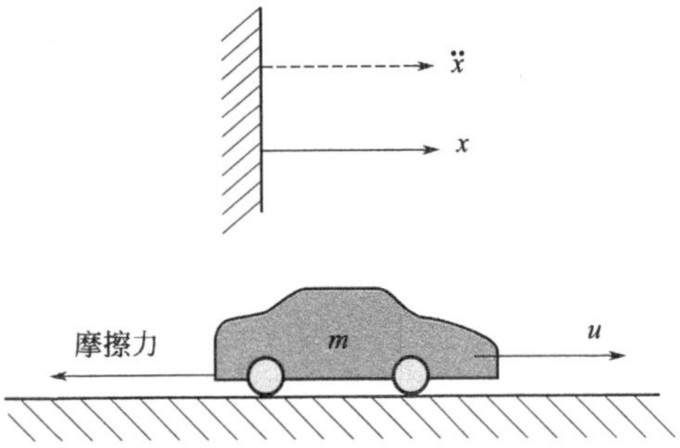

图 2-7 汽车控制模型示意图

解 为方便建模，先作一些合理的简化：①忽略车轮的旋转惯性，且假设阻碍汽车运动的摩擦力与汽车的速度 v 成正比（应该是与 v^2 成正比，此处已作线性近似)，比例系数为 b；②将汽车看成是一个质量为 m 的自由体，图中的 x 表示汽车在牵引力 u 作用下的位移，其 2 阶导数为车的加速度。由图 2-7，易得

$$u-b\dot{x}=m\ddot{x} \tag{2-36a}$$

或

$$m\ddot{x}+b\dot{x}=u \tag{2-36b}$$

由于关注的变量是速度 v（$v=\dot{x}$），则汽车在牵引力 u 作用下的速度 v 的运动方程为

$$\frac{\mathrm{d}}{\mathrm{d}t}v+\frac{b}{m}v=\frac{u}{m} \tag{2-37}$$

假设初始条件为零（或者可以理解为汽车加速前匀速运动），对上式进行拉氏（拉普拉斯）变换，可求得车速 v（系统输出）的拉氏变换与牵引力 u（系统输入）的拉氏变换之比为

$$G(s)=\frac{V(s)}{U(s)}=\frac{1/m}{s+b/m}=\frac{1/b}{(m/b)s+1}=\frac{1/b}{Ts+1} \tag{2-38}$$

这里的 $G(s)$ 称为系统的传递函数（或复数域数学模型），它是零初始条件下的输出变量拉氏变换与输入变量拉氏变换之比。传递函数概念的引入将微积分运算转化为代数运算，给控制系统的分析与设计带来很大方便。实际上，可以认为，式(2-38）是用复算子 s 取代了微分方程（2-37）中的运算符 $\mathrm{d}/\mathrm{d}t$（即式中隐含着的 $\dot{v}$）而得到。

由微分方程（2-37）知，速度 v 与牵引力 u 的动态关系呈一阶特性。式中的 m 为汽车的质量，系数 b 可以通过阶跃响应测试法获得（即突然猛踩油门——相当于给汽车加入一个阶跃输入信号，观察其输出速度的变化，在某特定速度处可以得到 b 值)。假设输入的牵引力 u 幅值为 1，求解方程（2-37），可得到速度 v 对牵引力（输入）u 随时间发生的动态变化（即阶跃响应）为

$$v(t)=\frac{1}{b}\left(1-\mathrm{e}^{-\frac{b}{m}t}\right) \tag{2-39}$$

根据实验，当汽车以 60（mile/h）(1mile=1.609km）的速度匀速行驶时，若松开油门（相当于给系统输入一个单位脉冲信号)，汽车速度在 5s 内将衰减到 55（mile/h），则初始时刻的响应为最大值并等于 $1/T$（参见第 3 章一阶系统的脉冲响应）。由此推断出时间常数 T 大约为 60s，因此，$b/m=1/60\mathrm{s}^{-1}$。因为汽车的质量大约为 1580kg，可得 $m=1580\mathrm{kg}$，$b\approx 26\mathrm{kg/s}$。

(5) 电枢控制直流电动机

【例 2-6】 列写如图 2-8 所示电枢控制的直流电动机的微分方程。

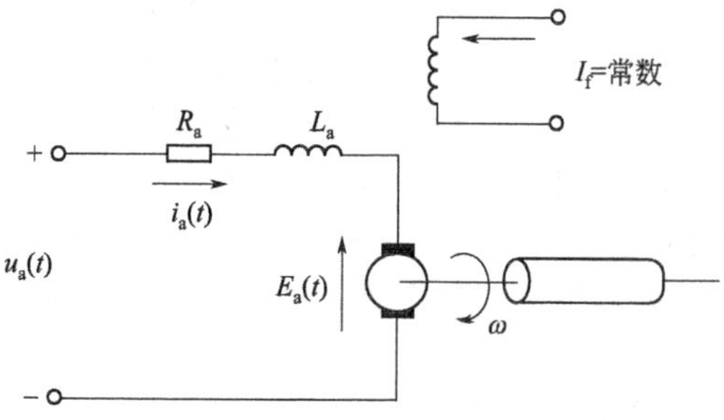

图 2-8 电枢控制的直流电动机系统示意图

解 直流电动机是将电能转化为机械能的一种典型的机电转换装置。在如图 2-8 所示的电枢控制直流电动机中，由输入的电枢电压 u_a 在电枢回路中产生电枢电流 i_a，再由电枢电流 i_a 与励磁磁通相互作用产生电磁转矩 M_m，从而使电枢旋转并拖动负载运动，将电能转换为机械能。图中 R_a 和 L_a 分别是电枢绕组的总电阻和总电感。与一般电路系统模型的不同之处在于电枢是一个在磁场中运动的部件。在完成能量转换的过程中，其绕组在磁场中切割磁力线会产生感应反电势 E_a，其大小与励磁磁通及转速成正比，方向与外加电枢电压 u_a 相反。

① 电枢电压 u_a 为控制输入，负载转矩 M_L 为扰动输入，电动机角速度 ω 为输出量。

② 忽略一些影响较小的次要因素，如电枢反应、磁滞、涡流效应等，并且当励磁电流 I_f 为常数时，励磁磁通视为不变，将变量关系看作是线性的。

③ 列写原始方程与中间变量的辅助方程。

由基尔霍夫定律写出电枢回路方程

$$L_a\frac{di_a}{dt}+R_ai_a+E_a=u_a \tag{2-40}$$

由刚体的转动定律得到，电动机轴上机械运动方程

$$J\frac{d\omega}{dt}=M_m-M_L \tag{2-41}$$

式中，J 为负载折合到电动机轴上的转动惯量；M_m 为电枢电流产生的电磁转矩；M_L 为折合到电动机轴上的总负载转矩。

由于已经假设励磁磁通不变，电枢感应反电势 E_a 只与转速成正比，即

$$E_a=k_e\omega \tag{2-42}$$

式中，k_e 为电势系数，由电动机结构参数确定。

电磁转矩 M_m 只与电枢电流成正比，即

$$M_m=k_mi_a \tag{2-43}$$

式中，k_m 为转矩系数，由电动机结构参数确定。

④ 消去中间变量，将微分方程化为只含有输入量 u_a 和 M_L、输出量 ω 的标准型。

由式(2-40)～式(2-43) 4 个方程得

$$\frac{L_aJ}{k_ek_m}\frac{d^2\omega}{dt^2}+\frac{R_aJ}{k_ek_m}\frac{d\omega}{dt}+\omega=\frac{1}{k_e}u_a-\frac{R_a}{k_ek_m}M_L-\frac{L_a}{k_ek_m}\frac{dM_L}{dt} \tag{2-44}$$

令 $T_m=\frac{R_aJ}{k_ek_m}$，$T_a=\frac{L_a}{R_a}$，它们都具有时间量纲，分别称为机电时间常数、电磁时间常数。代入上式，得微分方程的标准型

$$T_aT_m\frac{d^2\omega}{dt^2}+T_m\frac{d\omega}{dt}+\omega=\frac{1}{k_e}u_a-\frac{T_m}{J}M_L-\frac{T_aT_m}{J}\frac{dM_L}{dt} \tag{2-45}$$

该方程表达了电动机的角速度与电枢电压 u_a 和负载转矩 M_L 之间的关系。由于系统含有电感 L_a 和惯量 J 这两个储能元件，对输出量 ω 来说，数学模型为 2 阶的微分方程。

分析 T_m、T_a 的量纲：

$$[T_m]=\left[\frac{R_aJ}{k_ek_m}\right]=\left[\frac{(\mathrm{V/A})\mathrm{kg\cdot m\cdot s^2}}{\mathrm{V/(1/s)(kg\cdot m/A)}}\right]=[\mathrm{s}]$$

$$[T_a]=\left[\frac{L_a}{R_a}\right]=\left[\frac{\mathrm{V/(A/s)}}{\mathrm{V/A}}\right]=[\mathrm{s}]$$

电枢控制直流电机是重要的控制装置，在工程上广泛应用。根据具体的用途，电机的结构设计

与制造有很大的区别。因此，在微分方程的建立过程中，在简化特性时有不同要求，主要有以下几种。

① 普通电机电枢绕组的电感 L_a 一般都较小，可以忽略（即电磁时间常数趋于零），此时微分方程(2-45)左边的第一项与右边的最后一项近似为零，微分方程简化成一阶

$$T_m \frac{d\omega}{dt}+\omega=\frac{1}{k_e}u_a-\frac{T_m}{J}M_L \tag{2-46}$$

② 对于微型电机，要求其非常灵敏，即转动惯量 J 很小，而且 R_a、L_a 都可忽略，则微分方程(2-46)可进一步简化为代数方程

$$\omega=\frac{1}{k_e}u_a \tag{2-47}$$

此时，电动机转速 ω 与电枢电压 u_a 成正比。反之，当把微电机用作发电机时，输入为 ω，输出为电枢电压 u_a。这时，由于无外加电压，电枢电压实际上就是电枢绕组的感应电势，即

$$u_a=k_e\omega \tag{2-48}$$

用于检测的测速发电机就属于这类。

③ 在位置随动系统中，电动机输出一般取转角 θ，由于 $\omega=\frac{d\theta}{dt}$，代入方程(2-46)，得

$$T_m \frac{d^2\theta}{dt^2}+\frac{d\theta}{dt}=\frac{1}{k_e}u_a-\frac{T_m}{J}M_L \tag{2-49}$$

④ 在实际使用中，电机转速常用 n（r/min）来表示。若设 $M_L=0$，由于 $\omega=(2\pi/60)n$，代入式(2-45)，并令 $k_e'=k_e(\pi/30)$，则得

$$T_aT_m \frac{d^2n}{dt^2}+T_m\frac{dn}{dt}+n=\frac{1}{k_e'}u_a \tag{2-50}$$

(6) 液位控制系统

【例 2-7】 图 2-9 表示的是由 2 个液体储槽串联而成的系统，通过改变储槽 2 的流出量 Q_{out} 来控制其液位 h_2 在一定高度。试建立该系统的数学模型。

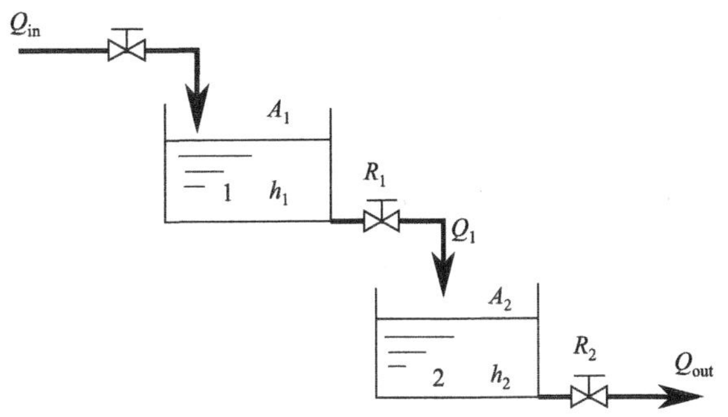

图 2-9 串联液体储槽示意图

解 系统输出变量即被控变量是储槽 2 的液位 h_2。引起 h_2 变化的因素与控制变量 Q_{out} 有关，也与储槽 1 的流出量 Q_1 有关。

分析：Q_1 与储槽 1 的液位 h_1 和阀 R_1 的开度有关。如果阀 R_1 的开度为常数，则 h_1 的变化仅与液体的流入量 Q_{in} 有关。因此，系统的输入变量为液体的流入量 Q_{in} 和控制变量 Q_{out}。储槽 1 的液位 h_1 和流出量 Q_1 为中间变量。

由上述分析，可列出该流体系统的基本物料平衡关系式如下

输入到储槽的流体－输出储槽的流体＝储槽中流体的变化量

对第 1 个储槽，有

$$A_1\frac{dh_1}{dt}=Q_{in}-Q_1 \tag{2-51}$$

$$Q_1=\frac{1}{R_1}h_1 \tag{2-52}$$

同样，对第 2 个储槽有

$$A_2\frac{dh_2}{dt}=Q_1-Q_{out} \tag{2-53}$$

由式(2-52)、式(2-53)，可得

$$A_1A_2\frac{d^2h_2}{dt^2}=\frac{A_1}{R_1}\frac{dh_1}{dt}-A_1\frac{dQ_{out}}{dt} \tag{2-54}$$

将式(2-51)代入上式，得

$$A_1A_2\frac{d^2h_2}{dt^2}=\frac{1}{R_1}Q_{in}-\frac{1}{R_1}Q_1-A_1\frac{dQ_{out}}{dt} \tag{2-55}$$

由式(2-53) 得 $Q_1=A_2\frac{dh_2}{dt}+Q_{out}$，代入式(2-55) 有

$$A_1A_2\frac{d^2h_2}{dt^2}=\frac{1}{R_1}Q_{in}-\frac{A_2}{R_1}\frac{dh_2}{dt}-\frac{1}{R_1}Q_{out}-A_1\frac{dQ_{out}}{dt} \tag{2-56}$$

式(2-56) 中 Q_{out} 包含两个因素：液位 h_2 的变化与控制阀 R_2 的开度变化，将它们引起的 Q_{out} 变化量分别记为 Q_h 与 Q_f，即

$$Q_{out}=Q_h+Q_f \tag{2-57}$$

其中

$$Q_h=\frac{1}{R_2}h_2 \tag{2-58}$$

将式(2-57)、式(2-58) 代入式(2-56)，得

$$A_1A_2\frac{d^2h_2}{dt^2}=\frac{1}{R_1}Q_{in}-\frac{A_2}{R_1}\frac{dh_2}{dt}-\frac{1}{R_1}Q_f-\frac{1}{R_1R_2}h_2-A_1\frac{dQ_f}{dt}-\frac{A_1}{R_2}\frac{dh_2}{dt}$$

整理后得

$$R_1R_2A_1A_2\frac{d^2h_2}{dt^2}+(A_1R_1+A_2R_2)\frac{dh_2}{dt}+h_2=R_2Q_{in}-R_2Q_f-A_1R_1R_2\frac{dQ_f}{dt} \tag{2-59}$$

令 $T_1=A_1R_1$，$T_2=A_2R_2$，则方程 (2-59) 简化为

$$T_1T_2\frac{d^2h_2}{dt^2}+(T_1+T_2)\frac{dh_2}{dt}+h_2=R_2Q_{in}-R_2Q_f-T_1R_2\frac{dQ_f}{dt} \tag{2-60}$$

式(2-60) 为标准的二阶线性常系数微分方程，它反映了输入变量 Q_{in} 和 Q_f 与输出变量 h_2 之间随时间而变化的动态关系。其中 h_2-Q_{in} 之间的关系称为扰动通道模型，h_2-Q_f 之间的关系称为调节通道模型。称式(2-60) 为输入输出模型，它反映的是输入量 Q_{in}、Q_f 之间的关系，但不能表现中间变量 h_1 的信息，对更高阶次的系统来说，输入输出模型将损失更多内部信息。

与前面例子一样，式(2-60) 中的 T_1、T_2 具有时间量纲，称为系统的时间常数；R_1、R_2 称为液阻；A_1、A_2 称为液容系数（简称液容），定义为：

$$液容=\frac{储槽中流体量的变化}{液位的变化}$$

一般容量系数有如下的定义：

$$容量系数=\frac{容器中储存的物料量或能量的变化}{输出参数的变化}$$

2.1.2 线性定常系统微分方程模型的一般特征

从前面的实例分析可以看出，当用线性定常微分方程模型抽象描述实际的线性定常系统时，该模型一般具有

$$a_n\frac{d^ny}{dt^n}+a_{n-1}\frac{d^{n-1}y}{dt^{n-1}}+\cdots+a_1\frac{dy}{dt}+a_0y=b_m\frac{d^mu}{dt^m}+b_{m-1}\frac{d^{m-1}u}{dt^{m-1}}+\cdots+b_1\frac{du}{dt}+b_0u \tag{2-61}$$

的形式。从实际可实现的角度出发，上式应满足以下约束。

(1) 方程的系数 a_i $(i=0,1,2,\cdots,n)$、b_j $(j=0,1,2,\cdots,m)$ 为实常数，是由物理系统本身的结构特性决定的。

(2) 方程右边的导数阶次不高于方程左边的阶次，这是因为一般物理系统含有质量、惯性或滞后的储能元件，故输出的阶次会高于或等于输入的阶次，即 $n\geqslant m$。

(3) 方程两边的量纲应该一致。当 $a_n=1$ 时，方程的各项都应有输出 y 的量纲。

在满足上述约束条件时，微分方程 (2-61) 可以代表各种具有不同物质性质的实际系统，不同的实际系统也完全有可能具有相同的数学模型。例如例 2-1a 针对 *RLC* 串联电路列写的式(2-7) 和例 2-3 针对机械系统列写的式(2-28)，具有相同阶次、相同形式，即输入输出之间具有相同的运动规律。通常将具有这种性质的两个系统称为相似系统。

2.1.3 相似系统

如果两个系统动态特性的微分方程具有相同的形式，就称它们为相似系统，在微分方程中处于相同位置的物理量称为相似量。

现将例 2-1a 的 RLC 串联系统式(2-6) 与例 2-3 的弹簧-质量-阻尼器串联系统式(2-27) 进行比较

$$LC\frac{\mathrm{d}^2 v_C(t)}{\mathrm{d}t^2}+RC\frac{\mathrm{d}v_C(t)}{\mathrm{d}t}+v_C(t)=e(t) \tag{2-6}$$

$$\frac{m}{k}\frac{\mathrm{d}^2 y}{\mathrm{d}t^2}+\frac{b}{k}\frac{\mathrm{d}y}{\mathrm{d}t}+y=\frac{1}{k}F(t) \tag{2-27}$$

显然，这是两个具有相同的方程形式的相似系统。为更清楚地说明问题，试作一变量代换，令 $v_C=\frac{q}{C}$，即将例 2-1a 的电路系统以电量 q 为输出量，代入式(2-6)，得

$$L\frac{\mathrm{d}^2 q(t)}{\mathrm{d}t^2}+R\frac{\mathrm{d}q(t)}{\mathrm{d}t}+\frac{1}{C}q(t)=e(t) \tag{2-6'}$$

比较式(2-27) 与式(2-6′)，相似系统的特征更加明显，且很容易地可以找出 RLC 串联电路系统与机械系统之间对应的相似量，如表 2-1 中的机械力学系统与电路Ⅰ所示。

表 2-1 相似系统的相似量

机械力学系统	$F(t)$	m	b	k	位移 y	速度 v
RLC 电路系统Ⅰ	$e(t)$	L	R	$1/C$	q	i
相似电路系统Ⅱ	$i(t)$	C	$1/R$	$1/L$	电压 v	

相似系统的概念在系统分析与实践中很有用，因为经常会有某种系统比另一种系统更容易进行分析或进行实验研究的情况出现。

由于对电路系统的研究比较透彻，实验也方便，所以往往利用相似系统的概念采用电路系统来模拟其他物理系统。例如，例 2-3 弹簧-质量-阻尼器串联系统（图 2-4）可以采用如图 2-10 所示的电路系统进行模拟，了解其动态性能。若将这两个系统视作相似系统，相似量为表 2-1 中的第 3 行。

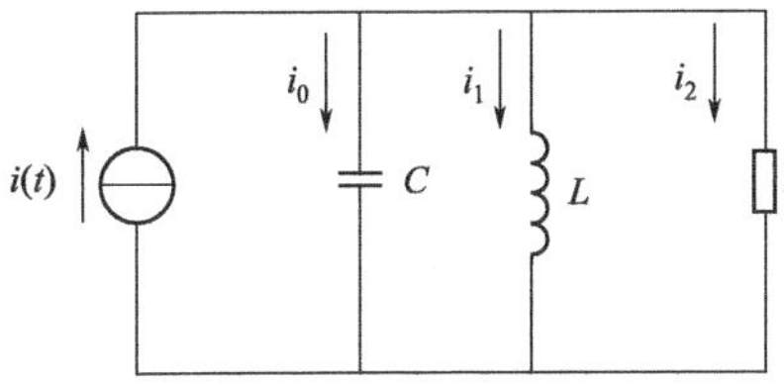

图 2-10 图 2-4 的相似电路系统示意图

2.2 状态及状态空间模型

2.1.1 节的例 2-7 给出了液位系统的微分方程式(2-60)。从控制工程的角度来看，为了更好地设计控制器，很多时候需要了解内部的情况，于是另一种可以描述内部状态的模型形式——状态空间表达式应运而生。

状态方程实际上就是将原 n 阶微分方程表示成含有 n 个一阶微分方程的微分方程组。例如描述液位系统的式(2-60) 是一个二阶微分方程，可用两个一阶微分方程来表示。

设该系统的输出仍然是 h_2，输入也仍然是 Q_{in} 和 Q_f。由式(2-51)、式(2-52)、$T_1=A_1R_1$ 得

$$\frac{\mathrm{d}h_1}{\mathrm{d}t}=-\frac{1}{T_1}h_1+\frac{1}{A_1}Q_{in} \tag{2-62}$$

由式(2-53)、式(2-57) 和式(2-58) 得

$$\frac{\mathrm{d}h_2}{\mathrm{d}t}=\frac{1}{R_1A_2}h_1-\frac{1}{T_2}h_2-\frac{1}{A_2}Q_f \quad (T_2=A_2R_2) \tag{2-63}$$

$$y=h_2 \tag{2-64}$$

状态空间模型往往写成矩阵形式

$$\dot{\boldsymbol{x}}=\boldsymbol{A}\boldsymbol{x}+\boldsymbol{B}\boldsymbol{u} \tag{2-65}$$

$$\boldsymbol{y}=\boldsymbol{C}\boldsymbol{x} \tag{2-66}$$

对该例 $\boldsymbol{x}=\begin{bmatrix}h_1\\h_2\end{bmatrix}$（称为状态变量）；$\boldsymbol{u}=\begin{bmatrix}Q_{\text{in}}\\Q_{\text{f}}\end{bmatrix}$（称为输入变量）；$y=h_2$（称为输出变量）；$\boldsymbol{A}=\begin{bmatrix}-\frac{1}{T} & 0\\ \frac{1}{R_1A_2} & -\frac{1}{T}\end{bmatrix}$（称为系统矩阵）；$\boldsymbol{B}=\begin{bmatrix}\frac{1}{A} & 0\\ 0 & -\frac{1}{A_2}\end{bmatrix}$（称为输入矩阵）；

$\boldsymbol{C}=[0\quad 1]$（称为输出矩阵）。

故二级串联的流体储槽的状态空间表达式为

$$\begin{bmatrix}\dot{h}_1\\ \dot{h}_2\end{bmatrix}=\begin{bmatrix}-\frac{1}{T} & 0\\ \frac{1}{R_1A_2} & -\frac{1}{T}\end{bmatrix}\begin{bmatrix}h_1\\h_2\end{bmatrix}+\begin{bmatrix}\frac{1}{A} & 0\\ 0 & -\frac{1}{A_2}\end{bmatrix}\begin{bmatrix}Q_{\text{in}}\\Q_{\text{f}}\end{bmatrix} \tag{2-66a}$$

$$h_2=[0\quad 1]\begin{bmatrix}h_1\\h_2\end{bmatrix} \tag{2-66b}$$

称式(2-66a) 为状态方程，式(2-66b) 为输出方程，它们一起被称为状态空间表达式或状态空间模型。

微分方程模型描述的是系统输入与输出间的外部特性，基于该模型可以对系统进行分析与设计。而状态空间模型同时反映了系统内部结构关系以及输入输出间的外部特性，可以更为全面地揭示出系统的本质特性。

在 20 世纪 50 年代，现代控制理论开拓性工作的一个重要标志就是卡尔曼将状态空间概念引入控制理论中，奠定了现代控制理论发展的基础。状态空间的建模、分析与校正等详细内容的展开，请参阅第 9 章。

2.3 特殊环节的建模及处理

用数学模型准确地描述实际存在的物理对象其实是一件非常困难的事情，这一节将简单讨论一些较为特殊的物理特性以及相关的建模与处理。

2.3.1 纯滞后环节

在日常生活与实际工业过程中，有些对象在输入变量改变后，输出变量并不立即改变，而是要过一段时间才开始变化。例如，例 2-4 中介绍的直接蒸汽加热器，若加热蒸汽阀门距加热器较远，当某个时刻突然开大蒸汽阀加大蒸汽量 W 以提高被加热物料的温度时，蒸汽量的改变需要经过一段时间 τ 才能影响到被加热物料的温度 θ_{a}，如图 2-11 所示。图中的虚线表示当 $\tau=0$ 时的输出响应，实线表示当 $\tau\neq0$ 时的输出响应，τ 是蒸汽从蒸汽阀流到加热器入口处所需的时间。

又如图 2-12 所示的溶解槽，料斗中的溶质由长度 l、速度 v 的传输带输送至加料口。若在料斗挡板处加大送料量 $q_{\text{in}}(t)$，溶解槽中的溶液浓度要等增加的溶质由料斗口送到加料口并落入槽中后才会改变。即虽然 $q_{\text{in}}(t)$ 和 $q_{\text{f}}(t)$ 应具有相同的变化规律，但 $q_{\text{f}}(t)$ 在时间上滞后 $q_{\text{in}}(t)$ 一段时间，溶液浓度的改变也就落后加料量的改变一个输送时间 τ （$\tau=l/v$）。这种输出变量的变化落后于输入变量变化的现象就称为纯滞后现象，落后的时间 τ 称为纯滞后时间。

在工业过程中，皮带输送机、长输送管路或是气动信号导管、测量点的位置（如图 2-12 中溶液出口的浓度检测处 D 点）等都可能引起纯滞后。如图 2-12 所示的皮带输送机一类的纯滞后数学模型

$$q_{\text{f}}(t)=q_{\text{in}}(t-\tau) \tag{2-67}$$

对上式两边取拉氏变换，并经整理后可得纯滞后环节的传递函数

$$\frac{Q_{\text{f}}(s)}{Q_{\text{in}}(s)}=\text{e}^{-\tau s} \tag{2-68}$$

已知例 2-4 的直接蒸汽加热器没有纯滞后存在时的数学模型为式(2-35)（设输入只考虑 W）

$$T\frac{\text{d}\theta_{\text{a}}(t)}{\text{d}t}+\theta_{\text{a}}(t)=KW(t) \tag{2-35}$$

如果蒸汽阀出口到加热器入口处较远，则必须考虑纯滞后 τ 的存在，此时数学模型为

$$T\frac{\mathrm{d}\theta_a(t)}{\mathrm{d}t}+\theta_a(t)=KW(t-\tau) \tag{2-35'}$$

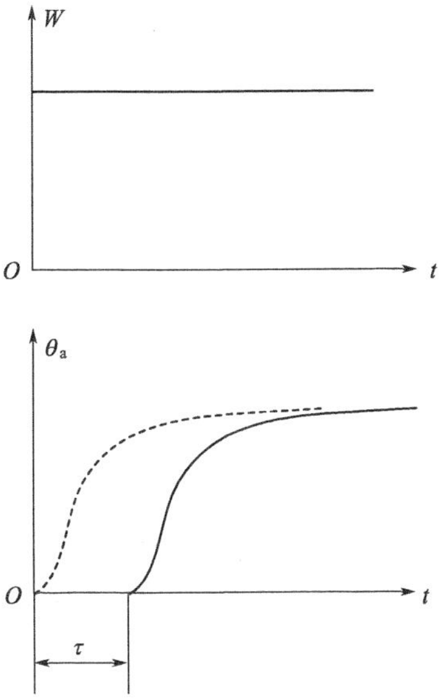

图 2-11　具有纯滞后的对象阶跃响应曲线

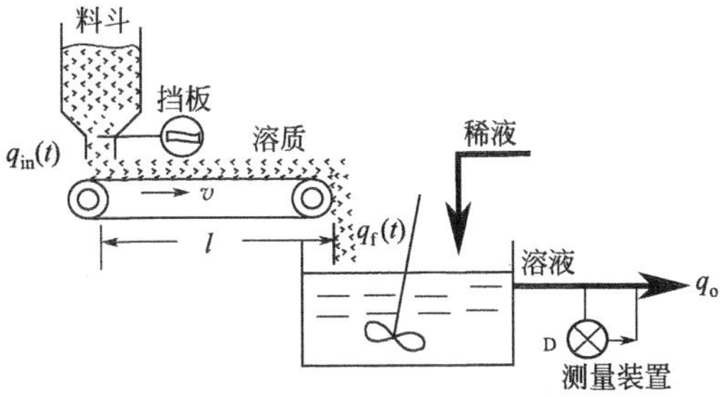

图 2-12　具有纯滞后特性的溶解槽

它们相应的传递函数分别如下。

无纯滞后存在时 $$G(s)=\frac{\Theta(s)}{W(s)}=\frac{K}{Ts+1}$$

考虑纯滞后存在时 $$G_\tau(s)=\frac{\Theta(s)}{W(s)}=\frac{K\mathrm{e}^{-\tau s}}{Ts+1}$$

除了时间上延迟 τ 以外，有纯滞后存在的对象其输出对输入的时间响应与其无纯滞后时的响应完全相同，请读者比较图 2-11 中的实、虚线。需要注意的是，纯滞后是一种非线性特性，它的存在会给控制系统的分析与设计带来很大麻烦。

2.3.2　分布参数控制系统

也许大家没有注意到，前面建立数学模型时实际上都有一个前提条件，即不考虑所建模对象的物理空间位置分布。这意味着，例 2-7 储槽中的液位高度各处相同；例 2-4 中蒸汽直接加热器内部搅拌均匀，容器内温度相同；例 2-3 给出的机械动力学系统各处受力相同等。这种前提下所建模型称为“集中参数模型”。实际上，有些物理系统是不能忽略空间位置的。对分布参数明显的建模对象（或者对模型精度要求较高时）再简单地建立集中参数模型就不合理，应针对其特点，考虑建立分布参数模型。

实际系统中描述各处状态的变量可以引入“场”的概念，如传热介质各处存在温度场、化学反应器体系中各处存在浓度场、某一空间的空气存在湿度场等，对这类系统建立数学模型即为分布参数模型。与集中参数模型用微分方程描述不同的地方在于，分布参数模型需要用偏微分方程来描述，模型中的各变量不仅要随时间变化，而且还要随几何位置变化，这类数学模型即为分布参数模型。

【例 2-8】 若考虑例 2-4 中蒸汽直接加热器的金属内壁温度分布不均匀，需要建立分布参数模型。先将其理想化为一块具有很大面积 A 的金属平板，如图 2-13 所示。热量从左向右传递，两边壁面温度分别为 θ_1℃和 θ_2℃，壁内温度 θ 随时间 t 和距离 x 变化，所以应该写成 $\theta(t,x)$。

随温度场的分布，在距离左边 x 处的某一薄层 XY 的表面温度为 θ 和 $\frac{\partial\theta}{\partial x}\delta x$，其中 δx 是薄层厚度，$\frac{\partial\theta}{\partial x}$是温度梯度，则可推导薄层 XY 在时间 t 时的热平衡方程。

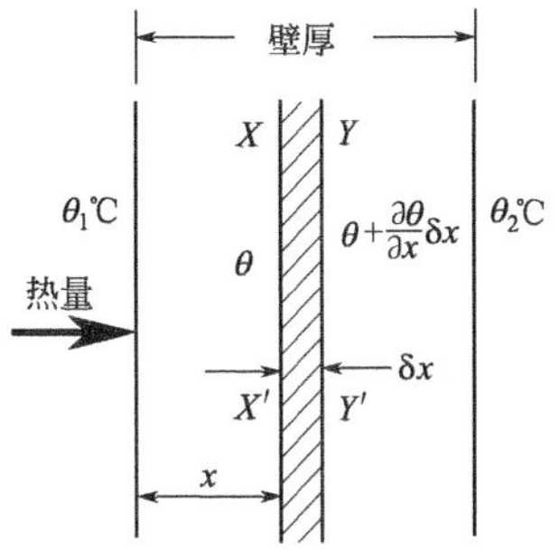

图 2-13　金属传热原理示意图

单位时间由 XX'平面输入薄层的热量为$-K\frac{\partial\theta}{\partial x}A$，单位时间由

YY'平面输出薄层的热量为

$$-K\frac{\partial}{\partial x}\left(\theta+\frac{\partial\theta}{\partial x}\delta x\right)A=-K\frac{\partial\theta}{\partial x}A-K\frac{\partial^2\theta}{\partial x^2}\delta x\cdot A$$

单位时间由 XY 中聚集的热量为

$$Ac_{\mathrm{p}}\frac{\partial\theta}{\partial t}\delta x$$

式中，c_{p} 是金属壁的比热容；K 是传热系数；A 是金属壁的面积。于是可得金属壁由偏微分方程描述的数学模型

$$Ac_{\mathrm{p}}\frac{\partial\theta}{\partial t}\delta x=KA\frac{\partial^2\theta}{\partial x^2}\delta x \tag{2-69}$$

简化得

$$\frac{\partial\theta}{\partial t}=\frac{K}{c_{\mathrm{p}}}\times\frac{\partial^2\theta}{\partial x^2} \tag{2-70}$$

方程（2-70）给出了金属壁上温度 θ 和距离 x、时间 t 的关系。由于偏微分方程描述的系统比较复杂，已经超出本书范围，故这里仅举此例加以说明，不再作深入讨论。通过该例可以看到，实际系统中的变量有可能与几何位置相关。也就是说，用集中参数模型描述对象动态特性需要充分考虑对象的工艺机理并考察假设的合理性。一般情况下，集中参数模型能满足大多数控制系统的设计要求。因此，本书中提到的数学模型均指集中参数数学模型。

2.3.3 积分环节

【例 2-9】 如图 2-14 所示的液体储槽，液体由正位移泵抽出。因为正位移泵的排液能力只与活塞位移相关，与管路情况无关，不能用出口阀调节流量，所以从储槽流出的液体为一常量，即液体液位的变化仅与注入量的变化有关。

它的数学模型

$$A\frac{\mathrm{d}\Delta h(t)}{\mathrm{d}t}=\Delta Q_{\mathrm{in}}(t) \tag{2-71}$$

式中，A 为储槽的截面积。其传递函数

$$G(s)=\frac{H(s)}{Q_{\mathrm{in}}(s)}=\frac{1}{As}=\frac{K_A}{s}$$

这说明，若把某时刻的流入量 Q_{in} 作幅值为 a 的阶跃变化，液位 h 将随时间不断增长，其增长的速度与储槽的截面积 A 成反比。因而可以说，只要有一个增量不为零的输入变量作用于该对象，其输出变量就会随时间无限制增加；只有当输入变量的增量为零时，输出变量才会稳定在一个值上，如图 2-15 所示。这种特性称为积分特性，具有积分特性的对象称为积分环节。

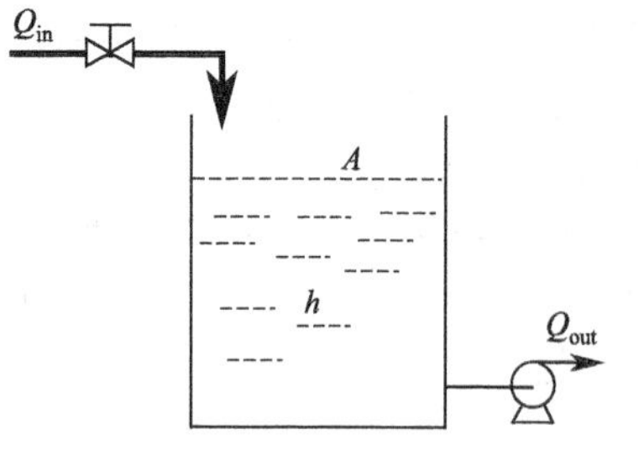

图 2-14 出口装有正位移泵的储槽

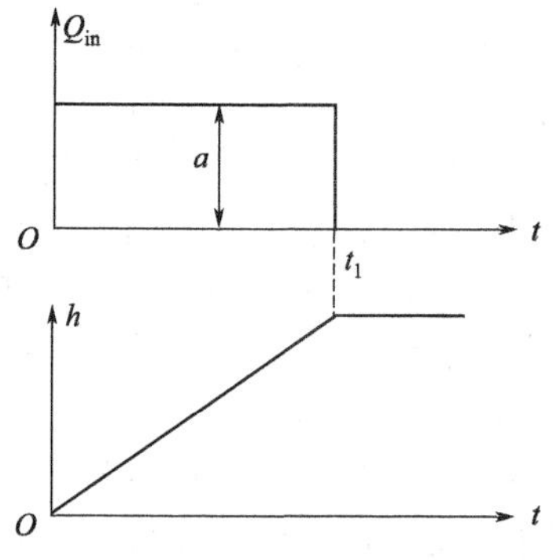

图 2-15 积分环节的阶跃响应曲线

2.3.4 高阶系统

【例 2-10】 图 2-16 是一个高阶对象的例子，它由 3 个具有一阶特性的流体储槽组成，若将该例中的 h_3 视为输出变量，且只考虑它与第一个储槽的输入流量 Q_{in} 之间的关系，试推导出输出 h_3 与输入 Q_{in} 之

间的关系。

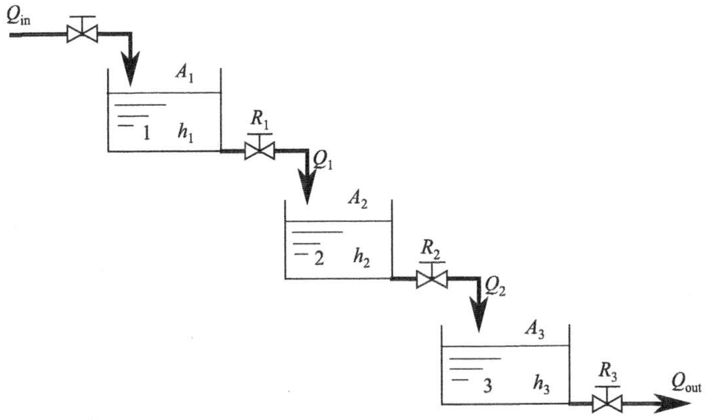

图 2-16 三个液体储槽串联示意图

解 仿照例 2-7 的推导，可以得到如下的方程

对第 1 个储槽

$$\begin{cases} A_1 \dfrac{dh_1}{dt} = Q_{in} - Q_1 \\ Q_1 = \dfrac{1}{R_1} h_1 \end{cases}$$

对第 2 个储槽

$$\begin{cases} A_2 \dfrac{dh_2}{dt} = Q_1 - Q_2 \\ Q_2 = \dfrac{1}{R_2} h_2 \end{cases}$$

对第 3 个储槽

$$\begin{cases} A_3 \dfrac{dh_3}{dt} = Q_2 - Q_{out} \\ Q_{out} = \dfrac{1}{R_3} h_3 + Q_f \end{cases}$$

式中，A 为储槽的面积；R 为阀的阻力系数。

3 个储槽分别建立的微分方程，消去中间变量 h_1、h_2 后，可以推导出输出 h_3 与输入 Q_{in} 之间的微分方程模型如下

$$A_1A_2A_3R_1R_2R_3 \frac{d^3h_3}{dt^3} + (A_1R_1A_2R_2 + A_1R_1A_3R_3 + A_2R_2A_3R_3)\frac{d^2h_3}{dt^2} + (A_1R_1 + A_2R_2 + A_3R_3)\frac{dh_3}{dt} + h_3 = R_3Q_{in} \tag{2-72}$$

一般称三阶或更高阶次的方程为高阶方程，相应的对象就称为高阶对象。

采用前面用过的时间常数标记：$T_1 = A_1R_1$；$T_2 = A_2R_2$；$T_3 = A_3R_3$。代入式(2-72)

$$T_1T_2T_3 \frac{d^3h_3}{dt^3} + (T_1T_2 + T_1T_3 + T_2T_3)\frac{d^2h_3}{dt^2} + (T_1 + T_2 + T_3)\frac{dh_3}{dt} + h_3 = R_3Q_{in} \tag{2-73}$$

依次类推，若有 n 个具有一阶特性的液体储槽相串联，最后一个储槽的液位 h_n 对第一只储槽流入量 Q_{in} 改变的响应是 n 阶的微分方程

$$a_n h^{(n)}(t) + a_{n-1} h^{(n-1)}(t) + a_{n-2} h^{(n-2)}(t) + \cdots + a_1 \frac{dh}{dt} + a_0 h = R_n Q_{in} \tag{2-74}$$

的解。与式(2-73) 对应的代数特征方程

$$T_1T_2T_3\lambda^3 + (T_1T_2 + T_1T_3 + T_2T_3)\lambda_2 + (T_1 + T_2 + T_3)\lambda + 1 = 0 \tag{2-75}$$

若方程有 3 个负实根 λ_1、λ_2、λ_3，当流入量 Q_{in} 作阶跃变化后，液位 h_3 的响应将是

$$h_3=\alpha_1 e^{\lambda_1 t}+\alpha_2 e^{\lambda_2 t}+\alpha_3 e^{\lambda_3 t}+\bar{h}_3 \tag{2-76}$$

式中，$\bar{h}_3$ 为原来的平衡状态。相似地，式(2-74) 的解是

$$h_n=\alpha_1 e^{\lambda_1 t}+\alpha_2 e^{\lambda_2 t}+\cdots+\alpha_{n-1} e^{\lambda_{n-1} t}+\alpha_n e^{\lambda_n t}+\bar{h}_n \tag{2-77}$$

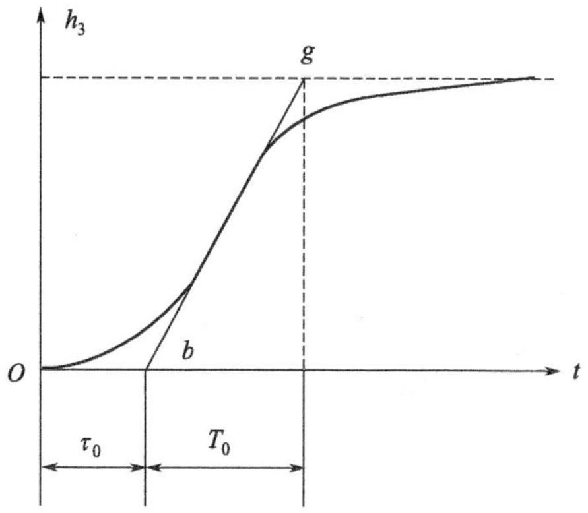

图 2-17 高阶对象响应曲线示意图

式(2-76) 和式(2-77) 可如图 2-17 所示，这类曲线有类似二阶对象响应曲线的特点。

① 可以证明

当 $t=0$ 时，$y(0)=0$，$y'(0)=0$，$y''(0)=0$；

当 $t\to\infty$时，$y(\infty)=$新稳态值，$y'(\infty)=0$。

因而在 $t=0$ 到 $t\to\infty$的时间内，液位的变化速度先是逐步增加，而后再逐步减小，这样在曲线上必有拐点。

② 在流入量 Q_{in} 变化后的不太长的时间内，液位 h_3 的变化值较小，以至图 2-17 所示的曲线在初始阶段较平，且接近于 t 轴，类似于纯滞后特性。因而工程上为简单起见，有时就用具有纯滞后的一阶对象来近似二阶或更高阶次的对象。其方法是：在二阶或高阶对象的阶跃响应曲线的拐点作一切线，该切线与 t 轴相交于 b 点，与新稳态值相交于 g 点，把 Ob 段的时间间隔近似看作是纯滞后时间，把从 b 到 g 在 t 轴上投影的时间间隔 T_0 近似看作时间常数，即用含有纯滞后时间 τ_0 和时间常数 T_0 的一阶加纯滞后的对象来近似二阶或更高阶的对象。

2.3.5 非线性环节的线性化处理

前述的积分及高阶仍都属于线性特性，满足线性叠加原理。实际系统中除了前面介绍的纯滞后特性外，或多或少地含有非线性环节。由于对非线性方程的处理大大复杂于线性方程，为了便于分析与设计控制系统，在一定的前提条件下或忽略一些不太重要的建模因素后，人们或是用线性微分方程描述被控对象的动态特性，或是对非线性特性在其平衡状态的某个邻域内进行线性化处理，以获得描述平衡状态点附近的线性化数学模型。需要注意的是，这种线性化处理仅仅是一种近似的方法，只在平衡状态附近的某个邻域成立。

将非线性数学模型进行线性化近似处理的常用方法是泰勒级数法。首先将已知的非线性函数 $y=f(x)$ 在平衡工作点 x_0 的某个邻域展开为泰勒级数

$$y=f(x_0)+f'(x_0)(x-x_0)+\frac{f''(x_0)}{2}(x-x_0)^2+\cdots \tag{2-78}$$

由于在平衡状态附近增量 $(x-x_0)$ 很小，忽略展开式(2-78) 中的二次项和高次项，即得到原式 $y=f(x)$ 的线性化近似方程

$$y=f(x_0)+f'(x_0)(x-x_0) \tag{2-79}$$

式中，$f'(x_0)$ 是非线性函数 $y=f(x)$ 在 (x_0, y_0) 点的导数，可以用图 2-18 表示。可见，将非线性环节线性化的实质就是以平衡点 x_0 附近的直线代替原来的曲线。

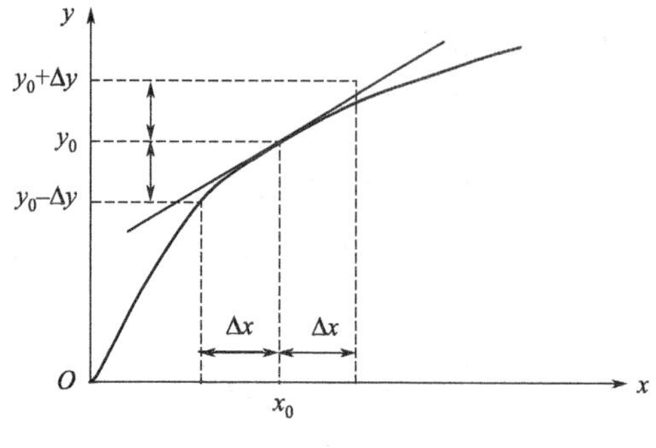

图 2-18 非线性环节线性化示意图

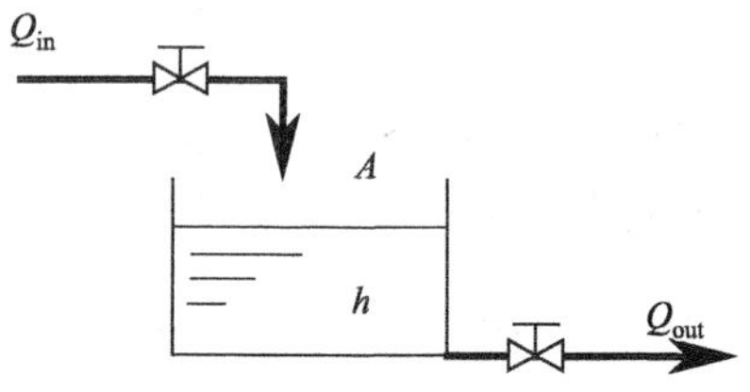

图 2-19 液体储槽示意图

【例 2-11】 图 2-19 是一个液体储槽的示意图。在这个例子中，液体流入量 Q_{in} 在阀前压力恒定的情

况下仅与阀的开度有关；而流出量 Q_{out} 除与阀的流通面积 f 有关外，还与液体的液位 h 有关。根据流体力学知道

$$Q_{out}=\alpha f\sqrt{h} \tag{2-80}$$

式中，α 是阀的节流系数，当流量变化不大时，可近似为常数。根据进出储槽液体的物料平衡关系

$$Q_{in}-Q_{out}=\frac{dV}{dt} \tag{2-81}$$

式中，$\frac{dV}{dt}$表示单位时间内储槽中液体的变化量。设储槽的截面积为 A，则有$\frac{dV}{dt}=A\frac{dh}{dt}$，于是可得

$$Q_{in}-Q_{out}=Q_{in}-\alpha f\sqrt{h}=A\frac{dh}{dt} \tag{2-82}$$

式(2-82) 已经表示了储槽中液位 h 随着输入量 Q_{in} 变化的动态关系。按照书写的一般习惯，将输出量从高阶到低阶依次写在方程的左边，输入量列写在方程的右边，整理得

$$A\frac{dh}{dt}+\alpha f\sqrt{h}=Q_{in} \tag{2-83}$$

这就是储槽液位的动态数学模型。可见，式(2-83) 为非线性微分方程。采用泰勒级数展开法将其在工作点附近进行线性化处理。

设该系统的平衡工作点为 (Q_{out},f_0,h_0)。在平衡工作点的某个邻域内将式(2-80) 展开为泰勒级数，并忽略二次及以上的高次项，得

$$\begin{aligned}Q_{out}=\alpha f\sqrt{h}&=Q_{out0}+\left.\frac{\partial Q_{out}}{\partial h}\right|_{\substack{h=h_0\\f=f_0}}(h-h_0)+\left.\frac{\partial Q_{out}}{\partial f}\right|_{\substack{h=h_0\\f=f_0}}(f-f_0)\\&=Q_{out0}+\frac{1}{2}\alpha f_0\sqrt{\frac{1}{h_0}}\Delta h+\alpha\sqrt{h_0}\Delta f\end{aligned} \tag{2-84}$$

式中，Δ 为增量信号；$\frac{1}{2}\alpha f_0\sqrt{\frac{1}{h_0}}\Delta h$ 表示由于液位变化引起的 Q_{out} 变化量，通常记为$\frac{1}{R}\Delta h$（R 为阻力系数）；$\alpha\sqrt{h_0}\Delta f$ 表示由控制阀的开度变化及控制作用而引起的 Q_{out} 变化量，通常记为 $K\Delta f$。

将已经线性化的式(2-84) 代入式(2-83)，得

$$A\frac{d(h_0+\Delta h)}{dt}+Q_{out0}+K\Delta f+\frac{1}{R}\Delta h=Q_{in0}+\Delta Q_{in} \tag{2-85}$$

因为 $Q_{out0}=Q_{in0}$，$\frac{dh_0}{dt}=0$，整理上式，得到以增量形式表示的储槽液位的近似线性化数学模型

$$A\frac{d(\Delta h)}{dt}+\frac{1}{R}\Delta h=\Delta Q_{in}-K\Delta f \tag{2-86}$$

如果不考虑阀门开度的变化，则上式的最后一项为零。

【例 2-12】 两相交流伺服电机是控制系统中常用的一种执行机构，如图 2-20 所示。这种电机由定子和转子组成。定子中配置两个绕组，一个为励磁绕组，由固定频率的恒定交流电供电，另一个是控制绕组，由与励磁电压同频率可变电压的交流电供电，即伺服电机的控制电压 u_c。两相交流伺服电机的机械特性如图 2-21 所示。

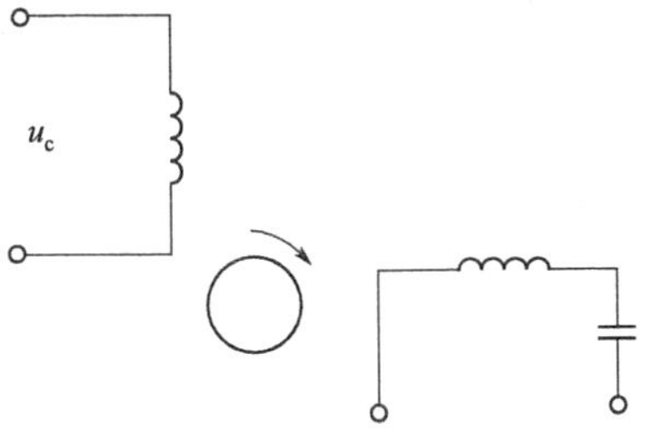

图 2-20 两相伺服交流电机示意图

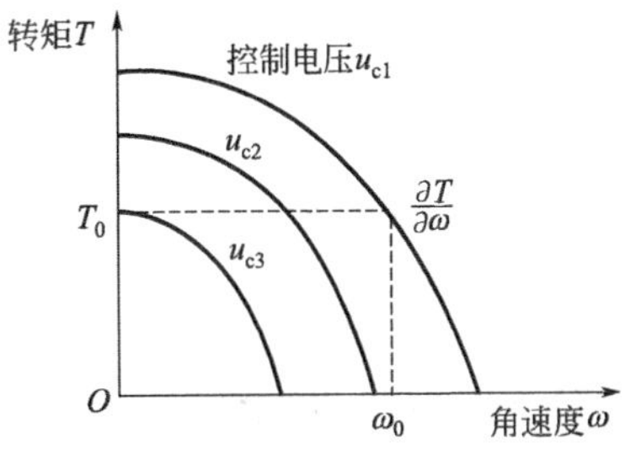

图 2-21 两相交流伺服电机的机械特性曲线

根据两相交流伺服电机的工作原理，可以确定输入变量和控制变量为控制电压 u_c，输出变量是电机

角速度 ω，根据两相交流伺服电机的原始平衡方程有下列关系式。

转矩 T 与控制电压 u_c 及角速度 ω 之间的函数关系式

$$T=f(u_c,\omega) \tag{2-87}$$

转矩平衡方程：

$$T-B\omega=0 \tag{2-88}$$

式中，B 为比例系数。

在有微小变化的情况下，系统的平衡方程可表达为下列增量形式

$$J\frac{\mathrm{d}(\omega_0-\Delta\omega)}{\mathrm{d}t}=(T_0+\Delta T)-B(\omega_0+\Delta\omega) \tag{2-89}$$

式中，J 为转动惯量。

由于稳态时 $T_0-B\omega_0=0$，消去稳态项，可以得到

$$J\frac{\mathrm{d}(\Delta\omega)}{\mathrm{d}t}=\Delta T-B\Delta\omega \tag{2-90}$$

将式(2-87) 代入式(2-90)，可得

$$J\frac{\mathrm{d}(\Delta\omega)}{\mathrm{d}t}+B\Delta\omega=f(u_c,\omega)-T_0 \tag{2-91}$$

这样就获得了表达两相交流伺服电机输入输出动态关系的微分方程模型。很明显，此为一个非线性微分方程。在稳态工作点附近进行线性化处理，可得到近似的线性数学模型。

式(2-91) 中的非线性特性是由式(2-87) 引起的，所以只需要将式(2-87) 进行泰勒级数展开

$$T=f(u_c,\omega)=T_0\Big|_{\substack{u_c=u_{c0}\\ \omega=\omega_0}}+\frac{\partial f}{\partial u_c}\Big|_{\substack{u_c=u_{c0}\\ \omega=\omega_0}}(u_c-u_{c0})+\frac{\partial f}{\partial \omega}\Big|_{\substack{u_c=u_{c0}\\ \omega=\omega_0}}(\omega-\omega_0) \tag{2-92}$$

令 $C_u=\frac{\partial f}{\partial u_c}\Big|_{\substack{u_c=u_{c0}\\ \omega=\omega_0}}$，$C_\omega=\frac{\partial f}{\partial \omega}\Big|_{\substack{u_c=u_{c0}\\ \omega=\omega_0}}$，并注意 $u_c-u_{c0}=\Delta u_c$，$\omega-\omega_0=\Delta\omega$，则式(2-92) 可简化为

$$T=f(u_c,\omega)=T_0+C_u\Delta u_c-C_\omega\Delta\omega \tag{2-93}$$

代入式(2-91) 得

$$J\frac{\mathrm{d}(\Delta\omega)}{\mathrm{d}t}+(B+C_\omega)\Delta\omega=C_u\Delta u_c \tag{2-94}$$

此式是以增量形式描述的两相交流伺服电机输入输出关系的近似线性数学模型。

上面两个例子从平衡点出发，推导出含增量符号 Δ 的描述系统动态特性的增量微分方程式(2-86) 和式(2-94)，习惯上一般将 Δ 省略，式(2-86) 和式(2-94) 可直接写成

$$A\frac{\mathrm{d}h}{\mathrm{d}t}+\frac{1}{R}h=Q_{\mathrm{in}}+Kf \tag{2-86$'$}$$

$$J\frac{\mathrm{d}\omega}{\mathrm{d}t}+(B+C_\omega)\omega=C_u u_c \tag{2-94$'$}$$

这是因为在增量形式的表达中，初始条件已经假设为稳态工作点，它在增量形式的坐标系中可视为零。要注意的是，虽然在微分方程模型式(2-86′) 和式(2-94′) 中省略了增量符号 Δ，但表达式中的各相应变量还是应该理解为是稳态工作点基础上的增量。

采用泰勒级数展开非线性微分方程以得到近似线性模型的方法应用很广，但需要注意泰勒级数展开的条件，即非线性函数必须是可导的；对于不满足泰勒级数展开条件的非线性函数（如继电器特性函数），不能采用这种方法。此外，泰勒级数展开具有近似性，只在展开点的某一个邻域中成立，邻域的大小不仅与近似的误差要求有关，而且与非线性函数在展开点的性质有关。因此，在进行线性化处理时要十分注意这些问题。

2.4 控制系统中典型环节的数学模型

图 2-22 为常规单输入-单输出控制系统的示意图。前面主要讨论了如何建立被控对象的微分方程模型或状态空间模型，为了对整个控制系统的动态行为进行分析与研究，还必须建立控制系统其他组成部分的

数学模型。

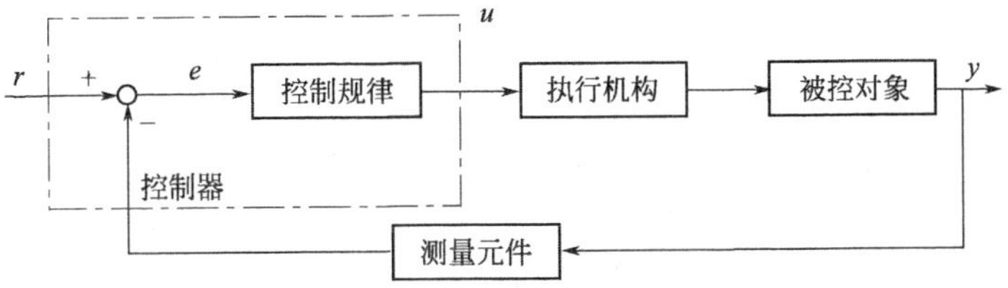

图 2-22 控制系统组成部分示意图

2.4.1 控制器的数学模型

图 2-22 所示的控制系统中，控制器的功能是将测量元件检测到的对象输出值 y 与给定值 r 进行比较，若存在偏差 e，就按照事先设计好的控制规律计算出欲施加到执行机构上的控制作用于被控对象，继续检测、比较控制，直至偏差 e 至零（或在允许范围内）。控制器可以用硬件（如调节器仪表）实现，也可以用软件实现（如计算机控制系统中的控制策略）。在控制系统组成后，系统运行的质量很大程度上取决于控制规律的选择。

在自动控制领域，最常用的控制规律为：比例-积分-微分（proportional plus integral plus derivative）作用或其中的一部分，取它们英语单词的第一个字母，简称为 PID 控制器或 P 控制器、PI 控制器，PD 控制器一般在实际控制系统中不单独使用。已经存在半个多世纪的 PID 控制器可以看作是对具有丰富经验的熟练操作工的动作模仿，其含义是控制器输出的控制作用 u 对偏差 e 进行比例、积分和微分的综合。图 2-22 中假设测量元件的传递函数为 $e(t)$，则有：

$$e(t)=r(t)-y(t) \tag{2-95}$$

$$u(t)=K_{\mathrm{p}}\left[e(t)+\frac{1}{T_{\mathrm{i}}}\int_{0}^{t}e(\tau)\mathrm{d}\tau+T_{\mathrm{d}}\frac{\mathrm{d}e(t)}{\mathrm{d}t}\right] \tag{2-96}$$

$$\frac{U(s)}{E(s)}=K_{\mathrm{p}}+\frac{K_{\mathrm{p}}}{T_{\mathrm{i}}s}+K_{\mathrm{p}}T_{\mathrm{d}}s \tag{2-97}$$

式中，K_{p} 为比例系数；T_{i} 为积分时间常数；T_{d} 为微分时间常数。

式(2-96) 为 PID 控制器的微分方程数学模型，其输入为偏差 e，输出为控制作用 u。式(2-97) 为 PID 控制器的传递函数数学模型。在实际应用时，要根据被控对象的特性合理地选择 K_{p}、T_{i} 和 T_{d}（选择这 3 个参数的过程为 PID 控制器的参数整定），以达到满意的控制效果。对比图 2-22，图 2-23 为加入 PID 控制器的控制系统。

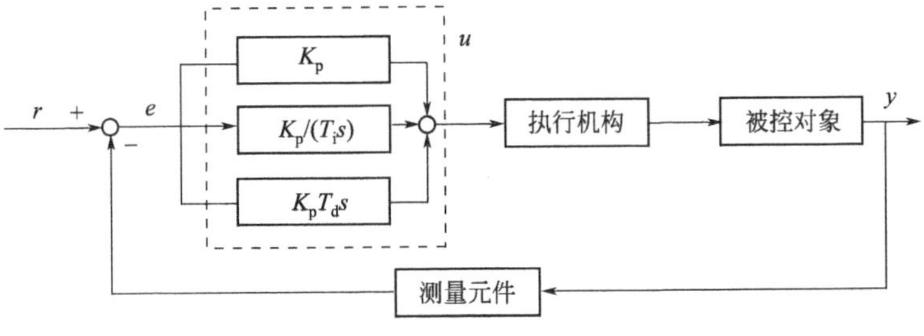

图 2-23 加入 PID 控制器的控制系统

依此类推，P 控制器、PI 控制器和 PD 控制器的传递函数分别为 K_{p}、$K_{\mathrm{p}}+\dfrac{K_{\mathrm{p}}}{T_{\mathrm{i}}s}$ 和 $K_{\mathrm{p}}+K_{\mathrm{p}}T_{\mathrm{d}}s$，分别替换图 2-23 中虚线框中的内容即可。

为什么加入控制器后原系统的控制性能能够改善？请查阅第 6 章第 4 节。

2.4.2 测量元件的数学模型

实际的控制系统中，一些工艺变量通过检测装置得到测量值，然后再经过变送器转换为可以远传的电信号或气信号送往控制器。由于工艺参数众多，测量元件也各不相同，这里不可能一一涉及，仅举一些典

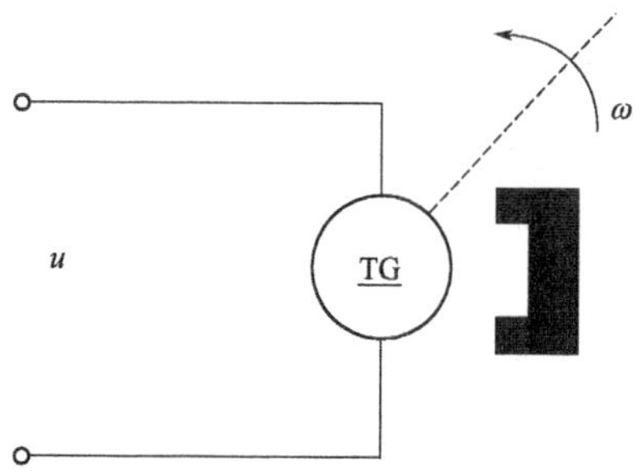

图 2-24 测速发电机示意图

型例子来了解测量元件的动态特性。

(1) 测速发电机的数学模型

测速发电机是运动控制系统中用于测量角速度并将它转换成电压量的常见装置，常用的有直流和交流测速发电机。

【例 2-13】 图 2-24 是永磁式直流测速发电机的原理图。测速发电机的转子与待测量的轴相连接，在电枢两端输出与转子角速度 ω 成正比的直流电压，即

$$u(t)=K_t\omega(t)=K_t\frac{\mathrm{d}\theta(t)}{\mathrm{d}t} \tag{2-98}$$

式中，$\theta(t)$ 是转子角位移；$\omega(t)=\mathrm{d}\theta(t)/\mathrm{d}t$ 是转子角速度；K_t 是测速发电机的输出斜率，表示单位角速度的输出电压。其传递函数为

电压与角速度 $$G_\omega(s)=\frac{U(s)}{\Omega(s)}=K_t$$

电压与角位移 $$G_\theta(s)=\frac{U(s)}{\Theta(s)}=K_t s$$

(2) 热电阻测量元件的数学模型

【例 2-14】 图 2-25 表示一个热电阻测温元件插入温度为 T 的被测介质中。假设导线向外传出的热量 Q 可以忽略，电阻体温度为 T_R 且分布均匀。热电阻测温原理是：T_R 与电阻体电阻 R 存在一一对应关系，R 随 T_R 的变化而变化，根据能量守恒关系

$$Mc\frac{\mathrm{d}T_R}{\mathrm{d}t}=Q_{\text{in}}-Q_{\text{out}}=A\alpha(T-T_R) \tag{2-99}$$

即

$$\frac{Mc}{A\alpha}\frac{\mathrm{d}T_R}{\mathrm{d}t}+T_R=T \tag{2-100}$$

式中，M 为热电阻质量；c 为热电阻体比热容；A 为热电阻体表面积；α 为热电阻与介质间的热导率。

显然，式(2-100) 具有一阶特性，$\frac{Mc}{A\alpha}$为时间常数。对一个现成的热电阻体来说，Mc/A 是常数，所以时间常数反比于热导率 α。由于 α 和介质的物理性质和流动状态等有关，所以即使是同一个热电阻，在用于不同的场合时，其测量的动态时间常数也可能有所不同。

在大多数工业现场，都需要在热电阻外加上保护套管，以延长其使用寿命，其结构如图 2-26 所示。设保护套管插入被测介质较深，由上部传出的热损耗可以忽略，并且保护套管具有均匀的温度 T_a。若介质温度为 T，则对保护套管有

$$M_1c_1\frac{\mathrm{d}T_a}{\mathrm{d}t}=\alpha_1A_1(T-T_a)-\alpha_2A_2(T_a-T_R) \tag{2-101}$$

式中，M_1 为保护套管质量；c_1 为保护套管比热容；α_1 为介质与保护套管间的热导率；α_2 为保护套管与热电阻体间的等效热导率；A_1 为保护套管有效表面积；A_2 为热电阻体表面积。

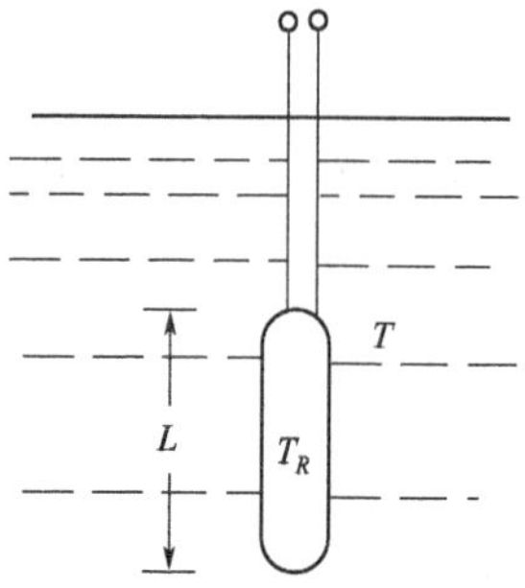

图 2-25 热电阻示意图

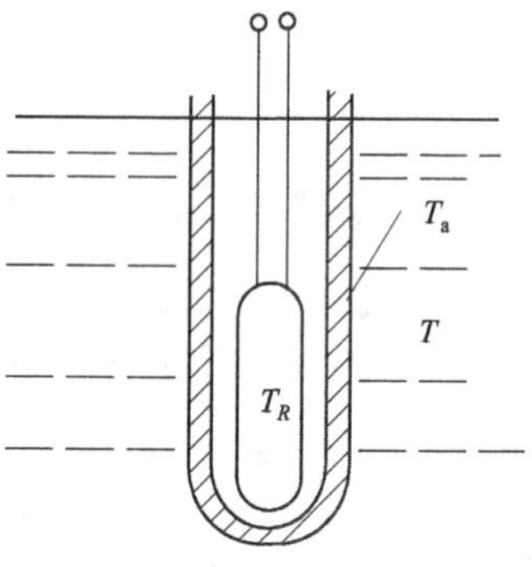

图 2-26 有套管的热电阻示意图

对于热电阻体，有

$$M_2c_2\frac{\mathrm{d}T_R}{\mathrm{d}t}=\alpha_2A_2(T_a-T_R) \tag{2-102}$$

式中，M_2 为热电阻体质量；c_2 为热电阻体比热容；T_R 为热电阻体温度。

式(2-101) 和式(2-102) 为具有保护套管的热电阻体的动态特性。若令 $R_1=\frac{1}{\alpha_1A_1}$，$R_1=\frac{1}{\alpha_2A_2}$，$C_1=M_1c_1$，$C_2=M_2c_2$，联立式(2-101)、式(2-102)，可得以 T 为输入、T_R 为输出的输入输出模型

$$T_1T_2\frac{\mathrm{d}^2T_R}{\mathrm{d}t^2}+(T_1+T_2+R_1C_2)\frac{\mathrm{d}T_R}{\mathrm{d}t}+T_R=T \tag{2-103}$$

式中，$T_1=R_1C_1$，$T_2=R_2C_2$，均为时间常数。注意到，式中一阶导数项前的系数为 $T_1+T_2+R_1C_2$，与例 2-7 两个串联液体储槽的二阶数学模型式(2-60) 相比多了一个 R_1C_2 项，表明保护套管传送给热电阻体的热量和它们的温差有关，热电阻体的温度改变时，会影响套管对热电阻的给热，而不包括该项的式(2-60) 表明，第二个储槽液位会受到第一个储槽流出的流量影响，但第二个储槽的液位不会反过来影响到第一个储槽。

2.4.3 执行机构的数学模型

自动控制系统中的执行机构种类很多，工业控制中使用得最多的是控制阀，用于控制介质的流量。常见的控制阀有电动、气动、液动等类型，这里介绍气动控制阀的建模过程。

【例 2-15】 图 2-27 为一个薄膜式气动控制阀的结构示意图。它由上部的薄膜式气室、刚性弹簧及下部的阀体组成。膜室中气压 p 的变动引起阀杆成正比地上下移动，从而改变阀座和阀芯之间的开启面积，以改变介质流过的流量 q。由于阀体开启面积的改变基本无惯性地使介质流量 q 发生改变，所以控制阀的动态特性主要取决于执行机构的膜室气容和阻力 R。

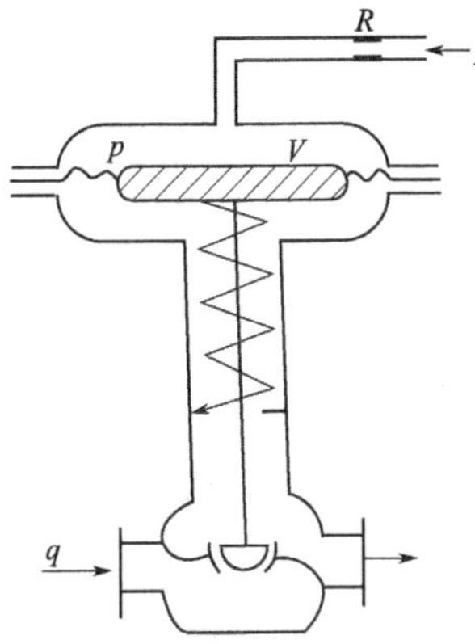

图 2-27 气动控制阀示意图

若膜室体积为 V，并设阀杆上下移动距离较小，膜室体积近似不变，因而可以视作一个压力容器，其输入是加到膜室的气压 p_i，输出是介质的流量 q。

单位时间进入膜室的气体流量增量

$$\Delta G_{in}=V\frac{\mathrm{d}\Delta\gamma}{\mathrm{d}t} \tag{2-104}$$

由于流体力学原理，流过阀的气体流量增量 ΔG_{in} 和阀前后的差压的开方值 $\sqrt{p_i-p}$ 成正比，即 $G_{in}=\alpha f\sqrt{p_i-p}$。

当 p_i 变化不大时，线性化后得到压差与空气流量的变化关系近似为

$$\Delta G_{in}=\frac{1}{R}(\Delta p_i-\Delta p) \tag{2-105}$$

因为气体压力不高，膜室中气体可近似看作是理想气体，则有

$$pV=n\overline{R}\overline{T} \tag{2-106}$$

式中，n 为膜室中气体分子的物理质量；$\overline{R}$ 为理想气体常数；$\overline{T}$ 为膜室中气体的热力学温度。

$$\gamma=\frac{n}{V}M=\frac{p}{\overline{R}\overline{T}}M \tag{2-107}$$

式中，M 是膜室中气体的平均分子质量。对式(2-107) 两边求导，有

$$\frac{\mathrm{d}\gamma}{\mathrm{d}t}=\frac{M}{\overline{R}\overline{T}}\times\frac{\mathrm{d}p}{\mathrm{d}t} \tag{2-108}$$

或

$$\frac{\mathrm{d}\Delta\gamma}{\mathrm{d}t}=\frac{M}{\overline{R}\overline{T}}\times\frac{\mathrm{d}\Delta p}{\mathrm{d}t} \tag{2-109}$$

将上式与式(2-105) 代入式(2-104)，得

$$\frac{VM}{\overline{R}\overline{T}}\times\frac{\mathrm{d}\Delta p}{\mathrm{d}t}+\frac{1}{R}\Delta p=\frac{1}{R}\Delta p_i \tag{2-110}$$

或

$$\frac{VMR}{RT}\times\frac{\mathrm{d}p}{\mathrm{d}t}+p=p_{\mathrm{i}} \tag{2-111}$$

设阀体呈线性特性，则有 $q=-Kp$，故得

$$\frac{VMR}{RT}\times\frac{\mathrm{d}q}{\mathrm{d}t}+q=-Kp_{\mathrm{i}} \tag{2-112}$$

此为气动薄膜控制阀的数学模型。

实际工业控制中，习惯上也常将控制器称为调节器，将控制阀称为调节阀。

2.5 传递函数与方框图

当获得反映系统或环节动态性能的微分方程或状态空间模型后，在给定初始条件和输入的情况下求解，就可得到系统或环节的输出响应。但求解微分方程往往较为困难，如果系统的结构或某个参数发生变化，还需要重新列写并求解微分方程，不利于对系统进行分析和设计。所以，经典控制理论中常采用方框图与传递函数来描述系统或环节。

传递函数的形式简单明了，借助于方框图或信号流图可使运算变得十分简便，而且它不仅可以表征系统的动态性能，还可以用来研究系统的结构或参数变化对系统性能的影响。经典控制理论中的根轨迹分析法与频率响应分析法就是建立在传递函数的基础上的，所以传递函数是经典控制理论中最基本与最重要的系统描述。

2.5.1 传递函数的基本概念及其讨论

对一个线性定常系统或系统中的某一环节，传递函数的定义可表示为：零初始条件下，系统或环节的输出量的拉普拉斯变换与输入量的拉普拉斯变换之比。

例如，图 2-1(a) 所示系统的微分方程模型（2-6）

$$LC\frac{\mathrm{d}^2 v_C(t)}{\mathrm{d}t^2}+RC\frac{\mathrm{d}v_C(t)}{\mathrm{d}t}+v_C(t)=e(t) \tag{2-6}$$

其复数域上的传递函数是

$$G(s)=\frac{Y(s)}{V(s)}=\frac{1}{LCs^2+RCs+1}$$

(1) 传递函数的一般形式

通常，一个 n 阶的线性定常系统在时域上由一个 n 阶的常微分方程表示

$$y^{(n)}(t)+a_{n-1}y^{(n-1)}(t)+\cdots+a_0y(t)=b_mx^{(m)}(t)+\cdots+b_0x(t) \tag{2-113}$$

该系统的传递函数（不失一般性，下面的讨论均基于复域）为

$$G(s)=\frac{Y(s)}{X(s)}=\frac{b_ms^m+b_{m-1}s^{m-1}+\cdots+b_1s+b_0}{s^n+a_{n-1}s^{n-1}+\cdots+a_1s+a_0} \tag{2-114}$$

其中，考虑到物理可实现问题，分母的阶次 $n\geqslant$ 分子的阶次 m。

比较式(2-113) 与式(2-114)，可见式(2-114) 是在零初始条件下由微分方程（2-113）经拉氏变换后得到的。拉氏变换是一种线性积分变换，将实数 t 域变换到复数 s 域，所以 $G(s)$ 与微分方程一样能表征系统的固有特性，是另一种形式的数学模型。事实上，$G(s)$ 的分母多项式就是微分方程左端的特征多项式，而系统的动态分量完全由特征方程的根决定。拉氏变换的定义、定理和常用拉氏变换表请查阅附录 A。

传递函数本质上是与微分方程等价的数学模型，但却以函数的代数形式表现，使得运算大为简便，同时可以方便地借用图形表示，因而在分析系统时获得普遍应用。

(2) 传递函数的性质

① 传递函数是输入输出模型的一种表现形式，它只取决于系统的结构与参数，与输入的具体形式与性质无关；也不能反应系统内部的信息，因而被称为是系统的外部描述。它可与常微分方程、状态方程互相转换。

② 传递函数是在零初始条件下定义的，因而它不能反映非零初始条件下系统的运动情况。这里的零

初始条件有两方面的含义：一是指输入量在 $t \geqslant 0$ 时作用于系统，因此，在 $t=0^-$，输入量及其各阶导数均为零；二是指在输入量加于系统之前，系统处于稳定的工作状态，输出量及其各阶导数在 $t=0^-$ 时也为零。实际中的工程控制系统多数属于这种情况。对于非零初始条件对线性系统所产生的影响，可以考虑成增量线性系统，用叠加原理进行处理。

③ 实际系统的传递函数分母多项式的阶次总是大于或等于分子多项式的阶次，即 $n \geqslant m$，并且所有的系数均为实数。这是因为物理上可实现的系统总是存在惯性，且能源又有限。由于系数均由元件的参数组成，故只能是实数。

④ 传递函数 $G(s)$ 的拉氏仅变换是脉冲响应 $g(t)$。脉冲响应 $g(t)$ 是系统在单位脉冲 $\delta(t)$ 输入作用下的输出，参见图 2-28。

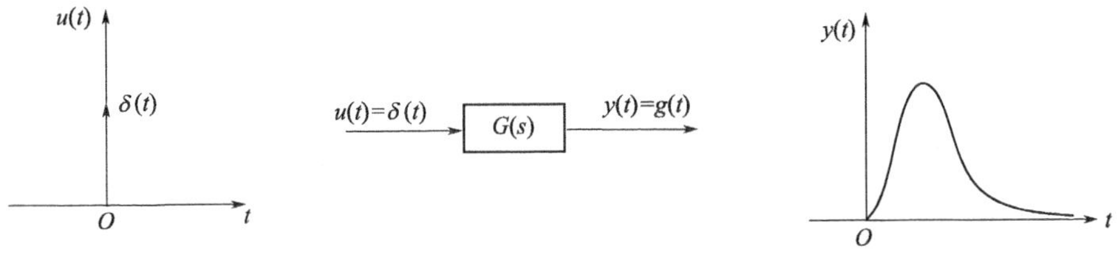

图 2-28 系统脉冲响应示意图

因为 $U(s)=\mathrm{L}[\delta(t)]=1$，故有

$$Y(s)=G(s)U(s)=G(s) \tag{2-115}$$

$$y(t)=g(t)=\mathrm{L}^{-1}[Y(s)]=\mathrm{L}^{-1}[G(s)] \tag{2-115$'$}$$

可见，脉冲响应函数 $g(t)$ 与传递函数 $G(s)$ 具有单值的变换关系，两者包含了关于系统动态特性的相同信息。

(3) 传递函数的零极点表示

传递函数的分子、分母在因式分解后通常写成零极点形式

$$G(s)=\frac{b_m s^m+b_{m-1}s^{m-1}+\cdots+b_1 s+b_0}{a_n s^n+a_{n-1}s^{n-1}+\cdots+a_1 s+a_0}=\frac{K\prod_{k=1}^{m}(s-z_k)}{\prod_{j=1}^{n}(s-p_j)} \tag{2-116}$$

式中，$K=b_m/a_n$ 称为根轨迹增益；$p_j(j=1,2,\cdots,n)$ 称为传递函数的极点；$z_k(k=1,2,\cdots,m)$ 称为传递函数的零点。传递函数的极点与零点可以是实数，亦可为复数。为便于在复平面上标识，通常用“×”表示极点；用“○”表示零点，这样得到的图称为传递函数的零极点分布图。例如

$$G(s)=\frac{s+2}{(s+3)(s^2+2s+2)}$$

其零极点分布图如图 2-29 所示。

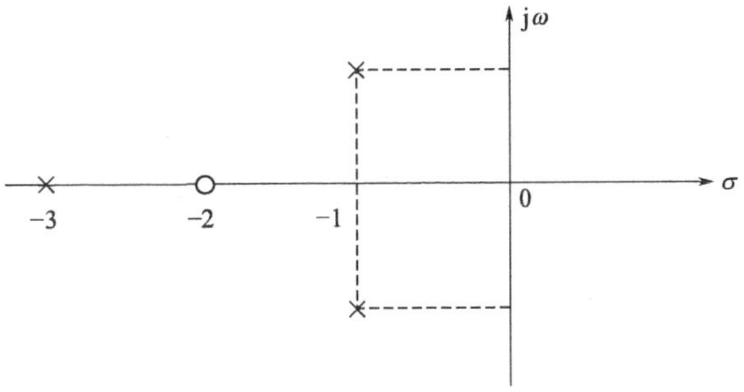

图 2-29 零极点分布图

(4) 典型环节的传递函数

对于一般的高阶线性系统传递函数，通过因式分解后，总可以写成如下一些典型环节的组合。常见的典型环节有以下几种：

① 比例（放大）环节 K，如常用的电位器即为一个比例环节；

② 一阶惯性环节 $\frac{K}{Ts+1}$，如 RC 电路、单容水槽；

③ 一阶微分环节 $K(Ts+1)$；

④ 积分环节 $\frac{K}{s}$，如出口装有正位移泵的液体储槽；

⑤ 微分环节 Ks，如测速发电机；

⑥ 二阶振荡环节 $K \Big/ \left(\frac{s^2}{\omega_n^2}+\frac{2\zeta s}{\omega_n}+1\right)(\omega_n>0, 0\leqslant\zeta<1)$，如 RLC 电路、质量弹簧阻尼系统；

⑦ 二阶微分环节 $K\left(\frac{s^2}{\omega_n^2}+\frac{2\zeta s}{\omega_n}+1\right)(\omega_n>0,\ 0\leqslant\zeta<1)$；

⑧ 纯滞后环节 $e^{-\tau s}$。

2.5.2 控制系统或环节的方框图

一个系统或环节的方框图如图 2-30 所示，它表示的是输入与输出之间的数学运算关系在时域中满足式(2-117)。

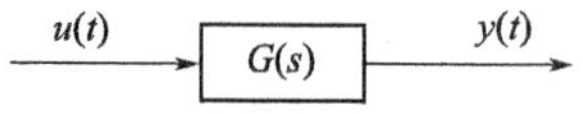

图 2-30 方框图示意图

$$y(t)=L^{-1}[G(s)]u(t) \tag{2-117}$$

即方框图的输出等于传递函数乘以该方框图的输入。

该关系在复数域中同样成立，即

$$Y(s)=G(s)U(s) \tag{2-117'}$$

方框图在简化控制系统的运算、分析、研究中起到了重要的作用。

【例 2-16】 以例 2-4 的直接蒸汽加热器为例，若已得到其输入输出数学模型为

$$3\frac{d\theta_a}{dt}+\theta_a=0.04W(t-0.5)+0.01\theta_c$$

要求给出其传递函数，并画出方框图。

解 设初始条件为零，对已知微分方程进行拉氏变换（需要应用拉氏变换的定理），得

$$3s\Theta_a(s)+\Theta_a(s)=0.04e^{-0.5s}W(s)+0.01\theta_c(s)$$

或

$$\Theta_a(s)=\frac{0.04e^{-0.5s}}{3s+1}W(s)+\frac{0.01}{3s+1}\Theta_c(s)$$

$\Theta_a(s)$ 与 $W(s)$ 间的传递函数

$$\frac{\Theta_a(s)}{W(s)}=\frac{0.04e^{-0.5s}}{3s+1}$$

$\Theta_a(s)$ 与 $\Theta_c(s)$ 间的传递函数

$$\frac{\Theta_a(s)}{\Theta_c(s)}=\frac{0.01}{3s+1}$$

其方框图如图 2-31 所示。

(1) 控制系统或环节方框图的基本元素

方框图是控制系统或系统中某一环节（对象）的功能和信号流向的图解表示，各环节之间的作用关系用方框图来表示简单明确。若是在每个方块内填入传递函数，则可明显地表达出信息传递的动态关系。构成方框图的基本元素有加法器、分支点与信号、方框表示的环节。

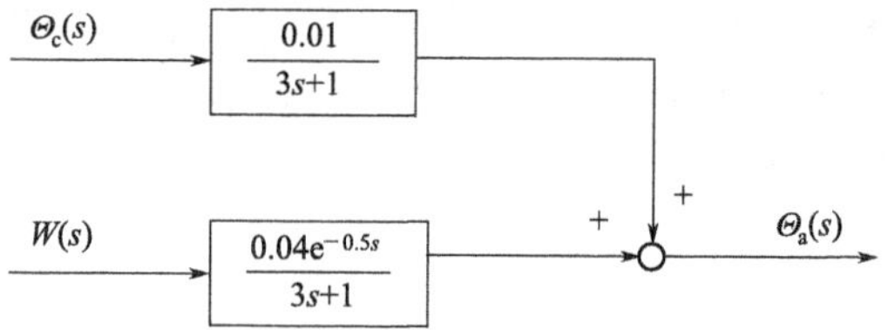

图 2-31 例 2-16 的方框图

① 加法器（又称比较器、比较点、综合点、加和点）用图 2-32 表示，它用于信号的相加或相减。

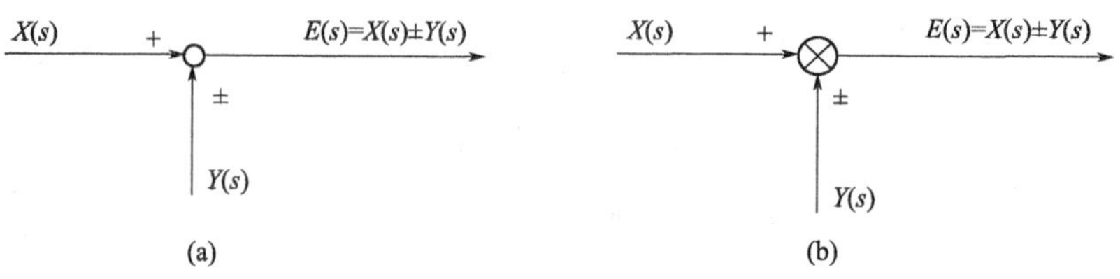

图 2-32 加法器的表示

② 分支点与信号。控制系统中传递的信号，即系统中各环节输入输出的变量，用标有信息流向方向的线段表示，如图 2-33 所示。图中箭头指出了信息的作用方向。信号的各分支点具有相同值的变量信息。

③ 方框表示的环节。填入了传递函数的方框，加上其输入输出信息就构成了环节，可参见图 2-31。环节具有单向性，即任何环节的输出只能是输入乘以方块内传递函数，而不能逆行。

(2) 方框图的基本连接方式及其运算法则

方框图中的各环节有三种基本的连接方式，即串联、并联和反馈，分别如图 2-34～图 2-36 所示。相应的运算法则分别为式(2-118)～式(2-120)。

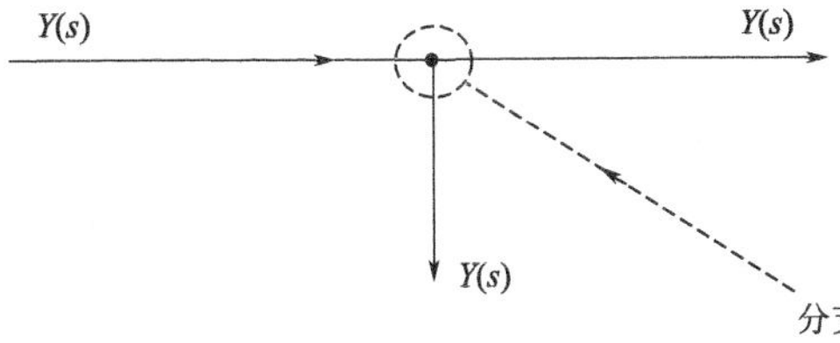

图 2-33 分支点

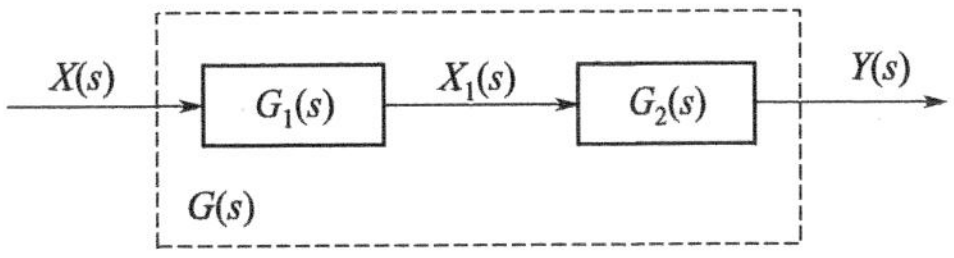

图 2-34 函数方块的串联示意图

① 串联连接方式如下

$$Y(s)=G_2(s)X_1(s)=G_2(s)G_1(s)X(s)$$

式中

$$X_1(s)=G_1(s)X(s)$$

由传递函数的定义，虚框内的传递函数为

$$G(s)=\frac{Y(s)}{X(s)}=G_1(s)G_2(s) \tag{2-118}$$

若图中有 n 个环节串联，则式(2-118) 所示的运算法则仍然存在，即

$$G(s)=\frac{Y(s)}{X(s)}=G_1(s)G_2(s)\cdots G_{n-1}(s)G_n(s) \tag{2-118$'$}$$

② 并联连接方式，由图 2-35 (a)，有

$$Y(s)=Y_1(s)+Y_2(s)=G_1(s)X(s)+G_2(s)X(s)=[G_1(s)+G_2(s)]X(s)$$

虚框内的传递函数为

$$G(s)=\frac{Y(s)}{X(s)}=G_1(s)+G_2(s) \tag{2-119}$$

若图 2-35(a) 中有 n 个环节并联，则

$$G(s)=\frac{Y(s)}{X(s)}=G_1(s)+G_2(s)+\cdots+G_{n-1}(s)+G_n(s) \tag{2-119$'$}$$

由图 2-35(b)，有

$$Y(s)=Y_1(s)+Y_2(s)=G_1(s)X_1(s)+G_2(s)X_2(s)$$

注意，对图 2-35(b) 这种情况，写不出如式(2-119) 那样总的传递函数 $G(s)$，只能写出输出式。

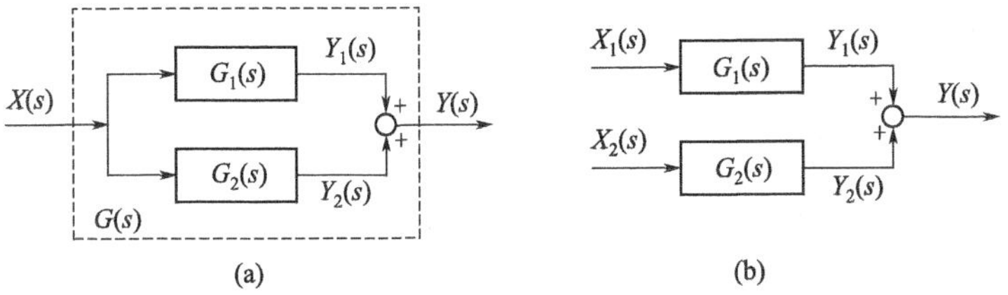

图 2-35 函数方框的并联示意图

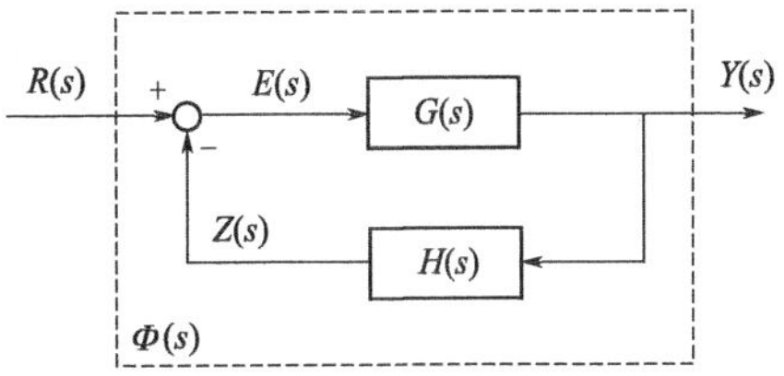

图 2-36 反馈连接示意图

③ 反馈连接方式，如图 2-36，按照前面的运算规则

$$Y(s)=G(s)E(s)$$

$$E(s)=R(s)-Z(s)=R(s)-H(s)Y(s)$$

$$Y(s)=G(s)[R(s)-H(s)Y(s)]$$

虚框内的传递函数为

$$\Phi(s)=\frac{Y(s)}{R(s)}=\frac{G(s)}{1+G(s)H(s)} \tag{2-120}$$

图 2-36 所示的反馈连接方式形成了最基本的闭环单回路负反馈系统，故用 $\Phi(s)$ 表示该闭环回路的传递函数。其中，从输入端 R 到输出端 Y 的信息通道称为前向通道；从输出端 Y 通过 Z 再回到输入端的

通道称为反馈通道，若反馈通道中 $H(s)=1$，则称为是单位反馈系统。若将闭环回路断开，$G(s)H(s)$ 称为开环传递函数。

基本单回路闭环系统的传递函数一般公式为

$$\Phi(s)=\frac{Y(s)}{R(s)}=\frac{G(s)}{1\mp G(s)H(s)}=\frac{前向通道传递函数}{1\mp 开环传递函数}$$

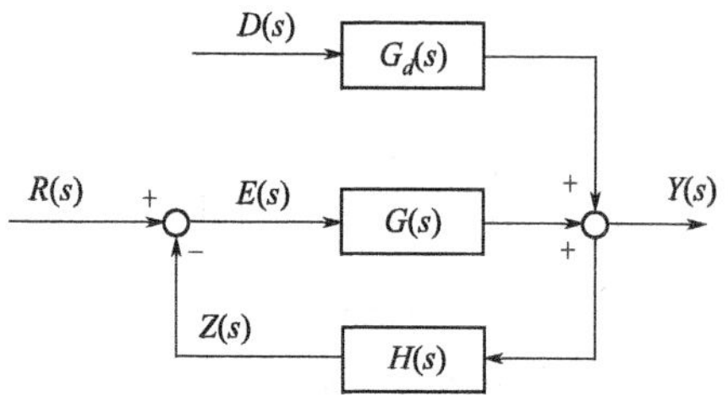

图 2-37　负反馈系统中存在的干扰

注意，上式分母中的符号“＋”表示负反馈，相应于图 2-36 中反馈通道到比较点的符号“－”，且 $E(s)=R(s)-Z(s)$；分母中的符号“－”表示正反馈，相当于图 2-36 中反馈通道到比较点的符号为“＋”，且 $E(s)=R(s)+Z(s)$。绝大多数的控制系统为负反馈。因此，若不加以特别说明，则控制系统默认是如图 2-36 所示的负反馈系统。

如图 2-37 所示的负反馈系统，当存在干扰变量 $D(s)$ 时，假设给定值 $R(s)$ 不变，则干扰通道的传递函数为

$$\Phi_D(s)=\frac{Y_d(s)}{D(s)}=\frac{G_d(s)}{1+G(s)H(s)} \tag{2-121}$$

式中，$Y_d(s)$ 表示仅考虑由干扰 d 引起的输出，此时给定值不变（意味着其增量为零），但反馈通道的负号“－”仍然起作用，故分母仍然为 $1+G(s)H(s)$。这种以扰动变量 d 为输入，y_d 为输出的系统称为定值系统。

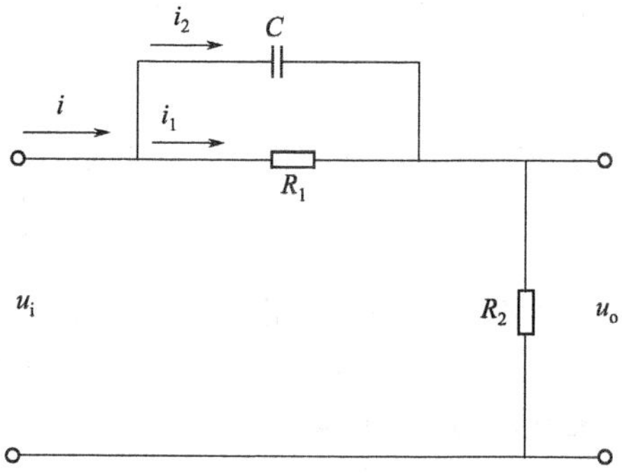

图 2-38　RC 无源网络示意图

(3) 从物理系统到方框图表示

方框图是分析与研究控制系统的有力工具，将实际的物理系统用方框图表示出来是控制工程师的一个很重要的基本技能。

【例 2-17】 试用方框图表示图 2-38 所示的无源网络。

解　可将该无源网络视为一个系统，组成网络的元件就对应于系统的各环节。设电路中各变量如图中所示，应用电路中的复阻抗概念，根据基尔霍夫定律可写出以下方程。

$$\begin{cases} U_i(s)=I_1(s)R_1+U_o(s) \\ U_o(s)=I(s)R_2 \\ I_2(s)\dfrac{1}{Cs}=I_1(s)R_1 \\ I_1(s)+I_2(s)=I(s) \end{cases} \tag{2-122}$$

按照上述方程分别绘制相应环节的方框图如图 2-39(a)～(d) 所示。然后再用信号线按信息流向依次将各环节连接起来，便得到无源网络的方框图，如图 2-39(e) 所示。绘图时需要注意到，控制系统方框图一般都遵循给定值输入在方框图最左边，输出在方框图最右边的规律。此例的输入为 $U_i(s)$，输出为 $U_o(s)$。

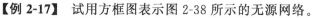

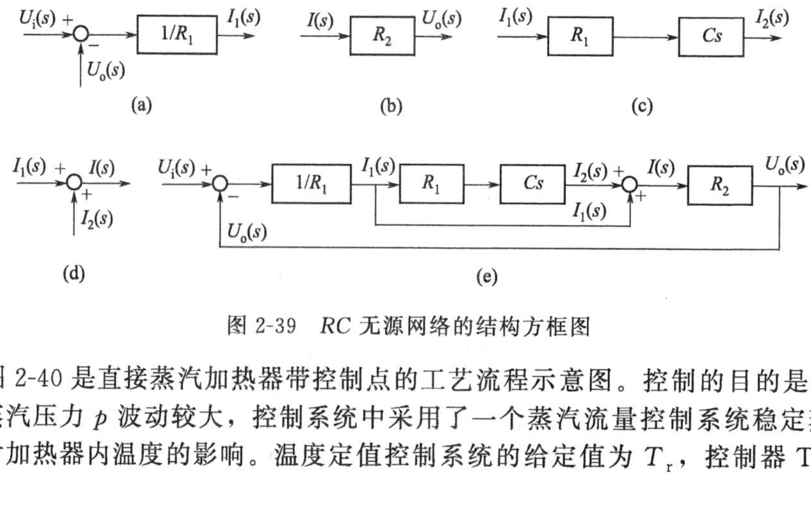

图 2-39　RC 无源网络的结构方框图

【例 2-18】 图 2-40 是直接蒸汽加热器带控制点的工艺流程示意图。控制的目的是使加热器内温度 T 恒定。由于现场蒸汽压力 p 波动较大，控制系统中采用了一个蒸汽流量控制系统稳定蒸汽流量 W，以减少蒸汽压力波动对加热器内温度的影响。温度定值控制系统的给定值为 T_r，控制器 TC 根据测量变送器

TT 给出的温度实测值与 T_r 之差，输出控制作用作为流量控制器 GC 的给定值，通过流量控制器 GC 来改变蒸汽量 W。这类由两个控制回路组成且一个控制器的输出为另一个控制器的给定值的系统称为串级控制系统，其中温度控制系统称为主回路，流量控制系统为副回路，请画出该系统的方框图。设该系统的主要扰动量为冷流体进料温度 T_c。

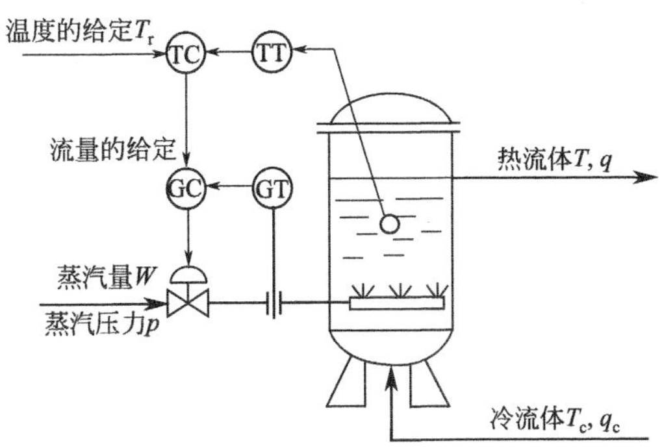

图 2-40 直接蒸汽加热器的温度控制系统示意图

解 被控对象是蒸汽直接加热器，设其传递函数为 $G_{01}(s)$，输入为蒸汽流量 W 时，输出温度 T_1，如图 2-41 所示。由于 T_c 也会引起加热器内温度的变化，若变化的温度为 T_d，则对象干扰通道的传递函数为 $G_{02}(s)=\dfrac{T_d(s)}{T_c(s)}$。设控制阀的传递函数为 $G_V(s)$，由于蒸汽压力 p 的变化和阀开度的变化都会引起蒸汽流量 W 的变化，故有图 2-42。图中，$G_{03}(s)$ 为阀开度变化引起蒸汽流量变化的传递函数；$G_{04}(s)$ 为压力 p 变化引起蒸汽流量变化的传递函数。若控制器 GC 和 TC 的传递函数分别为 $G_{GC}(s)$、$G_{TC}(s)$，测量变送器 TT 和 GT 的传递函数分别为 $G_{TT}(s)$、$G_{GT}(s)$，结合图 2-41 和图 2-42，就可绘制出如图 2-43 所示的控制系统方框图。

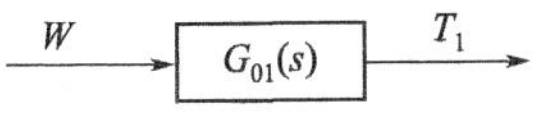

图 2-41 被控对象方框图

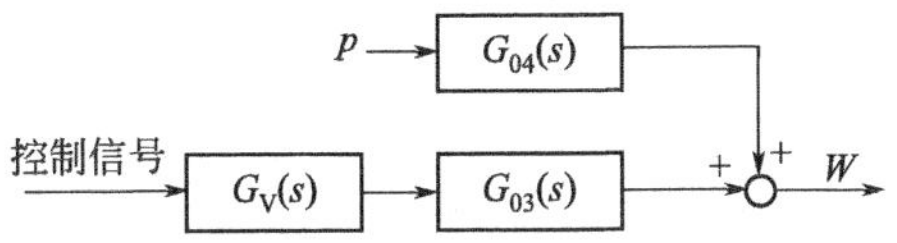

图 2-42 引起 W 变化的通道方框图

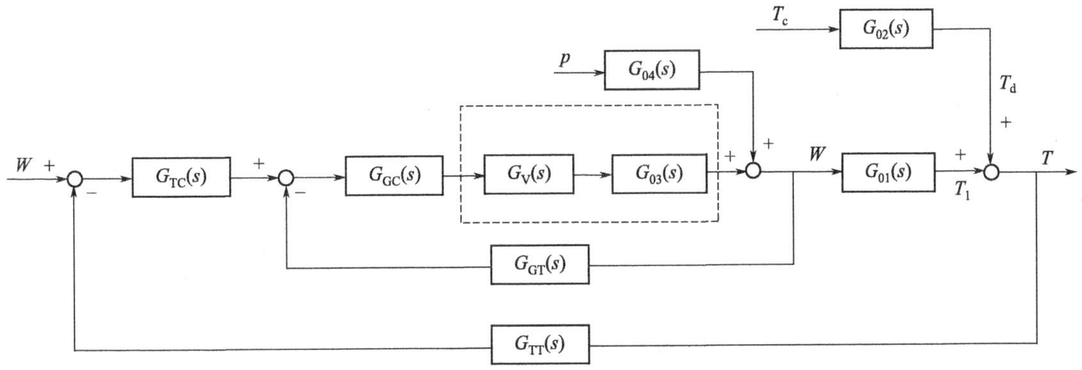

图 2-43 直接蒸汽加热器温度控制系统方框图

【例 2-19】 某水槽控制系统如图 2-44 所示。由图知，系统采用一个控制阀同时控制水槽内温度 T 和液面高度 H，即温度与液位均通过控制加热水的流量来达到控制目的。图中，HT 和 TT 分别为液位与温度的测量变送器，HC 和 TC 分别为液位与温度的控制器，它们的给定值分别为 X_1 和 X_2。试画出该控制系统的方框图。

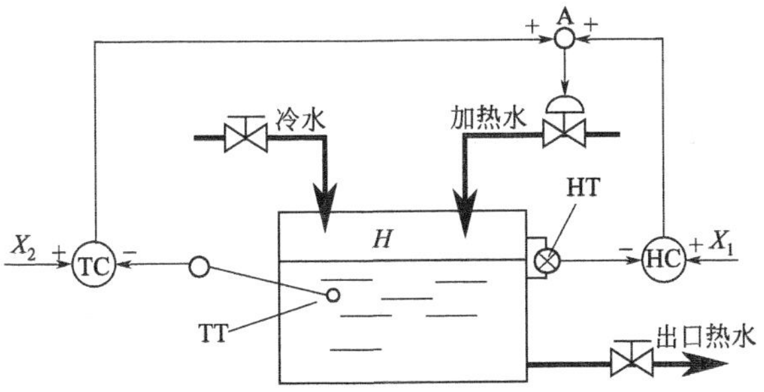

图 2-44 某水槽液面与温度控制系统示意图

解 被控对象是水槽，因为只有一个传递函数为 $G_V(s)$ 的控制阀，当阀位 u 发生变化时，引起液位与温度分别变化的传递函数分别为 $G_{HO}(s)=\dfrac{H(s)}{U(s)}$ 和 $G_{TO}(s)=\dfrac{T(s)}{U(s)}$；设液位与温度的测量变送器的传递函数分别为 $G_{HM}(s)$ 和 $G_{TM}(s)$，它们的输出值将与给定值 X_1 和 X_2 相比较；又设液位控制器 HC 和温度控制器 TC 的传递函数分别为 $G_{HC}(s)$、$G_{TC}(s)$。显然，不管是液位发生变化还是温度发生变化或是两者同时变化，控制器 HC 和 TC 产生的控制作用都需要通过控制阀 $G_V(s)$ 去调节热水流量。考虑是线性系统，控制作用的这种叠加关系在图 2-44 中采用加法器 A 来表示。通过分析，将每一环节的输入输出关系搞清楚，就可得到如图 2-45 所示的整个控制系统的方框图。

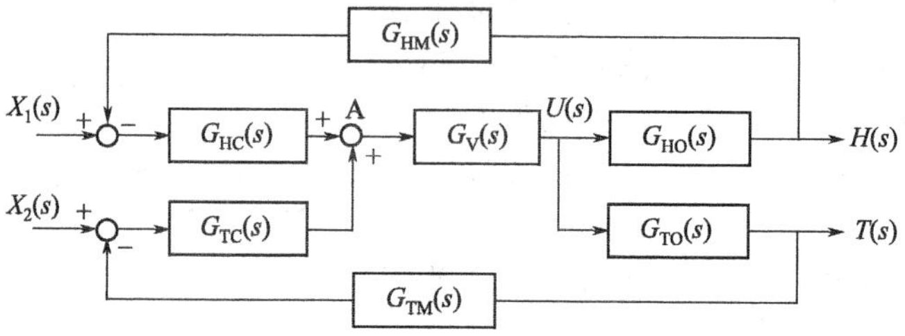

图 2-45　水槽液面与温度控制系统方框图

需要指出，系统的原理图与方框图并非一一对应。一个环节可以用一个方块或几个方块来表示，如图 2-45 分别用 $G_{HO}(s)$ 和 $G_{TO}(s)$ 来表示被控对象在相同输入下引起关于液位与温度的不同动态特性；又如图 2-43 分别用 $G_{01}(s)$、$G_{02}(s)$ 两个方块来表示不同的输入输出通道特性。有时一个方块也可以是几个环节的组合，表示几个环节组合在一起的特性，例如图 2-43 中，虚框中的被控对象 $G_{03}(s)$ 与控制阀 $G_V(s)$ 可以用一个方块 $G_0(s)$ 来表示。有时为分析系统方便，将除控制器外的所有环节均放在一个方块中，称为广义对象。

（4）利用方框图进行分析运算

绘制一个系统的方框图并不是目的，重要的是如何利用方框图对控制系统进行分析。从前面的例子已经可见，一个控制系统方框图的连接方式可能是错综复杂的。如何将较为复杂的方框图逐步简化到基本的串联、并联以及单回路反馈三种基本关系的简单组合，再求出系统输入与输出间的传递函数，正是本小节的目的。实质上，微分方程模型与传递函数模型不仅同属输入输出模型，而且存在一一对应的关系，系统方框图的简化过程，正对应着建立微分方程模型时的消去中间变量的过程。

方框图简化的等效原则如下：

方框图简化必须遵循等效变换原则，即变换前后对应的输入输出信号必须等价。常见的等效规则如表 2-2 所示，从表中可以看到，方框图等效变换主要有如下运算规则。

① 各支路信号相加或相减与加减的次序无关；

② 在总线路上引出支路时，与引出的次序无关；

③ 线路上的负号可在线路上移动，并可越过函数方块，但不能越过相加点和分支点；

④ 在环节前面加入信号，可变换成在环节后加入；同样，在环节后面加入的信号，也可变换成在环节前面加入。

表 2-2　方框图等效变换运算规则

原方块图	等效方块图	等效运算关系
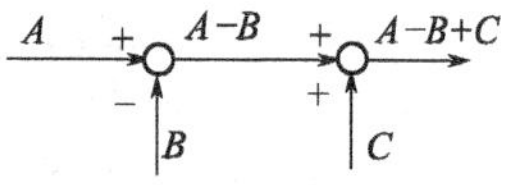	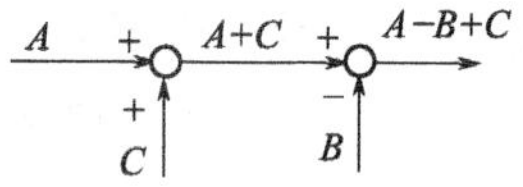	相加减次序无关
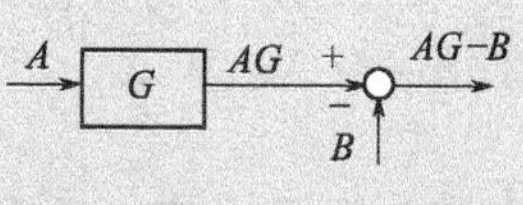	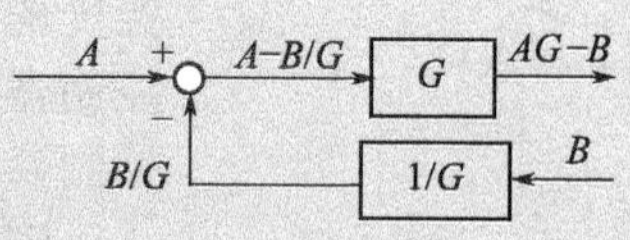	相加点前移
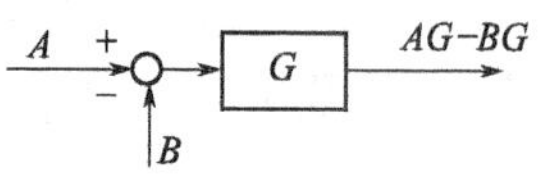	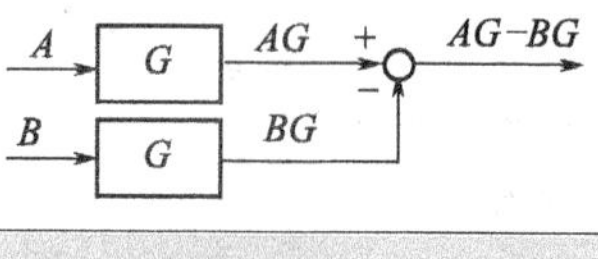	相加点后移
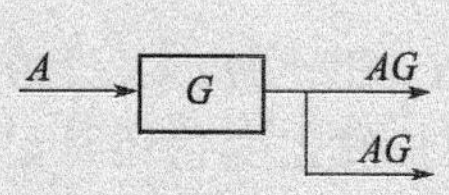	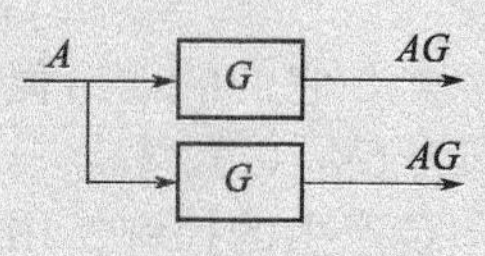	分支点前移

续表

原方块图	等效方块图	等效运算关系
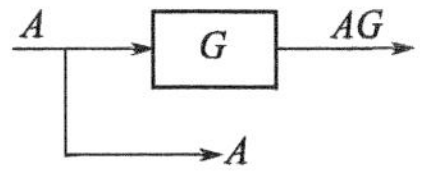	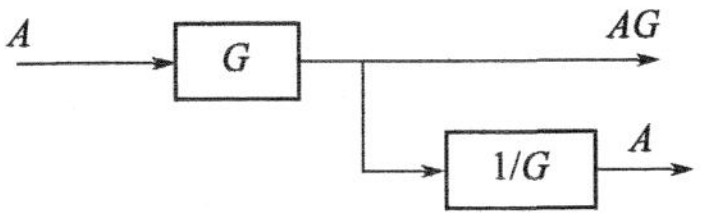	分支点后移
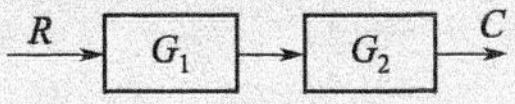	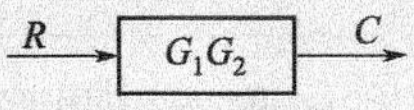	串联等效 $C=G_1G_2R$
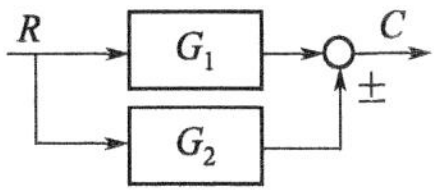	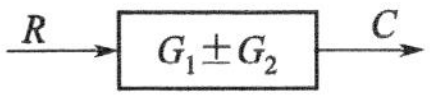	并联等效 $C=(G_1 \pm G_2)R$
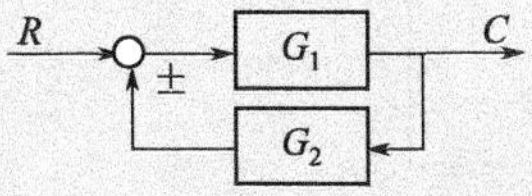	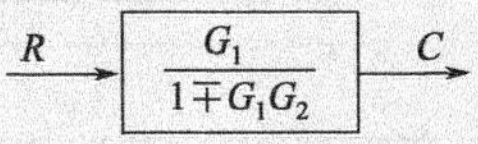	反馈等效 $C=\frac{G_1}{1 \mp G_1G_2}R$
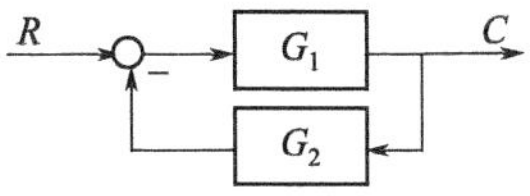	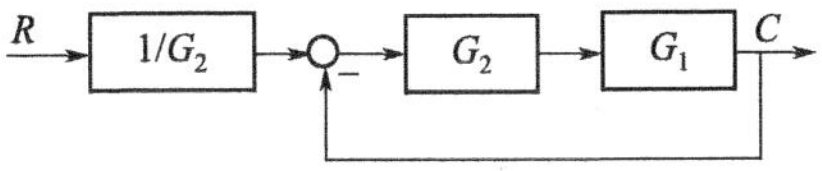	等效单位负反馈 $\frac{C}{R}=\frac{1}{G_2}\times\frac{G_1G_2}{1+G_1G_2}$
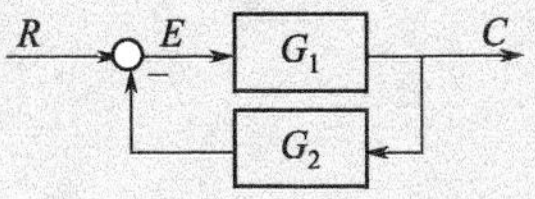	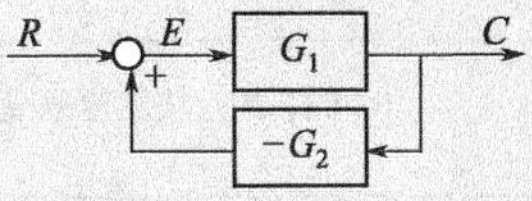	负号在支路移动 $E=R-G_2C$

由表 2-2 给出的运算规则，在对复杂方框图逐步计算、整理和简化的过程中，一般采取的方法是：

① 移动相邻的同类型分支点或相加点，分支点与相加点不能互换；

② 交换相加点；

③ 减少内反馈回路。

当然，作为代价，在方框图简化后得到的新方框图中的传递函数将变得更加复杂。

【例 2-20】 设一系统方框图如图 2-46 所示，求它的传递函数 $\Phi(s)=\frac{C(s)}{R(s)}$（此题也可用 MATLAB 软件实现）。

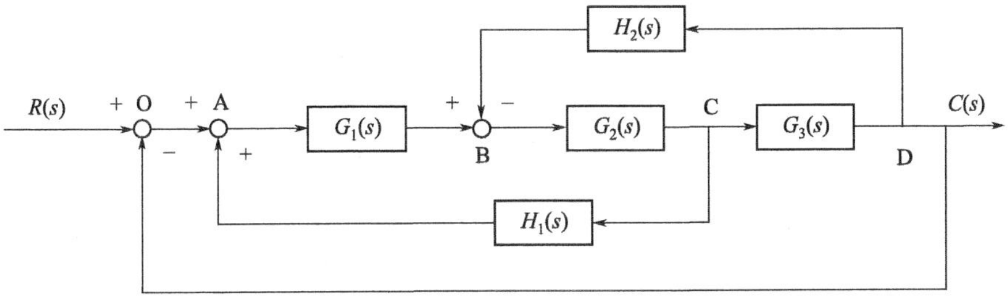

图 2-46 例 2-20 系统方框图

解 由于 $G_1(s)$、$G_2(s)$、$G_3(s)$ 之间存在交叉的分支点与相加点，无法直接应用方框图运算法则，必须首先应用等效变换的规则进行简化。

方法一：应用相加点 B 前移的等效变换规则。

环节 $H_2(s)$ 乘以 $1/G_1(s)$ 后越过 $G_1(s)$ 从 B 点前移至 A 点，为看得更清楚，由加法器次序无关规则，在 OA 线段间指定另一个相加点 B′，将 $H_2(s)/G_1(s)$ 的输出量从 A 点移到 B′点，如图 2-47(a) 所示。为方便起见，在以下图中的加法器旁省略了信号的“+”号。

现在，图 2-47(a) 中仅有基本的串联、并联与反馈关系，可从内环开始逐步简化，注意反馈回路的符号，区分正或负反馈。将图 2-47(a) 简化至图 2-47(b)。

进一步简化至图 2-47(c) 与图 2-47(d)。

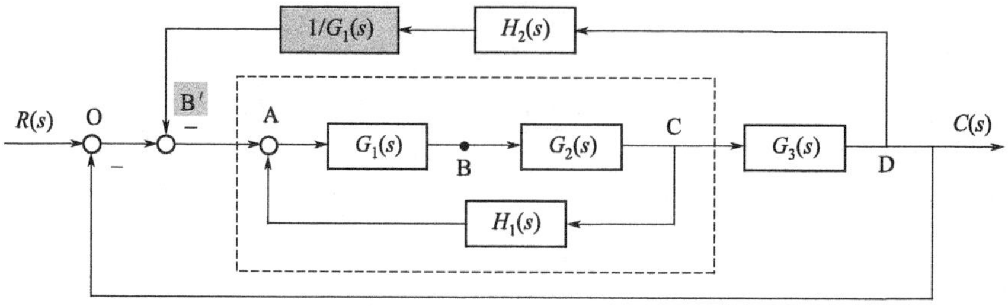

(a) 例2-20方块图等效变换方法一(1)

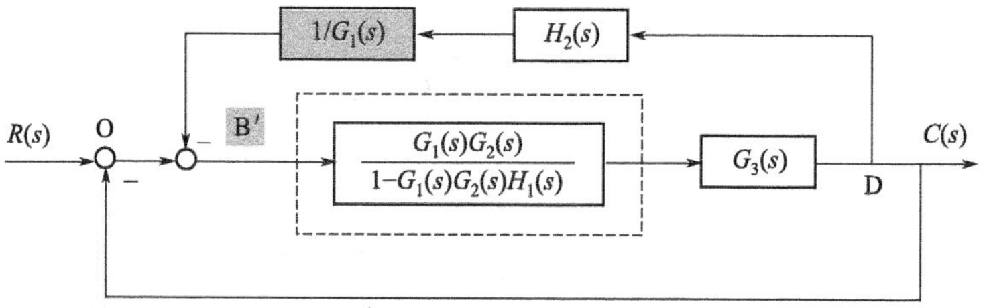

(b) 例2-20方块图等效变换方法一(2)

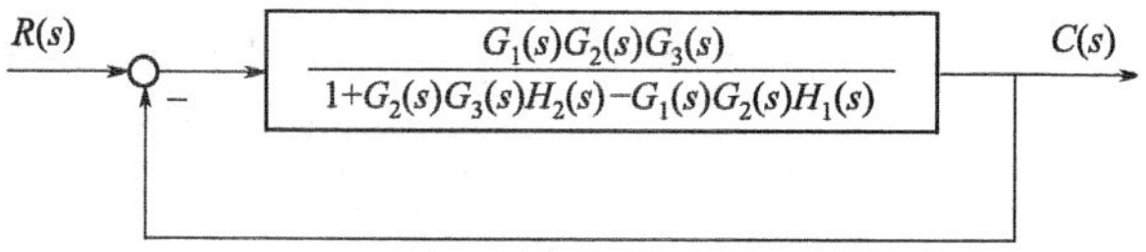

(c) 例2-20方块图等效变换方法一(3)

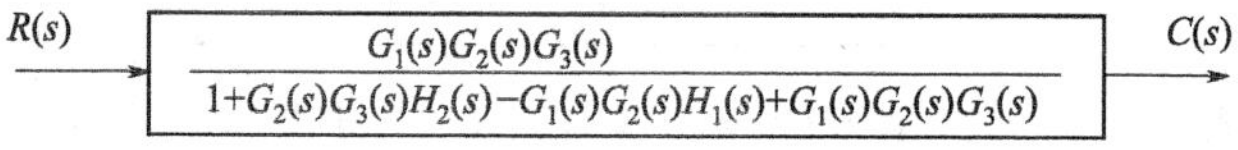

(d) 例2-20方块图等效变换方法一(4)

图 2-47 例 2-20 方框图等效变换方法之一过程

显然，图 2-47(d) 已经是最简形式，方框图中的传递函数即为要求的系统传递函数

$$\Phi(s)=\frac{C(s)}{R(s)}=\frac{G_1(s)G_2(s)G_3(s)}{1+G_2(s)G_3(s)H_2(s)-G_1(s)G_2(s)H_1(s)+G_1(s)G_2(s)G_3(s)}$$

方法二：应用分支点 C 后移的等效变换规则。

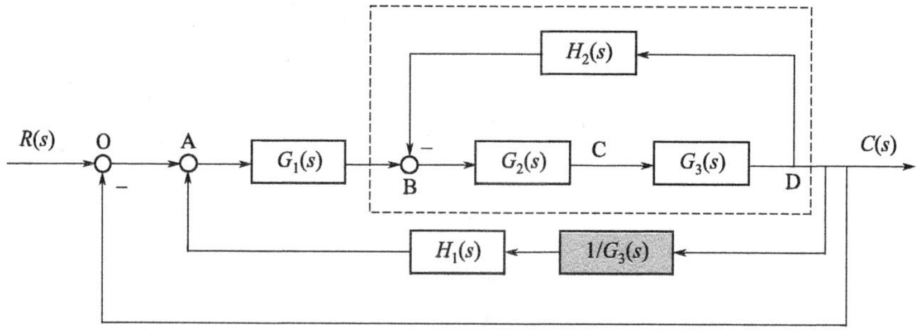

(a) 例2-20方块图等效变换方法二(1)

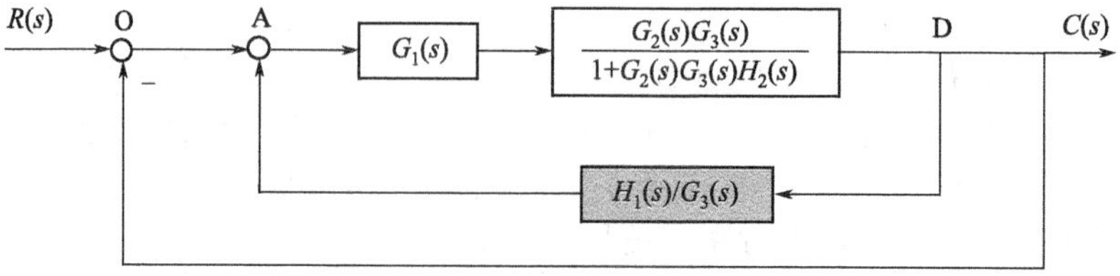

(b) 例2-20方块图等效变换方法二(2)

图 2-48 例 2-20 方框图等效变换方法之二过程

将图 2-46 中的分支点 C 后移得到图 2-48(a)。图 2-48(a) 中仅有基本的串联、并联与反馈关系，可进一步简化为图 2-48(b)，再简化到图 2-47(c)，进而简化到图 2-47(d)。

由此例可见，方框图等效变换是指变换前后所关注的输入输出信号不变，但并不意味着输入与输出之间的其他信号也不变。如图 2-46，经反馈环节 $H_2(s)$ 的反馈量是 $-H_2(s)C(s)$，输出至 B 点，而图 2-47(a) 中的反馈量是 $[-H_2(s)/G_1(s)]C(s)$，原系统中不存在该反馈量，但该反馈量输出至 B′出点，再经环节 $G_1(s)$ 输出至 B 点后，反馈量是 $-H_2(s)C(s)$，因此对 B 点而言，等效变换前后信号保持不变。而对 A 点来说，图 2-46 与图 2-47(a) 中其信号不一致。但对输入 $R(s)$ 与输出 $C(s)$ 而言，图 2-46 与图 2-47、图 2-48 是等效的。读者可试着分析图 2-46 中的 D 点与图 2-48(a) 中的 D 点信号，看其是否等效。

【例 2-21】 简化如图 2-49(a) 所示系统方框图，并求系统传递函数 $\Phi(s)=\dfrac{C(s)}{R(s)}$。

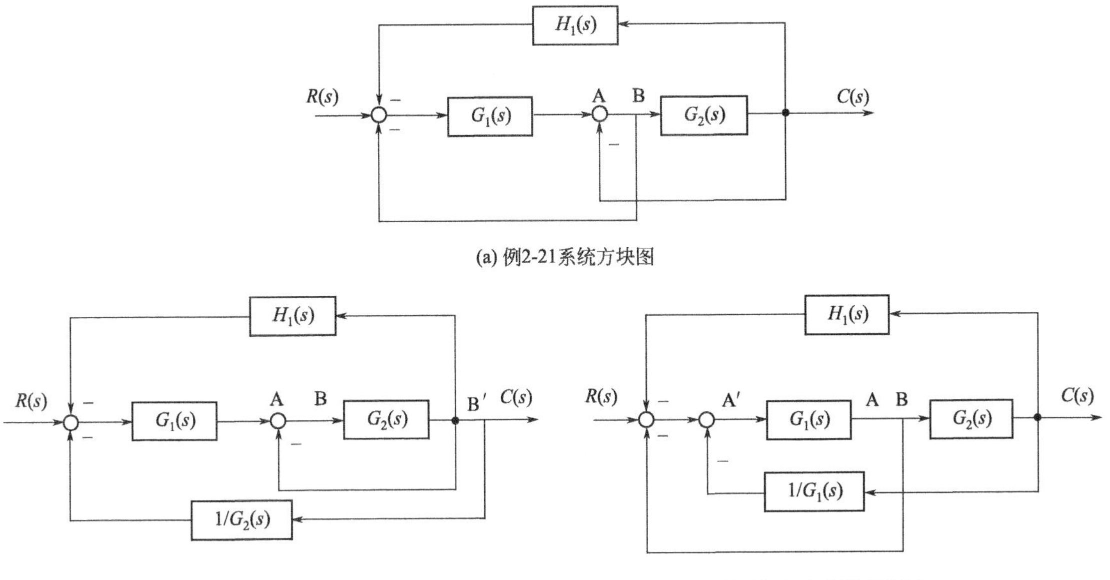

(a) 例2-21系统方块图

(b) 例2-21方块图变换方法一

(c) 例2-21方块图变换方法二

图 2-49 方框图等效变换示意图

解 由于 $G_1(s)$ 与 $G_2(s)$ 之间有交叉的比较点 A 和分支点 B，不能直接进行运算，也不能简单地互换位置。可采取的方法：①将分支点 B 后移至 B′，如图 2-49(a)；②将相加点 A 前移至 A′，如图 2-49(b)。经过移动后，再由同一线路上分支点与引出的次序无关以及相加点位置可交换的规则，逐步计算 3 个独立的反馈回路（请读者自己推导），即可得到系统总的传递函数为

$$\Phi(s)=\frac{C(s)}{R(s)}=\frac{G_1(s)G_2(s)}{1+G_1(s)+G_2(s)+G_1(s)G_2(s)H_1(s)}$$

(5) 多变量系统的传递函数矩阵表示

前面定义的是单输入单输出系统的传递函数，若将传递函数的概念推广至多输入多输出系统，即可用传递函数矩阵来表示多变量系统的动态特性。

传递函数矩阵（简称传递矩阵）是传递函数的推广。设有一个如图 2-50 所示的两输入两输出系统。当初始条件为零时，由图知其输入输出变量的关系为

$$\begin{aligned}Y_1(s)&=G_{11}(s)U_1(s)+G_{12}(s)U_2(s)\\Y_2(s)&=G_{21}(s)U_1(s)+G_{22}(s)U_2(s)\end{aligned}\tag{2-123}$$

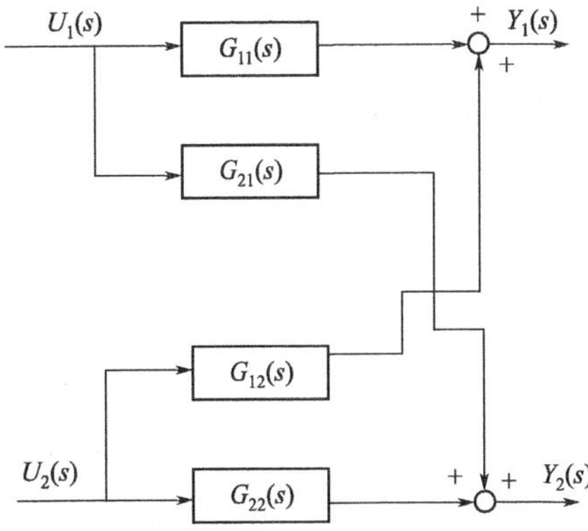

图 2-50 两变量系统的方框图

式中，$G_{ij}(i=1,2;\ j=1,2)$ 表示第 i 个输出量与第 j 个输入量之间的传递函数。可将式(2-123) 写成矩阵形式

$$\begin{bmatrix}Y_1(s)\\Y_2(s)\end{bmatrix}=\begin{bmatrix}G_{11}&G_{12}\\G_{21}&G_{22}\end{bmatrix}\begin{bmatrix}U_1(s)\\U_2(s)\end{bmatrix}\tag{2-124}$$

或

$$\boldsymbol{Y}(s)=\boldsymbol{G}(s)\boldsymbol{U}(s)\tag{2-125}$$

式中，$\boldsymbol{G}(s)$ 为传递函数矩阵；$\boldsymbol{U}(s)$ 为输入向量；$\boldsymbol{Y}(s)$ 为输出向量。

【例 2-22】 对于例 2-7 所建的 2 个独立液体储槽串联的数学模型

$$T_1T_2\frac{\mathrm{d}^2h_2}{\mathrm{d}t^2}+(T_1+T_2)\frac{\mathrm{d}h_2}{\mathrm{d}t}+h_2=R_2Q_{\mathrm{in}}-R_2Q_{\mathrm{f}}-T_1R_2\frac{\mathrm{d}Q_{\mathrm{f}}}{\mathrm{d}t} \tag{2-60}$$

① 在考虑输入变量 Q_{in} 和 Q_{f} 同时存在，输出为 h_2 时，求系统的传递矩阵；②若考虑 h_1 为另一输出变量时，系统传递矩阵又如何建立？

解 ① 对式(2-60) 进行拉氏变换，并代入零初始条件，得

$$[T_1T_2s^2+(T_1+T_2)s+1]H_2(s)=R_2Q_{\mathrm{in}}(s)-R_2(T_1s+1)Q_{\mathrm{f}}(s) \tag{2-126}$$

或

$$H_2(s)=\frac{R_2}{T_1T_2s^2+(T_1+T_2)s+1}Q_{\mathrm{in}}(s)-\frac{R_2}{T_2s+1}Q_{\mathrm{f}}(s) \tag{2-127}$$

也即

$$H_2(s)=\left[\frac{R_2}{T_1T_2s^2+(T_1+T_2)s+1}\quad -\frac{R_2}{T_2s+1}\right]\begin{bmatrix}Q_{\mathrm{in}}(s)\\Q_{\mathrm{f}}(s)\end{bmatrix} \tag{2-128}$$

传递矩阵（因有 2 个输入，此处为一行向量）

$$\boldsymbol{G}(s)=\left[\frac{R_2}{T_1T_2s^2+(T_1+T_2)s+1}\quad -\frac{R_2}{T_2s+1}\right] \tag{2-129}$$

② 考虑 h_1 为另一输出变量时，对式(2-51)

$$A_1\frac{\mathrm{d}h_1}{\mathrm{d}t}=Q_{\mathrm{in}}-Q_1=Q_{\mathrm{in}}-\frac{1}{R_1}h_1 \tag{2-51'}$$

或

$$A_1sH_1(s)+\frac{1}{R_1}H_1(s)=Q_{\mathrm{in}}$$

$$H_1(s)=\frac{R_1}{(A_1R_1s+1)}Q_{\mathrm{in}}$$

此时的输入输出关系为

$$\begin{bmatrix}H_1(s)\\H_2(s)\end{bmatrix}=\begin{bmatrix}\dfrac{R_1}{A_1R_1s+1} & 0\\ \dfrac{R_2}{T_1T_2s^2+(T_1+T_2)s+1} & -\dfrac{R_2}{T_2s+1}\end{bmatrix}\begin{bmatrix}Q_{\mathrm{in}}\\Q_{\mathrm{f}}\end{bmatrix}$$

传递矩阵为

$$\boldsymbol{G}(s)=\begin{bmatrix}\dfrac{R_1}{A_1R_1s+1} & 0\\ \dfrac{R_2}{T_1T_2s^2+(T_1+T_2)s+1} & -\dfrac{R_2}{T_2s+1}\end{bmatrix}$$

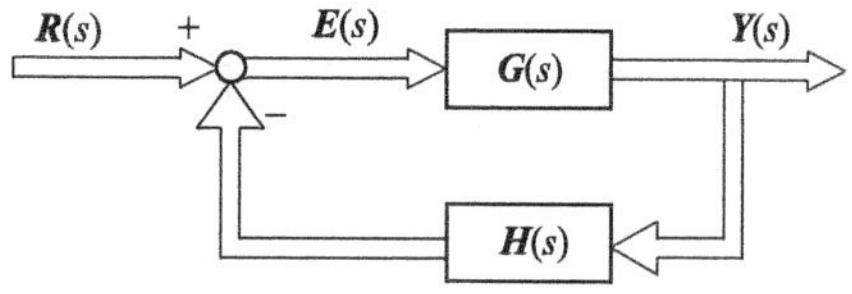

图 2-51 多变量反馈控制系统示意图

与单变量系统相类似，多变量系统也可用方框图表示。为区别于单变量系统，一般的多变量反馈控制系统的方框图如图 2-51 所示，即信号线采用双线。要注意，其中 $\boldsymbol{R}(s)$、$\boldsymbol{Y}(s)$、$\boldsymbol{E}(s)$ 均为向量，需满足矩阵运算规则

$$\boldsymbol{Y}(s)=\boldsymbol{G}(s)\boldsymbol{E}(s) \tag{2-130}$$

$$\boldsymbol{E}(s)=\boldsymbol{R}(s)-\boldsymbol{H}(s)\boldsymbol{Y}(s) \tag{2-131}$$

将式(2-131) 代入式(2-130) 得

$$\boldsymbol{Y}(s)=\boldsymbol{G}(s)\boldsymbol{R}(s)-\boldsymbol{G}(s)\boldsymbol{H}(s)\boldsymbol{Y}(s)$$

因为是矩阵乘法，次序不能混淆，整理上式得

$$\boldsymbol{Y}(s)=[\boldsymbol{I}+\boldsymbol{G}(s)\boldsymbol{H}(s)]^{-1}\boldsymbol{G}(s)\boldsymbol{R}(s)=\boldsymbol{M}(s)\boldsymbol{R}(s) \tag{2-132}$$

当 $\boldsymbol{R}(s)$、$\boldsymbol{Y}(s)$ 为单变量时 $M(s)=\dfrac{G(s)}{1+G(s)H(s)}$，这时的 $M(s)$、$G(s)$、$H(s)$ 是传递函数，与前面单变量时的讨论一致，可以说，单变量系统是多变量系统的一个特例。

【例 2-23】 图 2-52 给出的是一个双输入双输出的负反馈控制系统，求系统的闭环传递函数矩阵。

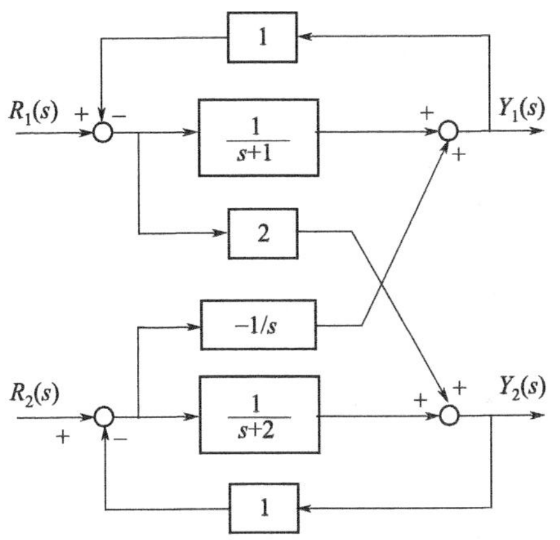

图 2-52　双输入双输出的负反馈控制系统

解　由图 2-52 知

$$\boldsymbol{R}(s)=\begin{bmatrix}R_1(s)\\R_2(s)\end{bmatrix};\quad \boldsymbol{Y}(s)=\begin{bmatrix}Y_1(s)\\Y_2(s)\end{bmatrix}$$

$$\boldsymbol{G}(s)=\begin{bmatrix}\dfrac{1}{s+1} & -\dfrac{1}{s}\\ 2 & \dfrac{1}{s+2}\end{bmatrix};\quad \boldsymbol{H}(s)=\begin{bmatrix}1 & 0\\0 & 1\end{bmatrix}$$

式中，$\boldsymbol{G}(s)$ 是在两个负反馈没有加上时的对象传递矩阵，称开环传递矩阵。而整个控制系统的传递矩阵即为系统的闭环传递矩阵，即式(2-132) 中的 $\boldsymbol{M}(s)$。

$$\boldsymbol{I}+\boldsymbol{G}(s)\boldsymbol{H}(s)=\begin{bmatrix}1+\dfrac{1}{s+1} & -\dfrac{1}{s}\\ 2 & 1+\dfrac{1}{s+2}\end{bmatrix}=\begin{bmatrix}\dfrac{s+2}{s+1} & -\dfrac{1}{s}\\ 2 & \dfrac{s+3}{s+2}\end{bmatrix}$$

因为

$$[\boldsymbol{I}+\boldsymbol{G}(s)\boldsymbol{H}(s)]^{-1}=\begin{bmatrix}\dfrac{s+2}{s+1} & -\dfrac{1}{s}\\ 2 & \dfrac{s+3}{s+2}\end{bmatrix}^{-1}=\begin{bmatrix}\dfrac{s+3}{s+2} & \dfrac{1}{s}\\ -2 & \dfrac{s+2}{s+1}\end{bmatrix}\cdot\frac{s(s+1)}{s^2+5s+2}$$

故由此可得到系统的闭环传递矩阵为

$$\boldsymbol{M}(s)=[\boldsymbol{I}+\boldsymbol{G}(s)\boldsymbol{H}(s)]^{-1}\boldsymbol{G}(s)=\begin{bmatrix}\dfrac{3s^2+9s+4}{s(s+1)(s+2)} & -\dfrac{1}{s}\\ 2 & \dfrac{3s+2}{s(s+1)}\end{bmatrix}\cdot\frac{s(s+1)}{s^2+5s+2}$$

2.6　信号流图与梅逊公式

方框图作为描述系统的一种图形表示，是简化系统中各变量运算关系的一个有力工具，但当系统很复杂时，通过方框图的简化来求取系统的传递函数还是相当烦琐。为简化运算，人们常采用描述线性代数方程组变量间输入输出关系的一种图示法——信号流图。当控制系统的数学模型用传递函数表示时，系统内各环节输入输出变量关系正是一组线性代数方程。采用信号流图的优点是系统不必经过简化的步骤，利用梅逊（Mason）公式可方便地直接求出系统的等效传递函数。

2.6.1　信号流图的基本构成

信号流图由小圆圈表示的节点和连接两点的支路组成。每个节点表示一个变量，两节点间的连接支路相当于信号乘法器，乘法因子标注在支路上方。规定信号只能单向通过，流通的方向由支路上的箭头表示，如图 2-53 所示。其运算规则为 $x_2=ax_1$。

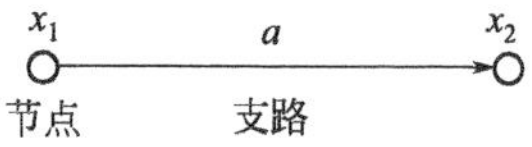

图 2-53 信号流图基本构成

① 节点：表示变量的点，此变量值是所有进入该节点信号的代数和。从节点流出的信号值都等于这个变量的值。节点有以下三类：

源点或输入节点——只有输出支路的节点称为源点或输入节点，它对应于输入变量。

阱点或输出节点——只有输入支路的节点称为阱点或输出节点，它对应于输出变量。

混合节点——既具有输入支路又具有输出支路的节点称为混合节点。

② 支路与增益：连接两节点的有向线段称为支路，支路的增益标注在支路上方，又称为传输。输入信号乘上该支路的增益得到输出信号值。

③ 通路：沿支路箭头方向穿过各相连支路的路径叫通路；如果通路与任一节点相交不多于一次就叫开通路。可以有多个通路同时通过一个节点。

④ 前向通路：如果自源点到阱点的通路通过任何节点不多于一次，则该通路就是前向通路。

⑤ 回路：如果通路的起点就是终点，并且与其他节点相交不多于一次就称为回路。

⑥ 不接触回路：如果回路中没有任何公共节点，则该回路称不接触回路。

⑦ 回路增益：回路内各支路增益的乘积称为回路增益。

⑧ 前向通路增益：前向通路上各支路增益的乘积称前向通路增益。

图 2-54 中给出了上述基本概念的图示。

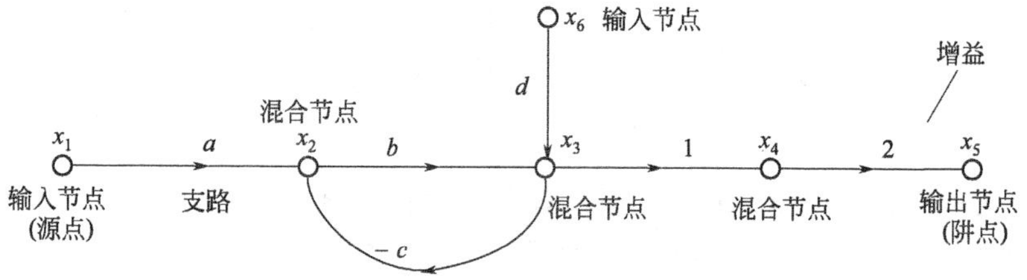

图 2-54 信号流图示意图

图 2-54 中前向通路有 2 条：

① x_1—x_2—x_3—x_4—x_5，其增益为 $P_1=2ab$；

② x_6—x_3—x_4—x_5，其增益为 $P_2=2d$。

图 2-54 中回路只有一个：x_2-x_3。其增益为 $L_1=-bc$；

【例 2-24】 设有线性代数方程组

$$\begin{cases} x_2=a_{12}x_1+a_{32}x_3+a_{42}x_4+a_{52}x_5 \\ x_3=a_{23}x_2 \\ x_4=a_{34}x_3+a_{44}x_4 \\ x_5=a_{35}x_3+a_{45}x_4 \end{cases}$$

绘制其信号流图。

解 解方程组中 $x_i(i=1,2,3,4,5)$ 是变量，相当于控制系统中各环节的输入输出信号，可用节点表示；方程中的系数 a_{ij} 是各节点间的支路增益，相当于控制系统中各环节的传递函数。假设 x_1 是系统的输入变量，将其置于最左边；x_5 是输出变量，置于最右边；其他节点的次序无一定的要求，则可以作出该方程组的信号流图如图 2-55 所示。

先画出 5 个节点，如图 2-55(a) 所示。下面分别根据方程画出相应的信号流图。

图 2-55(b) 表示方程 1

$$x_2=a_{12}x_1+a_{32}x_3+a_{42}x_4+a_{52}x_5$$

图 2-55(c) 表示方程 2

$$x_3=a_{23}x_2$$

图 2-55(d) 表示方程 3

$$x_4=a_{34}x_3+a_{44}x_4$$

图 2-55(e) 表示方程 4

$$x_5=a_{35}x_3+a_{45}x_4$$

最后，综合图 2-55(b)～图 2-55(e)，得到图 2-55(f) 表示的 4 个方程联立的整个方程组。

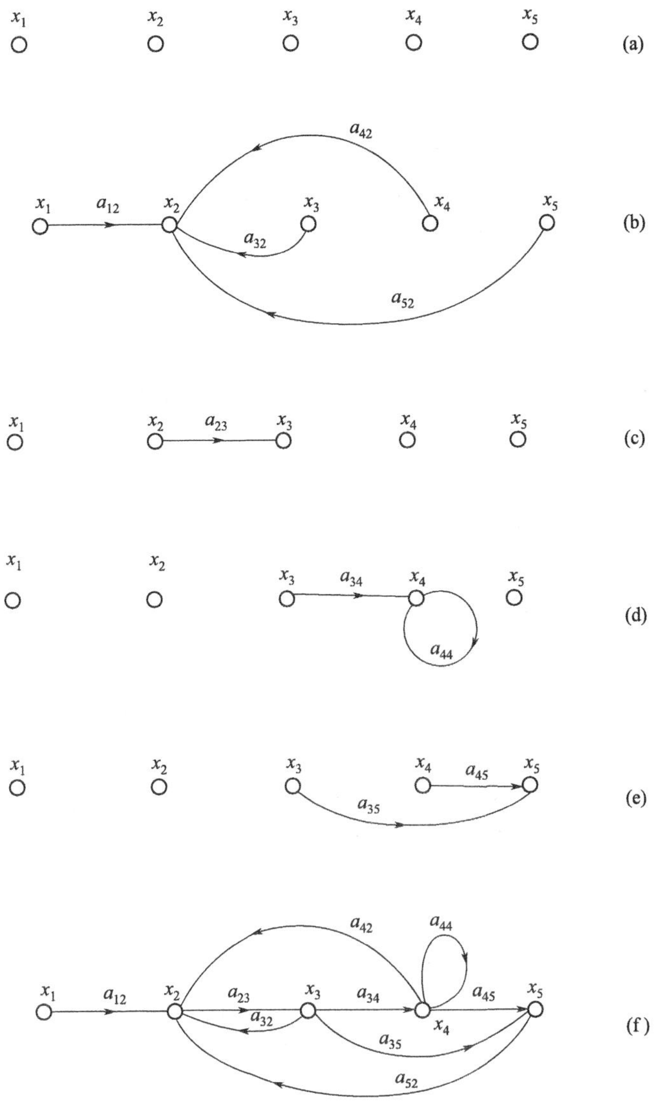

图 2-55 例 2-24 的信号流图

2.6.2 梅逊增益公式

有了系统的信号流图后，就可以利用梅逊增益公式进一步求出输入变量和输出变量之间的总增益，它也就等效于系统的传递函数。

梅逊增益公式

$$M=\frac{1}{\Delta}\sum_{k=1}^{N}(P_k\Delta_k) \tag{2-133}$$

式中，P_k 为第 k 条前向通路的增益；N 为系统的前向通路数目；Δ 为信号流图的特征式

$$\Delta=1-\sum_{k}L_k+\sum_{i,j}L_iL_j-\sum_{l,m,n}L_lL_mL_n+\cdots \tag{2-134}$$

或用文字表示为

$$\Delta=1-\begin{pmatrix}\text{所有不同单回路}\\\text{增益之和}\end{pmatrix}+\begin{pmatrix}\text{所有可能的两两互不接触}\\\text{回路增益乘积之和}\end{pmatrix}-\begin{pmatrix}\text{所有可能的三个互不接触}\\\text{回路增益乘积之和}\end{pmatrix}+\cdots$$

所谓互不接触回路是指回路没有公共节点；Δ_k 为抽去第 k 条前向通路后剩下的信号流图的特征式 Δ 值，故也称为第 k 条前向通路特征式的余子式，若第 k 条前向通路与所有回路都有接触，则 $\Delta_k=1$。

应注意的是，梅逊增益公式只能用于输入节点和输出节点之间，不适合任意两个混合节点之间。

【例 2-25】 计算例 2-24 的系统增益。

解 例 2-24 整个系统的信号流图如图 2-55(f) 所示，其中 x_1、x_5 分别为输入变量和输出变量。现在利用梅逊增益公式来求总增益。具体计算如下。

前向通路 P_k：有 2 条前向通路，它们的增益分别是

$P_1=a_{12}a_{23}a_{34}a_{45}$；$P_2=a_{12}a_{23}a_{35}$

单回路：共有 5 个单回路，它们的增益分别是

$L_1=a_{23}a_{32}$；$L_2=a_{23}a_{34}a_{42}$；$L_3=a_{44}$；$L_4=a_{23}a_{34}a_{45}a_{52}$；$L_5=a_{23}a_{35}a_{52}$

两两不接触的回路：有 2 个，它们的增益分别是

$L_1L_3=a_{23}a_{32}a_{44}$；$L_3L_5=a_{44}a_{23}a_{35}a_{52}$

三个以上的互不接触的回路：无

总特征式：

$$\Delta=1-\sum_k L_k+\sum_{i,j} L_iL_j=1-(L_1+L_2+L_3+L_4+L_5)+L_1L_3+L_3L_5$$
$$=1-(a_{23}a_{32}+a_{23}a_{34}a_{42}+a_{44}+a_{23}a_{34}a_{45}a_{52}+a_{23}a_{35}a_{52})+a_{23}a_{32}a_{44}+a_{44}a_{23}a_{35}a_{52}$$

前向通路 P_k 的特征余子式 Δ_k：

第一条前向通路 P_1 与所有回路都接触：$\Delta_1=1$；

第二条前向通路 P_2 与回路 L_3 不接触：$\Delta_2=1-a_{44}$。

以 x_1 为输入、x_5 为输出的系统总增益为：

$$M=\frac{x_1}{x_5}=\frac{P_1\Delta_1+P_2\Delta_2}{\Delta}$$
$$=\frac{a_{12}a_{23}a_{34}a_{45}+a_{12}a_{23}a_{35}(1-a_{44})}{1-a_{23}a_{32}-a_{23}a_{34}a_{42}-a_{44}-a_{23}a_{34}a_{45}a_{52}-a_{23}a_{35}a_{52}+a_{23}a_{32}a_{44}+a_{44}a_{23}a_{35}a_{52}}$$

通过这个例子，可以看到梅逊增益公式如何用于求控制系统的传递函数。

【例 2-26】 用信号流图方法求取图 2-56 所示系统的传递函数 $C(s)/R(s)$。

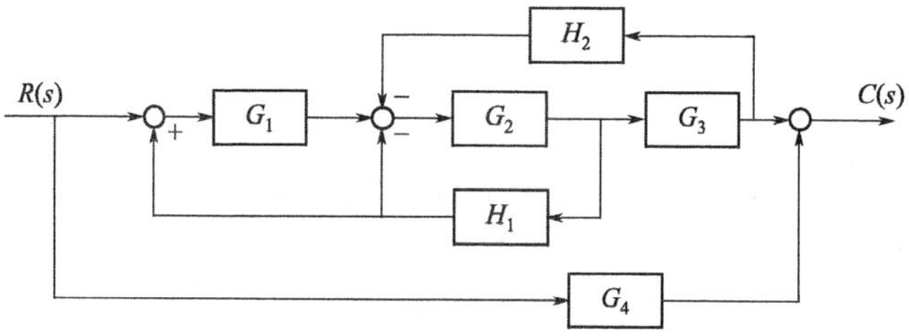

图 2-56 例 2-26 系统的方框图

解 将系统的方框图画成信号流图形式，如图 2-57 所示。

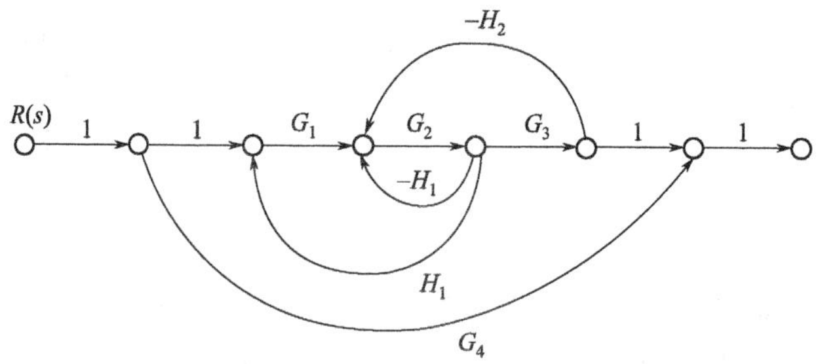

图 2-57 例 2-26 系统的信号流图形式

从信号流图可知，该系统有 2 条前向通路：

$$P_1=G_1G_2G_3;\quad P_2=G_4$$

有 3 个相互接触的单独回路，没有互不接触的回路。

$$L_1=-G_2H_1;\quad L_2=G_1G_2H_1;\quad L_3=-G_2G_3H_2$$

总特征式：

$$\Delta=1-(L_1+L_2+L_3)=1+G_2H_1-G_1G_2H_1+G_2G_3H_2$$

前向通路 P_1 与所有回路均接触，特征余子式 $\Delta_1=1$；

前向通路 P_2 与所有回路均不接触，特征余子式 $\Delta_2=\Delta$。

利用梅逊增益公式求取系统传递函数：

$$\frac{C(s)}{R(s)}=\frac{1}{\Delta}(P_1\Delta_1+P_2\Delta_2)=G_4+\frac{G_1G_2G_3}{1+G_2H_1-G_1G_2H_1+G_2G_3H_2}$$

由此例解题过程知，第一步要先将方框图转化为信号流图，再应用梅逊增益公式。实际上，在熟练以后，没有必要将方框图转换成信号流图，可以在方框图上直接应用梅逊增益公式。此时，只需要将信号流图中节点间带增益的连线与方框图中的一个函数方块等价看待：支路增益相当于方块内的传递函数；信号流图拥有 2 个以上输入支路的节点与方框图中的加法器相当；信号流图中的回路与方框图中的反馈回路相当，但需要注意其反馈符号。

【例 2-27】 用信号流图方法求取例 2-20 中图 2-46 所示系统的传递函数 $C(s)/R(s)$。

解　这里直接在图 2-46 所示的方框图上利用梅逊增益公式。

系统只有 1 条前向通路：

$$P_1=G_1G_2G_3$$

有 3 个相互接触的单独回路，没有互不接触的回路：

$$L_1=G_1G_2H_1;\quad L_2=-G_1G_2G_3;\quad L_3=-G_2G_3H_2$$

所以总特征式：

$$\Delta=1-(L_1+L_2+L_3)=1-G_1G_2H_1+G_1G_2G_3+G_2G_3H_2$$

又由图知，前向通路 P_1 与所有回路均接触，所以特征余子式 $\Delta_1=1$。

利用梅逊增益公式求取系统传递函数：

$$\frac{C(s)}{R(s)}=\frac{P_1\Delta_1}{\Delta}\frac{G_1(s)G_2(s)G_3(s)}{1-G_1(s)G_2(s)H_1(s)+G_2(s)G_3(s)H_2(s)+G_1(s)G_2(s)G_3(s)}$$

其结果与例 2-20 采用方框图简化方法所得到的结果是一样的。

本章小结

分析或设计控制系统，需先建立系统的数学模型。本章介绍了建立控制系统或环节数学模型的一般原理和方法，其主要内容是：

① 将实际的物理系统理想化构成物理模型后，对物理模型的数学描述即是数学模型。少数物理系统能用机理分析方法建立数学模型，多数系统需通过实验辨识方法建模。

② 实际控制系统都是非线性的，但许多系统在一定条件下可以近似地视为线性系统。线性系统具有齐次性和叠加性，有比较完整和统一的分析和设计方法。

③ 在经典控制理论中，对单变量线性定常系统采用描述其输入与输出关系的数学模型。在零初始条件下，对系统微分方程作拉普拉斯变换，即可求得系统的传递函数。

④ 根据运动规律和数学模型的共性，能将比较复杂的系统划分为几种典型环节的组合，再利用传递函数和图解方法能比较方便地求得系统的开环传递函数、闭环传递函数等。

⑤ 方框图是研究控制系统的一种较为实用的图解方法，但对于较为复杂的系统，应用信号流程图更为简便。用梅逊公式能直接求出系统中任意两个变量之间的关系。

习　题

2-1　试求下列函数的拉普拉斯变换式［设 $t<0$ 时，$f(t)=0$］。

(1) $f(t)=(t+1)(t+5)$　　(2) $f(t)=5(1-\cos 5t)$

(3) $f(t)=e^{-0.5t}\cos 10t$　　(4) $f(t)=\sin\left(5t+\frac{\pi}{3}\right)$

(5) $f(t)=1-e^{-\frac{1}{T}t}$

2-2　求下列函数的原函数 $f(t)$。

(1) $F(s)=\frac{s-2}{s^2+4}$　　(2) $F(s)=\frac{1}{s(s+5)}$

(3) $F(s)=\dfrac{s+7}{(s+1)(s^2+3s+2)}$　　(4) $F(s)=\dfrac{1}{s(s^2+s+1)}$

(5) $F(s)=\dfrac{10s}{s^2+4s+8}$

2-3　试求取图 2-58 所示无源电路的传递函数 $U_o(s)/U_i(s)$。

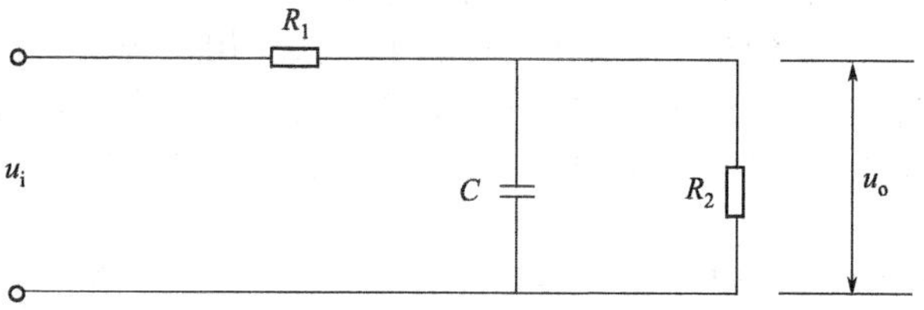

图 2-58　习题 2-3 之无源电路示意图

2-4　图 2-59 所示为机械平移系统，其中 m、k、f 分别代表物体质量、线性弹簧的弹性系数、阻尼器的阻尼系数。设输入信号为作用力 $f_i(t)$，输出信号为物体位移 $y(t)$，试求取该系统的传递函数 $Y(s)/F_i(s)$。

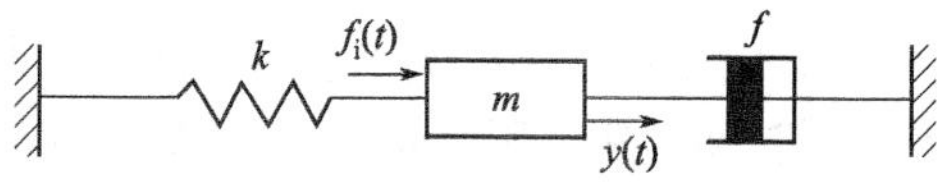

图 2-59　习题 2-4 之机械平移系统示意图

2-5　求图 2-60 所示各有源网络的传递函数$\dfrac{U_c(s)}{U_r(s)}$。

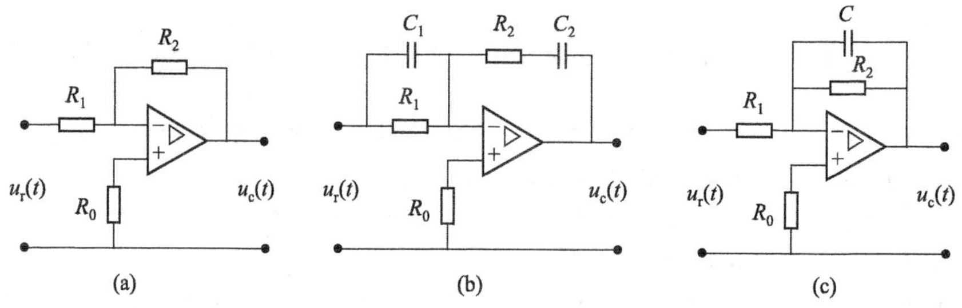

图 2-60　习题 2-5 之有源网络示意图

2-6　通过方框图的等效变换，求取图 2-61 所示系统的传递函数 $C(s)/R(s)$。

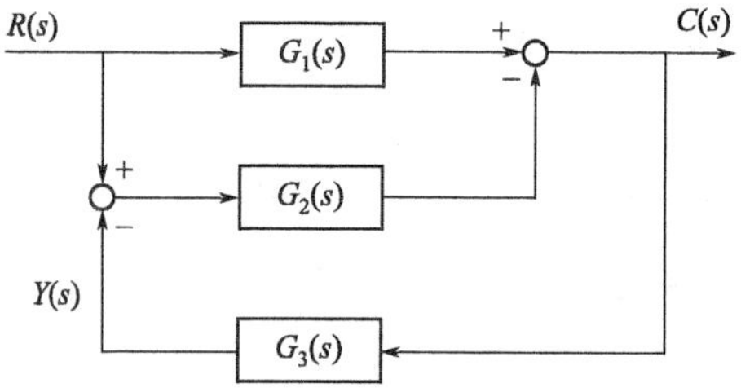

图 2-61　习题 2-6 之控制系统方框图

2-7　通过方框图的等效变换求取图 2-62 所示系统的传递函数 $C(s)/R(s)$。

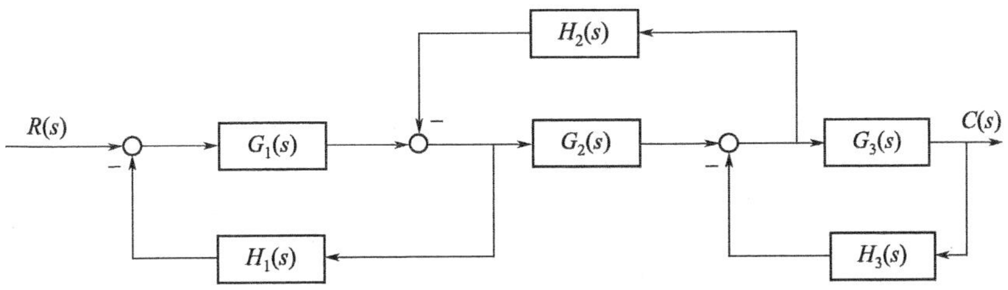

图 2-62 习题 2-7 之控制系统方框图

2-8 通过方框图的等效变换，求取图 2-63 所示系统的传递函数 $C(s)/N(s)$。

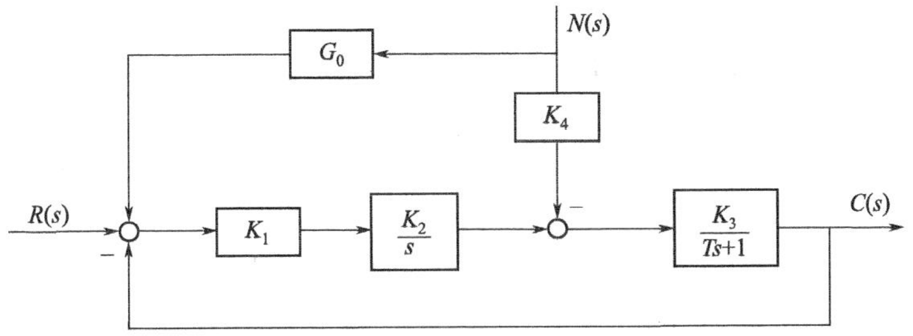

图 2-63 习题 2-8 之控制系统方框图

2-9 试绘制图 2-64 所示电路的方框图，并应用梅逊公式求取传递函数 $U_2(s)/U_1(s)$。

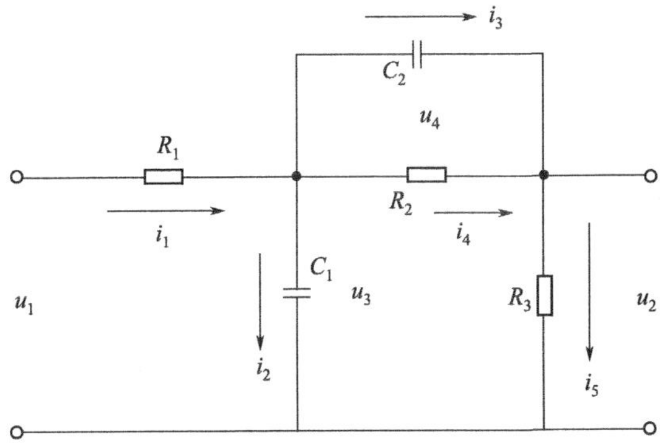

图 2-64 习题 2-9 之无源电路示意图

2-10 求图 2-65 所示机械系统的微分方程式和传递函数。图中力 $F(t)$ 为输入量，位移 $x(t)$ 为输出量，m 为质量，k 为弹簧的弹性系数，f 为阻尼系数。

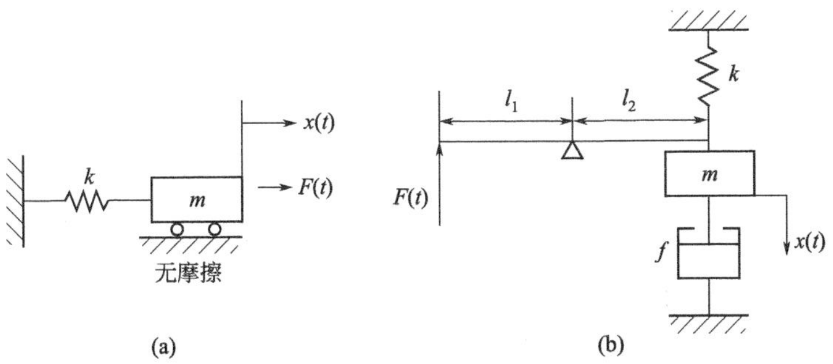

图 2-65 习题 2-10 之质量弹簧阻尼系统示意图

2-11 求图 2-66 所示机械系统的微分方程式和传递函数。图中位移 $x_i(t)$ 为输入量，位移 $x_o(t)$ 为输出量，k 为弹簧的弹性系数，f 为阻尼系数，重力忽略不计。

2-12 已知控制系统结构图如图 2-67 所示，试通过结构图的等效变换求系统传递函数 $C(s)/R(s)$。

2-13 试简化图 2-68 中系统结构图，并求传递函数 $C(s)/R(s)$ 和 $C(s)/N(s)$。

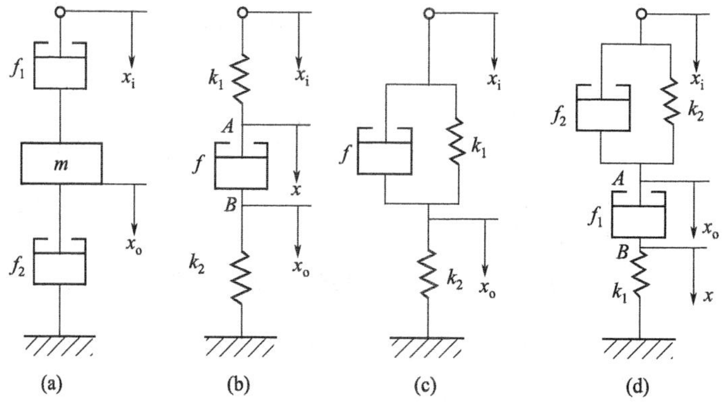

图 2-66　习题 2-11 之质量弹簧阻尼系统示意图

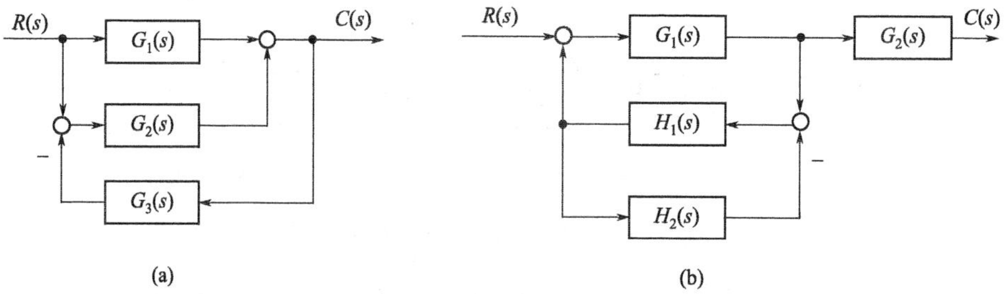

图 2-67　习题 2-12 之控制系统方框图

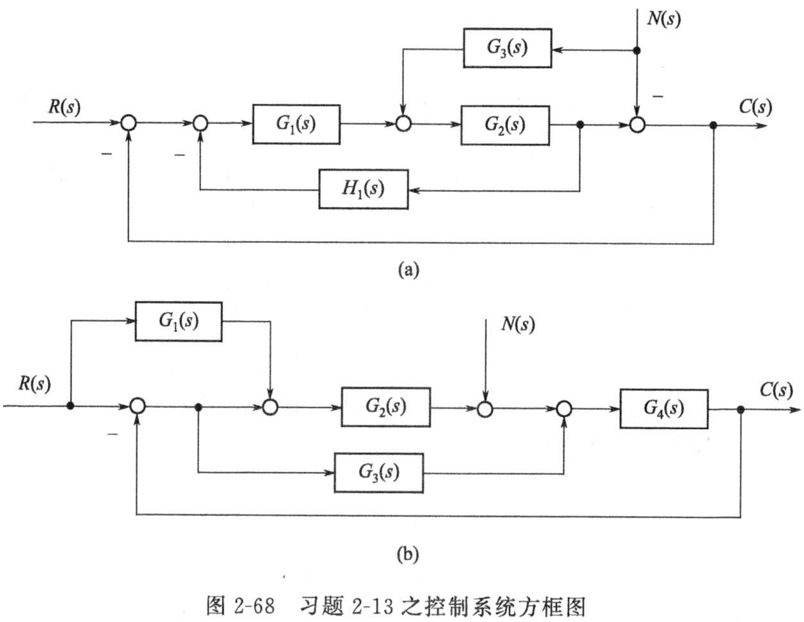

图 2-68　习题 2-13 之控制系统方框图

2-14　试绘制图 2-69 中系统结构图对应的信号流图，并用梅逊增益公式求传递函数 $C(s)/R(s)$和 $E(s)/R(s)$。

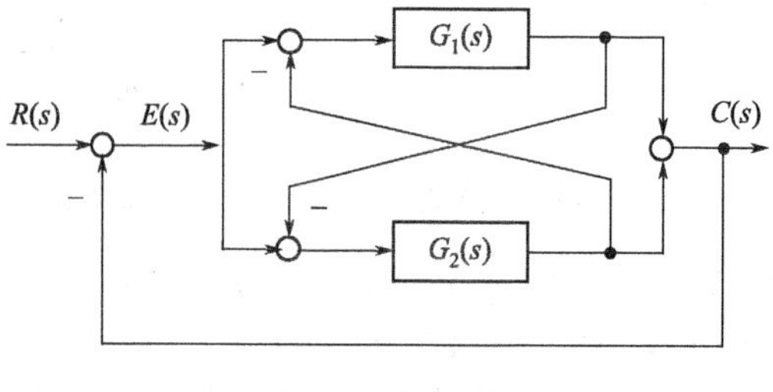

图 2-69　习题 2-14 之控制系统方框图

2-15 试用梅逊公式求图 2-70 所示系统的传递函数 $C(s)/R(s)$ 和 $E(s)/R(s)$。

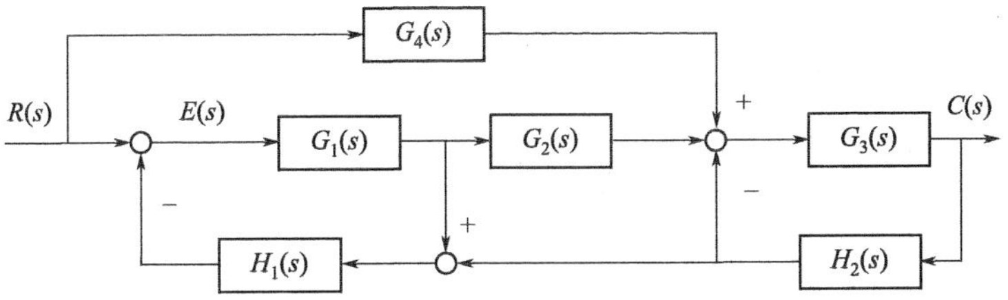

图 2-70 习题 2-15 之控制系统方框图

2-16 利用梅逊公式求图 2-71 所示系统的传递函数 $C(s)/R(s)$。

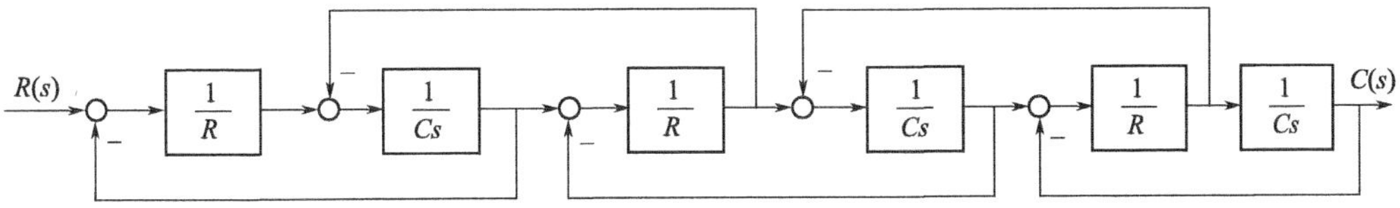

图 2-71 习题 2-16 之控制系统方框图

2-17 用方框图简化方法，求图 2-72 所示系统的闭环传递函数。

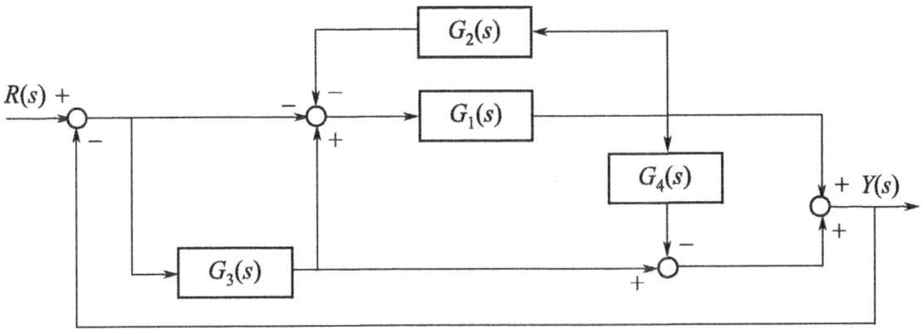

图 2-72 习题 2-17 之控制系统方框图

2-18 已知控制系统的方框图如图 2-73 所示，其中，$R(s)$ 为系统输入，$C(s)$ 为系统输出，$E(s)$ 为误差信号，使用方框图简化方法，求传递函数 $C(s)/R(s)$ 和 $E(s)/R(s)$，并用 MATLAB 软件程序进行验证。

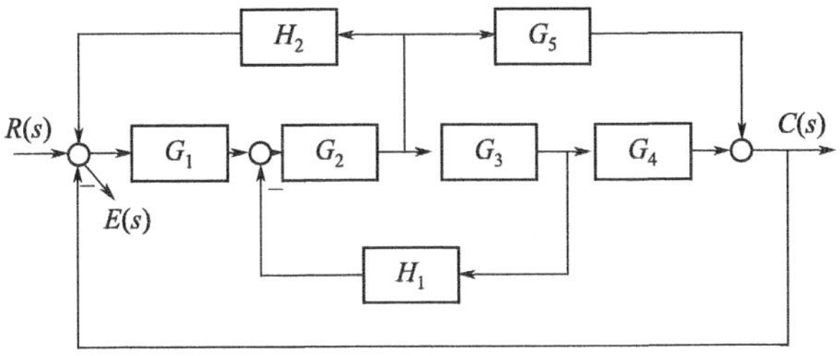

图 2-73 习题 2-18 之控制系统方框图

2-19 系统的信号流图如图 2-74 所示，求传递函数 $Y_1(s)/R_1(s)$ 和 $Y_2(s)/R_2(s)$。

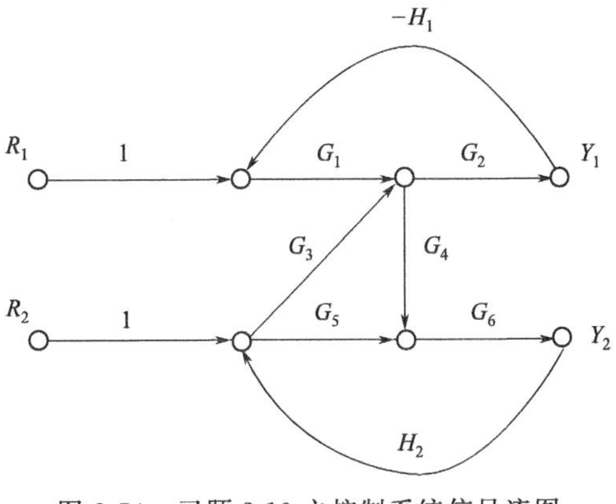

图 2-74 习题 2-19 之控制系统信号流图

2-20　系统方框图如图 2-75 所示，试画出信号流图，用梅逊公式和 MATLAB 软件求 $C(s)/R(s)$。

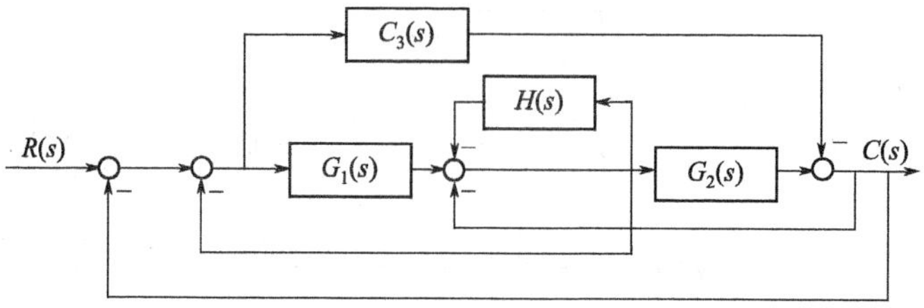

图 2-75　习题 2-20 之控制系统方框图

第3章 线性系统的时域特性分析

系统受外加输入作用所引起的随时间变化的输出信号，被称为系统的时域响应。人们通过对某个具体的系统施加一个已知的输入信号，考察系统输出时域响应的运动特性，评价控制系统的动态和稳态性能，获得分析认识系统的能力。在此基础上，人们可以根据需要开展设计工作，在系统中加入一些机构和装置并确定相应的参数，用以改善系统性能，保证控制系统具有预期的时域响应特性，满足人们所要求的性能指标。

时域分析方法是一种直接在时间域中对系统进行分析的方法，它可以提供系统时间响应的全部信息，具有直观、准确的优点，符合人们对系统行为表现的观察习惯，已成为最基本的系统分析方法。但在研究系统参数改变引起系统性能指标变化趋势问题，以及开展对系统进行校正设计等工作时，时域分析方法在揭示系统内在的一般运动规律、提供简便可行的工程化分析设计方法方面存在局限性。时域方法与基于其概念、方法和结论所形成的复数域方法（根轨迹）以及频域方法构成了线性系统分析设计一整套完备的理论和方法体系。

在输入作用下，系统的输出响应通常由动态响应和稳态响应两部分组成。若以 $y(t)$ 表示系统的时间响应，则有

$$y(t)=y_{t}(t)+y_{ss}(t) \tag{3-1}$$

式中，$y_{t}(t)$ 表示动态响应部分；$y_{ss}(t)$ 表示稳态响应部分。对于稳定系统而言，$y_{t}(t)$ 将随时间增大逐渐趋于零（故又称为暂态响应、过渡过程）；$y_{ss}(t)$ 是指当时间趋于无穷大时系统达到一个新稳态或某一变化规律。

$$\lim_{t\to\infty} y_{t}(t)=0 \tag{3-2}$$

$$\lim_{t\to\infty} y_{ss}(t)=y_{ss}(\infty) \tag{3-3}$$

若要了解控制系统的性能优劣，需要在同样的输入条件激励下比较系统的行为。在符合实际情况的基础上，为了便于实现和分析计算，时域分析方法一般选择若干典型测试信号作为激励，分析系统对这些输入信号的响应。

3.1 控制系统典型测试信号

系统的时间响应不仅取决于系统本身的固有特性，还与输入信号的形式有关。在分析和评价控制系统时，通常选取具有典型意义的试验信号作为基准，对控制系统的性能进行比较。在符合实际情况的基础上，为了便于实现和分析计算，人们抽象出一些具有代表性的输入信号作为系统典型测试信号。这些信号首先应能满足其形式可以反映系统在实际工作过程中所遇到的输入信号或者是它们的叠加；其次考虑所选输入信号在数学描述形式上应尽可能简单，以便对系统响应进行数学分析和实验研究；最后应考虑选取那些能使系统工作在最不利情况下的输入信号作为典型输入信号。

控制系统中常用的典型输入信号的时间函数形式主要有：单位脉冲函数、单位阶跃函数、单位斜坡（速度）函数、单位加速度（抛物线）函数和正弦函数，如表 3-1 所示。

表 3-1　典型输入信号

名称	时域表达式 $r(t)$	时域关系	复域表达式 $R(s)$	复域关系
单位脉冲函数	$\delta(t)=\begin{cases}\infty, t=0\\0, t\neq 0\end{cases}$ $\int_{-\infty}^{+\infty}\delta(t)\mathrm{d}t=1$	↑	1	↑
单位阶跃函数	$1(t)=\begin{cases}1, t\geqslant 0\\0, t<0\end{cases}$	$\frac{\mathrm{d}}{\mathrm{d}t}$	$\frac{1}{s}$	$\times s$
单位斜坡函数	$r(t)=\begin{cases}t, t\geqslant 0\\0, t<0\end{cases}$		$\frac{1}{s^2}$	
单位加速度函数	$r(t)=\begin{cases}\frac{1}{2}t^2, t\geqslant 0\\0, t<0\end{cases}$		$\frac{1}{s^3}$	
正弦函数	$r(t)=A\sin\omega t$		$\frac{A\omega}{s^2+\omega^2}$	

3.2　控制系统时域性能指标

稳定是控制系统能够运行的首要条件，只有当系统动态过程收敛时，研究系统的动态性能才有意义。如第 1 章所述，人们对控制系统的一般要求可以归纳为稳、准、快。工程上为了定量评价系统性能好坏，必须给出控制系统性能指标的准确定义和定量化计算方法。

实际物理系统都存在惯性，输出量的改变是与系统所储有的能量有关的。系统所储有的能量改变需要一个过程，在外作用的激励下系统从一种稳定状态转换到另一种稳定状态需要一定的时间。稳定系统针对单位阶跃输入信号的输出响应如图 3-1 所示。在典型输入信号作用下，任何一个控制系统的时间响应都可分解为动态过程和稳态过程两部分，控制系统的性能指标通常由动态性能指标和稳态性能指标两部分组成。

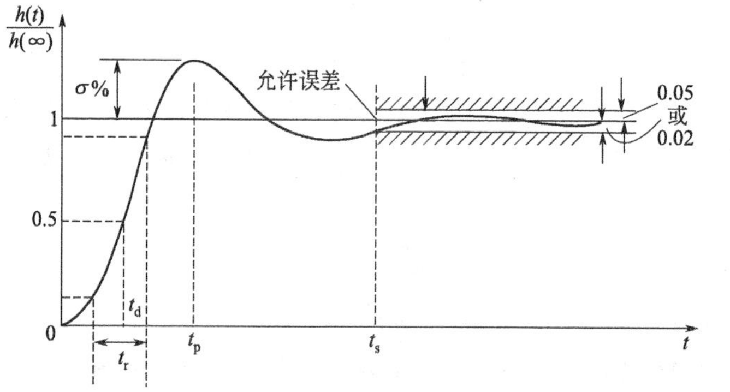

图 3-1　系统单位阶跃响应

(1) 动态性能

通常在阶跃函数作用下，测定或计算系统的动态性能。一般认为阶跃输入对系统来说是最严峻的工作状态，如果系统在阶跃函数作用下的动态性能满足要求，那么系统在其他形式的函数作用下，其动态性能也是令人满意的。

描述稳定的系统在单位阶跃函数作用下，动态过程随时间 t 的变化而变化的指标为动态性能指标。为了便于分析和比较，通常假定系统在单位阶跃输入信号作用前已达到平衡，处于静止状态。对于大多数控制系统来说，这种假设是符合实际情况的。对于图 3-1 所示的单位阶跃响应 $h(t)$，其动态性能指标通常有如下几项：

延迟时间 t_d　指阶跃响应曲线第一次达到其终值 $h(\infty)$ 的一半所需的时间。

上升时间 t_r　指响应从终值的 10%上升到终值的 90%所需的时间；对于有振荡的系统，亦可定义为响应从 0 到第一次上升到终值所需的时间。上升时间是衡量系统响应速度的物理量，上升时间越短，响应速度越快。

峰值时间 t_p 指响应超过其终值 $h(\infty)$ 到达第一个峰值所需的时间。

调节时间 t_s 指响应到达并保持在终值 $h(\infty)$ 的 $\pm5\%$ 误差带内所需的最短时间。有时也用终值的 $\pm2\%$ 误差带来定义调节时间，除非特别说明，本书以后研究的调节时间，均以终值 $\pm5\%$ 误差带定义。

超调量 $\sigma\%$ 指响应的最大偏离量 $h(t_p)$ 与终值 $h(\infty)$ 的差和终值 $h(\infty)$ 之比的百分数，即

$$\sigma\%=\frac{h(t_p)-h(\infty)}{h(\infty)}\times100\% \tag{3-4}$$

若 $h(t_p)<h(\infty)$，则响应无超调。超调量亦被称为最大超调量或百分比超调量。

利用上述五个动态性能指标，基本上可以刻画系统动态过程的特征。在实际应用中，上升时间、调节时间和超调量为最常用的动态性能指标。工程中常用上升时间 t_r、峰值时间 t_p 评价系统的响应速度，用超调量 $\sigma\%$ 评价系统的阻尼程度（反映过渡过程的波动程度），调节时间是可以同时反映响应速度和阻尼程度的综合性指标。

(2) 稳态性能

稳态误差是描述系统稳态性能的一种指标，是系统控制精度或抗干扰能力的一种度量。稳态误差通常在阶跃函数、斜坡函数或加速度函数的作用下进行测量或计算。若时间趋于无穷大时，系统的输出量不等于输入量或输入量的确定函数，则系统存在稳态误差。

3.3 一阶系统的时域分析

以一阶微分方程描述的控制系统，被称为一阶系统。在工程实践中，一阶系统广泛存在，有些高阶系统的特性，常可用一阶系统近似表征。

3.3.1 一阶系统的数学模型

假定系统初始条件为零，一阶系统的微分方式为

$$T\frac{\mathrm{d}c(t)}{\mathrm{d}t}+c(t)=r(t) \tag{3-5}$$

式中，$c(t)$ 为系统输出量；$r(t)$ 为系统的输入量；T 为时间常数，代表系统的惯性。

一阶系统的结构图如图 3-2 所示，其闭环传递函数为

$$\Phi(s)=\frac{C(s)}{R(s)}=\frac{1}{\frac{1}{K}s+1}=\frac{1}{Ts+1} \tag{3-6}$$

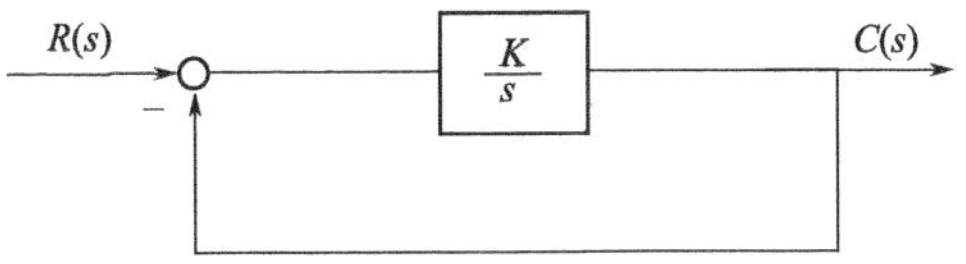

图 3-2 一阶系统结构图

式(3-5) 和式(3-6) 分别是用微分方程和传递函数表示的一阶系统的数学模型。具有用同一运动方程或传递函数描述的线性系统，它们对同一输入信号的响应是相同的。对于不同的系统，其响应特性的数学表达式具有不同的物理意义。

3.3.2 一阶系统的单位阶跃响应

设一阶系统的输入信号为单位阶跃函数 $r(t)=1(t)$，则由式(3-6) 可以求得一阶系统单位阶跃响应的拉普拉斯变换为

$$C(s)=\Phi(s)R(s)=\frac{1}{Ts+1}\cdot\frac{1}{s}=\frac{1}{s}-\frac{1}{s+1/T} \tag{3-7}$$

单位阶跃响应为

$$h(t)=\mathrm{L}^{-1}[C(s)]=1-\mathrm{e}^{-t/T},\quad t\geqslant0 \tag{3-8}$$

如果将时域响应从系统动态过程和稳态过程分量进行分解，上式可写为

$$h(t)=c_{ss}(t)+c_{tt}(t),\quad t\geqslant0 \tag{3-9}$$

式中，$c_{ss}(t)=1$，代表系统时域响应稳态分量；$c_{tt}(t)=-\mathrm{e}^{-t/T}$，代表暂态分量，当时间趋近于无穷大时，该分量将衰减为零。显然，一阶系统的单位阶跃响应曲线是一条初始值为零，以指数规律上升到终值 $c_{ss}(t)=1$ 的曲线，如图 3-3 所示。

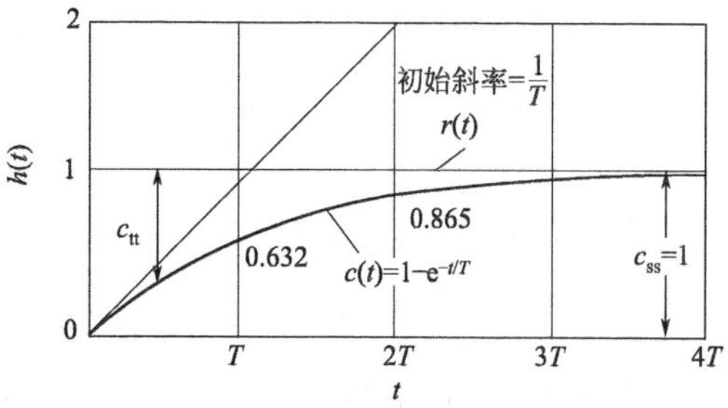

图 3-3　一阶系统的单位阶跃响应曲线

图 3-3 表明，一阶系统的单位阶跃响应具有非振荡特征，为非周期响应。时间常数 T 是表征系统响应特性的唯一参数，系统输出值与时间常数具有确定的对应关系

$$t=T,\quad h(T)=0.632$$
$$t=2T,\quad h(2T)=0.865$$
$$t=3T,\quad h(3T)=0.950$$
$$t=4T,\quad h(4T)=0.982$$

根据这一特点，人们可用实验方法测定一阶系统的时间常数，或判定所测系统是否属于一阶系统。

一阶系统单位阶跃响应曲线在初始时刻切线的斜率等于 $1/T$，即

$$\left.\frac{\mathrm{d}h(t)}{\mathrm{d}t}\right|_{t=0}=\left.\frac{1}{T}\mathrm{e}^{-\frac{t}{T}}\right|_{t=0}=\frac{1}{T} \tag{3-10}$$

式(3-10) 表明，一阶系统的单位阶跃响应如果能保持初速度不变上升至稳态值，所需要的时间恰好为 T。从图 3-3 观察出，一阶系统单位阶跃响应的切线斜率随时间推移单调下降，实际响应速度并不能保持 $1/T$ 不变。例如

$$\left.\frac{\mathrm{d}h(t)}{\mathrm{d}t}\right|_{t=0}=\frac{1}{T}$$
$$\left.\frac{\mathrm{d}h(t)}{\mathrm{d}t}\right|_{t=T}=0.368\frac{1}{T}$$
$$\left.\frac{\mathrm{d}h(t)}{\mathrm{d}t}\right|_{t=\infty}=0$$

系统单位阶跃响应在初始时刻切线的斜率特性，也是常用的确定一阶系统时间常数的方法之一。

根据前述的系统动态性能指标的定义，一阶系统的单位阶跃响应没有超调量，不存在峰值时间 t_p。系统的延迟时间、上升时间和调节时间为

$$t_d=0.69T$$
$$t_r=2.20T$$
$$t_s=3T$$

当 $t>3T$ 时，一阶系统的单位阶跃响应已完成其全部变化量的 95%以上，从工程实际角度看，如果允许误差为 5%时，可以认为系统在 $t=3T$ 时响应过程已经基本结束，系统的调节时间等于三倍的时间常数。显然，时间常数 T 反映系统的惯性，系统的惯性越小，其时间常数越小，响应过程越快；反之，惯性越大，响应越慢。

3.3.3　一阶系统的单位脉冲响应

考虑当输入信号为理想单位脉冲函数时，由于 $R(s)=1$，由式(3-6) 可得

$$C(s)=\Phi(s)R(s)=\frac{1}{Ts+1}$$

系统输出量的拉普拉斯变换式即为系统的传递函数，系统的输出被称为脉冲响应，其表达式为

$$g(t)=c(t)=\mathrm{L}^{-1}[C(s)]=\frac{1}{T}\mathrm{e}^{-t/T},\quad t\geqslant 0 \tag{3-11}$$

由式(3-11) 可以计算出

$$\left.c(t)\right|_{t=0}=\frac{1}{T},\qquad \left.\frac{\mathrm{d}c(t)}{\mathrm{d}t}\right|_{t=0}=-\frac{1}{T^2}$$
$$\left.c(t)\right|_{t=T}=0.368\frac{1}{T},\qquad \left.\frac{\mathrm{d}c(t)}{\mathrm{d}t}\right|_{t=T}=-0.368\frac{1}{T^2}$$
$$\left.c(t)\right|_{t=\infty}=0,\qquad \left.\frac{\mathrm{d}c(t)}{\mathrm{d}t}\right|_{t=\infty}=0$$

根据以上信息，可以绘制一阶系统的单位脉冲响应曲线如图 3-4 所示。

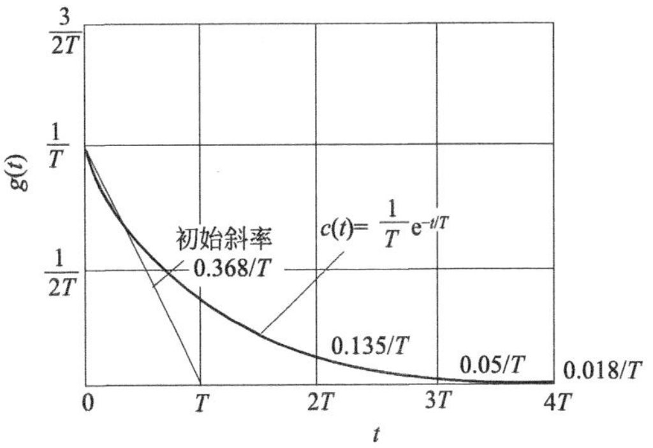

图 3-4 一阶系统的单位脉冲响应曲线

从图 3-4 可以看出，一阶系统的脉冲响应是一单调下降的指数曲线。若定义该指数曲线衰减到其初始值的 5% 所需的时间为脉冲响应的调节时间，则仍有 $t_s=3T$。惯性越小，响应过程越快速。

在初始条件为零的情况下，一阶线性定常系统的闭环传递函数与脉冲响应函数包含着相同的动态过程信息，因此常以单位脉冲输入信号作用于系统，根据被测定系统的单位脉冲响应，可以求得被测系统的传递函数。

鉴于在工程中不可能获得理想单位脉冲输入信号作为系统的激励，常用具有一定宽度和有限幅度的实际脉冲来代替理想脉冲函数。为了减小近似误差，要求实际脉冲函数的宽度 h 远小于系统时间常数 T，一般规定 $h<0.1T$。

3.3.4 一阶系统的单位斜坡响应

假设系统的输入信号为单位斜坡函数，由式(3-6) 可以求得一阶系统的相应输出响应为

$$C(s)=\Phi(s)R(s)=\frac{1}{Ts+1}\cdot\frac{1}{s^2}=\frac{1}{s^2}-\frac{T}{s}+\frac{T^2}{Ts+1}$$

$$c(t)=\mathrm{L}^{-1}[C(s)]=(t-T)+T\mathrm{e}^{-\frac{t}{T}},\quad t\geqslant 0 \tag{3-12}$$

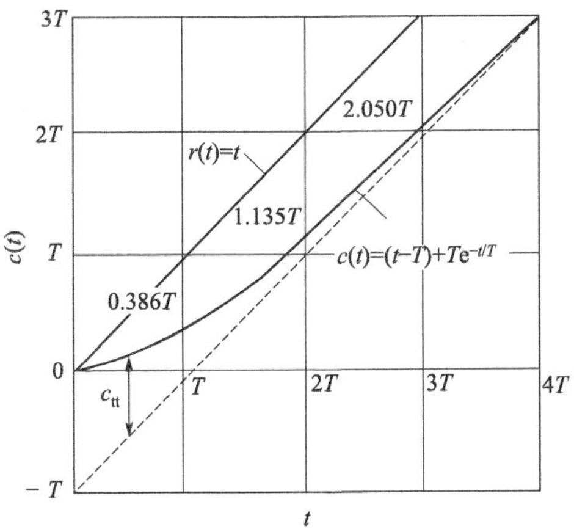

图 3-5 一阶系统的单位斜坡响应曲线

式中，$(t-T)$ 为稳态分量，$T\mathrm{e}^{-\frac{t}{T}}$ 为瞬态分量。根据式(3-12) 绘制一阶系统的单位斜坡响应曲线如图 3-5 所示。

一阶系统的单位斜坡响应瞬态分量为衰减的非周期函数。系统响应的稳态分量是与输入函数斜率相同但时间滞后 T 的斜坡函数，因而系统在位置上存在稳态跟踪误差，稳态误差值等于时间常数 T。系统的惯性越小，跟踪的准确性越高。

3.3.5 一阶系统的单位加速度响应

设系统的输入信号为单位加速度函数，用式(3-6) 可以求得一阶系统的相应输出响应的拉氏变换表达式

$$C(s)=\Phi(s)R(s)=\frac{1}{Ts+1}\cdot\frac{1}{s^3}=\frac{1}{s^3}-\frac{T}{s^2}+\frac{T^2}{s}-\frac{T^3}{Ts+1}$$

对上式取拉氏反变换，求取一阶系统的相应时域响应为

$$c(t)=\frac{1}{2}t^2-Tt+T^2(1-\mathrm{e}^{-\frac{t}{T}}),\quad t\geqslant 0 \tag{3-13}$$

据此可以考察系统的跟踪误差为

$$e(t)=r(t)-c(t)=Tt-T^2(1-\mathrm{e}^{-\frac{t}{T}}) \tag{3-14}$$

系统的跟踪误差随时间推移而增大直至无穷大，系统不能实现对加速度输入函数的跟踪。

3.4 二阶系统的时域分析

运动特性以二阶常微分方程进行描述的控制系统，被称为二阶线性系统。在工程实际中，二阶系统是一类常见的控制系统，对其时域特性的研究工作具有典型性。在分析和设计系统时，二阶系统的响应特性常被视为一种基准，对其时域响应特性的研究具有重要意义。尽管三阶或更高阶系统普遍存在于控制工程实际中，但在一定条件下它们的响应特性可以采用二阶系统近似的方法加以研究。因此，深入讨论二阶系统的时域响应特性的分析和计算方法，具有重要的工程价值。

3.4.1 二阶系统的数学模型

典型的二阶随动控制系统的结构图如图 3-6 所示，其中 K 为系统的开环增益；T 为时间常数。系统的闭环传递函数为

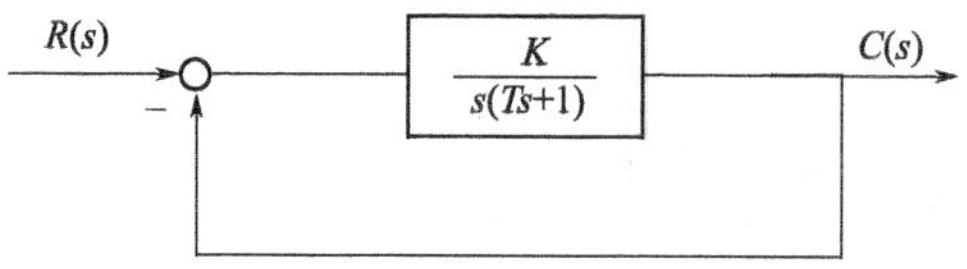

图 3-6 二阶系统结构图

$$\Phi(s)=\frac{C(s)}{R(s)}=\frac{K}{s(Ts+1)+K} \tag{3-15}$$

由式(3-15) 可以求得系统的运动方程为

$$T\frac{d^2c(t)}{dt^2}+\frac{dc(t)}{dt}+Kc(t)=Kr(t) \tag{3-16}$$

为了使研究结果具有普遍意义，可以将式(3-15) 表示的二阶系统的闭环传递函数写成如下的标准形式

$$\Phi(s)=\frac{C(s)}{R(s)}=\frac{\omega_n^2}{s^2+2\zeta\omega_n s+\omega_n^2} \tag{3-17}$$

式中，ζ 称为系统的阻尼比（或相对阻尼系数）；ω_n 称为自然频率（或无阻尼振荡频率）。

比较式(3-16) 的闭环传递函数和二阶系统传递函数的标准形式(3-17)，有

$$\omega_n=\sqrt{\frac{K}{T}} \tag{3-18}$$

$$\zeta=\frac{1}{2\sqrt{KT}} \tag{3-19}$$

由式(3-17) 可知典型的二阶系统的特征方程为

$$s^2+2\zeta\omega_n s+\omega_n^2=0 \tag{3-20}$$

从而解得其两个特征根（闭环极点）为

$$s_{1,2}=-\zeta\omega_n\pm\omega_n\sqrt{\zeta^2-1} \tag{3-21}$$

式(3-21) 表明，二阶系统的特征根（闭环极点）随着 ζ 的取值不同，其在复数 s 平面的位置分布不同。具体情况为

(1) $0<\zeta<1$ 时（欠阻尼）

在这种取值情况下，系统的两个特征根为

$$s_{1,2}=-\zeta\omega_n\pm j\omega_n\sqrt{1-\zeta^2}$$

它们是一对共轭复根，其在 s 平面的位置分布如图 3-7(a) 所示。

(2) $\zeta=1$（临界阻尼）

系统的两个特征根为

$$s_{1,2}=-\omega_n$$

它们是一对相等的负实根，位于 s 平面负实轴上的相等实极点，如图 3-7(b) 所示。

(3) $\zeta>1$（过阻尼）

系统的两个特征根为

$$s_{1,2}=-\zeta\omega_n\pm\omega_n\sqrt{\zeta^2-1}$$

特征方程具有两个不相等的负实根，它们位于 s 平面负实轴上的两个不相等实极点，如图 3-7(c) 所示。

(4) $\zeta=0$（无阻尼）

特征方程的两个根为

$$s_{1,2}=\pm j\omega_n$$

系统的特征根为共轭纯虚根，它们是位于 s 平面虚轴上一对共轭极点，如图 3-7(d) 所示。

(5) $-1<\zeta<0$

系统特征方程的两个根为

$$s_{1,2}=-\zeta\omega_n\pm j\omega_n\sqrt{1-\zeta^2}$$

两个特征根为具有正实部的共轭复数根，它们位于 s 平面右半平面，如图 3-7(e) 所示。

(6) $\zeta<-1$

系统特征方程的两个根为

$$s_{1,2}=-\zeta\omega_n\pm\omega_n\sqrt{\zeta^2-1}$$

两个特征根为正实根，它们位于 s 平面正实轴上，特征根分布情况如图 3-7(f) 所示。

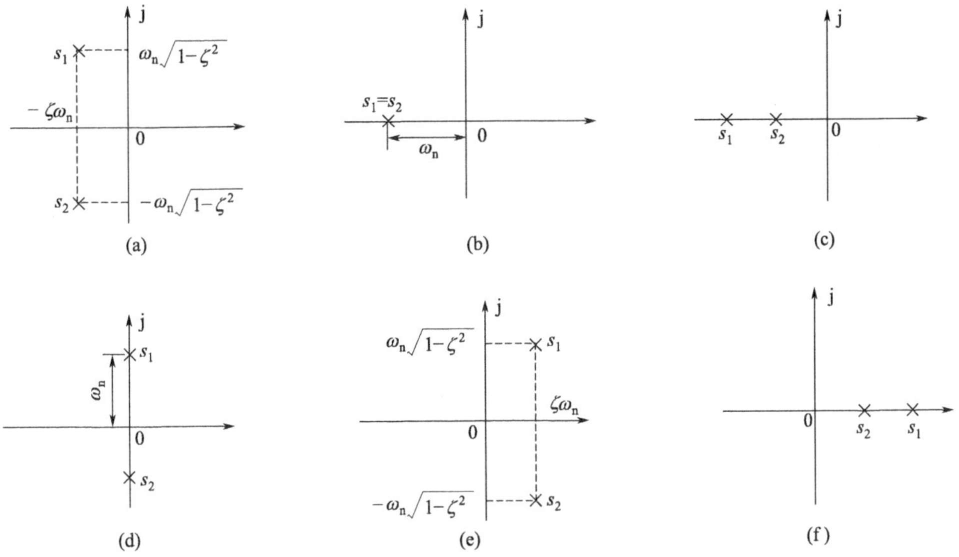

图 3-7 二阶系统闭环极点分布

二阶系统的闭环极点在 s 平面的位置分布取决于 ζ 和 ω_n 这两个参数，同样，后续的有关分析讨论会揭示控制系统性能优劣取决于系统闭环极点的位置分布这一重要事实。

3.4.2 二阶系统的单位阶跃响应

假设初始条件为零，当式(3-17) 系统的输入量为单位阶跃函数时，输出的拉氏变换为

$$C(s)=\Phi(s)R(s)=\frac{\omega_n^2}{(s^2+2\zeta\omega_n s+\omega_n^2)s}$$

不同 ζ 和 ω_n 参数取值，导致了不同的二阶系统的闭环特征根在复数平面的分布情况不同，系统的单位阶跃响应也呈现出不同的表现形式。下面分几种情况对二阶系统的时域响应的动态特性进行分析。

(1) 过阻尼（$\zeta>1$）情况的单位阶跃响应

设过阻尼二阶系统的极点为

$$s_1=-(\zeta-\sqrt{\zeta^2-1})\omega_n$$

$$s_2=-(\zeta+\sqrt{\zeta^2-1})\omega_n$$

系统的两个闭环极点均位于 s 平面负实轴上，系统输出量的拉氏变换可以写成

$$C(s)=\frac{\omega_n^2}{s(s^2+2\zeta\omega_n s+\omega_n^2)}=\frac{\omega_n^2}{s(s-s_1)(s-s_2)}$$

$$=\frac{A_0}{s}+\frac{A_1}{s-s_1}+\frac{A_2}{s-s_2} \tag{3-22}$$

上式中各系数为 $C(s)$ 在相应极点 s_i 处的留数，即 $A_i=[C(s)(s-s_i)]|_{s=s_i}$，它们可按下列各式求出

$$A_0=[C(s)s]|_{s=0}=1$$

$$A_1=[C(s)(s-s_1)]|_{s=s_1}=\frac{-1}{2\sqrt{\zeta^2-1}(\zeta-\sqrt{\zeta^2-1})}$$

$$A_2=[C(s)(s-s_2)]|_{s=s_2}=\frac{1}{2\sqrt{\zeta^2-1}(\zeta+\sqrt{\zeta^2-1})}$$

对式(3-22) 求拉氏反变换，可以得系统输出响应的时域解

$$c(t)=\mathrm{L}^{-1}[C(s)]=\mathrm{L}^{-1}\left[\frac{A_0}{s}+\frac{A_1}{s-s_1}+\frac{A_2}{s-s_2}\right]$$

$$=1-\frac{1}{2\sqrt{\zeta^2-1}}\left(\frac{e^{-(\zeta-\sqrt{\zeta^2-1})\omega_n t}}{\zeta-\sqrt{\zeta^2-1}}-\frac{e^{-(\zeta+\sqrt{\zeta^2-1})\omega_n t}}{\zeta+\sqrt{\zeta^2-1}}\right),\quad t\geqslant 0 \tag{3-23}$$

分析式(3-23) 输出时域响应构成情况可以看出，过阻尼二阶系统的动态响应曲线由稳态分量和暂态分量组成。暂态分量又包含两项按指数单调衰减的分量，其中一个分量的衰减指数为 $s_1=-(\zeta-\sqrt{\zeta^2-1})\omega_n$，另一个分量的衰减指数为 $s_2=-(\zeta+\sqrt{\zeta^2-1})\omega_n$。这种情况意味着，对于过阻尼二阶系统，如果后一个分量的衰减指数比前一个分量的衰减指数大得多，在动态过程中后一个分量单调衰减的相对较快，因此其影响作用主要体现在系统响应的前期，而在后期，其影响甚小。在近似分析过阻尼的动态响应时，可以将后一项所代表的分量忽略不计。根据这种分析，可以看出过阻尼二阶系统的动态响应类似于一阶惯性系统的响应，表现出非振荡的单调上升特性，通常称为过阻尼响应。

【例 3-1】 已知控制系统的闭环传递函数为 $\Phi(s)=\dfrac{s+2}{(s+1)(s+3)}$，求该系统的单位阶跃响应。

解 单位阶跃输入的拉氏变换为 $R(s)=\dfrac{1}{s}$，传递函数为 $\Phi(s)=\dfrac{C(s)}{R(s)}$，故

$$C(s)=\Phi(s)R(s)=\frac{(s+2)}{(s+1)(s+3)}\cdot\frac{1}{s}=\frac{A_0}{s}+\frac{A_1}{s+1}+\frac{A_2}{s+3}$$

上式具有实数单极点，属于二阶过阻尼系统，首先确定上式待定系数

$$A_0=\frac{2}{3},\quad A_1=-\frac{1}{2},\quad A_2=-\frac{1}{6}$$

通过求输出拉氏变换 $C(s)$ 的反变换，可得到系统的单位阶跃响应

$$c(t)=\frac{2}{3}-\frac{1}{2}e^{-t}-\frac{1}{6}e^{-3t}$$

(2) 欠阻尼（$0<\zeta<1$）**情况的单位阶跃响应**

在欠阻尼情况下，系统特征方程的根为

$$s_1=-\zeta\omega_n+j\omega_n\sqrt{1-\zeta^2}$$
$$s_2=-\zeta\omega_n-j\omega_n\sqrt{1-\zeta^2}$$

当 $R(s)=1/s$ 时，由式(3-17) 得

$$C(s)=\frac{\omega_n^2}{s^2+2\zeta\omega_n s+\omega_n^2}\cdot\frac{1}{s}=\frac{A_0}{s}+\frac{A_1 s+A_2}{s^2+2\zeta\omega_n s+\omega_n^2}$$

求出各待定系数，$A_0=1$，$A_1=-1$，$A_2=-2\zeta\omega_n$。故

$$C(s)=\frac{1}{s}-\frac{s+2\zeta\omega_n}{s^2+2\zeta\omega_n s+\omega_n^2}$$
$$=\frac{1}{s}-\frac{s+\zeta\omega_n}{(s+\zeta\omega_n)^2+(\omega_n\sqrt{1-\zeta^2})^2}-\frac{\zeta\omega_n}{(s+\zeta\omega_n)^2+(\omega_n\sqrt{1-\zeta^2})^2}$$

欠阻尼二阶系统单位阶跃响应的时域解为

$$c(t)=L^{-1}[C(s)]$$
$$=1-e^{-\zeta\omega_n t}\left(\cos\sqrt{1-\zeta^2}\,\omega_n t+\frac{\zeta}{\sqrt{1-\zeta^2}}\sin\sqrt{1-\zeta^2}\,\omega_n t\right)$$
$$=1-\frac{1}{\sqrt{1-\zeta^2}}e^{-\zeta\omega_n t}\sin(\sqrt{1-\zeta^2}\,\omega_n t+\theta)$$
$$=1-\frac{1}{\sqrt{1-\zeta^2}}e^{-\zeta\omega_n t}\sin(\omega_d t+\theta),\quad t\geqslant 0 \tag{3-24}$$

式中，$\omega_d=\sqrt{1-\zeta^2}\,\omega_n$ 称为阻尼振荡频率，$\theta=\arctan(\sqrt{1-\zeta^2}/\zeta)$ 称为阻尼角。欠阻尼二阶系统闭环极点及其特征参量之间的关系可表示为如图 3-8 所示。

式(3-24) 表明，欠阻尼二阶系统的单位阶跃响应同样由两部分组成：稳态分量为 1，表明系统不存在稳态位置误差；瞬态分量为阻尼正弦振荡项，其振荡频率为 ω_d，瞬态分量的幅度值随时间衰减。二阶系统所具有的衰减正弦振荡形式的响应被称为欠阻尼响应，响应的衰减速度取决于共轭复数极点实部的绝

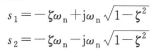

对值 $\zeta\omega_n$，该值越大，即系统闭环共轭复数极点距虚轴越远时，欠阻尼响应衰减得越快。衰减振荡的周期为

$$T_d=\frac{2\pi}{\omega_d}=\frac{2\pi}{\omega_n\sqrt{1-\zeta^2}} \tag{3-25}$$

由图 3-8 可见，系统瞬态分量的衰减系数是其对应闭环极点到虚轴之间的距离；阻尼振荡频率 ω_d 是闭环极点到实轴间的距离；自然振荡频率 ω_n 是闭环极点到坐标原点之间的距离；闭环极点所代表的复数向量与负实轴夹角的余弦正好是阻尼比，即

$$\zeta=\cos\theta \tag{3-26}$$

故 θ 被称为阻尼角。

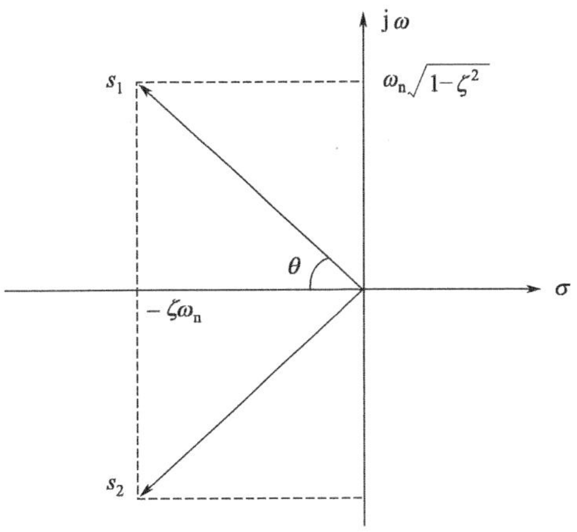

图 3-8 欠阻尼二阶系统闭环极点分布及 θ 角定义

(3) 临界阻尼（$\zeta=1$）情况的单位阶跃响应

当 $\zeta=1$ 时，系统闭环特征方程具有两个相等的负实根为

$$s_{1,2}=-\omega_n$$

$$C(s)=\frac{\omega_n^2}{(s+\omega_n)^2}\cdot\frac{1}{s}=\frac{A_0}{s}+\frac{A_{02}}{(s+\omega_n)}+\frac{A_{01}}{(s+\omega_n)^2}$$

对应于重极点分式的待定系数根据下式计算

$$A_{0i}=\lim_{s\to s_1}\frac{1}{(i-1)!}\frac{d^{i-1}}{ds^{i-1}}[C(s)(s-s_1)^2],\quad i=1,2 \tag{3-27}$$

因此得

$$C(s)=\frac{1}{s}-\frac{1}{s+\omega_n}-\frac{\omega_n}{(s+\omega_n)^2}$$

通过求取上式的拉氏反变换，可以获得系统输出响应的时域解为

$$c(t)=1-e^{-\omega_n t}(1+\omega_n t),\quad t\geqslant 0 \tag{3-28}$$

临界阻尼二阶系统的单位阶跃响应也是无振荡的单调上升曲线，系统响应不存在超调。这种情况下，系统针对单位阶跃输入信号的输出响应的运动特性处于欠阻尼和过阻尼临界状态。

(4) 无阻尼（$\zeta=0$）**情况的单位阶跃响应**

当 $\zeta=0$ 时，在单位阶跃信号激励下，系统输出量的拉氏变换为

$$C(s)=\frac{\omega_n^2}{s(s^2+\omega_n^2)}$$

因此，二阶系统的时域响应可以表达为

$$c(t)=1-\cos\omega_n t \tag{3-29}$$

系统动态响应表现为均值为 1 的余弦等幅振荡，其振荡频率为 ω_n，故可称为无阻尼自然振荡频率。

综上分析可以看出，在不同的阻尼比时，二阶系统的动态响应表现形式会发生明显变化，因此阻尼比 ζ 是决定二阶系统运动特性的重要参量。上述多种情况的单位阶跃响应曲线如图 3-9 所示，其横坐标为无因次时间 $\omega_n t$。

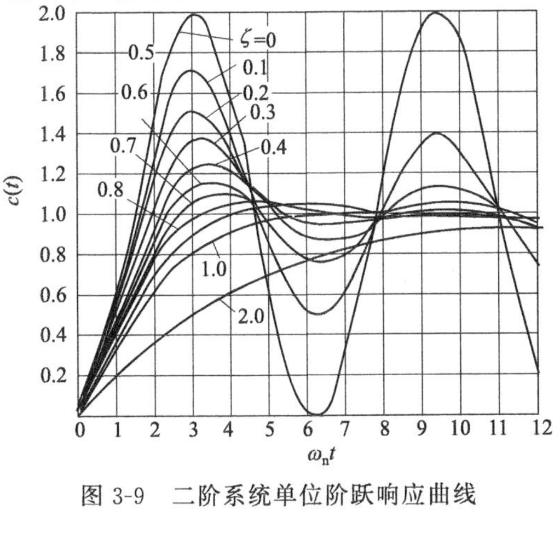

图 3-9 二阶系统单位阶跃响应曲线

由图 3-9 可见，在过阻尼和临界阻尼响应曲线中，输出响应呈现出无超调、单调上升趋势，临界阻尼响应具有最短的上升时间，响应速度最快；在欠阻尼（$0<\zeta<1$）曲线中，阻尼比越小，超调量越大，上升时间越短；若二阶系统具有相同的 ζ 和不同的 ω_n，则其振荡特性相同但响应速度不同，ω_n 越大，响应速度越快。

$\zeta\leqslant 0$ 时，系统的单位阶跃响应具有发散形态，控制系统不能正常工作。

3.4.3 欠阻尼二阶系统瞬态性能指标

在控制工程中，除了那些不容许产生振荡响应的系统

外，人们通常希望选择系统的参数，将控制系统运行于欠阻尼的工作状态下，使得系统的动态响应具有适当的振荡特性，有较快的响应速度和较短的调节时间，以期获得满意的系统控制品质。针对这种考虑因素，二阶控制系统设计，一般取 $\zeta=0.4\sim0.8$，对于相关动态性能指标的讨论具有重要的工程实际意义。

(1) 上升时间 t_r

根据 3.2 节中所述及定义，当 $t=t_r$ 时，$c(t_r)=1$。由式(3-24) 求得

$$c(t_r)=1-e^{-\zeta\omega_n t_r}\left(\cos\omega_d t_r+\frac{\zeta}{\sqrt{1-\zeta^2}}\sin\omega_d t_r\right)=1$$

$$e^{-\zeta\omega_n t_r}\left(\cos\omega_d t_r+\frac{\zeta}{\sqrt{1-\zeta^2}}\sin\omega_d t_r\right)=0$$

由于 $e^{-\zeta\omega_n t_r}\neq0$，所以

$$\cos\omega_d t_r+\frac{\zeta}{\sqrt{1-\zeta^2}}\sin\omega_d t_r=0$$

$$\tan\omega_d t_r=-\frac{\sqrt{1-\zeta^2}}{\zeta}$$

考虑到图 3-8 所表示极点相关实部和虚部的几何关系，求解上列方程

$$\tan\omega_d t_r=\tan(\pi-\theta)$$

$$t_r=\frac{\pi-\theta}{\omega_d}=\frac{\pi-\theta}{\omega_n\sqrt{1-\zeta^2}} \tag{3-30}$$

式中，$\theta=\arctan(\sqrt{1-\zeta^2}/\zeta)$。

显然，当阻尼比 ζ 一定时，θ 的角度不变。如果增大自然振荡频率 ω_n，即增大闭环极点与虚轴的距离，就会导致上升时间 t_r 缩短，从而加快系统的响应速度；而当阻尼振荡频率 ω_d 不变时，即当闭环极点到实轴之间的距离不变时，阻尼比越小，上升时间越短。

(2) 峰值时间 t_p

将式(3-24) 对时间 t 求导，并令其为零，求得

$$\zeta\omega_n e^{-\zeta\omega_n t_p}\sin(\omega_d t_p+\theta)-\omega_d e^{-\zeta\omega_n t_p}\cos(\omega_d t_p+\theta)=0$$

整理得

$$\tan(\omega_d t_p+\theta)=\frac{\sqrt{1-\zeta^2}}{\zeta}$$

考虑到图 3-8 中各特征参量的几何关系

$$\tan\theta=\frac{\sqrt{1-\zeta^2}}{\zeta}$$

从而

$$\tan(\omega_d t_p+\theta)=\tan\theta$$

于是上列三角方程的解为 $\omega_d t_p=0,\pi,2\pi,3\pi,\cdots$。由于峰值时间 t_p 是输出响应 $c(t)$ 达到第一峰值所对应的时间，所以取 $\omega_d t_p=\pi$，即

$$t_p=\frac{\pi}{\omega_d}=\frac{\pi}{\omega_n\sqrt{1-\zeta^2}} \tag{3-31}$$

上式表明，峰值时间等于阻尼振荡周期的一半，峰值时间与闭环极点的虚部数值成反比。当阻尼比一定时，闭环极点离负实轴的距离越远，系统的峰值时间越短。

(3) 最大超调量 $\sigma\%$

根据已给出的定义，超调量发生在峰值时刻，因此将式(3-31) 已得到的结果代入式(3-24)，得到输出量的最大值

$$c(t_p)=1-\frac{1}{\sqrt{1-\zeta^2}}e^{-\pi\zeta/\sqrt{1-\zeta^2}}\sin(\pi+\theta)$$

因为

$$\sin(\pi+\theta)=-\sin\theta=-\sqrt{1-\zeta^2}$$

$$c(t_p)=1+e^{-\pi\zeta/\sqrt{1-\zeta^2}}$$

按照超调量定义式(3-4)，并考虑到 $h(\infty)=1$，求得

$$\sigma\%=e^{-\pi\zeta/\sqrt{1-\zeta^2}}\times 100\% \tag{3-32}$$

上式表明，超调量 $\sigma\%$ 仅是阻尼比 ζ 的函数，与自然频率 ω_n 无关。超调量与阻尼比的关系曲线如图 3-10 所示，阻尼比 ζ 越大，超调量越小，反之亦然。一般情况下，当选取 $\zeta=0.4\sim0.8$ 时，$\sigma\%$ 介于 1.5%～25.4%之间。

(4) 调节时间 t_s

根据定义，当 $t\geqslant t_s$ 时，系统的输出响应应满足

$$|c(t)-c(\infty)|\leqslant c(\infty)\times\Delta\%$$

这里 $\Delta=2$ 或 $\Delta=5$。对于式(3-24)，当 $t\geqslant t_s$ 时，是

$$\left|\frac{e^{-\zeta\omega_n t}}{\sqrt{1-\zeta^2}}\sin\left(\omega_d t+\arctan\frac{\sqrt{1-\zeta^2}}{\zeta}\right)\right|\leqslant\Delta\% \tag{3-33}$$

考虑到指数曲线 $1\pm e^{-\zeta\omega_n t/\sqrt{1-\zeta^2}}$ 是对称于 $c(\infty)=1$ 的一对包络线，系统整个响应曲线总是被包含在这一对包络线内，如图 3-11 所示。为了简化式(3-33) 的计算，可以采用包络线代替实际响应曲线来估算调节时间，所得结果略保守。

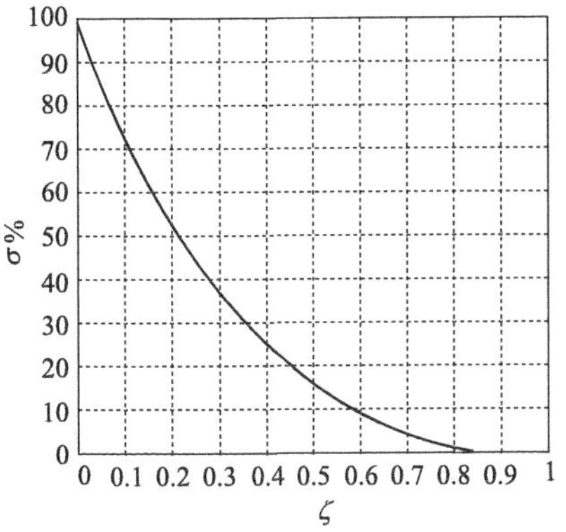

图 3-10 欠阻尼二阶系统超调量与阻尼比关系曲线

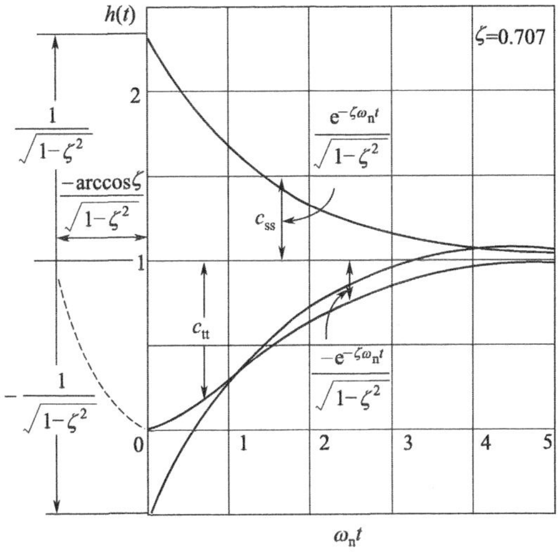

图 3-11 欠阻尼二阶系统单位阶跃响应的一对包络线

因此可将式(3-33) 不等式所表达的条件改写为

$$\left|\frac{e^{-\zeta\omega_n t}}{\sqrt{1-\zeta^2}}\sin\left(\omega_d t+\arctan\frac{\sqrt{1-\zeta^2}}{\zeta}\right)\right|\leqslant\left|\frac{e^{-\zeta\omega_n t}}{\sqrt{1-\zeta^2}}\right|\leqslant\Delta\%,\quad t\geqslant t_s$$

即

$$\frac{e^{-\zeta\omega_n t_s}}{\sqrt{1-\zeta^2}}=\Delta\%,\quad t\geqslant t_s$$

由上式求得调整时间的近似值为

$$t_s=\frac{1}{\zeta\omega_n}\ln\frac{1}{\Delta\%\sqrt{1-\zeta^2}} \tag{3-34}$$

若取 $\Delta=2$ 时，则得

$$t_s=\frac{4+\ln\frac{1}{\sqrt{1-\zeta^2}}}{\zeta\omega_n} \tag{3-35}$$

若取 $\Delta=5$ 时，则得

$$t_s=\frac{3+\ln\frac{1}{\sqrt{1-\zeta^2}}}{\zeta\omega_n} \tag{3-36}$$

当阻尼比 ζ 较小时，可以取$\sqrt{1-\zeta^2}\approx 1$，再次作近似计算得

$$t_s=\frac{4}{\zeta\omega_n},\quad 取\ \Delta=2 \tag{3-37}$$

$$t_s=\frac{3}{\zeta\omega_n},\quad 取\ \Delta=5 \tag{3-38}$$

式(3-37) 和式(3-38) 表明，欠阻尼二阶系统的调节时间与其闭环极点的实部数值成反比，即闭环极点距离虚轴越远，系统的调节时间越短。由于阻尼比值主要根据对系统超调量的要求来确定，所以调节时间主要是由自然频率决定的。若能保持阻尼比不变而加大自然频率值，则可以在不改变超调量的情况下缩短系统调节时间。

(5) 振荡次数 *N*

振荡次数是指在调节时间内，系统输出响应波动的次数。即

$$N=\frac{t_s}{T_d}$$

式中，T_d 是系统的阻尼振荡周期，即

$$T_d=\frac{2\pi}{\omega_d}=\frac{2\pi}{\omega_n\sqrt{1-\zeta^2}}$$

取 $\Delta=2$ 时，$t_s=\frac{4}{\zeta\omega_n}$，有

$$N=\frac{2\sqrt{1-\zeta^2}}{\pi\zeta} \tag{3-39}$$

取 $\Delta=5$ 时，$t_s=\frac{3}{\zeta\omega_n}$，有

$$N=\frac{1.5\sqrt{1-\zeta^2}}{\pi\zeta} \tag{3-40}$$

若已知系统的超调量 $\sigma\%$，考虑到 $\sigma\%=e^{-\pi\zeta/\sqrt{1-\zeta^2}}\times 100\%$，即

$$\ln\sigma\%=-\frac{\pi\zeta}{\sqrt{1-\zeta^2}}$$

从而可以求得振荡次数与超调量 $\sigma\%$ 的关系为

$$N=\frac{-2}{\ln\sigma\%},\quad 取\ \Delta=2 \tag{3-41}$$

或

$$N=\frac{-1.5}{\ln\sigma\%},\quad 取\ \Delta=5 \tag{3-42}$$

从各瞬态性能指标的计算公式和相关分析可以看出，欲使二阶系统具有满意的性能指标，人们必须选取合适的阻尼比 ζ 和无阻尼自然振荡频率 ω_n，提高 ω_n 可以提高系统的响应速度；增大 ζ 可以提高系统的阻尼程度，从而降低超调量指标和减少振荡次数。实际工程中，在设计系统时，ω_n 的提高一般都是通过加大系统的开环增益 K 来实现，而 ζ 的增大则往往希望通过减小系统的开环增益达到目的。在图 3-6 所示的二阶系统分析中，我们已经知道 $\omega_n=\sqrt{K/T}$ 及 $\zeta=1/2\sqrt{KT}$，其中时间常数 T 是物理对象内在特性客观确定的不可调整参数，因此导致了在系统响应速度和阻尼程度的指标之间存在着一定的矛盾。对于那些既要增强系统的阻尼程度，同时又要求系统具有较快的响应速度的二阶系统设计控制方案，需要采取合理的折中策略和补偿方案，才能达到设计目的。

【例 3-2】 单位负反馈控制系统的开环传递函数 $G(s)=\frac{K}{s(0.1s+1)}$

① 开环增益 $K=10$，求系统的动态性能指标；

② 确定使系统阻尼比 $\zeta=0.707$ 的 K 值。

解 ① 当 $K=10$ 时，系统的闭环传递函数为

$$\Phi(s)=\frac{G(s)}{1+G(s)}=\frac{100}{s^2+10s+100}$$

与二阶系统传递函数标准形式（3-17）比较，得

$$\omega_n=\sqrt{100},\quad \zeta=\frac{10}{2\times10}=0.5$$

$$t_p=\frac{\pi}{\sqrt{1-\zeta^2}\,\omega_n}=\frac{\pi}{\sqrt{1-0.5^2}\times10}=0.363$$

$$\sigma\%=e^{-\zeta\pi/\sqrt{1-\zeta^2}}=e^{-0.5\pi/\sqrt{1-0.5^2}}=16.3\%$$

$$t_s=\frac{3}{\zeta\omega_n}=\frac{3}{0.5\times10}=0.6$$

② $\Phi(s)=\dfrac{G(s)}{1+G(s)}=\dfrac{10K}{s^2+10s+10K}$，与二阶系统传递函数的标准形式(3-17) 比较，得

$$\omega_n=\sqrt{10K},\quad \zeta=\frac{10}{2\sqrt{10K}}$$

令 $\zeta=0.707$，得 $K=\dfrac{100\times2}{4\times10}=5$。

【例 3-3】 已知系统的方框图如图 3-12 所示，要求系统具有性能指标 $\sigma\%=20\%$，$t_p=1s$。试确定系统的参数 K 和 τ，并计算单位阶跃响应的特征量 t_r 和 t_s。

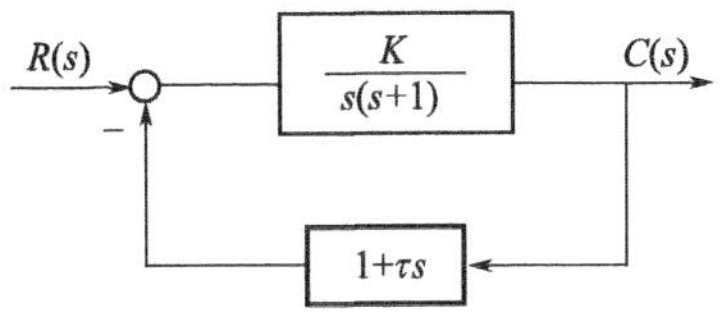

图 3-12 控制系统方框图

解 由图 3-12 求得闭环系统的传递函数为

$$\frac{C(s)}{R(s)}=\frac{K}{s^2+(1+K\tau)s+K}$$

与传递函数的标准形式(3-17) 相比，可得

$$\omega_n=\sqrt{K},\quad \zeta=\frac{1+K\tau}{2\sqrt{K}}$$

由 ζ 与 $\sigma\%$ 的关系式(3-32)

$$\zeta=\frac{\ln(1/\sigma)}{\sqrt{\pi^2+\left(\ln\dfrac{1}{\sigma}\right)^2}}=0.456$$

再由峰值时间计算公式(3-31) 可以计算

$$\omega_n=\frac{\pi}{t_p\sqrt{1-\zeta^2}}=3.54\text{rad/s}$$

从而解得

$$K=\omega_n^2=12.53(\text{rad/s})^2,\quad \tau=\frac{2\zeta\omega_n-1}{K}=0.178\text{s}$$

最后计算得

$$t_r=\frac{\pi-\theta}{\omega_n\sqrt{1-\zeta^2}}=0.65\text{s},\quad t_s=\frac{3}{\zeta\omega_n}=1.86\text{s}$$

式中，$\theta=\arccos\zeta=1.10$。

3.4.4 非振荡二阶系统动态过程分析

非振荡过程二阶系统包括临界阻尼情况和过阻尼情况。由于过阻尼系统的响应较为缓慢，通常不希望二阶系统工作在过阻尼模式下。但是，在一些特定场合下（例如在低增益、大惯性的温度控制系统中），系统常采用过阻尼控制方式，以防止发生振荡。此外在有些不允许时间响应出现超调，而又希望响应速度较快的情况下（例如指示仪表和记录仪表系统），需要采用临界阻尼系统。特别值得关注的是，有些高阶系统的时间响应往往可用过阻尼二阶系统的时间响应来近似，因此研究非振荡二阶系统的动态过程特性，具有一定的工程意义。

过阻尼或临界阻尼二阶系统在受到单位阶跃输入信号的激励下，由于系统单调上升到稳态值，在动态性能指标中，只有延迟时间、上升时间和调节时间具有实际工程意义。非振荡的二阶系统的单位阶跃响应分别由式(3-23) 和式(3-28) 给出。式(3-23) 和式(3-28) 两个关系式均为超越方程，无法根据各动态性

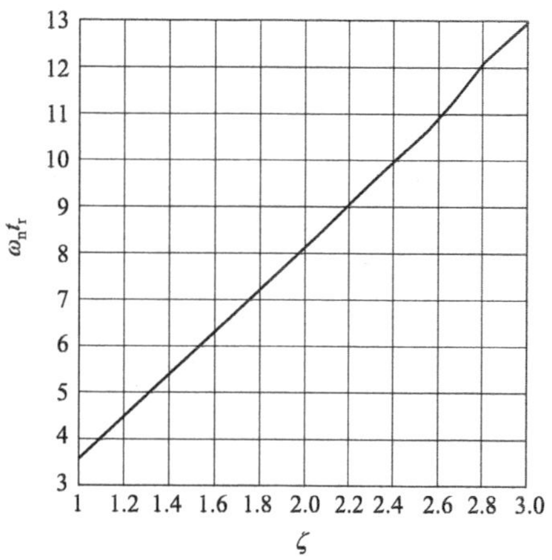

图 3-13　过阻尼二阶系统无因次上升时间 $\omega_n t_r$ 与 ζ 的关系曲线

能指标的定义求出其准确计算公式。工程上采用的方法是利用数值解法求出不同 ζ 值下的无因次时间，然后绘制相应关系曲线以供查用，或者根据所得曲线，基于曲线拟合方法给出近似计算公式。

(1) 上升时间 t_r 的计算

根据上升时间的定义，参照式(3-23) 和式(3-28)，可得无因次上升时间 $\omega_n t_r$ 与阻尼比 ζ 的关系曲线如图 3-13 所示。图中曲线可用下式近似描述

$$t_r=\frac{1+1.5\zeta+\zeta^2}{\omega_n} \tag{3-43}$$

(2) 调节时间的计算

根据前面在 3.4.2 节中的讨论，在闭环极点分布为 $s_1=-(\zeta-\sqrt{\zeta^2-1})\omega_n$ 和 $s_2=-(\zeta+\sqrt{\zeta^2-1})\omega_n$ 时，过阻尼系统单位阶跃响应为

$$c(t)=1-\frac{1}{2\sqrt{\zeta^2-1}}\left(\frac{e^{-(\zeta-\sqrt{\zeta^2-1})\omega_n t}}{\zeta-\sqrt{\zeta^2-1}}-\frac{e^{-(\zeta+\sqrt{\zeta^2-1})\omega_n t}}{\zeta+\sqrt{\zeta^2-1}}\right),\quad t\geqslant 0$$

若令

$$T_1=\frac{1}{-s_1}=\frac{1}{(\zeta-\sqrt{\zeta^2-1})\omega_n},\quad T_2=\frac{1}{-s_2}=\frac{1}{(\zeta+\sqrt{\zeta^2-1})\omega_n}$$

上式可以改写为

$$c(t)=1+\frac{e^{-t/T_1}}{T_2/T_1-1}+\frac{e^{-t/T_2}}{T_1/T_2-1},\quad t\geqslant 0 \tag{3-44}$$

根据式(3-44)，令 T_1/T_2 为不同值，可以解出对应的相对调节时间 t_s/T_1 如图 3-14 所示，图中误差带取 5%，ζ 为参变量。

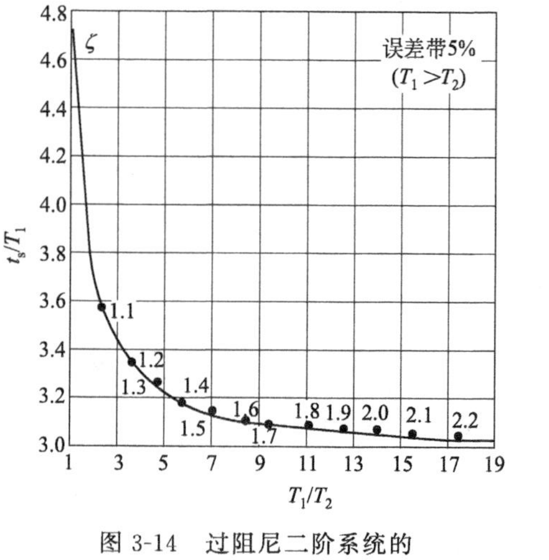

图 3-14　过阻尼二阶系统的调节时间特性

由于

$$s^2+2\zeta\omega_n+\omega_n^2=(s+1/T_1)(s+1/T_2)$$

因此 ζ 与参量 T_1/T_2 的关系为

$$\zeta=\frac{1+(T_1/T_2)}{2\sqrt{T_1/T_2}} \tag{3-45}$$

当 $\zeta>1$ 时，由已知的 T_1 和 T_2 值（闭环极点的位置分布），利用图 3-14 可以得到相应的调节时间 t_s。若 $T_1\geqslant 4T_2$，即过阻尼二阶系统的第二个闭环极点（较小闭环极点）的模值较第一个闭环极点（较大闭环极点）的模值大四倍以上时，系统可等效为具有 $-1/T_1$ 闭环极点的一阶系统，此时取 $t_s=3T_1$，相对误差不超过 10%。当 $\zeta=1$ 时，系统处于临界阻尼工作状态，$T_1/T_2=1$，由图 3-14 可得系统调节时间为

$$t_s=4.75T_1,\quad \zeta=1 \tag{3-46}$$

【例 3-4】 考虑如图 3-6 所示的随动系统，设 $K=16$，$T=0.25$s。①计算瞬态性能指标 $\sigma\%$ 和 t_s；②若要求 $\sigma\%=16\%$，当 T 不变时 K 应取何值？③若要求系统的单位阶跃响应无超调，且调节时间 $t_s\leqslant 3$s，开环增益 K 应该取多大？此时的 t_s 为多少？

解　① 由式(3-18) 和式(3-19)，容易获得实际参数 K、T 和特征参数 ζ 以及 ω_n 的关系，有

$$\omega_n=\sqrt{\frac{K}{T}}=\sqrt{\frac{16}{0.25}}=8\ (\text{rad/s})$$

$$\zeta=\frac{1}{2\sqrt{KT}}=\frac{1}{2\times\sqrt{16\times 0.25}}=0.25$$

由式(3-32) 得

$$\sigma\% = e^{-\pi\zeta/\sqrt{1-\zeta^2}} \times 100\% = e^{-\frac{3.14\times0.25}{\sqrt{1-0.25^2}}} \times 100\% = 44.43\%$$

由式(3-37) 和式(3-38) 得

$$t_s = \frac{4}{\zeta\omega_n} = \frac{4}{0.25\times8} = 2(s),\quad 取\ \Delta = 2$$

$$t_s = \frac{3}{\zeta\omega_n} = \frac{3}{0.25\times8} = 1.5(s),\quad 取\ \Delta = 5$$

② 为使 $\sigma\% = 16\%$，由式(3-32) 可得

$$\ln\sigma\% = \frac{-\pi\zeta}{\sqrt{1-\zeta^2}}$$

可得 $\zeta = 0.5$，即应该使 ζ 由 0.25 增大至 0.5。当 T 不变时，相应的 K 为

$$K = \frac{1}{4T\zeta^2} = \frac{1}{4\times0.25\times0.5^2} = 4$$

即 K 应该缩小 4 倍。

③ 根据题目要求，应该取 $\zeta \geqslant 1$。而 $\zeta = 1$ 时系统的响应速度最快，此时系统响应呈现为非振荡的临界阻尼情况，由式(3-46)，调节时间 t_s 为

$$t_s = 4.75/(-s_1)$$

系统闭环特征方程为

$$s^2 + \frac{1}{T}s + \frac{K}{T} = 0$$

与典型二阶系统特征方程相对比，同时考虑 $T = 0.25$，$\zeta = 1$

$$s^2 + 2\zeta\omega_n s + \omega_n^2 = 0$$

有

$$\omega_n = \sqrt{4K} = 2$$

从而解出要求的开环增益 $K = 1$，即系统闭环特征方程为

$$s^2 + 4s + 4 = 0$$

特征根为

$$s_1 = s_2 = -2$$

此时系统的调节时间为

$$t_s = 4.75/(-s_1) = 2.375\ (s)$$

满足对系统提出的指标要求。

上例可以看出系统的瞬态性能指标和实际系统参数 K、T 之间存在关系，通过参数调整可以达到系统不同的瞬态性能要求。

3.4.5 二阶系统的单位斜坡响应

当二阶系统的输入信号为单位斜坡函数时，由式(3-17) 可以得到系统输出量的拉氏变换表达式为

$$C(s) = \frac{\omega_n^2}{s^2(s^2+2\zeta\omega_n s+\omega_n^2)} = \frac{1}{s^2} - \frac{\left(\frac{2\zeta}{\omega_n}\right)}{s} + \frac{\frac{2\zeta(s+\zeta\omega_n)}{\omega_n} + (2\zeta^2-1)}{s^2+2\zeta\omega_n s+\omega_n^2}$$

对上式取拉氏反变换，可以得到不同 ζ 值下的二阶系统的单位斜坡响应。

(1) 欠阻尼二阶系统单位斜坡响应 ($0<\zeta<1$)

$$c(t) = t - \frac{2\zeta}{\omega_n} + \frac{1}{\omega_n\sqrt{1-\zeta^2}} e^{-\zeta\omega_n t} \sin(\omega_d t + 2\theta),\quad t \geqslant 0 \tag{3-47}$$

式中

$$\omega_d = \omega_n\sqrt{1-\zeta^2}$$

$$2\theta = \arctan\frac{2\zeta\sqrt{1-\zeta^2}}{2\zeta^2-1} = 2\arctan\frac{\sqrt{1-\zeta^2}}{\zeta}$$

式(3-47) 表明，欠阻尼系统的单位阶跃响应有稳态分量 $c_{ss}(t) = t - 2\zeta/\omega_n$ 和瞬态分量 $c_{tt}(t)$ 组成，系统具有稳态误差。

$$c_{tt}(t)=\frac{1}{\omega_n\sqrt{1-\zeta^2}}e^{-\zeta\omega_n t}\sin(\omega_d t+2\theta)$$

(2) 临界阻尼二阶系统单位斜坡响应（$\zeta=1$）

$$c(t)=t-\frac{2}{\omega_n}+\frac{2}{\omega_n}\left(1+\frac{1}{2}\omega_n t\right)e^{-\omega_n t},\quad t\geqslant 0 \tag{3-48}$$

(3) 过阻尼二阶系统单位斜坡响应（$\zeta>1$）

此时，根据系统闭环特征根的情况，输出量的拉氏变换可写为

$$C(s)=\frac{1}{s^2}-\frac{\frac{2\zeta}{\omega_n}}{s}+\frac{\frac{2\zeta(s+\zeta\omega_n)}{\omega_n}+(2\zeta^2-1)}{[s+\omega_n(\zeta-\sqrt{\zeta^2-1})][s+\omega_n(\zeta+\sqrt{\zeta^2-1})]}$$

反拉氏变换得

$$c(t)=t-\frac{2\zeta}{\omega_n}+\frac{2\zeta^2-1+2\zeta\sqrt{\zeta^2-1}}{2\omega_n\sqrt{\zeta^2-1}}e^{-(\zeta-\sqrt{\zeta^2-1})\omega_n t}$$
$$-\frac{2\zeta^2-1-2\zeta\sqrt{\zeta^2-1}}{2\omega_n\sqrt{\zeta^2-1}}e^{-(\zeta+\sqrt{\zeta^2-1})\omega_n t},\quad t\geqslant 0 \tag{3-49}$$

3.4.6 二阶系统的脉冲响应

当二阶系统的输入信号为理想单位脉冲函数时，其响应过程称为二阶系统的脉冲响应，记为 $k(t)$。

作为系统输入量的单位脉冲函数 $\delta(t)$ 的拉氏变换为 1，因此，同样基于式(3-17) 可以计算系统输出的拉氏变换式为

$$C(s)=\frac{\omega_n^2}{s^2+2\zeta\omega_n s+\omega_n^2}$$

对上式取拉氏反变换，便可求得系统在下列情况的脉冲响应。

(1) 无阻尼脉冲响应（$\zeta=0$）

$$k(t)=\omega_n\sin\omega_n t,\quad t\geqslant 0 \tag{3-50}$$

(2) 欠阻尼脉冲响应（$0<\zeta<1$）

$$k(t)=\frac{\omega_n}{\sqrt{1-\zeta^2}}e^{-\zeta\omega_n t}\sin\omega_n\sqrt{1-\zeta^2}\,t,\quad t\geqslant 0 \tag{3-51}$$

(3) 临界阻尼脉冲响应（$\zeta=1$）

$$k(t)=\omega_n^2 t e^{-\zeta\omega_n t},\quad t\geqslant 0 \tag{3-52}$$

(4) 过阻尼脉冲响应（$\zeta>1$）

$$k(t)=\frac{\omega_n}{2\sqrt{\zeta^2-1}}[e^{-(\zeta-\sqrt{\zeta^2-1})\omega_n t}-e^{-(\zeta+\sqrt{\zeta^2-1})\omega_n t}],\quad t\geqslant 0 \tag{3-53}$$

通过上述分析还可以发现，单位脉冲函数 $\delta(t)$ 和单位斜坡函数 $r(t)$ 分别是阶跃函数 $1(t)$ 对时间 t 的一阶微分和积分，系统的单位脉冲响应和单位斜坡响应分别是系统的单位阶跃响应对时间 t 的一阶微分和积分。这一关系表明，系统对输入信号导数的响应等于系统对该输入信号响应的导数；系统对输入信号积分的响应等于系统对该输入信号响应的积分，积分常数由初始条件确定。这一结论适用于任何线性定常连续时间系统。这一规律也说明，研究系统的单位阶跃信号时间响应的相关工作对于考察线性定常连续时间控制系统响应的一般规律来说，具有典型的代表意义。

3.4.7 二阶系统的性能改善措施

在上面的讨论中可知，对于图 3-6 所示的二阶系统，其输出响应瞬态过程的主要特征完全由阻尼比 ζ 和自然频率 ω_n 决定，它们通常被称为二阶系统的特征参数。从系统响应的动态性能要求考虑，ζ 值不宜太小，而 ω_n 值希望足够大。在工程实际中，人们通过设计系统开环增益 K 来改变系统特征参数，以期调整系统输出响应的瞬态性能。根据在 3.4.3 节相关讨论可知，通过调整增益 K 值很难使 ζ 和 ω_n 同时达到预期数值，人们往往需要在系统响应速度和阻尼程度的指标之间作出一定的权衡取舍。在后续的对系统稳

态误差性能的讨论中还会发现，系统开环增益的调整也会给系统稳态特性带来影响，改善动态性能和改善稳态性能对增益 K 的要求相互矛盾，要同时满足稳态和动态两个方面特性的要求是困难的。人们经过研究提出了对应的控制策略，以改善系统的控制品质。

在改善二阶系统性能的方法中，测速反馈控制和比例-微分控制是两种常用的方法。

(1) 测速反馈控制

输出量的导数可以用来改善系统的性能，通过将输出信号反馈到系统的输入端，并与误差信号进行比较，可以增大系统阻尼，改善系统的动态性能，图 3-15 是采用测速反馈的二阶系统结构图。图中 K_t 为反馈测速装置的增益系数。

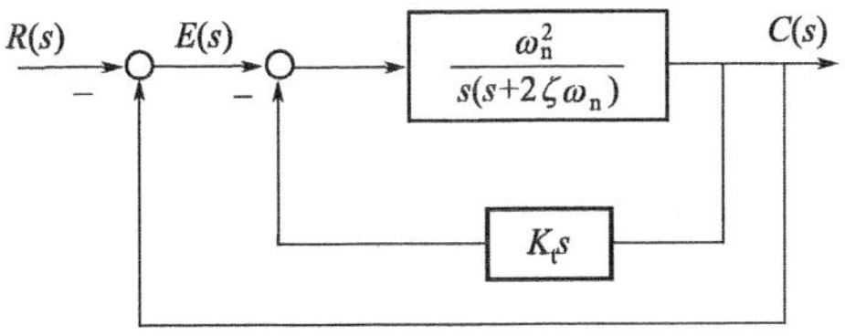

图 3-15 测速反馈控制的二阶系统结构图

如果系统输出量是机械位置，如角位移，则可以采用测速发电机将角位移变换为正比于角速度的信号，从而获得输出速度反馈。

由图 3-15，系统的开环传递函数为

$$G(s)=\frac{\omega_n}{2\zeta+K_t\omega_n}\cdot\frac{1}{s[s/(2\zeta\omega_n+K_t\omega_n^2)+1]}$$

式中开环增益为

$$K=\frac{\omega_n}{2\zeta+K_t\omega_n} \tag{3-54}$$

系统相应的闭环传递函数为

$$\Phi(s)=\frac{\omega_n^2}{s^2+2\zeta_t\omega_n s+\omega_n^2} \tag{3-55}$$

其中

$$\zeta_t=\zeta+\frac{1}{2}K_t\omega_n \tag{3-56}$$

由式(3-54)～式(3-56) 可见，测速反馈会降低系统的开环增益，在后续的系统稳态性能分析中，可知这种情况将加大系统在斜坡输入时的稳态误差。另外，采用加入局部微分负反馈时，不影响系统的自然频率，增加了系统的阻尼比，可以提高系统的平稳性。

在实际的测速反馈控制系统中，可以适当增大原系统的开环增益，以弥补稳态误差的损失，同时适当地选择测速反馈增益系数，使阻尼比 ζ_t 在 0.4～0.8 之间，从而获得满意的各项动态性能指标。

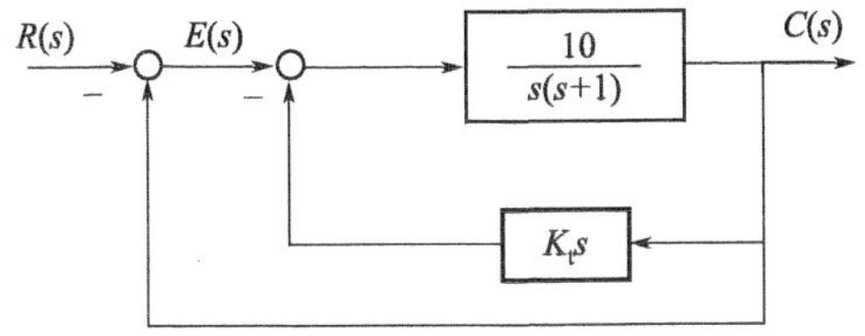

图 3-16 例 3-5 随动系统结构图

【例 3-5】 设控制系统如图 3-16 所示。试确定使系统阻尼比为 0.5 的 K_t 值，并比较系统采用微分负反馈控制策略前后的动态性能指标。

解 系统在未施加测速反馈时的闭环传递函数为

$$\Phi_1(s)=\frac{10}{s^2+s+10}$$

因而可以求得，$K=10$，$\omega_n=\sqrt{10}=3.16\text{rad/s}$，$\zeta=1/2\omega_n=0.158$，在单位阶跃函数作用下，其动态性能为

$$t_r=\frac{\pi-\theta}{\omega_n\sqrt{1-\zeta^2}}=0.55(\text{s}),\quad t_p=\frac{\pi}{\omega_n\sqrt{1-\zeta^2}}=1.01(\text{s})$$

$$\sigma\%=e^{-\pi\zeta/\sqrt{1-\zeta^2}}\times100\%=60.47\%,\quad t_s=\frac{4}{\zeta\omega_n}=8(\text{s})$$

在加入局部微分负反馈控制策略后，系统的闭环传递函数为

$$\Phi_2(s)=\frac{10}{s^2+(1+10K_t)s+10}$$

此时 $\omega_n=\sqrt{10}=3.16\text{rad/s}$，$\zeta_t=0.5$，由式(3-56)

$$K_t=\frac{2(\zeta_t-\zeta)}{\omega_n}=0.22$$

由式(3-54) 得系统开环增益为

$$K=\frac{\omega_n}{2\zeta+K_t\omega_n}=3.125$$

于是得到系统的各项动态性能指标为

$$t_r=0.77(\mathrm{s}),\ t_p=1.15(\mathrm{s}),\ \sigma\%=16.3\%,\ t_s=2.22(\mathrm{s})$$

上例计算表明，测速反馈可以改善系统的动态性能，但由于开环增益的下降，使得系统稳态误差增大。为了减小稳态误差，可以加大原系统的开环增益，通过单纯调整反馈增益 K_t 增大系统的阻尼比。

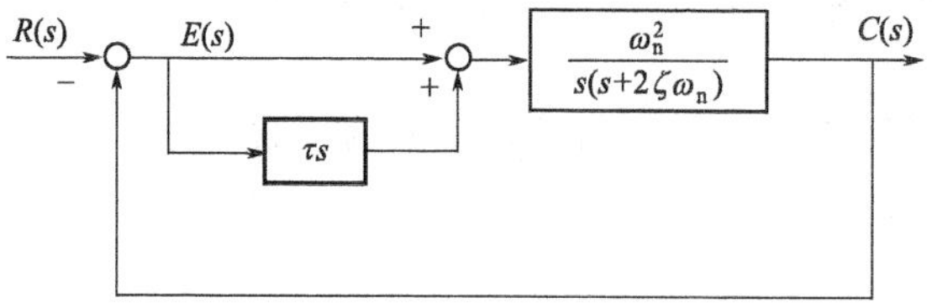

图 3-17　比例-微分控制系统

(2) 比例-微分控制

比例-微分控制的二阶系统如图 3-17 所示。图中 $E(s)$ 为误差信号，τ 为微分时间常数。系统输出量同时受误差信号及其速率的双重作用，通常把这种控制策略称为比例-微分控制系统，显然，这是一种超前控制。如果把图 3-17 所示系统看成是一个位置控制系统，则控制系统可在出现位置误差前，提前产生修正作用，从而达到改善系统动态特性的目的。

由图 3-17 易得系统开环传递函数

$$G(s)=\frac{C(s)}{E(s)}=\frac{\omega_n^2(\tau s+1)}{s(s+2\zeta\omega_n)} \tag{3-57}$$

系统的闭环传递函数为

$$\Phi(s)=\frac{\omega_n^2(\tau s+1)}{s^2+(2\zeta\omega_n+\omega_n^2\tau)s+\omega_n^2} \tag{3-58}$$

$$\Phi(s)=\frac{\omega_{nd}^2(\tau s+1)}{s^2+2\zeta_d\omega_{nd}s+\omega_{nd}^2}$$

PD 控制（比例-微分控制）相当于给系统增加了一个闭环零点，式中

$$\omega_{nd}=\omega_n \tag{3-59}$$

$$\zeta_d=\zeta+\frac{\tau\omega_n}{2} \tag{3-60}$$

上两式表明，PD 控制不改变系统的自然频率，但可以增加系统的阻尼比。适当选择开环增益和微分时间常数，可以使系统获得满意的瞬态性能。

为了定量估算具有零点的二阶系统的瞬时性能，假定 $0<\zeta_d<1$ 时，考察单位阶跃信号作用下的输出响应。设 $T_d=1/\tau$，系统的零极点位置分布如图 3-18 所示。

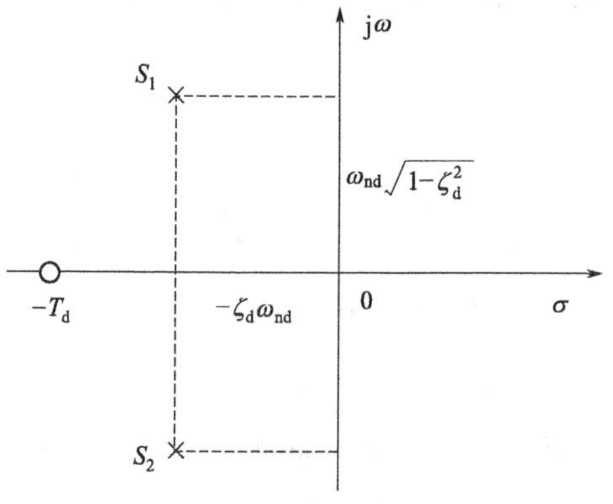

图 3-18　比例-微分控制的二阶系统的零极点位置

$$C(s)=\Phi(s)R(s)=\frac{\omega_n^2(\tau s+1)}{s^2+2\zeta_d\omega_n s+\omega_n^2}\cdot\frac{1}{s} \tag{3-61}$$

$$=\frac{\omega_n^2}{(s^2+2\zeta_d\omega_n s+\omega_n^2)s}+\frac{\omega_n^2\tau}{s^2+2\zeta_d\omega_n s+\omega_n^2}$$

$C(s)$ 由两部分模态组成

$$C_1(s)=\frac{\omega_n^2}{(s^2+2\zeta_d\omega_n s+\omega_n^2)s} \tag{3-62}$$

$$C_2(s)=\frac{\omega_n^2\tau}{s^2+2\zeta_d\omega_n s+\omega_n^2} \tag{3-63}$$

可以看出 $C_1(s)$ 为典型二阶系统的单位阶跃响应，$C_2(s)$ 为附加零点引起的分量。根据式(3-24)，可以直接写出第一个模态分量的时域表达式。

$$c_1(t)=1-\frac{1}{\sqrt{1-\zeta_d^2}}e^{-\zeta_d\omega_n t}\sin\left(\sqrt{1-\zeta_d^2}\omega_n t+\arctan\frac{\sqrt{1-\zeta_d^2}}{\zeta_d}\right),\quad t\geqslant 0$$

观察式(3-62) 和式(3-63) 可知

$$C_2(s)=C_1(s)\tau s$$

从而有

$$c_2(t)=\tau\frac{\mathrm{d}c_1(t)}{\mathrm{d}t}=\frac{1}{T_d}\frac{\mathrm{d}c_1(t)}{\mathrm{d}t}$$

式中，$\frac{\mathrm{d}c_1(t)}{\mathrm{d}t}$为典型的二阶系统的单位脉冲响应。利用式(3-51) 结果，可以求得

$$c_2(t)=\frac{\tau\omega_n}{\sqrt{1-\zeta_d^2}}e^{-\zeta_d\omega_n t}\sin\sqrt{1-\zeta_d^2}\omega_n t,\quad t\geqslant 0$$

于是可以得到 $c(t)$

$$\begin{aligned}c(t)&=c_1(t)+c_2(t)\\&=1-\frac{1}{\sqrt{1-\zeta_d^2}}e^{-\zeta_d\omega_n t}\sin\left(\sqrt{1-\zeta_d^2}\omega_n t+\arctan\frac{\sqrt{1-\zeta_d^2}}{\zeta_d}\right)\\&\quad+\frac{\tau\omega_n}{\sqrt{1-\zeta_d^2}}e^{-\zeta_d\omega_n t}\sin\sqrt{1-\zeta_d^2}\omega_n t,\quad t\geqslant 0\end{aligned}\tag{3-64}$$

在一般情况下，$c_2(t)$ 的影响是使 $c(t)$ 比 $c_1(t)$ 响应迅速且具有较大的超调量。

为了便于考察比例-微分控制系统的动态性能，考虑式(3-61) 还可以进行如下处理

$$\begin{aligned}C(s)&=\frac{\omega_n^2(\tau s+1)}{s^2+2\zeta_d\omega_n s+\omega_n^2}\cdot\frac{1}{s}\\&=\frac{A_1}{s}+\frac{A_2}{s+\zeta_d\omega_n+j\omega_n\sqrt{1-\zeta_d^2}}+\frac{A_3}{s+\zeta_d\omega_n-j\omega_n\sqrt{1-\zeta_d^2}}\end{aligned}\tag{3-65}$$

上式各部分分式的待定系数可以确定为

$$A_1=1$$

$$A_2=\frac{\frac{\omega_n^2}{T_d}(T_d-\zeta_d\omega_n-j\omega_n\sqrt{1-\zeta_d^2})}{(-\zeta_d\omega_n-j\omega_n\sqrt{1-\zeta_d^2})(-2j\omega_n\sqrt{1-\zeta_d^2})}=\frac{\sqrt{T_d^2-2\zeta_d\omega_n T_d+\omega_n^2}}{2jT_d\sqrt{1-\zeta_d^2}}e^{-j(\varphi+\theta)}$$

$$A_3=\frac{\frac{\omega_n^2}{T_d}(T_d-\zeta_d\omega_n+j\omega_n\sqrt{1-\zeta_d^2})}{(-\zeta_d\omega_n+j\omega_n\sqrt{1-\zeta_d^2})(2j\omega_n\sqrt{1-\zeta_d^2})}=-\frac{\sqrt{T_d^2-2\zeta_d\omega_n T_d+\omega_n^2}}{2jT_d\sqrt{1-\zeta_d^2}}e^{j(\varphi+\theta)}$$

其中，$\varphi=\arctan\frac{\omega_n\sqrt{1-\zeta_d^2}}{T_d-\zeta_d\omega_n}$，$\theta=\arctan\frac{\sqrt{1-\zeta_d^2}}{\zeta_d}$

考虑到

$$\mathrm{L}^{-1}\left[\frac{1}{s+\zeta_d\omega_n+j\omega_n\sqrt{1-\zeta_d^2}}\right]=e^{-\zeta_d\omega_n t-j\omega_n t\sqrt{1-\zeta_d^2}}$$

$$\mathrm{L}^{-1}\left[\frac{1}{s+\zeta_d\omega_n-j\omega_n\sqrt{1-\zeta_d^2}}\right]=e^{-\zeta_d\omega_n t+j\omega_n t\sqrt{1-\zeta_d^2}}$$

对式(3-65) 取拉氏反变换，便得到比例-微分作用的欠阻尼二阶系统单位阶跃响应，即

$$\begin{aligned}c(t)=1&+\frac{\sqrt{T_d^2-2\zeta_d\omega_n T_d+\omega_n^2}}{2jT_d\sqrt{1-\zeta_d^2}}e^{-j(\varphi+\theta)}e^{-\zeta_d\omega_n t-j\omega_n t\sqrt{1-\zeta_d^2}}\\&-\frac{\sqrt{T_d^2-2\zeta_d\omega_n T_d+\omega_n^2}}{2jT_d\sqrt{1-\zeta_d^2}}e^{j(\varphi+\theta)}e^{-\zeta_d\omega_n t+j\omega_n t\sqrt{1-\zeta_d^2}}\end{aligned}$$

$$=1-\frac{\sqrt{T_d^2-2\zeta_d\omega_n T_d+\omega_n^2}}{T_d\sqrt{1-\zeta_d^2}}e^{-\zeta_d\omega_n t}\left[\frac{e^{j(\varphi+\theta+\omega_n t\sqrt{1-\zeta_d^2})}-e^{-j(\varphi+\theta+\omega_n t\sqrt{1-\zeta_d^2})}}{2j}\right]$$

$$=1-\frac{\sqrt{T_d^2-2\zeta_d\omega_n T_d+\omega_n^2}}{T_d\sqrt{1-\zeta_d^2}}e^{-\zeta_d\omega_n t}\sin(\omega_n t\sqrt{1-\zeta_d^2}+\varphi+\theta) \tag{3-66}$$

根据定义，由式(3-66) 可以求得 PD 控制作用下欠阻尼二阶系统单位阶跃调节的时间 t_s。同样利用包络线，求得调节时间的近似值。

$$\frac{\sqrt{T_d^2-2\zeta_d\omega_n T_d+\omega_n^2}}{T_d\sqrt{1-\zeta_d^2}}e^{-\zeta_d\omega_n t_s}=\Delta\% \tag{3-67}$$

观察图 3-18 中零、极点位置分布的几何关系，可以发现下式 l 为附加零点到一对共轭复数极点的距离。

$$l=\sqrt{T_d^2-2\zeta_d\omega_n T_d+\omega_n^2}=\sqrt{(T_d-\zeta_d\omega_n)^2+(\omega_n\sqrt{1-\zeta_d^2})^2}$$

假设$\sqrt{1-\zeta_d^2}\approx1$，于是式(3-67) 可以写为

$$t_s=-\left[\ln(\Delta\%)+\ln\frac{T_d}{l}\right]\frac{1}{\zeta_d\omega_n}$$

$$t_s=\left[4+\ln\frac{l}{T_d}\right]\frac{1}{\zeta_d\omega_n},\quad 若取\ \Delta=2 \tag{3-68}$$

$$t_s=\left[3+\ln\frac{l}{T_d}\right]\frac{1}{\zeta_d\omega_n},\quad 若取\ \Delta=5 \tag{3-69}$$

同样，根据上升时间 t_r、峰值时间 t_p、超调量 $\sigma\%$的定义，可以由式(3-66) 分别求出

$$t_r=\frac{\pi-\varphi-\theta}{\omega_n\sqrt{1-\zeta_d^2}} \tag{3-70}$$

$$t_p=\frac{\pi-\varphi}{\omega_n\sqrt{1-\zeta_d^2}} \tag{3-71}$$

$$\sigma\%=\frac{1}{\zeta_d}\sqrt{\zeta_d^2-2\gamma\zeta_d^2+\gamma^2}\,e^{-\frac{\zeta_d(\pi-\varphi)}{\sqrt{1-\zeta_d^2}}}\times100\% \tag{3-72}$$

式中，$\gamma=\dfrac{\zeta_d\omega_n}{T_d}$。

【例 3-6】 设采用比例-微分控制的单位反馈二阶系统开环传递函数为

$$G(s)=\frac{K(\tau s+1)}{s(1.67s+1)}$$

式中，K 为开环增益。在单位斜坡函数输入下，系统稳态误差 $e_{ss}=1/K$，若要求 $e_{ss}\leqslant0.2$ (rad)，$\zeta_d=0.5$，试确定 K 与 τ 的数值，并估算系统在阶跃函数作用下的动态性能。

解 由 $e_{ss}=1/K\leqslant0.2$ 要求，取 $K=5$。如果先不考虑实施比例-微分控制策略，$\tau=0$，可以得到无零点二阶控制系统闭环特征方程为

$$s^2+0.6s+3=0$$

相应有 $\zeta=0.173$，$\omega_n=1.732$ (rad/s)。此时系统的阶跃响应动态性能由 3.4.3 节计算方法给出

$$t_r=1.02\ (\text{s}) \qquad t_p=1.84\ (\text{s})$$

$$\sigma\%=57.6\% \qquad t_s=11.70\ (\text{s})$$

在施加比例-微分控制作用后，$\tau\neq0$ 由于要求 $\zeta_d=0.5$ 时

$$\tau=\frac{1}{T_d}=\frac{2(\zeta_d-\zeta)}{\omega_n}=0.38\ (\text{s})$$

$$\varphi=\arctan\frac{\omega_n\sqrt{1-\zeta_d^2}}{T_d-\zeta_d\omega_n}=\arctan\frac{1.732\times\sqrt{1-0.5^2}}{2.648-0.5\times1.732}=0.6997$$

$$\theta=\arctan\frac{\sqrt{1-\zeta_d^2}}{\zeta_d}=\arctan\frac{\sqrt{1-0.5^2}}{0.5}=\frac{\pi}{3}$$

$$\gamma=\frac{\zeta_{\mathrm{d}}\omega_{\mathrm{n}}}{T_{\mathrm{d}}}=\frac{0.5\times 1.732}{2.648}=0.327$$

$$l=\sqrt{T_{\mathrm{d}}^2-2\zeta_{\mathrm{d}}\omega_{\mathrm{n}}T_{\mathrm{d}}+\omega_{\mathrm{n}}^2}=\sqrt{2.648^2-2\times 0.5\times 1.732\times 2.648+1.732^2}=2.329$$

由式(3-70)

$$t_{\mathrm{r}}=\frac{\pi-\varphi-\theta}{\omega_{\mathrm{n}}\sqrt{1-\zeta_{\mathrm{d}}^2}}=\frac{\pi-0.6997-\pi/3}{1.732\times\sqrt{1-0.5^2}}=0.9298\ (\mathrm{s})$$

由式(3-71)

$$t_{\mathrm{p}}=\frac{\pi-\varphi}{\omega_{\mathrm{n}}\sqrt{1-\zeta_{\mathrm{d}}^2}}=\frac{\pi-0.6997}{1.732\times\sqrt{1-0.5^2}}=1.628\ (\mathrm{s})$$

由式(3-72)

$$\begin{aligned}\sigma\%&=\frac{1}{\zeta_{\mathrm{d}}}\sqrt{\zeta_{\mathrm{d}}^2-2\gamma\zeta_{\mathrm{d}}^2+\gamma^2}\,\mathrm{e}^{-\frac{\zeta_{\mathrm{d}}(\pi-\varphi)}{\sqrt{1-\zeta_{\mathrm{d}}^2}}}\times 100\%\\&=\frac{1}{0.5}\times\sqrt{0.5^2-2\times 0.329\times 0.5^2+0.327^2}\,\mathrm{e}^{-\frac{0.5\times(\pi-0.6997)}{\sqrt{1-0.5^2}}}\times 100\%\\&=21.50\%\end{aligned}$$

由式(3-68)

$$t_{\mathrm{s}}=\left(4+\ln\frac{l}{T_{\mathrm{d}}}\right)\frac{1}{\zeta_{\mathrm{d}}\omega_{\mathrm{n}}}=\left(3+\ln\frac{2.329}{2.648}\right)\times\frac{1}{0.5\times 1.732}\approx 3.32\ (\mathrm{s})$$

可见，比例-微分控制改善了系统动态性能，且满足对系统稳态误差的要求。

比例-微分控制可以增大系统的阻尼，使阶跃响应的超调量下降，调节时间缩短，且不影响常值稳态误差及系统的自然频率。由于采用比例-微分控制后，允许选取较高的开环增益，因此在保证系统一定动态性能的条件下，可以减少稳态误差。值得关注的是，微分作用对于噪声，特别是对于高频噪声的放大作用，远大于对缓慢变化输入信号的放大作用，因此在系统输入端噪声较强的情况下，不宜采用比例-微分控制方式。

3.4.8 高阶系统的时域分析

在实际控制工程中，很多的控制系统都是高阶系统，它们用高阶微分方程描述系统的运动行为。高阶系统的分析计算一般是比较复杂的，如果抓住系统的主要特征，忽略次要因素，就可以简化系统的分析过程，同时还能够将人们已经获得的对二阶系统的有关分析方法和结论推广到高阶系统的分析工作中。工程上常采用闭环主导极点的概念对高阶系统进行近似分析，从而得到高阶系统动态性能指标的估算公式。

(1) 闭环主导极点

设高阶系统的运动方程为

$$a_n\frac{\mathrm{d}^n c}{\mathrm{d}t^n}+a_{n-1}\frac{\mathrm{d}^{n-1}c}{\mathrm{d}t^{n-1}}+\cdots+a_1\frac{\mathrm{d}c}{\mathrm{d}t}+a_0c=b_m\frac{\mathrm{d}^m r}{\mathrm{d}t^m}+b_{m-1}\frac{\mathrm{d}^{m-1}r}{\mathrm{d}t^{m-1}}+\cdots+b_1\frac{\mathrm{d}r}{\mathrm{d}t}+b_0r$$

由上式可以求得系统闭环传递函数为

$$\Phi(s)=\frac{C(s)}{R(s)}=\frac{M(s)}{D(s)}=\frac{K\prod_{i=1}^{m}(s-z_i)}{\prod_{j=1}^{n}(s-s_j)}\qquad n\geqslant m \tag{3-73}$$

式中，$D(s)=a_ns^n+a_{n-1}s^{n-1}+\cdots+a_1s+a_0$；$M(s)=b_ms^m+b_{m-1}s^{m-1}+\cdots+b_1s+b_0$；$z_i$ 为 $M(s)=0$ 的根，称为系统的闭环零点；s_j 为 $D(s)=0$ 的根，称为系统的闭环极点。

闭环极点与零点可以是实数，也可以是共轭复数。假设系统的所有闭环极点各不相同，且都分布在 s 平面的左半部，则系统单位阶跃响应的拉氏变换可写为下列一般形式，即

$$C(s)=\frac{K\prod_{i=1}^{m}(s-z_i)}{\prod_{j=1}^{n_1}(s-s_j)\prod_{l=1}^{n_2}(s^2+2\zeta_l\omega_ls+\omega_l^2)}\cdot\frac{1}{s} \tag{3-74}$$

式中，$n=n_1+2n_2$。

对于欠阻尼的情况，即 $0<\zeta_l<1$ 时，将式(3-74) 展开为部分分式形式

$$C(s)=\frac{\alpha_0}{s}+\sum_{j=1}^{n_1}\frac{\alpha_j}{s-s_j}+\sum_{l=1}^{n_2}\frac{\beta_l(s+\zeta_l\omega_l)+\gamma_l\omega_l\sqrt{1-\zeta_l^{\ 2}}}{s^2+2\zeta_l\omega_l s+\omega_l^2} \tag{3-75}$$

式中待定系数按下式确定

$$\alpha_0=\lim_{s\to 0}sC(s)=\frac{b_0}{a_0}$$

$$\alpha_j=\lim_{s\to -s_j}(s-s_j)C(s),j=1,2,\cdots,n_1$$

β_l，γ_l 为在共轭复数极点处留数的实部和虚部

这些系数值与系统闭环零极点在复数 s 平面的位置分布一般具有这样的关系：若某极点远离原点，则其所对应函数项的系数很小；若某极点接近于一个零点，而又远离其他极点和原点，则其对应函数项的系数也很小；若某极点远离零点而又接近原点或其他极点，则其对应函数项的系数就比较大。

对式(3-75) 取拉氏反变换，求得高阶系统的单位阶跃响应 $c(t)$ 为

$$c(t)=\alpha_0+\sum_{j=1}^{n_1}\alpha_j e^{-s_j t}+\sum_{l=1}^{n_2}\beta_l e^{-\zeta_l\omega_l t}\cos(\omega_l\sqrt{1-\zeta_l^2}t)$$

$$+\sum_{l=1}^{n_2}\gamma_l e^{-\zeta_l\omega_l t}\sin(\omega_l\sqrt{1-\zeta_l^2}t),\quad t\geqslant 0 \tag{3-76}$$

式(3-76) 表明高阶系统的单位阶跃响应的瞬态分量部分一般含有衰减指数函数模态和正余弦函数模态。可以看出，系统的单位阶跃响应仍旧包含稳态响应分量和瞬态响应分量两个部分，输入量 $R(s)$ 的极点产生稳态输出项，而高阶系统自身的闭环极点则全部包含在指数项和阻尼正弦项的指数中。高阶系统的闭环零点，不影响指数项，但却影响留数的大小和符号。系统的时间响应曲线，既取决于指数项和阻尼正弦项的指数，又取决于各项的系数（各项初始值）。

对实际的高阶系统来说，其闭环极点与零点在 s 平面左半部的分布具有多种模式。闭环极点距虚轴的距离远近不同，极点距虚轴较近时，单位阶跃响应中由其决定的响应模态分量初值较大，且随时间的推移衰减较为缓慢；反之，极点距虚轴较远时，单位阶跃响应中由其决定的模态分量初值较小，且随时间的推移衰减较为迅速。另外，系统各响应模态的初值还与闭环零点的分布有关，闭环零点越靠近闭环极点，由该闭环极点决定的响应分量的初值便越小；若闭环零点与闭环极点相互抵消，则上述响应分量的初值等于零，也就是说，不存在与该闭环极点对应的响应分量。因此，如果高阶系统中距离虚轴最近的闭环极点，其实部长度小于其他极点实部长度的 1/5，同时，该极点附近无闭环零点靠近，其所对应的响应模态分量具有最大的初值，又在全部响应模态分量中衰减得最慢，从而在系统的响应过程中起主导作用，故称这样的闭环极点为闭环主导极点。那些远离虚轴的闭环极点自身对系统单位阶跃响应的影响在近似分析中可以忽略不计，被统称为非主导极点。

设有一高阶系统，其闭环极点在复变量 s 平面的分布如图 3-19(a) 所示，图 3-19(b) 为构成该系统单位阶跃响应的各个时域响应分量。在图 3-19(a) 中，设距虚轴最近的共轭复极点 s_1 和 s_2 附近无闭环零点，并设共轭复数极点 s_1、s_2 决定的响应分量在系统单位阶跃响应的诸分量中起主导作用，这个分量的初值最大而衰减最慢。由其他远离虚轴的极点 s_3、s_4 和 s_5 决定的响应分量则由于初值较小且衰减较快，它们仅在系统响应过程开始的较短时间内存在一定的影响。因此，在近似分析高阶系统的响应特性时，可以忽略这些响应分量的影响。

考虑到控制工程实际中，通常要求系统具有较高的响应速度，又必须具有一定的阻尼程度，因此，往往将系统设计成具有衰减振荡的动态特性，闭环主导极点被设计成共轭复极点形式出现。

(2) 高阶系统单位阶跃的近似分析

如果高阶系统具有一对共轭复数主导极点为 $s_{1,2}=-\zeta\omega_n\pm j\omega_n\sqrt{1-\zeta^2}$，$0<\zeta<1$，利用闭环主导极点的概念，可以求得高阶系统单位阶跃响应式(3-74) 近似拉氏变换表达式，即

$$C(s)=\frac{M(s)}{D(s)}\cdot\frac{1}{s}=\frac{1}{s}+\left(\frac{M(s)}{\dot{D}(s)}\cdot\frac{1}{s}\right)\Bigg|_{s=s_1}\frac{1}{s-s_1}+\left(\frac{M(s)}{\dot{D}(s)}\cdot\frac{1}{s}\right)\Bigg|_{s=s_2}\frac{1}{s-s_2}$$

式中，$\dot{D}(s)=\frac{d}{ds}D(s)$；$\frac{M(s)}{D(s)}$为系统的闭环传递函数。

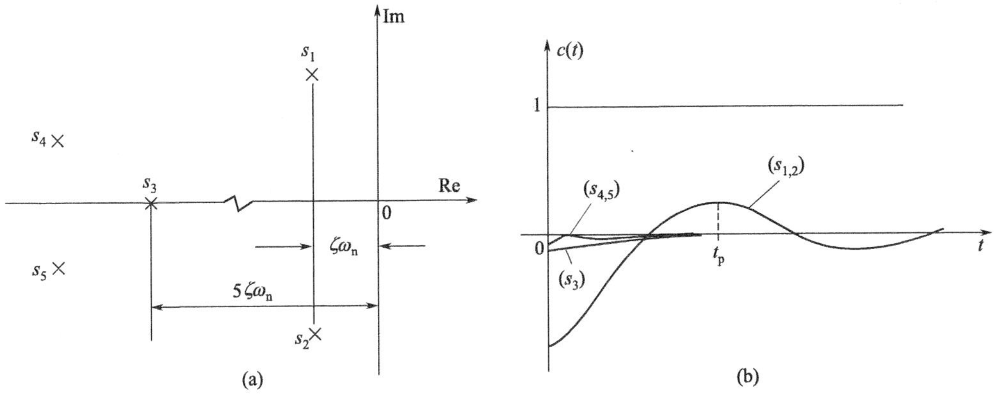

图 3-19 高阶系统的闭环极点分布及其构成系统单位阶跃响应的各分量示意

对上式取拉氏反变换，求得高阶系统单位阶跃响应的近似表达式

$$c(t)=1+2\left|\frac{M(s_1)}{s_1\dot{D}(s_1)}\right| e^{-\zeta\omega_n t}\cos\left(\omega_n\sqrt{1-\zeta^2}\,t+\angle\frac{M(s_1)}{s_1\dot{D}(s_1)}\right)\quad t\geqslant 0 \tag{3-77}$$

应当指出，上式中的振幅 $|M(s_1)/[s_1\dot{D}(s_1)]|$ 与相位 $\angle M(s_1)/[s_1\dot{D}(s_1)]$ 已经考虑了闭环零点与非主导闭环极点对响应过程的影响，因此，基于一对共轭复数主导极点求取的高阶系统单位阶跃响应的近似表达式(3-77) 与欠阻尼二阶系统的单位阶跃响应是不相同的。

① 峰值时间 t_p 的计算。取式(3-77) 对时间的导数，由 $\left.\frac{dc(t)}{dt}\right|_{t=t_p}=0$，令 $\sigma=\zeta\omega_n$，$\omega_d=\omega_n\sqrt{1-\zeta^2}$，求峰值时间

$$\omega_d\sin\left(\omega_d t_p+\angle\frac{M(s_1)}{s_1\dot{D}(s_1)}\right)=-\sigma\cdot\cos\left(\omega_d t_p+\angle\frac{M(s_1)}{s_1\dot{D}(s_1)}\right)$$

$$\omega_d t_p+\angle\frac{M(s_1)}{s_1\dot{D}(s_1)}=\arctan\left(\frac{-\sigma}{\omega_d}\right) \tag{3-78}$$

又因为

$$\angle\frac{M(s_1)}{s_1\dot{D}(s_1)}=\angle\frac{K\prod\limits_{i=1}^{m}(s_1-z_i)}{s_1\prod\limits_{j=2}^{n}(s_1-s_j)}=\angle\sum_{i=1}^{m}(s_1-z_i)-\angle s_1-\angle(s_1-s_2)-\sum_{j=3}^{m}\angle(s_1-s_j)$$

考虑 $s_{1,2}=-\sigma\pm j\omega_d$ 复数极点的共轭性

$$\angle s_1=\pi-\varphi$$

$$\angle(s_1-s_2)=\frac{\pi}{2}$$

$$\arctan\left(-\frac{\sigma}{\omega_d}\right)=-\left(\frac{\pi}{2}-\varphi\right)$$

其中

$$\varphi=\arctan\left(\frac{\omega_d}{\sigma}\right)$$

于是式(3-78) 可以进一步写为

$$\omega_d t_p+\angle\sum_{i=1}^{m}(s_1-z_i)-(\pi-\varphi)-\frac{\pi}{2}-\sum_{j=3}^{m}\angle(s_1-s_j)=-\left(\frac{\pi}{2}-\varphi\right)$$

由上式可以求得高阶系统单位阶跃响应的峰值时间估算式为

$$t_p=\frac{1}{\omega_d}\left[\pi-\angle\sum_{i=1}^{m}(s_1-z_i)+\sum_{j=3}^{m}\angle(s_1-s_j)\right] \tag{3-79}$$

从式(3-79) 可以看出闭环零点对高阶系统单位阶跃响应的影响表现为峰值时间 t_p 的减小。闭环零点

的作用在于提高系统的响应速度，而且闭环零点越靠近虚轴，其作用越显著。

非主导闭环极点对高阶系统单位阶跃信号的响应，表现为峰值时间 t_p 的增大，其作用在于降低系统的响应速度。

当闭环极点与零点彼此靠得较近时，它们对系统阶跃响应的影响得到削弱，若二者相等，则上述影响将完全抵消。

② 超调量 $\sigma\%$ 的计算。根据超调量 $\sigma\%$ 的定义，考虑到 $c(\infty)=1$，由式(3-77)

$$\sigma\%=2\left|\frac{M(s_1)}{s_1\dot{D}(s_1)}\right|e^{-\zeta\omega_n t_p}\cos\left[\omega_n\sqrt{1-\zeta^2}t_p+\angle\frac{M(s_1)}{s_1\dot{D}(s_1)}\right] \tag{3-80}$$

结合式(3-79) 考虑上式中

$$\begin{aligned}
&\cos\left[\omega_n\sqrt{1-\zeta^2}t_p+\angle\frac{M(s_1)}{s_1\dot{D}(s_1)}\right]\\
&=\cos\left\{\omega_d\frac{1}{\omega_d}\left[\pi-\angle\sum_{i=1}^{m}(s_1-z_i)+\sum_{j=3}^{m}\angle(s_1-s_j)\right]+\angle\sum_{i=1}^{m}(s_1-z_i)-(\pi-\varphi)-\frac{\pi}{2}-\sum_{j=3}^{m}\angle(s_1-s_j)\right\}\\
&=\cos\left(\varphi-\frac{\pi}{2}\right)=\frac{\omega_d}{|s_1|}
\end{aligned} \tag{3-81}$$

式中，$|s_1|$ 为共轭复数主导极点 s_1 的模。

因为

$$\frac{M(s)}{D(s)}=\frac{K\prod_{i=1}^{m}(s-z_i)}{\prod_{j=1}^{n}(s-s_j)}$$

当 $M(0)/D(0)=1$，系数 K 由上式求得

$$K=\frac{\prod_{j=1}^{n}(-s_j)}{\prod_{i=1}^{m}(-z_i)}$$

因此

$$\frac{M(s)}{D(s)}=\frac{\prod_{j=1}^{n}(-s_j)\prod_{i=1}^{m}(s-z_i)}{\prod_{i=1}^{m}(-z_i)\prod_{j=1}^{n}(s-s_j)}$$

又因为

$$\dot{D}(s_1)=\prod_{i=2}^{n}(s_1-s_i)$$

所以

$$\left|\frac{M(s_1)}{s_1\dot{D}(s_1)}\right|=\left|\frac{\prod_{j=1}^{n}(-s_j)\prod_{i=1}^{m}(s_1-z_i)}{s_1\prod_{i=1}^{m}(-z_i)\prod_{j=2}^{n}(s_1-s_j)}\right| \tag{3-82}$$

将式(3-81) 和式(3-82) 代入式(3-80)，求得

$$\sigma\%=2\left|\frac{\prod_{j=1}^{n}(-s_j)\prod_{i=1}^{m}(s_1-z_i)}{s_1\prod_{i=1}^{m}(-z_i)\prod_{j=2}^{n}(s_1-s_j)}\right|\frac{\omega_d}{|s_1|}e^{-\zeta\omega_n t_p}$$

考虑到 $s_{1,2}=-\sigma\pm j\omega_d$ 为共轭复数极点，存在 $|s_1|=|s_2|$ 和 $|s_1-s_2|=2\omega_d$ 的关系，由上式求得

$$\sigma\%=\frac{|s_1-s_2|}{|s_1||s_2|}\frac{\prod_{j=1}^{n}|s_j|\prod_{i=1}^{m}|s_1-z_i|}{\prod_{i=1}^{m}|z_i|\prod_{j=2}^{n}|s_1-s_j|}e^{-\sigma t_p}=\frac{\prod_{j=3}^{n}|s_j|\prod_{i=1}^{m}|s_1-z_i|}{\prod_{i=1}^{m}|z_i|\prod_{j=3}^{n}|s_1-s_j|}e^{-\sigma t_p} \tag{3-83}$$

从式(3-83）看出，若闭环零点，例如负实零点 z_1 距离虚轴较近，$|s_1-z_1|\gg|z_1|$，则超调量将增大，这时，虽然由于闭环零点的存在可以提高系统的响应速度，但是该零点将导致超调量过分增大而使系统的阻尼特性变差。在配置零点时，要注意解决系统响应速度与阻尼程度之间存在的矛盾。

非主导闭环极点，例如负实极点 s_3 若靠近虚轴，且当 $|s_1-s_3|\gg s_3$ 时，则高阶系统的超调量将显著减小，意味着系统的阻尼特性增强，但峰值时间加长，降低了系统的响应速度。若出现 $|s_3|<|\mathrm{Re}s_1|$ 时，由于 s_3 已成为距离虚轴最近的闭环极点，它将取代共轭复数极点 $s_{1,2}$ 而变成系统的闭环主导极点，系统将进入过阻尼状态。

③ 调整时间 t_s 的计算。根据调整时间 t_s 的定义，由式(3-77）求得

$$\left|2\left|\frac{M(s_1)}{s_1\dot{D}(s_1)}\right|\mathrm{e}^{-\zeta\omega_n t}\cos\left(\omega_n\sqrt{1-\zeta^2}\,t+\angle\frac{M(s_1)}{s_1\dot{D}(s_1)}\right)\right|\leqslant\Delta,\quad t\geqslant t_s$$

考虑用包络线进一步近似相关计算

$$\left|2\left|\frac{M(s_1)}{s_1\dot{D}(s_1)}\right|\mathrm{e}^{-\zeta\omega_n t}\right|\leqslant\Delta, t\geqslant t_s$$

将式(3-82）代入上式，经过整理后可以求得高阶系统单位阶跃响应的调整时间估算公式

$$t_s\geqslant\frac{1}{\zeta\omega_n}\ln\left[\frac{2}{\Delta}\cdot\frac{\prod_{j=2}^{n}|s_j|\prod_{i=1}^{m}|s_1-z_i|}{\prod_{i=1}^{m}|z_i|\prod_{j=2}^{n}|s_1-s_j|}\right]\tag{3-84}$$

可以看出，若闭环零点距离虚轴较近，调节时间加长，这与闭环零点使系统超调量增大的影响作用一致。闭环零点对系统动态性能总的影响是减小峰值时间，增大超调量和调整时间，这种作用将随闭环零点接近虚轴而加剧。

若闭环非主导极点靠近虚轴，且有 $|s_1-s_3|\gg|s_3|$，使系统的调节时间缩短，这与闭环非主导极点能减小系统超调量的作用也是一致的。闭环非主导极点对系统动态性能总的影响是增大峰值时间，减小系统的超调量和调整时间。

关于闭环零、极点位置对系统动态性能的影响，利用主导极点概念设计合适的高阶系统问题，在本书后续的根轨迹分析方法中将进一步开展讨论。

3.5　线性系统的稳定性分析

控制系统正常工作的首要条件就是它必须是稳定的。控制系统在实际运行中，总会受到外界和内部一些因素的干扰，例如负载或能源的波动、环境条件的改变、系统工艺参数的变化等。如果系统不稳定，当它受到扰动时，系统的状态就会偏离其平衡工作点，并随时间推移而发散。此时即使扰动消失，也不可能恢复原来的平衡状态。因此，如何分析系统的稳定性并提出保证系统稳定的措施，是自动控制理论的基本任务之一。运动稳定性理论首先由俄国学者李雅普诺夫于 1892 年建立。

3.5.1　稳定性的概念和定义

稳定性是自动控制系统最重要的性能指标之一。任何控制系统在扰动作用下都会偏离平衡状态，产生偏差。所谓控制系统的稳定性，就是指当扰动消失后，系统由初始偏差状态恢复到平衡状态的性能。

可以通过如图 3-20 所示的物理系统说明稳定性的概念。

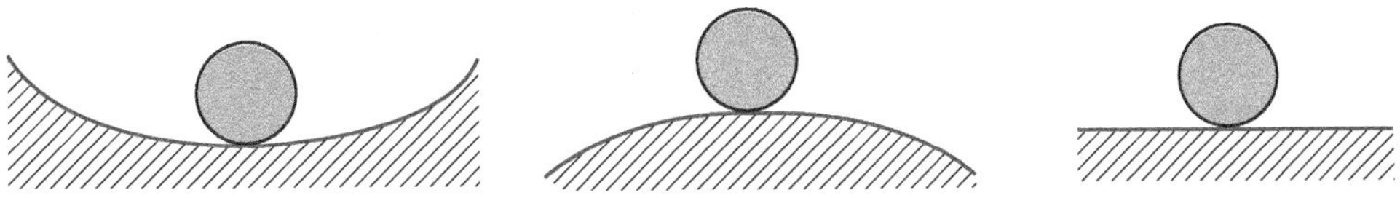

(a) 稳定　　(b) 不稳定　　(c) 临界稳定

图 3-20　小球平衡状态稳定性示意图

考察一个小球在曲面上的平衡问题，小球初始时刻前已建立平衡，静止在曲面的特定位置。如果某一

时刻突然被施加一个外力使小球离开了原来的位置，观察外力消失后的小球状况。图 3-20(a) 中小球会在曲面底部来回滚动，随着能量消耗，它最终回到原来的位置，称系统在此平衡状态是稳定的；图 3-20(b) 中的小球在离开了原来的平衡位置后，随着时间的推移将一直向远方运动，不可能回到原来的位置，这种状态被称为不稳定的；而图 3-20(c) 情况下，小球可能会停留在平面上的某个位置，但与原来初始位置存在距离，称这种情况为临界稳定。

上述物理系统的这种稳定概念，可以推广用于控制系统。假设系统具有一个平衡工作状态，对于该平衡工作点，若系统的输入信号为零，则其输出信号亦为零。控制系统受扰动信号作用下，其输出将偏离原平衡工作点。若记扰动信号消失瞬间为初始时刻 $t=0$，则 $t=0$ 时刻系统输出 $c(0)$ 及其各阶导数 $c^{(i)}(0)$ $(i=0,1,2,\cdots)$ 将成为研究 $t>0$ 时刻系统的初始条件。由于系统的输入信号为零，所以在这种情况下的系统输出响应 $c(t)$ 可认为是系统对其初始条件 $c^{(i)}(0)(i=0,1,2,\cdots)$ 的响应过程。

根据李雅普诺夫稳定性理论，如果系统稳定，则在初始条件不超过允许的区域 $\eta(\varepsilon)$ 的条件下，系统的输出响应 $c(t)$ 最终只能在原平衡点附近变化，其与原平衡工作点的偏差不超过预先指定的正数 ε，即

$$|c^{(i)}(t)|\leqslant\varepsilon,\quad (0\leqslant t<\infty),\quad \text{当}|c^{(i)}(0)|\leqslant\eta,\quad (\eta\neq 0),\quad (i=0,1,2,\cdots) \tag{3-85}$$

反之，若对于任意给定的正数 ε，不存在满足式(3-85) 的正数 η，则系统为不稳定系统。

假设系统具有一个平衡工作状态，如果系统受到有界扰动作用偏离了原平衡状态，不论扰动引起的初始偏差有多大（η 为任意大于零正数），当扰动取消后，系统都能以足够的准确度（$\varepsilon\to 0$）恢复到初始平衡状态，则这种系统被称为大范围稳定的系统；如果系统受到有界扰动作用后，只有扰动引起的初始偏差小于某个范围时，系统才能在取消扰动后恢复初始的平衡状态，否则就不能恢复到初始平衡状态，则这样的系统被称为小范围稳定的系统。

对于稳定的线性系统来说，必然在大范围和小范围都能稳定。非线性系统可能有小范围稳定而大范围不稳定的情况，有关非线性系统的稳定性问题，将在专门章节讨论。

关于系统稳定性还有其他的定义方法，在分析线性系统的稳定性时，人们所关心的是系统的运动稳定性，即系统方程在不受任何外界输入作用下，系统方程的解在时间 t 趋于无穷大时的渐近行为。这种解是系统齐次微分方程的解，这个解通常称为系统运动方程的一个“运动”，因而称为运动稳定性。严格地说，平衡状态的稳定性与运动状态的稳定性并不是一回事，但是可以证明，对于线性系统而言，两者是等价的。根据李雅普诺夫稳定性理论，线性控制系统的稳定性可叙述如下：

若线性控制系统在初始扰动的影响下，其动态过程随时间的推移逐渐衰减并趋于零（原平衡点），则系统渐近稳定，简称稳定；反之，若在初始扰动影响下，系统的动态过程随时间的推移而发散，则称系统不稳定。

3.5.2 线性系统稳定的充分必要条件

线性系统的稳定性取决于系统自身的固有特性，而与外界条件无关。因此，设线性系统在初始条件为零时，作用一个理想单位脉冲 $\delta(t)$，则系统的输出量为脉冲响应 $c(t)$。系统在扰动信号作用下，输出信号偏离原平衡工作点，若 $t\to\infty$ 时，脉冲响应

$$\lim_{t\to\infty}c(t)=0 \tag{3-86}$$

即输出增量收敛于原平衡工作点，则系统是稳定的。

设系统的闭环传递函数为式(3-73)，设 $s_i(i=1,2,\cdots,n)$ 为系统特征方程的根，而且彼此不相等。系统在理想单位脉冲作用下输出量的拉氏变换为

$$C(s)=\frac{M(s)}{D(s)}=\frac{K\prod\limits_{i=1}^{m}(s-z_i)}{\prod\limits_{j=1}^{n_1}(s-s_j)\prod\limits_{k=1}^{n_2}(s^2+2\zeta_k\omega_k s+\omega_k^2)} \tag{3-87}$$

式中，$n_1+2n_2=n$。于是系统的脉冲响应为

$$\begin{aligned}c(t)=&\sum_{j=1}^{n_1}A_j\mathrm{e}^{-s_jt}+\sum_{k=1}^{n_2}B_k\mathrm{e}^{-\zeta_k\omega_kt}\cos(\omega_k\sqrt{1-\zeta_k^2}t)\\&+\sum_{k=1}^{n_2}\frac{C_k-B_k\zeta_k\omega_k}{\omega_k\sqrt{1-\zeta_k^2}}\mathrm{e}^{-\zeta_k\omega_kt}\sin(\omega_k\sqrt{1-\zeta_k^2}t),\quad t\geqslant 0\end{aligned} \tag{3-88}$$

式(3-88) 表明，当且仅当系统的特征根全部具有负实部时，式(3-86) 才能成立；若有一个或一个以上正实部特征根，则 $\lim\limits_{t \to \infty} c(t) \to \infty$，表明系统不稳定；若系统具有一个或一个以上的零实部特征根，而其余的特征根均具有负实部，则脉冲响应 $c(t)$ 趋于常数，或趋于等幅正弦振荡的形态，按照稳定性定义，此时系统不是渐进稳定的，这种情况处于稳定和不稳定的临界状态，常被称为临界稳定情况。在经典控制理论中，只有渐进稳定的系统才是稳定系统，否则被称为不稳定的系统。

由此可见，线性系统稳定的充分必要条件是：系统闭环特征方程所有的根均具有负实部，或者说，闭环传递函数的极点均严格位于左半 s 复平面。

线性反馈系统的稳定性仅与其闭环极点在复数平面上的分布位置有关，而这种分布模式仅取决于系统的结构与参数，因此线性反馈系统的稳定性是其自身的固有特性，与外界输入信号无关。因为系统响应过程的暂态分量随时间推移最终衰减到零，稳定控制系统对幅值有界的输入信号的响应必为幅值有界。控制系统的部分闭环极点位于 s 平面的虚轴，而其余极点分布在其左半部时，出现所谓临界稳定情况，临界稳定虽然从李雅普诺夫意义上看是稳定的，但在工程实践中，一般认为这种临界稳定属于实际上的不稳定。

3.5.3 系统稳定性的代数判据

对于一个线性定常系统而言，其稳定性完全取决于特征根在 s 复数平面的位置分布。因此判别线性系统稳定性问题最直接的方法是求解出系统闭环特征方程，以获得其全部特征根，根据特征根的实部情况判定系统稳定情况。对于高阶系统，用代数方法求解特征方程工作量很大并且比较困难。对于系统稳定性判别问题而言，主要关注系统所有特征根在 s 平面虚轴之左右的分布情况，而对特征根的确切数值并不一定感兴趣。建立一种间接判断方法以考察系统特征根是否全部严格位于 s 左半平面，具有工程应用价值。劳斯（Routh）和赫尔维茨（Hurwitz）分别与 1877 年和 1895 年独立提出了判断系统稳定性的代数判据，称为劳斯-赫尔维茨稳定判据。它只需根据特征方程的根与系数的关系，直接利用代数方法判别特征方程的根是否全在 s 平面的左半部。

(1) 劳斯（Routh）稳定判据

设系统的特征方程为

$$D(s)=a_n s^n + a_{n-1}s^{n-1} + a_{n-2}s^{n-2} + \cdots + a_1 s + a_0 = 0, \quad a_n > 0 \tag{3-89}$$

则使线性系统稳定的必要条件是：在特征方程（3-89）中，各项系数为正数。

基于高阶代数方程的根与系数的关系构造劳斯表如下：

s^n	a_n	a_{n-2}	a_{n-4}	$\cdots$
s^{n-1}	a_{n-1}	a_{n-3}	a_{n-5}	$\cdots$
s^{n-2}	b_1	b_2	b_3	$\cdots$
s^{n-3}	c_1	c_2	c_3	$\cdots$
s^{n-4}	d_1	d_2	d_3	$\cdots$
$\vdots$	$\vdots$	$\vdots$	$\vdots$	
s^2	e_1	e_2		
s^1	f_1			
s^0	g_1			

劳斯表的前两行由特征方程的系数直接构成，其中第一行由特征方程的第一、三、五……项系数组成；第二行由特征方程的第二、四、六……项系数组成。以下各行按下列公式递推计算

$$b_1=\frac{a_{n-1}a_{n-2}-a_n a_{n-3}}{a_{n-1}}$$

$$b_2=\frac{a_{n-1}a_{n-4}-a_n a_{n-5}}{a_{n-1}}$$

$$b_3=\frac{a_{n-1}a_{n-6}-a_n a_{n-7}}{a_{n-1}}$$

$$\vdots$$

$$c_1=\frac{b_1a_{n-3}-b_2a_{n-1}}{b_1}$$

$$c_2=\frac{b_1a_{n-5}-b_3a_{n-1}}{b_1}$$

$$c_3=\frac{b_1a_{n-7}-b_4a_{n-1}}{b_1}$$

$$\vdots$$

$$d_1=\frac{c_1b_2-c_2b_1}{c_1}$$

$$d_2=\frac{c_1b_3-c_3b_1}{c_1}$$

$$\vdots$$

在劳斯表的第一行旁边注明 s^n，第二行旁边注明 s^{n-1}……。在排列特征方程的系数时，空位需以零来填补，凡在运算过程中出现的空位，也必须以零为计，从而构成一个完整矩阵形式的计算表。显然劳斯表的排列呈倒三角形，劳斯表的第 $n+1$ 行仅第一列有值，正好对应 a_0，可用于检验劳斯表递推计算结果的正确性。

劳斯判据 线性系统渐进稳定的充分必要条件是，由特征方程系数组成的劳斯表的第一列的元素全为正数；若系统不是渐进稳定的，则系统特征方程在复平面右半部内的根的个数等于劳斯表第一列元素符号改变的次数。

【例 3-7】 三阶系统的特征方程为

$$a_3s^3+a_2s^2+a_1s+a_0=0$$

用劳斯判据分析系统稳定性与系数之间的关系。

解 构造劳斯表

s^3	a_3	a_1
s^2	a_2	a_0
s^1	$\dfrac{a_1a_2-a_0a_3}{a_2}$	0
s^0	a_0	

显然，系统稳定的充分必要条件为：a_3、a_2、a_1、a_0 均大于零，且 $a_1a_2>a_0a_3$ 成立。

在运用劳斯表时，为了简化计算，可以用一个正数去乘或除某一整行的系数而不改变稳定性结论。

在应用劳斯判据时，可能会遇到如下情况。

① 劳斯表某一行第一个元素为零，而其余元素不全为零。此时可以用一个很小的指数 ε 代替它，然后继续按照上述公式计算下一行的项。

【例 3-8】 设系统的特征方程为

$$s^5+s^4+2s^3+2s^2+3s+5=0$$

判别系统的稳定性。

解 列出系统的劳斯表

s^5	1	2	3
s^4	1	2	5
s^3	$0\leftarrow\varepsilon$	-2	
s^2	$\dfrac{2\varepsilon+2}{\varepsilon}$	5	
s^1	$\dfrac{-4\varepsilon-5\varepsilon^2-4}{2\varepsilon+2}$		
s^0	5		

可以看出，首列的符号变号 2 次，这说明原系统存在两个右半开平面内的极点，系统不稳定。

② 劳斯表某一行元素全为零。这种情况可能是系统特征方程具有两个大小相等同时符号相反的实根

或一对共轭虚根，或者具有对称于虚轴的两对共轭复数根。

对于上述的特殊情况，考虑特征方程的根随方程系数的变化而连续变化的这样一个事实。用 ε 代替 0，实际上可以看成将原多项式(3-89) 的系数作微小摄动后再计算劳斯表中的元素，此时特征方程的根实际上也在原来的基础上作出了微小的变化，但只要 ε 足够小，方程在右半开平面（即不包含虚轴的右半平面）内的根也不会迁移到左半平面；同样，在左半开平面的根也不会迁移到右半平面。容易理解的是，任意小的摄动可能使虚轴上的根脱离虚轴，或者进入左半平面，或者进入右半平面。对于虚轴上可能有根的第二种特殊情况，如果如处理第一种情况一样，直接用 ε 代替 0，将可能出现误判。

在这种情况下，可将全零行的上面一行的各项组成一个辅助多项式，并用这个多项式对 s 求导所得的子式的系数替代全零行的各对应项，继续计算劳斯表的以下各行。辅助方程的次数通常为偶数，它表明绝对值相同但符号相异的特征根数目。可以通过求解辅助方程，获得那些导致全零行的数值相同且关于虚轴对称的根。

【例 3-9】 设系统的特征方程为

$$s^6+s^5+5s^4+3s^3+8s^2+2s+4=0$$

试判别系统的稳定性。

解 列出系统的劳斯表

s^6	1	5	8	4	
s^5	1	3	2	0	
s^4	2	6	4	0	$\rightarrow 2s^4+6s^2+4=0$
s^3	0(8)	0(12)	0(0)		$\leftarrow 8s^3+12s=0$
s^2	3	4	0		
s^1	4/3	0			
s^0	4				

求解辅助方程 $2s^4+6s^2+4=0$ 得

$$s_{1,2}=\pm \mathrm{j} \qquad s_{3,4}=\pm \mathrm{j}\sqrt{2}$$

劳斯表阵列的第一列无符号改变，但存在 2 对共轭虚根，系统不稳定。

劳斯判据除了用于判定系统的稳定性外，还可以确定系统中的某个参数变化对系统稳定性的影响以及在保证系统稳定的前提下，允许参数的取值范围。

【例 3-10】 已知系统闭环传递函数为

$$G(s)=\frac{K(s+2)}{s(s+5)(s^2+2s+5)+K(s+2)}$$

试确定使系统稳定的 K 的取值范围。

解 闭环系统的特征方程为

$$s(s+5)(s^2+2s+5)+K(s+2)=s^4+7s^3+15s^2+(25+K)s+2K=0$$

劳斯表为

s^4	1	15	$2K$
s^3	7	$25+K$	
s^2	$(80-K)/7$	$2K$	
s^1	$\dfrac{(80-K)(25+K)-98K}{80-K}$		
s^0	$2K$		

根据劳斯判据，系统稳定的充分必要条件为

$$\begin{cases}80-K>0\\(80-K)(25+K)-98K>0\\14K>0\end{cases}$$

综合上述三个不等式，得到使系统稳定的 K 值取值范围 $0<K<28.1$。

应用劳斯判据还可以检验系统是否具有一定的稳定裕量，解决相对稳定性的问题。

由于虚轴是系统稳定的边界，在 s 的左半平面内，人们常以最靠近虚轴的特征根到虚轴的距离 σ 表示系统相对稳定性或稳定裕度。σ 越大则系统的稳定程度越高。

令 $s=z-\sigma$，即把虚轴左移 σ，将其代入原系统特征方程，得到以 z 为变量的新特征方程式，若新特征方程的根都位于新虚轴的左边，也即 s 平面的 $s=-\sigma$ 直线的左边，则系统具有 σ 以上的稳定裕度。

【例 3-11】 已知系统闭环传递函数为

$$G(s)=\frac{K}{s(s+4)(s+10)+K}$$

试确定使系统稳定的增益 K 的取值范围。如果要求闭环系统的极点全部位于 $s=-1$ 垂线的左侧，问 K 值的范围又应取多大？

解 闭环系统的特征方程为

$$s(s+4)(s+10)+K=s^3+14s^2+40s+K=0$$

对应的劳斯阵列为

$$\begin{array}{c|cc} s^3 & 1 & 40 \\ s^2 & 14 & K \\ s^1 & \dfrac{560-K}{14} & \\ s^0 & K & \end{array}$$

根据劳斯判据，保持系统稳定，劳斯表中第一列各元素必须大于零，从而

$$0<K<560$$

如果要求闭环系统的全部极点位于 $s=-1$ 垂线的左侧，令 $s=z-1$ 代入原特征方程，得

$$(z-1)^3+14(z-1)^2+40(z-1)+K=0$$

整理上式得

$$z^3+11z^2+15z+(K-27)=0$$

构造相应的劳斯阵列如下

$$\begin{array}{c|cc} z^3 & 1 & 15 \\ z^2 & 11 & K-27 \\ z^1 & \dfrac{165-(K-27)}{11} & \\ z^0 & K-27 & \end{array}$$

根据劳斯判据，要求劳斯阵列的第一列各元素均大于零

$$27<K<192$$

当系统增益在上述范围取值时，可以保证闭环系统的三个极点全部位于复数平面的左半部内且距离虚轴为 1 的区域中。

(2) 赫尔维茨（Hurwitz）稳定判据

采用赫尔维茨判据判断系统稳定性，首先根据系统特征方程系数按一定规则构成各阶次赫尔维茨行列式，然后再根据这些行列式取值的符号判断系统的稳定性。

若系统的特征方程为式(3-89)，构造系统的 n 阶赫尔维茨行列式为

$$D_n=\begin{vmatrix} a_{n-1} & a_{n-3} & a_{n-5} & \cdots & \cdots & 0 \\ a_n & a_{n-2} & a_{n-4} & \cdots & \cdots & \vdots \\ \vdots & a_{n-1} & a_{n-3} & \cdots & \cdots & \vdots \\ \vdots & a_n & a_{n-2} & \cdots & \cdots & \vdots \\ \vdots & 0 & a_{n-1} & \cdots & \cdots & \vdots \\ \vdots & \cdots & \cdots & \cdots & \cdots & \vdots \\ 0 & \cdots & \cdots & \cdots & a_1 & \vdots \\ 0 & 0 & \cdots & \cdots & a_2 & a_0 \end{vmatrix} \tag{3-90}$$

赫尔维茨行列式构成规则为：行列式主对角线元素依次填 a_{n-1}，a_{n-2}，…，a_0；以主对角元素为基

准向上填写相关元素时，各元素下标按 1 递减，向下填写主对角线以下各元素时，各元素下标按 1 递增。当递增后下标大于 n 时或递减后下标小于 0 时，该元素为零。

然后再从 D_n 中取出 1～($n-1$) 各阶主子行列式作为相应赫尔维茨行列式

$$D_1=|a_{n-1}|,\quad D_2=\begin{vmatrix} a_{n-1} & a_{n-3} \\ a_n & a_{n-2} \end{vmatrix},\cdots,D_{n-1}=\begin{vmatrix} a_{n-1} & a_{n-3} & a_{n-5} & \cdots & \cdots & 0 \\ a_n & a_{n-2} & a_{n-4} & \cdots & \cdots & \vdots \\ \vdots & a_{n-1} & a_{n-3} & \cdots & \cdots & \vdots \\ \vdots & a_n & a_{n-2} & \cdots & \cdots & \vdots \\ \vdots & 0 & a_{n-1} & \cdots & \cdots & \vdots \\ \vdots & \cdots & \cdots & \ddots & \cdots & \vdots \\ 0 & \cdots & \cdots & \cdots & a_2 & \vdots \\ 0 & 0 & \cdots & \cdots & a_3 & a_1 \end{vmatrix}$$

赫尔维茨稳定性判据　一个系统稳定的充分必要条件是当 $a_n>0$ 时，各阶赫尔维茨行列式均大于零。

对比劳斯阵列表第一列和各赫尔维茨行列式，可以得出：

$$a_{n-1}=D_1,\quad b_1=\frac{D_2}{D_1},\quad c_1=\frac{D_3}{D_2},\cdots$$

可见，劳斯判据和赫尔维茨判据实质上是等效的。

3.6　控制系统的稳态性能分析

稳态性能考虑的是系统输出响应在调节时间 t_s 之后的品质，通常由稳态误差来描述。稳态误差的大小反映系统对于给定信号的跟踪精度，是控制系统设计中需要考虑的一项重要性能指标。对于一个实际的控制系统，针对系统结构、输入作用的类型（控制量或扰动量）、输入函数的形式（阶跃、斜坡或加速度）等不同因素，控制系统的稳态输出不可能在任何情况下都与输入量一致，也不可能在任何形式的扰动作用下都能准确恢复到原来平衡位置。控制系统中普遍存在的摩擦、间隙、不灵敏区等非线性因素，都会造成附加的稳态误差。控制系统设计任务之一，是尽量减小系统的稳态误差，或者使稳态误差小于某一容许值。只有当系统稳定时，才有研究稳态误差的意义。有些场合下，把阶跃函数作用下没有原理性稳态误差的系统，称为无差系统；而把具有原理性稳态误差的系统，称为有差系统。

3.6.1　控制系统的误差与稳态误差

控制系统的误差是指系统希望输出量 $c_o(t)$ 与实际输出量之差，即

$$\varepsilon(t)=c_o(t)-c(t) \tag{3-91}$$

$\varepsilon(t)$ 是时间的函数，如图 3-21 中的阴影部分构成了系统的响应误差。

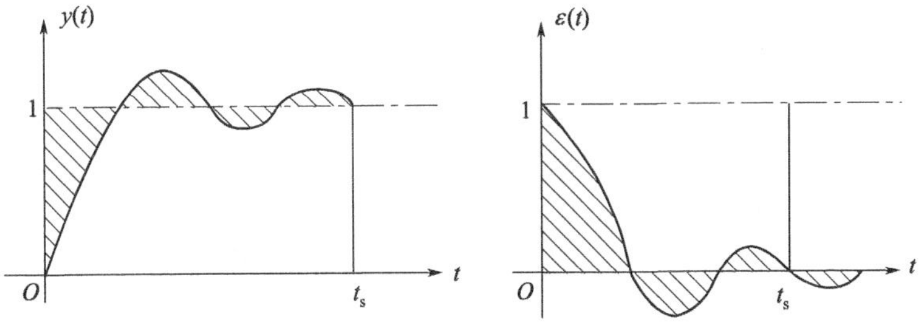

(a) 输出响应曲线　　(b) 误差响应曲线

图 3-21　系统单位阶跃响应与误差

稳态误差是指时间 t 趋于无穷大时的误差，其数学描述为

$$\varepsilon_{ss}=\lim_{t\to\infty}\varepsilon(t) \tag{3-92}$$

在工程实际中可以粗略认为，调节时间 t_s 之后的误差为稳态误差。

考察系统的稳态误差是要参照系统所要跟踪的信号的。如果需要跟踪的输入信号为恒值信号，就要考

察时间趋于无穷时，输出响应能否趋于恒值，以及是否趋于所期望的恒值。如果需要跟踪的信号为斜坡信号，就要考察时间趋于无穷时，输出信号是否趋于期望的恒定速度，以及与所趋近的期望值的差距。

设控制系统的结构图如图 3-22 所示，反馈系统是按照偏差进行控制的。系统的偏差定义为

$$E(s)=R(s)-B(s)=R(s)-H(s)C(s) \tag{3-93}$$

系统在偏差 $E(s)$ 的作用下实施控制，使输出量趋于希望值。对于单位反馈系统，即 $H(s)=1$ 时，给定信号 $r(t)$ 就是系统希望的输出量，此情况下，$c_0(t)=r(t)$，系统的误差和偏差是相等的，即

$$\varepsilon(t)=e(t) \tag{3-94}$$

偏差的稳态值就是系统的稳态偏差，$\varepsilon_{ss}=e_{ss}$。

对于非单位反馈系统，系统的偏差表达为式(3-93)，在此情况下，给定信号 $R(s)$ 并不直接等于输出量的希望值 $C_0(s)$，反馈信号也不直接等于输出信号。因此所谓系统偏差和误差是不同的，但是偏差和误差之间存在着内在联系。

将图 3-22 变换为图 3-23 的等效形式，则因 $R'(s)$ 代表输出量的希望值，因而 $E'(s)$ 就是非单位反馈系统的误差。

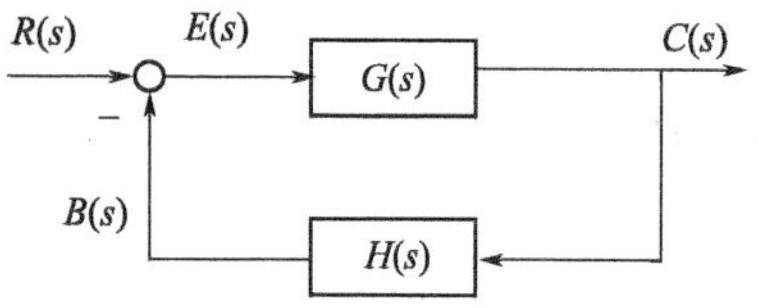

图 3-22 反馈控制系统结构图

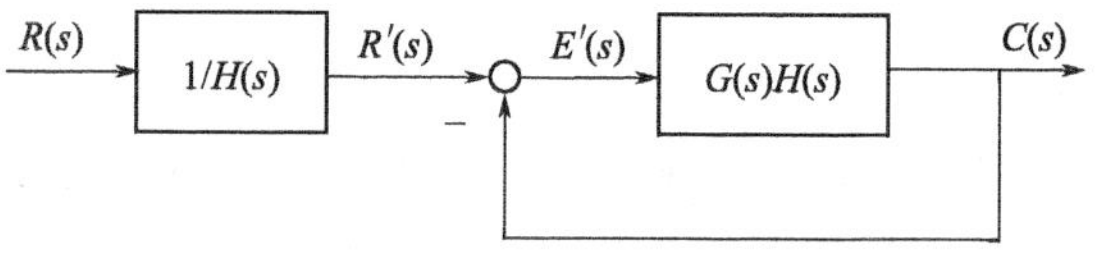

图 3-23 等效单位反馈系统

不难证明，$E(s)$和 $E'(s)$ 之间存在如下关系

$$E'(s)=E(s)/H(s) \tag{3-95}$$

这就说明即使在非单位反馈系统中，误差信号也与偏差信号有着直接的关系，它们之间相差 $H(s)$ 倍。为了分析问题简便，在系统稳态分析中常常以偏差代替误差开展分析研究。在不特别指明的情况下，在本书以下的叙述中，均采用从系统输入端定义的偏差 $E(s)$ 来计算和分析系统的误差 $\varepsilon(t)$。

3.6.2 误差的数学模型

在不考虑扰动作用的情况下，根据图 3-22 可以写出系统的偏差为

$$E(s)=\Phi_e(s)R(s)=\frac{1}{1+G(s)H(s)}R(s) \tag{3-96}$$

如果系统稳定，根据拉氏变换的终值定理和稳态误差的定义有

$$e_{ss}=\lim_{t\to\infty}e(t)=\lim_{s\to 0}sE(s)=\lim_{s\to 0}s\frac{R(s)}{1+G(s)H(s)} \tag{3-97}$$

考虑开环传递函数 $G_0(s)=G(s)H(s)$ 的一般表达式如下，稳态误差与系统开环传递函数以及输入信号的形式有关。

$$G_0(s)=G(s)H(s)=\frac{K\prod_{i=1}^{m_1}(\tau_i s+1)\prod_{k=1}^{m_2}(\tau_k^2 s^2+2\zeta_k\tau_k s+1)}{s^\nu\prod_{j=1}^{n_1}(T_j s+1)\prod_{l=1}^{n_2}(T_l^2 s^2+2\zeta_l T_l s+1)}=\frac{K}{s^\nu}G_n(s) \tag{3-98}$$

式(3-98) 开环传递函数 $G_0(s)$ 由三部分组成：系统的开环增益 K、开环传递函数 $G_0(s)$ 中的积分环节（ν 为其个数）和 $G_n(s)$。

$$G_n(s)=\frac{\prod_{i=1}^{m_1}(\tau_i s+1)\prod_{k=1}^{m_2}(\tau_k^2 s^2+2\zeta_k\tau_k s+1)}{\prod_{j=1}^{n_1}(T_j s+1)\prod_{l=1}^{n_2}(T_l^2 s^2+2\zeta_l T_l s+1)} \tag{3-99}$$

$$\lim_{s\to 0}G_n(s)=1 \tag{3-100}$$

根据开环传递函数中积分环节个数，开环系统的类型定义如下

$\nu=0$，称该开环系统为 0 型系统；

$\nu=1$，称该开环系统为Ⅰ型系统；

$\nu=2$，称该开环系统为Ⅱ型系统。

其他情况以此类推。后面的讨论可以看出，ν 可以确定闭环系统无差的程度，有时也将其称为系统的无差度。在实际工程中，除了复合控制系统外，系统使用超过两个积分环节时，系统稳定相当困难，因此人们通常研究 $\nu\leqslant 2$ 的系统。

这种以开环系统在 s 复平面坐标原点的极点数来分类，并将系统的数学模型作如上形式分解的方法，完全是为了方便对系统稳态误差推导计算，可以根据已知输入信号的形式，迅速判断系统是否存在原理性稳态误差及稳态误差的大小。

将式(3-98) 代入式(3-97) 有

$$e_{ss}==\lim_{s\to 0}\frac{sR(s)}{1+\dfrac{K}{s^{\nu}}G_n(s)}=\frac{\lim\limits_{s\to 0}[s^{\nu+1}R(s)]}{K+\lim\limits_{s\to 0}s^{\nu}} \tag{3-101}$$

上式表明，控制系统的稳态误差主要有以下三方面要素决定：

① 输入信号的形式；

② 系统的开环增益 K；

③ 系统的无差度 ν。

【例 3-12】 控制系统如图 3-24 所示，已知 $r(t)=n(t)=t$，求系统的稳态误差。

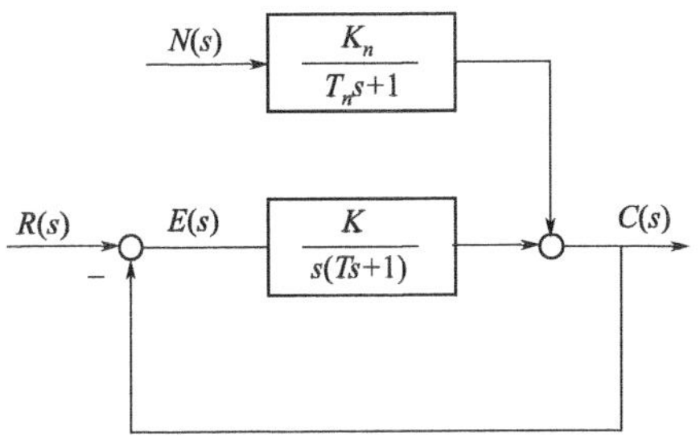

图 3-24　控制系统的结构图

解　控制输入 $r(t)$ 作用下的误差传递函数

$$\Phi_e(s)=\frac{E(s)}{R(s)}=\frac{1}{1+\dfrac{K}{s(Ts+1)}}=\frac{s(Ts+1)}{s(Ts+1)+K}$$

系统的特征方程为 $D(s)=Ts^2+s+K=0$

设 $T>0$，$K>0$，保证系统稳定。控制输入作用下的稳态误差为

$$e_{ssr}=\lim_{s\to 0}s\Phi_e(s)R(s)=\lim_{s\to 0}s\frac{s(Ts+1)}{s(Ts+1)+K}\frac{1}{s^2}=\frac{1}{K}$$

干扰 $n(t)$ 作用下误差传递函数为

$$\Phi_{en}(s)=\frac{E(s)}{N(s)}=\frac{-\dfrac{K_n}{T_ns+1}}{1+\dfrac{K}{s(Ts+1)}}=\frac{-K_ns(Ts+1)}{(T_ns+1)[s(Ts+1)+K]}$$

干扰作用下的稳态误差为

$$e_{ssn}=\lim_{s\to 0}s\Phi_{en}(s)N(s)=\lim_{s\to 0}s\frac{-K_ns(Ts+1)}{(T_ns+1)[s(Ts+1)+K]}\frac{1}{s^2}=-\frac{K_n}{K}$$

由线性系统的叠加原理

$$e_{ss}=e_{ssr}+e_{ssn}=\frac{1-K_n}{K}$$

3.6.3　系统静态误差系数与稳态误差分析

(1) 阶跃输入作用下的稳态误差与静态位置误差系数

在图 3-22 所示的控制系统中，若 $r(t)=A\cdot 1(t)$，其拉氏变换为 $R(s)=A/s$，由式(3-101) 可以算得各型系统的稳态误差

$$e_{ss}=\lim_{t\to\infty}e(t)=\lim_{s\to 0}sE(s)=\lim_{s\to 0}s\frac{1}{1+G_0(s)}\cdot\frac{A}{s}=\frac{A}{1+\lim\limits_{s\to 0}G_0(s)} \tag{3-102}$$

将上式中的极限式 $\lim\limits_{s\to 0}G_0(s)$ 定义为系统静态位置误差系数 K_p，即

$$K_p = \lim_{s\to 0} G_0(s) \tag{3-103}$$

式(3-102) 可由静态位置误差系数 K_p 表示为

$$e_{ss} = \frac{A}{1+k_p} \tag{3-104}$$

由式(3-98) 可以获得各型系统的静态位置误差系数为

$$K_p = \begin{cases} K, & \nu=0 \\ \infty, & \nu \geqslant 1 \end{cases} \tag{3-105}$$

由此可见，对于 0 型的系统，开环增益越大，阶跃输入作用下的系统稳态误差就越小。如果要求系统对于阶跃输入作用的稳态误差为零，则必须选用Ⅰ型及Ⅰ型以上的系统。稳态误差为零的系统被称为无差系统，稳态误差为非零有限值的系统被称为有差系统。通常将系统在阶跃信号作用下的稳态误差称为静差。因而，0 型系统可称为有（静）差系统，Ⅰ型系统可称为一阶无差度系统，Ⅱ型系统可称为二阶无差度系统，以此类推。

(2) 斜坡输入作用下的稳态误差及静态速度误差系数

在图 3-22 所示的控制系统中，若 $r(t)=Bt$，其中 B 表示速度输入函数的斜率，输入函数拉氏变换为 $R(s)=B/s^2$，利用式(3-101) 可以计算

$$e_{ss} = \lim_{t\to\infty} e(t) = \lim_{s\to 0} sE(s) = \lim_{s\to 0} s \frac{1}{1+G_0(s)} \cdot \frac{B}{s^2} = \frac{B}{\lim\limits_{s\to 0} sG_0(s)} \tag{3-106}$$

将上式中的极限式 $\lim\limits_{s\to 0} sG_0(s)$ 定义为系统静态速度误差系数 K_v，即

$$K_v = \lim_{s\to 0} sG_0(s) \tag{3-107}$$

于是，稳态误差可由静态速度误差系数表示为

$$e_{ss} = \frac{B}{K_v} \tag{3-108}$$

由式(3-98) 可得各型系统的静态速度误差系数为

$$K_v = \lim_{s\to 0} sG_0(s) = \begin{cases} 0, & \nu=0 \\ K, & \nu=1 \\ \infty, & \nu \geqslant 2 \end{cases} \tag{3-109}$$

通常将式(3-108) 表示的稳态误差称为速度误差。式(3-109) 表明：0 型系统不能跟踪斜坡输入；Ⅰ型系统可以跟踪斜坡输入（可参见图 3-25），但是存在一个稳态误差，其数值与输入信号的斜率成正比，而与系统开环增益 K 成反比，可以通过加大系统开环增益 K 来减小稳态误差，但不能消除稳态误差；对于Ⅱ型及Ⅱ型以上的系统，稳态输出能够准确地跟踪斜坡输入信号，稳态误差为零。

(3) 加速度输入作用下的稳态误差及静态加速度误差系数

在图 3-22 所示的控制系统中，若 $r(t)=Ct^2/2$，其中 C 表示加速度输入函数的速度变化率，$R(s)=C/s^3$，利用式(3-101) 可以计算

$$e_{ss} = \lim_{t\to\infty} e(t) = \lim_{s\to 0} sE(s) = \lim_{s\to 0} s \frac{1}{1+G_0(s)} \cdot \frac{C}{s^3} = \frac{C}{\lim\limits_{s\to 0} s^2 G_0(s)} \tag{3-110}$$

同样，可以定义系统的静态加速度误差系数为

$$K_a = \lim_{s\to 0} s^2 G_0(s) \tag{3-111}$$

稳态误差式(3-110) 可由静态加速度误差系数进一步表示为

$$e_{ss} = \frac{C}{K_a} \tag{3-112}$$

各型系统静态加速度误差系数为

$$K_a = \begin{cases} 0, & \nu=0,1 \\ K, & \nu=2 \\ \infty, & \nu \geqslant 3 \end{cases} \tag{3-113}$$

由式(3-112) 表示的稳态误差被称为加速度误差。0 型及Ⅰ型系统不能跟踪抛物线输入作用函数；Ⅱ型系统可以跟踪抛物线输入，但是存在一个稳态误差（如图 3-26），其数值与输入信号的变化率 C 成正

比，与系统开环增益 K 成反比；对于Ⅲ型及Ⅲ型以上的系统，稳态输出能够准确地跟踪抛物线输入信号，稳态误差为零。

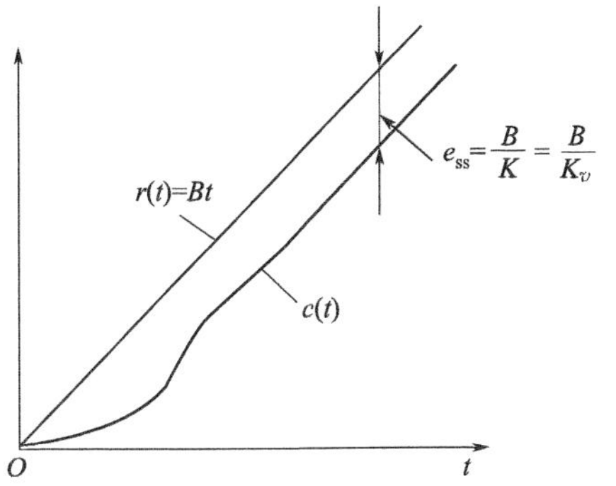

图 3-25 Ⅰ型单位反馈系统的速度误差

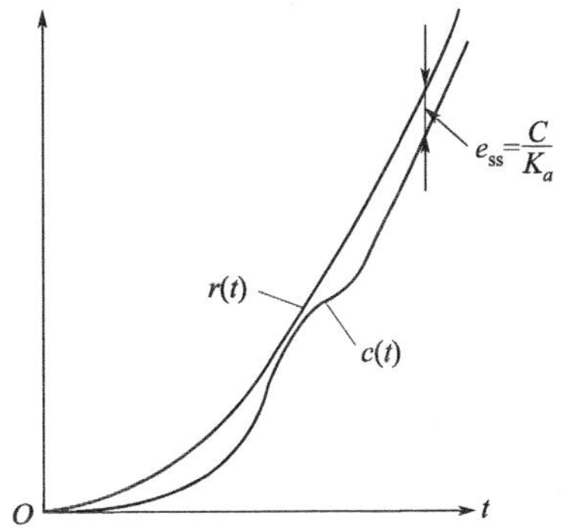

图 3-26 Ⅱ型单位反馈系统的加速度误差

对以上三种典型的输入信号分析结果总结如表 3-2 所示。

表 3-2 三种典型输入信号作用下的系统稳态误差

系统类别	静态误差系数			阶跃输入 $r(t)=A\cdot 1(t)$	斜坡输入 $r(t)=Bt$	加速度输入 $r(t)=\frac{Ct^2}{2}$
	K_p	K_v	K_a	位置误差 $e_{ss}=\frac{A}{1+K_p}$	速度误差 $e_{ss}=\frac{B}{K_v}$	加速度误差 $e_{ss}=\frac{C}{K_a}$
0	K	0	0	$\frac{A}{1+K_p}$	∞	∞
Ⅰ	∞	K	0	0	$\frac{B}{K_v}$	∞
Ⅱ	∞	∞	K	0	0	$\frac{C}{K_a}$
Ⅲ	∞	∞	∞	0	0	0

综上分析，关于控制系统的稳态误差可以总结以下规律：

① 对于有稳态误差的情况，系统开环增益 K 越大，稳态误差就越小。

② 系统的类型越高，即系统的无差度 ν 越大，能够跟踪的信号的阶次就越高。

在系统稳定性分析中发现，一般而言，系统的开环增益越大，稳定性就越差，开环传递函数 $G_0(s)$ 的积分环节个数越多，系统的稳定性就越差。所以在考虑系统的稳态误差的同时，还要兼顾系统的稳定性。既要保证系统是稳定的，又要满足系统应有的稳态性能，是控制系统分析与设计的基本要求。

【例 3-13】 比例-微分控制系统如图 3-27 所示，现系统的输入信号为 $r(t)=1(t)+t+\frac{1}{2}t^2$，试对系统做稳定性分析及稳态误差分析。

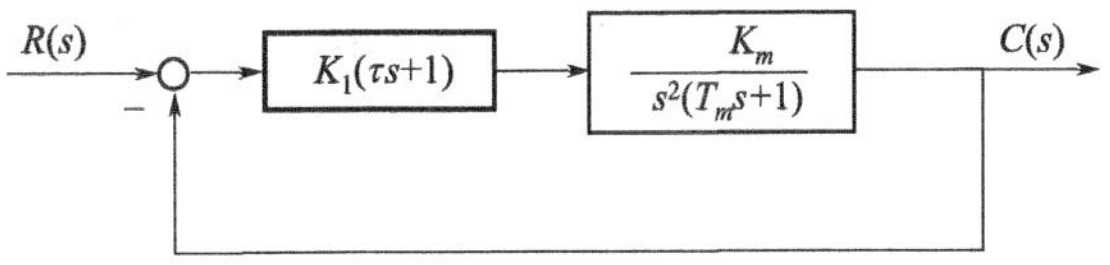

图 3-27 PD 控制系统的结构图

解 (1) 系统稳定性分析

系统闭环特征方程为

$$s^2(T_m s+1)+K_1K_m(\tau s+1)=0$$

$$T_m s^3+s^2+K_1K_m\tau s+K_1K_m=0$$

根据劳斯判据，使系统稳定的充分必要条件为

$$T_m>0,\quad K_1K_m\tau>0,\quad K_1K_m>0,\quad K_1K_m\tau-K_1K_mT_m>0$$

从而确定系统稳定的条件为

$$K_1>0,\quad K_m>0,\quad \tau>0,\quad T_m>0 \text{ 及 } \tau>T_m$$

PD 控制器微分时间常数 τ 的大小会影响该系统的稳定性。

(2) 系统稳态误差分析

系统的开环传递函数为
$$G_0(s)=\frac{K_1K_m(\tau s+1)}{s^2(T_ms+1)}$$
开环增益为
$$K=K_1K_m$$
系统为Ⅱ型，故各静态误差系数为
$$K_p=\infty$$
$$K_v=\infty$$
$$K_a=K=K_1K_m$$
系统的输入信号为
$$r(t)=1(t)+t+\frac{1}{2}t^2=r_1(t)+r_2(t)+r_3(t)$$

按照线性系统的叠加原理，输入信号可以分解为三个信号分量，分别考察系统对于各信号分量的稳态误差情况为

$$r_1(t)=1(t),\quad e_{ss1}=0;\quad r_2(t)=t,\quad e_{ss2}=0;\quad r_3(t)=\frac{1}{2}t^2,\quad e_{ss3}=\frac{1}{K_a}=\frac{1}{K_1K_m}$$

故在上述输入信号共同作用下

$$e_{ss}=e_{ss1}+e_{ss2}+e_{ss3}=\frac{1}{K_1K_m}$$

综上分析，增大PD控制器增益 K_1，可以在不影响系统稳定性的前提下，减小稳态误差。

在上面的讨论中，对于系统稳态误差分析，只有当输入信号是阶跃函数、斜坡函数和加速度函数，或者是这三种函数的线性组合时，静态误差系数才有意义。用静态误差系数求得的系统稳态误差是 $t\to\infty$ 时系统误差的某个极限值，当系统输入信号为其他时间函数形式时，静态误差系数法便无法发挥作用。另外，系统的稳态误差一般是时间的函数，静态误差系数方法没有反映出稳态误差随时间的变化规律，为此需要引入动态误差系数的概念。

3.6.4 控制系统的动态误差系数

利用动态误差系数方法，可以研究输入信号几乎为任意时间函数的系统的稳态误差变化。动态误差系数又被称为广义误差系数。为了求取动态误差系数，写出误差信号的拉氏变换式

$$E(s)=\Phi_e(s)R(s)$$

将误差传递函数 $\Phi_e(s)$ 在 $s=0$ 的邻域内展成泰勒级数，得

$$\Phi_e(s)=\frac{1}{1+G(s)H(s)}=\Phi_e(0)+\dot{\Phi}_e(0)s+\frac{1}{2!}\ddot{\Phi}_e(0)s^2+\cdots$$

于是，误差信号可以表示为如下级数

$$E(s)=\Phi_e(0)R(s)+\dot{\Phi}_e(0)sR(s)+\frac{1}{2!}\ddot{\Phi}_e(0)s^2R(s)+\cdots+\frac{1}{l!}\Phi_e^{(l)}(0)s^lR(s)+\cdots \tag{3-114}$$

上述无穷级数收敛于 $s=0$ 的邻域，称为误差级数，相当于在时间域内 $t\to\infty$ 时成立。因此当初始条件为零时，式(3-114)的拉氏反变换就是作为时间函数的稳态误差的表达式

$$e_{ss}(t)=\sum_{i=0}^{\infty}C_ir^{(i)}(t) \tag{3-115}$$

式中

$$C_i=\frac{1}{i!}\Phi_e^{(i)}(0),\quad i=0,1,2,\cdots \tag{3-116}$$

令
$$k_i=\frac{1}{C_i},\quad i=0,1,2,3,\cdots \tag{3-117}$$

k_i 称为动态误差系数。k_0 习惯上被称为动态位置误差系数，k_1 为动态速度误差系数，k_2 为动态加速度误差系数。这种方法可以完整描述系统稳态误差 $e_{ss}(t)$ 随时间的变化规律，但是不是指误差信号中的瞬态分量 $e(t)$ 随时间变化情况。由于式(3-115)描述的误差级数在 $t\to\infty$ 时才成立，因此如果输入信号 $r(t)$ 中包含有随时间增长而趋于零的分量，则这一分量不应被包含在式(3-115)中的信号及其各阶导数中。

式(3-115)表明，稳态误差 $e_{ss}(t)$ 与动态误差系数 k_i、输入信号 $r(t)$ 及其各阶导数的稳态分量有

关。在系统阶次较高的情况下，利用式(3-115)来确定动态误差系数是不方便的，可以根据如下简便方法进行求解。

将已知的系统误差传递函数按照 s 的升幂进行排列，写成如下形式

$$\Phi_e(s)=\frac{b_0+b_1s+b_2s^2+\cdots+b_ms^m}{a_0+a_1s+a_2s^2+\cdots+a_ns^n} \tag{3-118}$$

用上式的分母多项式去除其分子多项式，得到一个 s 的升幂级数

$$\Phi_e(s)=C_0+C_1s+C_2s^2+\cdots \tag{3-119}$$

将上式代入误差信号表达式，得

$$E(s)=\Phi_e(s)R(s)=(C_0+C_1s+C_2s^2+\cdots)R(s) \tag{3-120}$$

比较式(3-114)和式(3-120)可知，它们是等价的无穷级数，其收敛域均是 $s=0$，因此可以求得我们要求的动态误差系数。

对于特定输入信号 $r(t)$，$t\to\infty$时，从式(3-114)可以建立系统的动态误差系数与静态误差系数之间的关系。

当 $r(t)=1(t)$ 时，0 型系统的稳态误差为

$$e(\infty)=\lim_{s\to 0}sE(s)=\lim_{s\to 0}s\left(\frac{1}{k_0}R(s)+\frac{1}{k_1}sR(s)+\frac{1}{k_2}s^2R(s)+\cdots\right)\Bigg|_{R(s)=\frac{1}{s}}=\frac{1}{k_0}=\frac{1}{1+k_p}$$

所以，对于 0 型系统，动、静态位置误差系数的关系为

$$k_0=1+k_p \tag{3-121}$$

当 $r(t)=t$ 时，Ⅰ型系统的稳态误差为

$$e(\infty)=\lim_{s\to 0}sE(s)=\lim_{s\to 0}s\left[\frac{1}{k_1}sR(s)+\frac{1}{k_2}s^2R(s)+\cdots\right]\Bigg|_{R(s)=\frac{1}{s^2}}=\frac{1}{k_1}=\frac{1}{k_v}$$

所以，对于Ⅰ型系统，动、静态速度误差系数的关系为

$$k_1=k_v \tag{3-122}$$

同理，当 $r(t)=t^2/2$ 时，对于Ⅱ型系统，动、静态加速度误差系数的关系为

$$k_2=k_a \tag{3-123}$$

【例 3-14】 系统 1 和系统 2 的开环传递函数分别为

$$G_1(s)=\frac{10}{s(s+1)},\quad G_2(s)=\frac{10}{s(5s+1)}$$

试比较它们的静态误差系数和动态误差系数。当输入信号为

$$r(t)=R_0+R_1t+\frac{1}{2}R_2t^2+e^{-R_3t},\quad t\geqslant 0$$

其中，R_0、R_1、R_2 和 R_3 均为正常数时，试写出两个系统的稳态误差表达式。

解 这两个系统都是Ⅰ型系统，且具有相同的开环增益，所以它们有完全相同的静态误差系数，即

$$K_{p1}=K_{p2}=\infty$$
$$K_{v1}=K_{v2}=10$$
$$K_{a1}=K_{a2}=0$$

为了求出动态误差系数，需要写出这两个系统的误差传递函数，并且通过长除法将其展开为无穷升幂幂级数形式，对于第一个系统有

$$\Phi_{e1}=\frac{1}{1+G_1(s)}=\frac{s+s^2}{10+s+s^2}=0.1s+0.09s^2-0.019s^3-\cdots$$

于是，$C_0=0$，$C_1=0.1$，$C_2=0.09$，$C_3=-0.019$，…，从而 $k_0=\infty$，$k_1=10$，$k_2=11.11$，…。

对于第二个系统，有

$$\Phi_{e2}=\frac{1}{1+G_2(s)}=\frac{s+5s^2}{10+s+5s^2}=0.1s+0.49s^2-0.0099s^3-\cdots$$

即有 $C_0=0$，$C_1=0.1$，$C_2=0.49$，$C_3=-0.099$，…，从而 $k_0=\infty$、$k_1=10$、$k_2=2.04$，…，显然，虽然这两个系统静态误差系数完全相同，但是动态误差系数却不尽相同。

由于 $R_3>0$，因此 $r(t)$ 中分量 $e^{-R_3 t}$ 随时间增长而趋于零，在计算稳态误差时不需要考虑，因此有

$$r(t)=R_0+R_1 t+\frac{1}{2}R_2 t^2$$

$$\dot{r}(t)=R_1+R_2 t$$

$$\ddot{r}(t)=R_2$$

于是，这两个系统的稳态误差表达式分别为

$$e_{ss1}(t)=0.1(R_1+R_2 t)+0.09R_2$$

$$e_{ss2}(t)=0.1(R_1+R_2 t)+0.49R_2$$

只要 $R_2\neq 0$，在 $t\to\infty$ 时，这两个系统的稳态值按照各自的规律趋于无穷大。

3.6.5 扰动作用下的稳态误差

控制系统除了承受给定输入信号外，还经常处于各种扰动作用之下。控制系统在扰动作用下的稳态误差值，反映了系统的抗干扰能力。在理想情况下，系统对于任意形式的扰动作用，其稳态误差应该为零，但在工程实际中，这种要求是几乎不可能实现的。

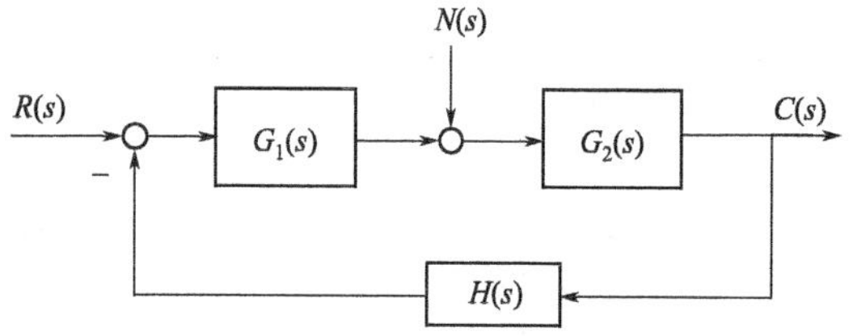

图 3-28 扰动信号作用下的系统结构图

由于给定输入信号和扰动输入信号作用于系统的不同位置，因而即使系统对某种形式的给定输入信号引起的稳态误差为零，但对于同一形式的扰动信号，其所导致的稳态误差未必为零。

考虑图 3-28 所示的控制系统，其中 $N(s)$ 为扰动信号 $n(t)$ 的拉氏变换式。以输出响应 $c(t)$ 的稳态值来讨论系统的扰动误差。

当 $R(s)=0$ 时

$$C_N(s)=\Phi_N(s)N(s)=\frac{G_2(s)}{1+G_1(s)G_2(s)H(s)}N(s)=\frac{G_2(s)}{1+G_0(s)}N(s)$$

式中，$G_0(s)=G_1(s)G_2(s)H(s)$ 为系统开环传递函数，误差为

$$E_N(s)=0-C_N(s)=-\frac{G_2(s)}{1+G_0(s)}N(s) \tag{3-124}$$

稳态误差可以根据拉普拉斯变换终值定理求得

$$e_{ssn}=-\lim_{s\to 0}sE_N(s)=-\lim_{s\to 0}\frac{sG_2(s)}{1+G_0(s)}N(s) \tag{3-125}$$

显然，扰动信号引起的稳态误差不仅与 $G_0(s)$、$N(s)$ 有关，还与 $G_2(s)$ 有关，$G_2(s)$ 为扰动信号作用点到输出之间所对应部分的前向通道传递函数。

【例 3-15】 系统 1 和系统 2 分别如图 3-29(a)、(b) 所示。试计算在单位阶跃扰动信号作用下两个系统的稳态误差。

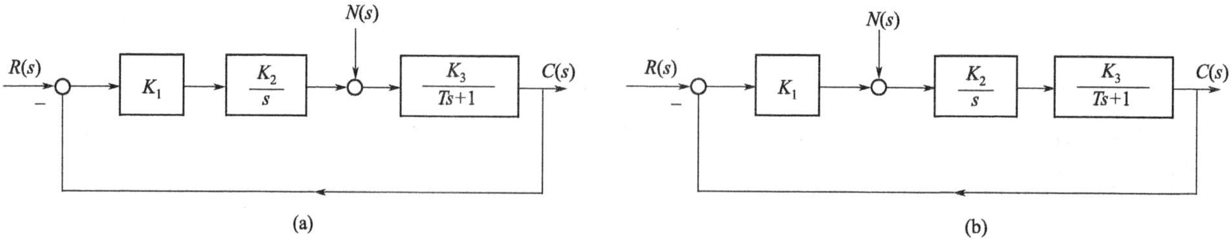

图 3-29 不同位置扰动信号作用下的系统结构图

解 这两个系统具有相同的开环传递函数

$$G_0(s)=\frac{K_1K_2K_3}{s(Ts+1)}$$

对于给定输入作用，有系统的误差系数和稳态误差。两个系统的扰动信号均为单位阶跃信号。

① 计算图 3-29(a) 所示系统的稳态误差，此时

$$G_2(s)=\frac{K_3}{Ts+1}$$

由式(3-125)，得

$$e_{ssn}=-\lim_{s\to 0}\frac{sG_2(s)}{1+G_0(s)}N(s)=-\lim_{s\to 0}\frac{s\dfrac{K_3}{Ts+1}}{1+\dfrac{K_1K_2K_3}{s(Ts+1)}}\cdot\frac{1}{s}=0$$

即在阶跃扰动作用下，系统的稳态误差为零。

② 计算图 3-29(b) 所示系统的稳态误差

$$G_2(s)=\frac{K_2K_3}{s(Ts+1)}$$

由式(3-125)，得

$$e_{ssn}=-\lim_{s\to 0}\frac{sG_2(s)}{1+G_0(s)}N(s)=-\lim_{s\to 0}\frac{s\cdot\dfrac{K_2K_3}{s(Ts+1)}}{1+\dfrac{K_1K_2K_3}{s(Ts+1)}}\cdot\frac{1}{s}=-\frac{1}{K_1}$$

即在阶跃扰动作用下，系统是有差系统，稳态误差和 K_1 成反比。当 K_1 为有限值时，稳态误差不等于零。

【例 3-16】 如果在图 3-29(b) 中采用比例-积分环节控制器，如图 3-30 所示。试计算在单位阶跃扰动作用下的稳态误差。

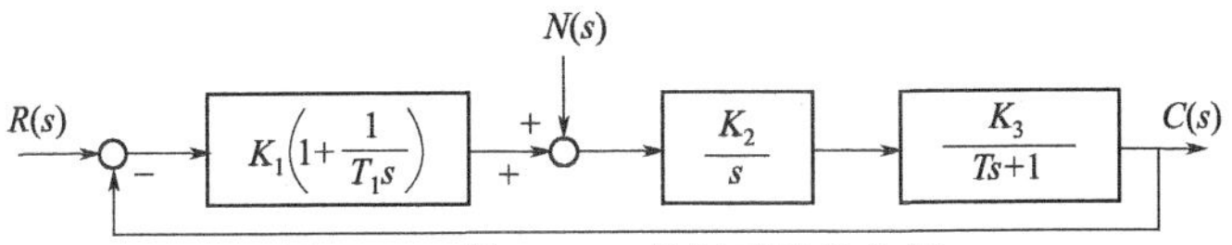

图 3-30 例 3-16PI 控制系统结构图

解 系统的开环传递函数为

$$G_0(s)=K_1\left(1+\frac{1}{T_1s}\right)\cdot\frac{K_2}{s}\cdot\frac{K_3}{Ts+1}=\frac{K_1K_2K_3}{T_1}\cdot\frac{1}{s^2}\cdot\frac{T_1s+1}{Ts+1}$$

$G_2(s)$ 保持不变。令 $R(s)=0$、$N(s)=\frac{1}{s}$，由式(3-125)，得

$$e_{ssn}=-\lim_{s\to 0}\frac{sG_2(s)}{1+G_0(s)}N(s)=-\lim_{s\to 0}\frac{s\cdot\dfrac{K_2K_3}{s(Ts+1)}}{1+\dfrac{K_1K_2K_3}{T_1}\cdot\dfrac{1}{s^2}\cdot\dfrac{T_1s+1}{Ts+1}}\cdot\frac{1}{s}=0$$

该系统对于阶跃扰动信号是无差的。进一步还可以发现，该系统还可以在斜坡扰动作用下工作。

基于以上分析讨论可以发现，通过增大系统开环增益或扰动作用点之前系统的前向通道增益，在系统的前向通道或主反馈通道设置串联积分环节等措施可以有效减小或消除稳态误差。

需要特别指出的是，在反馈控制系统中，增大开环增益或设置串联积分环节以减小或消除稳态误差的措施，同时会导致系统稳定性的降低，甚至造成系统的不稳定，从而恶化系统的瞬态性能。因此，如何权衡考虑系统稳定性、稳态误差与瞬态性能之间的关系，将成为控制系统校正设计的主要内容。

本章小结

时域分析方法针对已知被控系统模型，求解在典型输入信号激励下的微分方程时域解——系统的输出响应，分析系统的暂态、稳态性能以及稳定性的问题。时域分析方法是分析设计控制系统最基本、最直观的方法。在系统具有稳定性的前提下，人们通常基于所获得的阶跃响应的超调量、调整时间和稳态误差等性能指标评价控制系统性能的优劣，并可基于对系统行为的深刻认识，开展有效的系统设计工作，以确定满足设计要求的校正装置形式、结构和参数。

① 通过对于系统时域响应输入考察，可以发现系统的稳定性由系统的特征方程的根所确定。系统的结构

与参量决定了系统的传递函数（模型），系统的传递函数分子和分母多项式的各项系数决定了系统零点、极点在 s 平面上的位置（零、极点的分布）；系统极、零点的分布决定了系统的时域响应特性。

② 稳定性是自动控制系统能够正常工作的前提条件，系统的稳定性取决于系统自身的结构和参数，与外作用的大小和形式无关。线性系统稳定的充分必要条件是其特征方程的根均位于左半 s 平面（即系统的特征根均具有负实部）。

为避免求解系统特征方程所面临的困难，利用工程化的分析工具——劳斯-赫尔维茨判据，可以通过系统特征多项式的系数与特征根之间的关系，间接地判定系统是否稳定，确定使系统稳定的有关参数的取值范围。

③ 自动控制系统的快速性、平稳性动态性能指标主要由系统阶跃响应的峰值时间、超调量和调节时间体现，线性定常一阶、二阶系统的动态性能指标与系统参数存在着严格的解析关系，依据这些关系所揭示的规律，可以指导我们开展有效的系统设计工作。

④ 线性定常高阶系统的时域响应可以分解为一阶、二阶系统响应的合成。其中远离 s 平面虚轴的极点所对应的响应分量对系统响应总体影响甚微，在进行工程化估算中可以忽略其影响，由此产生了高阶系统主导极点（通常是一对共轭复数极点）的概念，可以不必求取高阶系统精确时域响应，为借用二阶系统理论去有效近似分析设计高阶系统的运动特性提供了依据。

⑤ 稳态误差是控制系统的稳态性能指标，体现其准确性。稳态误差与系统的结构、参数以及外作用的形式、类别均有关系。系统的型次 ν（积分环节个数）决定了系统对典型输入信号的跟踪能力。计算稳态误差可以用一般方法（拉普拉斯变换终值定理），也可用静态误差系数法获得。

习题

3-1 已知控制系统的微分方程为 $T\dot{y}(t)+y(t)=Kr(t)$，设初始条件为零，试求：(1) 系统的单位脉冲响应 $g(t)$ 及 $g(t_1)=1$ 时的 t_1；(2) 与时间 t_1 对应的系统单位阶跃响应和单位斜坡响应。

3-2 已知各系统的单位脉冲响应如下，试求系统的闭环传递函数 $\Phi(s)$。

(1) $g(t)=7-5e^{-6t}$　　(2) $g(t)=5t+10\sin(4t+45°)$

(3) $g(t)=0.0125e^{-1.25t}$　　(4) $g(t)=0.02(e^{-0.5t}-e^{-0.2t})$

(5) $g(t)=\frac{k}{\omega}\sin\omega t$

3-3 典型二阶系统的单位阶跃响应为

$$c(t)=1-1.25e^{-1.2t}\sin(1.6t+53.1°)$$

试求系统的超调量 $\sigma\%$、峰值时间 t_p、过渡过程时间 t_s。

3-4 设单位负反馈系统的开环传递函数为

$$G(s)=\frac{1}{s(s+1)}$$

试求系统反映单位阶跃函数的过渡过程的上升时间 t_r、峰值时间 t_p、超调量 $\sigma\%$和过渡过程时间 t_s。

3-5 已知控制系统的单位阶跃响应为

$$h(t)=1+0.2e^{-60t}-1.2e^{-10t}$$

试确定系统的阻尼比 ζ 和自然振荡频率 ω_n。

3-6 设系统的闭环传递函数为

$$\frac{C(s)}{R(s)}=\frac{\omega_n^2}{s^2+2\xi\omega_n s+\omega_n^2}$$

为使系统阶跃响应有 5%的超调量和 2s 的过渡过程时间，试求 ξ 和 ω_n。

3-7 设某单位负反馈系统的开环传递函数为

$$G(s)=\frac{0.4s+1}{s(s+0.6)}$$

试计算该系统阶跃响应的超调量、上升时间、峰值时间及调整时间。

3-8 某控制系统的结构如图 3-31 所示，试确定使系统自然振荡频率为 6rad/s 和阻尼比为 1 时的 K_1 和 K_t 值，并计算该系统的各项瞬态性能指标。

3-9 已知某控制系统方框图如图 3-32 所示，要求该系统的单位阶跃响应具有超调量 $\sigma\%=16.3\%$和峰值时间 $t_p=1s$，试确定前置放大器的增益 K 及内反馈系数 τ 的值。

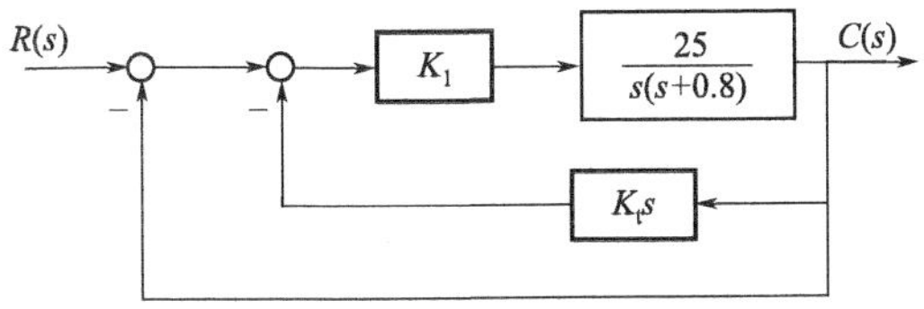

图 3-31 题 3-8 控制系统结构图

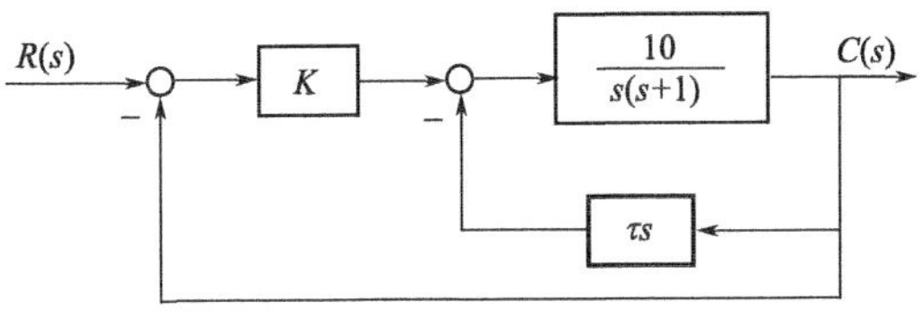

图 3-32 题 3-9 控制系统结构图

3-10 设二阶系统的闭环传递函数为

$$\frac{C(s)}{R(s)}=\frac{\omega_n^2}{s^2+2\zeta\omega_n s+\omega_n^2}$$

分别取 $\omega_n=1\text{rad/s}$、5rad/s；$\zeta=0$、0.2、0.5、0.707、1.0、1.25。用 MATLAB 绘制单位阶跃响应曲线，并讨论参量 ζ、ω_n 对系统暂态性能的影响。

3-11 已知系统的闭环传递函数为

$$\frac{C(s)}{R(s)}=\frac{s+0.1}{s^3+0.6s^2+s+1}$$

用 MATLAB 求系统的单位脉冲响应 $g(t)$、单位阶跃响应 $h(t)$ 和单位斜坡响应 $c(t)$，讨论三者之间的关系。

3-12 已知高阶系统的闭环传递函数为

$$\frac{C(s)}{R(s)}=\frac{45}{(s^2+0.6s+1)(s^2+3s+9)(s+5)}$$

其中 $s_{1,2}=-0.3\pm j0.954$ 是该系统的主导极点，其余 3 个极点分别是 $s_{3,4}=-1.5\pm j2.6$、$s_5=-5$。于是此高阶系统可以近似为下列二阶系统

$$\frac{C(s)}{R(s)}=\frac{1}{s^2+0.6s+1}$$

用 MATLAB 求原系统和近似系统的单位阶跃响应，并进行讨论。

3-13 已知系统的特征方程如下，试判定系统的稳定性，并确定在右半 s 平面根的个数及虚根数。

(1) $s^5+2s^4+2s^3+4s^2+11s+10=0$

(2) $s^5+3s^4+12s^3+24s^2+32s+48=0$

(3) $s^5+2s^4-s-2=0$

(4) $s^6+4s^5-4s^4+4s^3-7s^2-8s+10=0$

(5) $s^5+2s^4+24s^3+48s^2-25s-50=0$

3-14 单位负反馈系统的开环传递函数为

$$G(s)=\frac{K(s+1)}{s(Ts+1)(2s+1)}$$

试在满足 $T>0$、$K>1$ 的条件下，确定使系统稳定的 T 和 K 的取值范围，并以 T 和 K 为坐标画出使系统稳定的参数区域图。

3-15 单位负反馈系统开环传递函数为

$$G(s)=\frac{K}{s\left(1+\frac{1}{3}s\right)\left(1+\frac{1}{6}s\right)}$$

要求闭环特征根的实部均小于−1，确定 K 的取值范围。

3-16 单位负反馈系统的开环传递函数为

$$G(s)=\frac{K(s+1)}{s^3+as^2+2s+1}$$

若系统以 $\omega=2\text{rad/s}$ 的频率持续振荡，试确定相应的 K 和 a 的值。

3-17 试分析图 3-33 所示系统的稳定性。

3-18 已知系统的方框图如图 3-34 所示。试应用 Routh 稳定性判据确定能使系统稳定的反馈参数 τ 的取值范围。

3-19 已知单位负反馈系统的开环传递函数为

(1) $G(s)=\dfrac{100}{(0.1s+1)(s+5)}$

(2) $G(s)=\dfrac{50}{s(0.1s+1)(s+5)}$

(3) $G(s)=\dfrac{10(2s+1)}{s^2(s^2+6s+100)}$

试求出各系统的稳态位置、速度和加速度误差系数并计算当输入信号为 $r(t)=1+t+t^2$ 时系统的稳态误差。

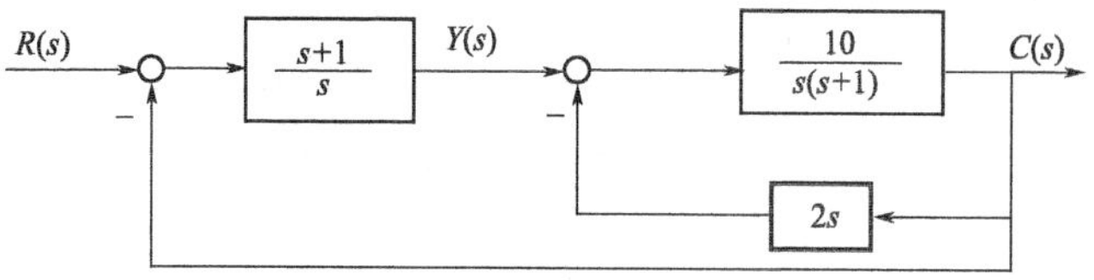

图 3-33　题 3-17 控制系统结构图

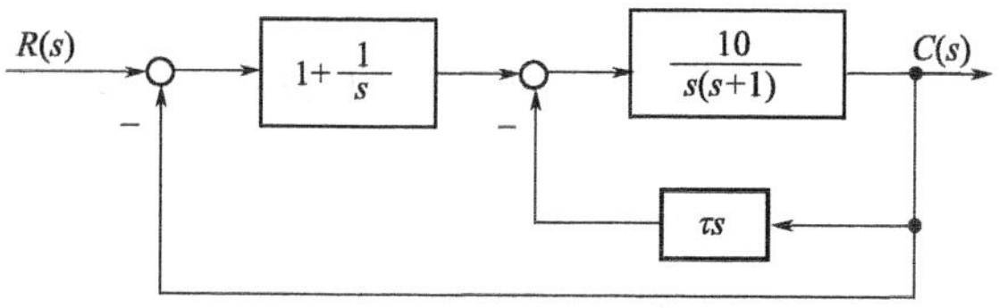

图 3-34　题 3-18 控制系统方框图

3-20　系统结构如图 3-35 所示，其中 K、$T>0$，定义误差为 $e(t)=r(t)-y(t)$，假设输入时斜坡信号 $r(t)=at$，a 是非零常数，如何调节 K_i 的值可使系统对斜坡输入的稳态误差为零？

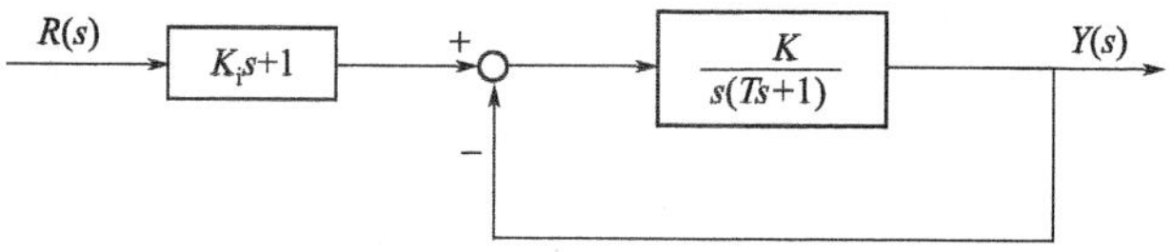

图 3-35　题 3-20 控制系统方框图

3-21　单位负反馈系统的开环传递函数为

$$G(s)=\frac{K}{s(s+1)(s+5)}$$

试求当输入单位斜坡函数时，系统可能的最小稳态误差。

3-22　设某控制系统的方框图如图 3-36 所示。欲保证阻尼比 $\xi=0.7$ 和响应单位斜坡函数的稳态误差 $e_{ss}=0.25$，试确定系统参数 K、τ。

3-23　设某控制系统的方框图如图 3-37 所示。已知控制信号 $r(t)=1(t)$，试计算 $H(s)=1$ 及 0.1 时系统的稳态误差。

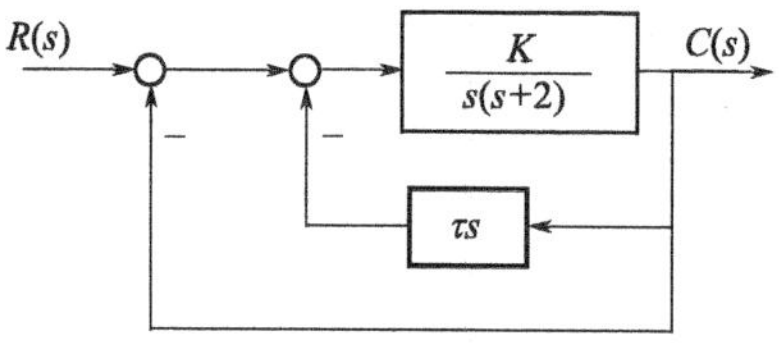

图 3-36　题 3-22 控制系统方框图

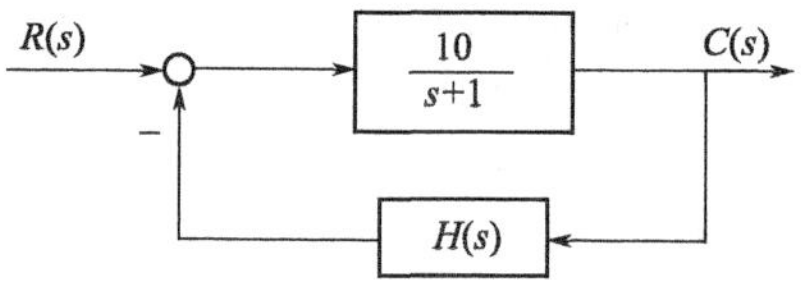

图 3-37　题 3-23 控制系统方框图

3-24　设单位负反馈系统的开环传递函数为

$$G(s)=\frac{100}{s(0.1s+1)}$$

试计算系统响应控制信号 $r(t)=\sin 5t$ 时的稳态误差。

3-25　已知单位负反馈系统的闭环传递函数为

$$\Phi(s)=\frac{5s+200}{0.01s^3+0.502s^2+6s+200}$$

输入 $r(t)=5+20t+10t^2$，求动态误差表达式。

3-26　单位负反馈系统的开环传递函数为

$$G(s)=\frac{25}{s(s+5)}$$

(1) 求各静态误差系数和 $r(t)=1+2t+0.5t^2$ 时的稳态误差 e_{ss}；

(2) 当输入作用 10s 时的动态误差是多少？

第4章 根轨迹分析法

前面的章节介绍了系统闭环特征根在 s 复数平面上的位置直接决定了闭环系统的稳定性及其动态特性。由此带来了两方面的问题：一是如何通过闭环特征根的分布来全面了解闭环系统的动态特性；二是如何由闭环系统的动态特性要求来决定闭环特征根的合理分布，进而确定控制系统的结构和参数。这两方面的问题中前者属于分析问题而后者是设计问题，都是控制理论研究的范畴。

前面我们讨论过为了保证系统稳定和获得预期系统控制品质而对系统中某一参数取值范围的要求。如果系统参数（如开环增益）发生变化，特征方程的根会发生什么样的变化，从而导致系统的行为特性发生改变？求取闭环极点分布，实际上就是解决闭环特征方程的求根问题。当特征方程的阶数高于四阶时，求根过程是比较复杂的。显然，通过反复计算高阶闭环特征方程的根来开展系统分析和设计工作完全没有效率，并难以帮助人们掌握其中的影响趋势和变化规律。即使采用劳斯-赫尔维茨判据也需要反复计算劳斯阵列，其过程也很复杂，难以满足控制工程的分析和设计要求。

1948 年，伊文思（W. R. Evans）提出了一种求解系统闭环特征方程根的简便的图解方法。它根据系统开环传递函数极点和零点分布，依照一套完整的规则，由作图的方法求出闭环极点随系统某个参数（如开环增益）变化时的运动轨迹，从而避免了复杂的数学计算。因为系统的稳定性由其闭环极点唯一确定，而系统的稳态性能和动态性能又与闭环极、零点在 s 平面上的位置密切相关，所以根轨迹图不仅可以直接给出闭环系统时域响应的全部信息，而且还可以指明开环零、极点应该怎样变化才能满足给定的闭环系统性能指标要求。

通过本章相关内容可以看到，根轨迹方法可以作为一种实用的工程化工具对控制系统的稳定性、动态和稳态性能特性开展有效分析，同时，在后续章节，我们将学习了解到根轨迹法也是控制系统设计工作的有效手段之一，在经典控制理论中发挥重要作用。

4.1 根轨迹法的基本概念

4.1.1 根轨迹图的概念

为了具体说明根轨迹的概念，以图 4-1 所示的二阶系统为例来观察当开环增益 K 由 0 变化到 $+\infty$ 时，闭环极点在 s 平面的变化轨迹。

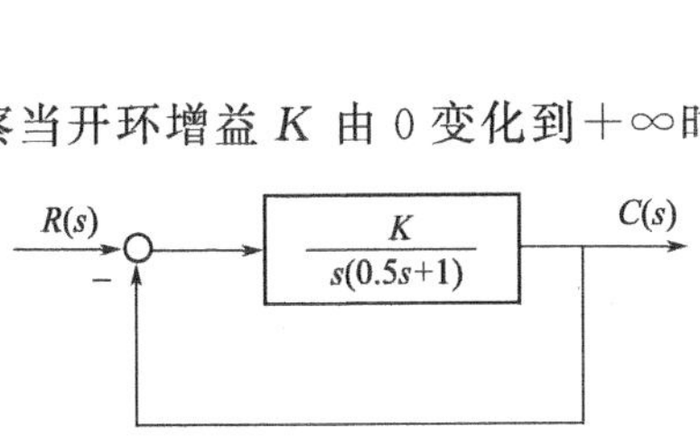

图 4-1 二阶控制系统

系统的闭环传递函数为

$$\Phi(s)=\frac{C(s)}{R(s)}=\frac{2K}{s^2+2s+2K}$$

系统的闭环特征方程为

$$D(s)=s^2+2s+2K=0$$

特征方程的根（闭环极点）

$$s_{1,2}=-1\pm\sqrt{1-2K}$$

当 K 取不同值时，可以求得相对应的不同特征根，如果令开环增益 K 从零变到无穷，可以利用解析的方法求出闭环极点的全部数值，将这些数值标注在 s 平面上，并连成光滑的粗实线，如图 4-2 所示。这条粗实线就是该系统的根轨迹。根轨迹上的箭头表示随着 K 值的增加，系统闭环极点移动的趋势，而根

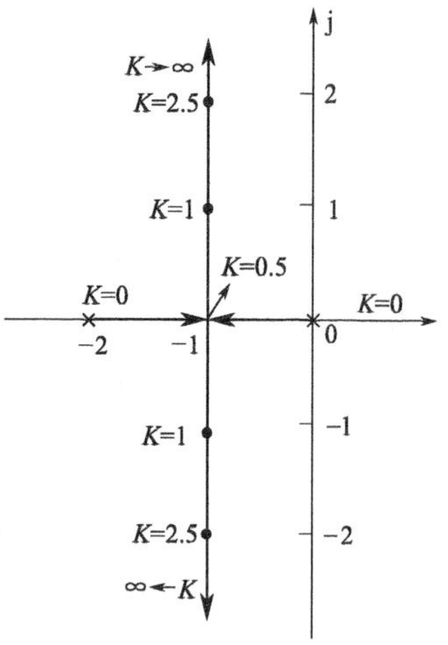

图 4-2　二阶控制系统的根轨迹

轨迹上某点所标注的值表示与该闭环极点相对应的开环增益的值。

在图 4-2 中，系统的开环极点为 $s=0$ 和 $s=-2$，它们在 s 平面上的位置以"×"标出。当 $K=0$ 时，系统两个闭环极点与开环极点相一致，当 K 从 $0\to0.5$ 连续变化时，两个闭环极点汇合于 $s=-1$ 处，当 K 从 $0.5\to+\infty$时，两个闭环极点从 $s=-1$ 处分离，并分别沿箭头方向转移到无穷远处。

4.1.2　根轨迹与系统的性能

依据图 4-2 的根轨迹图，可以分析系统的性能随参数变化的规律。

(1) 稳定性

根据前面章节所获得的结论，从图 4-2 可以看出，对于图 4-1 所示的控制系统，只要开环增益 $K>0$，系统的闭环极点均分布在虚轴的左侧，系统必然稳定；如果系统根轨迹越过虚轴进入右半 s 平面，则在相应的 K 值下，系统是不稳定的；根轨迹与虚轴交点处的 K 值，就是临界开环增益。

(2) 稳态性能

由图 4-2 可见，开环系统在坐标轴原点有一个极点，存在一个积分环节，系统属于Ⅰ型系统，因而根轨迹上的 K 值就等于静态速度误差系数 K_v。当 $r(t)=1(t)$ 时，$e_{ss}=0$；当 $r(t)=t$ 时，$e_{ss}=1/K$，增大 K 值，有利于减小稳态误差。

(3) 动态性能

由图 4-2 可见，当 $0<K<0.5$ 时，系统闭环极点为实根，系统呈现过阻尼状态，阶跃响应为单调上升过程。

当 $K=0.5$ 时，系统闭环特征根为二重实根，系统呈现临界阻尼状态，阶跃响应为单调上升过程，但其响应速度较过阻尼过程快。

当 $K>0.5$ 时，闭环特征根为一对共轭复数根，系统呈现欠阻尼的运动状态，阶跃响应为振荡衰减过程，且随 K 值增加，阻尼比减小，系统响应的超调量增大。由于闭环极点距虚轴的距离保持不变，系统的调节时间 t_s 基本不变。

上述分析表明，根轨迹与系统性能之间有着密切的联系，利用根轨迹可以分析当系统参数变化时系统动态性能的变化趋势。

4.1.3　闭环零极点与开环零极点之间的关系

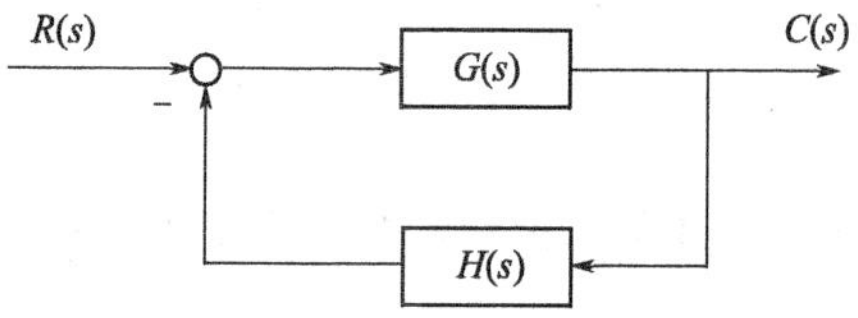

图 4-3　控制系统结构图

控制系统的一般结构如图 4-3 所示，相应开环传递函数为 $G(s)H(s)$。假设

$$G(s)=\frac{K_G(\tau_1 s+1)(\tau_2^2 s^2+2\zeta_2\tau_2 s+1)\cdots}{s^\nu(T_1 s+1)(T_2^2 s^2+2\xi_2 T_2 s+1)\cdots}=\frac{K_G^*\prod\limits_{i=1}^{f}(s-z_i)}{\prod\limits_{i=1}^{g}(s-p_i)} \tag{4-1}$$

式中，K_G 为前向通路增益；K_G^* 为前向通路根轨迹增益，它们之间满足如下关系

$$K_G^*=K_G\frac{\tau_1\tau_2^2\cdots}{T_1 T_2^2\cdots} \tag{4-2}$$

以及

$$H(s)=K_H^*\frac{\prod\limits_{j=f+1}^{m}(s-z_j)}{\prod\limits_{j=g+1}^{n}(s-p_j)} \tag{4-3}$$

式中，K_H^* 为反馈通路根轨迹增益。于是图 4-3 系统的开环传递函数可以表示为

$$G_0(s)=G(s)H(s)=K^*\frac{\prod_{i=1}^{f}(s-z_i)\prod_{j=f+1}^{m}(s-z_j)}{\prod_{i=1}^{g}(s-p_i)\prod_{j=g+1}^{n}(s-p_j)} \tag{4-4}$$

式中，$K^*=K_G^*K_H^*$ 被称为开环系统的根轨迹增益。这时系统的开环传递函数的各因式是用零、极点形式表示的，如式(4-4) 所示。

对于 m 个零点、n 个极点的开环系统，其开环传递函数可表示为

$$G_0(s)=G(s)H(s)=K^*\frac{\prod_{i=1}^{m}(s-z_i)}{\prod_{j=1}^{n}(s-p_j)}=K\frac{\prod_{i=1}^{m}(\tau_i s+1)}{\prod_{j=1}^{n}(T_j s+1)} \tag{4-5}$$

式中，z_i 表示开环零点；p_j 表示开环极点。

如系统的开环传递函数中的各因式采用常数项为 1 的时间常数形式表示时，其所对应的传递系数 K 通常被称为系统的开环增益。系统的开环增益 K 和系统根轨迹增益的关系为

$$K=K^*\frac{\prod_{i=1}^{m}(-z_i)}{\prod_{j=1}^{n}(-p_j)} \tag{4-6}$$

注意，式(4-6) 中 p_j 不计零值极点；$m=0$ 时，$\prod_{i=1}^{m}(-z_i)$ 取 1 计算。

系统闭环传递函数为

$$\Phi(s)=\frac{G(s)}{1+G(s)H(s)}=\frac{K_G^*\prod_{i=1}^{f}(s-z_i)\prod_{j=g+1}^{n}(s-p_j)}{\prod_{j=1}^{n}(s-p_j)+K^*\prod_{i=1}^{m}(s-z_i)} \tag{4-7}$$

由式(4-7) 可见：

① 闭环系统根轨迹增益，等于开环系统前向通路根轨迹增益。对于单位反馈系统，闭环系统根轨迹增益就等于开环系统根轨迹增益。

② 闭环零点由开环前向通路传递函数的零点和反馈通路传递函数的极点组成，对于单位反馈系统，闭环零点就是开环零点。

③ 闭环极点与开环零点、开环极点以及根轨迹增益 K^* 均有关。

根轨迹法的基本任务在于由已知的开环零、极点的分布及根轨迹增益，通过图解的方法找出系统的闭环极点。

4.1.4 根轨迹方程

前述通过解出闭环特征方程的根，然后绘出根轨迹曲线的方法并没有实际意义，因为这又回到针对系统参量不同取值逐个求解高阶代数方程的问题上了。在工程实际中，能否建立一种不必求解高阶代数方程，而通过简便的作图方法来绘制系统根轨迹图形的方法，成为根轨迹方法能否作为一种系统分析和设计的有效工具，得到广泛应用的关键。

假设系统是图 4-3 所示的一般形式，系统的闭环常函数为

$$\Phi(s)=\frac{C(s)}{R(s)}=\frac{G(s)}{1+G(s)H(s)}=\frac{G(s)}{1+G_0(s)} \tag{4-8}$$

得到系统的闭环特征方程为

$$1+G(s)H(s)=0 \tag{4-9}$$

如果以开环系统传递函数考虑，系统闭环极点（特征根）必须能在复数平面上满足方程

$$G(s)H(s)=-1 \tag{4-10}$$

将式(4-5) 代入

$$G(s)H(s)=K^{*}\frac{\prod_{i=1}^{m}(s-z_i)}{\prod_{j=1}^{n}(s-p_j)}=-1 \tag{4-11}$$

显然，在 s 平面上凡是满足式(4-11) 的点，都是根轨迹上的点。系统的根轨迹，就是指当系统开环传递函数的开环增益 K（或根轨迹增益 K^*）发生变化时，系统闭环特征方程的根在复数平面上变化的轨迹。式(4-11) 称为根轨迹方程。由于开环传递函数 $G(s)H(s)$ 是复数，式(4-11) 表示的等量关系可以用幅值条件和相角条件来表示。

$$|G(s)H(s)|=K^{*}\frac{\prod_{i=1}^{m}|s-z_i|}{\prod_{j=1}^{n}|s-p_j|}=1 \tag{4-12}$$

和

$$\angle G(s)H(s)=\sum_{i=1}^{m}\angle(s-z_i)-\sum_{j=1}^{n}\angle(s-p_j)=(2k+1)\pi,\quad k=0,\pm1,\pm2,\cdots \tag{4-13}$$

式(4-12) 和式(4-13) 是根轨迹上的点应该同时满足的两个条件，前者称为幅值条件，后者叫作相角条件。根据这两个条件，可以完全确定 s 平面上的根轨迹和根轨迹上某特定点所对应的根轨迹增益 K^* 值。

应当指出，相角条件是确定 s 平面上根轨迹的充分必要条件，即根轨迹上所有的点均需满足相角条件，同时，复平面中满足相角条件的点都必在根轨迹上。而幅值条件仅是根轨迹的必要条件，即根轨迹上的所有点均应满足幅值条件，但复平面中满足幅值条件的点未必都是根轨迹上的点。这就是说，绘制根轨迹时，只需要使用相角条件；而当需要确定根轨迹上个点的 K^* 值时，才使用模值条件。

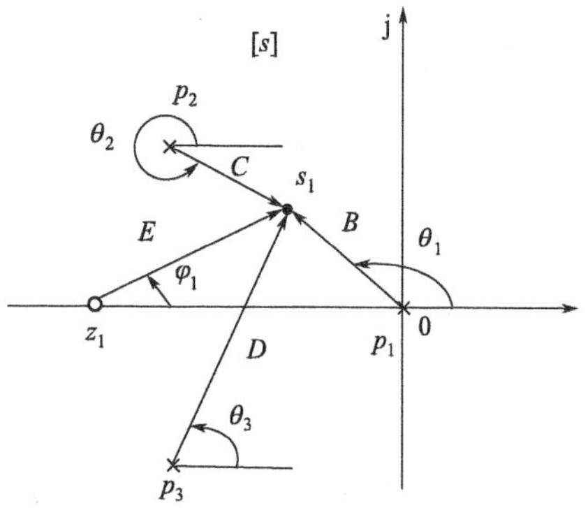

图 4-4　系统开环零极点分布图

【例 4-1】 设系统开环传递函数为

$$G(s)H(s)=\frac{K^{*}(s-z_1)}{s(s-p_2)(s-p_3)}$$

其零、极点分布如图 4-4 所示，判断 s 平面上某点是否是根轨迹上的点。

解　在 s 平面上任取一点 s_1，画出所有开环零、极点到 s_1 的向量，若在该点处各向量的相角关系满足相角条件，即

$$\sum_{i=1}^{m}\varphi_i-\sum_{j=1}^{n}\theta_j=\varphi_1-(\theta_1+\theta_2+\theta_3)=(2k+1)\pi$$

则 s_1 为根轨迹上的一点。该点对应的根轨迹增益 K^* 可以根据幅值条件计算如下

$$K^{*}=\frac{\prod_{j=1}^{n}|s-p_j|}{\prod_{i=1}^{m}|s-z_j|}=\frac{BCD}{E}$$

式中，B、C、D 分别表示各开环极点到 s_1 的向量的模值；E 表示开环零点到 s_1 点的向量的模值。

应用根轨迹相角条件，重复上述过程，可以找到 s 平面上所有的闭环极点。但是这种逐点计算相角的方法仍然是枚举的作法，仍缺乏效率和实用性。为了获得绘制根轨迹的实用的工程化方法，前人基于根轨迹方程建立起一整套法则，通过应用这些法则提取根轨迹的轮廓及特征信息，能够高效率地绘制较高精度

的系统根轨迹图。

4.2 根轨迹的绘制方法

基于对系统特征方程和根轨迹相角条件分析的基础上，本节介绍绘制系统根轨迹的基本法则。运用这些法则不仅可以加快和简化根轨迹的绘制过程，而且为定性分析系统的动态性能提供依据。

在下面的讨论中，假定所研究的系统变化参数是根轨迹增益 K^*，且 K^* 由零变化到无穷大时，其相角遵循 $(2k+1)\pi$，因此被称为 180°根轨迹或者常规根轨迹，相应的法则称为 180°根轨迹的绘制法则。

为了便于在图上进行运算，在绘制根轨迹前，应当先把系统的开环传递函数写成式(4-14) 的零、极点因式形式，根轨迹图的坐标（横轴和纵轴）应取相同的比例尺。

$$G(s)H(s)=K^*\frac{\prod_{i=1}^{m}(s-z_i)}{\prod_{j=1}^{n}(s-p_j)} \tag{4-14}$$

法则 1 根轨迹的起点和终点。根轨迹起始于开环极点，终止于开环零点；如果开环零点个数少于开环极点个数，则有 $n-m$ 条根轨迹终止于复数平面的无穷远处。

证明 根轨迹的起点是指根轨迹增益 $K^*=0$ 的根轨迹点，而终点则是指 $K^*\to\infty$ 的根轨迹点。设闭环传递函数为式(4-7) 形式，可以得到系统闭环特征方程为

$$\prod_{j=1}^{n}(s-p_j)+K^*\prod_{i=1}^{m}(s-z_i)=0 \tag{4-15}$$

式中，$K^*=0$ 时，有

$$s=p_j,\quad j=1,2,\cdots,n$$

说明 $K^*=0$ 时，闭环特征方程的根就是开环传递函数 $G(s)H(s)$ 的极点，根轨迹必起始于开环极点。

将特征方程 (4-15) 改写成如下形式

$$\frac{1}{K^*}\prod_{j=1}^{n}(s-p_j)+\prod_{i=1}^{m}(s-z_i)=0$$

当 $K^*\to\infty$时，由上式可得

$$s=z_i,\quad i=1,2,\cdots,m$$

所以根轨迹必终止于开环零点。

在实际系统中，$m\leqslant n$，因此还有 $n-m$ 条根轨迹终点将趋于无穷远处。这是因为，当 $s\to\infty$时，按照式(4-15) 的幅值关系

$$K^*=\lim_{s\to\infty}\frac{\prod_{j=1}^{n}|s-p_j|}{\prod_{i=1}^{m}|s-z_i|}=\lim_{s\to\infty}|s|^{n-m}\to\infty,\quad n>m$$

如果把有限数值的零点称为有限零点，而把无穷远处的零点叫作无限零点，那么根轨迹必终止于开环零点。在把无穷处看成无限零点的意义下，开环零点和开环极点数是相等的。

在绘制其他参数变化下的根轨迹时，可能会出现 $m>n$ 的情况，当 $K^*=0$ 时，必有 $m-n$ 条根轨迹的起点在无穷远处。因为当 $s\to\infty$时，有

$$\frac{1}{K^*}=\lim_{s\to\infty}\frac{\prod_{i=1}^{m}|s-z_i|}{\prod_{j=1}^{n}|s-p_j|}=\lim_{s\to\infty}|s|^{m-n}\to\infty,\quad m>n$$

如果把无穷远处的极点看成无限极点，于是我们同样可以认为，根轨迹必起始于开环极点。图 4-5 是根轨迹的起点和终点的图形。

法则 2 根轨迹的分支数、对称性和连续性。根轨迹的分支数与开环有限零点数 m 和有限极点数 n 中

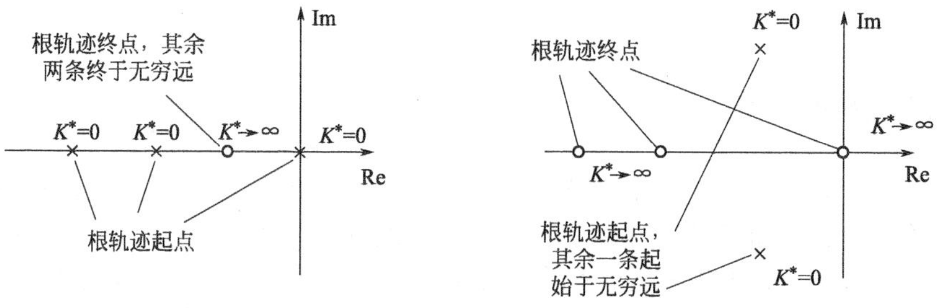

(a) $n \geqslant m$　　(b) $n<m$

图 4-5　根轨迹的起点和终点表示图

的大者相等，它们是连续的并且对称与实轴。

证明　按定义，根轨迹是开环系统某一参数从零变到无穷时，闭环特征方程式的根在 s 平面上的变化轨迹。因此，根轨迹的分支数必与闭环特征方程式根的数目相一致。由特征方程（4-15）可见，闭环特征方程根的数目就等于 m 和 n 的大者，所以根轨迹的分支数必与开环有限零、极点数中的大者相同。

由于闭环特征方程中的某些系数是根轨迹增益 K^* 的函数，当 K^* 从零到无穷大连续变化时，特征方程的某些系数也随之而连续变化，因而特征方程的根的变化也必然是连续的，即根轨迹具有连续性。

因为闭环特征方程的根只可能有实根、纯虚根和共轭复数根三种情况，根轨迹是特征根的集合，因此根轨迹对称于实轴。

法则 3　根轨迹的渐近线。当开环极点数 n 大于有限零点数 m 时，有 $n-m$ 条根轨迹分支沿着与实轴交角为 φ_a、交点为 σ_a 的一组渐近线趋向无穷远处，且有

$$\varphi_a=\frac{(2k+1)\pi}{n-m},\quad k=0,1,2,\cdots,n-m-1 \tag{4-16}$$

$$\sigma_a=\frac{\sum_{i=1}^{n}p_i-\sum_{j=1}^{m}z_j}{n-m} \tag{4-17}$$

证明　渐近线是当 $s\to\infty$ 时的根轨迹，因此渐近线也一定对称于实轴。将开环传递函数以多项式的形式写出

$$G(s)H(s)=K^*\frac{\prod_{i=1}^{m}(s-z_i)}{\prod_{j=1}^{n}(s-p_j)}=\frac{s^m+b_1s^{m-1}+\cdots+b_{m-1}s+b_m}{s^n+a_1s^{n-1}+\cdots+a_{n-1}s+a_n} \tag{4-18}$$

根据代数方程根与系数的关系，可知

$$b_1=-\sum_{j=1}^{m}z_j,\quad a_1=-\sum_{i=1}^{n}p_i$$

当 s 值很大时，式(4-18) 可以近似为

$$G(s)H(s)\approx\frac{K^*}{s^{n-m}+(a_1-b_1)s^{n-m-1}}$$

由 $G(s)H(s)=-1$ 可以得渐近线方程为

$$s^{n-m}\left(1+\frac{a_1-b_1}{s}\right)=-K^*$$

或

$$s\left(1+\frac{a_1-b_1}{s}\right)^{\frac{1}{n-m}}=(-K^*)^{\frac{1}{n-m}} \tag{4-19}$$

根据二项式定理

$$\left(1+\frac{a_1-b_1}{s}\right)^{\frac{1}{n-m}}=1+\frac{a_1-b_1}{(n-m)s}+\frac{1}{2!}\times\frac{1}{n-m}\times\left(\frac{1}{n-m}-1\right)\times\left(\frac{a_1-b_1}{s}\right)^2+\cdots$$

在 s 值很大时，上式近似为

$$\left(1+\frac{a_1-b_1}{s}\right)^{\frac{1}{n-m}}=1+\frac{a_1-b_1}{(n-m)s} \tag{4-20}$$

将式(4-20) 代入式(4-19)，渐近线方程可以表示为

$$s\left(1+\frac{a_1-b_1}{(n-m)s}\right)=(-K^*)^{\frac{1}{n-m}} \tag{4-21}$$

令 $s=\sigma+\mathrm{j}\omega$ 代入式(4-21)

$$\left(\sigma+\frac{a_1-b_1}{n-m}\right)+\mathrm{j}\omega=\sqrt[n-m]{K^*}\left[\cos\frac{(2k+1)\pi}{n-m}+\mathrm{j}\sin\frac{(2k+1)\pi}{n-m}\right]$$

$$k=0,1,\cdots,n-m-1$$

令方程两边对应的实部和虚部相等，有

$$\sigma+\frac{a_1-b_1}{n-m}=\sqrt[n-m]{K^*}\cos\frac{(2k+1)\pi}{n-m}$$

$$\omega=\sqrt[n-m]{K^*}\sin\frac{(2k+1)\pi}{n-m}$$

从以上两个方程可以求得

$$\sqrt[n-m]{K^*}=\frac{\omega}{\sin\varphi_a}=\frac{\sigma-\sigma_a}{\cos\varphi_a} \tag{4-22}$$

$$\omega=(\sigma-\sigma_a)\tan\varphi_a \tag{4-23}$$

式中

$$\varphi_a=\frac{(2k+1)\pi}{n-m},\quad k=0,1,2,\cdots,n-m-1$$

$$\sigma_a=-\frac{a_1-b_1}{n-m}=\frac{\sum_{i=1}^{n}p_i-\sum_{j=1}^{m}z_j}{n-m}$$

在 s 复数平面内，式(4-23) 代表直线方程，它与实轴的交角为 φ_a，交点为 σ_a。当 k 取不同值时，可得 $n-m$ 个 φ_a 角，而 σ_a 不变。

因此根轨迹的渐近线是 $n-m$ 条与实轴交点为 σ_a、交角为 φ_a 的一组射线。

【例 4-2】 已知控制系统的开环传递函数为

$$G_0(s)=\frac{K^*}{s(s+1)(s+5)}$$

试确定根轨迹的分支数、起点和终点。若终点在无穷远处，试确定渐近线和实轴的交点以及渐近线的倾斜角。

解 $n=3$，$m=0$，根轨迹分支数为 3，起点分别为 $p_1=0$，$p_2=-1$ 和 $p_3=-5$ 处。3 条根轨迹的终点都在复数平面的无穷远处。

渐近线与实轴的交点及倾斜角由式(4-16) 和式(4-17) 计算

$$\sigma_a=\frac{\sum_{i=1}^{n}p_i-\sum_{j=1}^{m}z_j}{n-m}=\frac{0-1-5}{3}=-2$$

$$\varphi_a=\frac{(2k+1)\pi}{n-m}=\frac{(2k+1)\pi}{3}$$

当 $k=0$ 时，$\varphi_a=60°$；$k=1$ 时，$\varphi_a=180°$；$k=2$ 时，$\varphi_a=300°$。

法则 4 根轨迹在实轴上的分布。实轴上的某一区域，若其右边开环实数零、极点个数之和为奇数，则该区域必是根轨迹。

证明 设系统开环零、极点分布如图 4-6 所示。图中 s_0 是实轴上的某一测试点，$\varphi_j(j=1,2,3,4,5)$ 为各开环零点到 s_0 点向量的相角，$\theta_i(i=1,2,3,4,5,6)$ 是各开环极点到 s_0 点向量的相角。判断 s_0 点是否处于闭环根轨迹上是利用根轨迹相角条件式(4-13) 进行的。

由图 4-6 可见，复数共轭极点到实轴上任意一点的向量相角和为 2π。如果开环系统存在复数共轭零

点，情况同样如此。在利用根轨迹相角条件判断实轴上的根轨迹时，可以不考虑复数开环零、极点的影响。

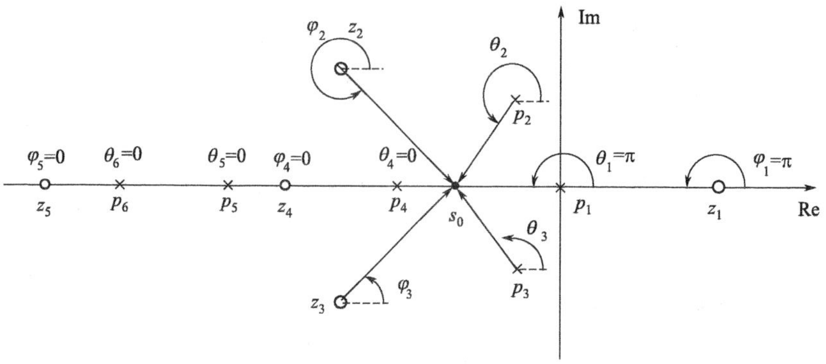

图 4-6　实轴上的根轨迹

由图 4-6 还可见，s_0 点左边开环实数零、极点到 s_0 点的向量相角为零，这种实轴上的开环零、极点在计算与 s_0 点所形成向量的相角代数和时没有贡献。而 s_0 点右边开环实数零、极点到 s_0 点的向量相角均等于 π。如果令 $\sum \varphi_j$ 代表 s_0 点之右所有开环零点到 s_0 点向量相角和，$\sum \theta_i$ 代表 s_0 点之右所有开环极点到 s_0 点向量相角和，那么 s_0 点位于根轨迹的充分必要条件是下列相角条件满足

$$\sum \varphi_j - \sum \theta_i = (2k+1)\pi \tag{4-24}$$

由于 s_0 点右边所有开环零、极点到 s_0 点的向量相角均为 π，而 π 和 −π 代表相同的方向，因此减去 π 角就相当于加上 π 角，于是 s_0 点位于根轨迹上的充要条件式(4-24) 的等效条件为

$$\sum \varphi_j + \sum \theta_i = (2k+1)\pi$$

式中，$(2k+1)$ 是 s_0 点右边所有开环零、极点的总数，为奇数。

法则 5　根轨迹的分离点和分离角。两条或两条以上根轨迹分支在 s 平面上相遇又将立即分开的点，称为根轨迹的分离点，分离点的坐标 d 是下列方程的解

$$\sum_{j=1}^{m} \frac{1}{d-z_j} = \sum_{i=1}^{n} \frac{1}{d-p_i} \tag{4-25a}$$

分离角定义为根轨迹进入分离点的切线方向与离开分离点的切线方向之间的夹角。当 l 条根轨迹分支进入并立即离开分离点时，分离角为 $(2k+1)\pi/l$。

或者在特征方程中，若令 $W(s)=-K^*$，则分离点坐标 d 可以由下列方程求得

$$\left.\frac{\mathrm{d}W(s)}{\mathrm{d}s}\right|_{s=d} = 0 \tag{4-25b}$$

证明　由根轨迹方程

$$1+K^* \frac{\prod_{i=1}^{m}(s-z_i)}{\prod_{j=1}^{n}(s-p_j)} = 0$$

所以系统闭环特征方程为

$$D(s) = \prod_{i=1}^{n}(s-p_i) + K^* \prod_{j=1}^{m}(s-z_j) = 0$$

根轨迹在 s 平面上相遇，说明闭环特征方程有重根出现，设重根为 d，根据代数中重根的条件，有

$$D(s) = \prod_{i=1}^{n}(s-p_i) + K^* \prod_{j=1}^{m}(s-z_j) = 0$$

$$\dot{D}(s) = \frac{\mathrm{d}}{\mathrm{d}s}\left[\prod_{i=1}^{n}(s-p_i) + K^* \prod_{j=1}^{m}(s-z_j)\right] = 0$$

或

$$\prod_{i=1}^{n}(s-p_i)=-K^*\prod_{j=1}^{m}(s-z_j) \tag{4-26}$$

$$\frac{\mathrm{d}}{\mathrm{d}s}\left[\prod_{i=1}^{n}(s-p_i)\right]=-K^*\frac{\mathrm{d}}{\mathrm{d}s}\left[\prod_{j=1}^{m}(s-z_j)\right] \tag{4-27}$$

用式(4-26) 除式(4-27) 得

$$\frac{\frac{\mathrm{d}}{\mathrm{d}s}\left[\prod_{i=1}^{n}(s-p_i)\right]}{\prod_{i=1}^{n}(s-p_i)}=\frac{\frac{\mathrm{d}}{\mathrm{d}s}\left[\prod_{j=1}^{m}(s-z_j)\right]}{\prod_{j=1}^{m}(s-z_j)}$$

$$\frac{\mathrm{d}\ln\prod_{i=1}^{n}(s-p_i)}{\mathrm{d}s}=\frac{\mathrm{d}\ln\prod_{j=1}^{m}(s-z_j)}{\mathrm{d}s} \tag{4-28}$$

又由于

$$\ln\prod_{i=1}^{n}(s-p_i)=\sum_{i=1}^{n}\ln(s-p_i)$$

$$\ln\prod_{j=1}^{m}(s-z_j)=\sum_{j=1}^{m}\ln(s-z_j)$$

代入式(4-28) 得

$$\sum_{i=1}^{n}\frac{\mathrm{d}\ln(s-p_i)}{\mathrm{d}s}=\sum_{j=1}^{m}\frac{\mathrm{d}\ln(s-z_j)}{\mathrm{d}s}$$

$$\sum_{i=1}^{n}\frac{1}{(s-p_i)}=\sum_{j=1}^{m}\frac{1}{(s-z_j)} \tag{4-29}$$

从式(4-29) 解出 s，即为分离点 d。

分离点处的增益满足幅值条件。针对式(4-25b) 可以如下说明。首先绘制各种实轴上的根轨迹与根轨迹增益 K^* 之间的关系（复数平面上根轨迹与 K^* 之间的关系类似）如图 4-7 所示。

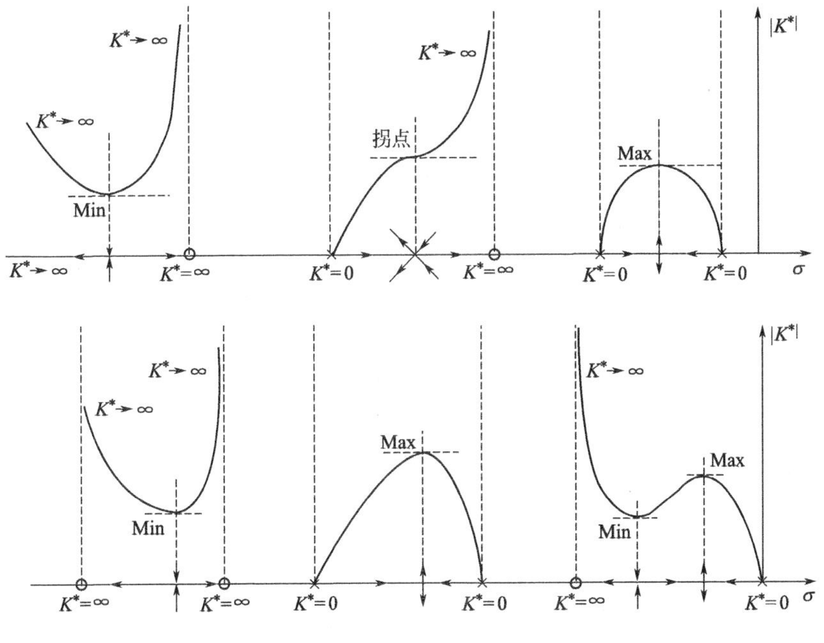

图 4-7 实轴上的根轨迹与根轨迹增益 K^* 之间的关系

由图 4-7 可以看出，分离点坐标可以通过求解特征方程中增益 K^* 的极值来获得，即令

$$W(s)=-K^*$$

则分离点坐标 d 为

$$\left.\frac{\mathrm{d}W(s)}{\mathrm{d}s}\right|_{s=d}=0$$

实质上，根轨迹的分离点坐标就是 K^* 为某一特定值时，闭环系统特征方程的实数重根或复数重根的数值。因为根轨迹是实对称的，所以根轨迹的分离点或位于实轴上，或以共轭形式成对出现在复平面上。一般情况下，常见的根轨迹分离点是位于实轴上的两条根轨迹分支的交点。如果根轨迹位于实轴上两个相邻的开环极点之间（其中一个可以是无限极点），则在这两个极点之间至少存在一个分离点；同样，如果根轨迹位于实轴上两个相邻的开环零点之间（其中一个可以是无限零点），则在这两个零点之间至少有一个分离点（会合点）。

【例 4-3】 设系统结构图如图 4-8 所示，试绘制其概略根轨迹。

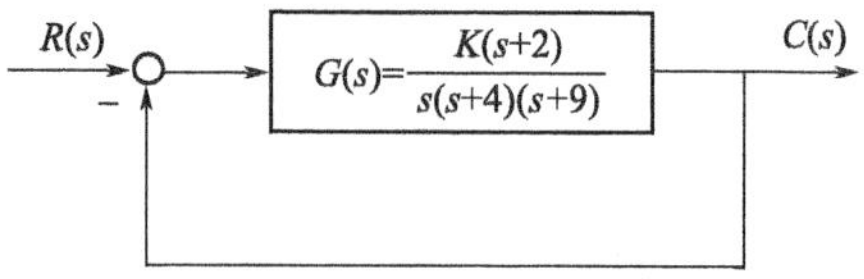

图 4-8 控制系统结构图

解 系统的开环传递函数为

$$G(s)=\frac{K^*(s+2)}{s(s+4)(s+9)}$$

系统的有限开环零点 $z_1=-2$，有限开环极点为

$$p_1=0,\ p_2=-4,\ p_3=-9$$

① 由法则 2，根轨迹分支数为 3。

② 由法则 4，实轴上的根轨迹区间为 $[-9,-4]$、$[-2,0]$。

③ 根据法则 3 计算根轨迹的渐近线。根轨迹渐近线与实轴的交点为

$$\sigma_a=\frac{\sum_{i=1}^{n}p_i-\sum_{j=1}^{m}z_j}{n-m}=\frac{(0-4-9)-(-2)}{3-1}=-5.5$$

渐近线与实轴的夹角为

$$\varphi_a=\frac{(2k+1)\pi}{n-m}=\frac{(2k+1)\pi}{3-1}=\pm\frac{\pi}{2}$$

④ 根据法则 5 求取根轨迹的分离点

$$\sum_{i=1}^{3}\frac{1}{(d-p_i)}=\sum_{j=1}^{1}\frac{1}{(d-z_j)}$$

$$\frac{1}{d}+\frac{1}{d+4}+\frac{1}{d+9}=\frac{1}{d+2}$$

$$2d^3+19d^2+52d+72=0 \tag{4-30}$$

由于实轴上的分离点在 -9 与 -4 之间，初步试探取 $d=-6.5$，得到

$$\frac{1}{d}+\frac{1}{d+4}+\frac{1}{d+9}=-0.15;\quad \frac{1}{d+2}=-0.22$$

因为方程两边不等，所以得重新选取 d 值进行凑试，取 $d=-6.27$ 时，方程两端近似相等，利用长除法求出方程式(4-30) 的另外 2 个根为 $d_{1,2}=-1.62\pm \mathrm{j}1.77$，因为这 2 个根不在根轨迹上，需要舍去。分离点为 $d_1\approx-6.27$。

分离角为 $$\frac{(2k+1)\pi}{l}=\frac{(2k+1)\pi}{2}=\pm\frac{\pi}{2}$$

根据以上分析计算结果，可以得到系统根轨迹草图如图 4-9 所示。

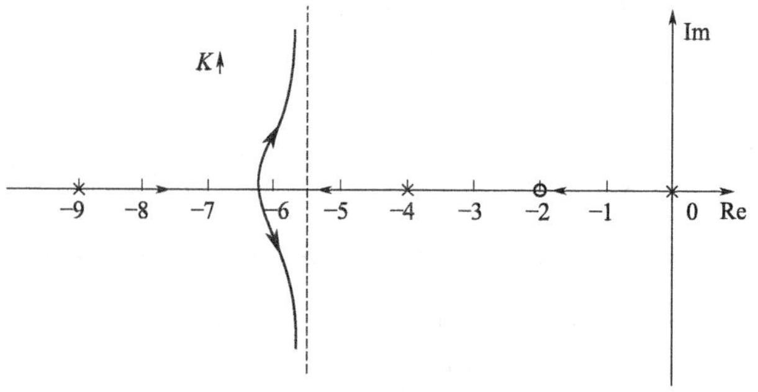

图 4-9 例 4-3 根轨迹

【例 4-4】 已知单位反馈系统开环传递函数为 $G(s)=\dfrac{K(0.5s+1)}{0.5s^2+s+1}$，试绘制闭环系统根轨迹。

解 首先将开环传递函数写成零、极点标准形式

$$G(s)=\frac{K^*(s+2)}{(s+1+\mathrm{j})(s+1-\mathrm{j})}$$

按照式(4-6)，系统开环根轨迹增益 K^* 及其开环增益 K 的关系为

$$K^*=K$$

将系统开环零、极点在坐标比例尺相同的 s 平面中标注，如图 4-10 所示。

由前述法则可知，系统有 2 条根轨迹分支，它们分别起始于开环复数极点（$-1\pm\mathrm{j}$），终于有限零点（-2）和无限零点。实轴上（$-\infty$，-2］区间内是根轨迹的一部分，在其内必存在一个分离点 d，它满足

$$\frac{1}{d+2}=\frac{1}{d+1+\mathrm{j}}+\frac{1}{d+1-\mathrm{j}}$$

整理得

$$d^2+4d+2=0$$

求解该方程可以得到相应解为 $d_1=-3.414$、$d_2=-0.586$，根据图 4-10，分离点显然应取 $d=-3.414$。

分离角为 $\dfrac{(2k+1)\pi}{l}=\dfrac{(2k+1)\pi}{2}=\pm\dfrac{\pi}{2}$

根轨迹如图 4-10 所示。

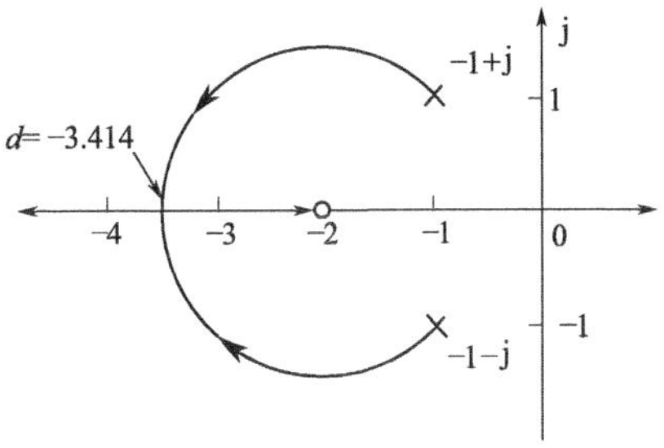

图 4-10　例 4-4 根轨迹图

由图 4-10 可以看出，其复数根轨迹部分是一个圆的一部分。可以证明：由 2 个极点（实数极点或复数极点）和 1 个有限零点组成的开环系统，只要有限零点没有位于 2 个实数极点之间，当 K^* 从零变化到无穷时，闭环根轨迹的复数部分，是以有限零点为圆心，以有限零点到分离点的距离为半径的一个圆或圆的一部分。

法则 6 根轨迹的起始角（出射角）和终止角（入射角）。根轨迹离开开环复数极点处的切线与正实轴的夹角，称为起始角，以 θ_{p_i} 表示。根轨迹进入开环复数零点处的切线与正实轴的夹角，称为终止角，以 φ_{z_i} 表示。这些角度可以按照如下关系式求出

$$\theta_{p_i}=(2k+1)\pi+\left(\sum_{j=1}^{m}\varphi_{z_jp_i}-\sum_{\substack{j=1\\(j\neq i)}}^{n}\theta_{p_jp_i}\right),\quad k=0,\pm1,\pm2\cdots \tag{4-31}$$

$$\varphi_{z_i}=(2k+1)\pi-\left(\sum_{\substack{j=1\\(j\neq i)}}^{m}\varphi_{z_jz_i}-\sum_{j=1}^{n}\theta_{p_jz_i}\right),\quad k=0,\pm1,\pm2,\cdots \tag{4-32}$$

证明 设开环系统有 m 个有限零点，n 个有限极点。在十分靠近待求起始角（或终止角）的复数极点（或复数零点）的根轨迹上，取一点 s_1 无限接近于待求起始角的复数极点 p_i（或待求终止角的复数零点 z_i），如图 4-11 所示。为了方便观察，将图 4-11(a) s_1 点附近放大若干倍表达为图 4-11(b)。因此除 p_i（或 z_i）外，所有开环零极点到 s_1 点的向量的相角 $\varphi_{z_js_1}$ 和 $\theta_{p_js_1}$ 都可以用它们到 p_i（或 z_i）的向量相角 $\varphi_{z_jp_i}$（或 $\varphi_{z_jz_i}$）和 $\theta_{p_jp_i}$（或 $\theta_{p_jz_i}$）来代替，而 p_i（或 z_i）到 s_1 点的向量的相角即为起始角 θ_{p_i}（或终止角 φ_{z_i}）。根据根轨迹的相角条件，s_1 点必须满足如下相位条件

$$\sum_{j=1}^{m}\varphi_{z_jp_i}-\sum_{\substack{i=1\\(j\neq i)}}^{n}\theta_{p_jp_i}-\theta_{p_i}=-(2k+1)\pi$$

$$\sum_{\substack{j=1\\(j\neq i)}}^{m}\varphi_{z_jz_i}+\varphi_{z_i}-\sum_{j=1}^{n}\theta_{p_jz_i}=(2k+1)\pi$$

整理以上两个方程，即得到式(4-31) 和式(4-32)，应当指出，在根轨迹的相位条件中，$(2k+1)\pi$ 和 $-(2k+1)\pi$ 是等价的。

【例 4-5】 设系统开环传递函数为

$$G(s)=\frac{K^*(s+1.5)(s+2+\mathrm{j})(s+2-\mathrm{j})}{s(s+2.5)(s+0.5+\mathrm{j}1.5)(s+0.5-\mathrm{j}1.5)}$$

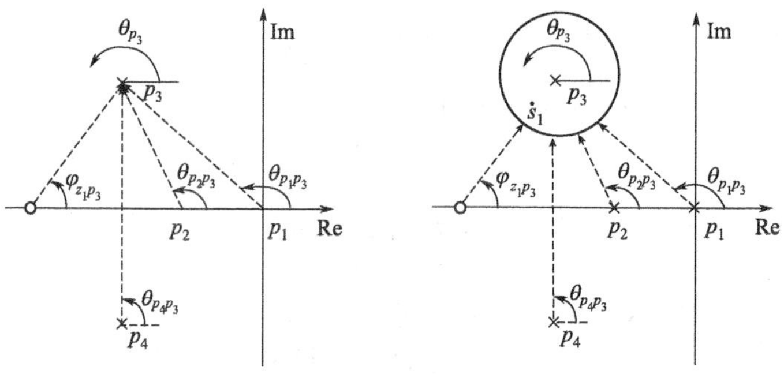

(a) 复数极点的相位示意图　　(b) 图(a)的局部放大

图 4-11　复数极点的相角条件

试绘制该系统概略根轨迹。

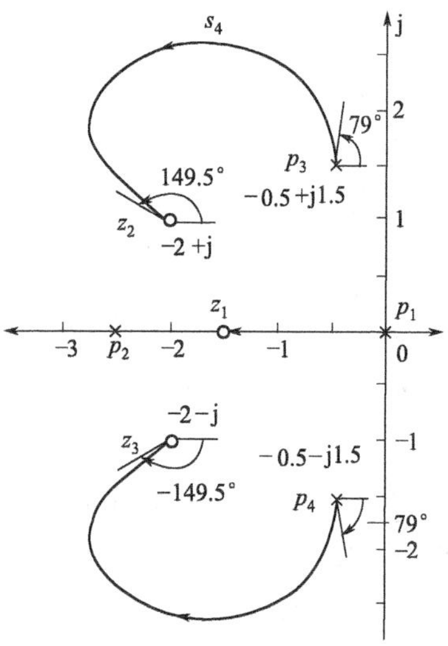

图 4-12　系统根轨迹概略图

解　将开环零、极点画在图 4-12 中。按照前述法则分步明确根轨迹的特征信息

① 确定实轴上的根轨迹。[−1.5,0] 和 (−∞,−2.5] 为根轨迹。

② 根轨迹分支数为 4。

③ 确定根轨迹的渐近线。$n-m=1$，只有一条 180°的渐近线，与实轴上的根轨迹区域 (−∞,−2.5] 重合。不必再确定根轨迹的渐近线。

④ 确定分离点。一般来说，如果根轨迹位于实轴上一个开环极点和一个开环零点（有限零点或无限零点）之间，则在这两个相邻的零、极点之间，或者不存在任何分离点，或者同时存在离开实轴和进入实轴的两个分离点，本例无分离点。

⑤ 确定起始角和终止角。

先作出各开环零、极点到复数极点 $p_3=-0.5+\mathrm{j}1.5$ 的向量如图 4-13(a) 所示，计算相应的向量角度如下

$$\varphi_{z_1p_3}=\arctan\frac{1.5}{-0.5-(-1.5)}=56.3°;\qquad \varphi_{z_2p_3}=\arctan\frac{1.5-1}{-0.5-(-2)}=18.4°$$

$$\varphi_{z_3p_3}=\arctan\frac{1.5-(-1)}{-0.5-(-2)}=59.0°;\qquad \theta_{p_1p_3}=180°-\arctan\frac{1.5}{0.5}=108.4°$$

$$\theta_{p_2p_3}=\arctan\frac{1.5}{-0.5-(-2.5)}=36.9°;\qquad \theta_{p_4p_3}=90°$$

因此，起始角为

$$\theta_{p_3}=(2k+1)\pi+\left(\sum_{j=1}^{3}\varphi_{z_jp_3}-\sum_{\substack{j=1\\(j\neq 3)}}^{4}\theta_{p_jp_3}\right)=79°$$

由对称性得

$$\theta_{p4}=-79°$$

同理可以求得终止角为 [参见图 4-13(b)]

$$\varphi_{z_2}=(2k+1)\pi-\left(\sum_{\substack{j=1\\(j\neq 2)}}^{3}\varphi_{z_jz_2}-\sum_{j=1}^{4}\theta_{p_jz_2}\right)=149.6°$$

由对称性得

$$\varphi_{z_3}=-149.6°$$

根轨迹如图 4-12 所示。

法则 7　根轨迹与虚轴的交点。若根轨迹与虚轴相交，则交点上的 K^* 和 ω 值可以用劳斯判据确定，也可以在特征方程中令 $s=\mathrm{j}\omega$，然后分别令其实部和虚部为零求得。

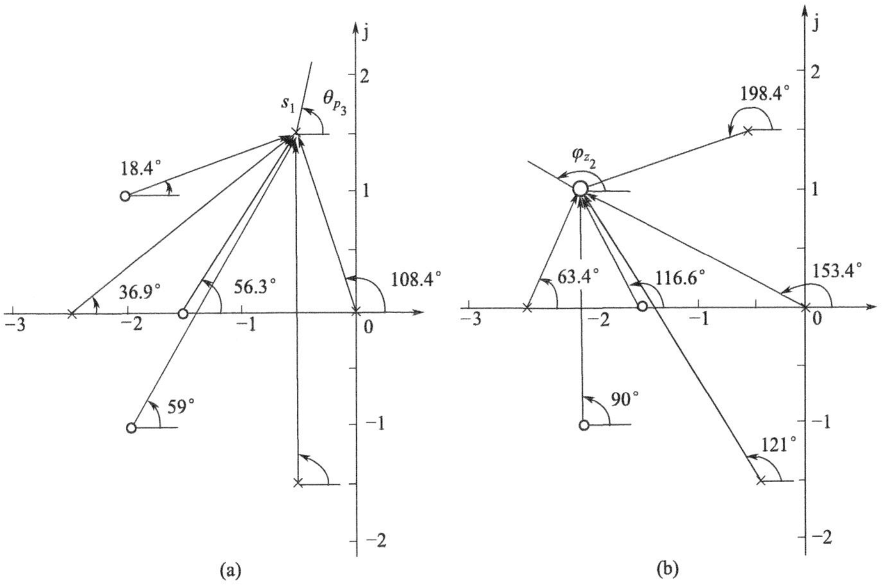

图 4-13　例 4-5 根轨迹的起始角（a）和终止角（b）

证明　若根轨迹与虚轴相交，则表示闭环系统存在纯虚根，这意味着 K^* 的数值使闭环系统处于临界稳定状态。因此令劳斯表中第一列中包含 K^* 的项为零，即可确定根轨迹与虚轴交点的 K^* 值。此外，因为一对纯虚根是数值相同但符号相异的根，所以利用劳斯表中 s^2 行的系数构成辅助方程，则可解出纯虚根的数值，这一数值就是根轨迹与虚轴交点上的 ω 值。如果根轨迹与正虚轴（或者负虚轴）有一个以上的交点，则应采用劳斯表中幂大于 2 的 s 偶次方行的系数构造辅助方程。

另外一种确定根轨迹与虚轴交点处的参数的方法是将 $s=\mathrm{j}\omega$ 代入系统闭环特征方程，得到

$$1+G(\mathrm{j}\omega)H(\mathrm{j}\omega)=0$$

令上述方程的实部和虚部分别等于零

$$\mathrm{Re}[1+G(\mathrm{j}\omega)H(\mathrm{j}\omega)]=0$$
$$\mathrm{Im}[1+G(\mathrm{j}\omega)H(\mathrm{j}\omega)]=0$$

利用这种实部和虚部条件形成的方程，不难解出根轨迹与虚轴交点的 K^* 值和 ω 值。

【例 4-6】　设系统的开环传递函数为

$$G_0(s)=\frac{K}{s(s+1)(0.5s+1)}=\frac{2K}{s(s+1)(s+2)}$$

试确定根轨迹与虚轴的交点，并计算临界开环增益。

解　根据给定的开环传递函数，可得系统特征方程为

$$D(s)=s^3+3s^2+2s+K^*=0$$

式中系统根轨迹增益 K^* 与开环增益的关系为

$$K^*=2K$$

方法一：若用劳斯判据计算交点和相关参数值

s^3	1	2
s^2	3	K^*
s^1	$\frac{6-K^*}{3}$	0
s^0	K^*	

在第一列中令 s^1 行为全零行，则临界根轨迹增益 $K^*=6$，即 $K=\frac{K^*}{2}=3$。

根轨迹与虚轴的交点可以利用 s^2 的系数构造辅助方程，求解该方程

$$3s^2+K^*=0$$

令 $K^*=6$，即得根轨迹与虚轴的交点为

$$s=\pm j\sqrt{2}$$

即

$$\omega=\sqrt{2}$$

方法二：针对系统闭环特征方程，令 $s=j\omega$，则

$$D(j\omega)=K^*-3\omega^2+j(2\omega-\omega^3)=0$$

亦即

$$K^*-3\omega^2=0$$

$$2\omega-\omega^3=0$$

求解上面关系式得 $\omega=0$ 和 $\omega=\pm\sqrt{2}$。$\omega=0$ 是根轨迹的起点，对应的根轨迹增益 K^* 等于零。$\omega=\pm\sqrt{2}$ 时根轨迹与虚轴相交，得交点处的根轨迹增益为 $K^*=6$。

法则 8 根之和。当系统的开环有限极点数 n 和有限零点数 m 满足 $n-m\geqslant 2$ 时，开环 n 个有限极点 p_i 之和总是等于闭环特征方程 n 个根 λ_i 之和，即

$$\sum_{i=1}^{n}\lambda_i=\sum_{i=1}^{n}p_i \tag{4-33}$$

证明 设系统开环传递函数为

$$G(s)H(s)=\frac{K^*(s-z_1)\cdots(s-z_m)}{(s-p_1)\cdots(s-p_n)}=\frac{K^*(s^m+b_{m-1}s^{m-1}+\cdots+b_0)}{s^n+a_{n-1}s^{n-1}+\cdots+a_0}$$

根据代数方程根和系数的关系可知

$$-a_{n-1}=\sum_{i=1}^{n}p_i$$

设 $n-m=2$，即 $m=n-2$，系统闭环特征方程为

$$\begin{aligned}D(s)&=s^n+a_{n-1}s^{n-1}+a_{n-2}s^{n-2}+a_{n-3}s^{n-3}+\cdots+a_0+K^*s^{n-2}+K^*b_{n-3}s^{n-3}+\cdots+K^*b_0\\&=s^n+a_{n-1}s^{n-1}+(a_{n-2}+K^*)s^{n-2}+(a_{n-3}+K^*b_{n-3})s^{n-3}+\cdots+(a_0+K^*b_0)\\&=(s-\lambda_1)(s-\lambda_2)\cdots(s-\lambda_n)=0\end{aligned}$$

同样根据代数方程根和系数的关系可知

$$-a_{n-1}=\sum_{i=1}^{n}\lambda_i$$

所以

$$\sum_{i=1}^{n}\lambda_i=\sum_{i=1}^{n}p_i$$

式(4-33) 表明，当 $n-m\geqslant 2$ 时，随 K^* 的增大，若有一部分极点总体向右移动，则另一部分极点必然总体上向左移动，且左、右移动的距离增量之和为 0。

【例 4-7】 设系统开环传递函数为

$$G(s)H(s)=\frac{K^*}{s(s+3)(s^2+2s+2)}$$

试绘制闭环系统的概略根轨迹。

解 此系统的开环极点为 $p_1=0$，$p_2=-3$，$p_{3,4}=-1\pm j1$，无开环零点，开环极点的分布如图 4-14 所示。按照下述步骤绘制概略根轨迹。

① 根轨迹分支数。根轨迹有四条分支，$K^*=0$ 时分别从四个开环极点出发，$K^*\to\infty$ 时，根轨迹趋于无穷远处。

② 确定实轴上的根轨迹。实轴上 $[-3,0]$ 区域是根轨迹。

③ 确定根轨迹的渐近线。由于 $n-m=4$，故有四条根轨迹渐近线，其

$$\sigma_a=\frac{-3-1-1}{4}=-1.25$$

$$\varphi_a=\frac{(2k+1)\pi}{4}=45°,135°,225°,315°,\quad k=0,1,2,3$$

④ 确定分离点。由系统的特征方程可得

$$K^*=-s(s+3)(s^2+2s+2)=-(s^4+5s^3+8s^2+6s)$$

$$\frac{dW(s)}{ds}=-4(s^3+3.75s^2+4s+1.5)=0$$

解上述方程的根为 $s_1=-2.289\approx-2.3$，$s_{2,3}=-0.731\pm j0.349$，显然 $s_1=-2.3$ 是根轨迹的交点。根据相角条件可以判断，分离角为±90°，对应于分离点的根轨迹增益 K^* 可以按照根轨迹的幅值条件计算

$$K^*=[|s||s+3||s+1+j1||s+1-j1|]|_{s=-2.3}=2.3\times0.7\times1.64\times1.64=4.33$$

⑤ 确定起始角

$$\theta_{p_i}=180°+(-135°-90°-26.6°)=-71.6°$$

⑥ 确定根轨迹与虚轴的交点。系统的闭环特征方程为

$$s^4+5s^3+8s^2+6s+K^*=0$$

构造相应劳斯阵列表，有

s^4	1	8	K^*
s^3	5	6	
s^2	34/5	K^*	
s^1	$\frac{204-25K^*}{34}$	0	
s^0	K^*		

令劳斯表 s^1 的首项为零，得 $K^*=8.16$。根据 s^2 行的系数，得到以下辅助方程

$$\frac{34}{5}s^2+K^*=0$$

代入 $K^*=8.16$ 解出交点坐标 $\omega=\pm1.1$。由此可知保持系统稳定的根轨迹增益 K^* 的取值范围为 [0,8.16)。

系统的根轨迹概略图如图 4-14 所示。

图 4-15 中给出了几种常见的开环零、极点分布及其相应的根轨迹形状，供绘制概略根轨迹时参考。

作为对上述分析的总结，表 4-1 归纳了根轨迹绘制作依据的主要法则。

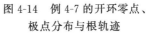

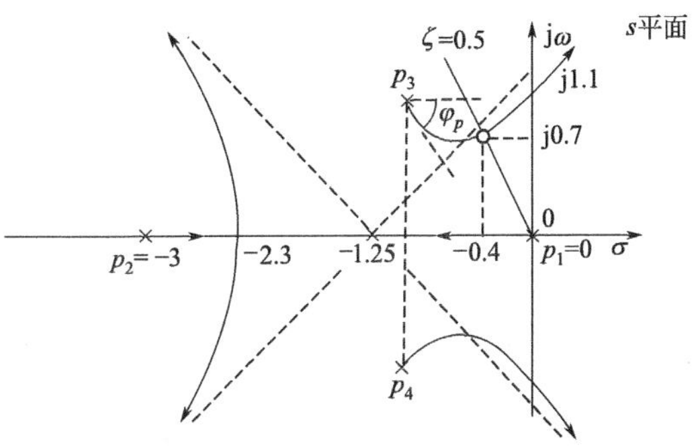

图 4-14 例 4-7 的开环零点、极点分布与根轨迹

表 4-1 根轨迹图绘制法则总结

序号	内容	法则
法则 1	根轨迹的起点和终点	根轨迹起于开环极点(包括无限极点)，终于开环零点(包括无限零点)
法则 2	根轨迹的分支数、对称性和连续性	根轨迹的分支数等于开环极点数 $n(n>m)$ 或开环零点数 $m(m>n)$ 根轨迹对称于实轴
法则 3	根轨迹的渐近线	$n-m$ 条渐近线与实轴的交角和交点为 $\varphi_a=\frac{(2k+1)\pi}{n-m}\quad(k=0,1,\cdots,n-m-1)$ $\sigma_a=\frac{\sum_{i=1}^{n}p_i-\sum_{j=1}^{m}z_j}{n-m}$
法则 4	根轨迹在实轴上的分布	实轴上某一区域，若其右方开环实数零、极点个数之和为奇数，则该区域必是根轨迹
法则 5	根轨迹的分离点与分离角	l 条根轨迹分支相遇，其分离点坐标由 $\sum_{j=1}^{m}\frac{1}{d-z_j}=\sum_{i=1}^{n}\frac{1}{d-p_i}$ 确定；分离角等于 $(2k+1)\pi/l$
法则 6	根轨迹的起始角与终止角	起始角：$\theta_{p_i}=(2k+1)\pi+\left(\sum_{j=1}^{m}\varphi_{z_jp_i}-\sum_{\substack{j=1\\(j\neq i)}}^{n}\theta_{p_jp_i}\right)$ 终止角：$\varphi_{z_i}=(2k+1)\pi-\left(\sum_{\substack{j=1\\(j\neq i)}}^{m}\varphi_{z_jz_i}-\sum_{j=1}^{n}\theta_{p_jz_i}\right)$
法则 7	根轨迹与虚轴的交点	根轨迹与虚轴交点的 K^* 值和 ω 值，可利用劳斯判据确定
法则 8	根之和	$\sum_{i=1}^{n}\lambda_i=\sum_{i=1}^{n}p_i$

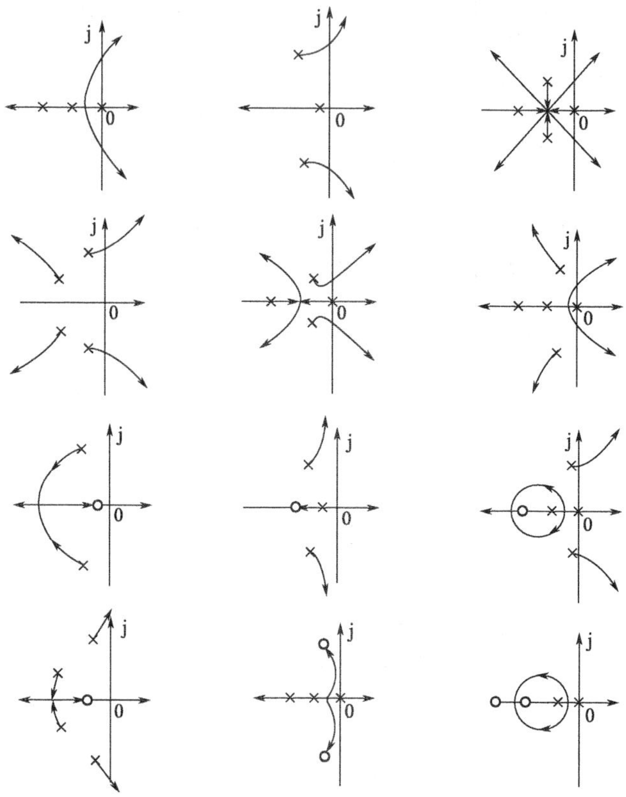

图 4-15　开环零、极点分布及其相应的根轨迹图

上面介绍了绘制根轨迹的一些基本的法则。根据这些法则，可以方便地绘制系统闭环根轨迹的大致图形。为了进一步获得较准确的根轨迹曲线，必要时可以根据需要选取若干关键特征点，用相位条件检验。

当 K^* 值满足幅值条件时，对应的根轨迹上的点就是系统闭环极点。利用式(4-12) 的幅值条件，可以确定根轨迹上任一点所对应的 K^* 值。

在有些情况下，给出了一对主导共轭复数极点的阻尼比，要求确定闭环极点及其相应的开环增益。为此可先画出一条给定的 ζ 射线，根据它与复数平面上根轨迹的交点确定一对共轭复数闭环极点。然后再求相应的开环增益和其他极点。

例如在例 4-7 中，若给定一对主导极点的阻尼比 $\zeta=0.5$，根据 $\zeta=0.5=\cos\theta$，作与负实轴 60°的射线与根轨迹相交，可以确定一对共轭复数极点为 $-0.4\pm j0.7$。对应的根轨迹增益可以利用根轨迹的幅值条件计算

$$K^*=0.84\times1.86\times2.74\times0.68=2.91$$

用试探法可以找到另外两个闭环极点。它们位于负实轴的 $s=-1.4$ 和 $s=-2.85$ 处，因此，此时的闭环传递函数为

$$\Phi(s)=\frac{2.91}{(s+0.4+j0.7)(s+0.4-j0.7)(s+1.4)(s+2.85)}$$

4.3　广义根轨迹

前面的分析都是以系统根轨迹增益 K^* 为变量的负反馈系统的根轨迹。在实际系统中，除开环根轨迹增益 K^* 外，常常还要研究系统中其他参数变化对闭环特征根的影响，在有些系统中还会遇到正反馈的情况，同时开环传递函数中含有纯滞后等情况，相关根轨迹的绘制方法具有差别。因此有必要讨论其他参数作为根轨迹增益变量、正反馈、非有理传递函数等情况下所绘制的根轨迹方法。上述情况的根轨迹被统称为广义根轨迹。前面已经进行较充分研究的，将负反馈系统中根轨迹增益 K^* 变化时的根轨迹称为常规根轨迹。

4.3.1 参数根轨迹

负反馈控制系统以非开环增益作为可变参数绘制的根轨迹称为参数根轨迹。绘制这类参数变化时的根轨迹方法与前面讨论的规则相同，但在绘制根轨迹之前，首先需要求取系统的等效传递函数。

设系统的闭环特征方程为

$$1+G(s)H(s)=0 \tag{4-34}$$

将方程左端展开成多项式，然后将含有待讨论参数的项合并在一起，得

$$1+G(s)H(s)=Q(s)+AP(s)=0 \tag{4-35}$$

式中，A 为除 K^* 之外的系统任意变化的参数；$P(s)$ 和 $Q(s)$ 为两个与 A 无关的首一多项式。用 $Q(s)$ 除等式两端，得

$$1+A\frac{P(s)}{Q(s)}=0 \tag{4-36}$$

$$A\frac{P(s)}{Q(s)}=-1 \tag{4-37}$$

显然，式(4-37) 与根轨迹方程 (4-11) 相同，$G_1(s)H_1(s)=A\dfrac{P(s)}{Q(s)}$即为等效单位反馈系统的开环传递函数。“等效”是指系统的特征方程相同意义下的等效，等效开环传递函数描述的系统与原系统有相同的闭环极点，但是，系统的闭环零点一般是不同的。由于闭环零点对系统的动态性能有影响，所以由闭环零、极点分布来分析和估算系统性能时，可以采用等效系统根轨迹得到的闭环极点和原系统的闭环零点来对系统进行分析。

【例 4-8】 单位反馈系统开环传递函数为

$$G(s)=\frac{\frac{1}{4}(s+a)}{s^2(s+1)}$$

试绘制 $a\to\infty$时的根轨迹。

解 系统闭环特征方程为

$$D(s)=s^3+s^2+\frac{1}{4}s+\frac{1}{4}a=0$$

构造等效开环传递函数，即

$$G_1(s)=\frac{\frac{1}{4}a}{s\left(s^2+s+\frac{1}{4}\right)}=\frac{\frac{1}{4}a}{s\left(s+\frac{1}{2}\right)^2}$$

等效开环传递函数有 3 个开环极点，系统有 3 条根轨迹，均趋于无穷远处。

① 实轴上的根轨迹：$\left[-\frac{1}{2},0\right]$和$\left(-\infty,-\frac{1}{2}\right]$

② 根轨迹的渐近线：$\begin{cases}\sigma_a=\dfrac{-\frac{1}{2}-\frac{1}{2}}{3}=-\dfrac{1}{3}\\ \varphi_a=\dfrac{(2k+1)\pi}{3}=\pm\dfrac{\pi}{3},\pi\end{cases}$

③ 分离点：$\dfrac{1}{d}+\dfrac{1}{d+\frac{1}{2}}+\dfrac{1}{d+\frac{1}{2}}=0$

解得 $d=-1/6$

由根轨迹的幅值条件可以计算分离点处的 a 值

$$\frac{a_d}{4}=|d|\left|d+\frac{1}{2}\right|^2=\frac{1}{54}$$

$$a_d=\frac{2}{27}$$

④ 与虚轴的交点：将 $s=j\omega$ 代入闭环特征方程，得

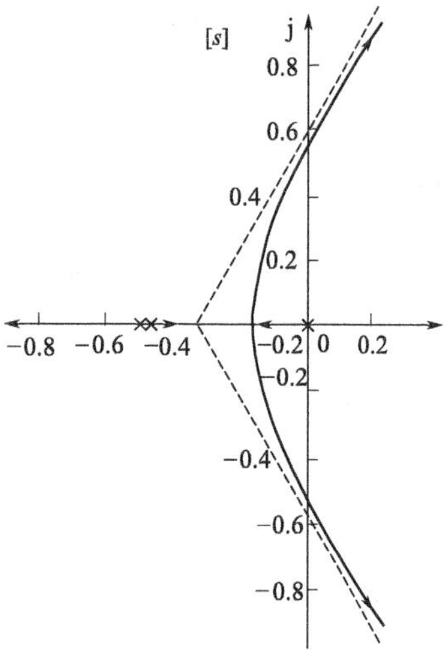

图 4-16　例 4-8 参数根轨迹

$$D(j\omega)=(j\omega)^3+(j\omega)^2+\frac{1}{4}(j\omega)+\frac{a}{4}=0$$

$$\left(-\omega^2+\frac{a}{4}\right)+j\left(-\omega^3+\frac{1}{4}\omega\right)=0$$

$$\mathrm{Re}[D(j\omega)]=-\omega^2+\frac{a}{4}=0$$

$$\mathrm{Im}[D(j\omega)]=-\omega^3+\frac{1}{4}\omega=0$$

解得

$$\begin{cases}\omega=\pm\frac{1}{2}\\ a=1\end{cases}$$

系统的根轨迹图如图 4-16 所示，从根轨迹可以看出参数 a 变化对系统性能的影响：当 $0<a\leqslant 2/27$ 时，闭环系统极点落在实轴上，系统的阶跃响应为单调上升过程；当 $2/27<a\leqslant 1$，离虚轴近的一对复数闭环极点逐渐向虚轴靠近，系统的阶跃响应为振荡收敛过程；当 $a>1$ 时，系统有闭环极点落在右半 s 平面，系统不稳定，阶跃响应振荡发散。

4.3.2　零度根轨迹

前面均是基于负反馈系统来研究闭环系统的根轨迹的。如果所研究的控制系统为正反馈系统，或是非最小相位系统中包含 s 最高次幂的系数为负的因子，它们都可以归结为开环根轨迹增益 $K^*<0$ 的情况。此时的根轨迹绘制的法则与常规根轨迹绘制中介绍的法则有所不同，因为根轨迹相角遵循 $0°+2k\pi$ 条件，而不是 $180°+2k\pi$ 条件，故一般将这种情况下确定的根轨迹称为零度根轨迹，或者正反馈根轨迹。

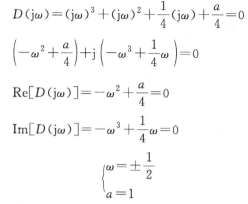

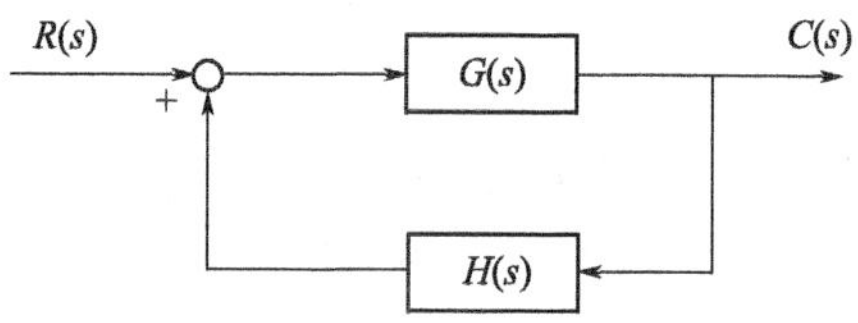

图 4-17　正反馈系统结构图

如图 4-17 所示的正反馈系统，系统的开环传递函数为 $G(s)H(s)$，则系统的闭环传递函数为

$$1-K^*\frac{\prod_{i=1}^{m}(s-z_i)}{\prod_{j=1}^{n}(s-p_j)}=0 \tag{4-38}$$

与上式等效的幅值条件相角条件为

$$K^*=\frac{\prod_{j=1}^{n}|s-p_j|}{\prod_{i=1}^{m}|s-z_i|} \tag{4-39}$$

和

$$\sum_{i=1}^{m}\angle(s-z_i)-\sum_{j=1}^{n}\angle(s-p_j)=0°+2k\pi,\quad k=0,\pm1,\pm2\cdots \tag{4-40}$$

式(4-39) 称为零度根轨迹的幅值条件，式(4-40) 称为零度根轨迹的相位条件。

与常规根轨迹幅值条件式(4-12)、相角条件式(4-13) 相比较可知，它们的幅值条件相同，相角条件不同，因此只需要将常规根轨迹的绘制法则中与相角条件有关的法则作适当对应调整，而其余的法则可直接应用。

绘制零度根轨迹时，需要调整的绘制法则如下。

法则 3　渐近线的交角应改为

$$\varphi_a=\frac{2k\pi}{n-m},\quad k=0,1,2,\cdots,n-m-1 \tag{4-41}$$

法则 4 根轨迹在实轴上的分布应改为：实轴上某一区域，若其右方开环实数零、极点个数之和为偶数，则该区域必是根轨迹。

法则 6 根轨迹的起始角和终止角计算应调整为：起始角为其他零、极点到待求起始角复数极点诸向量相角之差，即

$$\theta_{p_i}=2k\pi+\left(\sum_{j=1}^{m}\varphi_{z_jp_i}-\sum_{\substack{j=1\\(j\neq i)}}^{n}\theta_{p_jp_i}\right),\quad k=0,\pm1,\pm2,\cdots \tag{4-42}$$

终止角等于其他零、极点到待求终止角复数零点诸向量相角之差的负值，即

$$\varphi_{z_i}=2k\pi-\left(\sum_{\substack{j=1\\(j\neq i)}}^{m}\varphi_{z_jz_i}-\sum_{j=1}^{n}\theta_{p_jz_i}\right),\quad k=0,\pm1,\pm2,\cdots \tag{4-43}$$

除了上述三个法则外，其他法则不变，表 4-2 列出了零度根轨迹图的绘制法则。

表 4-2 零度根轨迹绘制法则

序号	内容	法则
1	根轨迹的起点和终点	根轨迹起于开环极点，终于开环零点
2	根轨迹的分支数、对称性和连续性	根轨迹的分支数等于开环极点数或开环零点数最大的数；根轨迹对称于实轴且是连续的
3	根轨迹渐近线	$n-m$ 条渐近线与实轴的交角和交点为 $\varphi_a=\dfrac{2k\pi}{n-m}$，$(k=0,1,\cdots,n-m-1)$ $\sigma_a=\dfrac{\sum_{i=1}^{n}p_i-\sum_{j=1}^{m}z_j}{n-m}$
4	根轨迹在实轴上的分布	实轴上某一区域，若其右方开环实数零、极点个数之和为偶数，则该区域必是根轨迹
5	根轨迹的分离点与分离角	l 条根轨迹分支相遇，其分离点坐标由 $\sum_{j=1}^{m}\dfrac{1}{d-z_j}=\sum_{i=1}^{n}\dfrac{1}{d-p_i}$ 确定；分离角等于 $(2k+1)\pi/l$
6	根轨迹的起始角与终止角	起始角：$\theta_{p_i}=2k\pi+\left(\sum_{j=1}^{m}\varphi_{z_jp_i}-\sum_{\substack{j=1\\(j\neq i)}}^{n}\theta_{p_jp_i}\right)$ 终止角：$\varphi_{z_i}=2k\pi-\left(\sum_{\substack{j=1\\(j\neq i)}}^{m}\varphi_{z_jz_i}-\sum_{j=1}^{n}\theta_{p_jz_i}\right)$
7	根轨迹与虚轴的交点	根轨迹与虚轴交点的 K^* 值和 ω 值，可用劳斯判据确定
8	根之和	$\sum_{i=1}^{n}\lambda_i=\sum_{i=1}^{n}p_i$

【例 4-9】 试绘制图 4-18 所示系统的根轨迹。

解 系统有一个零点在 s 右半平面，是一个非最小相位系统。它的开环传递函数为

$$G_0(s)=\frac{K(1-T_as)}{s(1+T_1s)}=-\frac{K^*(s-z_1)}{s(s-p_1)}$$

式中，$K^*=\dfrac{Kp_1}{z_1}$；$z_1=\dfrac{1}{T_a}$；$p_1=-\dfrac{1}{T_1}$。系统的根轨迹应该为零度根轨迹。

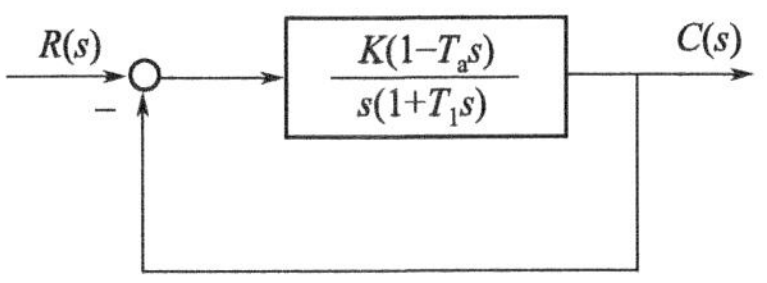

图 4-18 s 右半平面有一个零点的系统结构图

① 系统有两个开环极点：$p_0=0$，$p_1=-\dfrac{1}{T_1}$；一个开环零点：$z_1=\dfrac{1}{T_a}$。

② 实轴上的根轨迹。$\left[0,-\dfrac{1}{T_1}\right]$以及$\left[\dfrac{1}{T_a},+\infty\right)$区间内的右边开环实数零、极点个数之和为偶数，满足零度根轨迹的相角条件，因此是根轨迹的一部分。

③ 分离点与汇合点。按照式(4-25a)

$$\frac{1}{d-z_1}=\frac{1}{d}+\frac{1}{d-p_1}$$

$$d^2-2z_1d+z_1p_1=0$$

由此可以得到分离点与汇合点分别为

$$d_1=\frac{1}{T_a}\left(1-\sqrt{1+\frac{T_a}{T_1}}\right),\quad d_2=\frac{1}{T_a}\left(1+\sqrt{1+\frac{T_a}{T_1}}\right)$$

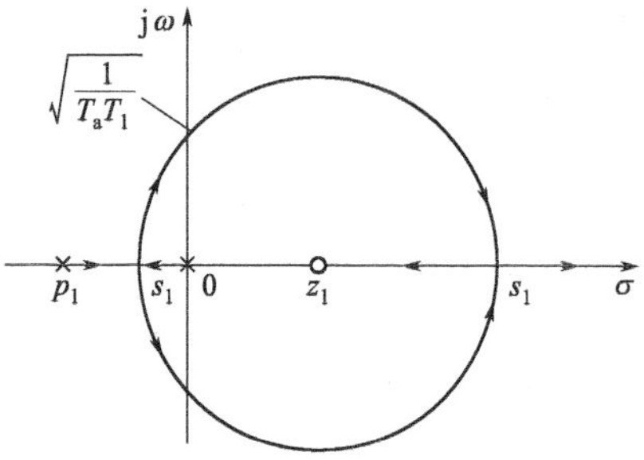

图 4-19 例 4-9 系统根轨迹图

不难证明，复数平面上的根轨迹是一个圆心为开环零点 $z_1=\frac{1}{T_a}$，半径为 $\sqrt{1+\frac{T_a}{T_1}}$ 的圆。根轨迹与虚轴的交点为 $\omega=\pm\sqrt{\frac{1}{T_aT_1}}$，根轨迹与汇合点相遇后，一条终止于有限零点，另一条沿实轴延伸至无穷远处，根轨迹如图 4-19 所示。

4.3.3 纯滞后系统的根轨迹

纯滞后对象普遍存在于实际的工业过程中，对于这类系统，时滞环节的滞后时间 τ 较大时，对系统有明显的不良作用。由于传递函数的非有理性，不能简单采用前面已经讨论的方法来绘制根轨迹图，需要特殊处理。

不失一般性，假设单位负反馈系统的开环传递函数为

$$G(s)=K^*\frac{N(s)}{D(s)}e^{-\tau s}=K^*\frac{\prod_{i=1}^{m}(s-z_i)}{\prod_{j=1}^{n}(s-p_j)}e^{-\tau s} \tag{4-44}$$

式中，τ 为纯滞后时间，且 $K^*>0$。该系统根轨迹方程为

$$K^*\frac{\prod_{i=1}^{m}(s-z_i)}{\prod_{j=1}^{n}(s-p_j)}e^{-\tau s}=-1 \tag{4-45}$$

系统的闭环特征方程为

$$\prod_{j=1}^{n}(s-p_j)+K^*\prod_{i=1}^{m}(s-z_i)e^{-\tau s}=0 \tag{4-46}$$

假设特征根 $s=\sigma+\mathrm{j}\omega$，其满足特征根的幅值条件和相角条件，分别为

$$\left|\frac{\prod_{i=1}^{m}(s-z_i)}{\prod_{j=1}^{n}(s-p_j)}\right||e^{-\tau\sigma}|=\frac{1}{K^*} \tag{4-47}$$

$$\sum_{j=1}^{n}\angle(s-p_j)-\sum_{i=1}^{m}\angle(s-z_i)=\mp(2k+1)\pi-\tau\omega\quad k=0,1,2,\cdots \tag{4-48}$$

当 $\tau=0$ 时，即没有时滞环节时，根轨迹幅值条件和相角条件与一般系统相同。此时相角条件只要满足常数 $\mp(2k+1)\pi$，故针对一定的 K^* 值，只有 n 个特征值。

在 $\tau\neq0$ 时，特征根 $s=\sigma+\mathrm{j}\omega$ 的实部会影响幅值条件，而它的虚部会影响相角条件。因此，时滞系统的相角条件不再是一个常数，而是 ω 的函数。在式(4-48) 中，ω 是沿虚轴的连续变化量。故对于一定的 K^* 值，系统不再是 n 个特征根，而是无限多个特征根，相应地存在无限多条根轨迹。这是时滞系统的特殊之处。

时滞系统的根轨迹绘制法则如下。

① 根轨迹起点（$K^*=0$）。由式(4-47) 可知，当 $K^*=0$ 时，除了开环极点 p_i 是起点外，$\sigma=-\infty$ 也是起点。

② 根轨迹终点（$K^*=\infty$）。由式(4-47) 可知，当 $K^*=\infty$时，除了开环有限零点 z_i 是终点外，$\sigma=\infty$也是终点。

③ 根轨迹数目及对称性。根轨迹有无限多条。此外，如果把 $e^{-\tau s}$ 展开为无穷级数，于是特征方程化为阶次为无穷大的 s 实系数多项式方程，故时滞系统的根轨迹随参量连续变化并对称于实轴。

④ 实轴上的根轨迹。因为实轴上根轨迹的所有特征值 $s=\pm\sigma$，即 $\omega=0$，故时滞环节的相角不起作用。此时仍按常规根轨迹的法则确定实轴上的根轨迹。

⑤ 分离点和会合点。可按下式计算，即

$$D'(s)N(s)e^{-\tau s}-[e^{-\tau s}N(s)]'D(s)=0$$

或

$$D'(s)N(s)+[\tau N(s)-N'(s)]D(s)=0 \tag{4-49}$$

⑥ 根轨迹渐近线。法则②中已说明，当 $K^*=\infty$时，$\sigma=\infty$。这时 s 平面上所有有限开环零点 z_i 和极点 p_j 到σ 的矢量幅角均等于 0，故由式(4-48) 得渐近线为水平线，它与虚轴的交点为

$$\omega=\frac{\pm\pi(2k+1)}{\tau} \tag{4-50}$$

此外，我们再考虑 $K^*=0$ 时的根轨迹渐近线，法则①中已说明，$K^*=0$ 时，$\sigma=-\infty$。这时 s 平面上所有开环有限零点 z_i 和极点 p_j 到σ 的矢量幅角都等于 π，故由式(4-48) 得

$$\sum_{j=1}^{n}\angle(s-p_j)-\sum_{i=1}^{m}\angle(s-z_i)=(n-m)\pi=\mp(2k+1)\pi-\tau\omega$$

亦即

$$\omega=\frac{\pm 2k\pi}{\tau},\quad 当\ n-m=奇数$$

$$\omega=\frac{\pm(2k+1)\pi}{\tau},\quad 当\ n-m=偶数$$

由此可知，$K^*=0$ 的渐近线也为水平线，它与虚轴的交点满足上式，综上所述，可得渐近线与虚轴交点的一般表达式为

$$\omega=\pm\frac{N\pi}{\tau} \tag{4-51}$$

式中 N 可用表 4-3 概括。

表 4-3 时滞系统渐近线与虚轴交点表达式 N 参数取值

$n-m$	$K^*=0$	$K^*=\infty$
奇数	$N=2k$	$N=2k+1$
偶数	$N=2k+1$	

⑦ 出射角与入射角。同理按照相角条件式(4-48) 可以求得出射角入射角计算公式分别为

$$\theta=(\pi-\tau\omega)-\left(\sum_{j=1}^{n-1}\theta_j-\sum_{i=1}^{m}\varphi_i\right) \tag{4-52}$$

$$\varphi=(\pi+\tau\omega)+\left(\sum_{j=1}^{n}\theta_j-\sum_{i=1}^{m-1}\varphi_i\right) \tag{4-53}$$

⑧ 根轨迹与虚轴的交点。由于特征方程式(4-46) 不是代数方程，故不能用劳斯判据去计算根轨迹与虚轴的交点，而应由相角条件式(4-48) 计算。令式(4-48) 中 $s=j\omega$，得根轨迹与虚轴的交点满足

$$\sum_{j=1}^{n}\arctan\frac{\omega}{p_j}-\sum_{i=1}^{m}\arctan\frac{\omega}{z_j}=\mp(2k+1)\pi-\tau\omega \tag{4-54}$$

根轨迹与虚轴相交时的临界增益可以依据式(4-47) 幅值条件计算。令 $s=j\omega$，此时 $\sigma=0$

$$K^*=\left|\frac{\prod_{j=1}^{n}(j\omega-p_j)}{\prod_{i=1}^{m}(j\omega-z_i)}\right| \tag{4-55}$$

⑨ 复平面上的根轨迹。可根据根轨迹相角条件式(4-48) 绘制复平面上的根轨迹。现分别考虑不同 k 值时的情况，假设 $k=0$，由式(4-48) 得

$$\sum_{j=1}^{n}\angle(s-p_j)-\sum_{i=1}^{m}\angle(s-z_i)=\mp\pi-\tau\omega$$

下面以比较简单的系统说明绘制方法。假设系统的开环传递函数为

$$G(s)=\frac{K^* e^{-\tau s}}{s+1}$$

由此得到 $k=0$ 的相角条件

$$\angle(s+1)=\pi-\tau\omega \tag{4-56}$$

假设在 s 平面左半部分有特征根 s_1，其虚部为 $j\omega_1$，可利用作图法确定特征根 s_1 的位置。首先从 -1 作一条倾角为 $\pi-\tau\omega_1$ 的斜线，再在虚轴上取点 $j\omega_1$，并通过该点作水平线，它和斜线的交点 s_1 就是所求的特征根。由图 4-20 可知，对于 s_1 点相角为

$$\angle(s_1+1)=\pi-\tau\omega_1$$

它正好满足式(4-56)。

同理，在 $\omega>0$ 区间取不同的 ω 值，可以得到一组特征根。由此可在横轴以上画出一条根轨迹；另一条根轨迹对称与实轴，如图 4-21 所示。

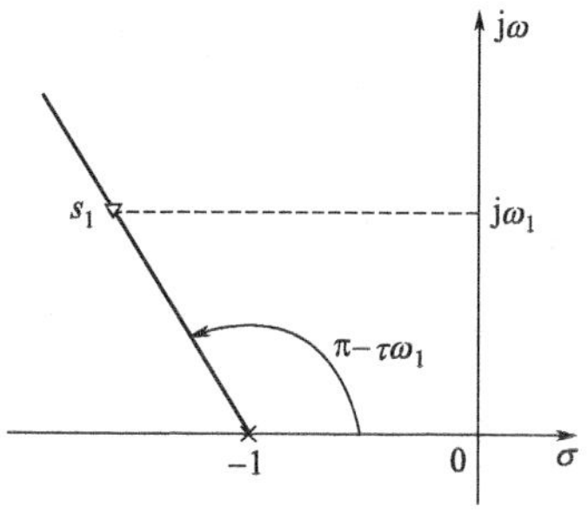

图 4-20　闭环复数极点 s_1 图解法求取

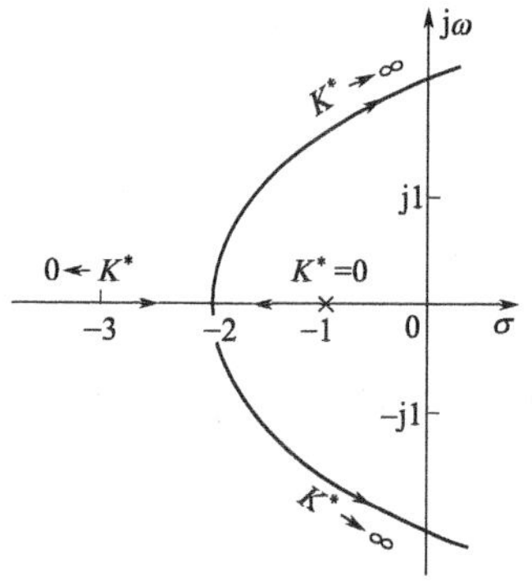

图 4-21　$\dfrac{K^* e^{-\tau s}}{s+1}$ 根轨迹（$k=0$）

当 $k\neq0$ 时，也可以用上述方法求得其余的根轨迹，但是，它们的渐近线和 $k=0$ 时是不同的。

【例 4-10】 设系统的开环传递函数为

$$G(s)=\frac{K^* e^{-\tau s}}{s(s+1)}$$

试绘制其根轨迹。

解　① 根轨迹的起点（$K^*=0$）为 $p_0=0$，$p_1=-1$；其他起点为 $\sigma=-\infty$，其渐近线由表 4-3 得

$$\omega=\frac{\pm(2k+1)\pi}{\tau}\quad k=0,1,2,\cdots$$

② 根轨迹终点（$K^*=\infty$）为 $\sigma=\infty$，其渐近线由表 4-3 求得

$$\omega=\frac{\pm(2k+1)\pi}{\tau}\quad k=0,1,2,\cdots$$

③ 在实轴 $[-1,0]$ 区间有根轨迹。

④ 分离点位置依据式(4-49) 计算

$$D'(s)N(s)+[\tau N(s)-N'(s)]D(s)=\tau s^2+(2+\tau)s+1=0$$

由此算得

$$s=\frac{1}{2\tau}\left[-(2+\tau)\pm\sqrt{\tau^2+4}\right]$$

当 $\tau=1$ 时，得 $s_1=-0.382$，$s_2=-2.618$。根据第③步的结果，故分离点是 $s_1=-0.382$。

⑤ 根轨迹与虚轴的交点。当 $k=0$，$\tau=1$，由式(4-54) 得

$$\arctan\omega+\frac{\pi}{2}=\mp\pi-\omega$$

亦即

$$\omega=\arctan\left(\frac{\pi}{2}-\omega\right)$$

由上式求得

$$\omega=0.86$$

再按式(4-55)算得对应的临界根轨迹增益为 $K^*=1.134$。同理可以计算 $k\neq0$ 时的 ω 和 K^* 值。

根据以上计算结果做 $\tau=1$ 的根轨迹如图 4-22 所示。由图可以看出，由于时滞环节的影响，根轨迹进入 s 平面的右半侧，系统不能稳定工作。但是，当滞后时间 τ 很小时，根轨迹与虚轴交点处的 ω 值将很大，临界根轨迹增益 K^* 也很大，这说明时滞环节的影响减弱。因此，对于滞后时间 τ 为毫秒级的元件，常把它的传递函数近似为 $e^{-\tau s}\approx\dfrac{1}{1+\tau s}$，即把它等效为一个惯性元件。

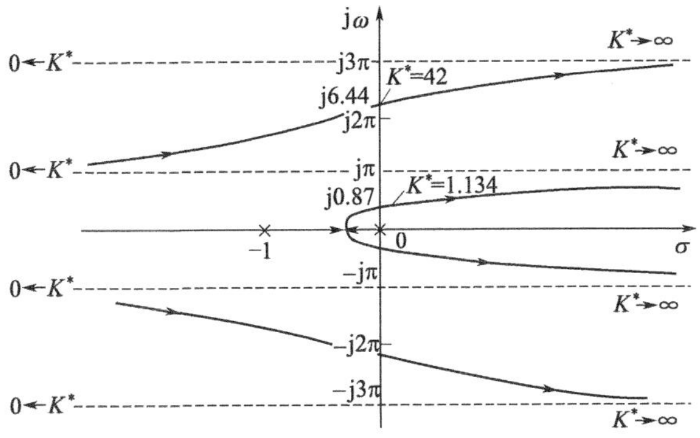

图 4-22　时滞系统的根轨迹（$\tau=1$）

通常将位于 $\pm\pi$ 水平线内的根轨迹部分称为主根轨迹，因为它在闭环系统的动态响应中起主导作用，在对精度要求不高时，由于其他根轨迹分支对动态响应的影响较小，往往可以忽略，并将它们称为辅助根轨迹。

若能将无理函数 $e^{-\tau s}$ 用有理函数近似，则可以使用前面介绍的绘制根轨迹方法。一般来说，大多数的控制系统通常工作在低频范围，因此，希望该近似针对低频范围有较高的精度。最常用的方法是由 H. Padé 提出来的。其原理是在 $s=0$ 处将一个有理函数的级数与纯滞后 $e^{-\tau s}$ 的级数展开相一致，其中有理函数的分子为 p 阶多项式，分母为 q 阶多项式，得到的结果称为 $e^{-\tau s}$ 的（p,q）阶 Padé 近似。这里仅讨论 $p=q$ 的情况，简称为纯滞后环节的 p 阶 Padé 近似。

为给出一般的近似公式，先计算 e^{-s} 的近似，在结果中只要令 s 为 τs 就得到任意纯滞后 $e^{-\tau s}$ 的有理函数近似公式。

若 $p=1$，则应选择相应有理分式的多项式系数 a_0 和 b_0、b_1，使得误差尽可能小，即

$$e^{-s}-\frac{b_0s+b_1}{a_0s+1}=\varepsilon \tag{4-57}$$

将 e^{-s} 和以上一阶有理多项式同时展开成麦克劳伦级数

$$e^{-s}=1-s+\frac{s^2}{2!}-\frac{s^3}{3!}+\frac{s^4}{4!}-\cdots \tag{4-58}$$

$$\frac{b_0s+b_1}{a_0s+1}=b_1+(b_0-a_0b_1)s-a_0(b_0-a_0b_1)s^2+a_0^2(b_0-a_0b_1)s^3+\cdots \tag{4-59}$$

比较以上两式中 s 的同次幂的系数，令其相等

$$b_1=1$$

$$b_0-a_0b_1=-1$$

$$-a_0(b_0-a_0b_1)=\frac{1}{2}$$

$$a_0^2(b_0-a_0b_1)=-\frac{1}{6}$$

$$\vdots$$

根据待定系数的需要，求解这三个系数方程，即可得到一阶 Padé 近似

$$e^{-s}\approx\frac{1-\dfrac{1}{2}s}{1+\dfrac{1}{2}s} \tag{4-60}$$

若采用二阶近似，则有 5 个待定的系数。需要匹配更多的系数方程，从而逼近的精度就会提高，表

4-4 列出了 e^{-s} 的低阶 Padé 近似公式。

表 4-4　e^{-s} 的低阶 Padé 近似公式

$p=q$	$G(s)$
1	$\dfrac{1-0.5s}{1+0.5s}$
2	$\dfrac{1-0.5s+0.0833s^2}{1+0.5s+0.0833s^2}$
3	$\dfrac{1-0.5s+0.1s^2-0.00833s^3}{1+0.5s+0.1s^2+0.00833s^3}$

【例 4-11】 考虑一个工业热交换器的开环传递函数为

$$G(s)=\frac{Ke^{-5s}}{(10s+1)(6s+1)}$$

试绘制系统闭环传递函数。

解 采用二阶 Padé 近似公式

$$e^{-5s}=\frac{1-0.5\times 5s+0.0833\times(5s)^2}{1+0.5\times 5s+0.0833\times(5s)^2}=\frac{1-2.5s+2.0825s^2}{1+2.5s+2.0825s^2}$$

开环传递函数为

$$\begin{aligned}G(s)&=\frac{K}{(10s+1)(6s+1)}\times\frac{1-2.5s+2.0825s^2}{1+2.5s+2.0825s^2}\\&=K\frac{1-2.5s+2.0825s^2}{1+18.5s+102.0825s^2+183.32s^3+124.95s^4}\end{aligned}$$

不同情况下的闭环系统的根轨迹如图 4-23 所示。

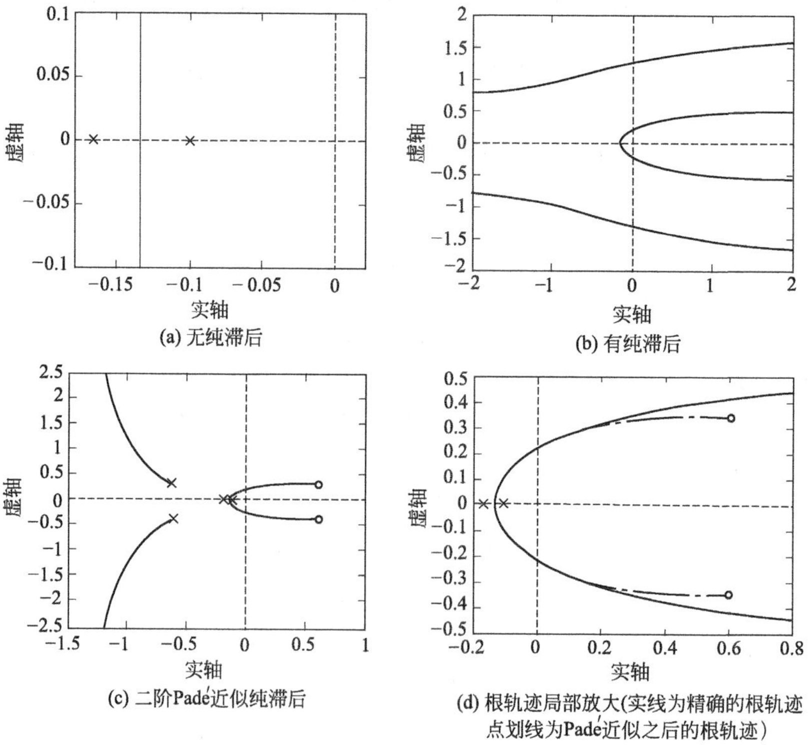

图 4-23　不同近似条件下的根轨迹图

可以看出，对于低增益段，近似的根轨迹非常接近精确的根轨迹，但随着增益的增加，两条根轨迹的差别逐渐加大。如果要求更高的近似精度，应采用三阶或三阶以上的近似。

从上面的分析可以看到，即使在一个简单的低阶系统，一旦出现了纯滞后，系统的稳定性也将不能保证。在例 4-11 中的二阶系统，如果纯滞后环节不存在，$K>0$ 时系统总是稳定的［如图 4-23(a)］；但是，如果系统中有纯滞后的环节存在，其影响不能简单忽略。在这种情况下，当参数 K 大于某个值时，根轨迹将进入 s 平面的右半部，系统将不稳定。因此，纯滞后通常会给系统带来不良影响，在实际工程中需要特别注意。

4.4 基于根轨迹法分析系统性能

应用根轨迹方法可以便捷地确定系统在某一开环增益或某一参数值下的闭环零、极点的位置，从而得到相应的闭环传递函数。这时可以利用拉氏反变换方法确定系统输出时域响应，不难求出系统的各项性能指标。

另外，从前面章节关于系统时域响应有关内容的讨论中，我们也可以发现，系统的时域性能（稳定性、暂态和稳态性能指标）与系统闭环零极点在 s 平面内几何分布之间具有明确的对应关系，通过这些发现，人们可以根据系统闭环零、极点几何位置对系统的性能进行分析和设计。

4.4.1 闭环零极点与时间响应

通过系统的根轨迹可以求出闭环零点和极点，基于此可以立即写出系统的闭环传递函数。在第 3 章中已经详细地讨论了多种情况的系统时域响应问题，利用拉氏反变换不难求取系统的时间响应。例如研究具有如下闭环传递函数的系统。

$$\Phi(s)=\frac{20}{(s+10)(s^2+2s+2)}$$

该系统的单位阶跃响应为

$$h(t)=1-0.024\mathrm{e}^{-10t}+1.55\mathrm{e}^{-t}\cos(t+129^\circ)$$

式中，闭环极点 $s_1=-10$ 对应着衰减指数分量模态；衰减余弦分量模态是由闭环复数极点 $s_{1,2}=-1\pm\mathrm{j}$ 产生的。比较两者可见，第一种信号分量按指数衰减迅速且幅值很小，因而可以忽略。于是

$$h(t)\approx 1+1.55\mathrm{e}^{-t}\cos(t+129^\circ)$$

上式表明，系统的动态性能基本上由接近虚轴的闭环极点确定。这样的极点称为主导极点，其相关概念在第 3 章高阶系统时域响应的近似分析中已进行了较充分的论述。主导极点被定义为对整个时间响应过程起主要作用的闭环极点。时间响应分量的衰减速度，除取决于相应闭环极点的实部值外，还与该极点处的留数，即闭环零、极点之间的相互位置有关。所以，只有既接近虚轴，又不十分接近闭环零点的闭环极点，才可能成为主导极点。

如果闭环零、极点相距很近，那么这样的闭环零、极点常称为偶极子。偶极子由实数偶极子和复数偶极子之分，而复数偶极子必共轭出现。不难看出，只要偶极子不十分接近坐标原点，它们对系统动态性能的影响就非常小，从而可以忽略它们的存在。例如研究具有下列闭环传递函数的系统

$$\Phi(s)=\left(\frac{2a}{a+\delta}\right)\times\frac{(s+a+\delta)}{(s+a)(s^2+2s+2)} \tag{4-61}$$

在这种情况下，闭环系统有一对复数极点 $-1\pm\mathrm{j}$、一个实数极点 $-a$ 和一个实数零点 $-(a+\delta)$。假定 $\delta\to 0$，即实数闭环零、极点十分接近，从而构成偶极子；同时假定，实数极点 $-a$ 不非常接近坐标原点，则式(4-61) 系统的单位阶跃响应为

$$h(t)=1-\frac{2\delta}{(a+\delta)(a^2-2a+2)}\mathrm{e}^{-at}+\frac{2a}{(a+\delta)}\times\frac{\sqrt{1+(a+\delta-1)^2}}{\sqrt{2}\times\sqrt{1+(a-1)^2}}\mathrm{e}^{-t}$$
$$\times\sin\left(t+\arctan\frac{1}{a+\delta-1}-\arctan\frac{1}{a-1}-135^\circ\right) \tag{4-62}$$

考虑到 $\delta\to 0$，故式(4-62) 可以简化为

$$h(t)\approx 1-\frac{2\delta}{a(a^2-2a+2)}\mathrm{e}^{-at}+\sqrt{2}\,\mathrm{e}^{-t}\sin(t-135^\circ) \tag{4-63}$$

在关于 δ 和 a 的假定下，式(4-63) 可以进一步简化近似

$$h(t)\approx 1+\sqrt{2}\,\mathrm{e}^{-t}\sin(t-135^\circ) \tag{4-64}$$

此时，偶极子的影响完全可以略去不计。系统的单位阶跃响应主要由主导极点 $-1\pm\mathrm{j}$ 决定。

如果偶极子十分接近坐标原点，即 $a\to 0$，那么式(4-63) 只能简化为

$$h(t)\approx 1-\frac{\delta}{a}+\sqrt{2}\mathrm{e}^{-t}\sin(t-135^\circ) \tag{4-65}$$

这时，δ 和 a 是可以相比的，δ/a 不能略去不计，所以接近坐标原点的偶极子对系统动态性能的响应必须考虑。然而，不论偶极子接近坐标原点的程度如何，它们并不影响系统主导极点的地位。复数偶极子也具备上述同样性质。

具体确定偶极子时，可以采用经验法则，经验指出，如果闭环零、极点之间的距离比它们本身的模值小一个数量级，则这一对闭环零极点就构成了偶极子。

在工程计算中，采用主导极点代替系统的全部闭环极点来估算系统性能指标的方法，称为主导极点法。采用主导极点法时，在全部闭环极点中，选留最靠近虚轴而又不十分靠近闭环零点的一个或几个闭环极点作为主导极点，略去不十分接近原点的偶极子，以及比主导极点距虚轴远 6 倍以上的闭环零、极点。基于这种方法，在设计中遇到的绝大多数有实际意义的高阶工程系统，就可以简化为只有一、两个闭环零点和两、三个闭环极点的系统，因而可用比较简便的方法来估算高阶系统的性能。为了使估算得到满意的结果，选留的主导零点数不要超过选留的主导极点数。

在许多实际应用中，比主导极点距虚轴远 2～3 倍的闭环零、极点，也常可放在略去之列。用主导极点代替全部闭环极点绘制系统时间响应曲线时，形状误差仅出现在曲线的起始段，而主要决定性能指标的曲线中、后端，其形状基本不变。

最后指出，在略去偶极子和非主导零、极点的情况下，闭环系统的根轨迹增益常会发生改变，必须注意核算，否则会导致性能的估算错误。例如在式(4-61) 中，显然有 $\Phi(0)=1$，表明系统在单位阶跃函数信号作用下的终值误差为零；如果略去偶极子，系统简化为

$$\Phi(s)=\left(\frac{2a}{a+\delta}\right)\times\frac{1}{(s^2+2s+2)}$$

则有 $\Phi(0)\neq 1$，因而出现了在单位阶跃函数作用下，系统响应终值误差不为零的错误结果。

4.4.2 系统性能分析

采用根轨迹法分析或设计控制系统时，了解闭环零点和实数主导极点对系统性能指标的影响非常重要。关于闭环零点对系统性能的影响，在第 3 章曾进行过类似讨论：闭环零点能使闭环系统的阻尼减小，峰值时间提前，超调量加大，当闭环零点接近坐标原点时，这种作用尤甚。

闭环实数主导极点对系统的影响作用，相当于增大系统的阻尼，使峰值时间滞后，超调量下降。如果实数闭环极点比共轭复数极点更接近坐标原点，甚至可以使原来振荡过程变为非振荡过程。

闭环系统零、极点位置对时间响应性能的影响，可以归纳如下：

① 稳定性。如果系统闭环极点全部位于 s 左半平面，则系统一定是稳定的，即稳定性仅与闭环极点位置有关，而与闭环零点位置无关。

② 运动形式。如果闭环系统无零点，且闭环极点均为实数极点，则系统时域响应一定是单调的；如果闭环极点均是复数极点，则系统的时域响应一般是振荡的。

③ 超调量。超调量主要取决于闭环复数主导极点的衰减率 $\sigma_1/\omega_\mathrm{d}=\zeta/\sqrt{1-\zeta^2}$，并与其他闭环零、极点接近坐标原点的程度有关。

④ 调节时间。调节时间主要取决于最靠近虚轴的闭环复数极点的实部绝对值 $\sigma_1=\zeta\omega_\mathrm{n}$。如果实数极点距虚轴最近，并且它附近没有实数零点，则调节时间主要取决于该实数极点的模值。

⑤ 实数零、极点的影响。零点减小系统阻尼，使峰值时间提前，超调量增大；极点增大系统的阻尼，使峰值时间滞后，超调量减小。它们的作用随着其本身接近坐标原点的程度而加强。

⑥ 偶极子作用。如果零、极点之间的距离比它们本身模值小一个数量级，则它们构成了偶极子。远离坐标原点的偶极子，其影响可以忽略；接近于坐标原点的偶极子，其影响必须考虑。

⑦ 主导极点。在 s 平面上距离最近而附近没有闭环零点的一些闭环极点，对系统性能影响最大，发挥主导作用，被称为主导极点。凡比主导极点的实部大 6 倍以上的其他闭环零、极点，其影响均可忽略。

通过对线性控制系统时域响应定量及定性输入分析，人们建立起系统外在运动行为特性和系统内在因素间的本质关联关系，获得认识系统的一般性规律。通过调整系统内部固有参数或改造系统结构，可以改

变系统闭环极点在s复数平面的位置分布，从而影响系统的外在运动性能表现，为人们在工程实践中开展有效设计工作提供解决思路，并形成了多种可行的技术手段来实现满足特定要求的控制系统。

本章小结

闭环系统的特征方程的根决定着其稳定性及主要动态和稳态性能。对于高阶系统而言，其特征根的直接求解存在困难。另一方面，为研究系统某一参量变化给系统行为带来的影响而反复求解系统特征方程是十分繁琐而缺乏效率的。根轨迹是一种工程化图解工具，它不用求解高次代数方程也能获得系统特征根在 s 平面的分布情况，是分析和设计系统闭环特性的一种有效简便方法。

① 当系统的开环传递函数极点、零点已知，根据闭环特征方程的相角条件（充分必要条件）和幅值条件（必要条件）所推导出的基本的根轨迹绘制法则，可以比较简便地绘制系统闭环极点随特定参量变化的运动轨迹（根轨迹），直观地研究参数变化对系统性能的影响，分析系统保持稳定性条件，利用闭环主导极点的概念，估算出系统的输出响应及其性能指标。

② 在实际中最常绘制的是以开环增益为变化参量的轨迹，称为常规根轨迹。以其他系统参量作为可变参量绘制的根轨迹称为参数根轨迹，此时应该将系统特征方程化为与常规根轨迹特征方程类似的形式，使所选可变参量处于开环增益的对应位置上，即位于等效开环传递函数的分子中。此时，针对常规根轨迹的相角条件、幅值条件和基本绘制法则都依然适用。

③ 当系统中存在正反馈回路时，特征方程和相角条件都出现了变化，与相角条件有关的根轨迹绘制规则需进行相应调整修改，按照零度根轨迹的相关规则绘制正反馈系统的根轨迹。

④ 基于系统根轨迹分析方法，可以考察开环零点、开环极点位置变化和数量增减以及增益的选取对根轨迹形状的改变，从而达到改善系统性能的目的。一般情况下，增加开环零点可使根轨迹向 s 平面左方运动，有利于改善系统的相对稳定性和动态性能。单纯加入开环极点，则效果相反。

⑤ 滞后环节的存在使系统的特征方程成为超越方程，在此情况下，根轨迹有无限多条，绘制根轨迹所依据的幅值条件和相角条件与无滞后环节的系统不同。

绘制滞后系统的根轨迹也可以采用近似的方法，这时一定要注意近似条件适用范围，以免导致错误的结果。

习 题

4-1 设单位负反馈控制系统的开环传递函数为 $G(s)=\dfrac{K^*}{s+2}$，试用根轨迹相角条件检查下列各点是否在根轨迹上：$(-1,j0)$，$(-3,j0)$，$(-2,j1)$，$(-5,j0)$。并求取相应的 K 值。

4-2 系统的开环传递函数为

$$G(s)H(s)=\frac{K^*}{(s+1)(s+2)(s+4)}$$

试证明点 $s_1=-1+j\sqrt{3}$ 在根轨迹上，并求出相应的根轨迹增益 K^* 和开环增益 K。

4-3 设单位负反馈控制系统的开环传递函数为

$$G(s)=\frac{K(3s+1)}{s(2s+1)}$$

试用解析法绘出开环增益 K 从零增加到无穷时的闭环根轨迹。

4-4 设单位负反馈控制系统的开环传递函数如下所列，试概略画出系统根轨迹，并标注分离点坐标。

(1) $G(s)=\dfrac{K}{s(0.2s+1)(0.5s+1)}$ (2) $G(s)=\dfrac{K(s+1)}{s(2s+1)}$

(3) $G(s)=\dfrac{K^*(s+5)}{s(s+2)(s+3)}$

4-5 设单位负反馈控制系统的开环传递函数如下，试概略绘制系统根轨迹，并标注起始角。

(1) $G(s)=\dfrac{K^*(s+2)}{(s+1+j2)(s+1-j2)}$ (2) $G(s)=\dfrac{K^*}{s(s^2+8s+20)}$

(3) $G(s)=\dfrac{K^*(s+2)}{s(s+3)(s^2+2s+2)}$

4-6 设单位反馈控制系统的开环传递函数如下，要求：

(1) 确定 $G(s)=\dfrac{K^*}{s(s+1)(s+10)}$ 产生纯虚根时的开环增益；

(2) 确定 $G(s)=\dfrac{K^*(s+z)}{s^2(s+10)(s+20)}$ 产生纯虚根 $\pm$j1 的 z 值和 K^* 值。

4-7 设某闭环系统的特征方程式为

$$s^2(s+a)+k(s+1)=0$$

试确定其根轨迹（$0\leqslant k<\infty$）与负实轴无交点、有一个交点与有两个交点时的参数 a 值，并画出相应根轨迹的大致图形。

4-8 单位反馈系统的开环传递函数为

$$G(s)=\frac{K(2s+1)}{(s+1)^2\left(\dfrac{4}{7}s-1\right)}$$

试绘制系统根轨迹，并确定使系统稳定的 K 值范围。

4-9 设系统开环传递函数如下，试画出 b 从零变到无穷大时的根轨迹图。

(1) $G(s)=\dfrac{20}{(s+4)(s+b)}$　　(2) $G(s)=\dfrac{30(s+b)}{s(s+10)}$

4-10 单位负反馈系统的开环传递函数为 $G(s)=\dfrac{0.25(s+\alpha)}{s^2(s+1)}$，绘制以 α 为可变参数的根轨迹，并指出系统稳定条件下的 α 取值范围，以及系统阶跃响应无超调时的 α 取值范围。

4-11 设非最小相位负反馈系统的开环传递函数为

$$G(s)H(s)=\frac{K^*(1-s)}{s(s+2)}$$

试绘制该系统的根轨迹（$0\leqslant K<\infty$）图，并求取使系统产生重实特征根和纯虚特征根的 K 值。

4-12 已知某正反馈系统的开环传递函数为

$$G(s)H(s)=\frac{K^*}{(s+1)(s-1)(s+4)^2}$$

试绘制该系统的根轨迹图。

4-13 利用 MATLAB 绘制以下反馈系统的根轨迹图：

(1) $G(s)H(s)=\dfrac{K^*(s+4)(s+8)}{s^2(s+12)^2}$　　(2) $G(s)H(s)=\dfrac{K^*s(s+6)}{(s^2+4s+8)(s^2+8s+20)}$

(3) $G(s)H(s)=\dfrac{K^*}{(s^2+2s+2)(s^2+2s+4)^2}$

4-14 设负反馈控制系统的开环传递函数为

$$G(s)=\frac{K^*(s+2)}{s(s+1)(s+3)}$$

(1) 作 K 从 $0\to\infty$ 的闭环根轨迹图；

(2) 求当 $\zeta=0.5$ 时闭环的一对主导极点，并求其相应的 K 值。

4-15 设控制系统开环传递函数为

$$G(s)=\frac{K^*(s+1)}{s^2(s+2)(s+4)}$$

试分别画出正反馈和负反馈系统的根轨迹图，并指出它们的稳定情况有何不同。

4-16 单位负反馈系统的根轨迹如图 4-24 所示，要求

(1) 写出该系统的闭环传递函数；

(2) 增加一个开环零点 -4 后，绘制根轨迹图，并简要分析开环零点（-4）引入对系统性能的影响。

4-17 设负反馈系统的前向通道传递函数 $G(s)$ 和反馈通道传递函数 $H(s)$ 分别为

$$G(s)=\frac{K_x}{s(s+1)(s+5)};\qquad H(s)=\frac{K_h(s+5)}{s+2}$$

(1) 确定使闭环系统单位阶跃响应的稳态输出为 1 的 K_h 值；

(2) 绘制根轨迹图，确定使闭环复数极点具有 $\zeta=0.65$ 的 K_xK_h 值；

(3) 计算系统的最大超调量 $\sigma\%$、峰值时间 t_p 和调节时间 t_s。

4-18 设控制系统如图 4-25 所示，试概略绘制 $K_t=0$、$0<K_t<1$、$K_t>1$ 时的根轨迹，若取 $K_t=0.5$，试求出 $K=10$ 时的闭环零、极点，并估算系统的动态性能。

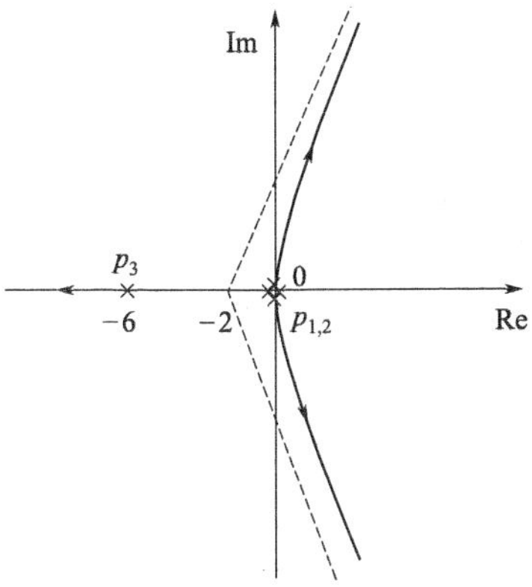

图 4-24 习题 4-16 之根轨迹图

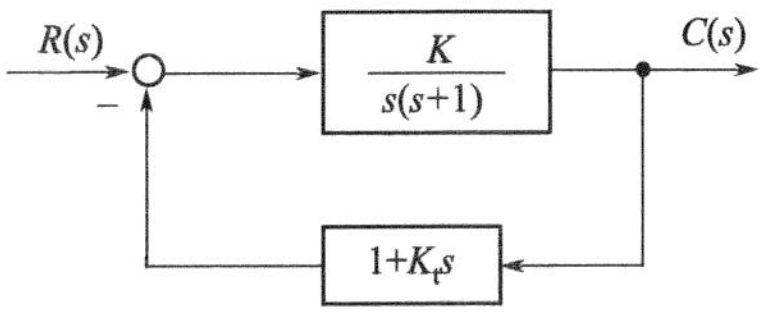

图 4-25 习题 4-18 之根轨迹图

4-19 已知单位负反馈系统的开环传递函数为

$$G(s)=\frac{K^*}{(s+16)(s^2+2s+2)}$$

试用根轨迹法确定使闭环主导极点的阻尼比 $\zeta=0.5$ 和自然振荡角频率 $\omega_n=2$ 时的 K^* 值。

4-20 假设单位负反馈系统的开环传递函数为

$$G(s)=\frac{K(T_d s+1)}{(s+0.1)(s+0.2)(s+0.5)}$$

针对不同的微分时间常数取值，用 MATLAB 分别绘制 $T_d=2.5$ 和 $T_d=7$ 时的根轨迹，观察开环零点位置变化对系统根轨迹的影响，试分析其对系统性能的影响作用。

4-21 假设单位反馈系统的开环传递函数为

$$G(s)=\frac{K^*}{s(s+0.8)}$$

现考察开环极点对系统性能的影响，对原系统实施不同的开环极点增加方案后，系统的开环传递函数分别为

$$G(s)=\frac{K^*}{s(s+0.8)(s+2+j4)(s+2-j4)}$$

$$G(s)=\frac{K^*}{s(s+0.8)(s+4)}$$

(1) 用 MATLAB 分别绘制响应根轨迹图，观察开环极点对系统根轨迹形状变化的影响，试分析开环极点对系统性能的影响作用；

(2) 当开环增益 $K=2$ 时，用 MATLAB 求解上述系统的单位阶跃响应曲线，以验证上述所做出的分析结论。

第5章 线性系统的频域特性分析

当线性定常系统的输入为正弦信号时，其稳态响应也是正弦信号，且频率与输入信号相同，只不过幅值与相位发生了变化，但它们依然是输入信号频率的函数。本章研究在输入信号的频率发生变化时，系统稳态响应（称之为频率响应）的变化情况。这种系统分析和设计的方法称为频率特性法，它是一种研究线性系统的经典方法。此方法简单直观，尤其是只需实验数据就可得到系统的数学模型，从而能设计出满意的控制系统，可以兼顾系统动态响应和噪声抑制两方面的要求，实验成本低廉，因此在工程实际中得到广泛应用。

本章首先介绍频率特性的基本概念和频率特性曲线的图示方法；然后对极坐标图和 Bode 图进行分析；最后在完成控制系统开环频率特性研究的基础上，研究频域的奈奎斯特（Nyquist）稳定判据和性能的估算方法。

5.1 频率特性的基本概念

下面首先以图 5-1 所示的 RC 滤波网络为例，建立频率特性的基本概念。

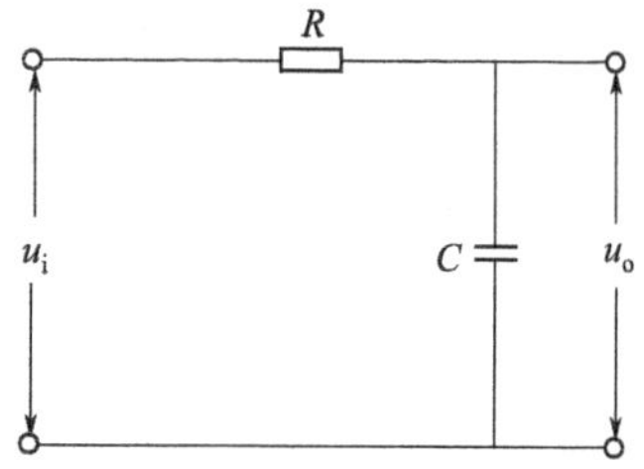

图 5-1 RC 滤波图

由电路知识，RC 网络的输入和输出关系可由以下微分方程描述

$$T\frac{du_o}{dt}+u_o=u_i \tag{5-1}$$

式中，时间常数 $T=RC$。设电容 C 的初始电压为 u_{o_0}，取输入信号为正弦

$$u_i=X\sin\omega t \tag{5-2}$$

对式(5-1) 两边取拉氏变换并代入初始条件 $u_o(0)=u_{o_0}$，整理后得输出的拉氏变换

$$U_o(s)=\frac{1}{Ts+1}[U_i(s)+Tu_{o_0}]=\frac{1}{Ts+1}\left(\frac{X\omega}{s^2+\omega^2}+Tu_{o_0}\right) \tag{5-3}$$

再由拉氏变换，可得输出的时域响应

$$u_o(t)=\left(u_{o_0}+\frac{X\omega T}{1+T^2\omega^2}\right)e^{-\frac{t}{T}}+\frac{X}{\sqrt{1+T^2\omega^2}}\sin(\omega t-\arctan\omega T) \tag{5-4}$$

由于 $T>0$，式(5-4) 等号右端第一项将随时间增大而趋于零，为输出的瞬态分量；而第二项是一个频率为 ω 的正弦信号，是输出的稳态分量

$$u_{o_s}=\frac{X}{\sqrt{1+T^2\omega^2}}\sin(\omega t-\arctan\omega T)=XA(\omega)\sin[\omega t+\phi(\omega)] \tag{5-5}$$

式中，$A(\omega)=\dfrac{1}{\sqrt{1+T^2\omega^2}}$，$\phi(\omega)=-\arctan\omega T$，分别反映 RC 网络在正弦信号作用下，输出稳态分量的幅值和相位变化，称为幅值比和相位差，它们均为频率 ω 的函数。

下面分析该 RC 网络的传递函数

$$G(s)=\frac{1}{Ts+1} \tag{5-6}$$

若取 $s=\mathrm{j}\omega$ 代入式(5-6)，则有

$$G(\mathrm{j}\omega)=G(s)\big|_{s=\mathrm{j}\omega}=\frac{1}{\sqrt{1+T^2\omega^2}}\mathrm{e}^{-\mathrm{j}\arctan\omega T} \tag{5-7}$$

比较式(5-7) 和式(5-5) 可知，$A(\omega)$ 和 $\phi(\omega)$ 分别为 $G(\mathrm{j}\omega)$ 的幅值 $|G(\mathrm{j}\omega)|$ 和相角 $\angle G(\mathrm{j}\omega)$。这一结论反映了 $A(\omega)$ 和 $\phi(\omega)$ 与系统模型的本质关系，具有普遍性。

设有稳定的线性定常系统，其传递函数为 $G(s)$，且可分解为零极点，即

$$G(s)=\frac{P(s)}{Q(s)}=\frac{(s+z_1)(s+z_2)\cdots(s+z_{m-1})(s+z_m)}{(s+p_1)(s+p_2)\cdots(s+p_{n-1})(s+p_n)},\quad n\geqslant m \tag{5-8}$$

若系统输入为正弦信号

$$x(t)=X\sin\omega t \tag{5-9}$$

则

$$X(s)=\frac{X\omega}{s^2+\omega^2} \tag{5-10}$$

输出响应的拉氏变换式为

$$Y(s)=G(s)X(s)=\frac{P(s)}{Q(s)}\times X(s)=\frac{P(s)}{Q(s)}\times\frac{X\omega}{s^2+\omega^2} \tag{5-11}$$

不失一般性，设 $G(s)$ 具有各不相同的极点（且都具有负实部，因为系统稳定），则

$$Y(s)=\frac{a}{s+\mathrm{j}\omega}+\frac{\bar{a}}{s-\mathrm{j}\omega}+\frac{b_1}{s+p_1}+\frac{b_2}{s+p_2}+\cdots+\frac{b_n}{s+p_n} \tag{5-12}$$

式中，a 和 $b_i(i=1,2,\cdots,n)$ 是待定常数；$\bar{a}$ 是 a 的共轭复数。

式(5-12) 的拉氏变换式为

$$y(t)=a\mathrm{e}^{-\mathrm{j}\omega t}+\bar{a}\mathrm{e}^{\mathrm{j}\omega t}+b_1\mathrm{e}^{-p_1t}+b_2\mathrm{e}^{-p_2t}+\cdots+b_n\mathrm{e}^{-p_nt} \tag{5-13}$$

由于极点 $-p_i(i=1,2,\cdots,n)$ 均具有负实部，对应的过渡过程分量随时间趋向无穷大而趋于零，所以系统的稳态响应为

$$y_{\mathrm{s}}(t)=a\mathrm{e}^{-\mathrm{j}\omega t}+\bar{a}\mathrm{e}^{\mathrm{j}\omega t} \tag{5-14}$$

若 $G(s)$ 包含有重极点，只要符合所有极点都具有负实部的条件（系统稳定），则情况相同，在稳态时也可以得到式(5-14)。

系数 a 和 $\bar{a}$ 可按下式计算

$$a=G(s)\frac{X\omega}{s^2+\omega^2}\cdot(s+\mathrm{j}\omega)\big|_{s=-\mathrm{j}\omega}=-\frac{XG(-\mathrm{j}\omega)}{2\mathrm{j}}$$

$$\bar{a}=G(s)\frac{X\omega}{s^2+\omega^2}\cdot(s-\mathrm{j}\omega)\big|_{s=\mathrm{j}\omega}=-\frac{XG(\mathrm{j}\omega)}{2\mathrm{j}}$$

将 $G(\mathrm{j}\omega)$ 和 $G(-\mathrm{j}\omega)$ 分别写成复数形式，或用幅值和相位的形式表示

$$G(\mathrm{j}\omega)=|G(\mathrm{j}\omega)|\mathrm{e}^{\mathrm{j}\phi(\omega)}\quad 和\quad G(-\mathrm{j}\omega)=|G(\mathrm{j}\omega)|\mathrm{e}^{-\mathrm{j}\phi(\omega)} \tag{5-15}$$

代入式(5-14) 中，稳态响应为

$$y_{\mathrm{s}}(t)=X|G(\mathrm{j}\omega)|\frac{\mathrm{e}^{\mathrm{j}(\omega t+\phi)}-\mathrm{e}^{-\mathrm{j}(\omega t+\phi)}}{2\mathrm{j}}=X|G(\mathrm{j}\omega)|\sin(\omega t+\phi) \tag{5-16}$$

若输入正弦信号含有初始相位 φ，即

$$x(t)=X\sin(\omega t+\varphi) \tag{5-9$'$}$$

同样可推导出

$$y_{\mathrm{s}}(t)=X|G(\mathrm{j}\omega)|\sin(\omega t+\varphi+\phi) \tag{5-16$'$}$$

比较式(5-16)、式(5-9)、式(5-5)，得

$$\begin{cases}A(\omega)=|G(\mathrm{j}\omega)|\\ \phi(\omega)=\angle G(\mathrm{j}\omega)\end{cases}$$

从式(5-16) 看出，对于稳定的线性定常系统，由正弦输入产生的输出稳态分量仍然是与输入信号同频率的正弦函数，而幅值 $A(\omega)$ 和相位 $\phi(\omega)$ 均为频率 ω 的函数，它们就是频率传递函数 $G(\mathrm{j}\omega)$ 的幅值与相位。频率传递函数 $G(\mathrm{j}\omega)$ 又被称为频率特性，一般记为

$$G(\mathrm{j}\omega)=A(\omega)\mathrm{e}^{\mathrm{j}\phi(\omega)} \tag{5-17}$$

所以，系统对正弦输入的稳态响应可以直接用频率特性（频率传递函数）求出。

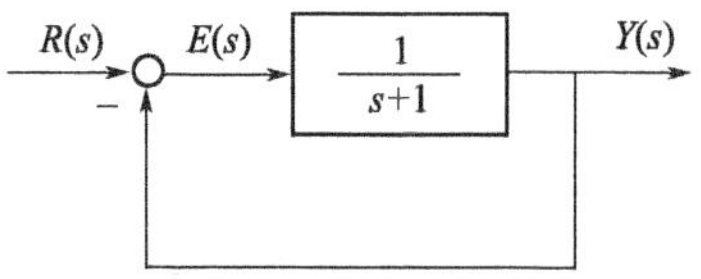

图 5-2　例 5-1 的系统结构图

【例 5-1】 已知单位负反馈系统如图 5-2 所示，试确定在输入信号 $r(t)=\sin(t+30°)-\cos(2t-45°)$ 的作用下，系统的稳态输出 $y_s(t)$。

解　由图知，系统的闭环传递函数

$$\Phi(s)=\frac{\frac{1}{s+1}}{1+\frac{1}{s+1}}=\frac{1}{s+2}$$

系统的闭环频率特性为

$$\Phi(\mathrm{j}\omega)=\frac{1}{2+\mathrm{j}\omega}=\frac{1}{\sqrt{4+\omega^2}}\mathrm{e}^{-\mathrm{j}\arctan\frac{\omega}{2}}$$

在正弦输入信号 $r(t)$ 的作用下，系统的稳态输出

$$y_s(t)=\frac{1}{\sqrt{4+\omega^2}}\sin\left(t+30°-\arctan\frac{\omega}{2}\right)\bigg|_{\omega=1}-\frac{1}{\sqrt{4+\omega^2}}\cos\left(2t-45°-\arctan\frac{\omega}{2}\right)\bigg|_{\omega=2}$$

$$=\frac{1}{\sqrt{5}}\sin\left(t+30°-\arctan\frac{1}{2}\right)-\frac{1}{2\sqrt{2}}\sin(2t)$$

5.2　频率特性及其图示法

5.2.1　频率特性的定义

谐波输入（本章输入采用正弦波）下，输出响应中与输入同频率的谐波分量与谐波输入的幅值比 $A(\omega)$ 为幅频特性，相位差 $\phi(\omega)$ 为相频特性，并称 $G(\mathrm{j}\omega)$ 为系统的频率特性，经常采用其指数表示法表示。

$$G(\mathrm{j}\omega)=A(\omega)\mathrm{e}^{\mathrm{j}\phi(\omega)} \tag{5-18}$$

频率特性的定义既适用于稳定系统，也适用于不稳定系统。稳定系统的频率特性可以用实验方法确定，即在系统的输入端施加不同频率的正弦信号，然后测量系统输出的稳态响应，再根据幅值比 $A(\omega)$ 和相位差 $\phi(\omega)$ 作出系统的频率特性 $G(\mathrm{j}\omega)$ 线，例如图 5-1 所示的 RC 滤波网络的频率特性曲线如图 5-3 所示。要注意的是，对于不稳定系统，输出响应中含有由系统的不稳定极点产生的发散或振荡发散的分量［参见式(5-13)］，所以不稳定系统的频率特性不能通过实验的方法获取。

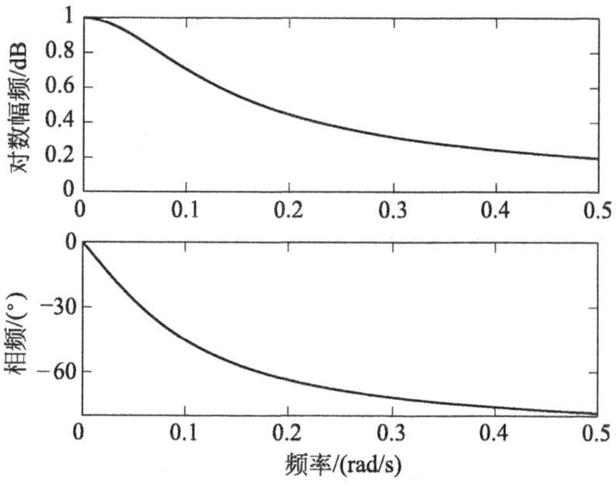

图 5-3　RC 滤波网络的频率特性曲线（$RC=10$）

尽管频率特性反映的是正弦输入下系统稳态情况下的输入输出关系，但所得结果却与反映动态特性的 $G(s)$ 在形式上完全一致，因此可以说，它反映了动态传递函数的结构与参数。从物理概念上解释，频率响应是系统在强制振荡输入信号下的输出响应，尽管研究和观测系统的频率响应是在过渡过程结束后，但是系统并没有真正进入静态，系统仍处于往复振荡中，当系统的动态性能不同时，稳态后的往复振荡值和相位也不相同，所以频率特性可以描述系统的动态性能，也是系统模型的一种表达形式。

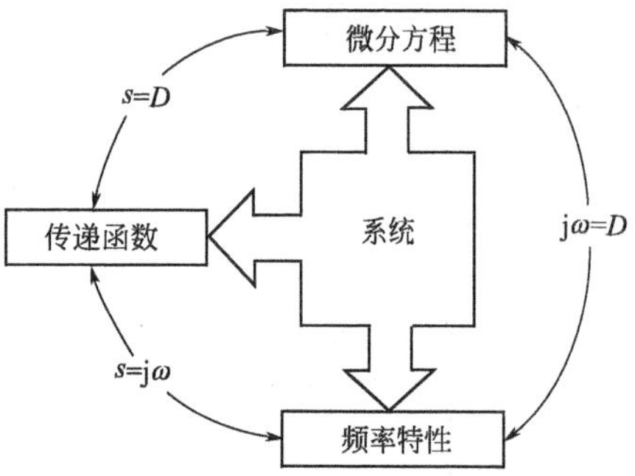

图 5-4　频率特性、传递函数和微分方程三种系统描述之间的关系

频率特性与微分方程、传递函数一样，也表征了系统的运动规律，它是系统频域分析的理论依据。系统的三种描述方法之间的关系如图 5-4 所示。图中 $D=\frac{\mathrm{d}}{\mathrm{d}t}$。

5.2.2　频率特性的图示法

为了便于分析，经常将系统的频率特性绘制成曲线，再用图解法进行研究。常见的频率特性曲线有两种：一种是以频率

为参数将频率特性曲线绘制在复平面上的极坐标图；一种是采用频率的对数值作为横坐标、幅频特性和相频特性分别为纵坐标的对数频率特性曲线，简称为 Bode 图。

(1) 极坐标图

极坐标图又简称为幅相曲线、奈奎斯特图（或乃氏图）。对于任一给定的频率 ω，频率特性值为复数，它既可表示为实部与虚部之和的形式，也可表示为复指数形式。在复平面上，频率特性值为一向量，向量的长度为频率特性的幅值，向量与实轴正方向的夹角为频率特性的相位。由式(5-15) 可知，幅频特性 $A(\omega)$ 为 ω 的偶函数，相频特性 $\phi(\omega)$ 为 ω 的奇函数，故 ω 从 0^+ 变化到 $+\infty$ 和 ω 从 $-\infty$ 变化到 0^- 的幅相曲线关于实轴完全对称。因此可以只绘制 ω 从 0^+ 变化到 $+\infty$ 的幅相曲线，并在曲线中用箭头表示 ω 增大时幅相曲线的变化方向。

考虑图 5-1 所示 RC 滤波网络。系统的频率特性为

$$G(\mathrm{j}\omega)=\frac{1}{1+\mathrm{j}\omega T}=\frac{1}{1+(\omega T)^2}-\mathrm{j}\frac{\omega T}{1+(\omega T)^2} \tag{5-19}$$

当 ω 从 0^+ 变化到 $+\infty$ 时，依次根据式(5-19) 计算频率特性的实部和虚部，然后用光滑的曲线将这些点连接起来就是 RC 网络的幅相曲线图。另外，由式(5-19) 可以得到

$$\left[\mathrm{Re}G(\mathrm{j}\omega)-\frac{1}{2}\right]^2+\mathrm{Im}^2G(\mathrm{j}\omega)=\left(\frac{1}{2}\right)^2 \tag{5-20}$$

表明 RC 滤波网络的幅相曲线是以 $\left(\frac{1}{2},\mathrm{j}0\right)$ 为圆心，半径 $\frac{1}{2}$ 为的半圆，如图 5-5 所示（图中只画出了 $\omega>0$ 的部分）。

(2) Bode 图（或称对数频率特性曲线）

极坐标图除了计算烦琐之外，从图中无法明显地看出每个零点和极点的影响，若增加或减少系统的零极点，只有重新计算系统的频率特性才能得到新的极坐标图，而 Bode 图在这些方面要方便很多，因此在工程中得到广泛应用。

Bode 图由对数幅频曲线和对数相频曲线两部分组成，横坐标按 $\lg\omega$ 分度，单位为弧度/秒（rad/s）。其中对数幅频曲线的纵坐标按

$$\mathrm{Lm}G(\mathrm{j}\omega)=20\lg|G(\mathrm{j}\omega)|=20\lg A(\omega) \tag{5-21}$$

线性分度（对数幅值 logarithm magnitude，Lm）单位是分贝（dB）；对数相频曲线的纵坐标按 $\phi(\omega)$ 线性分度，单位为度（°）。由此构成的坐标系称为半对数坐标系。

线性分度和对数分度如图 5-6 所示。线性分度中，当变量增大或减小 1 时，坐标间距变化一个单位长度；而对数分度中，当变量增大或减少 10 倍（称为十倍频程，记 dec）时，坐标间距离变化一个单位长度。

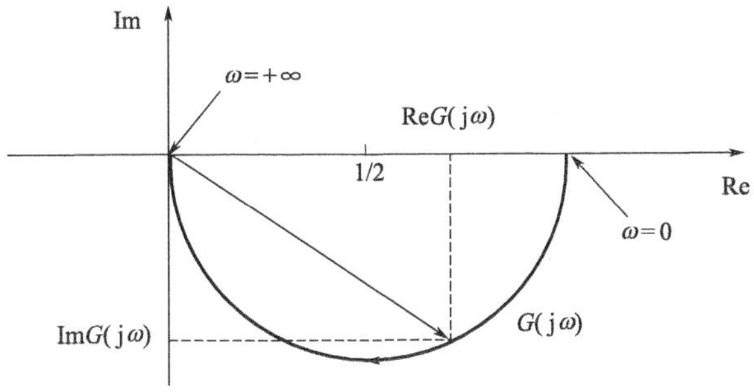

图 5-5 RC 网络的幅相曲线

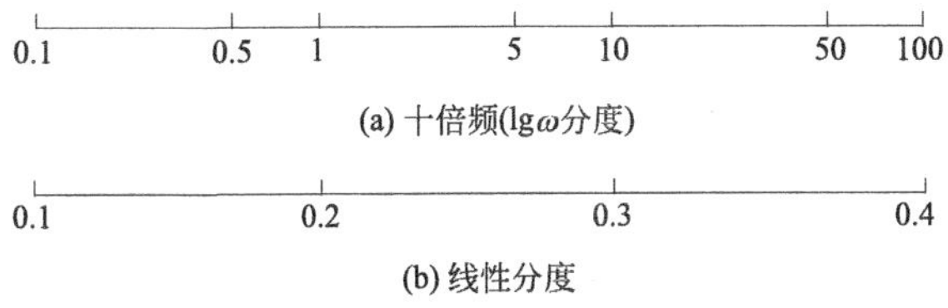

图 5-6 对数分度与线性分度示意图

采用对数坐标绘制 Bode 图具有以下优点：

① ω 的对数分度实现了横坐标的非线性压缩，便于在较大频率范围反映频率特性的变化情况，且扩展了工程中经常出现的低频范围；

② 对数幅频特性采用 $20\lg|G(\mathrm{j}\omega)|$ 可以将实际系统的串联环节演化为环节特性的相加，这一点对控制系统的分析和设计有着特别重要的意义，也是频率特性法得以应用和发展的重要原因；

③ 可用渐近折线法快速绘制 $G(\mathrm{j}\omega)$ 的近似图形，即对数渐近特性曲线，这在系统进行初步分析时非常方便。

例如，对图 5-1 所示的 RC 滤波网络，系统的对数幅频特性和相频特性分别为

$$20\lg A(\omega)=-20\lg\sqrt{1+\omega^2T^2} \tag{5-22}$$

$$\phi(\omega)=-\arctan(\omega T) \tag{5-23}$$

若在 RC 网络中取 $T=0.5$，则 Bode 图如图 5-7 所示。

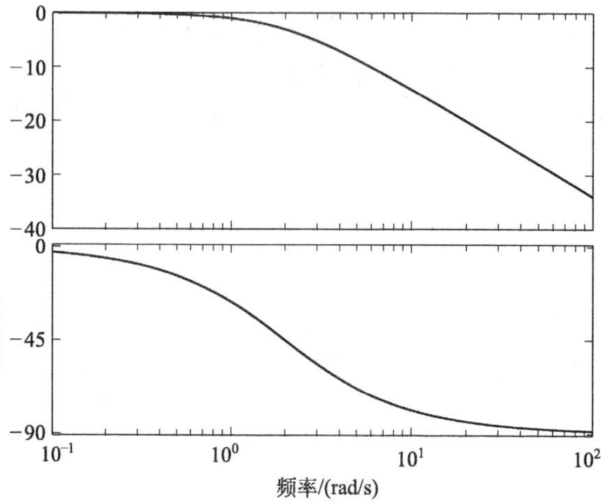

图 5-7　$\dfrac{1}{1+\mathrm{j}0.5\omega}$的对数频率特性曲线

5.3　开环频率特性曲线的绘制

5.3.1　开环系统典型环节分解

一般地，系统开环传递函数可以表示为

$$G(s)H(s)=\frac{K(\tau_1s+1)(\tau_2^2s^2+2\zeta_1\tau_2s+1)\cdots}{s^{\nu}(T_1s+1)(T_2^2s^2+2\zeta_2T_2s+1)\cdots} \tag{5-24}$$

可将式(5-24) 看成是各典型环节的组合。这些典型环节可分为两大类：一类为最小相位环节，即对应于 s 左半平面的开环零点或极点；另一类为非最小相位环节，即对应于 s 右半平面的开环零点或极点。如表 5-1 所示。

表 5-1　典型环节

最小相位环节	非最小相位环节
比例环节 $K(K>0)$	比例环节 $K(K<0)$
惯性环节 $1/(Ts+1)(T>0)$	惯性环节 $1/(-Ts+1)(T>0)$
一阶微分环节 $Ts+1(T>0)$	一阶微分环节 $-Ts+1(T>0)$
振荡环节 $1\Big/\left(\dfrac{s^2}{\omega_n^2}+\dfrac{2\zeta s}{\omega_n}+1\right)(\omega_n>0,0\leqslant\zeta<1)$	振荡环节 $1\Big/\left(\dfrac{s^2}{\omega_n^2}-\dfrac{2\zeta s}{\omega_n}+1\right)(\omega_n>0,0\leqslant\zeta<1)$
二阶微分环节 $\dfrac{s^2}{\omega_n^2}+\dfrac{2\zeta s}{\omega_n}+1(\omega_n>0,0\leqslant\zeta<1)$	二阶微分环节 $\dfrac{s^2}{\omega_n^2}-\dfrac{2\zeta s}{\omega_n}+1(\omega_n>0,0\leqslant\zeta<1)$
理想积分环节 $1/s$	—
理想微分环节 s	—

式(5-24) 所示控制系统的开环传递函数可以表示为典型环节传递函数的乘积，即

$$G(s)H(s)=\prod_{i=1}^{n}G_i(s) \tag{5-25}$$

令 $s=\mathrm{j}\omega$，代入上式得系统开环频率特性

$$G(s)H(s)=\prod_{i=1}^{n}G_i(s)=A(j\omega)e^{j\phi(\omega)}$$

式中，$G_i(j\omega)=A_i(\omega)e^{j\phi_i(\omega)}$。则系统开环幅频特性和相频特性为

$$A(\omega)=\prod_{i=1}^{n}A_i(\omega) \quad 和 \quad \phi(\omega)=\sum_{i=1}^{n}\phi_i(\omega) \tag{5-26}$$

对数幅频特性

$$\mathrm{Lm}G(j\omega)=20\lg A(\omega)=\sum_{i=1}^{n}20\lg A_i(\omega)=\sum_{i=1}^{n}\mathrm{Lm}G_i(j\omega) \tag{5-27}$$

式(5-26)、式(5-27) 表明，系统开环频率特性表现为组成开环系统的诸典型环节频率特性的合成；而系统开环对数频率特性，则表现为诸典型环节的对数频率特性的叠加这一更为简单的形式。所以，很有必要掌握各典型环节的频率特性。

5.3.2 开环幅相曲线图的绘制

(1) 典型环节幅相曲线绘制

① 比例环节。比例环节的频率特性为

$$G(j\omega)=K$$

幅频特性 $$|G(j\omega)|=K$$

相频特性 $$\angle G(j\omega)=\begin{cases}0°, & K>0\\ 180°, & K<0\end{cases} \tag{5-28}$$

可以看出：比例环节的幅值和相角不随频率 ω 变化，所以，在复平面上比例环节的幅相曲线为正实轴（$K>0$）或负实轴（$K<0$）上的点，如图 5-8 所示。

② 理想积分环节与理想微分环节。理想积分环节的频率特性

$$G(j\omega)=\frac{1}{j\omega}$$

幅频特性 $$|G(j\omega)|=\frac{1}{\omega}$$

相频特性 $$\angle G(j\omega)=-90° \tag{5-29}$$

理想微分环节的频率特性 $$G(j\omega)=j\omega$$

幅频特性 $$|G(j\omega)|=\omega$$

相频特性 $$\angle G(j\omega)=90° \tag{5-30}$$

由式(5-29) 和式(5-30) 知，当频率 ω 从 0 变化到 $+\infty$ 时，积分环节的辐频特性由 $+\infty$ 变化到 0，相频特性始终等于 $-90°$，幅相曲线是一条与负虚轴重合的曲线；微分环节的幅频特性由 0 变化到 $+\infty$，相频特性始终等于 90°，幅相曲线是一条与正虚轴重合的曲线。理想积分/理想微分环节的幅相曲线如图 5-9 所示。

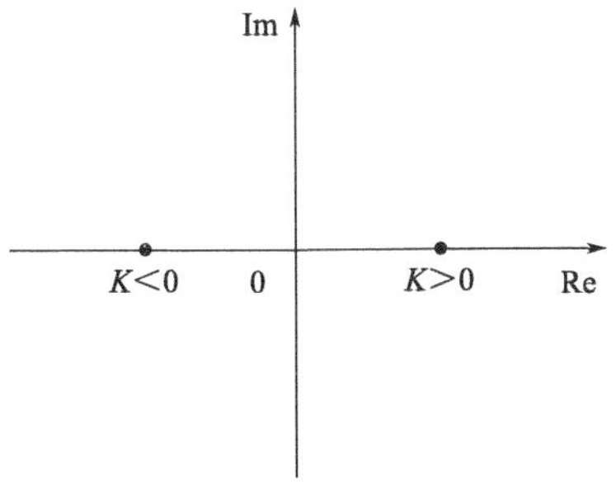

图 5-8 比例环节幅相曲线

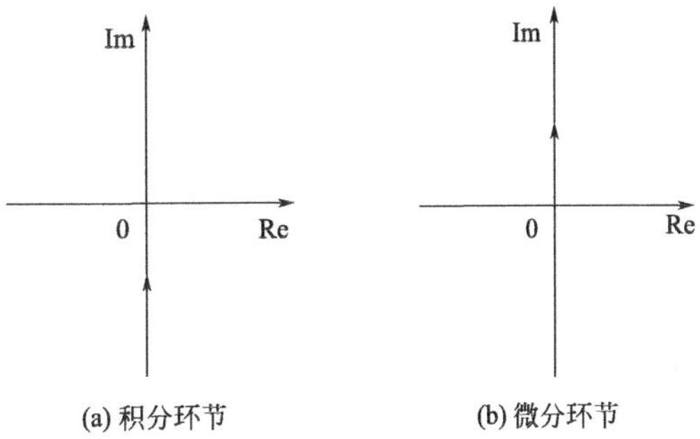

(a) 积分环节 (b) 微分环节

图 5-9 积分/微分环节的幅频曲线

可以看出：理想积分环节为相位滞后环节，理想微分环节为相位超前环节。

③ 惯性环节与一阶微分环节。惯性环节（或一阶惯性环节）的频率特性为：

$$G(j\omega)=\frac{1}{1+j\omega T}$$

幅频特性 $$|G(j\omega)|=\frac{1}{\sqrt{1+\omega^2T^2}}$$

相频特性 $$\angle G(j\omega)=-\arctan\omega T \tag{5-31}$$

由式(5-31) 可知

当 $\omega=0$，　$|G(j\omega)|=1$，　$\angle G(j\omega)=0°$

当 $\omega=\frac{1}{T}$，　$|G(j\omega)|=\frac{1}{\sqrt{2}}$，　$\angle G(j\omega)=-45°$

当 $\omega=+\infty$，　$|G(j\omega)|=0$，　$\angle G(j\omega)=-90°$

所以，当 ω 从 0 变化到 $+\infty$ 时，惯性环节的幅频特性从 1 变化到 0，相频特性从 0°变化到 $-90°$。可以证明，惯性环节的幅相曲线在复平面上是正实轴下方的半圆。

$$G(j\omega)=\frac{1}{1+j\omega}=\frac{1}{1+\omega^2T^2}-j\frac{\omega T}{1+\omega^2T^2}=u(\omega)+jv(\omega) \tag{5-32}$$

$$\left[u(\omega)-\frac{1}{2}\right]^2+[v(\omega)]^2=\left(\frac{1}{1+\omega^2T^2}-\frac{1}{2}\right)^2+\left(\frac{-\omega T}{1+\omega^2T^2}\right)^2=\left(\frac{1}{2}\right)^2 \tag{5-33}$$

显然，式(5-33) 是一个圆方程，圆心在 (1/2,0)，半径为 1/2。

一阶微分环节的频率特性为

$$G(j\omega)=1+j\omega T$$

幅频特性 $$|G(j\omega)|=\sqrt{1+\omega^2T^2}$$

相频特性 $$\angle G(j\omega)=\arctan\omega T \tag{5-34}$$

由式(5-34)可知

当 $\omega=0$，　$|G(j\omega)|=1$，　$\angle G(j\omega)=0°$

当 $\omega=\frac{1}{T}$，　$|G(j\omega)|=\sqrt{2}$，　$\angle G(j\omega)=45°$

当 $\omega=+\infty$，　$|G(j\omega)|=+\infty$，　$\angle G(j\omega)=90°$

所以，ω 从 0 变化到 $+\infty$ 时，一阶微分环节的幅频特性曲线是一条起始于 (1,0) 点，在实轴上方且与实轴垂直的直线。

惯性环节和一阶微分环节的幅相曲线如图 5-10 所示。

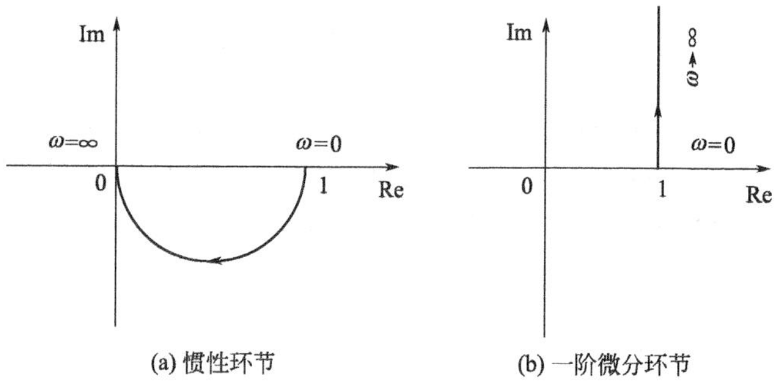

图 5-10　惯性环节和一阶微分环节幅相曲线

由图 5-10 可以看出，惯性环节是一个相位滞后环节，最大的滞后相位为 90°；一阶微分环节为相位超前环节，最大的超前相位为 90°。

④ 振荡环节与二阶微分环节。振荡环节（或二阶振荡环节）的频率特性为

$$G(j\omega)=\frac{1}{1+\frac{2\zeta}{\omega_n}j\omega+\frac{1}{\omega_n^2}(j\omega)^2}$$

幅频特性 $$|G(j\omega)|=\frac{1}{\sqrt{\left(1-\frac{\omega^2}{\omega_n^2}\right)^2+4\zeta^2\frac{\omega^2}{\omega_n^2}}} \tag{5-35}$$

相频特性
$$\angle G(j\omega)=\begin{cases}-\arctan\left(\dfrac{2\zeta\dfrac{\omega}{\omega_n}}{1-\dfrac{\omega^2}{\omega_n^2}}\right), & \omega\leqslant\omega_n\\ -\left[180°-\arctan\left(\dfrac{2\zeta\dfrac{\omega}{\omega_n}}{\dfrac{\omega^2}{\omega_n^2}-1}\right)\right], & \omega>\omega_n\end{cases} \tag{5-36}$$

由式(5-35) 和式(5-36) 可知

当 $\omega=0$，　$|G(j\omega)|=1$，　$\angle G(j\omega)=0°$

当 $\omega=\omega_n$，　$|G(j\omega)|=\dfrac{1}{2\zeta}$，　$\angle G(j\omega)=-90°$

当 $\omega=+\infty$，　$|G(j\omega)|=0$，　$\angle G(j\omega)=-180°$

可见，振荡环节的幅频特性和相频特性不仅与频率 ω 有关，还与阻尼比 ζ 有关，相频特性从 0°单调减至−180°，幅频特性与虚轴的交点为$\dfrac{-1}{2\zeta}$。分析幅频特性的变化，

令
$$\frac{d|G(j\omega)|}{d\omega}=\frac{-\left[-\dfrac{2\omega}{\omega_n^2}\times\left(1-\dfrac{\omega^2}{\omega_n^2}\right)+4\zeta^2\dfrac{\omega}{\omega_n^2}\right]}{\left[\left(1-\dfrac{\omega^2}{\omega_n^2}\right)^2+4\zeta^2\dfrac{\omega^2}{\omega_n^2}\right]^{\frac{3}{2}}}=0 \tag{5-37}$$

得谐振频率 ω_r
$$\omega_r=\omega_n\sqrt{1-2\zeta^2} \tag{5-38}$$

将 ω_r 代入式(5-35)，求得谐振峰值 M_r
$$M_r=\frac{1}{2\zeta\sqrt{1-\zeta^2}} \tag{5-39}$$

振荡环节的频率特性的幅相曲线如图 5-11 所示。

二阶微分环节的频率特性为
$$G(j\omega)=1+\frac{2\zeta}{\omega_n}j\omega+\frac{1}{\omega_n^2}(j\omega)^2$$

幅频特性
$$|G(j\omega)|=\sqrt{\left(1-\frac{\omega^2}{\omega_n^2}\right)^2+4\zeta^2\frac{\omega^2}{\omega_n^2}} \tag{5-40}$$

相频特性
$$\angle G(j\omega)=\begin{cases}\arctan\left(\dfrac{2\zeta\dfrac{\omega}{\omega_n}}{1-\dfrac{\omega^2}{\omega_n^2}}\right), & \omega\leqslant\omega_n\\ 180°-\arctan\left(\dfrac{2\zeta\dfrac{\omega}{\omega_n}}{\dfrac{\omega^2}{\omega_n^2}-1}\right), & \omega>\omega_n\end{cases} \tag{5-41}$$

由式(5-40) 和式(5-41) 可知

当 $\omega=0$，　$|G(j\omega)|=1$，　$\angle G(j\omega)=0°$

当 $\omega=\omega_n$，　$|G(j\omega)|=2\zeta$，　$\angle G(j\omega)=90°$

当 $\omega=+\infty$，　$|G(j\omega)|=+\infty$，　$\angle G(j\omega)=180°$

二阶微分环节的幅相曲线如图 5-12 所示。由图 5-11 和图 5-12 可以看出：振荡环节是一个相位滞后环节；二阶微分环节为相位超前环节，最大的滞后/超前相角 180°。

⑤ 最小相位环节与非最小相位环节。非最小相位环节和与之相对应的最小相位环节的区别在于开环

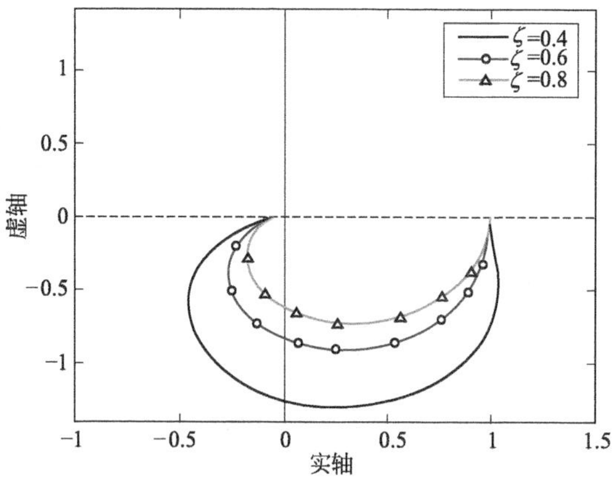

图 5-11　振荡环节频率特性的幅相曲线

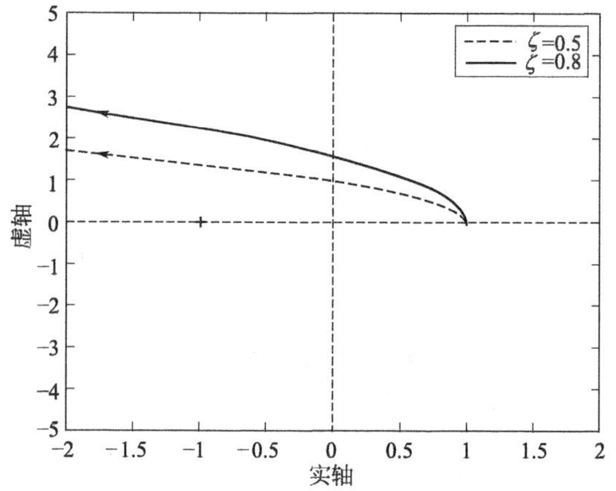

图 5-12　二阶微分环节的幅相曲线

零极点的位置。非最小相位环节对应于 s 右半平面的开环零点或极点，而最小相位环节对应 s 左半平面的开环零点或极点，如非最小相位惯性环节 $G_1(s)$ 与最小相位环节 $G_2(s)$ 为

$$G_1(s)=\frac{1}{-Ts+1},\quad G_2(s)=\frac{1}{Ts+1}$$

相应的幅频特性和相频特性分别为

非最小相位惯性环节

$$|G_1(j\omega)|=\frac{1}{\sqrt{1+\omega^2T^2}}$$

$$\angle G_1(j\omega)=\arctan(\omega T)$$

最小相位惯性环节

$$|G_2(j\omega)|=\frac{1}{\sqrt{1+\omega^2T^2}}$$

$$\angle G_2(j\omega)=-\arctan(\omega T)$$

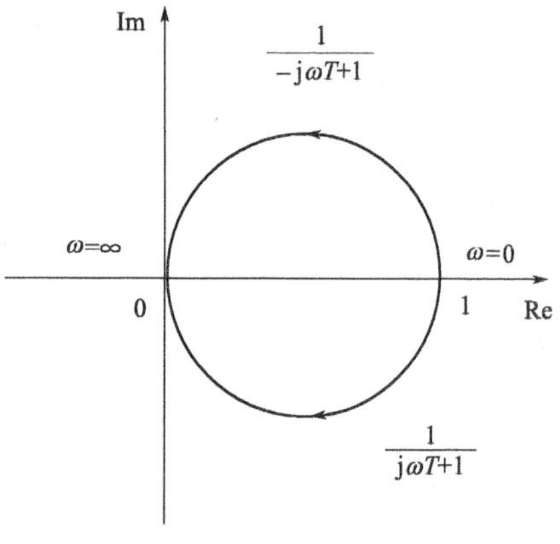

图 5-13　非最小相位惯性环节和最小相位惯性环节的幅相曲线

可以看出：当 ω 从 0 变化至 $+\infty$，非最小相位惯性环节和最小相位惯性环节的幅相特性相同；非最小相位惯性环节的相角从 0°变化到 90°，最小相位惯性环节的相角从 0°变化到 −90°。所以它们的幅频曲线关于实轴对称，如图 5-13 所示。该特点对于振荡环节、一阶微分环节、二阶微分环节均适用。

(2) 系统的开环幅相曲线绘制

系统的开环幅相曲线可以通过 ω 在 $0\sim+\infty$ 范围内取值，计算出每一个对应的开环频率特性的幅值和相位，然后在复平面上绘制相应的点，最后依 ω 增大的方向将所有的点用光滑的曲线连接起来而得。为简单起见，工程上往往绘制概略开环幅相曲线。

概略开环幅相曲线应该反映开环频率特性以下三个要素：

① 起点（$\omega=0_+$）和终点（$\omega\to\infty$）；

② 与实轴的交点。交点处频率 $\omega=\omega_x$ 称为穿越频率，满足以下条件

$$\mathrm{Im}[G(j\omega_x)H(j\omega_x)]=0 \tag{5-42}$$

或

$$\phi(\omega_x)=\angle G(j\omega_x)H(j\omega_x)=k\pi,\quad k=0,\pm1,\pm2\cdots \tag{5-43}$$

开环幅相曲线与实轴的交点的坐标值为

$$\mathrm{Re}[G(j\omega_x)H(j\omega_x)]=G(j\omega_x)H(j\omega_x)$$

③ 开环幅相曲线的变化范围。从象限与单调性两方面着手。

由于这三个因素与系统的型别有关，所以下面结合常用型别（0 型、Ⅰ型、Ⅱ型）等开环系统加以介绍。

0 型系统

假设某 0 型系统的开环频率特性为

$$G(\mathrm{j}\omega)H(\mathrm{j}\omega)=\frac{K_0}{(1+\mathrm{j}\omega T_f)(1+\mathrm{j}\omega T_m)} \tag{5-44}$$

其幅频与相频特性分别为

$$|G(\mathrm{j}\omega)H(\mathrm{j}\omega)|=A(\mathrm{j}\omega)=\left|\frac{K_0}{(1+\mathrm{j}\omega T_f)(1+\mathrm{j}\omega T_m)}\right|=\frac{K_0}{\sqrt{(\omega T_f)^2+1}\sqrt{(\omega T_m)^2+1}}$$

$$\angle G(\mathrm{j}\omega)H(\mathrm{j}\omega)=\phi(\omega)=-\arctan(\omega T_f)-\arctan(\omega T_m)$$

开环幅相曲线的起点和终点为

$$G(\mathrm{j}\omega)H(\mathrm{j}\omega)\rightarrow\begin{cases}K_0\angle 0°, & \omega\rightarrow 0^+\\ 0\angle -180°, & \omega\rightarrow\infty\end{cases}$$

由于式(5-44) 可以分解为两个典型的一阶惯性环节，当 ω 从 0 变化到 $+\infty$ 时，一阶惯性环节的相角从 0°变化到 $-90°$，因此，幅相曲线从 $G(\mathrm{j}\omega)|_{\omega=0}=K_0\angle 0°$ 点出发，依次穿越第Ⅳ象限与第Ⅲ象限，最后到达终点 $\lim\limits_{\omega\rightarrow\infty}G(\mathrm{j}\omega)=0\angle-180°$。也就是说，幅相曲线的相角变化是顺时针从 0°递减到 $-180°$，幅相曲线的形状取决于时间常数 T_f 和 T_m，图 5-14 给出了相同 T_f 不同 T_m 时的幅相曲线。

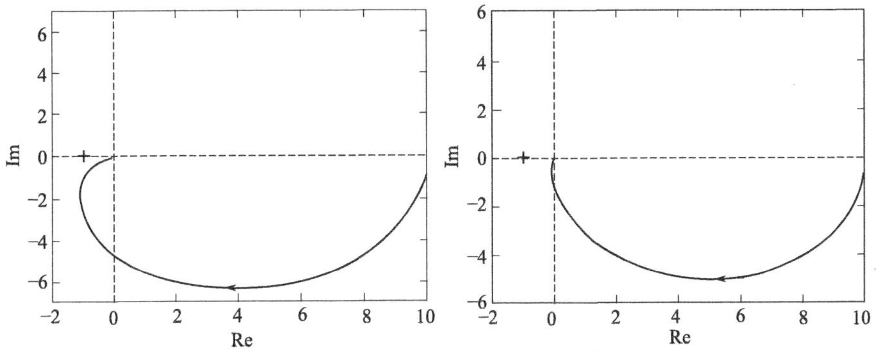

(a) K=10, T_f=1, T_m=2　　(b) K=10, T_f=1, T_m=100

图 5-14　0 型系统的幅相曲线图

由图 5-14 可以看出：当其中一个时间常数（T_m）很大时，如图 5-14(b) 所示，式(5-44) 所表示的系统近似于一阶惯性环节。

如果在式(5-44) 所示系统的分母上添加因子（$1+\mathrm{j}\omega T$），如

$$G(\mathrm{j}\omega)H(\mathrm{j}\omega)=\frac{K_0}{(1+\mathrm{j}\omega T_f)(1+\mathrm{j}\omega T_m)(1+\mathrm{j}\omega T)} \tag{5-45}$$

即等价于原系统再串联一个一阶惯性系统。由于一阶惯性系统环节随着 ω 的变化，相角顺时针由 0°变化到 $-90°$，所以当 $\omega\rightarrow\infty$ 时，系统的开环幅相曲线 $G(\mathrm{j}\omega)=0\angle-270°$，如图 5-15 所示，其中图 5-15(b) 是针对图 5-15(a)，在其原点附近进行放大所得的结果。

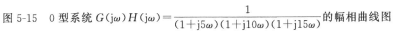

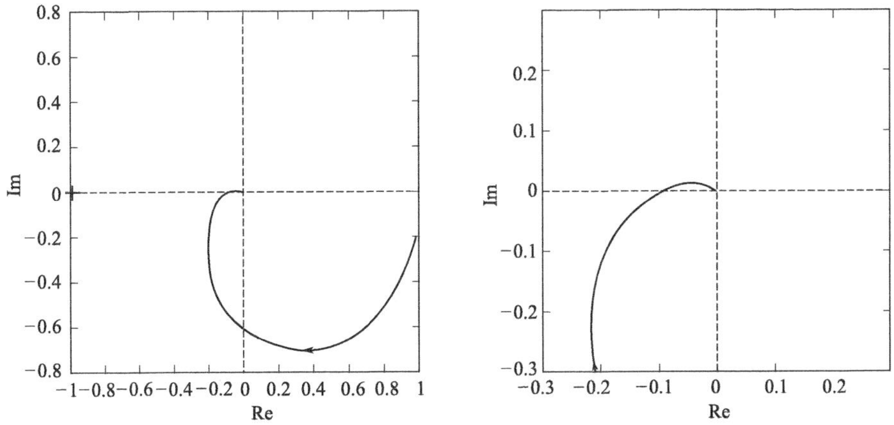

(a) 幅相特性曲线　　(b) 原点附近放大

图 5-15　0 型系统 $G(\mathrm{j}\omega)H(\mathrm{j}\omega)=\dfrac{1}{(1+\mathrm{j}5\omega)(1+\mathrm{j}10\omega)(1+\mathrm{j}15\omega)}$ 的幅相曲线图

若在式(5-44)所示系统的分子上添加因子（$1+j\omega T$），即等价于系统又串联了一个一阶微分环节，由于一阶微分环节随着 ω 的变化，相角逆时针由 0°变化到 90°，所以串联一阶微分环节之后的系统 $G(j\omega)$ 的相角将不一定会单调变化，取决于各环节的参数及它们间的关系，如图 5-16 所示。

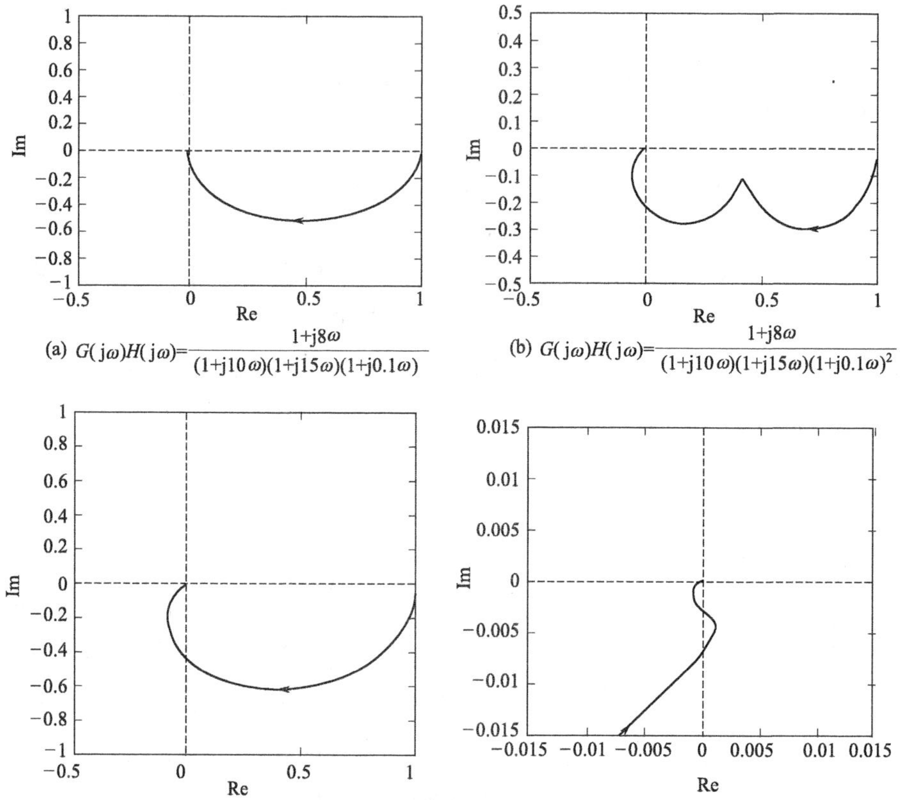

(a) $G(j\omega)H(j\omega)=\dfrac{1+j8\omega}{(1+j10\omega)(1+j15\omega)(1+j0.1\omega)}$

(b) $G(j\omega)H(j\omega)=\dfrac{1+j8\omega}{(1+j10\omega)(1+j15\omega)(1+j0.1\omega)^2}$

(c) $G(j\omega)H(j\omega)=\dfrac{(1+j0.8\omega)^2}{(1+j10\omega)(1+j15\omega)(1+j0.1\omega)^2}$

(d) 对图(c)原点附近的放大

图 5-16　幅相曲线图

同理可以分析串联振荡环节或二阶微分环节之后开环幅相曲线的变化情况。

由以上分析及例子可以看出：假设 0 型系统分子的阶次为 m，分母的阶次为 n，开环放大倍数为 K_0，则 0 型系统的开环幅相曲线起始于实轴上的 K_0 点（$K_0\angle 0°$），终止于原点且相角为（$n-m$）×（$-90°$），即 $0\angle(n-m)\times(-90°)$ 点处。

Ⅰ型系统

假设Ⅰ型系统的开环频率特性为

$$G(j\omega)H(j\omega)=\frac{K_1}{j\omega(1+j\omega T_m)(1+j\omega T_c)(1+j\omega T_1)} \tag{5-46}$$

其幅频与相频特性分别为

$$|G(j\omega)H(j\omega)|=A(j\omega)$$

$$=\left|\frac{K_1}{j\omega(1+j\omega T_m)(1+j\omega T_c)(1+j\omega T_1)}\right|=\frac{K_1}{\omega\sqrt{(\omega T_m)^2+1}\sqrt{(\omega T_c)^2+1}\sqrt{(\omega T_1)^2+1}}$$

$$\angle G(j\omega)H(j\omega)=\phi(\omega)=-90°-\arctan(\omega T_m)-\arctan(\omega T_c)-\arctan(\omega T_1)$$

则开环幅相曲线的起点和终点为

$$G(j\omega)H(j\omega)\to\begin{cases}\infty\angle-90°, & \omega\to 0^+\\ 0\angle-360°, & \omega\to\infty\end{cases}$$

式(5-46)与式(5-45)相比多了一个积分环节。积分环节使得式(5-46)的相角在式(5-45)相角的基础上增加$-90°$，如图 5-17 所示。当 ω 由 0 变化到$+\infty$时，开环系统的相角顺时针由$-90°$单调变化至

$-360°$，若原系统串联一个一阶惯性环节，则对开环幅相曲线的影响与 0 型系统类似。

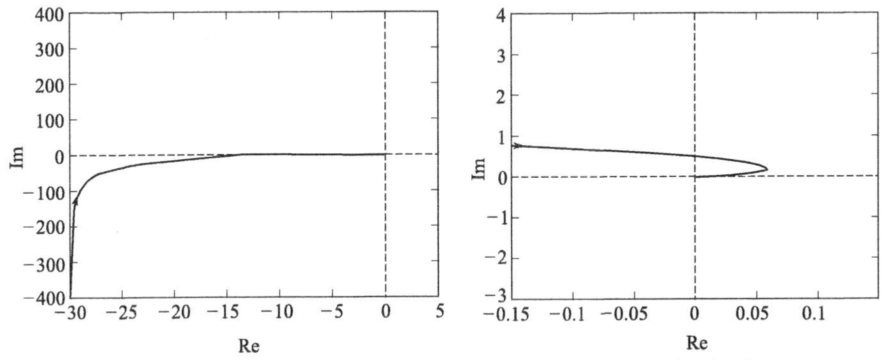

(a) 幅相曲线　　(b) 左图原点附近放大

图 5-17　Ⅰ型系统 $G(j\omega)H(j\omega)=\dfrac{1}{j\omega(1+j5\omega)(1+j10\omega)(1+j15\omega)}$ 的幅频曲线图

由于Ⅰ型系统开环幅频曲线起始于幅值为∞、相角为$-90°$，因此，当 $\omega\to 0$ 时，开环幅相曲线趋近于一条与虚轴平行的渐近线，如图 5-18 所示。设该渐近线与实轴的交点为 V_x，则

$$V_x=\lim_{\omega\to 0}\mathrm{Re}[G(j\omega)H(j\omega)] \tag{5-47}$$

对于式(5-46) 所示系统，渐近线与实轴的交点为

$$V_x=-K_1(T_1+T_c+T_m) \tag{5-48}$$

开环幅相曲线与实轴交点处频率为 ω_x，其满足

$$\mathrm{Im}[G(j\omega)H(j\omega)]=0 \tag{5-49}$$

对于式(5-46) 所示系统

$$\omega_x=(T_cT_1+T_1T_m+T_mT_c)^{-\frac{1}{2}} \tag{5-50}$$

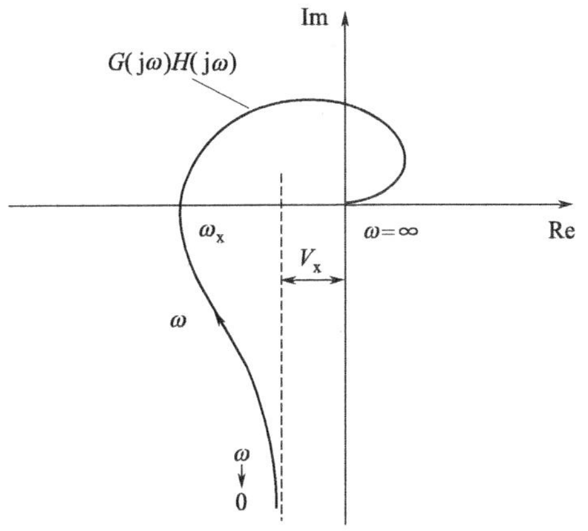

图 5-18　Ⅰ型系统对应式(5-46) 的幅相曲线图

【例 5-2】 已知单位负反馈系统开环传递函数为

$$G(s)=\frac{K(\tau s+1)}{s(T_1s+1)(T_2s+1)},\quad K,T_1,T_2,\tau>0$$

试绘制系统概略开环幅相曲线。

解　系统开环频率特性为

$$G(s)|_{s=j\omega}=G(j\omega)=\frac{K(j\omega\tau+1)}{j\omega(j\omega T_1+1)(j\omega T_2+1)}$$

$$=\frac{K\omega(\tau-T_1-T_2-T_1T_2\tau\omega^2)-jK(1-T_1T_2\omega^2+T_1\tau\omega^2+T_2\tau\omega^2)}{\omega(1+\omega^2T_1^{\ 2})(1+\omega^2T_2^2)}$$

则系统的开环幅频与相频特性分别为

$$|G(j\omega)|=A(j\omega)=\left|\frac{K(j\omega\tau+1)}{j\omega(j\omega T_1+1)(j\omega T_2+1)}\right|=\frac{K\sqrt{(\omega\tau)^2+1}}{\omega\sqrt{(\omega T_1)^2+1}\sqrt{(\omega T_2)^2+1}}$$

$$\angle G(j\omega)=\phi(\omega)=\arctan(\omega\tau)-[90°+\arctan(\omega T_1)+\arctan(\omega T_2)]$$

开环幅相曲线的起点　　$G(j\omega_{0+})=\infty\angle(-90°)$

终点　　$G(j\infty)=0\angle(-180°)$

由于该系统是Ⅰ型系统，当 $\omega\to 0$ 时，开环幅相曲线趋近于一条与虚轴平行的渐近线，该渐近线与实轴的交点为 V_x，可以求得

$$V_x=\lim_{\omega\to 0}\mathrm{Re}[G(j\omega)]=\lim_{\omega\to 0}\frac{K\omega(\tau-T_1-T_2-T_1T_2\tau\omega^2)}{\omega(1+T_1^{\ 2}\omega^2)(1+T_2^2\omega^2)}=K(\tau-T_1-T_2)$$

由开环频率特性可以看出，当 $\tau<\dfrac{T_1T_2}{T_1+T_2}$ 时，开环幅相曲线与实轴的交点存在，且满足

$$\begin{cases}\omega_x=\dfrac{1}{\sqrt{T_1T_2-T_1\tau-T_2\tau}}\\ G(j\omega_x)=-\dfrac{K(T_1+T_2)(T_1T_2-T_1\tau-T_2\tau+\tau^2)(T_1T_2-T_1\tau-T_2\tau)}{(T_1T_2-T_1\tau-T_2\tau+T_1^2)(T_1T_2-T_1\tau-T_2\tau+T_2^2)}\end{cases}$$

变化范围：$\tau>\dfrac{T_1T_2}{T_1+T_2}$且$\tau<T_1+T_2$时，开环幅相曲线位于第Ⅲ象限；

$\tau>\dfrac{T_1T_2}{T_1+T_2}$且$\tau>T_1+T_2$时，开环幅相曲线位于第Ⅳ象限与第Ⅲ象限；

$\tau<\dfrac{T_1T_2}{T_1+T_2}$时，开环幅相曲线位于第Ⅲ象限与第Ⅱ象限。

τ、T_1、T_2不同时，该系统的开环幅相曲线举例如图 5-19 所示。

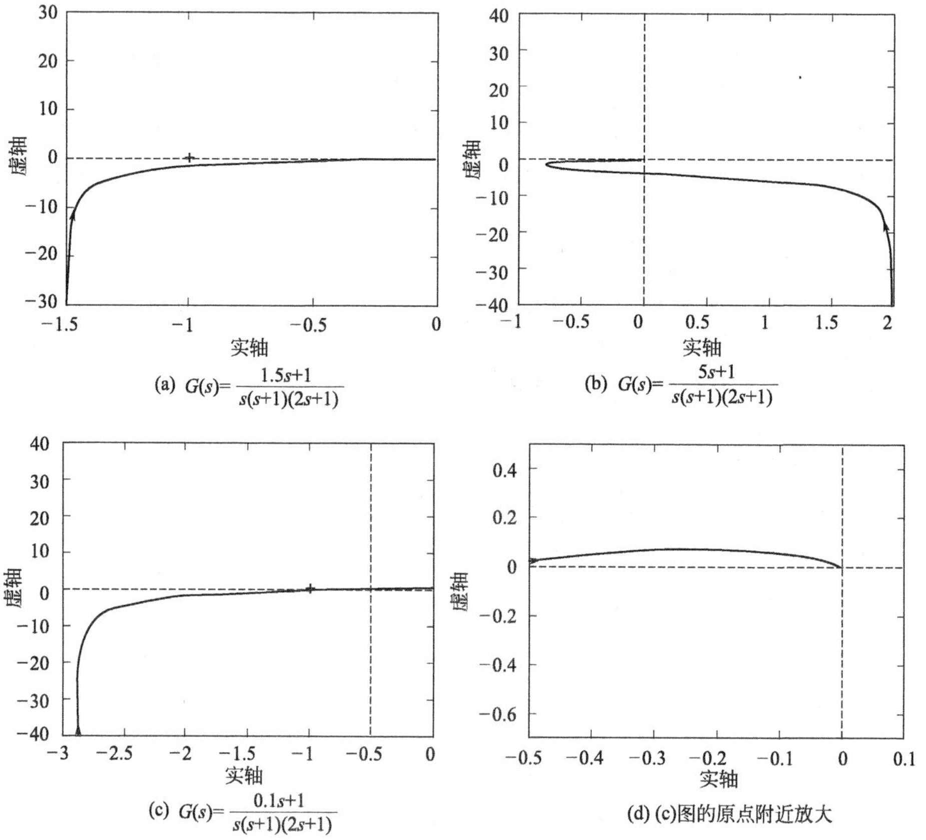

图 5-19 例 5-2 的幅相曲线图

Ⅱ型系统

假设Ⅱ型系统的开环频率特性为

$$G(s)H(s)\big|_{s=j\omega}=G(j\omega)H(j\omega)=\frac{K_2}{(j\omega)^2(1+j\omega T_f)(1+j\omega T_m)} \tag{5-51}$$

则系统的开环幅频与相频特性分别为

$$|G(j\omega)H(j\omega)|=A(j\omega)=\left|\frac{K_2}{(j\omega)^2(1+j\omega T_f)(1+j\omega T_m)}\right|=\frac{K_2}{\omega^2\sqrt{(\omega T_f)^2+1}\sqrt{(\omega T_m)^2+1}}$$

$$\angle G(j\omega)H(j\omega)=\phi(\omega)=-180^\circ-\arctan(\omega T_f)-\arctan(\omega T_m)$$

开环幅相曲线的起点和终点为

$$G(j\omega)H(j\omega)\to\begin{cases}\infty\angle-180^\circ, & \omega\to 0^+\\ 0\angle-360^\circ, & \omega\to\infty\end{cases}$$

由于 $1/(j\omega)^2$ 因子的相角为-180°，所以式(5-51) 所示系统的相角从-180°单调变化至-360°，如

图 5-20 所示。

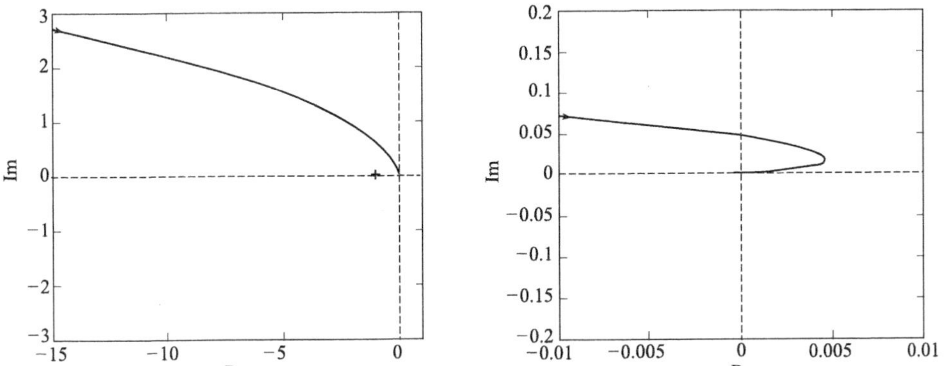

(a) 幅相曲线 (b) 图(a)在原点附近的放大图

图 5-20 Ⅱ型系统 $G(\mathrm{j}\omega)H(\mathrm{j}\omega)=\dfrac{1}{(\mathrm{j}\omega)^2(1+\mathrm{j}0.5\omega)(1+\mathrm{j}0.2\omega)}$ 的幅相曲线图

若在式(5-51) 所示Ⅱ型系统附加一个零点和一个极点，即如

$$G(\mathrm{j}\omega)H(\mathrm{j}\omega)=\frac{K_2(1+\mathrm{j}\omega T_1)}{(\mathrm{j}\omega)^2(1+\mathrm{j}\omega T_\mathrm{f})(1+\mathrm{j}\omega T_\mathrm{m})(1+\mathrm{j}\omega T_2)}$$

式中，$T_1>T_\mathrm{f}+T_\mathrm{m}+T_2$。

当 $\omega=0^+$ 时，相角为 180°，随着频率 ω 的变化，在低频段（$1+\mathrm{j}\omega T_1$）的相角大于由（$1+\mathrm{j}\omega T_\mathrm{f}$）、（$1+\mathrm{j}\omega T_\mathrm{m}$）、（$1+\mathrm{j}\omega T_2$）产生的相角之和，所以在低频段 $G(\mathrm{j}\omega)H(\mathrm{j}\omega)$ 的相角大于 $-180°$；随着频率增加至 ω_x，$G(\mathrm{j}\omega)H(\mathrm{j}\omega)$ 的相角等于 $-180°$，幅相曲线穿越实轴；随着频率 ω 的进一步增大，分子（$1+\mathrm{j}\omega T_1$）的相角变化减慢，而由（$1+\mathrm{j}\omega T_\mathrm{f}$）、（$1+\mathrm{j}\omega T_\mathrm{m}$）、（$1+\mathrm{j}\omega T_2$）三个极点产生的相角变化加快；当 $\omega\to\infty$ 时，$G(\mathrm{j}\omega)H(\mathrm{j}\omega)$ 的相角接近 $-360°$，系统的开环幅相曲线如图 5-21 所示。

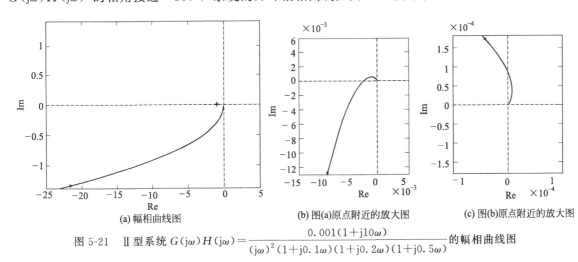

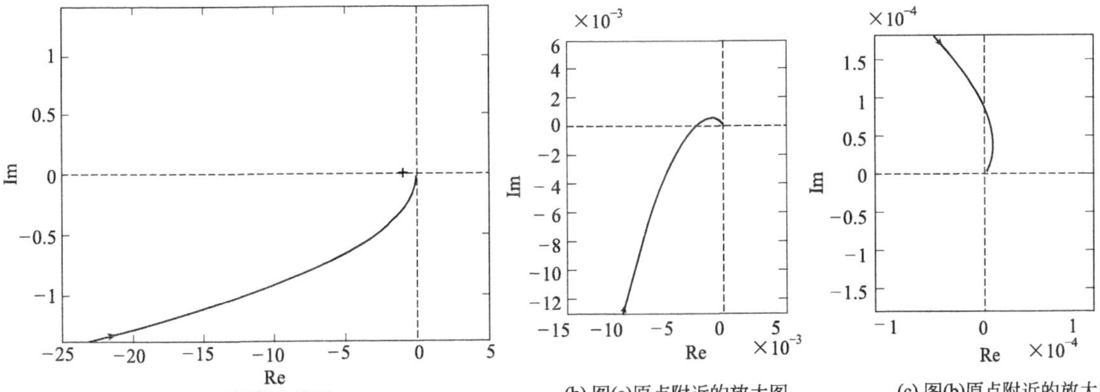

(a) 幅相曲线图 (b) 图(a)原点附近的放大图 (c) 图(b)原点附近的放大图

图 5-21 Ⅱ型系统 $G(\mathrm{j}\omega)H(\mathrm{j}\omega)=\dfrac{0.001(1+\mathrm{j}10\omega)}{(\mathrm{j}\omega)^2(1+\mathrm{j}0.1\omega)(1+\mathrm{j}0.2\omega)(1+\mathrm{j}0.5\omega)}$ 的幅相曲线图

可以看出：假设Ⅱ型系统分子的阶次为 m，分母的阶次为 $n(n>m)$，则Ⅱ型系统的开环幅相曲线起始于 $\infty\angle-180°$，且当 $\sum(T_{分子})-\sum(T_{分母})>0$ 时（其中 $T_{分子}$ 表示分子中的时间常数，$T_{分母}$ 表示分母中的时间常数），起点在实轴下方，当 $\sum(T_{分子})-\sum(T_{分母})<0$ 时，起点在实轴上方，图 5-20 和图 5-21 也证明了这一点；当 $\omega\to\infty$ 时，曲线终止于 $0\angle(n-m)\times(-90°)$。

开环系统中存在振荡环节

若开环系统中存在振荡环节，其开环频率特性如下式

$$G(\mathrm{j}\omega)H(\mathrm{j}\omega)=\frac{K}{\mathrm{j}\omega(1+\mathrm{j}\omega T)[1+(\mathrm{j}\omega)^2/\omega_\mathrm{n}^2]} \tag{5-52}$$

则开环幅相曲线的起点 $\lim\limits_{\omega\to0}G(\mathrm{j}\omega)H(\mathrm{j}\omega)=\infty\angle(-90)°$

终点 $\lim\limits_{\omega\to\infty}G(\mathrm{j}\omega)H(\mathrm{j}\omega)=0\angle(-360)°$

由开环频率特性表达式(5-52)可知，$G(j\omega)H(j\omega)$ 的虚部不为零，所以与实轴没有交点。同时，由于开环系统含有等幅振荡环节，当 $\omega\to\omega_n$ 时，幅频特性趋于无穷大，而相频特性满足

$$\angle G(j\omega_{n-})H(j\omega_{n-})\approx-90°-\arctan T\omega_n,\qquad \omega_{n-}=\omega_n-\varepsilon,\quad \varepsilon>0$$

$$\angle G(j\omega_{n+})H(j\omega_{n+})\approx-90°-\arctan T\omega_n-180°,\quad \omega_{n+}=\omega_n+\varepsilon,\quad \varepsilon>0$$

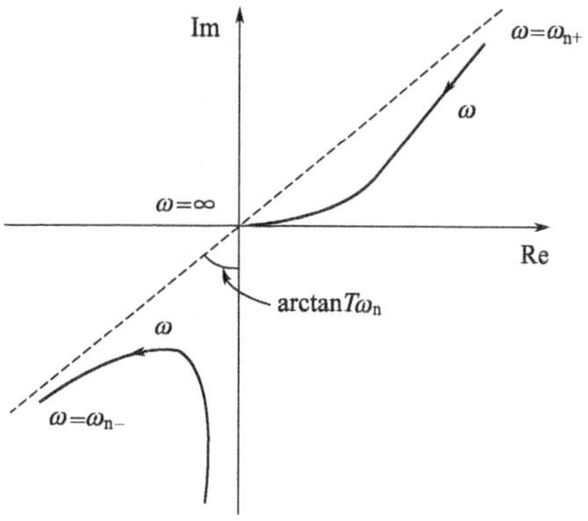

图 5-22　式(5-52)所示系统的开环概略幅相曲线

即在 $\omega\to\omega_n$ 附近，相角突变 $-180°$，幅相曲线在 ω_n 处呈现不连续现象，系统开环幅相曲线如图 5-22、图 5-23 所示。

根据以上分析，可以归纳出绘制开环概略幅相曲线的几个要点如下。

① 假设开环频率特性具有如下形式

$$G(j\omega)H(j\omega)=\frac{K_\nu(1+j\omega T_a)(1+j\omega T_b)\cdots(1+j\omega T_\omega)}{(j\omega)^\nu(1+j\omega T_1)(1+j\omega T_2)\cdots(1+j\omega T_u)}\tag{5-53}$$

式中，分子多项式的阶次为 m，分母多项式的阶次为 $n(n=v+u)$。则开环幅相曲线的起点取决于比例环节 K_ν 和系统型别 ν，如图 5-24 所示。

$\nu=0$，起点为实轴上的点 K_0；

$\nu>0$，则 $K_\nu>0$ 时起点为 $\nu\times(-90°)$ 的无穷远处，$K_\nu<0$ 时为 $\nu\times(-90°)-180°$的无穷远处。

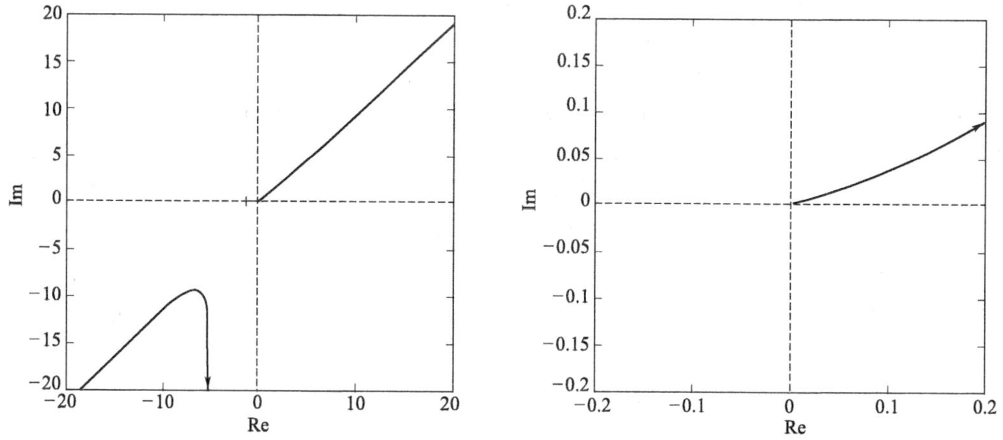

(a) 幅相曲线　　(b) 图(a)原点附近的放大图

图 5-23　$G(j\omega)H(j\omega)=\dfrac{1}{j\omega(1+j5\omega)[1+(j\omega)^2/0.2^2]}$的幅相曲线

② 开环幅相曲线的终点，取决于传递函数分子、分母多项式中最小相位环节和非最小相位环节的阶次和。

考虑式(5-53)所示系统，分子多项式中最小相位环节的阶次和为 m_1，非最小相位环节的阶次和为 m_2；$m_1+m_2=m$；分母多项式中最小相位环节的阶次和为 n_1，非最小相位环节的阶次和为 n_2，$n_1+n_2=n$，则有

$$\lim_{\omega\to0}\angle G(j\omega)H(j\omega)=\begin{cases}[(m_1-m_2)-(n_1-n_2)]\times90°, & K_\nu>0\\ [(m_1-m_2)-(n_1-n_2)]\times90°-180°, & K_\nu<0\end{cases}\tag{5-54}$$

$$\lim_{\omega\to\infty}|G(j\omega)H(j\omega)|=\begin{cases}|K^*|, & m=n\\ 0, & m<n\end{cases}\tag{5-55}$$

K^* 为系统开环根轨迹增益。特殊地，当开环系统为最小相位系统时

$$\lim_{\omega\to\infty}G(j\omega)H(j\omega)=\begin{cases}|K^*|, & m=n\\ 0\angle(n-m)\times(-90)°, & m<n\end{cases}\tag{5-56}$$

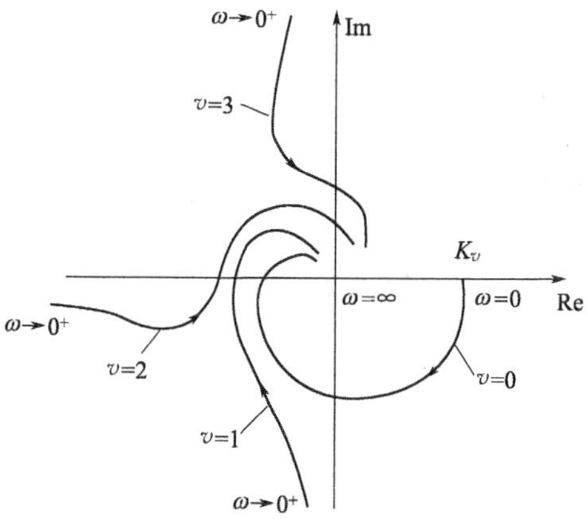

图 5-24　不同型别系统的开环幅相曲线图

③ 对于Ⅰ型系统，开环幅相曲线低频段的渐近线由下式决定

$$V_x = \lim_{\omega \to 0} \mathrm{Re}[G(\mathrm{j}\omega)H(\mathrm{j}\omega)]$$

④ 幅相曲线与实轴交点处的频率 ω 可令 $\mathrm{Im}[G(\mathrm{j}\omega)H(\mathrm{j}\omega)]=0$ 求解得到，与虚轴交点处的频率 ω 可令 $\mathrm{Re}[G(\mathrm{j}\omega)H(\mathrm{j}\omega)]=0$ 求解得到。

⑤ 若开环系统存在等幅振荡环节，重数 l 为正整数，即开环传递函数具有以下形式

$$G(\mathrm{j}\omega)H(\mathrm{j}\omega)=\frac{1}{\left[\frac{(\mathrm{j}\omega)^2}{\omega_n^2}+1\right]^l}G_1(\mathrm{j}\omega)H_1(\mathrm{j}\omega) \tag{5-57}$$

$G_1(\mathrm{j}\omega)H_1(\mathrm{j}\omega)$ 不含 $\pm \mathrm{j}\omega_n$ 的极点，则当 ω 趋近于 ω_n 时，开环系统的幅值和相角满足

$$G(\mathrm{j}\omega_{n-})H(\mathrm{j}\omega_{n-}) \approx \infty \angle G_1(\mathrm{j}\omega_n)H_1(\mathrm{j}\omega_n) \tag{5-58}$$

$$G(\mathrm{j}\omega_{n+})H(\mathrm{j}\omega_{n+}) \approx \infty [\angle G_1(\mathrm{j}\omega_n)H_1(\mathrm{j}\omega_n)-l\times 180^\circ]$$

即开环频率特性的相角在 $\omega=\omega_n$ 附近突变 $-l\times 180^\circ$。

纯滞后环节

假设系统的输入为 $x(t)$，输出为 $y(t)$，则纯滞后环节的传递函数为

$$G(s)=\frac{Y(s)}{X(s)}=\mathrm{e}^{-\tau s} \tag{5-59}$$

式中，τ 为纯滞后时间。纯滞后环节的频率特性为

$$G(\mathrm{j}\omega)=\mathrm{e}^{-\mathrm{j}\tau\omega}=1\angle(-\tau\omega)(\mathrm{rad})=1\angle(-57.3\tau\omega)(^\circ) \tag{5-60}$$

由式(5-60)可以看出纯滞后环节的幅相曲线为单位圆。当开环系统传递函数中存在纯滞后环节时，纯滞后环节对系统开环频率特性的影响造成相频特性的明显变化。

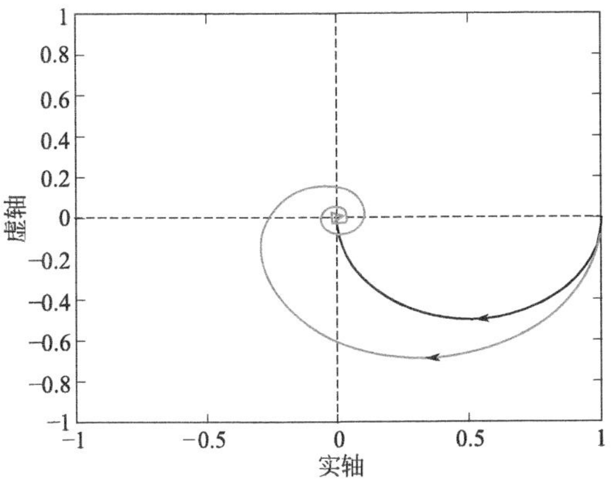

图 5-25 有纯滞后与无滞后的两个系统的开环幅相曲线对比

设某单位反馈控制系统的开环传递函数为 $G(s)=\frac{1}{s+1}\mathrm{e}^{-0.5s}$，则系统开环幅相曲线为如图 5-25 中所示的螺旋线；同一图中以 (0.5, j0) 为圆心，半径为 0.5 的半圆为无纯滞后的惯性环节 $G(s)=\frac{1}{s+1}$ 的幅相曲线。

5.3.3 Bode 图的绘制

(1) 典型环节 Bode 图的绘制

① 比例环节。由于比例环节（K，$K>0$）的幅值和相角都不随 ω 变化，即

对数幅频特性　　$\mathrm{Lm}K=20\lg K$

对数相频特性　　$\phi(\omega)=0$

可见，比例环节的对数幅频特性只与 K 大小相关，对数相频特性则恒为零。比例环节的 Bode 图如图 5-26 所示。

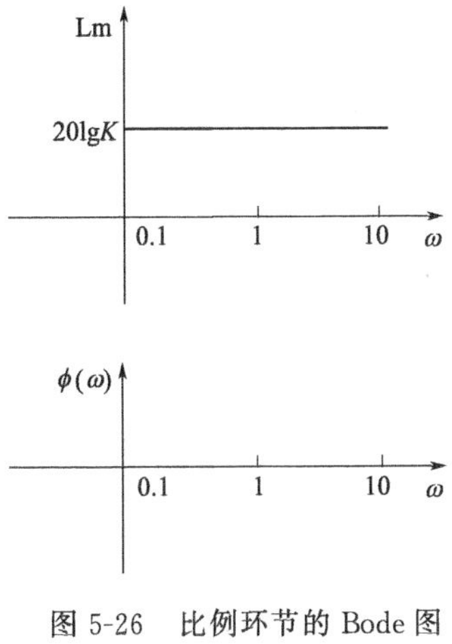

图 5-26 比例环节的 Bode 图

② 积分环节与微分环节。积分环节 $\frac{1}{\mathrm{j}\omega}$ 的对数频率特性为

幅频特性　　$\mathrm{Lm}\left(\frac{1}{\mathrm{j}\omega}\right)=-20\lg\omega$

相频特性　　$\phi(\omega)=-90^\circ$

由于当 $\omega=1$ 时，积分环节的对数幅频特性为 0，所以积分环节的对数幅频特性是一条经过 (1, 0)，斜率为 $-20\mathrm{dB/dec}$ 的直线；相频特性为恒为 -90° 且平行于 ω 轴的直线，如图 5-27(a) 所示。

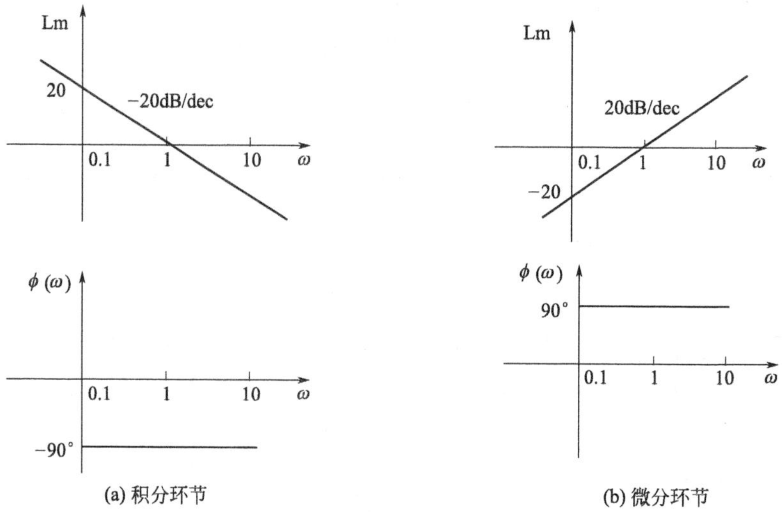

图 5-27　积分环节与微分环节的 Bode 图

同理，易得微分环节（$j\omega$）的对数频率特性为

幅频特性　　$Lm(j\omega)=20\lg\omega$

相频特性　　$\phi(\omega)=90°$

当 $\omega=1$ 时，微分环节的对数幅频特性为 0，所以微分环节的对数幅频特性是一条经过（1,0）、斜率为 20dB/dec 的直线；相频特性为恒为 90°且平行于 ω 轴的直线，如图 5-27(b) 所示。

若有 ν 个积分环节或微分环节串联，即环节传递函数为 $(j\omega)^{\pm\nu}$，则对数频率特性为

幅频特性　　$Lm(j\omega)^{\nu}=\pm 20\nu\lg\omega$

相频特性　　$\phi(\omega)=\pm\nu\times 90°$

环节 $(j\omega)^{\pm\nu}$ 的对数幅频特性是一条经过（1,0）斜率为 $\pm 20\nu$dB/dec 的直线；相频特性为恒为 $\pm\nu\times$90°且平行于 ω 轴的直线。

③ 一阶惯性环节与一阶微分环节。一阶惯性环节 $\frac{1}{1+j\omega T}$ 的对数频率特性为

幅频特性　　$Lm\left(\frac{1}{1+j\omega T}\right)=-20\lg\sqrt{1+\omega^2T^2}$

相频特性　　$\phi(\omega)=-\arctan(\omega T)$

为了简化一阶惯性环节、一阶微分环节、振荡环节和二阶微分环节对数幅频特性曲线的作图，常用低频段和高频段的渐近线近似表示对数幅频曲线，称之为对数幅频渐近特性曲线。由于相频特性的渐近线会带来较大误差，一般只在希望快速了解相频特性概貌时使用。

在低频段（$\omega T\ll 1$），一阶惯性环节对数幅频特性可以近似为

$$Lm\left(\frac{1}{1+j\omega T}\right)\approx -20\lg 1=0\text{dB} \tag{5-61}$$

所以，低频段的对数幅频特性是 0dB，与 ω 轴重合。

高频段（$\omega T\gg 1$），一阶惯性环节对数幅频特性可以近似为

$$Lm\left(\frac{1}{1+j\omega T}\right)\approx -20\lg\omega T \tag{5-62}$$

即高频段的对数频率特性曲线为一条经过（$1/T$,0）、斜率为−20dB/dec 的直线。低频段与高频段的两条直线在 $\omega=1/T$ 处相交，称频率 $1/T$ 为一阶惯性环节的转折频率。如图 5-28(a) 所示。

一阶微分环节（$1+j\omega T$）的对数频率特性为：

幅频特性　　$Lm(1+j\omega T)=20\lg\sqrt{1+\omega^2T^2}$

相频特性　　$\phi(\omega)=\arctan(\omega T)$

类似地，在低频段（$\omega T\ll 1$），一阶微分环节对数幅频特性可以近似为 $Lm(1+j\omega T)\approx 0\text{dB}$，对数幅频特性是 0dB 线，在高频段（$\omega T\gg 1$），一阶微分环节对数幅频特性可以近似为 $Lm(1+j\omega T)\approx 20\lg\omega T$，即

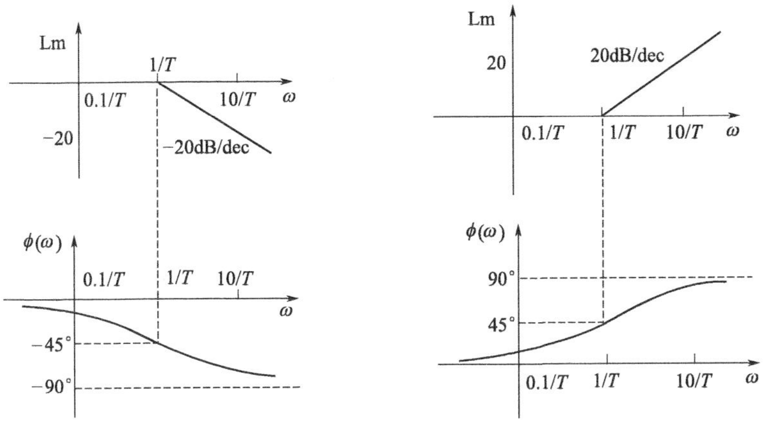

(a) 惯性环节　　　　(b) 一阶微分环节

图 5-28　一阶惯性环节/一阶微分环节的 Bode 图

高频段的对数频率特性曲线为一条经过（$1/T$，0）且斜率为 20dB/dec 的直线，称频率 $1/T$ 为一阶微分环节的转折频率，如图 5-28(b) 所示。

一阶惯性环节的相频特性在 $\omega=0$ 时为 0°，$\omega=1/T$（转折频率）时为 $-45°$，$\omega=\infty$时为 $-90°$；而一阶微分环节的相频特性在 $\omega=0$ 时为 0°，$\omega=1/T$（转折频率）时为 45°，$\omega=\infty$时为 90°。

由图 5-28 可以看出：一阶惯性环节和一阶微分环节在低频段的特性是相同的，都可以准确复现输入端的低频信号，其特性近似于比例环节；高频特性则恰好相反，一阶微分环节扩大高频信号，与纯微分环节的特性相同，而一阶惯性环节的高频段特性与纯积分环节的特性相同。

④ 振荡环节/二阶微分环节。振荡环节 $\dfrac{1}{1+\dfrac{2\zeta}{\omega_n}j\omega+\dfrac{1}{\omega_n^2}(j\omega)^2}$ 的对数频率特性为

幅频特性

$$\mathrm{Lm}\left(\frac{1}{1+\frac{2\zeta}{\omega_n}j\omega+\frac{1}{\omega_n^2}(j\omega)^2}\right)=-20\lg\sqrt{\left(1-\frac{\omega^2}{\omega_n^2}\right)^2+\left(\frac{2\zeta\omega}{\omega_n}\right)^2}$$

相频特性

$$\phi(\omega)=\begin{cases}-\arctan\left(\dfrac{2\zeta\omega/\omega_n}{1-\omega^2/\omega_n^2}\right), & \omega\leqslant\omega_n\\[2ex] -\left[180°-\arctan\left(\dfrac{2\zeta\omega/\omega_n}{\omega^2/\omega_n^2-1}\right)\right], & \omega>\omega_n\end{cases}$$

可以看出：低频段的对数幅频渐近曲线为 Lm=0dB；在高频段，由于

$$\mathrm{Lm}\left(\frac{1}{1+\frac{2\zeta}{\omega_n}j\omega+\frac{1}{\omega_n^2}(j\omega)^2}\right)=-20\lg\sqrt{\left(1-\frac{\omega^2}{\omega_n^2}\right)^2+\left(\frac{2\zeta\omega}{\omega_n}\right)^2}\approx-20\lg\frac{\omega^2}{\omega_n^2}=-40\lg\frac{\omega}{\omega_n} \tag{5-63}$$

所以高频段对数幅频渐近曲线的斜率为 -40dB/dec，转折频率为 ω_n。

图 5-29 绘制了不同阻尼比 ζ（以对数幅频曲线从上到下为顺序：$\zeta=0.1,0.15,0.2,0.25,0.3,0.5,0.71,1.0$）振荡环节的对数频率特性曲线。

由图 5-29 所示振荡环节的对数幅频特性可以看出：振荡环节的低频段特性与惯性环节相似，对低频输入信号的复现能力很强，高频段特性以 -40dB/dec 斜率下降，有比惯性环节更强的高频滤波作用，并在高频段引起较大的相位滞后。当 $\zeta<0.707$ 时，振荡环节的对数幅频特性在 $\omega=\omega_r$（谐振频率）处出现峰值 M_r，对数幅频特性大于 0dB，且随 ζ 的减小，峰值越来越大，振荡特性越来越剧烈。出现这种现象的原因是当 $\zeta<0.707$ 时，振荡环节的幅频特性先是随着频率的增大而增大，而当 $\omega>\omega_r$ 时，环节的幅频特性随着频率 ω 的增大而减小。振荡环节的相频曲线也是阻尼比 ζ 的函数（如图 5-29 所示）。频率 $\omega=0$ 时，相角为 0°，频率 $\omega=\omega_n$（转折频率）时，相角为 $-90°$，频率 $\omega=\infty$时，相角为 $-180°$。

二阶微分环节的对数频率特性与振荡环节的对数频率特性幅值相同，符号相反。

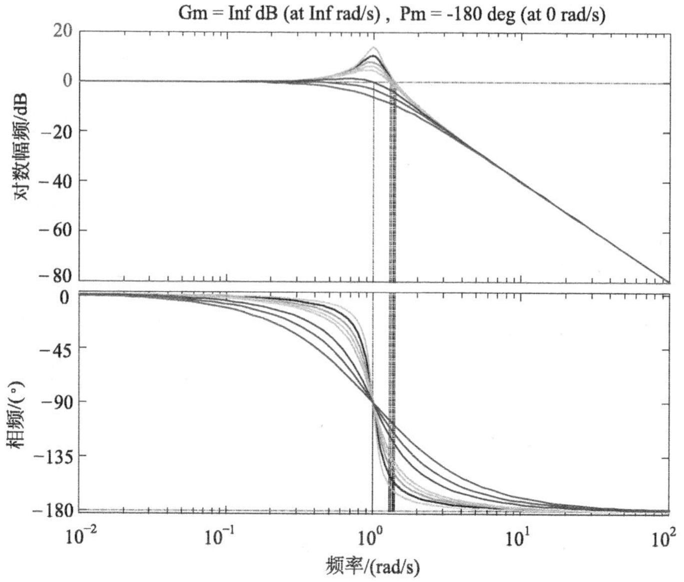

图 5-29　振荡环节的对数幅频和相频曲线

幅频特性　$$Lm\left(1+\frac{2\zeta}{\omega_n}j\omega+\frac{1}{\omega_n^2}(j\omega)^2\right)=20\lg\sqrt{\left(1-\frac{\omega^2}{\omega_n^2}\right)^2+\left(\frac{2\zeta\omega}{\omega_n}\right)^2}$$

相频特性　$$\phi(\omega)=\begin{cases}-\arctan\left(\dfrac{2\zeta\omega/\omega_n}{1-\omega^2/\omega_n^2}\right), & \omega\leqslant\omega_n\\ -180°-\arctan\left(\dfrac{2\zeta\omega/\omega_n}{\omega^2/\omega_n^2-1}\right), & \omega>\omega_n\end{cases}$$

振荡环节/二阶微分环节的对数频率特性渐近曲线如图 5-30 所示。

当 $0<\zeta<0.707$ 时，这两个环节受阻尼比影响较大，一般会在转折频率 ω_n 附近的谐振频率 ω_r 处的渐近特性曲线上叠加一个显示对应于 ζ 值峰值的校正曲线。

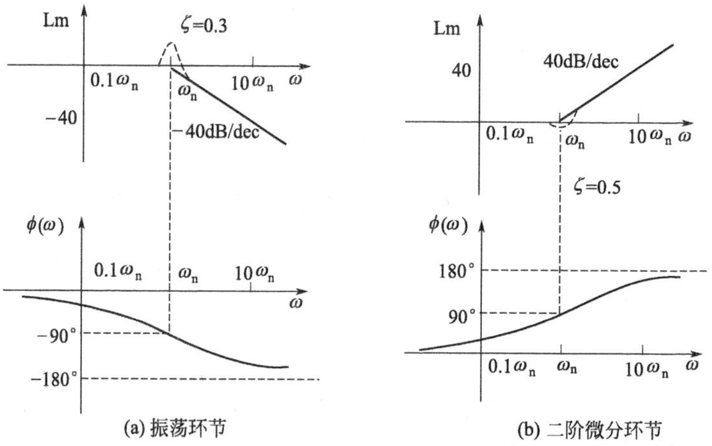

图 5-30　振荡环节/二阶微分环节的 Bode 图

由以上典型环节的对数频率特性曲线可以看出：传递函数互为倒数的典型环节幅频曲线关于 0dB 线对称，相频曲线关于 0°线对称，即关于 ω 轴对称；最小相位环节与对应非最小相位环节的幅频曲线相同，相频曲线关于 0°线（ω 轴）对称。表 5-2 表示典型环节的转折频率及其斜率变化情况。

（2）开环对数频率特性曲线（Bode 图）**的绘制**

开环对数频率特性曲线又称为 Bode 图，在绘图时首先将系统开环频率特性作典型环节分解，然后做出各典型环节的对数频率特性曲线，最后采用叠加方法即可方便地绘制系统开环对数频率特性曲线。在控制系统分析和设计中，为了快速地了解系统的特性，人们常常采用系统渐近特性，因此，下面介绍开环对数幅频渐近特性曲线的绘制方法。

表 5-2 典型环节的转折频率及其斜率变化

典型环节类别	典型环节传递函数	转折频率	斜率变化
一阶环节 $(T>0)$	$\frac{1}{Ts+1}$	$\frac{1}{T}$	-20dB/dec
	$\frac{1}{-Ts+1}$		
	$Ts+1$		20dB/dec
	$-Ts+1$		
二阶环节 $(\omega_n>0, 1>\zeta\geqslant 0)$	$\frac{1}{s^2/\omega_n^2+2\zeta s/\omega_n+1}$	ω_n	-40dB/dec
	$\frac{1}{s^2/\omega_n^2-2\zeta s/\omega_n+1}$		
	$s^2/\omega_n^2+2\zeta s/\omega_n+1$		40dB/dec
	$s^2/\omega_n^2-2\zeta s/\omega_n+1$		

记为 $\omega_{\min}$ 最小转折频率，称 $\omega<\omega_{\min}$ 的频率范围为低频段。开环对数幅频渐近特性曲线的绘制按照以下三个步骤进行。

步骤一 将开环传递函数进行典型环节分解。一般分解为三个部分：$\frac{K}{s^v}$ 和 $\frac{-K}{s^v}(K>0)$；一阶环节（包括惯性环节、一阶微分环节以及对应的非最小相位环节，转折频率为 $\frac{1}{T}$）；二阶环节（包括振荡环节、二阶微分环节以及对应的非最小相位环节，转折频率 ω_n）。

步骤二 确定一阶环节、二阶环节的转折频率，将各转折频率标注在半对数坐标图的 ω 轴上。频率前斜率为 0dB/dec，在转折频率处斜率发生变化，故在 $\omega<\omega_{\min}$ 频段内，渐近特性曲线的斜率取决于 $\frac{K}{(\mathrm{j}\omega)^v}$，因而直线斜率为 $-20v\text{dB/dec}$。为获得低频渐近线，还需要确定该直线上的一点，可以采用以下三种方法。

方法 1：在 $\omega<\omega_{\min}$ 范围内，任选一点 ω_0，计算 $\mathrm{Lm}\left[\frac{K}{(\mathrm{j}\omega)^v}\right]=20\lg K-20v\lg\omega_0$。

方法 2：取频率为特定值 $\omega_0=1$，则 $\mathrm{Lm}\left[\frac{K}{(\mathrm{j}\omega)^v}\right]=20\lg K$。

方法 3：取 $\mathrm{Lm}\left[\frac{K}{(\mathrm{j}\omega)^v}\right]=0$，则有 $\frac{K}{\omega_0^v}=1$，$\omega_0=K^{\frac{1}{v}}$。

过点 $\left\{\omega_0, \mathrm{Lm}\left[\frac{K}{(\mathrm{j}\omega)^v}\right]\right\}$，在 $\omega<\omega_{\min}$ 范围内作斜率为 $-20v\text{dB/dec}$ 的直线。显然，若 $\omega_0>\omega_{\min}$，则点 $\left\{\omega_0, \mathrm{Lm}\left[\frac{K}{(\mathrm{j}\omega)^v}\right]\right\}$ 位于低频渐近特性曲线的延长线上。

步骤三 作 $\omega\geqslant\omega_{\min}$ 频段渐近特性线。在 $\omega\geqslant\omega_{\min}$ 频段，系统开环对数幅频渐近特性曲线表现为分段折线。每两个相邻转折频率之间为直线，在每个转折频率点处，斜率发生变化，变化规律取决于该转折频率对应的典型环节的种类，如表 5-2 所示。当系统的多个环节具有相同转折频率时，该转折点处斜率的变化应为各个环节对应的斜率变化值的代数和。

所以，开环系统对数幅频渐近特性曲线以 $k=-20v\text{dB/dec}$ 的低频渐近线为起始直线，按转折频率由小到大顺序和表 5-2 确定斜率变化，再逐一绘制直线。

① 0 型系统。设 0 型系统的频率特性为

$$G(\mathrm{j}\omega)=\frac{K_0}{1+\mathrm{j}\omega T_a} \tag{5-64}$$

低频段 $\omega<1/T_a$，对数幅频特性 $\mathrm{Lm}G(\mathrm{j}\omega)=20\lg K_0$ 为常数；当频率小于转折频率 $\omega_1=1/T_a$ 时，对

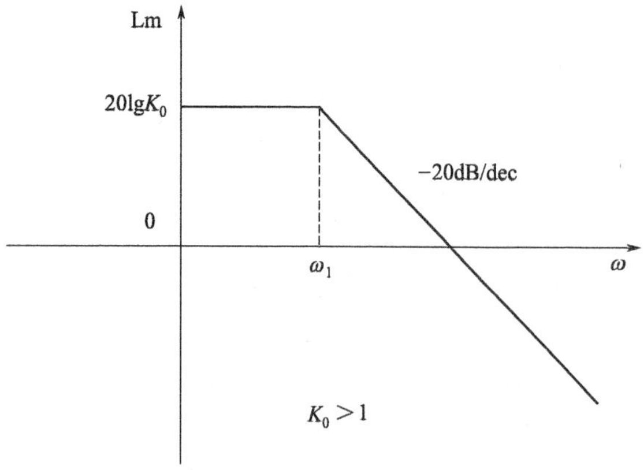

图 5-31　式(5-64) 所示系统的对数幅频渐近特性曲线

数幅频渐近特性曲线的斜率为 0dB/dec；当频率大于转折频率 $\omega_1=1/T_a$ 时，对数幅频渐近特性曲线的斜率为 −20dB/dec，如图 5-31 所示。

因此，0 型系统的对数幅频特性渐近曲线可以归纳为：低频段渐近线斜率为 0dB/dec；低频段对数幅频特性渐近曲线的幅值为 $20\lg K_0$；K_0 为静态位置误差系数。

【例 5-3】 已知负反馈系统开环传递函数为 $G(s)H(s)=\dfrac{10}{(5s+1)(10s+1)}$，试绘制对数幅频渐近特性曲线。

解　系统开环频率特性为：

$$G(\mathrm{j}\omega)H(\mathrm{j}\omega)=\frac{10}{(5\mathrm{j}\omega+1)(10\mathrm{j}\omega+1)}$$

幅频、对数幅频、相频特性分别为：

$$|G(\mathrm{j}\omega)H(\mathrm{j}\omega)|=A(\omega)=\frac{10}{\sqrt{1+(5\omega)^2}\sqrt{1+(10\omega)^2}}$$

$$\mathrm{Lm}[A(\omega)]=20\lg 10-20\lg[1+(5\omega)^2]^{1/2}-20\lg[1+(10\omega)^2]^{1/2}$$

$$\phi(\omega)=-\arctan(5\omega)-\arctan(10\omega)$$

进行典型环节分解。

该系统由以下典型环节组成：10，$\dfrac{1}{5\mathrm{j}\omega+1}$，$\dfrac{1}{10\mathrm{j}\omega+1}$。

确定典型环节的转折频率和斜率变化值。

$\dfrac{1}{5\mathrm{j}\omega+1}$的转折频率为 $\omega_1=0.2$，在 ω_1 处渐近线斜率变化 −20dB/dec；

$\dfrac{1}{10\mathrm{j}\omega+1}$的转折频率为 $\omega_2=0.1$，在 ω_2 处渐近线斜率变化 −20dB/dec；

所以最小转折频率为 $\omega_{\min}=\omega_2=0.1$。

绘制低频段对数幅频渐近特性曲线。

该系统为 0 型系统，在低频段（$\omega<\omega_{\min}$）斜率为 $k=0$dB/dec，幅值为 $20\lg K_0=20\lg 10=20$dB。

绘制 $\omega\geqslant\omega_{\min}$ 频段渐近特性线。

在 $\omega_{\min}=0.1$ 处斜率变化 −20dB/dec，则渐近线斜率为 −20dB/dec；

在 $\omega_1=0.2$ 处斜率变化 −20dB/dec，则渐近线斜率为 −40dB/dec。

系统开环对数幅频渐近特性曲线如图 5-32(a) 所示，用 MATLAB 绘制的系统 Bode 图如图 5-32(b) 所示。

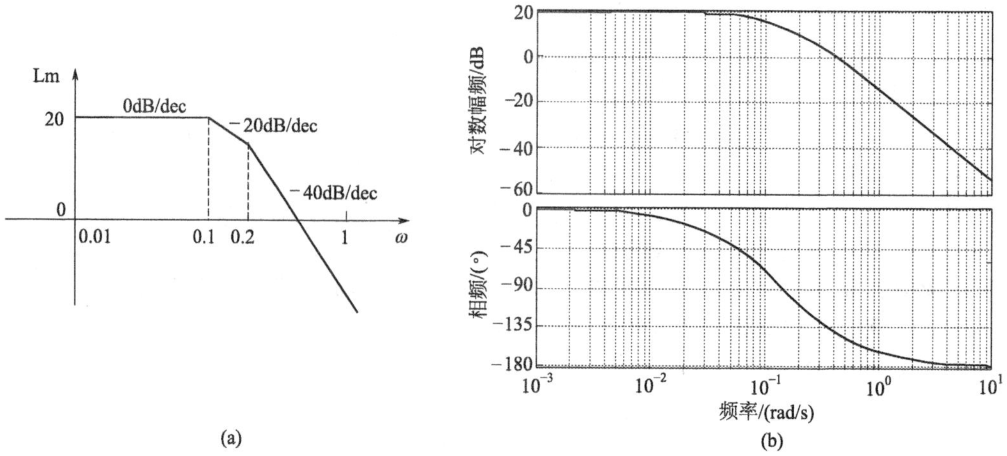

图 5-32　例 5-3 系统的对数幅频渐近特性曲线及 Bode 图

② Ⅰ型系统。假设Ⅰ型系统的频率特性为

$$G(\mathrm{j}\omega)=\frac{K_1}{\mathrm{j}\omega(1+\mathrm{j}\omega T_a)} \tag{5-65}$$

在低频段 $\omega<1/T_a$，对数幅频特性 $\mathrm{Lm}G(\mathrm{j}\omega)\approx\mathrm{Lm}\left(\frac{K_1}{\mathrm{j}\omega}\right)=20\lg K_1-20\lg\omega$。对数幅频特性在低频段的斜率为$-20$dB/dec；当 $\omega=K_1$ 时，$\mathrm{Lm}G(\mathrm{j}\omega)=0$；当转折频率 $\omega_1=1/T_a$ 大于 K_1 时，对数幅频特性曲线的低频段穿越 0dB 线，且穿越频率 $\omega_x=K_1$，如图 5-33(a) 所示；当转折频率 $\omega_1=1/T_a$ 小于 K_1 时，对数幅频特性曲线低频段的延长线穿越 0dB 线，交点处频率为 $\omega_x=K_1$，如图 5-33(b) 所示。当 $\omega=1$ 时，低频段渐近线或延长线的对数幅频特性为 $\mathrm{Lm}G(\mathrm{j}\omega)=20\lg K_1$，如图 5-33 所示。

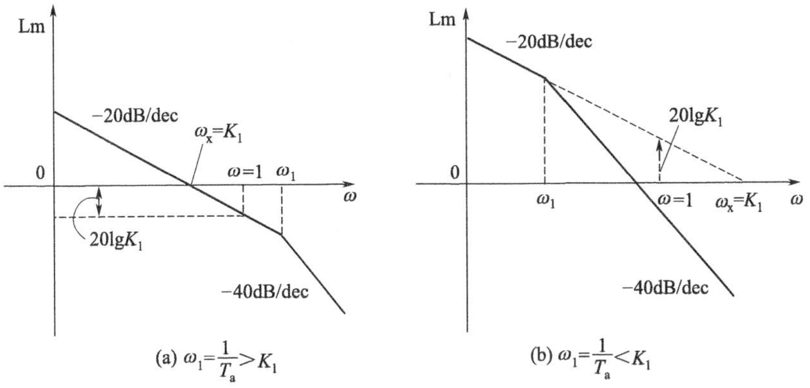

图 5-33 公式(5-65) 所示Ⅰ型系统的对数幅频渐近特性曲线

Ⅰ型系统的对数幅频渐近特性曲线可以归纳为：低频段渐近线斜率为-20dB/dec；低频段渐近特性曲线或延长线与 0dB 线的交点处频率 $\omega_x=K_1$；在低频段对数幅频渐近特性曲线或其延长线上，当 $\omega=1$ 时值为 $20\lg K_1$；K_1 为静态速度误差系数。

【例 5-4】 已知负反馈系统开环传递函数为 $G(s)=\dfrac{8\left(\dfrac{s}{0.1}+1\right)}{s(s^2+s+1)\left(\dfrac{s}{2}+1\right)}$，试绘制对数幅频渐近特性曲线。

解 系统开环频率特性为：$G(\mathrm{j}\omega)=\dfrac{8\left(\dfrac{\mathrm{j}\omega}{0.1}+1\right)}{\mathrm{j}\omega[(\mathrm{j}\omega)^2+\mathrm{j}\omega+1]\left(\dfrac{\mathrm{j}\omega}{2}+1\right)}$

幅频、对数幅频、相频特性分别为：

$$|G(\mathrm{j}\omega)|=A(\omega)=\frac{8\sqrt{1+\left(\dfrac{\omega}{0.1}\right)^2}}{\omega\sqrt{(1-\omega^2)^2+\omega^2}\sqrt{1+\left(\dfrac{\omega}{2}\right)^2}}$$

$$\mathrm{Lm}[A(\omega)]=20\lg 8+20\lg\left[1+\left(\frac{\omega}{0.1}\right)^2\right]^{1/2}-20\lg\omega-20\lg[(1-\omega^2)^2+\omega^2]^{1/2}-20\lg\left[1+\left(\frac{\omega}{2}\right)^2\right]^{1/2}$$

$$\phi(\omega)=\arctan\left(\frac{\omega}{0.1}\right)-90^\circ-\arctan\left(\frac{\omega}{1-\omega^2}\right)-\arctan\left(\frac{\omega}{2}\right)$$

对开环传递函数进行典型环节分解。

该开环系统由以下典型环节组成：

$$8,\quad \frac{1}{\mathrm{j}\omega},\quad \frac{\mathrm{j}\omega}{0.1}+1,\quad \frac{1}{(\mathrm{j}\omega)^2+\mathrm{j}\omega+1},\quad \frac{1}{\dfrac{\mathrm{j}\omega}{2}+1}$$

确定典型环节的转折频率和斜率变化值。

$\frac{j\omega}{0.1}+1$ 的转折频率为 $\omega_1=0.1$，在 ω_1 处渐近线斜率变化 20dB/dec；

$\frac{1}{(j\omega)^2+j\omega+1}$ 的转折频率为 $\omega_2=1$，在 ω_2 处渐近线斜率变化 -40dB/dec；

$\frac{1}{\frac{j\omega}{2}+1}$ 的转折频率为 $\omega_3=2$，在 ω_2 处渐近线斜率变化 -20dB/dec；

所以最小转折频率为 $\omega_{min}=\omega_1=0.1$。

绘制低频段对数幅频渐近特性曲线。

由于该系统为Ⅰ型系统，所以对数幅频渐近特性曲线的低频段（$\omega<\omega_{min}$）斜率为 $k=-20$dB/dec，直线上一点为 $\omega=1$，$LmG(j\omega)=20\lg K_1=18$dB。当然也可以按照开环对数幅频渐近特性曲线绘制步骤三中的方法 1 和方法 2 来确定低频段上的一点。

绘制 $\omega\geqslant\omega_{min}$ 频段渐近特性线。

在 $\omega_{min}=\omega_1=0.1$ 处斜率变化 20dB/dec，则渐近线斜率为 0dB/dec；

在 $\omega_2=1$ 处斜率变化 -40dB/dec，则渐近线斜率为 -40dB/dec；

在 $\omega_3=2$ 处斜率变化 -20dB/dec，则渐近线斜率为 -60dB/dec。

系统开环对数幅频渐近特性曲线如图 5-34 所示，用 MATLAB 绘制的 Bode 图如图 5-35 所示。

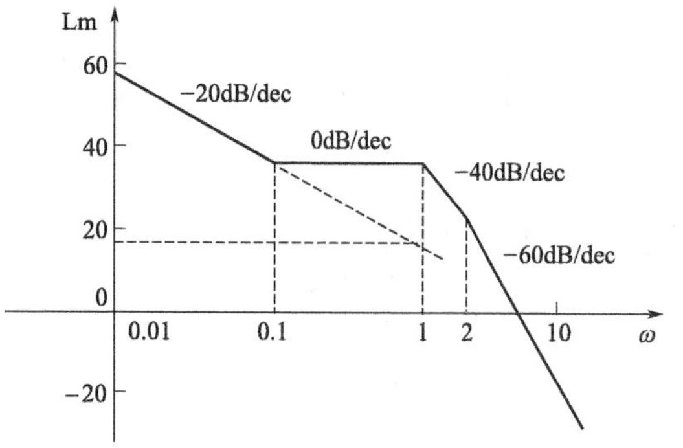

图 5-34　例 5-4 系统对数幅频渐近特性曲线

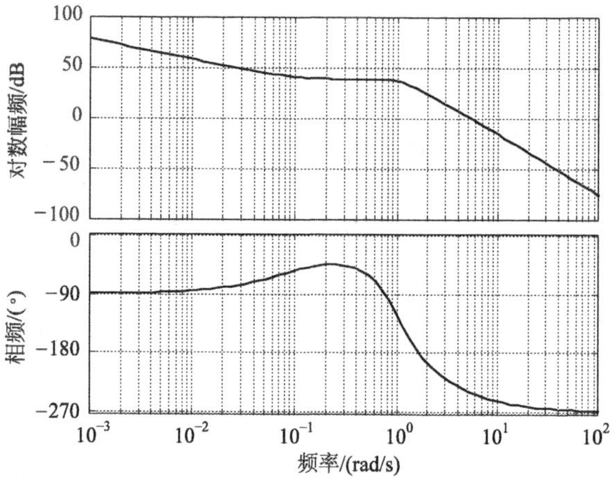

图 5-35　例 5-4 系统 Bode 图

③ Ⅱ型系统。设Ⅱ型系统的频率特性为

$$G(j\omega)=\frac{K_2}{(j\omega)^2(1+j\omega T_a)} \tag{5-66}$$

在低频段 $\omega<1/T_a$，对数幅频特性 $LmG(j\omega)=20\lg K_2-40\lg\omega$。可以看出，对数幅频特性在低频段的斜率为 -40dB/dec；当 $\omega^2=K_2$，即 $\omega=\sqrt{K_2}$ 时，$LmG(j\omega)=0$，对数幅频特性曲线的低频段渐近线或其延长线穿越 0dB 线的频率 $\omega_y=\sqrt{K_2}$；当 $\omega=1$ 时，低频段渐近线或其延长线的对数幅频特性为 $LmG(j\omega)=20\lg K_2$。公式(5-66) 所示Ⅱ型系统的开环对数幅频渐近特性曲线如图 5-36 所示。

Ⅱ型系统的对数幅频渐近特性曲线可以归纳为：低频段渐近线斜率为 -40dB/dec；低频段对数幅频渐近特性曲线或其延长线与 0dB 线的交点处频率 $\omega_y=\sqrt{K_2}$；在低频段对数幅频渐近特性曲线或其延长线上，当 $\omega=1$ 时值为 $20\lg K_2$；K_2 为静态加速度误差系数。

【例 5-5】 已知反馈系统开环传递函数为 $G(s)=\frac{0.1(-10s+1)^2}{s^2(s+1)}$，试绘制对数幅频渐近特性曲线。

解　系统开环频率特性为：$G(j\omega)=\frac{0.1(-10j\omega+1)^2}{(j\omega)^2(j\omega+1)}$

幅频、对数幅频、相频特性分别为：

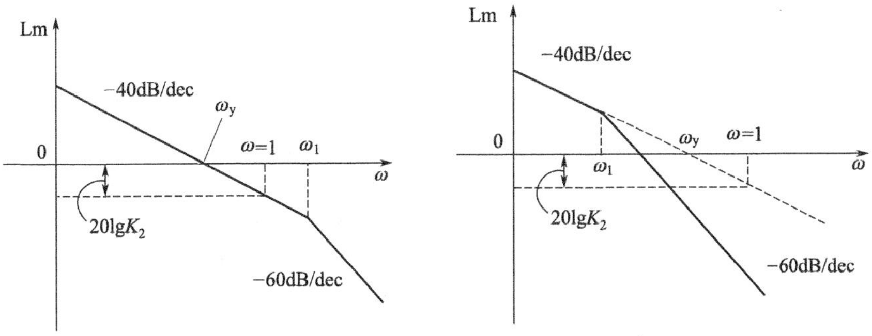

(a) $\omega_1=\frac{1}{T_a}>\sqrt{K_2}$, $\omega_y=\sqrt{K_2}$　　(b) $\omega_1=\frac{1}{T_a}<\sqrt{K_2}$, $\omega_y=\sqrt{K_2}$

图 5-36　式(5-66) 所示Ⅱ型系统的对数幅频渐近特性曲线

$$|G(j\omega)|=A(\omega)=\frac{0.1[\sqrt{1+(-10\omega)^2}]^2}{\omega^2\sqrt{1+\omega^2}}$$

$$\mathrm{Lm}[A(\omega)]=20\lg 0.1+20\lg[1+(-10\omega)^2]-40\lg\omega-20\lg(1+\omega^2)^{1/2}$$

$$\phi(\omega)=2\arctan\left(\frac{-10\omega}{1}\right)-180°-\arctan\omega$$

分解开环系统为典型环节。

$$0.1,\quad \frac{1}{s^2},\quad (-10s+1)^2,\quad \frac{1}{s+1}$$

确定典型环节的转折频率和斜率变化值。

$(-10s+1)^2$ 的转折频率为 $\omega_1=0.1$，由于有两个非最小相位一阶微分环节串联，所以在 ω_1 处渐近线斜率变化 40dB/dec；

$\frac{1}{s+1}$的转折频率为 $\omega_2=1$，在 ω_2 处渐近线斜率变化−20dB/dec；

所以最小转折频率为 $\omega_{min}=\omega_1=0.1$。

绘制低频段对数幅频渐近特性曲线。

由于该系统为Ⅱ型系统，所以对数幅频渐近特性曲线的低频段（$\omega<\omega_{min}$）斜率为 $k=-40$dB/dec，直线上一点为 $\omega=1$，Lm$G(j\omega)=20\lg K_2=20\lg 0.1=-20$dB。

绘制 $\omega\geqslant\omega_{min}$ 频段渐近特性线。

在 $\omega_{min}=\omega_1=0.1$ 处斜率变化 40dB/dec，则渐近线斜率为 0dB/dec；

在 $\omega_2=1$ 处斜率变化−20dB/dec，则渐近线斜率为−20dB/dec。

系统开环对数幅频渐近特性曲线如图 5-37 所示，用 MATLAB 绘制的 Bode 图如图 5-38 所示。

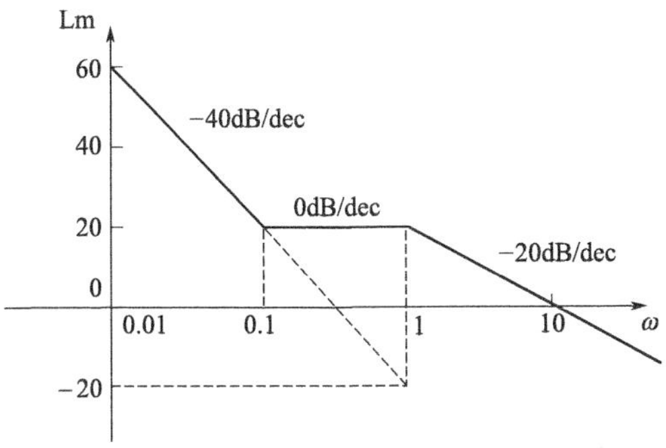

图 5-37　例 5-5 系统对数幅频渐近特性曲线

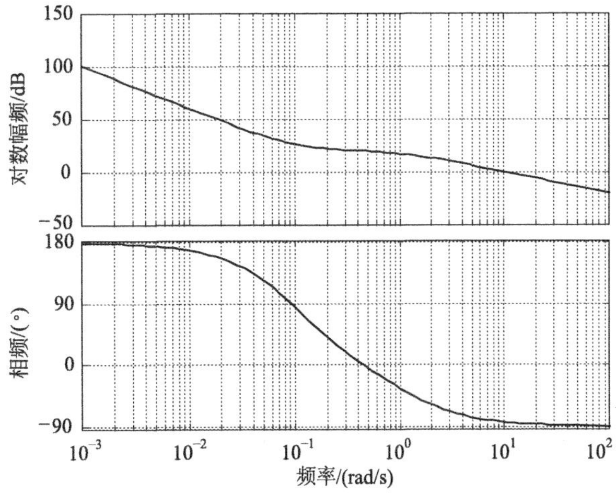

图 5-38　例 5-5 系统 Bode 图

5.3.4 用频域实验确定系统开环传递函数

在实际的控制系统分析与设计中，许多被控对象的数学描述往往并不清楚，需要通过实验的方法获取。由于稳定系统的频率响应是与输入同频率的正弦信号，幅值比和相位差分别为系统的幅频特性和相频特性，因此频率特性较为容易地可通过实验得到，继而可得到系统或环节的传递函数。

在频域测试动态特性的具体方法是：首先在系统或环节的输入端施加不同频率的正弦信号，记录不同频率下的输出响应，比较输出与输入信号的波形，得到它们的幅值比和相位差，并由此绘制系统的对数频率特性曲线；然后，从低频段起，将实验所得的对数频率特性曲线用斜率为 0dB/dec、±20dB/dec、±40dB/dec…直线分段近似，获得对数频率渐近特性曲线。最后，按照以下步骤求取系统传递函数。

(1) 判断是否最小相位系统

若幅频特性曲线与相频特性曲线的变化趋势一致，则该系统为最小相位系统，可直接由幅频特性曲线求出传递函数。

(2) 由低频段渐近特性曲线确定系统积分环节的个数 v

对数幅频渐近特性曲线低频段的斜率为 $-20v$dB/dec，因此可以由低频段渐近特性曲线斜率确定积分环节的个数 v。

(3) 确定系统传递函数结构形式

由于对数幅频渐近特性曲线为分段折线，各转折点对应的频率为所含一阶环节或二阶环节的转折频率，每个转折频率处斜率的变化取决于环节的种类，具体参见表 5-2。

值得注意的是：若斜率变化 -40dB/dec，则对应的环节可能是振荡环节，也可能是两个相同的一阶惯性环节。判断的方法是：若系统在该处存在谐振现象，则为振荡环节；否则为两个相同的一阶惯性环节。同样类推，若斜率变化 40dB/dec，则对应的环节可能是二阶微分环节，也可能是两个相同的一阶微分环节，若存在谐振现象，则为二阶微分环节，否则为两个相同的一阶微分环节。

(4) 由给定条件确定传递函数参数

开环放大系数 K 的确定：低频段直线方程为 $\mathrm{Lm}G(\mathrm{j}\omega)=20\lg K-20v\lg\omega$，因此可以由低频段渐近曲线或延长线上的点来确定参数 K。

转折频率的确定：对数频率渐近特性曲线的直线方程为

$$\mathrm{Lm}G(\mathrm{j}\omega_a)-\mathrm{Lm}G(\mathrm{j}\omega_b)=k(\lg\omega_a-\lg\omega_b) \tag{5-67}$$

式中，k 为直线斜率，根据给定条件和式(5-67) 来确定相关参数。若系统存在振荡环节或者二阶微分环节，则需要根据谐振频率或谐振峰值来确定阻尼系数 ζ。

【例 5-6】 图 5-39 为由频率响应实验获得的某最小相位系统的对数幅频渐近特性曲线，试确定该系统的开环传递函数。

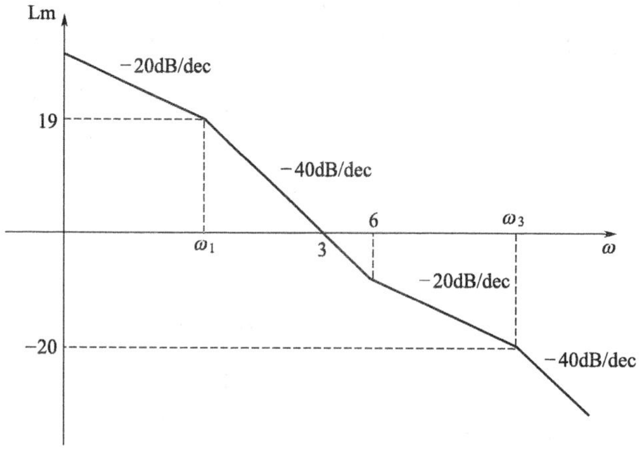

图 5-39 例 5-6 的对数幅频渐近特性曲线

解 确定系统积分环节个数：

由图 5-39 可知低频段渐近线斜率为 -20dB/dec，所以 $v=1$，系统含有一个积分环节。

确定系统开环传递函数结构形式：

$\omega=\omega_1$ 处，斜率变化-20dB/dec，对应惯性环节$\dfrac{1}{1+\dfrac{s}{\omega_1}}$；

$\omega=6$ 处，斜率变化$+20$dB/dec，对应一阶微分环节 $1+\dfrac{s}{6}$；

$\omega=\omega_3$ 处，斜率变化-20dB/dec，对应惯性环节$\dfrac{1}{1+\dfrac{s}{\omega_3}}$。

因此系统的传递函数为：

$$G(s)=\frac{K\left(1+\dfrac{s}{6}\right)}{s\left(1+\dfrac{s}{\omega_1}\right)\left(1+\dfrac{s}{\omega_3}\right)}$$

确定传递函数中各环节参数：

在得到的系统函数 $G(s)$ 中，有 3 个未知参数 K、ω_1 和 ω_3。观察图 5-39 给出的对数幅频渐近特性曲线实际上均为直线，故反复利用式(5-67) 给出的直线方程便可求取。

由已知的给定点 $\omega_a=\omega_1$，$\mathrm{Lm}G(\omega_a)=19$，$\omega_b=3$，$\mathrm{Lm}G(\omega_b)=0$，$k=-40$ 代入直线方程

$$19-0=-40(\lg\omega_1-\lg3) \quad 得 \quad \omega_1=10^{\frac{19-0}{-40}+\lg3}=1$$

再将给定点 $\omega_a=6$、$\omega_b=3$、$\mathrm{Lm}G(\omega_b)=0$、$k=-40$ 代入，求解得转折频率 $\omega=\omega_a=6$ 处的对数幅频特性

$$\mathrm{Lm}G(6)=-40(\lg6-\lg3)=-12.04\mathrm{dB}$$

代入给定点 $\omega_a=\omega_3$，$\mathrm{Lm}G(\omega_a)=-20$，$\omega_b=6$，$\mathrm{Lm}G(\omega_b)=-12.04$，$k=-20$ 求解得

$$-20-(-12.04)=-20(\lg\omega_3-\lg6) \quad 得 \quad \omega_3=10^{\frac{-20+12.04}{-20}+\lg6}=15$$

因为Ⅰ型系统低频渐近线的延长线与 0dB 线的交点处频率为 $\omega=K$，再次利用直线方程，令 $\omega_a=\omega_1=1$，$\mathrm{Lm}G(\omega_a)=19$，$\omega_b=K$，$\mathrm{Lm}G(\omega_b)=0$，$k=-20$ 求解得

$$19-0=-20(\lg1-\lg K) \quad 得 \quad K=10^{\frac{19}{20}}=8.9125$$

综上所述，所测系统的传递函数为

$$G(s)=\frac{8.9125\left(1+\dfrac{s}{6}\right)}{s(1+s)\left(1+\dfrac{s}{15}\right)}$$

【例 5-7】 假设最小相位系统的开环对数幅频渐近特性曲线如图 5-40 所示，试确定系统的开环传递函数。

解 确定系统积分环节个数：

由图 5-40 可知低频段渐近线斜率为-20dB/dec，所以 $v=1$，系统含有一个积分环节。

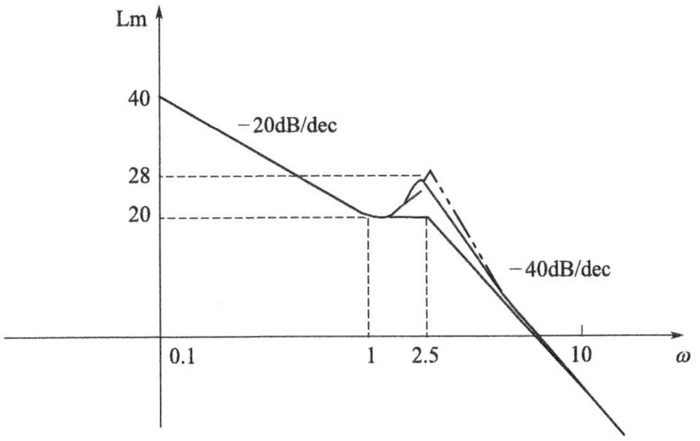

图 5-40 例 5-7 的对数幅频渐近特性曲线

确定系统传递函数结构形式：

$\omega=\omega_1=1$ 处，斜率变化 20dB/dec，对应一阶微分环节 $1+\frac{s}{\omega_1}$；

$\omega=\omega_2=2.5$ 处，斜率变化 −40dB/dec，可以对应振荡环节，也可以对应二重惯性环节，由于本例中对数幅频特性在 $\omega=\omega_2$ 附近存在谐振现象，故应为振荡环节 $\frac{1}{1+2\zeta\frac{s}{\omega_2}+\frac{s^2}{\omega_2^2}}$。

因此系统的传递函数为

$$G(s)=\frac{K(1+s)}{s\left(1+2\zeta\frac{s}{2.5}+\frac{s^2}{2.5^2}\right)}$$

确定传递函数中各环节参数：

确定放大系数 K：在低频渐近线上取频率特定值 $\omega_0=1$，则 $20\lg K=20$，求得 $K=10$；

由于在 $\omega=\omega_2=2.5$ 处系统存在谐振现象，且谐振峰值 $20\lg M_r=28-20=8$，由

$$M_r=\frac{1}{2\zeta\sqrt{1-\zeta^2}} \quad 得 \quad 20\lg M_r=20\lg\frac{1}{2\zeta\sqrt{1-\zeta^2}}$$

$$4\zeta^4-4\zeta^2+10^{-8/20\times 2}=0$$

解得 $\qquad \zeta_1=0.203,\quad \zeta_2=0.979$

由于 $0<\zeta<0.707$ 时系统存在谐振峰值，故应选 $\zeta=0.203$。

所以，系统的传递函数为

$$G(s)=\frac{10(1+s)}{s\left(1+2\times 0.203\times\frac{s}{2.5}+\frac{s^2}{2.5^2}\right)}$$

5.4 奈奎斯特（Nyquist）稳定性判据

对控制系统进行分析和设计的一个基本要求是闭环系统稳定。在时域分析中，根据控制系统的闭环特征根在 s 平面的位置可以判断系统的稳定性。如果求解特征方程困难而又不需要确切地知道闭环特征根的具体位置，则可通过劳斯判据来判断系统的稳定性以及使系统稳定的某参数范围。在根轨迹分析中，可以由开环传递函数绘制出闭环特征根随某参数变化的轨迹，从而判断系统的稳定性。类似地，在频域分析中，也可以通过开环系统的频率特性来判断对应闭环系统的稳定性。

5.4.1 Nyquist 稳定性判据

对于一个稳定的负反馈系统，假设前向通道传递函数为 $G(s)$，反馈通道传递函数为 $H(s)$，则闭环特征方程为

$$B(s)=1+G(s)H(s) \tag{5-68}$$

$B(s)$ 的所有零点位于 s 左平面。若定义 $G(s)=N_1(s)/D_1(s)$，$H(s)=N_2(s)/D_2(s)$，则式(5-68) 为

$$B(s)=1+\frac{N_1(s)N_2(s)}{D_1(s)D_2(s)}=\frac{D_1(s)D_2(s)+N_1(s)N_2(s)}{D_1(s)D_2(s)} \tag{5-68$'$}$$

系统的闭环传递函数可以表示为

$$\Phi(s)=\frac{Y(s)}{X(s)}=\frac{G(s)}{1+G(s)H(s)}=\frac{N_1(s)D_2(s)}{D_1(s)D_2(s)+N_1(s)N_2(s)} \tag{5-69}$$

由式(5-68) 和式(5-69) 可以看出：$B(s)$ 的极点即为开环传递函数 $G(s)H(s)$ 的极点，$B(s)$ 的分子与闭环传递函数 $\Phi(s)$ 的分母相同。于是，系统稳定性条件可以表示为：对于一个稳定系统来说，$B(s)$ 的零点［$\Phi(s)$ 的极点］只能在 s 的左半平面。下面首先简要介绍复变函数中幅角原理，然后推导 Nyquist 稳定判据。

(1) 幅角原理

设 s 为复数变量，$Q(s)$ 是 s 的有理分式函数。对于 s 平面上的任意一点 s，通过复变函数 $Q(s)$ 的映射关系，在 $Q(s)$ 平面上可以确定关于 s 的像。不失一般性，设

$$Q(s)=\frac{(s-z_1)(s-z_2)\cdots(s-z_m)}{(s-p_1)(s-p_2)\cdots(s-p_n)} \tag{5-70}$$

在 s 平面上任选一条闭合曲线 Γ，且不通过 $Q(s)$ 的任一零点 z 和极点 p。设 s 从闭合曲线的任一点 O 出发，顺时针沿 Γ 运动一周，则 $Q(s)$ 顺时针的相角变化情况可以表示为

$$\delta\angle Q(s)=\sum_{j=1}^{m}\delta\angle(s-z_j)-\sum_{j=1}^{n}\delta\angle(s-p_i) \tag{5-71}$$

假设 $Q(s)$ 的零、极点如图 5-41(a) 所示，s 平面上的闭合曲线为 Γ'。由于 z_1 在闭合曲线 Γ' 内，当闭合曲线 Γ' 上的 s 从任一点 O' 出发，沿 Γ' 顺时针运动一周时，有向线段 $s-z_1$ 也顺时针旋转一周，$\delta\angle(s-z_1)$ 顺时针变化 360°；而其余零、极点由于都在闭合曲线外，有向线段 $s-z_i(i=2,3,4)$ 和 $s-p_i(i=1,\cdots,5)$ 的变化角度 $\delta\angle(s-z_i)(i=2,3,4)$ 和 $\delta\angle(s-p_i)(i=1,\cdots,5)$ 都为 0°。因此，由式(5-71) 得，$\delta\angle Q(s)$ 顺时针变化 360°，即在 s 平面上的封闭曲线 Γ' 映射到 $Q(s)$ 平面上的封闭曲线 Γ_Q 顺时针方向绕原点一圈，如图 5-41(b) 所示。

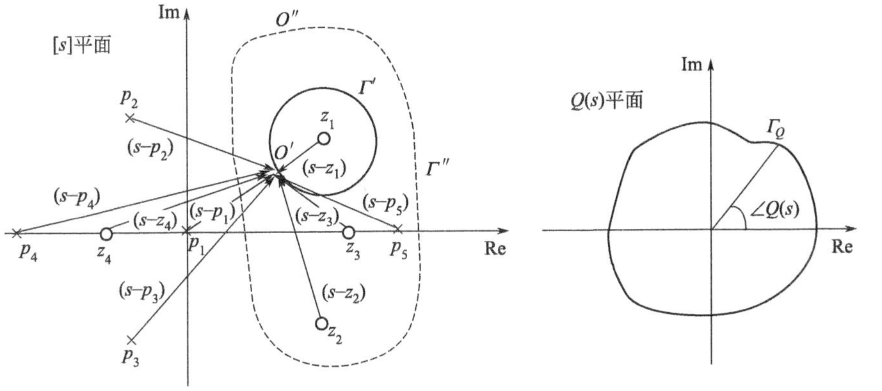

(a) $Q(s)$的零、极点图　　(b) $Q(s)$平面

图 5-41　$Q(s)$ 的零、极点图与平面

若 s 平面上的闭合曲线为图 5-41(a) 中虚线所示的 Γ''，则由于 z_1、z_2、z_3、p_5 在闭合曲线 Γ'' 内，当闭合曲线 Γ'' 上的 s 从任一点 O'' 出发，沿 Γ'' 顺时针运动一周时，$\delta\angle(s-z_1)$、$\delta\angle(s-z_2)$、$\delta\angle(s-z_3)$、$\delta\angle(s-p_5)$ 分别顺时针变化 360°；而 $\delta\angle(s-z_4)$ 和 $\delta\angle(s-p_i)(i=1,\cdots,4)$ 变化均为 0°。因此，根据式(5-71)，$\delta\angle Q(s)$ 顺时针变化 $(3\times360°-1\times360°)=720°$，即 $Q(s)$ 平面上的封闭曲线 Γ_Q 顺时针方向绕原点两圈。上述讨论表明，当 s 平面上任意一点 s 沿任一闭合曲线 Γ 运动一周时，复函数 $Q(s)$ 绕 $Q(s)$ 平面原点的圈数只与 $Q(s)$ 被闭合曲线 Γ 所包围的零点数和极点数的代数和相关。若定义逆时针方向旋转为正，顺时针方向旋转为负，则可以得到如下的幅角原理。

幅角原理：设 s 平面闭合曲线 Γ 包围 $Q(s)$ 的 Z 个零点和 P 个极点，则 s 沿 Γ 顺时针运动一周时，映射到 $Q(s)$ 平面上的闭合曲线 Γ_Q 包围原点的圈数为

$$N=P-Z \tag{5-72}$$

$N<0$ 表示 Γ_Q 顺时针包围；$N>0$ 表示 Γ_Q 逆时针包围，$N=0$ 则表示不包围 $Q(s)$ 平面的原点。

(2) 辅助函数 $B(s)$ 的选择

为了应用幅角原理，引入辅助函数 $B(s)$（也即特征方程）

$$B(s)=1+G(s)H(s)=1+\frac{M(s)}{N(s)}=\frac{N(s)+M(s)}{N(s)} \tag{5-73}$$

由式(5-73) 可知，函数 $B(s)$ 的零极点数相同，且具有以下特点：

① $B(s)$ 的零点为闭环传递函数的极点，$B(s)$ 的极点为开环传递函数 $G(s)H(s)$ 的极点。所以，$B(s)$ 建立起了其零极点与系统开环极点和闭环极点间的关系。

② 当 s 平面上 s 沿任一闭合曲线 Γ 运动一周时，在 $G(s)H(s)$ 平面上所产生的两条闭合曲线 Γ_B 和

Γ_{GH} 只相差常数 1，其几何关系如图 5-42 所示。即闭合曲线 Γ_B 可以由 Γ_{GH} 沿实轴正方向平移一个单位长度获得，闭合曲线 Γ_B 包围 $G(s)H(s)$ 平面原点的圈数等于闭合曲线 Γ_{GH} 包围（-1，j0）点的圈数。

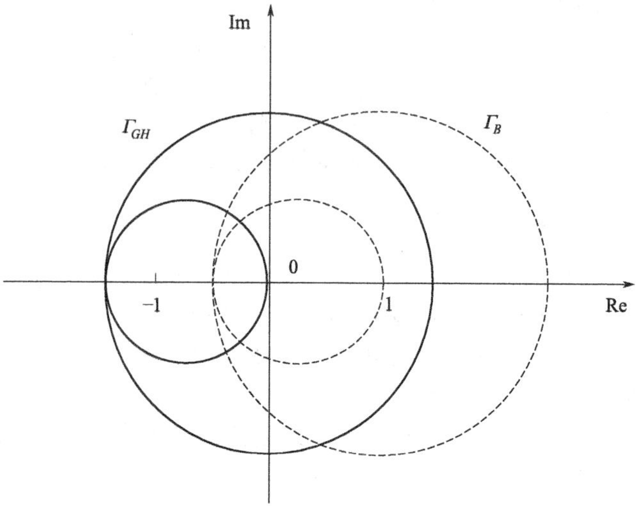

图 5-42　Γ_B 和 Γ_{GH} 的几何关系

上述特点为应用幅角原理、采用开环频率特性曲线判定系统稳定性奠定了基础。

(3) 闭合曲线 Γ 的选择

由于闭环系统的稳定性只与闭环传递函数极点即特征方程 $B(s)$ 的零点的分布位置有关，只要有一个零点落在 s 右半平面，则闭环系统不稳定。因此，可直观地将闭合曲 Γ 选择为包围整个 s 右半平面的大围线，若能求出 Γ 内包含 $B(s)$ 的零点个数，则闭环系统的稳定性也就已知。考虑到在幅角原理的分析中，所选闭合曲线 Γ 不能通过辅助函数 $B(s)$ 的零极点，所以，根据 $B(s)$ 极点的位置，所选闭合曲线 Γ 可以分为虚轴上是否有极点两种情况进行分析，如图 5-43 所示。注意到，图中的 ω 为全频率（即包括负频），箭头方向为频率 ω 增加的方向。

① $B(s)$ 在虚轴上无极点，也即开环传递函数 $G(s)H(s)$ 在虚轴上无极点，如图 5-43(a) 所示。这种情况下，s 平面的闭合曲线 Γ 由两部分组成：

- 整个虚轴，即 $s=\mathrm{j}\omega$，$\omega\in(-\infty,+\infty)$；
- 半径为∞，包围整个右半平面的半圆，即 $s=\infty e^{\mathrm{j}\theta}$，$\theta\in[90°,-90°]$。

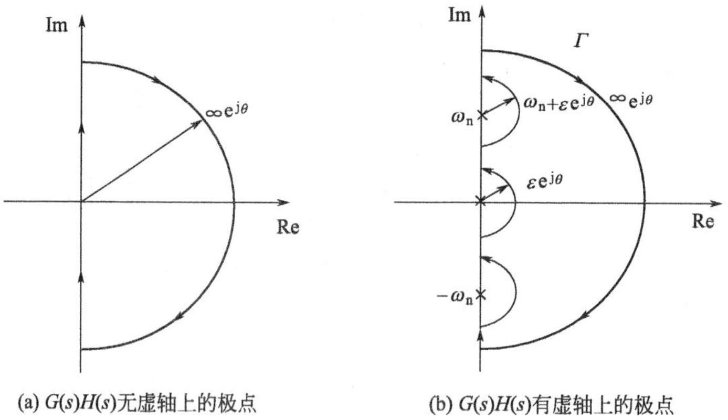

(a) $G(s)H(s)$无虚轴上的极点　　(b) $G(s)H(s)$有虚轴上的极点

图 5-43　s 平面的闭合曲线 Γ

② $B(s)$ 在虚轴上有极点，即开环传递函数 $G(s)H(s)$ 含有积分环节（$s=0$）和/或等幅振荡环节（$s=\pm \mathrm{j}\omega$）。在这种情况下，为避开纯虚极点，s 平面的闭合曲线可以在图 5-43(a) 所选闭合曲线的基础上加以扩展，构成图 5-43(b) 所示的闭合曲线 Γ。扩展情况如下：

- 开环系统含有积分环节时，在原点附近，以圆心为原点作半径为 $\varepsilon\to 0$ 的半圆绕开原点处的极点，即 $s=\varepsilon e^{\mathrm{j}\theta}$，$\theta\in[-90°,90°]$；
- 类似地，当开环系统含有等幅振荡环节时，在 $\pm \mathrm{j}\omega_n$ 附近，取圆心为 $\pm \mathrm{j}\omega_n$，半径为 $\varepsilon\to 0$ 的半圆，

即 $s=\pm j\omega_n+\varepsilon e^{j\theta}$，$\theta\in[-90°,90°]$。

按照以上分析，在确定 $B(s)$ 位于 s 右半平面的极点数［即开环传递函数 $G(s)H(s)$ 位于 s 右半平面的极点数］P_R 时，不包括 $G(s)H(s)$ 位于 s 平面虚轴上的极点数。

由于闭合曲线 Γ_B 包围 $G(s)H(s)$ 平面原点的圈数等于闭合曲线 Γ_{GH} 包围（-1,j0）点的圈数，因此，下面可直接分析闭合曲线 Γ_{GH} 的绘制方法。

(4) $G(s)H(s)$ 平面上的闭合曲线 Γ_{GH}

① 若 $G(s)H(s)$ 在虚轴上无极点。

设开环传递函数为

$$G(s)H(s)=\frac{K(s-z_1)(s-z_2)\cdots(s-z_m)}{(s-p_1)(s-p_2)\cdots(s-p_n)} \tag{5-74}$$

对应于 s 平面上的 $s=j\omega$，$\omega\in(-\infty,+\infty)$，可知：当 $\omega=0^+\rightarrow+\infty$ 时，Γ_{GH^+} 即为前面介绍过的开环幅相曲线 $G(j\omega)H(j\omega)$；由于频率特性关于实轴对称，由 Γ_{GH^+} 按对称性得到 $\omega=-\infty\rightarrow0^-$ 的 Γ_{GH^-}；在 $s=\infty e^{j\theta}$，θ 由 90°变化到$-90°$时易知 Γ_{GH} 为

$$G(s)H(s)\big|_{s=\infty e^{j\theta}}=\begin{cases}0, & n>m\\ K, & n=m\end{cases}$$

因此，当 $G(s)H(s)$ 在虚轴上无极点时，闭合曲线 Γ_{GH} 是否包围（$-1+$j0）点仅与系统闭合的开环幅相曲线有关。

② 若 $G(s)H(s)$ 在虚轴上有极点。

当 $G(s)H(s)$ 在虚轴上有极点时，s 平面上闭合曲线 Γ 除了在原点或 $\pm j\omega_n$ 附近的曲线 $s=\varepsilon e^{j\theta}$ 或 $s=\pm j\omega_n+\varepsilon e^{j\theta}$ 外（$\varepsilon\rightarrow0$，θ 由$-90°$变化到 90°），其余分析与虚轴上无极点时相同。

$G(s)H(s)$ 含有积分环节时，设开环传递函数为

$$G(s)H(s)=\frac{K(s-z_1)(s-z_2)\cdots(s-z_m)}{s^v(s-p_1)(s-p_2)\cdots(s-p_n)},\quad v>0 \tag{5-75}$$

如图 5-44(a) 所示，在 s 平面的原点附近，取闭合曲线 $s=\varepsilon e^{j\theta}$，当 $\varepsilon\rightarrow0$、θ 由$-90°$变化到 90°时，$G(s)H(s)$ 平面上的闭合曲线 Γ_{GH} 为

$$\lim_{\varepsilon\rightarrow0}G(s)H(s)\big|_{s=\varepsilon e^{j\theta}}=\lim_{\varepsilon\rightarrow0}\frac{\overline{K}}{e^{jv\theta}}=\infty e^{-jv\theta} \tag{5-76}$$

即 s 平面上的 s 沿闭合曲线 Γ 上无穷小圆弧作逆时针运动时，映射到 $G(s)H(s)$ 平面上的轨迹为顺时针旋转的无穷大圆弧，旋转的相位为 $v\times\pi$（v 为系统的型别），并将 $G(j0_-)H(j0_-)$ 与 $G(j0_+)H(j0_+)$ 相连，如图 5-44(b) 中点划线所示。

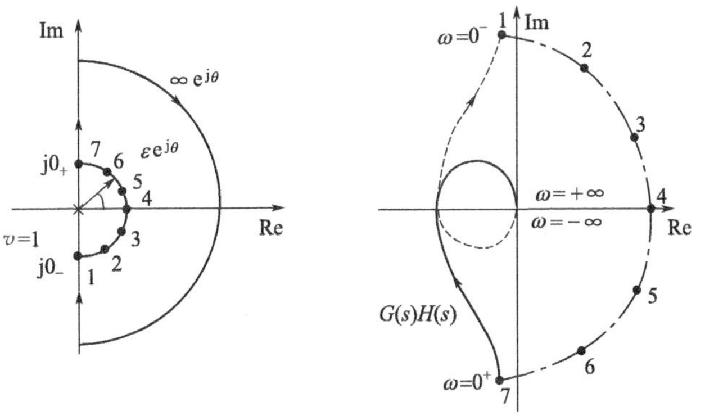

(a) 闭合曲线 Γ　　(b) 闭合曲线 Γ_{GH}

图 5-44　开环传递函数含有积分环节时的闭合曲线 Γ 和 Γ_{GH}

因此，当 $G(s)H(s)$ 含有积分环节时，闭合曲线 Γ_{GH} 由两部分组成：一是开环幅相曲线 $G(j\omega)H(j\omega)$，可先画出正频部分（$\omega=0^+\rightarrow+\infty$）后，按实轴对称原则补上负频部分（$\omega=-\infty\rightarrow0^-$），如图 5-44(b) 中的虚线所示；二是从 $G(j0_-)H(j0_-)$ 点起顺时针作半径无穷大、圆心角为 $v\times180°$的圆弧［注

意：圆弧上频率的增加方向是顺时针的，参见图 5-44(b) 点划线上的箭头方向]。

$G(s)H(s)$ 含有等幅振荡环节时，设开环传递函数为

$$G(s)H(s)=\frac{1}{(s^2+\omega_n^2)^{v_1}}G_1(s),\quad v_1>0,\quad |G_1(\pm j\omega_n)|\neq\infty \tag{5-77}$$

如图 5-45(a) 所示，在 $\pm j\omega_n$ 附近，闭合曲线 $s=j\omega_n+\varepsilon e^{j\theta}$，$\varepsilon\to0$、$\theta$ 由 $-90°$ 变化到 $90°$ 时（这里只分析正频率的半闭合曲线 Γ^+，因为负频率部分与正频率部分关于实轴完全对称），半闭合曲线 Γ_{GH}^+ 为

$$\lim_{\varepsilon\to0}G(s)H(s)\big|_{s=j\omega^n+\varepsilon e^{j\theta}}=\lim_{\varepsilon\to0}\frac{1}{(2j\omega_n\varepsilon e^{j\theta}+\varepsilon^2e^{j2\theta})^{v_1}}G_1(j\omega_n+\varepsilon e^{j\theta})$$

$$=\lim_{\varepsilon\to0}\frac{e^{-j(\theta+90°)v_1}}{(2\omega_n\varepsilon)^{v_1}}G_1(j\omega_n)=\begin{cases}\infty\angle G_1(j\omega_n), & \theta=-90°\\ \infty\angle[G_1(j\omega_n)-(\theta+90°)v_1], & \theta\in(-90°,90°)\\ \infty\angle[G_1(j\omega_n)-v_1\times180°], & \theta=90°\end{cases} \tag{5-78}$$

式(5-78) 表明：s 沿 Γ 在 $j\omega_n$ 附近运动时，映射到 $G(s)H(s)$ 平面为顺时针旋转的无穷大圆弧，旋转的弧度为 $v_1\times180°$，即从 $G(j\omega_{n-})H(j\omega_{n-})$ 点起以半径为无穷大顺时针作 $v_1\times180°$ 的圆弧至 $G(j\omega_{n+})H(j\omega_{n+})$ 相连，如图 5-45(b) 中点划线所示。

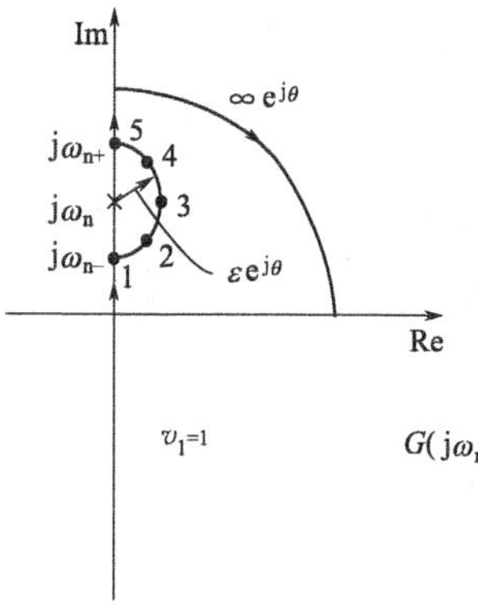

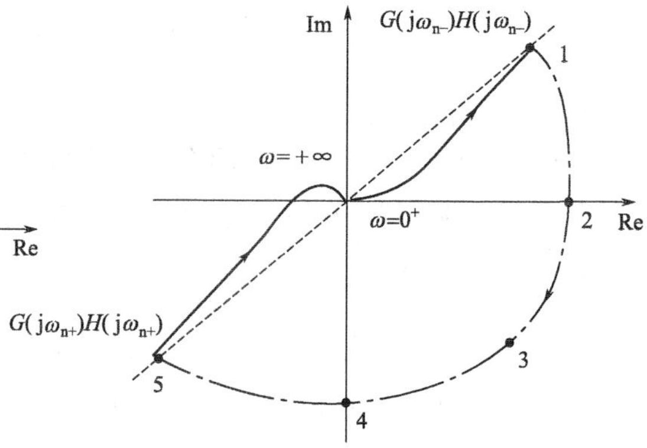

图 5-45 开环传递函数含有等幅振荡环节时的半闭合曲线 Γ^+ 和 Γ_{GH^+}

因此，当 $G(s)H(s)$ 含有等幅振荡环节时，半闭合曲线由两部分组成：一是开环幅相曲线；二是从 $G(j\omega_{n-})H(j\omega_{n-})$ 点起顺时针作半径无穷大、圆心角为 $v_1\times180°$ 的圆弧。

(5) 奈奎斯特（Nyquist）稳定判据

综上分析，考虑如图 5-43 所示包围整个 s 右半平面的闭合曲线，当 s 沿 Γ 上顺时针运动一圈时，映射到 $G(s)H(s)$ 平面闭合曲线 Γ_{GH} 顺时针包围（-1，j0）的圈数等于 $B(s)=G(s)H(s)$ 在 s 右半平面的零点个数 Z_R，逆时针包围（-1，j0）的圈数等于 $B(s)$ 在 s 右半平面的极点个数 P_R。所以 Γ_{GH} 逆时针包围（-1，j0）的圈数 N

$$N=P_R-Z_R \tag{5-79}$$

式中，$N>0$ 表示 Γ_{GH} 逆时针包围（-1，j0），$N<0$ 表示 Γ_{GH} 顺时针包围（-1，j0）。因为开环不稳定极点数 P_R 一般是已知的，闭合曲线 Γ_{GH} 可从已知的开环传递函数获取开环频率特性而得，N 则由直接观察 Γ_{GH} 得到，因此，从式(5-79) 就可很方便地求得 $B(s)$ 在 s 右半平面的零点（也即闭环系统的特征根）个数，即

$$Z_R=P_R-N \tag{5-79'}$$

从而可判别系统是否稳定。美国学者奈奎斯特（H. Nyquist）在 1932 年提出了著名的奈奎斯特稳定判据，其本质是根据闭环控制系统的开环频率响应来判断闭环系统的稳定性。

奈奎斯特（Nyquist）判据：反馈控制系统稳定的充分必要条件是闭合曲线 Γ_{GH} 不穿过（-1，j0）点，且逆时针包围（-1，j0）点的圈数 N 等于开环传递函数 $G(s)H(s)$ 在 s 右半平面的极点数 P_R，即 $Z_R=0$。闭合曲线 Γ_{GH} 又称为奈奎斯特图。

如何确定闭合曲线 Γ_{GH} 包围（-1，j0）点的圈数 N 呢？一个简单易行的判别方法是：从（-1，j0）

点出发沿任一方向作一射线（可挑尽可能简单的方向），在射线与 Γ_{GH} 的每个交点处，想像你正沿着频率增加的方向行走，若（-1，j0）点在你的左手边，则为逆时针包围一圈；若（-1，j0）点在右手边，则为顺时针包围一圈；如射线与 Γ_{GH} 无交点，则没有包围。最后，可得包围（-1，j0）点的净圈数 N，逆时针为正，顺时针为负。由式(5-79)，如 $Z_R=0$，系统稳定，否则不稳定，且可知不稳定的闭环极点个数。

如果出现 Γ_{GH} 通过（-1，j0）的情况，意味着 N 不确定，对应着 $B(s)$ 具有虚轴上的零点，也即闭环特征方程具有共轭纯虚根，系统处于临界稳定状态，经典控制理论认为属于不稳定情况。

5.4.2 Nyquist 稳定判据的应用

(1) 开环幅相曲线图（奈氏图）**上的稳定判据**

① 0 型系统。

【例 5-8】 已知 0 型系统的开环传递函数为 $G(s)H(s)=\dfrac{K_0}{(1+T_1s)(1+T_2s)}$，开环幅相曲线如图 5-46 中实线所示，试判断闭环系统的稳定性。

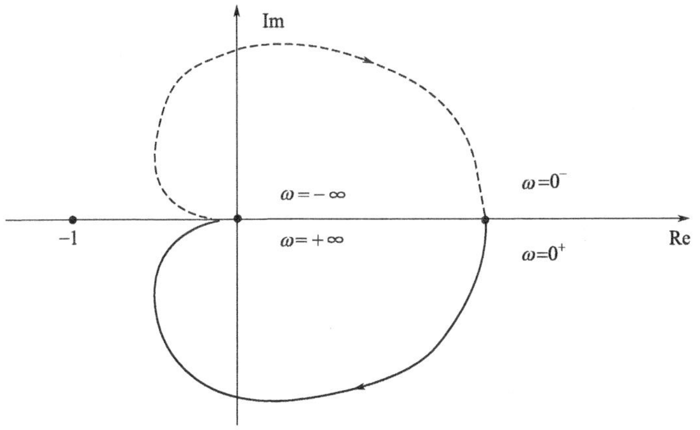

图 5-46 例 5-8 系统幅相曲线

解 对于图 5-46 实线所示的半闭合曲线 Γ_{GH^+}，补上对称于实轴的负频部分 Γ_{GH^-} 如图中虚线所示，构成完整的 Nyquist 图。从（-1，j0）点沿负实轴方向作一射线，显然 $P_R=0$、$N=0$，故由 Nyquist 稳定判据得该系统闭环稳定。

② Ⅰ型系统。

【例 5-9】 已知Ⅰ型系统的开环传递函数为 $G(s)H(s)=\dfrac{K_1}{s(1+T_1s)(1+T_2s)}$，试判断闭环系统的稳定性（$K_1$，$T_1$，$T_2>0$）。

解 随着参数 K_1 的变化，该Ⅰ型系统幅相曲线会出现如图 5-47 所示两种情况。

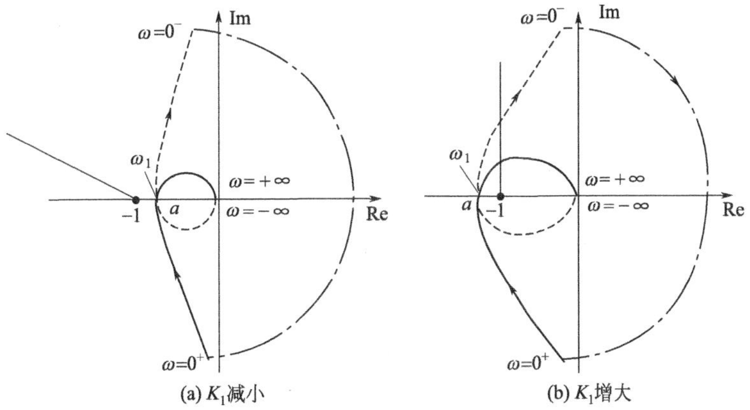

图 5-47 例 5-9 所示系统闭合曲线

假设幅相曲线与负实轴交点处的频率为 ω_1，K_1 的变化只改变交点在负实轴的位置，不改变交点处的频率，交点频率 ω_1 可以由相位条件计算得到。

$$\angle G(j\omega_1)H(j\omega_1)=\angle K_1+\angle\frac{1}{j\omega_1}+\angle\frac{1}{1+j\omega_1 T_1}+\angle\frac{1}{1+j\omega_1 T_2}=-180°$$

$$-90°-\arctan\omega_1 T_1-\arctan\omega_1 T_2=-180°$$

解之，可得 $\omega_1=\dfrac{1}{\sqrt{T_1T_2}}$。

若令开环幅相曲线与负实轴的交点为−1，即 $|G_1(j\omega_1)H(j\omega_1)|=1$，可得对应的 K_1 值。

$$K_1^*=\omega_1\sqrt{1+\omega_1^2T_1^2}\sqrt{1+\omega_1^2T_2^2}=\frac{T_1+T_2}{T_1T_2}$$

当 $0<K_1<K_1^*$ 时，闭合曲线 Γ_{GH} 如图 5-47(a) 所示，当 $K_1>K_1^*$ 时，闭合曲线 Γ_{GH} 如图 5-47(b) 所示，其中虚线表示负频部分曲线。由于是Ⅰ型系统，$v=1$。在图中顺时针用点划线将 0^- 与 0^+ 连接起来，相位变化是 $v\times180°=180°$。至此得到了系统的全闭合曲线，分别如图 5-47(a)、图 5-47(b) 所示。

在如图 5-47 所示的奈奎斯特图上，分别从（−1，j0）处向任一方向画射线，设如图中所示。很显然，图 5-47(a) 中 $P_R=0$、$N=0$，故闭环系统稳定。图 5-47(b) 中的射线 2 次穿过闭合曲线 Γ_{GH}，在交叉处可判断 Γ_{GH} 顺时针 2 次包围（−1，j0），即 $N=-2$，由 $Z_R=P_R-N=2$，可知闭环系统不稳定，且在 s 右半平面有 2 个闭环极点。

【例 5-10】 已知单位负反馈系统开环幅相曲线（$K_1=10$，$P_R=0$，$v=1$）如图 5-48 所示，试确定系统闭环稳定时 K_1 值的范围。

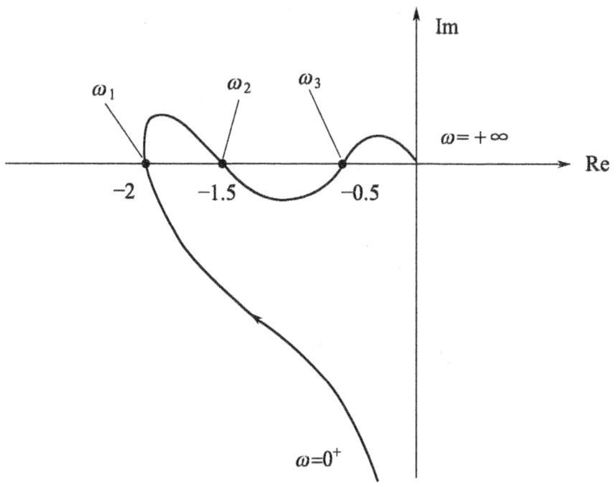

图 5-48 例 5-10 系统的开环幅相曲线

解 由图 5-48 可知开环幅相曲线与负实轴有三个交点，假设交点处频率分别为 ω_1、ω_2、ω_3，系统的开环传递函数可以写为

$$G(s)=\frac{K_1}{s^v}G_1(s)$$

由题设条件知 $v=1$，$\lim\limits_{s\to0}G_1(s)=1$，且 $G(j\omega_i)=\dfrac{K_1}{j\omega_i}G(j\omega_i)$，当 $K_1=10$ 时

$$G(j\omega_1)=-2,\quad G(j\omega_2)=-1.5,\quad G(j\omega_3)=-0.5$$

若令 $G(j\omega_i)=-1$，可得对应的 K_1 值

$$K_{11}=\frac{-1}{\dfrac{1}{j\omega_1}G_1(j\omega_1)}=\frac{-1}{G(j\omega_1)/K_1}=\frac{-1}{-2/10}=5;\quad K_{12}=\frac{20}{3};\quad K_{13}=20$$

分别取 $0<K_1<K_{11}$、$K_{11}<K_1<K_{12}$、$K_{12}<K_1<K_{13}$、$K_1>K_{13}$，开环幅相曲线如图 5-49 所示，其中虚线表示负频部分曲线。由于是Ⅰ型系统，在图 5-49 中，顺时针用点划线将 0^- 与 0^+ 连接起来，相位变化 180°，得到系统的全闭合曲线。

在如图 5-49 所示的奈奎斯特图上，分别从（−1，j0）处向任一方向作一射线，根据闭合曲线 Γ_{GH} 包围（−1，j0）点的圈数以及 $P_R=0$，判断系统闭环稳定性。

$0<K_1<K_{11}$，$N=0$，$Z_R=0$，闭环系统稳定；

$K_{11}<K_1<K_{12}$，$N=-2$，$Z_R=P_R-N=2$，闭环系统不稳定，有 2 个 s 右半平面的闭环极点；

$K_{12}<K_1<K_{13}$，$N=0$，$Z_R=P_R-N=0$，闭环系统稳定；

$K_1>K_{13}$，$N=-2$，$Z_R=P_R-N=2$，闭环系统不稳定，有 2 个 s 右半平面的闭环极点。

综上所述，系统闭环稳定时的 K_1 值范围为 (0,5) 和 $\left(\dfrac{20}{3},20\right)$。当 $K_1=5$，$\dfrac{20}{3}$，20 时闭合曲线 Γ_{GH} 穿越临界点（−1，j0），闭环系统临界稳定。

③ Ⅱ型系统。

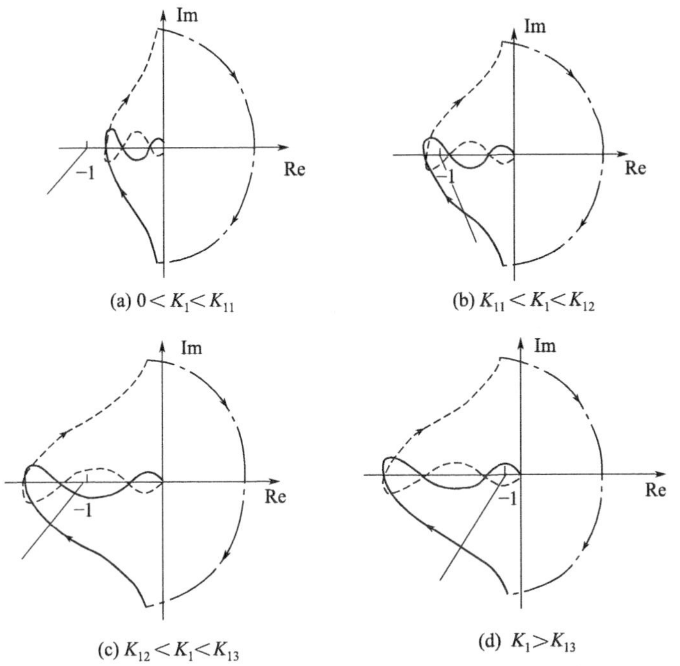

图 5-49 例 5-10 系统在不同 K_1 值条件下的闭合曲线图

【例 5-11】 已知Ⅱ型系统的开环传递函数为 $G(s)H(s)=\dfrac{K_2(1+T_4s)}{s^2(1+T_1s)(1+T_2s)(1+T_3s)}$，其中 $T_4>T_1+T_2+T_3$，T_1、T_2、T_3、T_4、$K_2>0$，开环幅相曲线如图 5-50 中实线所示，判断系统的稳定性（$P_R=0$）。

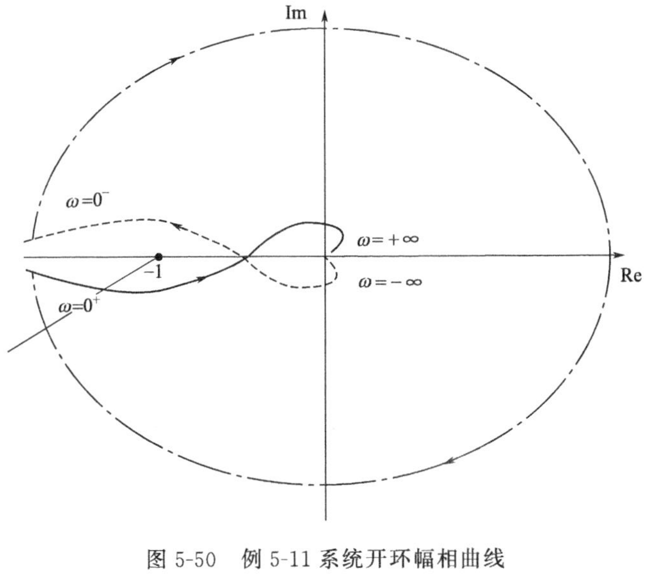

图 5-50 例 5-11 系统开环幅相曲线

解 第 1 步：在图 5-50 所示的开环幅相曲线基础上补上负频部分，如图中虚线所示。

第 2 步：在图中顺时针用点划线将 0^- 与 0^+ 连接起来，相位变化是 $v\times180°$，由于是Ⅱ型系统，$v=2$，故相位变化为 360°，至此得到了闭合曲线 Γ_{GH}。

第 3 步：从（−1，j0）向任一方向作射线，如图中所示。

第 4 步：计算 N。射线 2 次穿过闭合曲线 Γ_{GH}，但是顺时针 1 次与逆时针 1 次，故 $N=0$（为方便起见，在作射线时往往越简单越好，此例如果选择负实轴会更简单直接得到 $N=0$）。

第 5 步：因为已知 $P_R=0$，故 $Z_R=0$，应用 Nyquist 稳定判据可知，闭环系统稳定。

与Ⅰ型系统类似，若 $G(s)H(s)$ 的增益 K_2 不断增大，使得开环幅相曲线与负实轴的交点在（−1，

j0）的左侧，则对应的闭环系统不稳定。

④ 开环不稳定系统。

【例 5-12】 假设负反馈系统开环传递函数为$G(s)H(s)=\dfrac{K_1(T_2s+1)}{s(T_1s-1)}$，其中$K_1>1$、$T_1>0$、$T_2>0$。试分析闭环系统的稳定性。

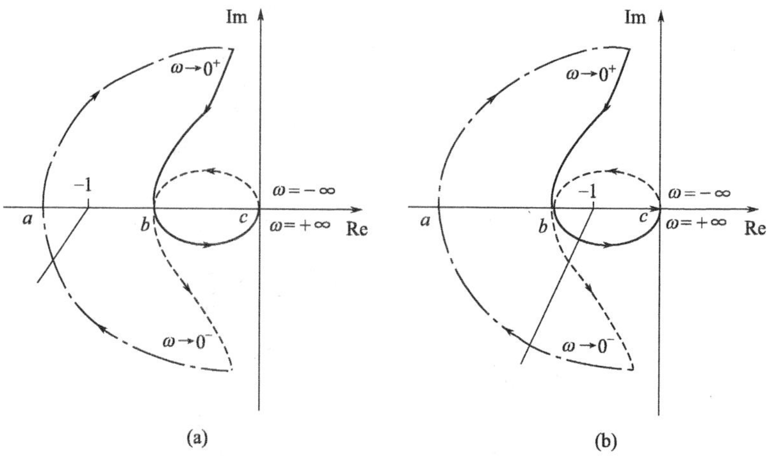

图 5-51　例 5-12 的幅相曲线图

解　对于某一给定K_1，闭合曲线Γ_{GH}如图 5-51 所示。由于开环传递函数在 s 右半平面有一个极点，所以$P_R=1$。

当$0<K_1<K_{1x}$时，闭合曲线Γ_{GH}与实轴的交点 b 在（−1，j0）点的右侧，从（−1，j0）点向任一方向作射线［如图 5-51(a) 所示］，射线穿越闭合曲线Γ_{GH} 1 次，Γ_{GH}顺时针包围（−1，j0）点 1 圈，因此$N=-1$，$Z_R=P_R-N=2$，闭环系统在 s 右半平面有 2 个极点，闭环系统不稳定。

当$K_{1x}<K_1<\infty$时，闭合曲线Γ_{GH}与实轴的交点 b 在（−1，j0）点的左侧，从（−1，j0）点向任一方向作射线［如图 5-51(b) 所示］，射线穿越闭合曲线Γ_{GH} 3 次，Γ_{GH}逆时针包围（−1，j0）点 2 圈，顺时针包围（−1，j0）点 1 圈，因此$N=1$，$Z_R=P_R-N=0$，闭环系统稳定。

⑤ 具有纯滞后的系统。

【例 5-13】 已知具有纯滞后的系统开环传递函数为$G(s)H(s)=\dfrac{10e^{-0.5s}}{Ts+1}$，$T>0$，试用 Nyquist 稳定判据确定使系统闭环稳定的参数 T 的范围。

解　由于纯滞后系统的开环幅相曲线为螺旋线（如图 5-52 所示），且为顺时针方向，从（−1，j0）点出发沿负实轴方向作一射线，若开环幅相曲线与（−1，j0）点左侧的负实轴有 m 个交点，则Γ_{GH}包围（−1，j0）点的圈数$N=-2m$，由于开环传递函数在 s 右半平面的极点数$P_R=0$，若要使闭环系统稳定，必须使$N=P_R$，即$m=0$。设ω_x为开环幅相曲线穿越负实轴时的频率，则满足

$$\angle G(j\omega_x)H(j\omega_x)=-0.5\omega_x-\arctan\omega_xT=-(2k+1)\pi,\quad k=0,1,2,\cdots$$

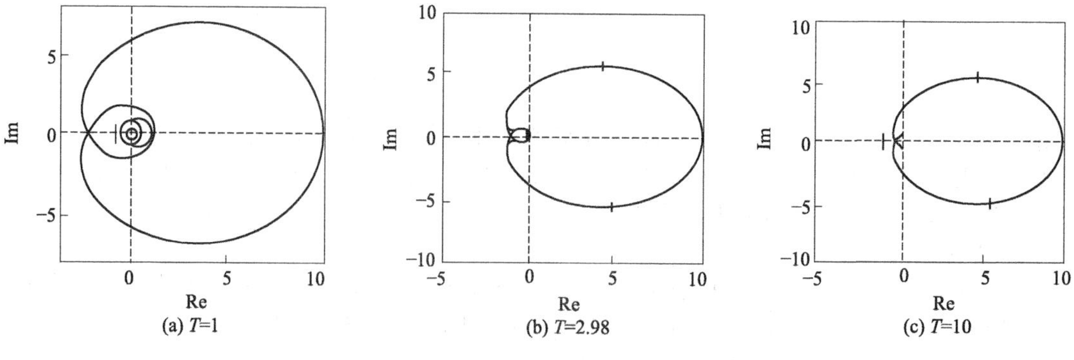

图 5-52　纯滞后系统$G(s)H(s)=\dfrac{10e^{-0.5s}}{Ts+1}$的 Nyquist 图

$$|G_1(j\omega_x)H(j\omega_x)|=\frac{10}{\sqrt{1+(\omega_x T)^2}}$$

当 ω_x 增大时，$|G_1(j\omega_x)H(j\omega_x)|$ 减小，而在频率 ω 为最小的 ω_{xm} 时，开环幅相曲线第一次穿越负实轴，因此 ω_{xm} 满足

$$-0.5\omega_{xm}-\arctan\omega_{xm}T=-\pi$$

此时 $|G_1(j\omega_x)H(j\omega_x)|$ 达到最大，为使 $m=0$，必须使 $|G_1(j\omega_x)H(j\omega_x)|<1$，即

$$\omega_{xm}T>\sqrt{99}$$

再由相位条件可得

$$\tan(0.5\omega_{xm})=-\omega_{xm}T<-\sqrt{99}$$

$$\omega_{xm}<2[\pi+\arctan(-\sqrt{99})]=3.34$$

因此，由幅值条件可以得到使系统稳定的参数 T 的范围

$$T>\frac{\sqrt{99}}{3.34}=2.98$$

图 5-52 为参数 T 取不同值时的 Nyquist 图。

(2) 对数频率稳定判据

如 5.4.1 节分析，奈氏判据是基于 $G(s)H(s)$ 平面的全闭合曲线 Γ_{GH} 判定开环系统对应的闭环系统的稳定性。而 Bode 图上的频率范围（$0^+\to\infty$）（零点处需虚拟补上 $0\to0^+$）对应于 Γ_{GH} 的一半。因此，引入半闭合曲线 $\Gamma_{GH}^{1/2}$，可以推广运用奈氏判据到 Bode 图上，其关键问题是需要根据半对数坐标下的 $\Gamma_{GH}^{1/2}$ 曲线确定穿越次数 N 或 N_+ 和 N_-。

$G(s)H(s)$ 平面 $\Gamma_{GH}^{1/2}$ 曲线一般由两部分组成：开环幅相曲线和开环系统存在积分环节和等幅振荡环节时所补作的半径为无穷大的虚圆弧。而 N 的确定取决于 $A(\omega)>1$ 时 $\Gamma_{GH}^{1/2}$ 穿越负实轴的次数，因此应建立和明确以下对应关系。

① 穿越点确定。

设 $\omega=\omega_c$ 时

$$\begin{cases}A(\omega_c)=|G(j\omega_c)H(j\omega_c)|=1\\L(\omega_c)=20\lg A(\omega_c)=0\end{cases}\tag{5-80}$$

称 ω_c 为截止频率。对于复平面的负实轴和开环对数相频特性，当取频率为穿越频率 ω_x 时

$$\varphi(\omega_x)=(2k+1)\pi;\quad k=0,\pm1,\cdots\tag{5-81}$$

设半对数坐标下 $\Gamma_{GH}^{1/2}$ 的对数幅频特性曲线和对数相频特性曲线分别为 Γ_L 和 Γ_φ，由于 Γ_L 等于 $L(\omega)$ 曲线，则 Γ_{GH} 在 $A(\omega)>1$ 时，穿越负实轴的点等于 $\Gamma_{GH}^{1/2}$ 在半对数坐标下，对数幅频特性 $L(\omega)>0$ 时对数相频特性曲线 Γ_φ 与 $(2k+1)\pi(k=0,\pm1,\cdots)$ 平行线的交点。

② Γ_φ 确定。

a. 开环系统无虚轴上极点时，Γ_φ 等于 $\varphi(\omega)$ 曲线。

b. 开环系统存在积分环节 $\frac{1}{s^v}$（$v>0$）时，复数平面的 $\Gamma_{GH}^{1/2}$ 曲线，需从 $\omega=0_+$ 的开环幅相特性曲线的对应点 $G(j0_+)H(j0_+)$ 起，逆时针补作 $v\times90°$ 半径为无穷大的虚圆弧。相对应，需从对数相频特性曲线 ω 较小且 $L(\omega)>0$ 的点处向上补作 $v\times90°$ 的虚直线，$\varphi(\omega)$ 曲线和补作的虚直线构成 Γ_φ。

c. 开环系统存在等幅振荡环节 $\frac{1}{(s^2+\omega_n^2)^{v_1}}$（$v_1>0$）时，复数平面的 Γ_{GH} 曲线，需从 $\omega=\omega_{n-}$ 的开环幅相曲线的对应点 $G(j\omega_{n-})H(j\omega_{n-})$ 起，顺时针补作 $v_1\times180°$ 半径为无穷大的虚圆弧至 $\omega=\omega_{n+}$ 的对应点 $G(j\omega_{n+})H(j\omega_{n+})$ 处。相对应，需从对数相频特性曲线 $\varphi(\omega_{n-})$ 点起向下作 $v_1\times180°$ 的虚直线至 $\varphi(\omega_{n+})$ 处，$\varphi(\omega)$ 曲线和补作的虚直线构成 Γ_φ。

③ 穿越次数计算。

正穿越一次：$\Gamma_{GH}^{1/2}$ 由上向下穿越（-1,j0）点左侧的负实轴一次，等价于在 $L(\omega)>0$ 时，Γ_φ 由下向上穿越 $(2k+1)\pi$ 线一次。

负穿越一次：$\Gamma_{GH}^{1/2}$ 由下向上穿越（-1,j0）点左侧的负实轴一次，等价于在 $L(\omega)>0$ 时，Γ_φ 由上向下穿越 $(2k+1)\pi$ 线一次。

正穿越半次：$\Gamma_{GH}^{1/2}$ 由上向下止于或由上向下起于（-1,j0）点左侧的负实轴，等价于在 $L(\omega)>0$ 时，Γ_φ 由下向上止于或由下向上起于 $(2k+1)\pi$ 线。

负穿越半次：$\Gamma_{GH}^{1/2}$ 由下向上止于或由下向上起于（-1,j0）点左侧的负实轴，等价于在 $L(\omega)>0$ 时，Γ_φ 由上向下止于或由上向下起于 $(2k+1)\pi$ 线。

应该指出的是，补作的虚直线所产生的穿越皆为负穿越。

对数频率稳定判据 设 P 为开环系统正实部的极点数，对应开环系统的闭环负反馈控制系统稳定的充分必要条件是：$\varphi(\omega_c)\neq(2k+1)\pi(k=0,1,2,\cdots)$ 和 $L(\omega)>0$ 时，Γ_φ 曲线穿越 $(2k+1)\pi$ 线的次数 N (N_+-N_-) 满足

$$Z=P-2N=0 \tag{5-82}$$

对数频率稳定判据和奈氏判据本质相同，其区别仅在于前者在 $L(\omega)>0$ 的频率范围内依 Γ_φ 曲线确定穿越次数 N。

【例 5-14】 已知某系统有两个开环极点在 S 右半平面（$P=2$），开环对数相频特性曲线如图 5-53 所示，试确定闭环不稳定极点的个数。

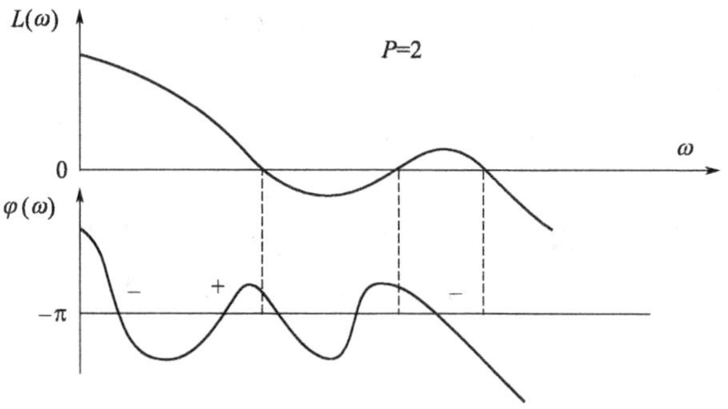

图 5-53 例 5-14 系统开环对数相频特性曲线

解 因为在 $L(\omega)>L(\omega_c)=0$dB 频段内，存在三个与 $(2k+1)\pi$ 线的交点，故 $N_-=2$、$N_+=1$，按对数稳定判据

$$Z=P-2N=2-2(1-2)=4$$

故闭环不稳定极点的个数为 4。

(3) 条件稳定系统

若开环传递函数在 S 右半平面的极点数 $P=0$，当开环传递函数的某些系数（如开环增益）改变时，闭环系统的稳定性将发生变化，这种闭环稳定有条件的系统称为条件稳定系统。

相应地，无论开环传递函数的系数怎样变化，例如 $G(s)H(s)=\dfrac{K}{s^2(Ts+1)}$，系统总是闭环不稳定的，这样的系统称为结构不稳定系统。为了表征系统的稳定程度，需要引入“稳定裕度”概念。

5.4.3 稳定裕度

控制系统能正常工作的前提条件是系统必须稳定，除此之外，还要求具有适当的稳定裕度。也就是说，系统某一参数（或特性）在一定范围内发生变化时，系统仍然能保持稳定，即具有一定的相对稳定性。Nyquist 稳定判据分析系统稳定性是通过闭合曲线 Γ_{GH} 绕（-1，j0）的情况来进行判断的。假设系统在 s 右半平面无开环极点，在闭合曲线 Γ_{GH} 不包围（-1，j0）点时，闭环系统稳定；若闭合曲线 Γ_{GH} 穿过（-1，j0）点，则闭环系统临界稳定。因此，在稳定性研究中，（-1，j0）点为临界点，闭合曲线 Γ_{GH} 相对于临界点的位置即偏离临界点的程度，反映系统的相对稳定性。闭合曲线 Γ_{GH} 离（-1，j0）点越远，系统稳定程度越高，相对稳定性越好。频域的相对稳定性常采用稳定裕度包括相位裕度 γ 和幅值裕度 h 来度量。

(1) 相位裕度 γ

称 ω_c 为系统的截止频率，满足

$$|G(j\omega_c)H(j\omega_c)|=1 \tag{5-83}$$

则相位裕度定义为

$$\gamma=180°+\angle G(j\omega_c)H(j\omega_c) \tag{5-84}$$

对于最小相位系统（如图 5-54 所示），如果相位裕度 $\gamma>0$，系统是稳定的［图 5-54(a)］，且 γ 越大，系统的相对稳定性越好；如果相位裕度 $\gamma<0$，系统则不稳定［图 5-54(b)］；当 $\gamma=0$ 时，系统的开环频率特性曲线穿越（-1，j0）点，系统为临界稳定。

相位裕度的含义：使系统达到临界稳定状态时开环频率特性的相位 $G(j\omega_c)H(j\omega_c)$ 减小（对应稳定

系统）或增加（对应不稳定系统）的数值；或者说对于闭环稳定系统，如果系统的开环相频特性再滞后 γ，则系统将处于临界稳定状态。

(2) 幅值裕度 h

称 ω_x 为系统的穿越频率，满足

$$\angle G(\mathrm{j}\omega_x)H(\mathrm{j}\omega_x)=(2k+1)\pi,\ k=0,\pm1,\cdots \tag{5-85}$$

则幅值裕度定义为

$$h=\frac{1}{|\angle G(\mathrm{j}\omega_x)H(\mathrm{j}\omega_x)|} \tag{5-86}$$

对于最小相位系统（如图 5-54 所示），如果幅值裕度 $h>1$，系统是稳定的［图 5-54(a)］，且 h 越大，系统的相对稳定性越好；如果幅值裕度 $h<1$，系统则不稳定［图 5-54(b)］；当 $h=1$ 时，系统的开环频率特性曲线穿越（-1，j0）点，系统为临界稳定。

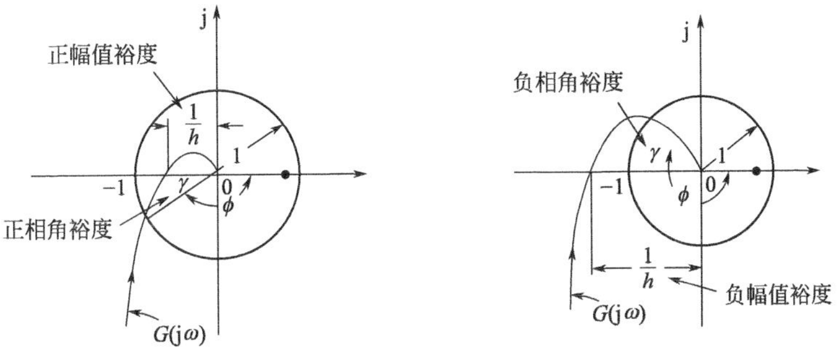

(a) 稳定系统　　(b) 不稳定系统

图 5-54　极坐标下最小相位系统的稳定裕度

幅值裕度的含义：使系统达到临界稳定状态时开环频率特性的幅值 $|G(\mathrm{j}\omega_x)H(\mathrm{j}\omega_x)|$ 增大（对应稳定系统）或缩小（对应不稳定系统）的倍数；或者说对于闭环稳定系统，如果系统的开环幅频特性再增大 h 倍，则系统将处于临界稳定状态。

对数坐标下，幅值裕度的定义为：

$$h=-20\lg|G(\mathrm{j}\omega_x)H(\mathrm{j}\omega_x)|\ (\mathrm{dB}) \tag{5-87}$$

因此，对于最小相位系统［图 5-55(a) 所示］，若 $h>0\mathrm{dB}$，则系统稳定；若 $h<0\mathrm{dB}$，则系统不稳定［图 5-55(b)］；若 $h=0\mathrm{dB}$，则系统临界稳定。

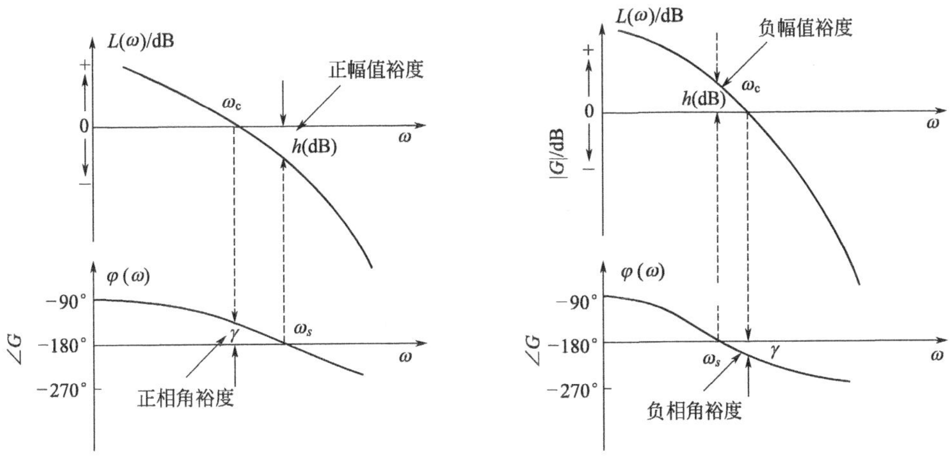

(a) 稳定系统　　(b) 不稳定系统

图 5-55　对数坐标下最小相位系统的稳定裕度

【例 5-15】 已知单位负反馈系统的开环传递函数为 $G(s)=\dfrac{K}{(s+1)^3}$，当 K 分别为 4 和 10 时，试确定系统的稳定裕度。

解　系统开环频率特性为

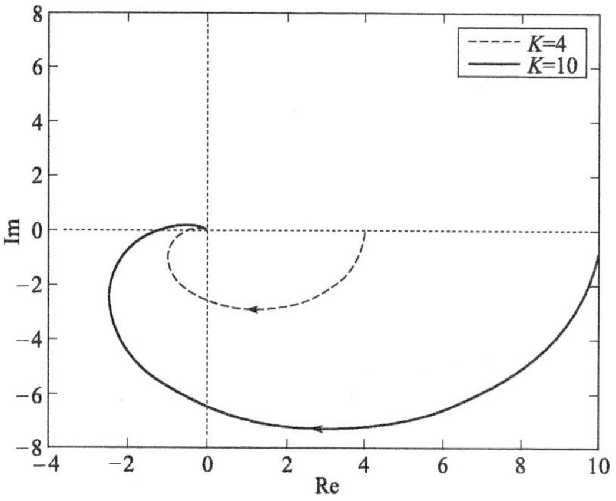

图 5-56 例 5-15 系统开环幅相曲线

$$G(j\omega)=\frac{K}{(1+\omega^2)^{\frac{3}{2}}}\angle(-3\arctan\omega)$$

按照 ω_x，ω_c 的定义可得

$$\omega_x=\sqrt{3}, \omega_c=\sqrt{K^{\frac{2}{3}}-1}$$

当 $K=4$ 时：

$G(j\omega_x)=-0.5$，$h=2$

$\omega_c=1.233$，$\angle G(j\omega_c)=-152.9°$

$\gamma=27.1°$

当 $K=10$ 时：

$G(j\omega_x)=-1.25$，$h=0.8$

$\omega_c=1.908$，$\angle G(j\omega_c)=-187.0°$

$\gamma=-7.0°$

$K=4$ 和 $K=10$ 的开环幅相曲线如图 5-56 所示。

易知：当 $K=4$ 时，系统闭环稳定，$h>1$，$\gamma>0$；当 $K=10$ 时，系统闭环不稳定，$h<1$，$\gamma<0$。

5.5 频域指标与时域指标的关系

常用的频域性能指标为系统的相位裕度 γ、幅值裕度 h、截止频率 ω_c、穿越频率 ω_x，以及误差系数 K 等。当简单地改变系统参数无法达到期望性能指标时，可以考虑设计补偿器来改变系统的频率响应。甚至对于一些开环不稳定的系统，也可以通过设计补偿器来使其稳定并获得满意的性能。一般来说，开环频率特性的低频段表征了闭环系统的稳态性能（稳态误差）；中频段表征了闭环系统的稳定性和过渡过程动态性能；高频段表征了闭环系统的复杂性与噪声抑制性能。因此，用频率法设计控制系统的实质，就是在系统中加入合适的校正装置，使开环系统频率特性变成所期望的动态性能：低频段增益充分大，以保证稳态误差要求；中频段对数幅频特性的斜率大致为 -20dB/dec，并有充分的带宽，以保证具有适当的相位裕度；高频段增益尽快减小，以削弱噪声影响。其实，不管是在时域还是在频域设计补偿器或控制器，目标是一致的：改进系统的稳定性、动态性能和稳态性能。

频域中用相位裕度 γ 和幅值裕度 h 表征系统的稳定程度，稳定裕度大的系统其过渡过程阻尼就大。

(1) 二阶系统频域指标与时域指标的关系

对于二阶系统来说，稳定裕度和阻尼比 ζ 之间可以有严格的数学关系。

① 截止频率 ω_c 与阻尼比 ζ、自然频率 ω_n 的关系。

考虑一个具有开环传递函数为下式的典型单位负反馈二阶系统

$$G(s)=\frac{K}{s(Ts+1)}; \ G(j\omega)=\frac{\omega_n^2}{j\omega(j\omega+2\zeta\omega_n)} \tag{5-88}$$

式中，$\omega_n=\sqrt{K/T}$；$2\zeta\omega_n=\dfrac{1}{T}$。由截止频率 ω_c 的定义 $[|G(j\omega_c)|=1]$，可以看到

$$|G(j\omega_c)|=\frac{\omega_n^2}{\omega_c\sqrt{\omega_c^2+4\zeta^2\omega_n^2}}=1 \tag{5-89}$$

即

$$(\omega_c^2)^2+4\zeta^2\omega_n^2\omega_c^2-\omega_n^4=0$$

得

$$\left(\frac{\omega_c^2}{\omega_n^2}\right)^2+4\zeta^2\left(\frac{\omega_c^2}{\omega_n^2}\right)-1=0$$

将 $\left(\dfrac{\omega_c}{\omega_n}\right)^2$ 视为未知数，利用二次方程求根公式，有 $\left(\dfrac{\omega_c}{\omega_n}\right)^2=\sqrt{4\zeta^4+1}-2\zeta^2$，可以得

$$\frac{\omega_c}{\omega_n}=(\sqrt{4\zeta^4+1}-2\zeta^2)^{\frac{1}{2}} \tag{5-90}$$

由式(5-90) 可以看出：当阻尼比 ζ 一定的情况下，截止频率 ω_c 越大，自然频率 ω_n 也越大，闭环系统上升时间、峰值时间和调节时间越小，系统的响应速度加快。

② 相位裕度 γ 与阻尼比 ζ 的关系。

由相位裕度的定义式 $\gamma=180°+\angle G(j\omega)$ 可计算式(5-88) 的相位裕度为

$$\gamma=180°-90°-\arctan\frac{\omega_c}{2\zeta\omega_n} \tag{5-91}$$

将式(5-90) 代入式(5-91) 得

$$\gamma=\arctan\frac{2\zeta\omega_n}{\omega_c}=\arctan\left(\frac{2\zeta}{\sqrt{\sqrt{4\zeta^4+1}-2\zeta^2}}\right) \tag{5-92}$$

上式与图 5-57 给出了欠阻尼二阶系统 ζ 值和相位裕度 γ 之间的单值关系。可以看出，γ 仅与 ζ 有关，ζ 为 γ 的增函数，且在 $\zeta\leqslant0.7$ 的范围内，可以近似地用一条直线表示它们之间的关系，即

$$\zeta\approx0.01\gamma \tag{5-93}$$

上式表明，选择 30°～60°的相角时，对应的阻尼比约为 0.3～0.6。应指出的是，二阶系统的相位裕度 γ 可以决定系统的 ζ，但不能决定系统的自然频率 ω_n。具有相同阻尼比 ζ 的系统，当 ω_n 不同时，过渡过程的调节时间相差很大。标准二阶系统中，假定时间常数 T 是固定的，放大倍数 K 可调整，则可由要求的 ζ 值定出相位裕度 γ，然后由下式决定 K 值

$$K=\frac{1}{4\zeta^2T}=\frac{1}{4(0.01\gamma)^2T}$$

对于二阶和二阶以下的简单系统，幅值裕度 h 无意义。请考虑：这是为什么？

对于高阶系统，根据经验，较满意的稳定裕度范围如下：$h\geqslant0.5$ 或 $h'\geqslant6\text{dB}$，$\gamma=30°\sim35°$。

③ 频域指标与时域指标的关系。

在控制系统设计中，采用的设计方法一般依据性能指标的形式而定。如果性能指标是以系统单位阶跃响应的峰值时间、调节时间、超调量、阻尼比、稳态误差等时域指标给出时，可采用根轨迹方法进行校正；如果性能指标以系统的相位裕度、幅值裕度、谐振峰值、闭环带宽、稳态误差系数等频域指标给出时，一般就采用频率法校正。目前，工程技术界比较习惯于采用频率法，通常可以通过它们之间的近似公式进行两种指标的互换。下面直接给出这两种指标之间的常用关系。

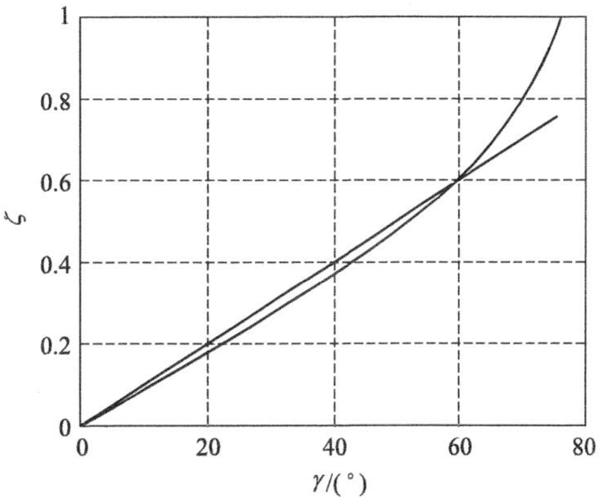

图 5-57　典型二阶系统的 γ-ζ 图

总结二阶系统频域指标与时域指标的关系如下：

谐振峰值　$M_r=\dfrac{1}{2\zeta\sqrt{1-\zeta^2}},\zeta\leqslant0.707$

谐振频率 $\omega_r=\omega_n\sqrt{1-2\zeta^2},\zeta\leqslant0.707$

带宽频率 $\omega_b=\omega_n\sqrt{1-2\zeta^2+\sqrt{2-4\zeta^2+4\zeta^4}}$

截止频率 $\omega_c=\omega_n\sqrt{\sqrt{1+4\zeta^4}-2\zeta^2}$

相位裕度 $\gamma=\arctan\left(\dfrac{2\zeta}{\sqrt{\sqrt{1+4\zeta^4}-2\zeta^2}}\right)$

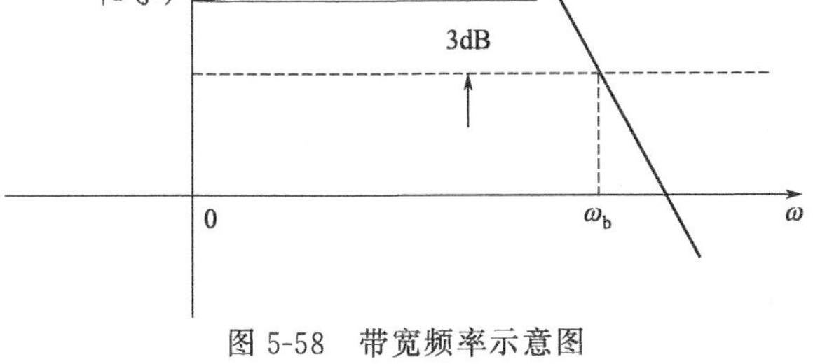

图 5-58　带宽频率示意图

调节时间　$t_s=\dfrac{3}{\zeta\omega_n}$ 或 $\omega_c t_s=\dfrac{6}{\tan\gamma}$

其中，带宽频率 ω_b 是频域性能指标中一项重要的技术指标。设 $\Phi(j\omega)$ 为系统闭环频率特性，当闭环幅频特性下降到频率为零时的分贝值以下 3dB 时，对应的频率称为带宽频率，记为 ω_b，如图 5-58 所示，频率范围 $(0,\omega_b)$ 称为系统的带宽。

$$20\lg|\Phi(j\omega)|<20\lg|\Phi(j0)|-3$$

带宽定义表明，对高于带宽频率的正弦输入信号，系统输出将呈现较大的衰减。一般人们希望设计

好的系统既能以所需精度跟踪输入信号，又能抵制噪声扰动信号。在实际系统运行中，输入信号一般是低频信号，而噪声往往是高频信号。因此，合理选择控制系统的带宽在系统设计中是一个重要的问题。

(2) 高阶系统频域指标与时域指标的关系

对于高阶系统，假如有一对主要复根作为主导极点，则也可以有与二阶系统近似的关系，还有一些工程近似的公式，总结如下：

谐振峰值
$$M_r=\frac{1}{|\sin\gamma|}$$

超调量
$$\sigma\%=0.16+0.4(M_r-1),1\leqslant M_r\leqslant 1.8$$

调节时间
$$t_s=\frac{K_0\pi}{\omega_c}$$

$$K_0=2+1.5(M_r-1)+2.5(M_r-1)^2,1\leqslant M_r\leqslant 1.8$$

5.6 系统的闭环频率响应

前面已经了解到系统的开环频率特性对分析系统的稳定性和稳定程度（即相对稳定性）具有十分重要的意义。但稳定性是系统能否正常工作的一个基本条件，为了研究自动控制系统的其他性能指标，有必要进一步研究系统的闭环频率特性。一般情况下，求解系统的闭环频率特性十分复杂烦琐，在实际中通常都是采用图解法来求出系统的闭环频率特性。

5.6.1 闭环频率特性

考虑如图 5-59 所示单位负反馈系统，系统的开环频率特性 $G(\mathrm{j}\omega)$ 可以通过实验方法获得，系统的闭环频率特性 $C(\mathrm{j}\omega)/R(\mathrm{j}\omega)$ 则可以表示为

$$\frac{C(\mathrm{j}\omega)}{R(\mathrm{j}\omega)}=\frac{G(\mathrm{j}\omega)}{1+G(\mathrm{j}\omega)} \tag{5-94}$$

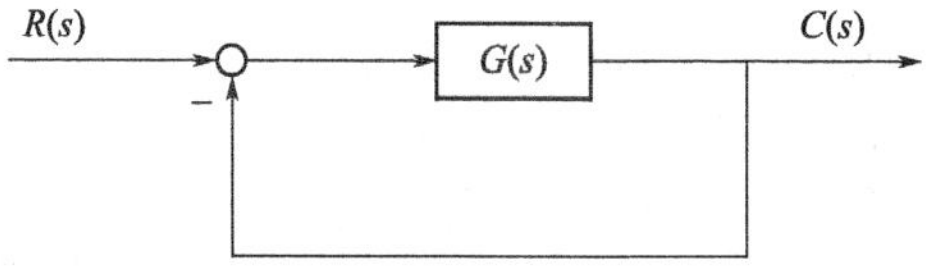

图 5-59 单位负反馈系统

令 $G(\mathrm{j}\omega)=A(\mathrm{j}\omega)=|A(\mathrm{j}\omega)|\mathrm{e}^{\mathrm{j}\phi(\omega)}$，$B(\mathrm{j}\omega)=1+G(\mathrm{j}\omega)=|B(\mathrm{j}\omega)|\mathrm{e}^{\mathrm{j}\lambda(\omega)}$，则式(5-94) 等效为

$$\frac{C(\mathrm{j}\omega)}{R(\mathrm{j}\omega)}=\frac{G(\mathrm{j}\omega)}{B(\mathrm{j}\omega)}=\frac{|A(\mathrm{j}\omega)|\mathrm{e}^{\mathrm{j}\phi(\omega)}}{|B(\mathrm{j}\omega)|\mathrm{e}^{\mathrm{j}\lambda(\omega)}}=M(\omega)\mathrm{e}^{\mathrm{j}\alpha(\omega)} \tag{5-95}$$

上式表明，系统的闭环频率特性的幅值 $M(\omega)$ 等于向量 $A(\mathrm{j}\omega)$ 与 $B(\mathrm{j}\omega)$ 的幅值之比，而相角 $\alpha(\omega)$ 等于它们的相角差。图 5-60 表示了开环系统幅相曲线和闭环系统幅相曲线之间的关系。

由于 $\phi(\omega)$ 的绝对值大于 $\lambda(\omega)$ 的绝对值（注意：逆时针旋转角度为正，顺时针旋转角度为负），因此相角 $\alpha(\omega)$ 是负值。这样，逐点测出不同频率处对应向量的幅值和相角，便可绘制闭环幅频特性 $M(\omega)$ 和闭环相频特性 $\alpha(\omega)$。

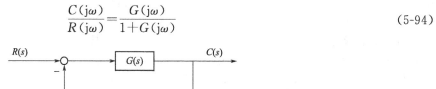

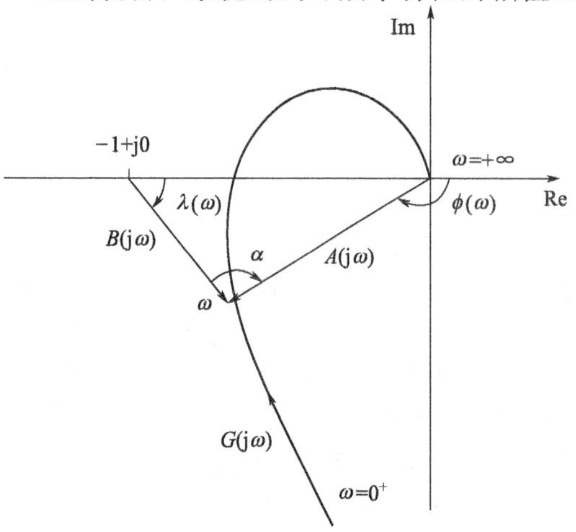

图 5-60 图 5-59 所示系统的开环、闭环幅相曲线关系

5.6.2 等 *M* 圆

由图 5-60 可以看出，复平面上对应开环幅相曲线上的任一点（如对应频率为 ω 的点），总有一个闭环幅值 $M(\omega)=|A(\mathrm{j}\omega)|/|B(\mathrm{j}\omega)|$ 与之对应，如果令其为一常数 M，那么在该复平面上，相同的 M 值对应的是什么图形呢？

令式(5-94) 中 $G(\mathrm{j}\omega)=x+\mathrm{j}y$，则

$$M=\left|\frac{C(\mathrm{j}\omega)}{R(\mathrm{j}\omega)}\right|=\left|\frac{x+\mathrm{j}y}{1+x+\mathrm{j}y}\right|$$

即

$$M^2=\frac{x^2+y^2}{(1+x)^2+y^2} \tag{5-96}$$

由此得到

$$(M^2-1)x^2+2M^2x+(M^2-1)y^2+M^2=0 \tag{5-97}$$

当 $M=1$ 时，$x=-1/2$，对应于复平面过点（$-1/2$,j0）且平行于虚轴的直线方程，即 $x=-1/2$ 时 $M=1$ 在复平面上的等幅值轨迹。

当 $M\neq1$ 时，式(5-97) 可以表示为

$$\left(x+\frac{M^2}{M^2-1}\right)^2+y^2=\frac{M^2}{(M^2-1)^2} \tag{5-98}$$

此时，等 M 轨迹在复平面上可以表示为以$\left(-\frac{M^2}{M^2-1},\mathrm{j}0\right)$为圆心，以$\frac{M}{M^2-1}$为半径的圆，当 M 取不同的值时，M 圆的位置和半径不同，但在 M 圆上的点都具有同样的 M 值，如图 5-61 所示，其中 $M=M_b$ 的圆与开环幅相曲线只有一个交点，而 $M=M_c$ 圆与开环幅相曲线没有交点，这就意味着在复平面上能够同时满足 $M=M_c$ 和式(5-97) 的点不存在。

由不同的 M 值在复平面上构成的这簇圆叫作等 M 圆或等幅值轨迹，如图 5-62 所示。由图可看出，等 M 圆在 G 平面上是以实轴对称的，它们的圆心均在实轴上。

当 $M>1$ 时，圆的半径$\frac{M}{M^2-1}$随 M 值的增加而减小，圆心位于负实轴上点（-1,j0）左侧且收敛于（-1,j0）点。

当 $M<1$ 时，圆的半径$\frac{M}{M^2-1}$随 M 值的增加而增大，圆心位于正实轴上且收敛于（0,j0）点。

当 $M=1$ 时，它可看成是半径为无穷大且圆心位于实轴上无穷远的特殊圆。

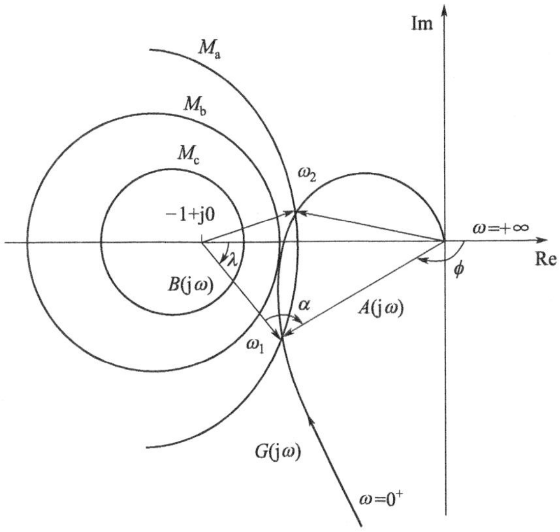

图 5-61 传递函数 $G(\mathrm{j}\omega)$ 的幅相曲线和等 M 圆

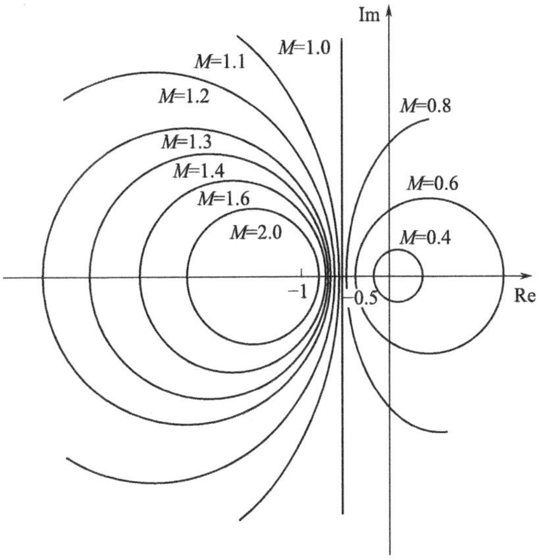

图 5-62 等 M 圆

在工程实践中，应用等 M 圆求取闭环幅频特性时，需先在透明纸上绘制出标准等 M 圆簇，然后按相同的比例尺在白纸或坐标纸上绘制出给定的开环频率特性 $G(\mathrm{j}\omega)$，随后将这两张纸重叠起来，并将它们的坐标重合，最后根据 $G(\mathrm{j}\omega)$ 曲线与等 M 圆簇的交点得到对应的 M 值和 ω 值，便可绘制出闭环幅频特性 $A(\omega)$。

用等 M 圆求取闭环幅频特性不仅简单方便，而且可以在复平面上直接看到当开环频率特性曲线 $G(\mathrm{j}\omega)$ 的形状发生某种变化时，闭环幅频特性 $A(\omega)$ 将会因之出现哪些相应的变化，以及这些变化的趋

势。与 $G(\mathrm{j}\omega)$ 曲线相切的圆所表示的 M 值就是闭环幅频特性的最大值，如果切点的 M 值大于 1，则切点处的 M 值就是谐振峰值 M_r，对应的频率值就是谐振频率 ω_r。谐振峰值 M_r 和谐振频率 ω_r 是闭环幅频特性的两个重要特征量，它们与闭环系统的控制性能密切相关。

5.6.3 等 N 圆

用等 M 圆图和开环频率特性可以求出系统的闭环幅频特性 $M(\omega)$。用类似的方法进一步研究系统的闭环相频特性 $\alpha(\omega)$ 及其在 G 平面上的图形。

设单位负反馈系统的开环频率特性为 $G(\mathrm{j}\omega)=x+\mathrm{j}y$，则闭环频率特性的相角为

$$\alpha(\omega)=\angle\frac{G(\mathrm{j}\omega)}{1+G(\mathrm{j}\omega)}=\angle\frac{x+\mathrm{j}y}{1+x+\mathrm{j}y}=\angle\frac{x^2+x+y^2+\mathrm{j}y}{(1+x)^2+y^2} \tag{5-99}$$

令 $N=\tan\alpha(\omega)$，则

$$N=\tan\alpha(\omega)=\frac{y}{x^2+x+y^2} \tag{5-100}$$

$$\left(x+\frac{1}{2}\right)^2+\left(y-\frac{1}{2N}\right)^2=\frac{N^2+1}{4N^2} \tag{5-101}$$

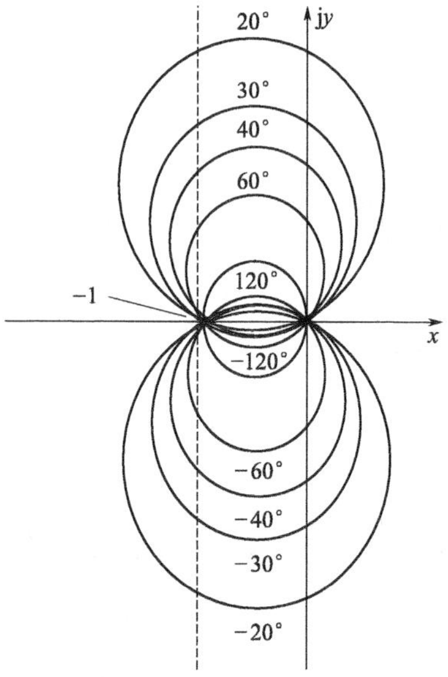

图 5-63 等 N 圆

令 N 为常数，则上述方程是一个标准圆方程，圆心为 $(-0.5, \mathrm{j}/2N)$，半径为 $\sqrt{(N^2+1)/4N^2}$。当 N $[N=\tan\alpha(\omega)]$ 为一定值时，对应的闭环频率特性在 G 平面上是一个圆，改变 N 或 α 的大小，它们在 G 平面上就构成了一簇圆（如图 5-63 所示），这簇圆的圆心都在虚轴左侧与虚轴距离为 1/2 且平行于虚轴的直线上，我们称这簇圆为等 N 圆或等相角轨迹。

无论 N 取多少，当 $x=y=0$ 和 $x=-1$、$y=0$ 时，圆方程总是成立的。这就说明，等 N 圆簇中每个圆都将通过点 $(-1,\mathrm{j}0)$ 和坐标原点 $(0,\mathrm{j}0)$。

利用等 N 圆图求取闭环相频特性与用等 M 圆图求取闭环幅频特性 $M(\omega)$ 的方法和步骤完全相同，这里就不再阐述了。

本章小结

频域分析法是一种常用的图解分析法，其特点是可以根据系统的开环频率特性去判断闭环系统的性能，并能较方便地分析系统参量对时域响应的影响，从而指出改善系统性能的途径。本章介绍的频域分析方法已经发展成为一种实用的工程方法，应用十分广泛，其主要内容是：

① 系统是由若干典型环节所组成的。熟悉了典型环节的频率特性以后，不难绘制系统的开环对数频率特性（Bode 图）。由于对数运算可以将幅值的乘除运算简化为加减运算，并可用简单的渐近线线段近似地绘出对数幅频特性，所以 Bode 图应用最广泛。而奈氏图需要从定义出发，分别计算幅频和相频进行绘制。

② 若系统传递函数的极点和零点都位于 s 平面的左半部，这种系统称为最小相位系统。反之，若系统的传递函数具有位于 s 平面右半部的极点或零点，则系统称为非最小相位系统。对于最小相位系统，幅频和相频特性之间存在着唯一的对应关系，即根据对数幅频特性，可以唯一地确定相应的相频特性和传递函数，而非最小相位系统则不然。

③ 奈奎斯特稳定判据，可以用系统的开环频率特性来判别闭环系统的稳定性。

④ 依据开环频率特性不仅能够定性地判断闭环系统的稳定性，而且可以定量地反映系统的相对稳定性，即稳定的程度。系统的相对稳定性通常用相位裕度 γ 和幅值裕度 h 来衡量。保持适当的稳定裕度，可以使系统得到较满意的时域响应，并预防系统中元器件性能变化对稳定性可能带来的不利影响。

⑤ 许多系统和元件的频率特性都可用实验方法测定。在难以用解析方法确定系统特性的情况下，这一点具有特别重要的意义。最小相位系统的传递函数可以根据对数幅频特性的渐近线确定。

习 题

5-1 已知单位反馈系统如图 5-64 所示，试确定在输入信号 $r(t)=\sin(t+\pi/6)-\cos(2t-\pi/4)$ 作用下的系

统稳态输出 $y_s(t)$。

5-2 已知单位反馈系统如图5-65所示。当输入 $r(t)=2\sin t$ 时，测得系统输出 $y(t)=4\sin(t-\pi/4)$，试确定系统的参数 ζ、ω_n。

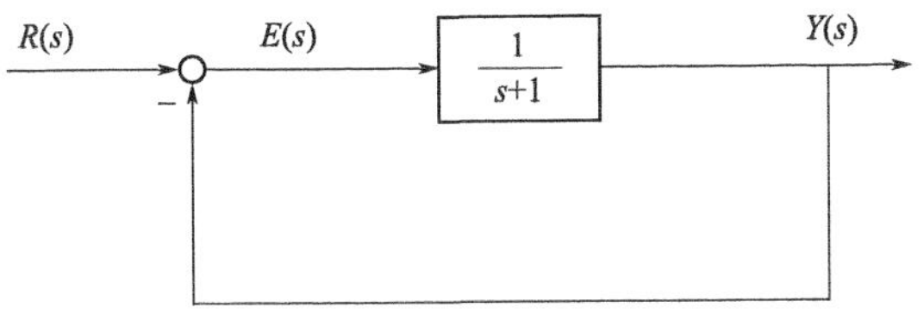

图5-64 习题5-1之控制系统结构图

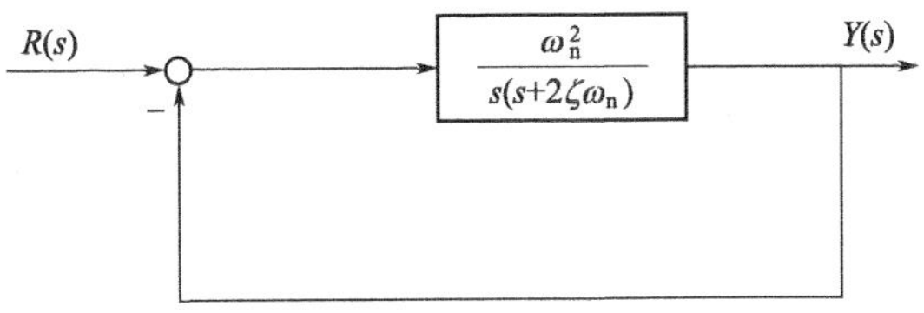

图5-65 习题5-2之控制系统结构图

5-3 若系统的传递函数为 $G(s)=\dfrac{K}{s^2(T_1s+1)(T_2s+1)}$，其中 T_1、T_2、$K>0$。试绘制该系统的概略幅相特性曲线。

5-4 给定某单位反馈系统的开环传递函数为 $G(s)=\dfrac{800(s+10)}{s(s+1)(s+50)(s^2+4s+16)}$，试绘制系统的开环对数幅频特性曲线，并与在MATLAB中绘制的曲线进行对比。

5-5 假设某最小相位系统开环传递函数的对数幅频渐近特性曲线如图5-66所示，试确定系统的开环传递函数。

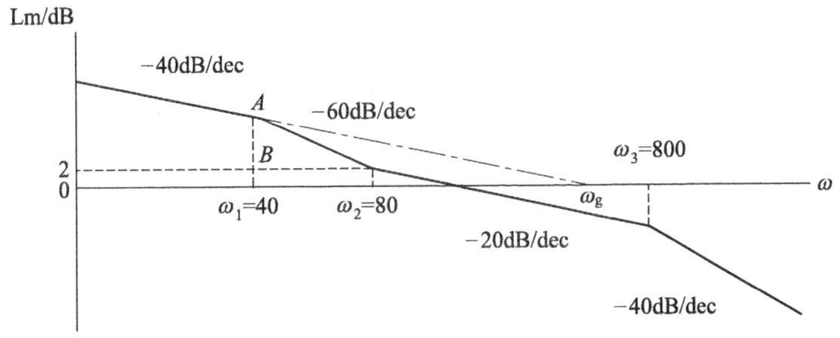

图5-66 习题5-5之控制系统的对数幅频渐近特性曲线

5-6 设单位反馈系统的结构图如图5-67所示，试用奈奎斯特图来确定使系统稳定时 K 的临界值。

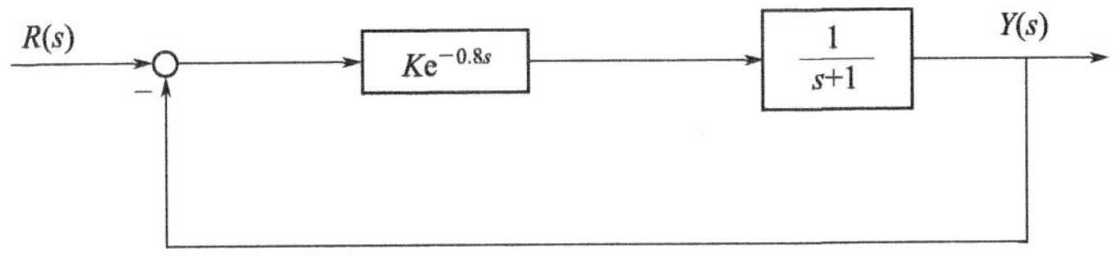

图5-67 习题5-6之控制系统结构图

5-7 控制系统结构图如图5-68所示，图中 K、T、τ 均为正数。试用奈奎斯特判据判别闭环系统稳定性，并给出闭环系统稳定时参数 K、T、τ 的取值范围。

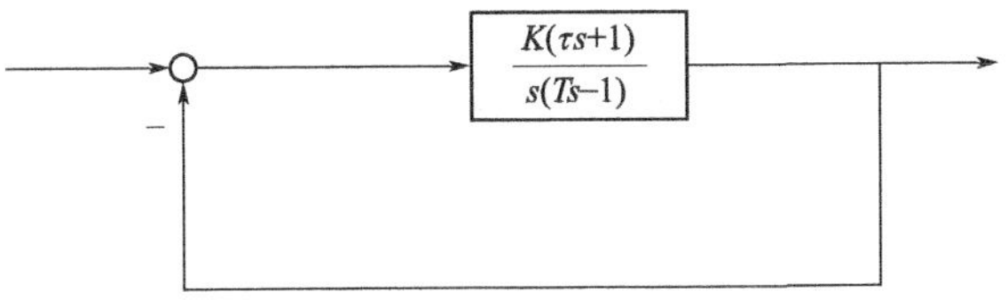

图5-68 习题5-7之控制系统结构图

5-8 已知单位负反馈系统的开环传递函数为

$$G(s)=\frac{2(s+2)}{(s+1)(s^2+2s-3)}$$

用奈奎斯特稳定判据判断闭环系统的稳定性。

5-9　已知最小相位系统的对数幅频渐近特性曲线如图 5-69 所示，试确定系统的传递函数。

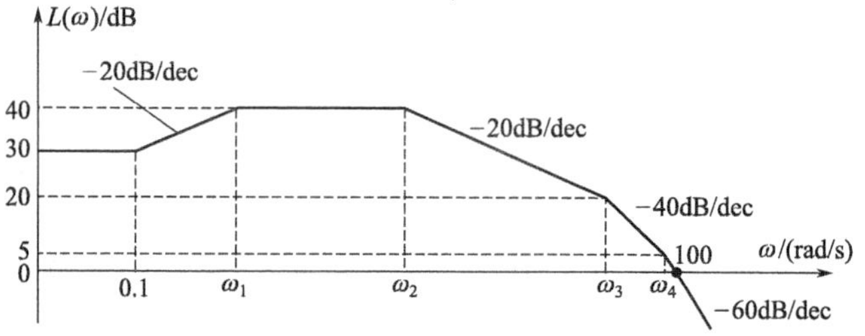

图 5-69　习题 5-9 之最小相位系统的对数幅频渐近特性曲线图

5-10　若系统的单位阶跃响应为

$h(t)=1-1.8e^{-4t}+0.8e^{-9t}$，$t\geqslant 0$

试求系统的频率特性。

5-11　试绘制传递函数 $G(s)=\dfrac{1}{2s+1}$ 的幅相特性曲线、对数幅频和对数相频特性曲线。

5-12　绘制下列传递函数的对数幅频渐近特性曲线（Bode 图），并与 MATLAB 程序中绘制的 Bode 图进行对比。

（1）$G(s)=\dfrac{2}{(2s+1)(8s+1)}$　　（2）$G(s)=\dfrac{200}{s^2(s+1)(10s+1)}$

（3）$G(s)=\dfrac{8(10s+1)}{s(s^2+s+1)(0.5s+1)}$

5-13　已知一些最小相位元件的对数幅频特性曲线如图 5-70 所示，试写出它们的传递函数，并计算出各参数值。

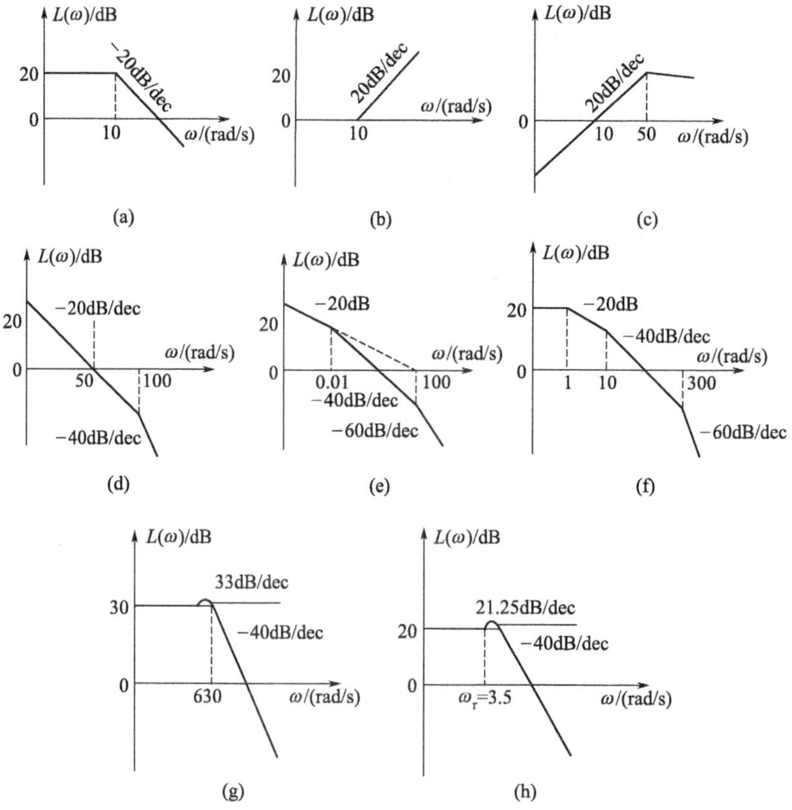

图 5-70　习题 5-13 之最小相位系统的对数幅频渐近特性曲线图

5-14　三个最小相位传递函数的对数幅频渐近特性曲线如图 5-71 所示，要求：

（1）写出对应的传递函数表达式；

（2）概略画出每一个传递函数对应的幅相频率特性曲线。

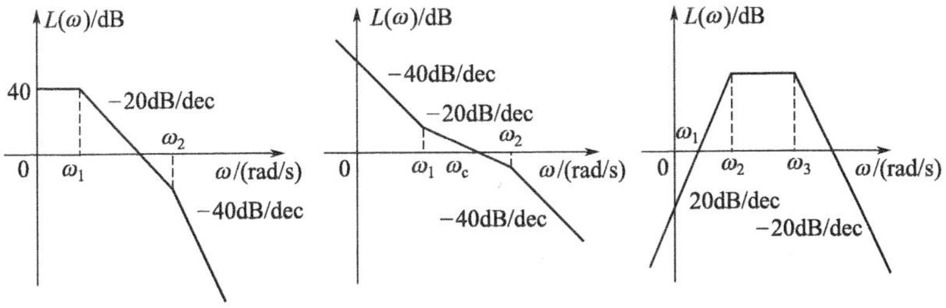

图 5-71 习题 5-14 之最小相位系统的对数幅频渐近特性曲线图

5-15 设最小相位系统的开环频率特性曲线由实验求得，并已用渐近线表示出（图 5-72），试求系统的开环传递函数。分别绘制其相应的相频特性。

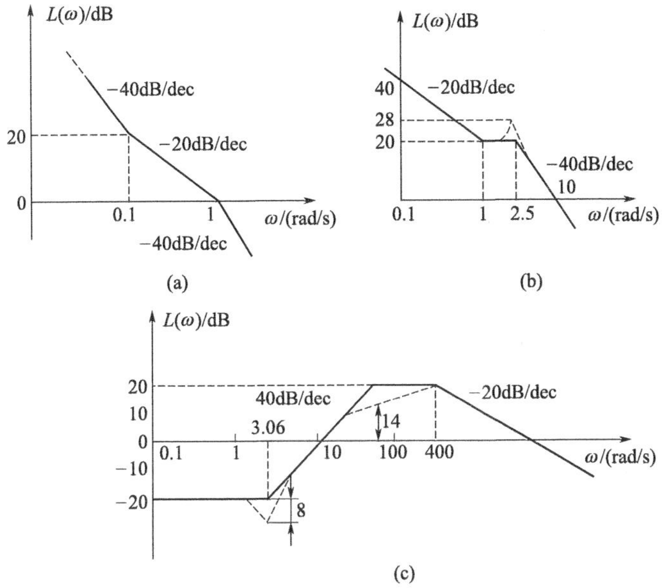

图 5-72 习题 5-15 之最小相位系统的对数幅频渐近特性曲线图

5-16 一个单位负反馈系统的开环对数幅频渐近特性曲线如图 5-73 所示，要求：

(1) 写出系统开环传递函数；

(2) 判断闭环系统的稳定性。

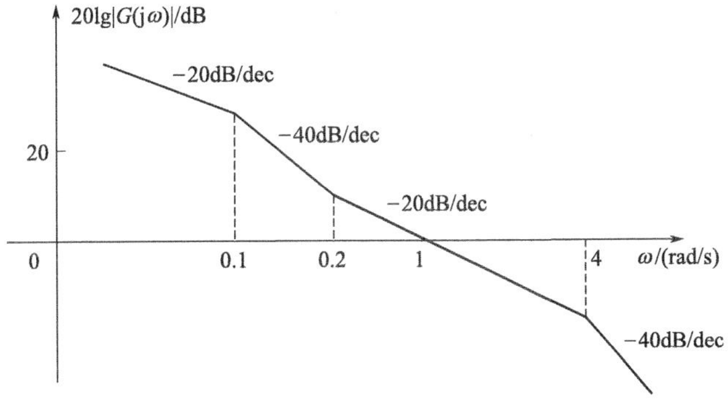

图 5-73 习题 5-16 之最小相位系统的对数幅频渐近特性曲线图

5-17 已知系统开环传递函数

$$G(s)H(s)=\frac{K(\tau s+1)}{s^2(Ts+1)}$$

试分析并绘制 $\tau>T$ 和 $T>\tau$ 情况下的概略开环幅相特性曲线。

5-18 已知系统开环传递函数

$$G(s)H(s)=\frac{1}{s^{v}(s+1)(s+2)}$$

试分别绘制 $v=1$、2、3、4 时系统的概略开环幅相特性曲线。

5-19　已知系统开环传递函数

$$G(s)H(s)=\frac{10}{s(s+1)(s^{2}+1)}$$

试绘制系统的概略开环幅相特性曲线。

第6章 线性系统的校正

6.1 引言

控制系统设计从广义的方面讲应包括：任务分析、指标确定、方案选择、原理设计和工程实现等诸多方面。从狭义的方面讲，则主要指的是原理设计，即根据给定的性能指标及系统的固有特性来设计出控制器，也称校正装置。

自动控制系统的设计大体上可按两种方式进行：第一种方式是预先给出某种设计指标，这种指标通常以严格的数学形式给出，然后确定某种控制形式，并通过解析的方式找到满足预定指标的最优（或次优）控制器；第二种方式是制订控制系统的期望性能指标，并依据这些性能指标计算出开环系统特性，然后比较期望的开环特性与实际的开环特性，根据比较结果确定在开环系统中增加某种校正装置，并计算出校正装置的参数。第一种方式通常称为系统综合，第二种方式通常称为系统校正。本章着重讨论系统校正方法。

6.1.1 性能指标

对一个设计者来说，不仅要充分了解被控对象的结构、参数和特性等，还需要知道所需设计的系统应满足何种性能指标。性能指标通常是由使用单位或被控对象的设计制造单位提出的。不同的控制系统对性能指标的要求也不尽相同，如调速系统对平稳性和稳态精度要求较高，而随动系统则侧重于快速性指标。性能指标的提出，应符合实际系统的需要和可能，以完成任务和满足要求为宜，追求过高的性能指标，不仅会造成不必要的经济费用的投入，而且可能会因为超出系统的强度极限而造成设计失败。

性能指标主要有两种提法，一种是时域指标，另一种是频域指标。根据性能指标的不同提法，可考虑采用不同的校正方法：针对时域性能指标，通常用根轨迹法比较方便；针对频域指标，用频域法更为直接。具体采用哪种设计方法，取决于具体情况（如对象的复杂程度、模型给定方式等）和设计者的偏好。两种性能指标之间是可以相互换算的，常用的时域、频域指标及其转换关系如下。

(1) 二阶系统时域性能指标和频域性能指标

时域指标：

超调量：
$$\sigma\% = e^{-\pi\zeta/\sqrt{1-\zeta^2}} \times 100\%$$

调节时间（$\Delta=5$）：
$$t_s = \frac{3}{\zeta\omega_n}$$

频域指标：

谐振峰值
$$M_r = \frac{1}{2\zeta\sqrt{1-\zeta^2}},\ \zeta \leqslant 0.707$$

谐振频率
$$\omega_r = \omega_n\sqrt{1-2\zeta^2},\ \zeta \leqslant 0.707$$

带宽频率
$$\omega_b = \omega_n\sqrt{1-2\zeta^2+\sqrt{2-4\zeta^2+4\zeta^4}}$$

截止频率
$$\omega_c = \omega_n\sqrt{\sqrt{1+4\zeta^4}-2\zeta^2}$$

相位裕度
$$\gamma = \arctan\left(\frac{2\zeta}{\sqrt{\sqrt{1+4\zeta^4}-2\zeta^2}}\right)$$

时频转换：

$$t_s=\frac{6}{\omega_c\tan\gamma}$$

$$\sigma\%=e^{-\pi(M_r-\sqrt{M_r^2-1})},\ M_r\geqslant 1$$

(2) 高阶系统性能指标的经验公式

谐振峰值 $$M_r=\frac{1}{|\sin\gamma|}$$

超调量 $$\sigma\%=0.16+0.4(M_r-1),\ 1\leqslant M_r\leqslant 1.8$$

调节时间 $$t_s=\frac{K_0\pi}{\omega_c},\ K_0=2+1.5(M_r-1)+2.5(M_r-1)^2,\ 1\leqslant M_r\leqslant 1.8$$

时域性能指标包括稳态性能指标和瞬态性能指标两方面：

① 稳态性能指标：指的是无静差度（系统型别）、典型输入（单位阶跃输入、单位斜坡输入和单位抛物线输入）作用下的稳态误差 e_{ss} 或者静态误差系数（K_p、K_v 和 K_a）。扰动所引起的稳态误差也同样属于稳态性能指标范畴。

② 瞬态性能指标：主要指的是调节时间 t_s 和超调量 $\sigma\%$。此外，上升时间、延迟时间、峰值时间、振荡次数等也都属于瞬态性能指标。为了简化设计过程，通常只采用 t_s 和 $\sigma\%$来刻画系统的瞬态性能指标。

频域指标包括开环频域指标和闭环频域指标：

① 开环频域指标。指的是截止角频率 ω_c、相位稳定裕度 γ 和增益稳定裕度 L_g（也叫幅值裕度 h），如图 6-1 所示。

② 闭环频域指标。主要是指闭环谐振峰值 M_r、谐振角频率 ω_r 以及带宽频率 ω_b。M_r 和 ω_r 已经在二阶振荡环节的频率特性中作过介绍（见 5.3.2 节）。ω_b 是指 $M(\omega)$ 衰减至零频幅值 $M(0)$ 的 0.707 倍时的频率，如图 6-2 所示。选择合适的带宽频率 ω_b，在系统设计中是十分重要的。ω_b 过小，系统不能准确复现输入信号；ω_b 过大，则会引入过强的噪声干扰。

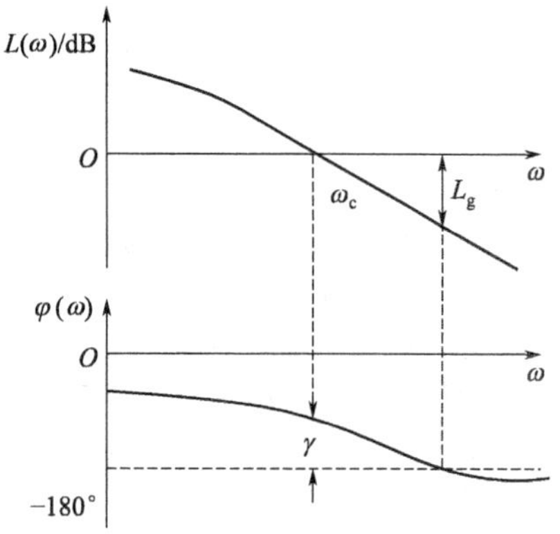

图 6-1 开环频率指标

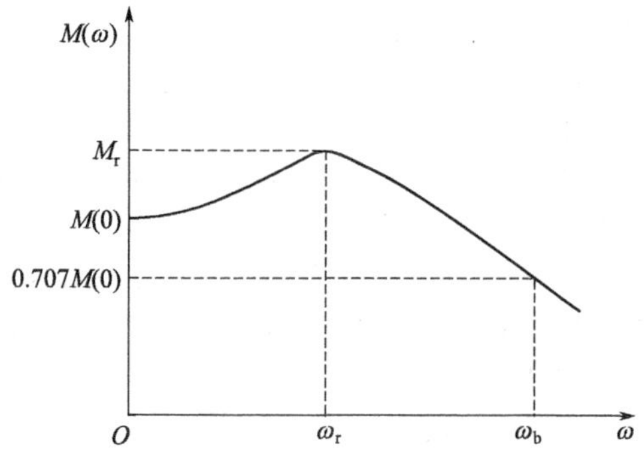

图 6-2 闭环频率指标

6.1.2 控制器的设计方法

设计控制器按求解问题的方法一般可分为如下两大类。

① 分析法。分析法实际上是一种试凑方法。设系统具有如图 6-3 所示的结构，设计者根据系统固有特性 $G(s)$，凭借一定的经验，首先设定一个校正装置 $D(s)$，从而得到校正后的开环传递函数 $Q(s)=D(s)G(s)$，并据此分析校正后的系统性能。若不能满足要求，则修改校正装置，再分析系统的性能，如此反复进行，直到系统满足指标要求为止。

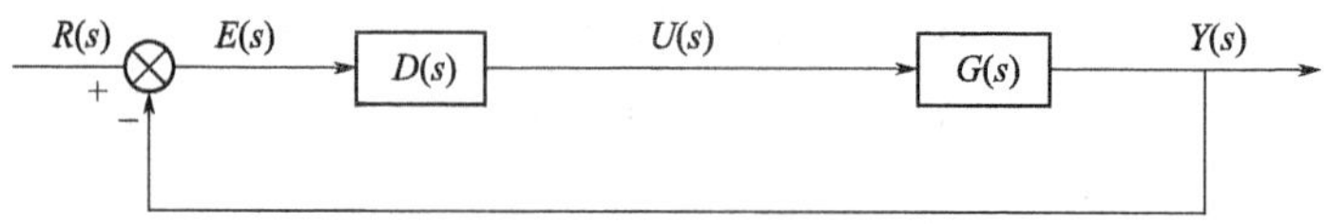

图 6-3 带校正装置的控制系统

② 综合法。综合法则是根据系统的性能指标，首先确定出期望的开环系统特性 $Q(s)$，然后根据系统的固有特性 $C(s)$，确定出满足性能要求的校正装置。

如果按照所用的数学工具及模型表示方法，控制器的设计主要有如下两种方法。

① 基于传递函数的设计法。这种设计方法采用传递函数作为控制系统的模型表示。由于传递函数是以拉普拉斯变换为基础的，因此也称为变换法。又由于传递函数是经典控制理论的基础，因此也称为经典法。在变换法中，用得最多的是频率法，尤其是 Bode 图的应用，由于它作图容易，从而给设计工作带来极大的方便。此外，根轨迹法、标准传递函数综合法也是常用的方法，本章将主要讨论频域法。

② 基于状态方程的设计法。这种设计方法用状态方程作为控制系统的模型表示。由于状态方程本质上是一阶微分方程组，因此也称它为时域法。又由于状态方程是现代控制理论的基础，因此也称该法为现代法。在基于状态方程的设计方法中，用得最多的是极点配置设计法和最优控制设计法。限于篇幅，本书只介绍极点配置设计法，参见第 9 章。

6.1.3 校正方式

控制器或校正装置主要用来改善系统的性能。为了达到这个目的，其实现的校正方式可以各种各样。下面介绍最常见的几种结构形式。

① 串联校正。其实现形式如图 6-3 所示。这时校正装置 $D(s)$ 与固有特性 $G(s)$ 相串联。这是最常见的一种校正形式。

② 局部反馈校正或称并联校正，其结构图如图 6-4 所示。其中校正装置 $D(s)$ 在局部反馈回路中，通过这样的局部反馈来达到改善系统性能的目的。为了与上面的串联校正相对应，有时也称它为并联校正。但应注意，它本质上是局部反馈，而非环节并联。

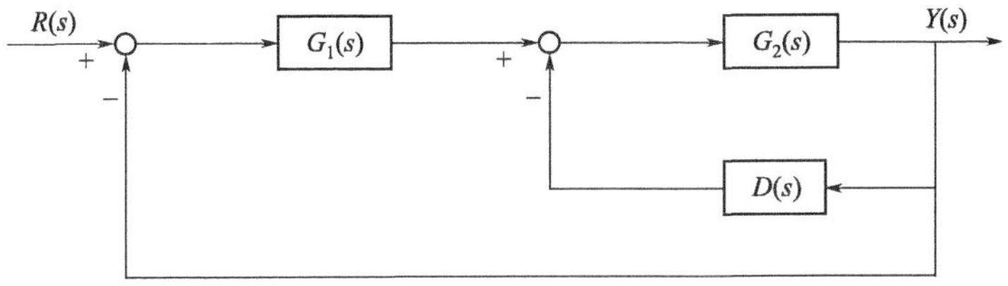

图 6-4 并联校正

③ 混合校正，如图 6-5 所示。它是串联校正和并联校正相混合的控制器结构形式。

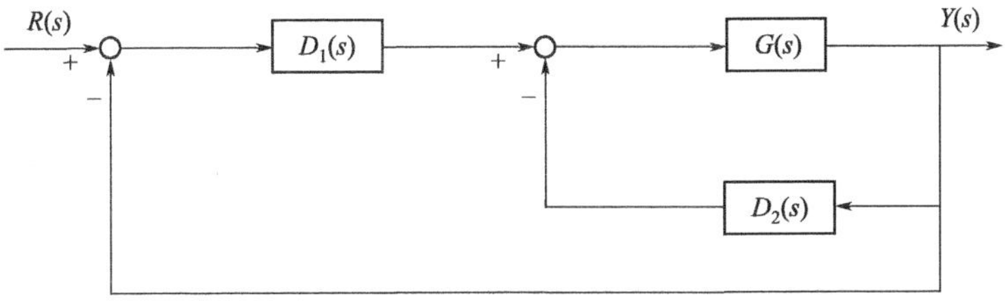

图 6-5 混合校正

④ 复合校正，如图 6-6 所示。它是将开环前馈补偿控制与闭环反馈控制相组合的控制器结构形式。它综合应用开环和闭环控制的方法，从而实现更高的性能要求。

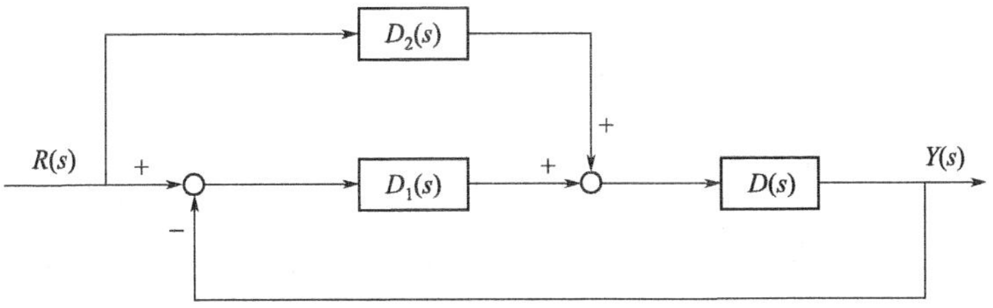

图 6-6 复合校正

对具有干扰输入的系统，均可以用以上四种方法进行各类校正。

6.2　线性系统校正的根轨迹法

6.2.1　增加零、极点对根轨迹的影响

我们已知道，系统的稳定性、瞬态性能和稳态性能等都和系统的闭环极点位置有直接关系。根轨迹法是一种直观的图解方法，它显示了当系统某一参数（通常为开环增益）从零变化到无穷大时，如何根据开环极点和零点的位置确定全部闭环极点的位置。从根轨迹图可以看出，只调整开环增益往往不能获得所希望的性能。事实上，在某些情况下，对于所有的开环增益，系统可能都是不稳定的。因此，必须改造系统的根轨迹，使其满足性能指标。

校正环节的作用正是改变系统的根轨迹。为了介绍校正环节的设计方法，先分析在系统中增加开环极点和（或）零点对根轨迹的影响。

（1）增加极点的影响

在开环系统中增加极点，可以使根轨迹向右方移动，从而降低系统的相对稳定性，增加系统响应的调节时间。图 6-7 清楚地显示了在单极点系统中增加极点对系统根轨迹的影响。

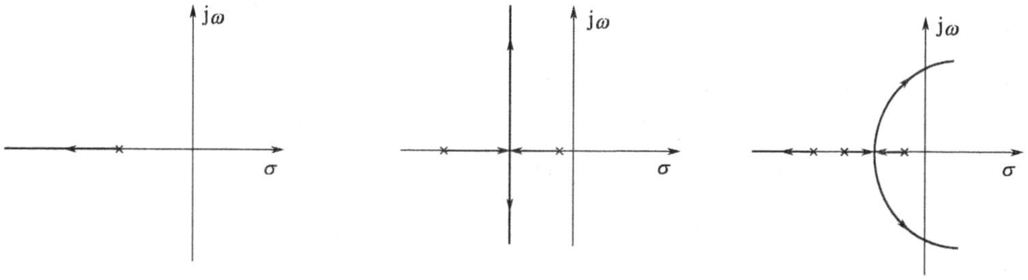

(a) 单极点系统的根轨迹图　(b) 增加一个极点后的根轨迹图　(c) 增加两个极点后的根轨迹图

图 6-7　增加极点的根轨迹图

（2）增加零点的影响

在开环系统中增加零点，可以使根轨迹向左方移动，从而增加系统的相对稳定性，减少系统响应的调节时间。实际上，增加零点相当于对系统增加微分控制，在系统中引入超前量，加快瞬态响应。

图 6-8(a) 显示了某系统的根轨迹图。可以看出，当增益较小时，系统是稳定的；在大增益情况下，系统不稳定。图 6-8(b)～图 6-8(d) 显示了在系统中引入一个零点后，系统根轨迹的变化情况。应当注意，引入零点后，系统对任意增益都变得稳定了。所引入的零点越靠近虚轴，根轨迹向左方移动得越显著。

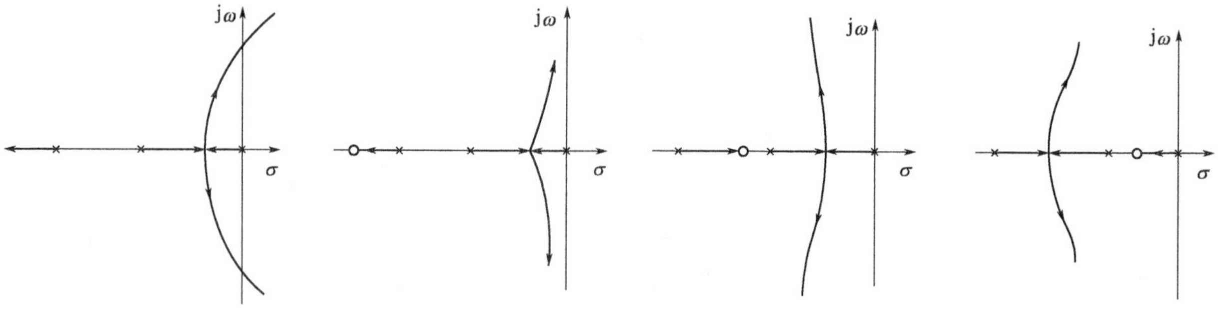

(a)　(b)　(c)　(d)

图 6-8　增加零点的根轨迹图

（3）增加开环偶极子对根轨迹的影响

开环偶极子是指开环系统中相距很近（和其他零极点相比）的一对极点和零点。由于这对偶极子 $-p_c$ 和 $-z_c$ 到其他零极点的矢量近似相等，因此它们在模条件和幅角条件中的作用相互抵消，几乎不会改变根轨迹的形状，也就是说，它们对系统的稳定性和瞬态性能几乎没有影响。

但值得注意的是，如果这对偶极子靠近原点（即它们的模较小），会较大地影响调节系统的稳态性能，因为它们能够改变系统的开环增益。其分析过程如下。

设系统开环传递函数为

$$G_0(s)=\frac{K_g\prod_{i=1}^{m}(s+z_i)}{s^{\gamma}\prod_{j=1}^{n-\gamma}(s+p_j)} \tag{6-1}$$

式中，K_g 称为根轨迹增益。为便于分析，将式(6-1) 写成时间常数形式

$$G_0(s)=\frac{K_g\prod_{i=1}^{m}z_i\prod_{i=1}^{m}\left(\frac{1}{z_i}s+1\right)}{s^{\gamma}\prod_{j=1}^{n-\gamma}p_j\prod_{j=1}^{n-\gamma}\left(\frac{1}{p_j}s+1\right)}=K\frac{\prod_{i=1}^{m}(\tau_i s+1)}{s^{\gamma}\prod_{j=1}^{n-\gamma}(T_j s+1)} \tag{6-2}$$

式中，$\tau_i=\frac{1}{z_i}$、$T_j=\frac{1}{p_j}$是时间常数。

$$K=K_g\times\frac{\prod_{i=1}^{m}z_i}{\prod_{j=1}^{n-\gamma}p_j} \tag{6-3}$$

是系统的开环增益，它决定了系统稳态误差的大小。如在原点附近增加一对开环负实偶极子$-z_c$和$-p_c$，且假定$z_c=10p_c$，在系统根轨迹增益K_g不变的情况下，开环增益变为

$$K'=K_g\times\frac{\prod_{i=1}^{m}z_i}{\prod_{j=1}^{n-\gamma}p_j}\times\frac{z_c}{p_c}=10K$$

由此可见，开环增益提高了 10 倍。这表明，在原点附近增加开环偶极子且使$|z_c|>|p_c|$，可提高系统的开环增益，改善稳态特性。

(4) 基于根轨迹校正的一般步骤

用根轨迹法校正反馈控制系统可以按以下步骤进行：

① 根据给定的瞬态性能指标确定主导极点的位置。

② 绘制未校正系统的根轨迹。若希望的主导极点不在此根轨迹上，说明仅靠调整系统增益不能满足性能要求，需要增加适当的校正装置改造系统根轨迹，使其通过希望的主导极点。

③ 当校正后的根轨迹已通过希望的主导极点时，还需要检验相应的开环增益是否满足稳态性能要求。若不满足，可采用在原点附近增加开环偶极子的办法调节开环增益，同时保持根轨迹仍通过希望的主导极点。

6.2.2 根轨迹校正举例

(1) 超前校正

通过下面的例题可说明超前校正的设计步骤。

【例 6-1】 设被控对象的传递函数为

$$P(s)=\frac{K}{s(s+2)}$$

要求设计一串联校正环节$G_c(s)$，使校正后系统的超调量成$\sigma\%\leqslant30\%$，调节时间$t_s\leqslant2s$，开环增益$K\geqslant5$。

解 控制系统的结构如图 6-9 所示，设计过程可分以下几个步骤：

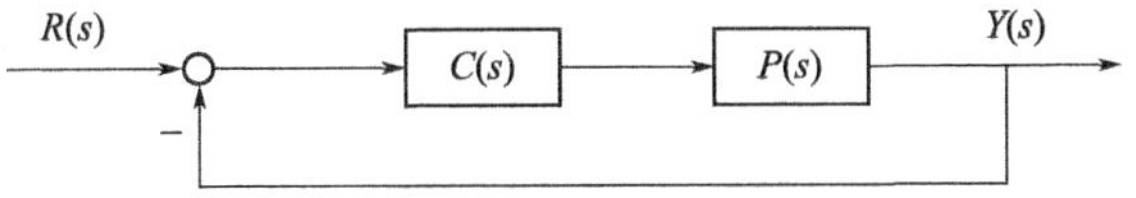

图 6-9 例 6-1 控制系统结构图

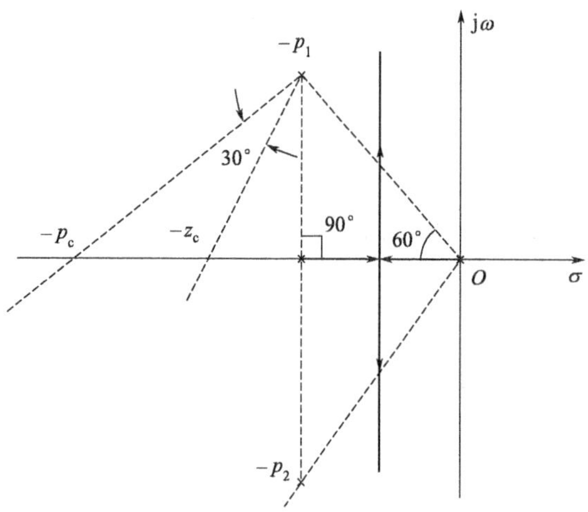

图 6-10 例 6-1 原始系统的根轨迹

第一步，根据期望瞬态性能指标确定闭环主导极点的位置。为使 $\sigma\%\leqslant 30\%$ 并留有余地（以确保在其他极点的作用下性能指标仍能得到满足），选阻尼比为 $\zeta=\cos\theta=0.5$，所以主导极点应位于如图 6-10 所示的 $\theta=60°$ 的射线上。再运用二阶系统调节时间的近似公式 $t_s=\dfrac{3}{\zeta\omega_n}$ 可选择 $\omega_n=4$，以保证 $t_s=2\text{s}$ 并留有余地。因此主导极点为 $s_{12}=\zeta\omega_n\pm j\omega_n\sqrt{1-\zeta^2}=-2\pm j2\sqrt{3}$。

第二步，画出未校正系统的根轨迹图，如图 6-10 中粗实线所示。由图可见，根轨迹不通过希望主导极点，因此不能通过调节开环增益来满足瞬态性能指标。

为了使系统根轨迹向左偏移，应在开环系统中加入零点，但考虑到校正装置的可实现性，在加入零点的同时也应加入一个极点，但零点的作用应大于极点的作用，故零点比极点更靠近虚轴，即校正装置为

$$C(s)=\frac{s+z_c}{s+p_c},\ |z_c|<|p_c|$$

这样的装置称为超前校正装置。于是校正后系统的开环传递函数为

$$G_0(s)=\frac{K_g(s+z_c)}{s(s+2)(s+p_c)}$$

为了使希望主导极点位于根轨迹上，根据幅角条件应有

$$\angle(-p_1+z_c)-\angle(-p_1)-\angle(-p_1+2)-\angle(-p_1+p_c)=(2k+1)\times 180°$$

由图 6-10 可知，$\angle(-p_1)=120°$，$\angle(-p_1+2)=90°$，代入上式，并取 $k=-1$ 可得

$$\angle(-p_1+z_c)-\angle(-p_1+p_c)=\alpha=30° \tag{6-4}$$

显然，满足式(6-4) 的校正环节的零点 $-z_c$ 和极点 $-p_c$ 是不唯一的。考虑到我们是参照主导极点的性能公式来设计校正环节的，而校正后的系统为一个三阶线性系统。因此，系统的校正设计应该尽量使得闭环系统满足主导极点条件，在此处应保证校正环节的零、极点远离闭环系统的主导极点。

此处取校正环节零点为 $-z_c=-6$，由式(6-4) 可以确定校正环节极点相应为 $-p_c=-20$，即校正环节为

$$G(s)=\frac{s+6}{s+20}$$

第三步，检验稳态性能指标。由模条件可知

$$K_g\frac{|-p_1+z_c|}{|-p_1||-p_1+2||-p_1+p_c|}=1$$

即 $K_g=48$，由此得到开环增益为

$$K=\frac{48\times 6}{2\times 20}=7.2$$

因此满足稳态性能指标（如果稳态性能指标不能满足要求，要再串联一个下面将介绍的滞后校正环节）。可以验证，当闭环系统的共轭极点在期望的位置时（即 $K_g=48$），系统第三个闭环极点为 $-p_3=-18$，此时，闭环系统完全满足主导极点条件。

校正后系统的根轨迹图示于图 6-11 中。用 MATLAB 绘出的校正前后系统的阶跃响应曲线示于图 6-12 中。由图可见，校正后系统的超调量和调节时间都减小，瞬态性能得到改善。

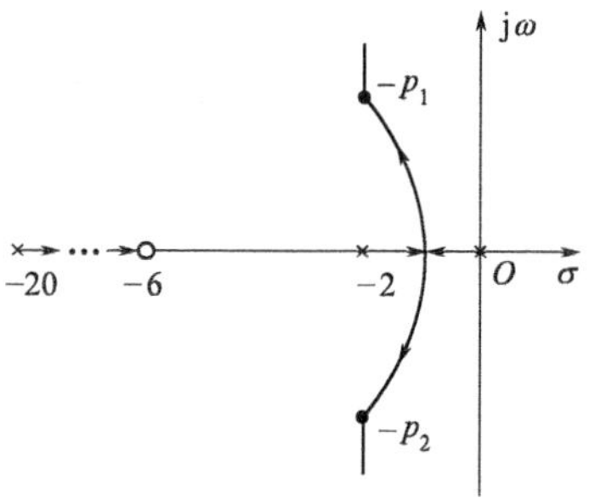

图 6-11 校正后系统的根轨迹图

（2）滞后校正

有时系统已经具有满意的瞬态性能指标，但是其稳态性能指标不符合要求。在这种情况下，可采用增加开环偶极子的办法来增大开环增益，

即引入如下校正环节

$$C(s)=\frac{s+z_c}{s+p_c},|z_c|>|p_c|$$

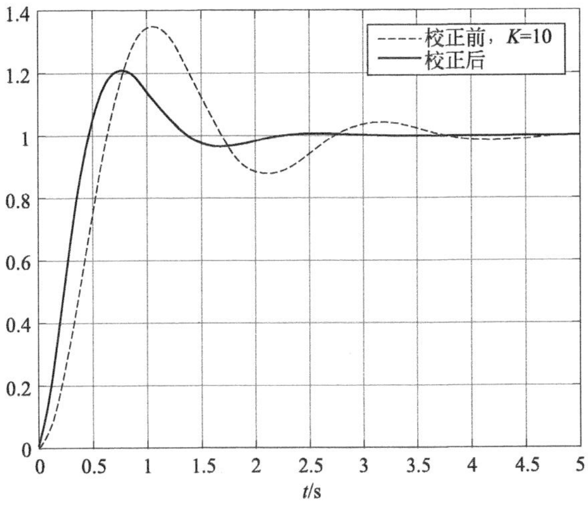

图 6-12 单位阶跃响应曲线

这样的校正环节称为滞后校正环节。由于校正装置的零点和极点相距很近，而且靠近原点，不会对系统的根轨迹形状产生显著的影响，即系统的瞬态性能不会产生明显的变化。以下面的例题说明滞后校正的步骤。

【例 6-2】 设系统开环传递函数为

$$P(s)=\frac{K_g}{s(s+1)(s+2)}$$

要求闭环系统的主导极点参数为 $\zeta=0.5$、$\omega_n\geqslant0.6$，静态速度误差系数 $K_v\geqslant5$。系统结构如图 6-13 所示。

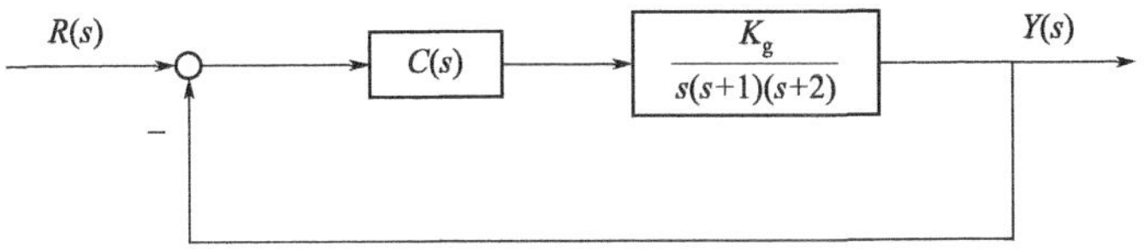

图 6-13 例 6-2 的系统结构图

解 ① 作系统根轨迹如图 6-14(a) 所示，并在图中作 $\theta=60°$的两条射线 OA 和 OB，分别与根轨迹交于 $-p_1$ 和 $-p_2$，检查 $-p_1$ 和 $-p_2$ 的实部发现，其实部 $\alpha=0.33$。因此 $-p_1$ 和 $-p_2$ 的参数为 $\zeta=0.5$，$\omega_n=\dfrac{0.33}{0.5}=0.66$，即 $-p_1$ 和 $-p_2$ 满足希望主导极点的要求。用模条件可算出 $-p_1$ 点的根轨迹增益为$K_g=1.04$，因此系统的静态速度误差系数（即为开环增益）为

$$K_v=K=\frac{K_g}{1\times2}=0.52<5$$

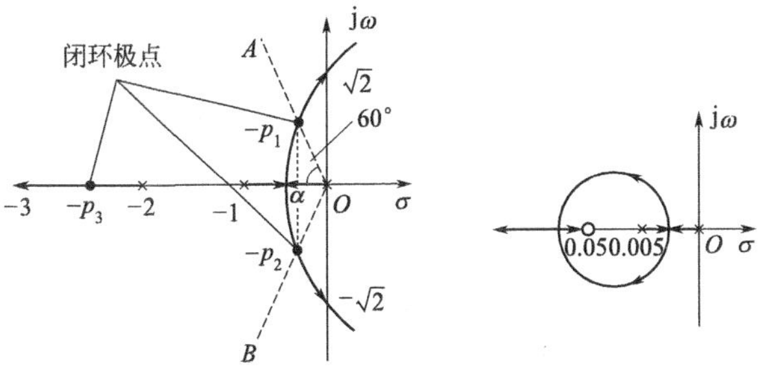

(a) 例6-2系统根轨迹　(b) 原点附近的根轨迹

图 6-14 例 6-2 用图

稳态性能指标不符合要求。

② 引入串联滞后校正环节

$$C(s)=\frac{s+z_c}{s+p_c}$$

根据第一步的计算，应将系统开环增益提高 10 倍。根据式(6-3)，所引入的校正环节应满足$|z_c|=10$

$|p_c|$，为确保校正环节对根轨迹不产生显著影响，选择 $z_c=0.05$，$p_c=0.005$，即滞后校正环节为

$$C(s)=\frac{s+0.05}{s+0.005}$$

校正后系统的开环传递函数为

$$G_0(s)=\frac{1.04(s+0.05)}{s(s+1)(s+2)(s+0.005)}$$

系统在原点附近的根轨迹如图 6-14(b) 所示。

校正前后系统的单位斜坡响应和单位阶跃响应分别用 MATLAB 绘出，如图 6-15 和图 6-16 所示。由图可见，校正后系统的速度稳态误差减小，但阶跃响应的瞬态性能略有下降。

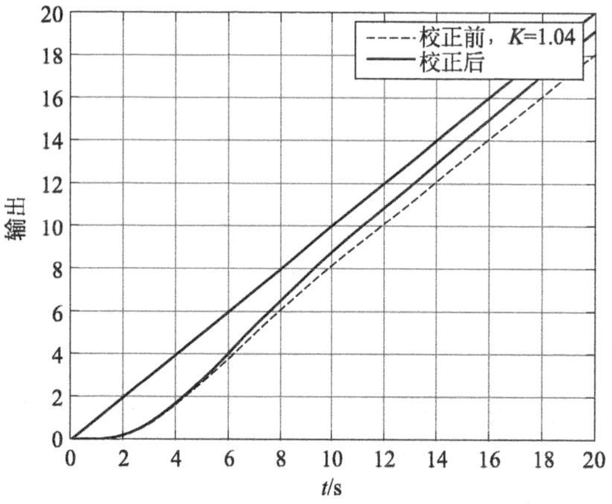

图 6-15 单位斜坡响应

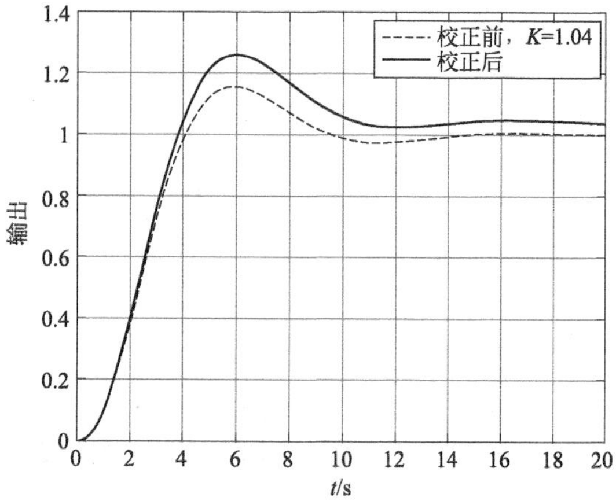

图 6-16 单位阶跃响应

(3) 滞后-超前校正

超前校正可以较大地改善系统的瞬态性能，提高系统的相对稳定性；滞后校正则可以明显改善系统的稳态性能，增大系统的开环增益。在系统设计中为了同时改善系统的瞬态和稳态性能，可以采用如下的滞后超前校正装置

$$C(s)=K_c\frac{(s+z_{c_1})(s+z_{c_2})}{(s+p_{c_1})(s+p_{c_2})}$$

设计步骤大致如下：

① 根据给定的性能指标，确定希望的主导极点 s_d 的位置。

② 利用幅角条件计算当主导极点位于希望位置时，幅角的缺额 φ

$$\sum_{i=1}^{m}\angle(s_d+z_i)-\sum_{j=1}^{n}\angle(s_d+p_j)+\varphi=(2k+1)\times180°,\ k=0,\pm1 \tag{6-5}$$

式中，$-z_i$ 和 $-p_j$ 为未校正系统的开环零点和极点。

③ 幅角缺额应由校正装置中的超前部分承担，即

$$\arg\left[\frac{s_d+z_{c_1}}{s_d+p_{c_1}}\right]\geqslant\varphi \tag{6-6}$$

由上式可选择 $-z_{c_1}$ 和 $-p_{c_1}$（注意，选择不是唯一的）。

④ 利用模值条件确定校正环节的增益 K_c 的值

$$\left|K_c\frac{s_d+z_{c_1}}{s_d+p_{c_1}}P(s_d)\right|=1 \tag{6-7}$$

式中，$P(s_d)$ 为未校正系统的开环传递函数。

⑤ 根据稳态性能指标（开环增益 K）的计算式(6-8) 确定校正装置滞后部分零极点的关系 $\alpha=\left|\frac{z_{c_2}}{p_{c_2}}\right|$

$$K=K_c\frac{z_{c_1}z_{c_2}}{p_{c_1}p_{c_2}}P(0) \tag{6-8}$$

⑥ 根据已确定的 α 值在原点附近选择 $-z_{c_2}$ 和 $-p_{c_2}$，并满足

$$\left|\frac{s_d + z_{c_2}}{s_d + p_{c_2}}\right| \approx 1, \quad \arg\left(\frac{s_d + z_{c_2}}{s_d + p_{c_2}}\right) < 5°$$

6.2.3 校正装置的实现

实现连续时间校正有多种方法，如通过有源电子网络、无源 RC 网络和通过机械的弹簧阻尼器系统等。在工程中经常采用的是由运算放大器构成的校正装置。

(1) 超前网络

图 6-17 是用运算放大器组成的超前网络。容易得到其传递函数为

$$\frac{U_o(s)}{U_i(s)} = \frac{R_2 R_4 (R_1 C_1 s + 1)}{R_1 R_3 (R_2 C_2 s + 1)} = \frac{R_4 C_1}{R_3 C_2} \cdot \frac{s + \dfrac{1}{R_1 C_1}}{s + \dfrac{1}{R_2 C_2}} = K_c \frac{s + \dfrac{1}{T}}{s + \dfrac{1}{\alpha T}}, \quad \alpha < 1 \tag{6-9}$$

式中

$$T = R_1 C_1, \quad \alpha T = R_2 C_2, \quad K_c = \frac{R_4 C_1}{R_3 C_2}$$

网络的零极点分布如图 6-18(a) 所示。

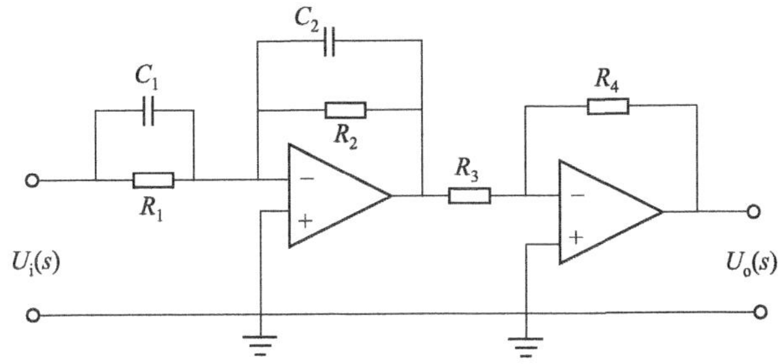

图 6-17 超前（或滞后）网络

(a) 超前网络的零极点分布   (b) 滞后网络的零极点分布

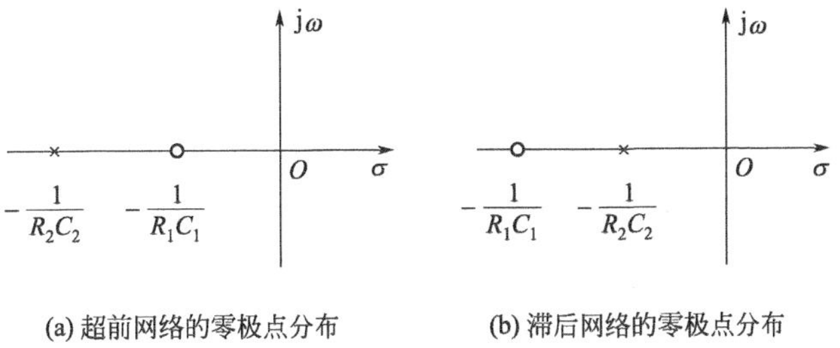

图 6-18 超前滞后网络的零极点分布

(2) 滞后网络

由式(6-9) 可知，在图 6-17 所示的网络中，如果

$$\alpha = \frac{R_2 C_2}{R_1 C_1} > 1$$

则该网络成为滞后网络，此时的零极点分布如图 6-18(b) 所示。

(3) 滞后-超前网络

图 6-19 为用运算放大器构成的有源滞后-超前校正装置，该校正装置的传递函数为

$$\frac{U_o(s)}{U_i(s)} = \frac{R_4 R_6}{R_3 R_5}\left[\frac{(R_1 + R_3)C_1 s + 1}{R_1 C_1 s + 1}\right]\left[\frac{R_2 C_2 s + 1}{(R_2 + R_4)C_2 s + 1}\right] \tag{6-10}$$

记

$$T_1 = (R_1 + R_3)C_1, \quad \frac{T_1}{\gamma} = R_1 C_1, \quad T_2 = R_2 C_2, \quad \beta T_2 = (R_2 + R_4)C_2 \tag{6-11}$$

则式(6-10) 可写成

$$\frac{U_o(s)}{U_i(s)}=K_c\frac{\left(s+\frac{1}{T_1}\right)\left(s+\frac{1}{T_2}\right)}{\left(s+\frac{\gamma}{T_1}\right)\left(s+\frac{1}{\beta T_2}\right)} \tag{6-12}$$

式中

$$\gamma=\frac{R_1+R_2}{R_1}>1,\ \beta=\frac{R_2+R_4}{R_2}>1$$

$$K_c=\frac{R_2R_4R_6(R_1+R_3)}{R_1R_3R_5(R_2+R_4)} \tag{6-13}$$

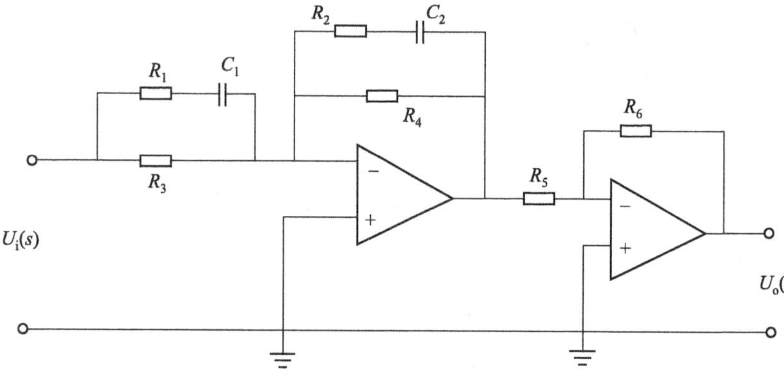

图 6-19　滞后-超前网络

6.3　系统校正的频率特性法

当用分析法设计控制器时，第一步先设定一个校正装置，它需要靠经验和一定的试凑，后面我们将通过例子来说明这一点。第二步是根据开环传递函数来分析系统的性能，这是第 5 章已经讨论过的内容。

当用综合法设计控制器时，关键的问题是如何根据性能指标来综合出期望的开环特性，这是本节要讨论的内容。

6.3.1　开环频率特性与时域性能指标之间的关系

系统校正的频率特性法，是通过校正系统的开环频率特性使闭环系统满足指定的瞬态和稳态性能指标。因此，了解开环频率特性与时域性能指标间的关系是十分必要的，总体上说，频率特性的低频段表征了系统的稳态性能，中频段表征了系统的瞬态性能，而高频段则反映了系统的抗高频干扰能力。

设控制系统的开环频率特性为

$$G_0(j\omega)=\frac{K(j\omega\tau_1+1)(j\omega\tau_2+1)\cdots}{(j\omega)^v(j\omega T_1+1)(j\omega T_2+1)\cdots}$$

下面分别对 Bode 图的三个频段进行研究。

(1) 低频段

当 $\omega\to 0$ 时，有

$$G_0(j\omega)\approx\frac{K}{(j\omega)^v}$$

相应的对数幅频特性为

$$L(\omega)=20\lg K-v20\lg\omega$$

由此可见，在低频段起主要作用的是比例环节和积分环节。因此根据低频段的频率特性容易确定系统的静态误差系数（K_p、K_v、K_a）和开环系统中积分器的个数（系统型别）。

① 0 型系统（$v=0$）。此时在 Bode 图中，低频段的幅频特性是斜率为 0dB/dec 的直线，即

$$L(\omega)=20\lg K$$

因此，从低频段幅频特性的高度就可以确定系统的位置稳态误差系数 $K_p=K$，如图 6-20 所示。

② Ⅰ型系统（$v=1$）。对于Ⅰ型系统，可得低频段的对数幅频特性为

$$L(\omega)=20\lg K-20\lg\omega$$

因此Ⅰ型系统在低频段的幅频特性是斜率为－20dB/dec 的直线，显然当 $\omega=1$ 时，$L(1)=20\lg K$；当 $\omega=K$ 时，$L(K)=0$dB。因此Ⅰ型系统低频段的对数幅频特性（或其延长线）与 0dB 的横坐标轴相交处的频率等于开环增益 K（此时系统的静态速度稳态误差系数 $K_v=K$），而在 $\omega=1$ 处的高度为 $20\lg K$，如图 6-21 所示。

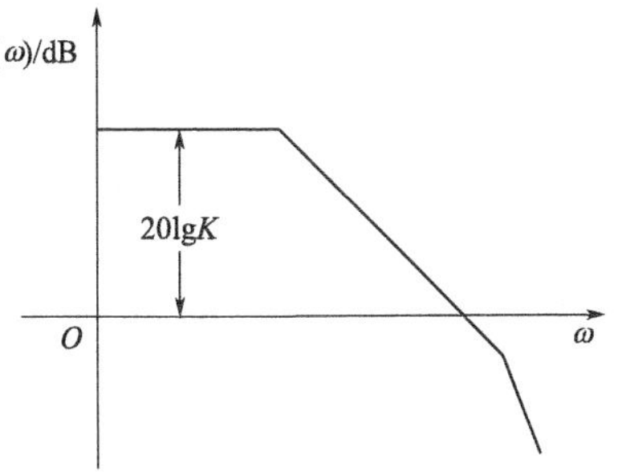

图 6-20 0 型系统

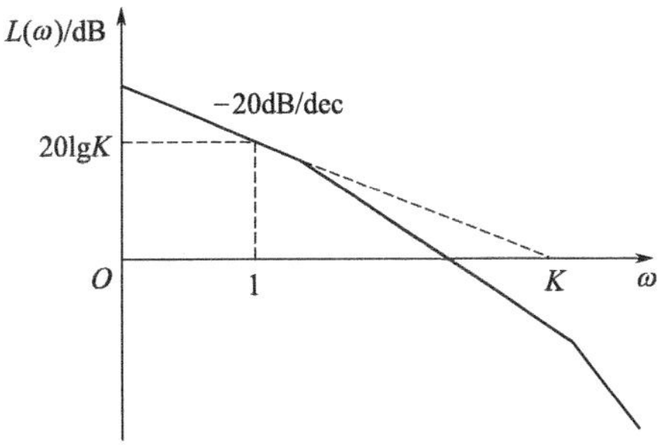

图 6-21 Ⅰ型系统

③ Ⅱ型系统（$v=2$）。对于Ⅱ型系统，可得其低频段的对数幅频特性为

$$L(\omega)=20\lg K-40\lg\omega$$

因此Ⅱ型系统在低频段的幅频特性是斜率为－40dB/dec 的直线。显然当 $\omega=1$ 时，$L(1)=20\lg K$；当 $\omega=\sqrt{K}$ 时，$L(\sqrt{K})=0$dB。因此Ⅱ型系统的低频段的对数幅频特性（或其延长线）与 0dB 的横坐标轴相交处的频率等于 $\sqrt{K}$；而在 $\omega=1$ 处的高度为 $20\lg K$。对Ⅱ型系统而言，静态加速度稳态误差系数 $K_a=K$。

(2) 中频段

中频段是指开环对数幅频特性曲线在截止频率（剪切频率）ω_c 附近（即 0dB 附近）的区段。这段特性曲线的斜率和宽度反映了系统动态响应的平稳性和快速性。

下面的讨论以最小相位系统为例。对于这类系统，幅频特性和相频特性之间有明确对应关系，因此在系统分析中只需考虑幅频特性即可。而且对最小相位系统而言，相位裕量（相角裕度）能真实地反映系统的相对稳定性。下面从几个方面来看中频段的频率特性与瞬态性能之间的关系。

① 中频段开环对数幅频特性和斜率。当中频段的幅频特性斜率为－20dB/dec，且占据一定的带宽时，系统有较好的瞬态性能和较大的相对稳定性（稳定裕度）。为说明这一点，我们假设两种极端情况：第一种是中频段幅频特性斜率为－20dB/dec，且所占频区为无限宽，如图 6-22(a) 所示；第二种是中频段幅频特性斜率为－40dB/dec，且所占频区为无限宽，如图 6-22(b) 所示。在第一种情况下，系统开环传递函数为

$$G_0(s)=\frac{1}{Ts}=\frac{\omega_c}{s}$$

则闭环传递函数为

$$H(s)=\frac{G_0(s)}{1+G_0(s)}=\frac{1}{\frac{1}{\omega_c}s+1}$$

这是一个惯性环节，系统总是稳定的，瞬态响应没有超调，且 ω_c 越大，调节时间越短。

在第二种情况下，系统开环传递函数可看成

$$G_0(s)=\frac{K}{s^2}=\frac{\omega_c^2}{s^2}，\omega_c=\sqrt{K}$$

此时闭环传递函数为

$$H(s)=\frac{G_0(s)}{1+G_0(s)}=\frac{\frac{\omega_c^2}{s^2}}{1+\frac{\omega_c^2}{s^2}}=\frac{\omega_c^2}{s^2+\omega_c^2}$$

系统将做无阻尼等幅振荡，为临界稳定状态。

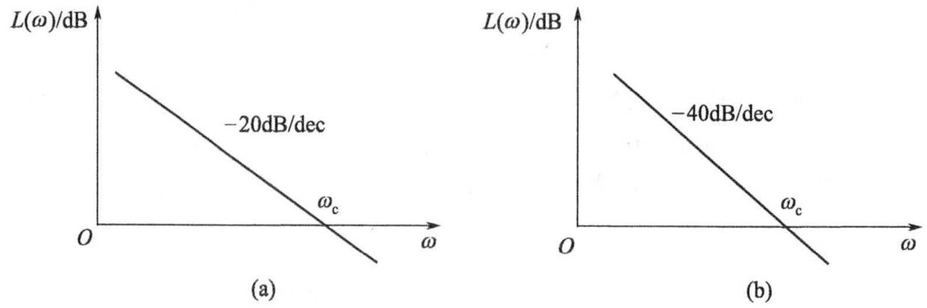

图 6-22　中频段幅频特性

尽管上述分析是两种极端的情况，但对于一般系统，仍可以得到同样的结论。在系统设计中，应尽量将中频段的幅频特性的斜率设计成－20dB/dec，且占据一定的宽度，因为－20dB/dec 的频区越宽，其他环节对 ω_c 处的频率影响越小，系统相位裕度也越大。相反，若中频段幅频特性斜率为－40dB/dec 或更高，则系统不易稳定，即使稳定，稳定裕度也很小，超调量还会较大。

② 截止频率与带宽。从前面的分析可以看出，ω_c 与带宽 ω_b 有直接的关系，ω_c 越大 ω_b 越宽。从输出复现输入的角度分析，ω_c 与 ω_b 越大越好，ω_c 越大调节时间越短。但 ω_c 过大，会给系统带来高频噪声。因此在设计中，应选择适宜的 ω_c，保证系统拥有足够的带宽，又能较好地抑制高频噪声。

③ 相角裕度与瞬态性能。ω_c 处的相频特性决定了系统的相角裕度。为了确保系统有良好的瞬态性能，应保证系统有一定的相角裕度。如果系统相角裕度很小，说明在奈奎斯特图中开环频率特性接近（－1,j0）点，或者粗略地说，在 ω_c 处有 $G_0(\mathrm{j}\omega)\approx -1$。由于闭环特性为

$$H(\mathrm{j}\omega)=\frac{G_0(\mathrm{j}\omega)}{1+G_0(\mathrm{j}\omega)}$$

所以 $|H(\mathrm{j}\omega_c)|\gg 1$，这说明在 ω_c 附近存在一个很大的谐振峰，系统对这一频区的输入有强烈振荡现象，这在工程中应加以避免。若系统的瞬态性能主要由一对主导极点决定，则谐振峰值和相角裕度之间有下面的近似关系

$$M_r=\frac{1}{\sin\gamma}$$

由上式可以看出，γ 越接近于零，M_r 越大。

(3) 高频段

高频段是指离截止频率 ω_c 较远（$\omega>10\omega_c$）的频段。由折线对数幅频特性可知，这部分的频率特性是由小时间常数的环节决定的。在通常情况下，小时间常数的环节对系统性能的影响不大（但并不是绝对的）。在实际系统中，高频段的增益通常很小，即 $L(\omega)\ll 0$，或者说 $|G_0(\mathrm{j}\omega)|\ll 1$。因此闭环频率特性近似等于开环频率特性，因为

$$|H(\mathrm{j}\omega)|=\frac{|G_0(\mathrm{j}\omega)|}{|1+G_0(\mathrm{j}\omega)|}\approx|G_0(\mathrm{j}\omega)|$$

所以这部分的开环频率特性直接反映了系统对高频噪声的抑制作用，其分贝值越低，抗高频噪声的能力越强。

6.3.2　频率特性法校正举例

设控制系统串联校正的结构如图 6-23 所示。下面介绍几种典型的串联校正装置的设计方法。

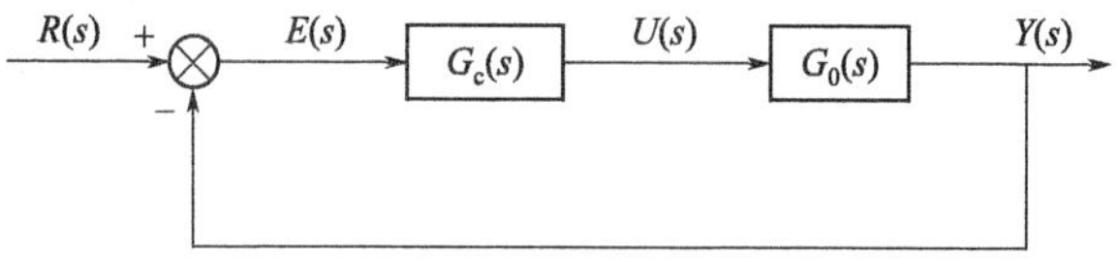

图 6-23　串联校正

(1) 超前补偿器（超前校正装置）**的设计**

利用超前补偿器进行串联校正的基本原理就是利用超前补偿器的相位超前特性。最简单的频率特性补

偿是比例微分控制，频率特性是：$G_c(j\omega)=K(Tj\omega+1)$。易知，其转折频率为 $\omega=1/T$，如果让增加的相位出现在待补偿系统的截止频率 ω_c 附近，就可达到增加相位的目的。相位的增加具有稳定系统的作用，能提高系统稳定性。然而，这种补偿器的增益将随频率的增加而不断增加，将放大物理系统中普遍存在的高频噪声，并且在物理上也是不可实现的。因此，实际应用的超前补偿器是在原比例微分式中增加一个一阶滞后环节：$G_c(j\omega)=K\alpha\dfrac{Tj\omega+1}{\alpha Tj\omega+1}$，其中 $\alpha<1$。其新增加的环节产生转折频率较原转折频率 $\omega=1/T$ 高许多倍，使得相位的超前作用仍然保留下来，而高频放大作用被明显限制。在对数坐标图上，最大相位超前出现在两个转折频率的几何中心点，这一结论对任意 α 均成立。图 6-24 给出了超前补偿器的频率特性。

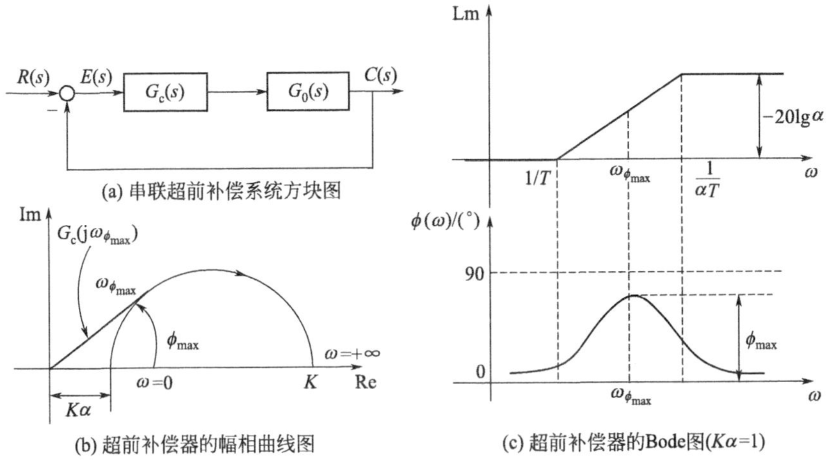

图 6-24 串联超前补偿系统 $G_c(j\omega)=K\alpha\dfrac{Tj\omega+1}{\alpha Tj\omega+1}$，$\alpha<1$

若在超前补偿器中选择 $K=1/\alpha$，则可以使串联超前补偿系统的稳态特性保持不变，即 $G_c(j\omega)=\dfrac{Tj\omega+1}{\alpha Tj\omega+1}$，$\alpha<1$。超前补偿器的作用是使得开环频率特性的幅相曲线逆时针旋转，超前补偿器的相角为

$$\phi_c(\omega)=\arctan\omega T-\arctan\omega\alpha T=\arctan\frac{(1-\alpha)\omega T}{1+\alpha\omega^2T^2} \tag{6-14}$$

将式(6-14) 对 ω 求导并令其为 0，得最大超前角 ϕ_{max}、最大超前角频率 $\omega_{\phi_{max}}$ 和对数幅频特性 $\mathrm{Lm}[G_c(j\omega_{\phi_{max}})]$

$$\phi_{max}=\angle G_c(j\omega_{\phi_{max}})=\arcsin\frac{1-\alpha}{1+\alpha} \tag{6-15}$$

$$\omega_{\phi_{max}}=\frac{1}{T\sqrt{\alpha}} \tag{6-16}$$

$$\mathrm{Lm}[G_c(j\omega_{\phi_{max}})]=-10\lg\alpha \tag{6-17}$$

可以看出：最大超前角 ϕ_{max} 仅与参数 α 有关，α 值越大，超前角越小。超前补偿器的 Bode 图随参数的变化情况如图 6-25 所示。

从以上推导过程可以看出，只要正确地将超前补偿器的转折频率 $\dfrac{1}{\alpha T}$ 和 $\dfrac{1}{T}$ 选在待校正系统截止频率 ω_c 的两边，并适当选择参数 α 和 T，就可以使校正系统的截止频率和相位裕度满足性能指标的要求，从而改善闭环系统的动态特性。闭环系统的稳态性能要求，可以通过选择已校正系统的开环增益来保证。用频域法设计超前补偿器（确定参数 α 和 T）的步骤如下：

① 根据稳态误差要求，确定开环增益 K。

② 利用已确定的开环增益 K 和原系统的传递函数，绘制系统的对数频率特性曲线图，计算待校正系统的截止频率 ω_c 和相位裕度 γ。

③ 根据截止频率 ω_c' 的要求，计算超前补偿器的参数 α 和 T。一般选择超前补偿器最大超前角频率 $\omega_{\phi_{max}}$ 和等于要求的系统截止频率 ω_c'，以保证系统的响应速度，并充分利用补偿器的相位超前特性。显然，$\omega_{\phi_{max}}=\omega_c'$ 成立的条件是

$$-\mathrm{Lm}[G_0(\mathrm{j}\omega_c')]=\mathrm{Lm}[G_c(\mathrm{j}\omega_{\phi_{max}})]=-10\lg\alpha \tag{6-18}$$

由式(6-18) 确定参数 α，然后由式(6-16) 确定参数 T。

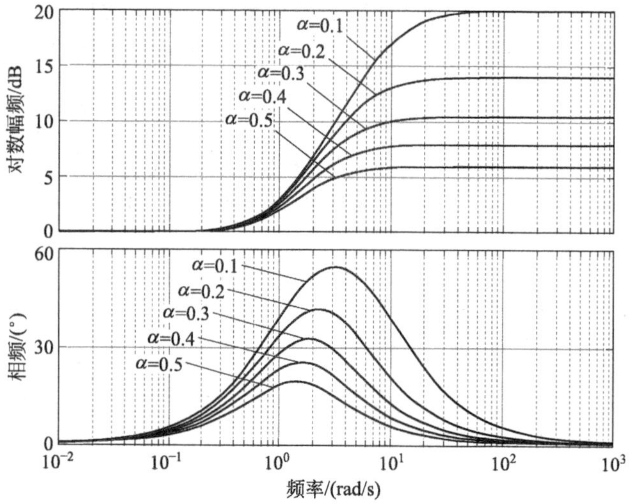

图 6-25　超前补偿器 $G_c(\mathrm{j}\omega)=\dfrac{1+\mathrm{j}\omega T}{1+\mathrm{j}\omega\alpha T}$，$T=1$、$\alpha<1$ 随参数 α 变化的 Bode 图

④ 由式(6-18) 和式(6-15) 可以看出，系统的截止频率 ω_c' 与超前补偿器的最大超前角 ϕ_{max} 都与参数 α 有关，而 ϕ_{max} 直接影响到系统的相位裕度 γ。因此，按照满足系统截止频率 ω_c' 要求选择参数 α 之后，必须验证校正后系统的相位裕度 γ' 是否满足要求，其中 $\gamma'=\phi_{max}+\gamma(\omega_c')$。

若验证结果 γ' 不满足指标要求，需要重新选择 $\omega_{\phi_{max}}$ $(=\omega_c')$，一般使 $\omega_{\phi_{max}}$ 增大，然后重复以上步骤。

串联超前补偿器对系统性能有如下影响：

① 增加开环频率特性在截止频率附近的正相角，提高了系统的相位裕度；

② 减小对数幅频特性在截止频率上的负斜率，提高了系统的稳定性；

③ 提高了系统的截止频率，从而可提高系统的响应速度。

若原系统不稳定或稳定裕度很小，且开环对数幅频特性曲线在截止频率附近有较大的负斜率，则不宜采用超前补偿器，因为随着截止频率的增加，原系统负相角增加的速度将超过超前补偿器正相角增加的速度，超前补偿器就不能满足要求了。

【例 6-3】 单位负反馈系统开环传递函数为 $G_0(s)=\dfrac{K}{s(s+1)}$，要求校正后系统满足：

① 相位裕度 $\gamma\geqslant45°$；开环系统截止频率 $\omega_c'\geqslant4.4$；

② 稳态速度误差函数 $K_v=10$。

解　①原被控系统为Ⅰ型系统，由稳态速度误差系数 K_v 的要求，得原系统的开环放大系数 $K=K_v=10$。

② 根据原系统的开环传递函数 $G_0(s)$ 以及开环放大系数 $K=10$，计算系统原来的相位裕度。

原系统的频率特性为

$$G_0(\mathrm{j}\omega)=\frac{10}{\mathrm{j}\omega(\mathrm{j}\omega+1)}=\frac{10}{\omega\sqrt{1+\omega^2}}\angle(-90°-\arctan\omega)$$

截止频率：由 $|G_0(\mathrm{j}\omega_c)|=1$ 得 $\dfrac{10}{\omega_c\sqrt{1+\omega_c^2}}=1$，从而求得 $\omega_c=3.1$。

相位裕度：$\gamma=180°-90°-\arctan3.1=17.9°$。

原系统的截止频率与相位裕度指标不满足设计要求，需要设计超前补偿器

$$G_c(\mathrm{j}\omega)=\frac{1+\mathrm{j}\omega T}{1+\mathrm{j}\omega\alpha T},\ \alpha<1$$

③ 假设校正之后开环系统截止频率 $\omega_c'=4.4$，则利用式(6-18) 计算参数 α

$$-10\lg\alpha=-\mathrm{Lm}[G_0(\mathrm{j}\omega_c')]=-20\lg\frac{10}{\omega_c'\sqrt{1+\omega_c'^2}}$$

$$\alpha=0.25$$

由式(6-16) 确定参数 T

$$T=\frac{1}{\omega_{\phi_{\max}}\sqrt{\alpha}}=\frac{1}{\omega_c'\sqrt{\alpha}}=0.455$$

则此超前补偿器传递函数为

$$G_c(s)=\frac{1+0.455s}{1+0.114s}$$

对以上参数进行验证，得串联超前补偿之后系统的截止频率和相位裕度分别为 $\omega_c=4.4$、$\gamma=49.6°$，已经满足设计要求。校正前后系统的 Bode 图如图 6-26 所示。

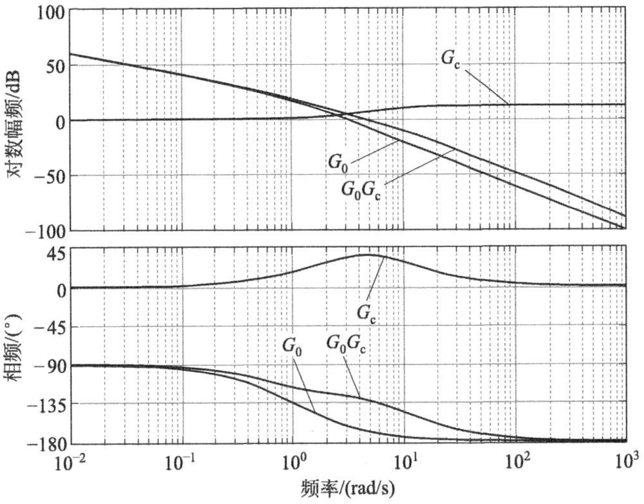

图 6-26 例 6-3 校正前后系统的 Bode 图

图 6-27 画出了典型的无源超前校正网络。其传递函数为

$$D(s)=\frac{K(T_1s+1)}{T_2s+1} \tag{6-19}$$

其中 $K=\frac{R_2}{R_1+R_2}=\frac{T_2}{T_1}$，$T_1=R_1C$，$T_2=\frac{R_1R_2}{R_1+R_2}C$。

可见对于该无源网络，恒有 $K<1$，且时间常数 T_2 不能太小，否则信号衰减将太大。

图 6-28 画出了典型的有源超前网络。其传递函数形式同式(6-19)，其中

$$\begin{cases}K=-\frac{R_2+R_3}{R_1}\\T_1=\left(\frac{R_2R_3}{R_2+R_3}+R_4\right)C\approx(R_3+R_4)C, R_2\gg R_3\\T_2=R_4C\end{cases} \tag{6-20}$$

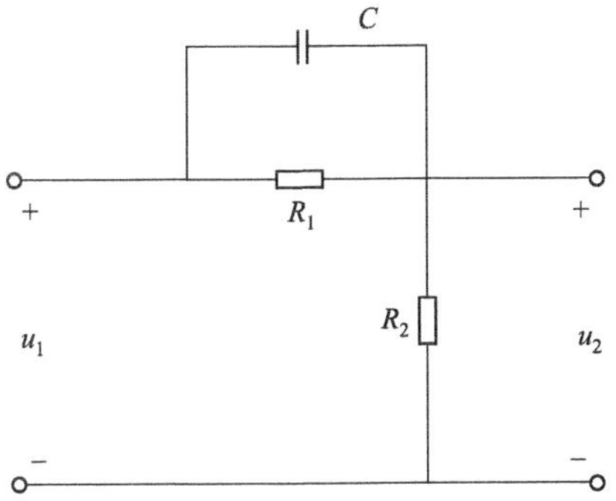

图 6-27 无源超前校正网络

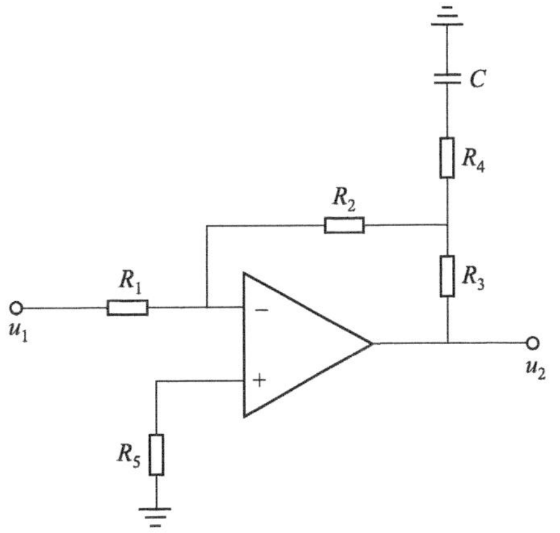

图 6-28 有源超前校正网络

（2）滞后校正

串联校正中采用滞后补偿器的目的是利用其高频幅值衰减特性，使得已校正系统的截止频率下降，从而可使系统获得足够的相位裕度。考虑图 6-29 所示串联滞后补偿系统，可以看出：当滞后补偿器中选择 $K=1$ 时，则可以使串联滞后补偿系统的稳态特性保持不变，即 $G_c(j\omega)=\dfrac{1+j\omega T}{1+j\omega\alpha T}$，$\alpha>1$，且 α 值越大，滞后补偿器的幅值衰减越快。滞后补偿器的 Bode 图随参数 α 的变化情况如图 6-30 所示。

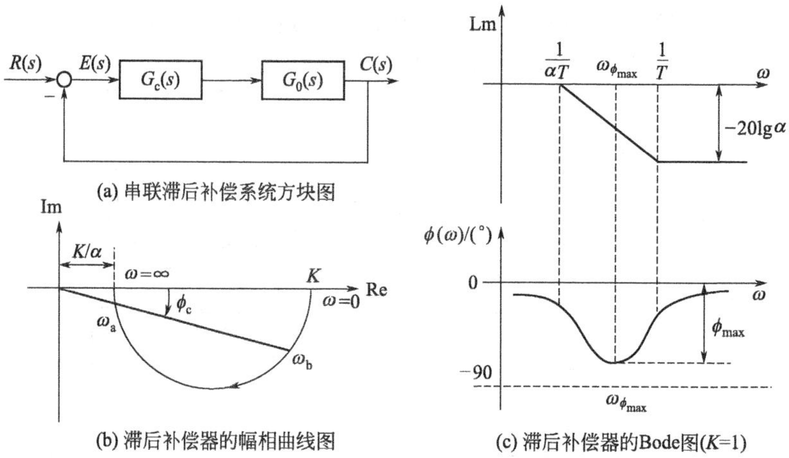

图 6-29　串联滞后补偿系统 $G_c(j\omega)=K\dfrac{1+j\omega T}{1+j\omega\alpha T}$，$\alpha>1$

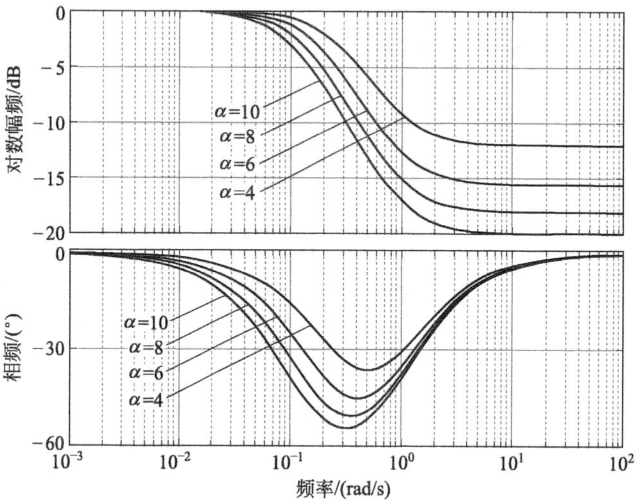

图 6-30　滞后补偿器 $G_c(j\omega)=\dfrac{1+j\omega T}{1+j\omega\alpha T}$，$T=1$、$\alpha>1$ 随参数 α 变化的 Bode 图

对于 ω_c'，一般选择

$$\frac{1}{T}<\frac{\omega_c'}{10} \tag{6-21}$$

滞后补偿器在截止频率 ω_c' 的相角

$$\phi_c(\omega_c')=\arctan(\omega_c')-\arctan(\alpha\omega_c'T)$$

$$\tan\phi_c(\omega_c')=\frac{(1-\alpha)\omega_c'T}{1+\alpha(\omega_c'T)^2}$$

代入式(6-21) 以及 $\alpha>1$ 关系，上式可简化为

$$\phi_c(\omega_c')=\arctan\left(\frac{1-\alpha}{10\alpha}\right) \tag{6-22}$$

其中 α 与 $\phi_c(\omega_c')$ 的关系如图 6-31 所示。

由图 6-31 可以看出，当 α 在 [1,100] 范围内变化时，滞后补偿器最大幅值衰减所对应的相角不超过 $-6°$，对校正后系统的相位裕度影响不大，因此，一般可先将滞后补偿器的相位滞后近似为 $-6°$，然后在设计出滞后补偿器之后，验证校正后系统的性能指标。

若原系统为单位负反馈最小相位系统，则应用频域法设计串联滞后补偿器的步骤如下。

① 根据稳态误差要求，确定开环增益 K。

② 利用已确定的开环增益 K 和原系统的传递函数，绘制系统的对数频率特性曲线图，计算待校正系统的截止频率 ω_c 和相位裕度 γ。

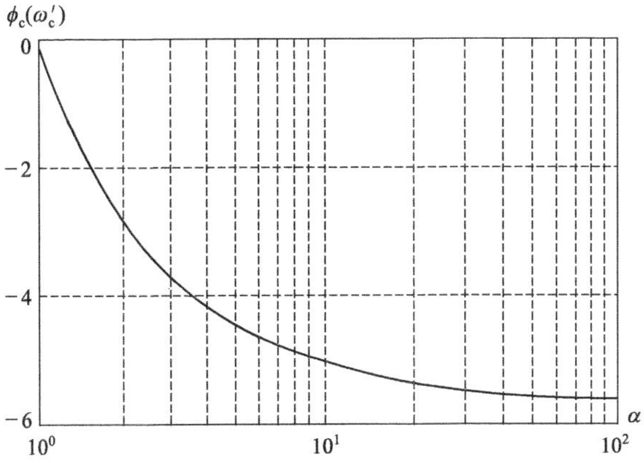

图 6-31 滞后补偿器 α 与 $\phi_c(\omega_c')$ 之间的关系

③ 根据相位裕度 γ' 的要求，选择校正后系统的截止频率 ω_c'。先假设滞后补偿器在新的截止频率处产生的相位滞后为 $\phi_c=-6°$，则

$$\gamma'=\gamma(\omega_c')+\phi(\omega_c')=\gamma(\omega_c')-6° \tag{6-23}$$

$$\gamma(\omega_c')=\gamma'+6° \tag{6-24}$$

由系统 Bode 图，确定满足式(6-24) 的截止频率 ω_c'。

④ 确定滞后补偿器参数 α 和 T。为了补偿因滞后补偿器带来的幅值衰减，原系统在截止频率 ω_c'处的幅值必须满足

$$\mathrm{Lm}[G_0(\mathrm{j}\omega_c')]=-\mathrm{Lm}[G_c(\mathrm{j}\omega_c')]=20\lg\alpha \tag{6-25}$$

同时，为了保证滞后补偿器在截止频率 ω_c'处的滞后角度不大于 $-6°$，可令参数 T 满足

$$\frac{1}{T}=\frac{\omega_c'}{10} \tag{6-26}$$

⑤ 验证已校正系统的相位裕度，若不满足要求，则重新选择截止频率 ω_c'，重复以上步骤。

串联滞后补偿器对系统性能有如下影响：

① 保持系统开环放大系数不变的情况，减小截止频率可增加相位裕度，提高系统的稳定性；

② 由于降低了系统的截止频率，使系统的响应速度降低，但系统抗干扰能力增强；

③ 在保持系统相对稳定性不变的情况下，可以提高系统的开环放大系数，改善系统的稳态性能。

【例 6-4】 单位负反馈系统开环传递函数为 $G_0(s)=\dfrac{K}{s(0.5s+1)(0.2s+1)}$，要求校正后系统满足：

① 相位裕度 $\gamma'\geqslant 40$；开环系统截止频率 $\omega_c'\geqslant 1$；

② 稳态速度误差系数 $K_v=7$。

解 ① 原被控系统为Ⅰ型系统，由稳态速度误差系数 K_v 的要求，得原系统的开环放大系数 $K=K_v=7$。

② 根据原系统的开环传递函数 $G_0(s)$ 以及开环放大系数 $K=7$，绘制原系统的 Bode 图如图 6-32 所示。原系统的频率特性为

$$G_0(\mathrm{j}\omega)=\frac{7}{\mathrm{j}\omega(\mathrm{j}0.5\omega+1)(\mathrm{j}0.2\omega+1)}$$

$$=\frac{7}{\omega\sqrt{1+0.25\omega^2}\sqrt{1+0.04\omega^2}}\angle(-90°-\arctan 0.5\omega-\arctan 0.2\omega)$$

截止频率 $\omega_c=3.16$

相位裕度 $\gamma=0°$

原系统不稳定，不满足设计要求。从相频特性可以看出，在截止频率 ω_c 附近相位变化比较快，若采用串联超前校正很难奏效，且截止频率 $\omega_c>\omega_c'$，所以需要设计串联滞后补偿器

$$G_c(\mathrm{j}\omega)=\frac{1+\mathrm{j}\omega T}{1+\mathrm{j}\omega\alpha T},\ \alpha>1$$

③ 假设滞后补偿器在新的截止频率处产生的相位滞后为 $\phi_c=-6°$，由相位裕度 $\gamma'\geqslant 40°$的要求，得原

系统在 ω_c' 处的相位裕度为

$$\gamma(\omega_c')=\gamma'+6°=46°$$

由系统 Bode 图或者通过相位公式

$$\gamma(\omega_c')=180°-90°-\arctan 0.5\omega_c'-\arctan 0.2\omega_c'$$

计算得截止频率 $\omega_c'=1.186$，满足设计要求。

④ 确定滞后补偿器参数 α 和 T。由式(6-25) 确定参数 α

$$20\lg\alpha=\mathrm{Lm}[G_0(\mathrm{j}\omega_c')]$$

$$\alpha=\frac{7}{\omega_c'\sqrt{1+0.25\omega_c'^2}\sqrt{1+0.04\omega_c'^2}}=4.9396$$

由式(6-26) 确定参数 T

$$T=\frac{10}{\omega_c'}=8.43$$

则滞后补偿器传递函数为

$$G_c(s)=\frac{1+8.43s}{1+41.64s}$$

⑤ 验证校正后系统的相位裕度和截止频率。

校正后系统的开环传递函数为

$$G_0(s)G_c(s)=\frac{7(1+8.43s)}{s(0.5s+1)(0.2s+1)(1+41.64s)}$$

$$\omega_c'=1.19,\ \gamma'=41.3$$

满足设计要求。校正前后系统的 Bode 图如图 6-32 所示。

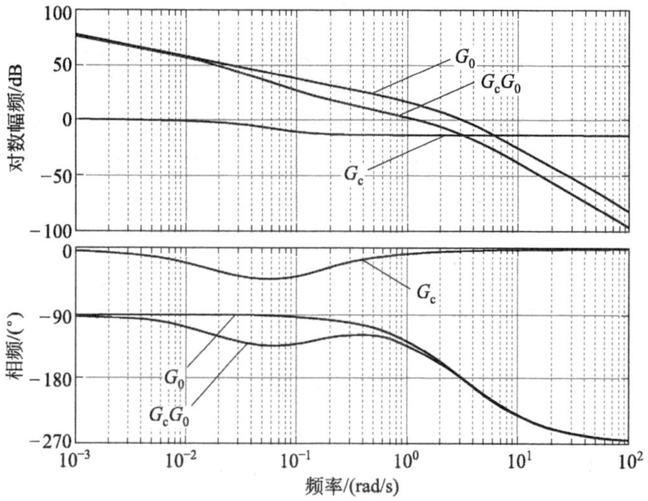

图 6-32　例 6-4 校正前后系统的 Bode 图

图 6-33 画出了典型的无源滞后校正网络，其传递函数为

$$D(s)=\frac{K(T_2s+1)}{T_1s+1} \tag{6-27}$$

其中

$$K=1,\ T_1=(R_1+R_2)C,\ T_2=R_2C \tag{6-28}$$

图 6-34 画出了典型的有源滞后校正网络，其传递函数形式同式(6-27)，其中

$$\begin{cases}K=-\dfrac{R_2+R_3}{R_1}\\ T_1=R_3C\\ T_2=(R_2//R_3)C\approx R_2C(R_3\gg R_2)\end{cases} \tag{6-29}$$

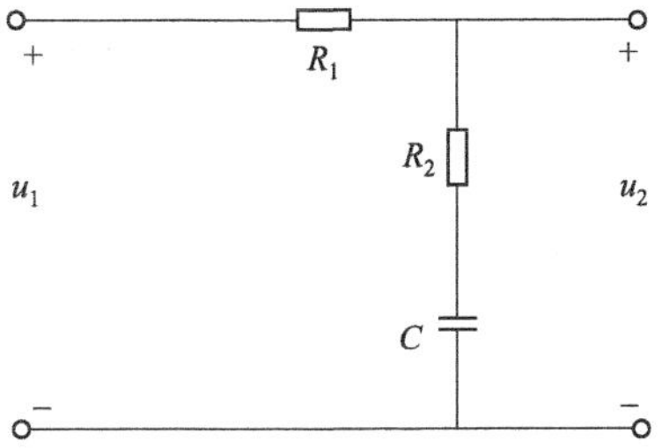

图 6-33 无源滞后校正网络

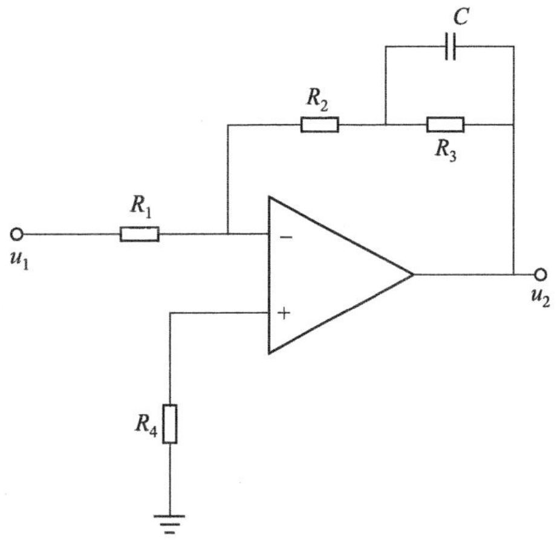

图 6-34 有源滞后校正网络

(3) 滞后-超前校正

串联超前校正主要是利用超前补偿器的相位超前特性来提高系统的相位裕度或相对稳定性，而串联滞后校正则是利用滞后补偿器在高频段的幅值衰减特性来提高系统的开环放大系数，从而改善系统的稳态性能。

在实际系统中，存在单独采用超前校正或滞后校正都不能获得满意的动态和稳态性能的情况，此时可以考虑滞后-超前校正方式。本书仅给出滞后-超前补偿器的传递函数、Bode 图和概略分析，关于滞后-超前补偿器的详细设计请参阅有关资料。

滞后-超前校正的传递函数为

$$G_c(s)=\frac{K(T_2s+1)(T_3s+1)}{(T_1s+1)(T_4s+1)} \quad T_1>T_2>T_3>T_4 \tag{6-30}$$

画出它的 Bode 图如图 6-35 所示。可以看出，它是滞后校正和超前校正两者相结合的结果，前面部分是滞后校正，后面部分是超前校正。

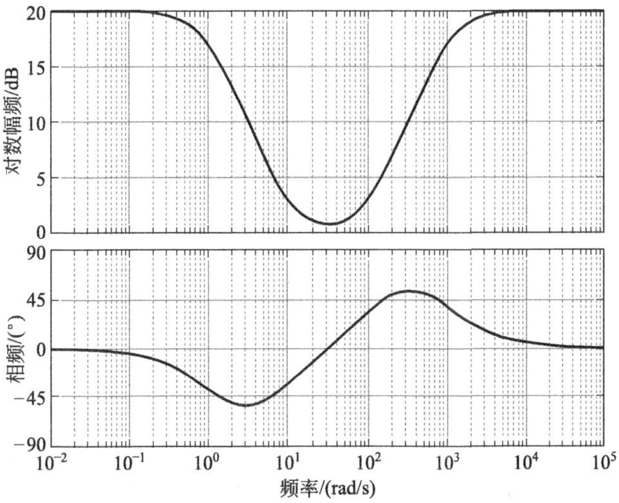

图 6-35 滞后-超前校正的 Bode 图

在式(6-30) 中，让 T_1 很大，$T_4 \to 0$，则

$$G_c(s)\approx\frac{K(T_2s+1)(T_3s+1)}{T_1s}$$

$$=\frac{K}{T_1}(T_2+T_3)+\frac{K}{T_1}T_2T_3s+\frac{K}{T_1}\frac{1}{s}$$

令 $K_P=\frac{K}{T_1}(T_2+T_3)$，$K_D=\frac{K}{T_1}T_2T_3$，$K_I=\frac{K}{T_1}$，则

$$G_c(s)=K_P+K_Ds+K_I\frac{1}{s}=\frac{U(s)}{E(s)} \tag{6-31}$$

变换到时域为

$$u(t)=K_Pe(t)+K_D\frac{de(t)}{dt}+K_I\int e(t)dt \tag{6-32}$$

可见，这是一个比例微分加积分的控制，简称 PID 控制。

滞后-超前校正通过其中的超前校正来改变开环特性中频段的形状，以改善系统的动态性能，通过滞后校正来改变开环特性低频段的形状，以改善系统的稳态性能。由于它综合了两者的长处，从而可以更有效地改善系统的性能。

从时域看，PID 控制中的微分校正项主要用来改善系统的动态性能，积分校正项主要用来改善系统的稳态性能。

图 6-36 画出了典型的无源校正网络，其传递函数形式同式(6-30)，其中

$$\begin{cases}K=1, T_2=R_2C_2, T_3=R_1C_1\\ T_1T_4=T_2T_3, T_1+T_4=T_3+T_2\left(1+\dfrac{R_1}{R_2}\right)\end{cases} \tag{6-33}$$

图 6-37 画出了典型的有源校正网络，其传递函数形式也同式(6-30)，其中

$$\begin{cases}K=-\dfrac{R_2+R_3+R_5}{R_1}, T_1\approx R_3C_1\\ T_2=[(R_2+R_5)//R_3]C_1\\ T_3=(R_4+R_5)C_2, T_4=R_4C_2(R_2\gg R_5)\end{cases} \tag{6-34}$$

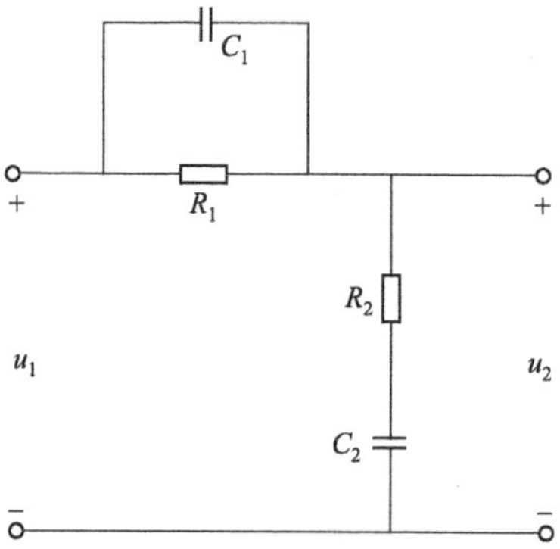

图 6-36 无源滞后-超前校正网络

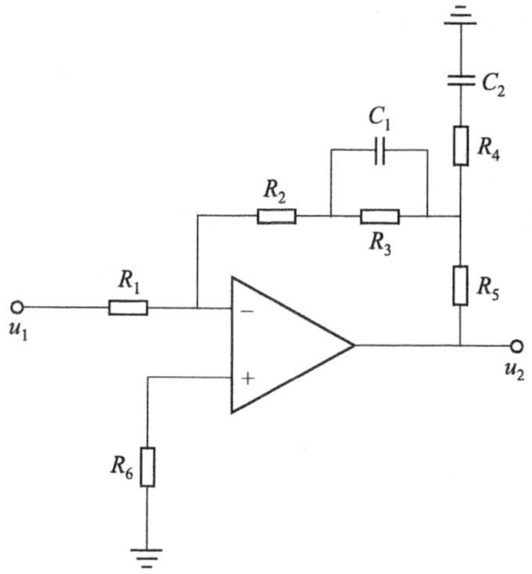

图 6-37 有源滞后-超前校正网络

(4) 抗干扰性能考虑

前面的设计主要考虑了跟随参考输入的性能要求。对控制系统的另一个主要的性能要求是抗干扰性能。图 6-38 示出了带干扰的控制系统的典型结构，其中 v 表示干扰。例如雷达天线跟踪系统，这是一个典型的位置随动系统，它也可变换成图 6-38 的形式。其干扰主要是施加在执行电机轴上的负载力矩，这个负载力矩可能是由摩擦引起的，也可能是由阵风产生的干扰力矩引起的。如果在图 6-38 中令 $G_2(s)=1$，这时 v 表示叠加在输出量中的测量噪声。对于随动控制系统，除了需要考虑跟随参考输入 $r(t)$ 的性能外，也需要考虑抗干扰的性能。而对于定常控制系统，主要考虑的则是抗干扰性能。

对于抗干扰性能，也可以用系统输出对阶跃型干扰输入的响应来描述。定义稳态误差 e_{ss}、误差最大值 e_{max}、过渡过程时间 t_s，以及超调量 $\sigma\%$ 作为系统抗干扰的性能指标。对于稳态误差 e_{ss} 可用终值定理来帮助计算，即

$$e_{ss}|_{r=0}=\lim_{s\to\infty}E(s)|_{r=0} \tag{6-35}$$

对于过渡过程时间 t_s、$\sigma\%$ 和 e_{max}，无简便的估算公式，一般需通过仿真计算才能求得。由于系统的稳定性与外界输入无关，因此按照跟随输入性能（即按随动系统）来设计系统，若系统是稳定的，对于参

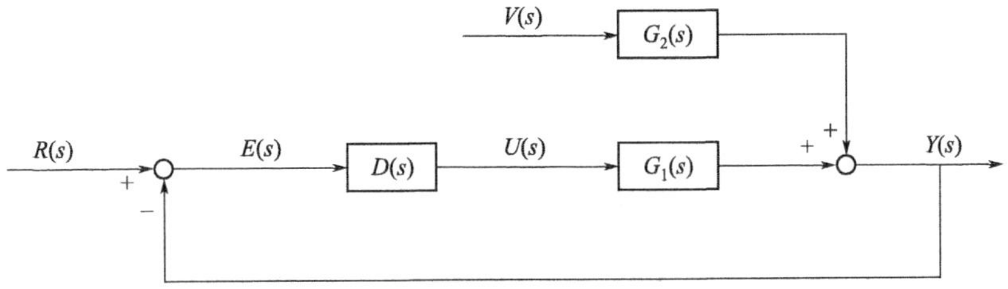

图 6-38 具有干扰输入的控制系统结构

考输入有比较好的动态性能，则一般也可认为对干扰输入的动态性能（t_s 和 $\sigma\%$）也满足要求。因此对于抗干扰的动态性能可按照随动系统的方法来设计。下面进一步分析如何减小由于干扰引起的误差。

根据图 6-38 有

$$\begin{aligned}Y(s)&=M_1(s)R(s)+M_2(s)V(s)\\&=\frac{D(s)G_1(s)}{1+D(s)G_1(s)}R(s)+\frac{G_2(s)}{1+D(s)G_1(s)}V(s)\\&=Y_1(s)+Y_2(s)\end{aligned}$$

其中

$$M_2(\mathrm{j}\omega)=\frac{G_2(\mathrm{j}\omega)}{1+D(\mathrm{j}\omega)G_1(\mathrm{j}\omega)}$$

是从干扰到输出的频率特性。显然，若$|M_2(\mathrm{j}\omega)|$小，则由于干扰引起的误差也就小。下面研究$M_2(\mathrm{j}\omega)$的特性。

① $|D(\mathrm{j}\omega)G_1(\mathrm{j}\omega)|\gg 1$。$D(\mathrm{j}\omega)G_1(\mathrm{j}\omega)$ 是系统的开环频率特性，所以它相当于系统的低频段，即 $\omega\ll\omega_c$。这时有

$$M_2(\mathrm{j}\omega)\approx\frac{G_2(\mathrm{j}\omega)}{D(\mathrm{j}\omega)G_1(\mathrm{j}\omega)} \tag{6-36}$$

当 $D(s)G_1(s)$ 中包含有积分环节，而 $G_2(s)$ 中无积分环节，或者 $D(s)G_1(s)$ 中的积分环节个数多于 $G_2(s)$ 中的积分环节个数时，有 $M_2(\mathrm{j}0)=0$，也即有 $y_2(\infty)=0$。也就是说这时输出对于阶跃型干扰是无静差的。显然，这时对于低频干扰，它也有很好的抑制作用。

可见，在 $D(s)$ 中附加积分环节或尽量抬高开环频率特性的低频段有利于抑制低频干扰。

② $|D(\mathrm{j}\omega)G_1(\mathrm{j}\omega)|\ll 1$。这时相当于在系统的高频段，即 $\omega\gg\omega_c$。这时有

$$M_2(\mathrm{j}\omega)\approx G_2(\mathrm{j}\omega) \tag{6-37}$$

这时等于反馈不起作用，干扰对输出的影响与系统开环时相同。不过一般情况下高频时有$|G_2(\mathrm{j}\omega)|\ll 1$，所以这时高频干扰对输出的影响也不大。但是若 $v(t)$ 表示测量噪声，这时有 $G_2(\mathrm{j}\omega)=1$，那么高频时它对输出的影响还是很大的。也就是说，对于高频测量噪声是很难靠反馈控制来加以抑制的，这时需采取其他的措施。

（5）复合控制

采用前馈与反馈相结合的控制方法可以发挥各自的长处，以达到更好的控制性能。这种开环控制与闭环控制相结合的控制方法称为复合控制。

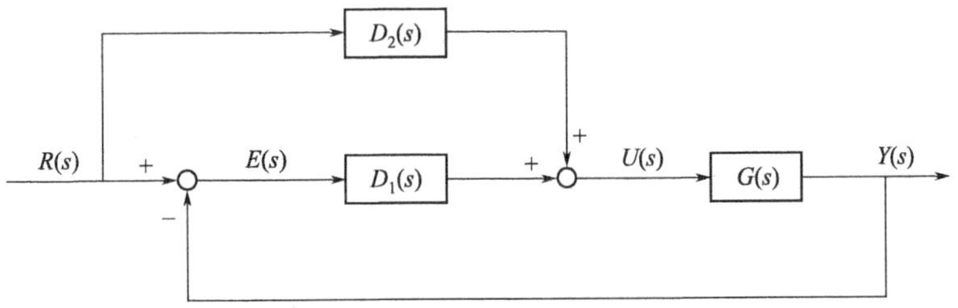

图 6-39 跟随输入的复合控制

① 跟踪输入的复合控制。工程上通常将反馈控制与前馈控制相结合，组成如图 6-39 所示的复合控制系统。这时有

$$M(s)=\frac{Y(s)}{R(s)}=\frac{D_1(s)G(s)+D_2(s)G(s)}{1+D_1(s)G(s)} \tag{6-38}$$

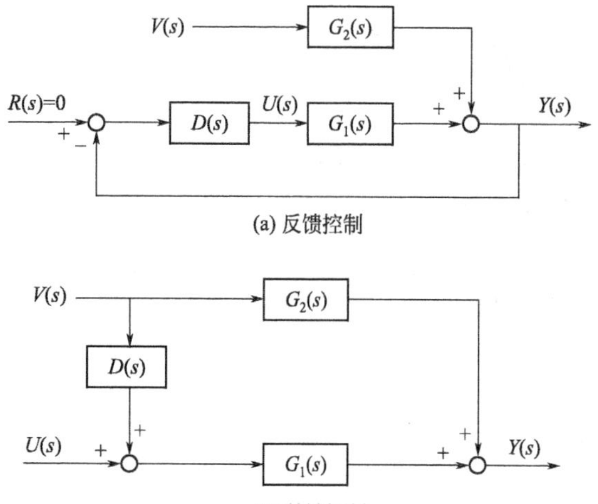

(a) 反馈控制

(b) 前馈控制

图 6-40　抗干扰的控制

若取 $D_2(s)=1/G(s)$，则仍然有 $M(s)=1$。这时前馈控制的作用主要是使得输出跟随输入，而反馈则主要用来克服上述前馈控制的缺点，即用来对付模型不精确及干扰所引起的误差。实际上，$D_2(s)$ 常常并不能完全补偿 $G(s)$，但是若能对 $G(s)$ 部分地加以补偿也能改善系统的性能。

② 抗干扰法复合控制。图 6-40 分别显示了仅采用反馈控制和仅采用前馈控制的系统结构。对于图 6-40（b）所示的开环补偿控制，若设计控制器传递函数为

$$D(s)=-\frac{G_2(s)}{G_1(s)} \tag{6-39}$$

则有

$$\begin{aligned}Y(s)&=[G_2(s)+D(s)G_1(s)]V(s)+G_1(s)U(s)\\&=G_1(s)U(s)\end{aligned}$$

可见这时 $D(s)$ 可以完全补偿干扰的影响。但是仅靠这样的开环补偿控制存在如下几个问题：

a. 系统的模型 $G_1(s)$ 和 $G_2(s)$ 不可能十分准确，因此要做到完全的补偿实际上是很难的。

b. 要实现对于干扰的开环补偿控制，首要的条件是要能对该干扰进行测量，而在有些情况下并不能做到这一点。

c. 干扰的开环补偿控制只对感兴趣的某一特定干扰具有补偿作用，而对其余干扰则无任何补偿作用。

鉴于上述问题，通常将基于误差的闭环控制与基于干扰的开环补偿控制相结合，组成如图 6-41 所示的复合控制系统。由图可得

$$Y(s)=\frac{D_1(s)G_1(s)}{1+D_1(s)G_1(s)}R(s)+\frac{G_2(s)+D_2(s)G_1(s)}{1+D_1(s)G_1(s)}V(s) \tag{6-40}$$

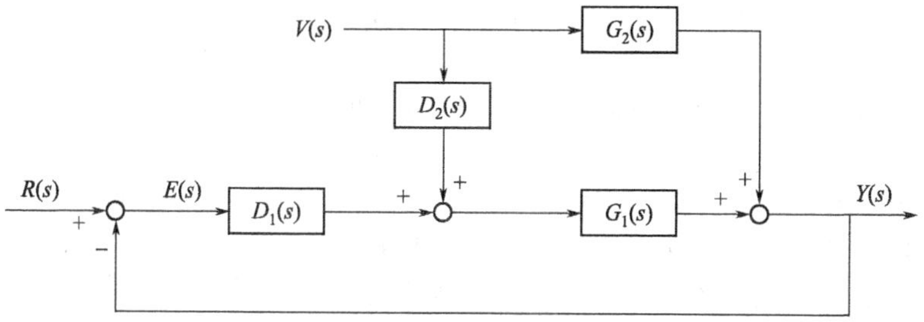

图 6-41　抗干扰的复合控制

若使得

$$D_2(s)=-\frac{G_2(s)}{G_1(s)} \tag{6-41}$$

则可实现对于干扰 $v(t)$ 的完全补偿。若不能完全做到这一点，而使得

$$D_2(0)=\lim_{s\to 0}D_2(s)=\lim_{s\to 0}\left[-\frac{G_2(s)}{G_1(s)}\right] \tag{6-42}$$

则可做到对于常值干扰的静态补偿。这一点可以很容易验证。若干扰 $v(t)$ 为常数，则可令 $v(t)=V\times 1(t)$，从而 $V(s)=V/s$。由图 6-41 得

$$E(s)|_{r=0}=-\frac{G_2(s)+D_2(s)G_1(s)}{1+D_1(s)G_1(s)}V(s)$$

$$\begin{aligned}e_s|_{r=0}&=\lim_{t\to\infty}e(t)|_{r=0}=\lim_{s\to 0}(E(s)|_{r=0})\\&=\lim_{s\to 0}-\left[\frac{G_2(s)+D_2(s)G_1(s)}{1+D_1(s)G_1(s)}V\right]\end{aligned}$$

可见，当式(6-42)满足时，即可使上式为零，即实现了对于常值干扰的静态补偿。

6.4 基本控制规律分析

从信号变换的角度而言，前面介绍的几种校正环节（超前校正、滞后校正、滞后-超前校正）的作用，可总结为比例、积分、微分三种运算及其组合。

6.4.1 比例控制规律

具有比例控制规律的控制器称为比例（P）控制器，其传递函数为

$$G_c(s)=K_p \tag{6-43}$$

这表明，P控制器的输入信号成比例地反映输出信号。它的作用是调整系统的开环增益，提高系统的稳态精度，降低系统的惰性，加快响应速度。

考虑如图6-42所示的带有P控制器的反馈控制系统，系统的闭环传递函数为

$$G(s)=\frac{K_p}{Ts+1+K_p}=\frac{K_p}{1+K_p}\cdot\frac{1}{\frac{T}{1+K_p}s+1}$$

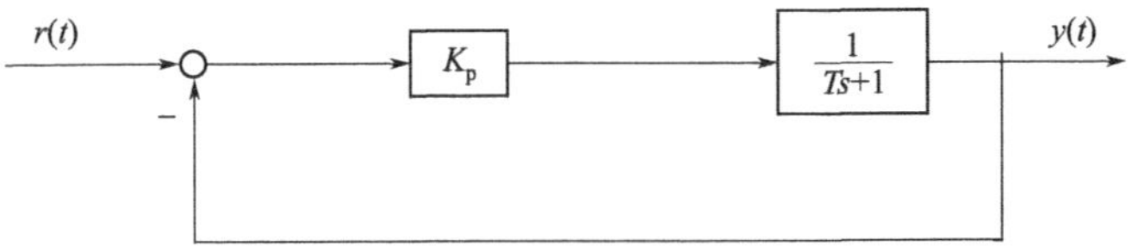

图6-42 带P控制器的反馈控制系统

显然，K_p越大，稳态精度越高，系统的时间常数$T'=T/(1+K_p)$越小，意味着系统反应速度越快。将系统中的一阶惯性环节$\frac{1}{Ts+1}$换成二阶振荡环节$\frac{1}{T^2s^2+2\zeta Ts+1}$，仍可得到类似的结论。

更换为二阶振荡环节系统的闭环传递函数为

$$G(s)=\frac{K_p}{T^2s^2+2\zeta Ts+K_p+1}=\frac{K_p}{K_p+1}\cdot\frac{1}{\frac{T^2}{K_p+1}s^2+\frac{2\zeta T}{K_p+1}s+1}$$

此时系统的时间参数和阻尼系数分别为

$$T'=\frac{T}{\sqrt{K_p+1}},\ \zeta'=\frac{\zeta}{\sqrt{K_p+1}}$$

当K_p增大时，时间常数和阻尼系数均减小，这意味着通过调节P控制器参数，既可以提高系统稳态精度，又可以加快瞬态响应速度，但仅用P控制器校正系统是不行的，过大的开环增益不仅会使系统的超调量增大，而且会使系统的稳定裕度变小，对高阶系统而言，甚至会使系统变得不稳定。图6-43直观地反映了K_p增大后系统相角裕度变小的情况。

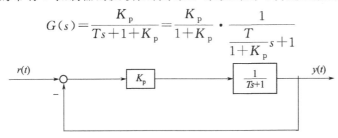

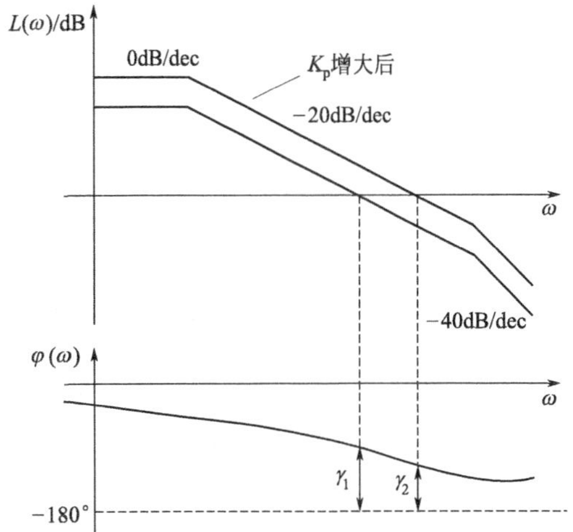

图6-43 换为二阶振荡环节的反馈控制系统的Bode图

6.4.2 积分控制规律

具有积分控制规律的控制器称为积分（I）控制器，积分控制器的传递函数为

$$G_c(s)=\frac{1}{T_i s} \tag{6-44}$$

它的输出量$u(t)$是输入量$e(t)$对时间的积分，即

$$u(t)=\frac{1}{T_i}\int_0^t e(\tau)\mathrm{d}\tau \tag{6-45}$$

这里T_i为积分时间常数。由于积分控制的输出反映的是对输入信号的积累，因此当输入信号为零时，积分控制

仍然可以有不为零的输出，如图 6-44 所示。正是由于这一独特的作用，它可以用来消除稳态误差。

在控制系统中，采用积分控制器可以提高系统的型别，消除或减小稳态误差，使系统的稳态性能得到改善。然而，积分控制器的加入，常会影响系统的稳定性。例如，在图 6-45 所示系统中，由于加入了积分控制器，闭环系统的特征方程由原来的 $Ts^2+s+K=0$ 变为 $T_iTs^3+T_is^2+K=0$，显然系统变得不稳定了。在这类系统中，只有采用比例加积分控制才有可能达到既保持系统稳定又提高系统型别的目的。采用积分控制器即使不破坏系统稳定性，也会使系统的稳定裕度减小。此外，由于积分控制器是靠对误差的积累来消除稳态误差的，势必会使系统的反应速度降低，因此，积分控制器一般不单独采用，而是和比例控制器一起合成比例加积分控制器后再使用。

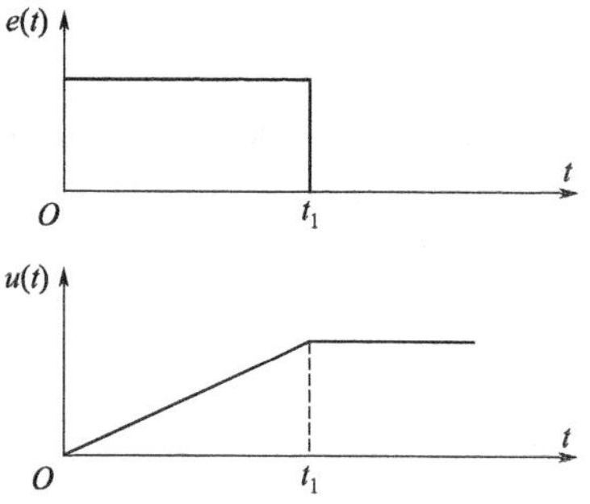

图 6-44　带 I 控制器的系统输入输出示意图

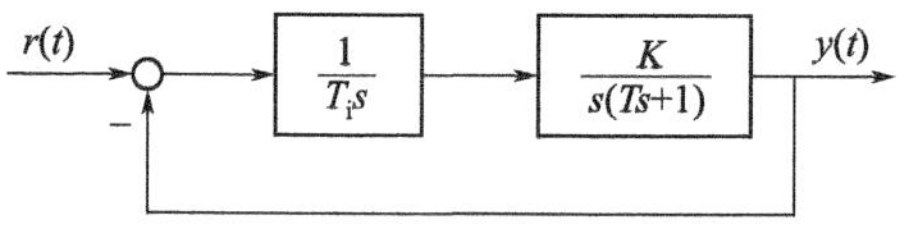

图 6-45　带 I 控制器的闭环控制系统

6.4.3　比例加积分控制规律

具有比例加积分控制规律的控制器称为比例加积分（PI）控制器。PI 控制器的传递函数是

$$G_c(s)=K_p\left(1+\frac{1}{T_is}\right) \tag{6-46}$$

其输出信号同时成比例地反映输入误差信号和它的积分，即

$$u(t)=K_pe(t)+\frac{K_p}{T_i}\int_0^t e(\tau)\mathrm{d}\tau \tag{6-47}$$

刚加入输入信号时，由于积分从零开始，此时控制函数 $u(t)$ 主要由比例部分起作用。但积分是一直在起作用的，在输入 $e(t)=0$ 时，输出 $u(t)$ 保持不变，但并不为零。这说明 PI 控制器不但保持了积分控制器消除稳态误差的“记忆功能”，而且克服了单独使用积分控制消除误差时反应不灵敏的缺点。图 6-46 给出了三种控制作用的对比曲线。

对于图 6-45 中的对象，如果将积分控制器改为比例加积分控制器，则闭环系统的特征方程为

$$T_iTs^3+T_is^2+T_iK_pKs+K_pK=0$$

此时，只有适当地调节控制参数 K_p 和 T_i，才有可能使系统既保持稳定，又提高型别。

下面从频率特性的角度来分析 PI 控制器的校正作用。为方便起见，设 $K_p=1$，则校正环节 $G_c(s)$ 的对数频率特性为

$$L_c(\omega)=20\lg\sqrt{1+\omega^2T_i^2}-20\lg\omega T_i，\varphi_c(\omega)=\arctan\omega T_i-90°$$

$G_c(s)$ 的对数频率特征如图 6-47 所示。由图可见，PI 控制器的校正作用主要在低频段，这与低频特

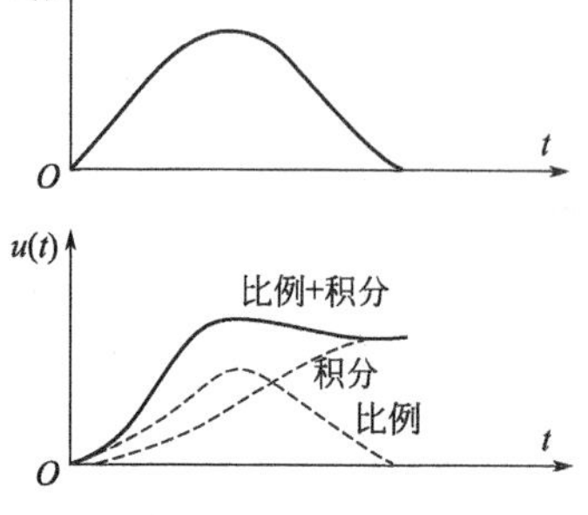

图 6-46　三种控制作用的对比曲线

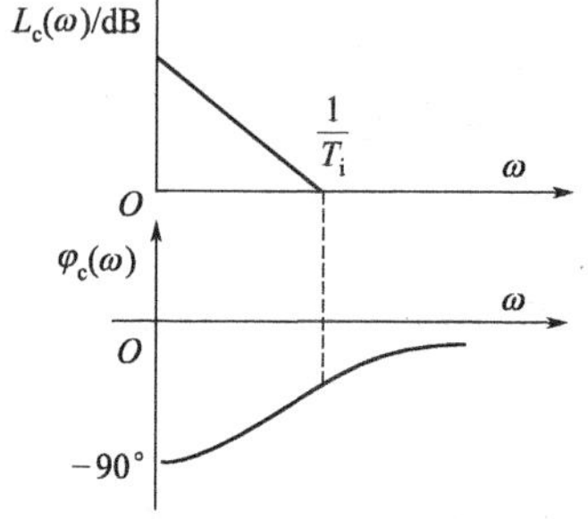

图 6-47　PI 控制器的频率特性

性反映系统稳态特性是一致的。通过引入－20dB/dec 的幅频特性，提高了系统型别，改善了系统稳态特性。同时，由于对系统中频和高频特性的影响较小，使系统能基本保持原来的响应速度和稳定裕度。因此，从本质上说，PI 控制是滞后校正。

6.4.4 比例加微分控制规律

具有比例微分控制规律的控制器称为比例加微分（PD）控制器。PD 控制器的传递函数是

$$G_c(s)=K_p(1+T_d s) \tag{6-48}$$

其输出信号同时成比例地反映输入误差信号和它的微分，即

$$u(t)=K_p\left[e(t)+T_d\frac{\mathrm{d}e(t)}{\mathrm{d}t}\right] \tag{6-49}$$

式中，K_p 为比例系数；T_d 为微分时间常数。

很显然，微分控制的输出 $T_d\frac{\mathrm{d}e(t)}{\mathrm{d}t}$ 是与输入信号 $e(t)$ 的变化率成正比的，即微分控制只在动态过程中才会起作用，对恒定稳态情况则起阻断作用。因此，微分控制在任何情况下都不能单独使用。通常，微分控制总是和比例控制或其他控制一起使用。

从图 6-48 可以看出，微分控制的作用 $u(t)$ 在时间上比 $e(t)$“提前”了，这显示了微分控制的“预测”作用。正是由于这种对动态过程的“预测”作用，微分控制使得系统的响应速度变快，超调减小，振荡减轻。

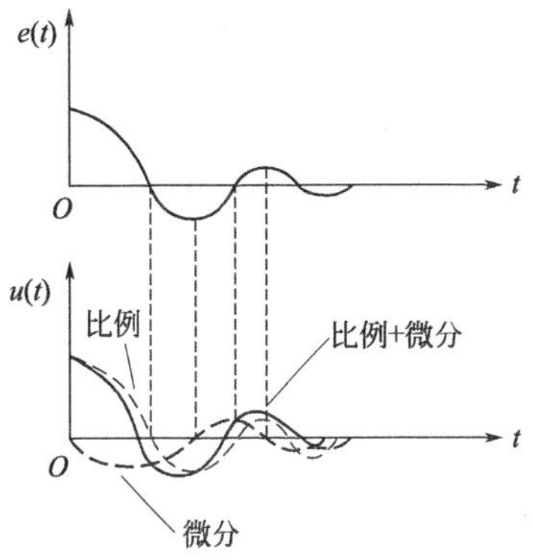

图 6-48 三种控制作用的对比曲线

下面从频率特性的角度来分析 PD 控制器的校正作用，为方便起见，令 $K_p=1$，此时控制器 $G_c(s)$ 的对数频率特性为

$$L_c(\omega)=20\lg\sqrt{1+\omega^2T_d^2}$$

$$\varphi_c(\omega)=\arctan\omega T_d$$

其对数频率特性图及其对系统开环频率特性的校正作用见图 6-49。从图中看出，只要适当地选取微分时间常数，就可以利用 PD 控制器提供的超前相角使系统的相角裕度增大（图中校正前相角裕度 $\gamma_1<0$，系统不稳定；校正后 $\gamma_2>0$，系统变为稳定）。而且，由于截止频率 ω_c 增大，系统响应速度变快。由此可见，PD 控制从本质上说是超前校正。

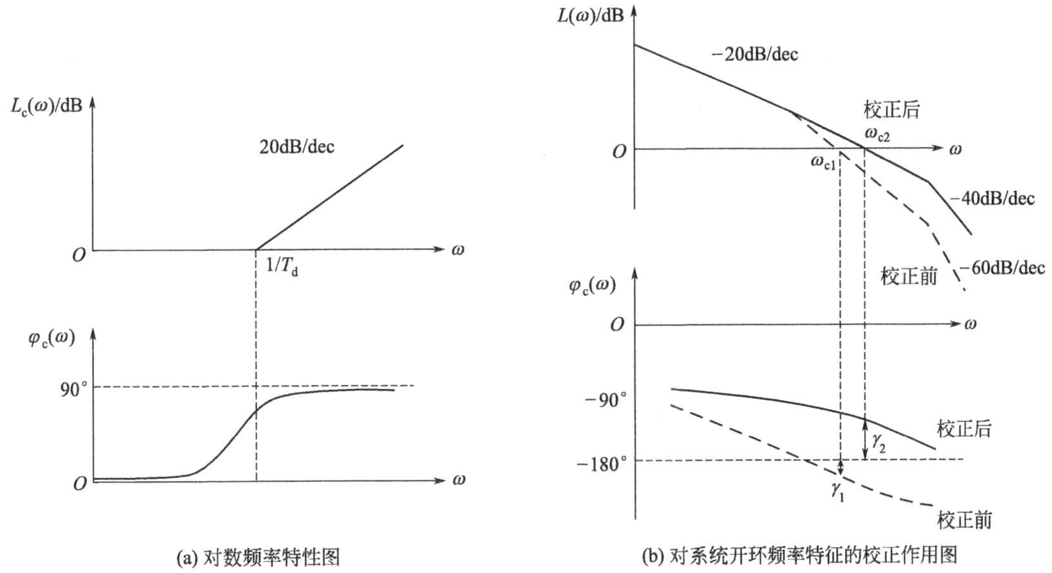

图 6-49 PD 控制器

6.4.5 比例加积分加微分控制规律

比例加积分加微分（PID）控制器的传递函数为

$$G_c(s)=K_p\left(1+\frac{1}{T_i s}+T_d s\right) \tag{6-50}$$

其输出信号成比例地反映输入误差信号以及它的积分和微分，即

$$u(t)=K_p\left[e(t)+\frac{1}{T_i}\int_0^t e(\tau)\mathrm{d}\tau+T_d\frac{\mathrm{d}e(t)}{\mathrm{d}t}\right] \tag{6-51}$$

令 $K_p=1$，则 $G_c(s)$ 的对数频率特性为

$$L_c(\omega)=20\lg\sqrt{\left(1-\frac{\omega^2}{\omega_i\omega_d}\right)^2+\frac{\omega^2}{\omega_i^2}}-20\lg\frac{\omega}{\omega_i}$$

$$\varphi_c(\omega)=\arctan\frac{\dfrac{\omega^2}{\omega_i\omega_d}-1}{\dfrac{\omega}{\omega_i}}$$

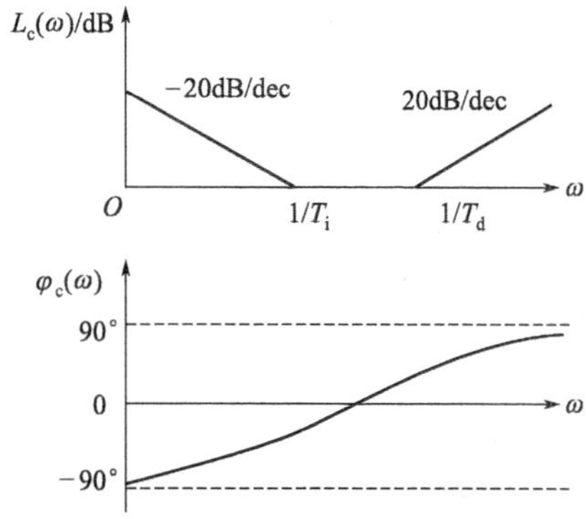

图 6-50　PID 控制器的频率特性

式中 $\omega_i=\frac{1}{T_i}$；$\omega_d=\frac{1}{T_d}$。设计中一般取 $T_i>T_d$，因此，PID 控制器的频率特性可由图 6-50 表示。由图看出，在低频段，主要是 PI 控制规律起作用，提高系统型别，消除或减小稳态误差；在中高频段主要是 PD 控制规律起作用，增大截止频率和相角裕度，提高响应速度。因此，PID 控制器可以全面地提高系统的控制性能。

当采用计算机实现 PID 控制时，必须将式(6-51) 先转换成离散形式，然后数字编程实现。PID 控制器的离散形式为

$$u(k)=K_p\left\{e(k)+\frac{T}{T_i}\sum_{j=0}^{k}e(j)+\frac{T_d}{T}[e(k)-e(k-1)]\right\}$$

或

$$u(k)=K_p e(k)+K_i\sum_{j=0}^{k}e(j)+K_d[e(k)-e(k-1)]$$

式中，T 为采样周期；$K_i=K_p\frac{T}{T_i}$为积分系数；$K_d=K_p\frac{T_d}{T}$为微分系数。

本章小结

为了改善控制系统的性能，常需校正系统的特性。本章阐述了系统的基本控制规律和校正的原理和方法，其主要内容是：

① 线性系统的基本控制规律有比例控制、微分控制和积分控制。应用这些基本控制规律的组合构成校正装置附加在系统中，可以达到校正系统特性的目的。

② 无论用何种方法去设计校正装置，都表现为修改描述系统运动规律的数学模型的过程，利用根轨迹法设计校正装置实质是实现系统的极点配置，利用频率特性法设计校正装置则是实现系统滤波特性的匹配。

③ 正确地将提供基本控制（比例、微分、积分控制）功能的校正装置引入系统是实现极点配置或滤波特性匹配的有效手段。

④ 根据校正装置在系统中的位置划分，有串联校正和反馈校正（并联校正）；根据校正装置的构成元件划分，有无源校正和有源校正；根据校正装置的特性划分，有超前校正和滞后校正。

⑤ 串联校正装置（特别是有源校正装置）设计比较简单，也容易实现，应用广泛。但在某些情况下，必须改造未校正系统的某一部分特性才能满足性能指标要求时，应采用反馈校正。

⑥ 由于运算放大器性能高（输入阻抗及增益极高，输出阻抗极低）且价格便宜，用它做成校正装置性能优越，故串联校正几乎全部采用有源校正装置。反馈校正的信号是从高功率点（输出阻抗低）传向低功率点（输出阻抗高）的，往往采用无源校正装置。

⑦ 超前校正装置具有相位超前和高通滤波器特性，能提供微分控制功能去改善系统的暂态性能，但同时又使系统对噪声敏感；滞后校正装置具有相位滞后和低通滤波器特性，能提供积分控制功能去改善系统的稳态性能和抑制噪声的影响，但系统的带宽受到限制，减缓响应的速度。所以，只要带宽容许，采用滞后校正能有效地改善系统的性能。

⑧ 本章主要介绍用频率特性法设计系统校正装置以及设计的依据和过程。并用实例说明了如何简化数学模型和确定预期特性。

⑨ 利用 MATLAB 控制系统工具箱能方便、直观地分析和比较线性系统校正前后的特性，还能对校正装置的参量进行整定。

习 题

6-1 单位负反馈系统固有部分的传递函数为

$$G_0(s)=\frac{K}{s(0.31s+1)(0.003s+1)}$$

要求：

(1) 开环放大倍数 $K_v=2000\mathrm{s}^{-1}$；

(2) 超调量 $\sigma\%\leqslant 30\%$；

(3) 过渡过程时间 $t_s\leqslant 0.15\mathrm{s}$。

试确定校正装置的传递函数。

6-2 单位负反馈系统固有部分的传递函数为

$$G_0(s)=\frac{500}{s(0.46s+1)}$$

要求：

(1) 开环放大倍数 $K_v=2000\mathrm{s}^{-1}$；

(2) 超调量 $\sigma\%\leqslant 20\%$；

(3) 过渡过程时间 $t_s\leqslant 0.09\mathrm{s}$。

试确定校正装置的传递函数。

6-3 单位负反馈系统固有部分的传递函数为

$$G_0(s)=\frac{300}{s(0.1s+1)(0.003s+1)}$$

要求：

(1) 超调量 $\sigma\%\leqslant 30\%$；

(2) 过渡过程时间 $t_s\leqslant 0.5\mathrm{s}$；

(3) 系统跟踪匀速信号 $r(t)=Vt$ 时，其稳态误差 $e_{ss}(t)\leqslant 0.033\mathrm{rad}$，其中 $V=10\mathrm{rad/s}$。

试设计综合校正装置。

6-4 设有单位反馈的火炮指挥仪伺服系统，其开环传递函数为

$$G(s)=\frac{K}{s(0.2s+1)(0.5s+1)}$$

若要求系统最大输出速度为 2r/min，输出位置的容许误差小于 2°，试求：

(1) 确定满足上述指标的最小 K 值，计算该 K 值下系统的相角裕度和幅值裕度；

(2) 在前向通路中串接超前校正网络

$$G_c(s)=\frac{0.4s+1}{0.08s+1}$$

计算校正后系统的相角裕度和幅值裕度，说明超前校正对系统动态性能的影响。

6-5 设单位反馈系统的开环传递函数为

$$G(s)=\frac{K}{s(s+1)}$$

试设计一个串联超前校正装置，使系统满足如下指标：

(1) 在单位斜坡输入下的稳态误差 $e_{ss}<1/15$；

(2) 截止频率 $\omega_c\geqslant 7.5\mathrm{rad/s}$；

(3) 相角裕度 $\gamma\geqslant 45°$。

6-6 设单位反馈系统的开环传递函数为

$$G(s)=\frac{K}{s(s+1)(0.25s+1)}$$

要求校正后系统的静态速度误差系数 $K_v \geqslant 5\text{rad/s}$，相角裕度 $\gamma \geqslant 45°$，试设计串联滞后校正装置，并用 MATLAB 仿真展示实现过程。

6-7　设单位反馈系统的开环传递函数为

$$G(s)=\frac{40}{s(0.2s+1)(0.0625s+1)}$$

(1) 若要求校正后系统的相角裕度为 30°，幅值裕度为 10～12dB，试设计串联超前校正装置；

(2) 若要求校正后系统的相角裕度为 50°，幅值裕度为 30～40dB，试设计串联滞后校正装置。

6-8　设单位反馈系统的开环传递函数

$$G(s)=\frac{K}{s(s+1)(0.25s+1)}$$

要求校正后系统的静态速度误差系数 $K_v \geqslant 5\text{rad/s}$，截止频率 $\omega_c \geqslant 2\text{rad/s}$，相角裕度 $\gamma \geqslant 45°$，试设计串联校正装置，并用 MATLAB 仿真展示实现过程。

6-9　已知一单位反馈控制最小相位系统，其被控对象 $G_0(s)$ 和串联校正装置 $G_c(s)$ 的对数幅频特性分别如图 6-51(a)～图 6-51(c) 中 L_0 和 L_c 所示。要求：

(1) 写出校正后各系统的开环传递函数；

(2) 分析各 $G_c(s)$ 对系统的作用，并比较其优缺点。

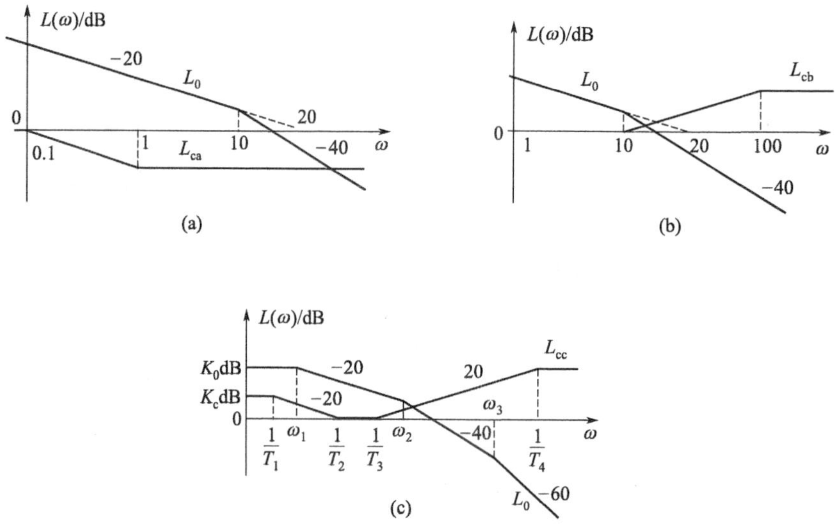

图 6-51　题 6-9 控制系统的对数频率特性

6-10　某系统的开环对数幅频特性如图 6-52 所示，其中虚线表示校正前的，实线表示校正后的。要求：

(1) 确定所用的是何种串联校正方式，写出校正装置的传递函数 $G_c(s)$；

(2) 确定使校正后系统稳定的开环增益范围；

(3) 当开环增益 $K=1$ 时，求校正后系统的相角裕度 γ 和幅值裕度 h。

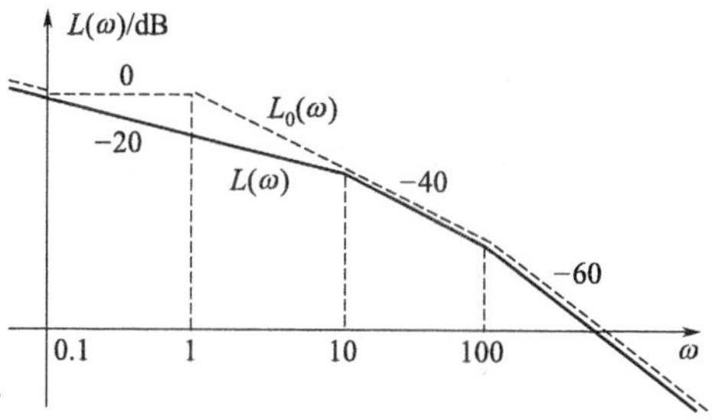

图 6-52　题 6-10 控制系统的对数频率特性

第7章 线性离散系统的分析

本章重点介绍线性离散控制系统的分析。首先给出信号采样和保持的数学描述，介绍分析离散系统的数学工具——z 变换理论，然后讲述描述离散系统的数学模型——差分方程和脉冲传递函数，在此基础上讨论线性离散系统的分析方法。

7.1 离散系统

离散控制系统是指在控制系统的一处或数处信号为脉冲序列或数码的系统。

如果在系统中使用了采样开关，将连续信号转变为脉冲序列去控制系统，则称此系统为采样控制系统。

如果在系统中采用了数字计算机或数字控制器，其信号是以数码形式传递的，则称此系统为数字控制系统。

通常把采样控制系统和数字控制系统统称为离散控制系统。

离散系统与连续系统相比，既有本质上的不同，又有分析研究方面的相似性。利用 z 变换法研究离散系统，可以把连续系统中的许多概念和方法推广应用于离散系统。

目前，离散系统最广泛的应用形式是以数字计算机，特别是以微型计算机为控制器的数字控制系统。也就是说，数字控制系统是一种以数字计算机为控制器去控制具有连续工作状态的被控对象的闭环控制系统。因此，数字控制系统包括工作于离散状态下的数字计算机和工作于连续状态下的被控对象两大部分。

图 7-1 给出了数字控制系统的原理框图。图中，计算机作为校正装置被引进系统，它只能接受时间上离散、数值上被量化的数码信号。而系统的被控量 $c(t)$、给定量 $r(t)$ 一般在时间上是连续的模拟信号。因此要将这样的信号送入计算机运算，就必须先用采样开关将偏差量 $e(t)$ 在时间上离散化，再由模数转换器（A/D）将其在每个离散点上进行量化，转换成数码信号，这两项工作一般都由 A/D 来完成，然后进入计算机进行数字运算，输出的仍然是时间上离散、数值上量化的数码信号。数码信号不能直接作用于被控对象，因为在两个离散点之间是没有信号的，必须在离散点之间补上输出信号值，一般可采用保持器

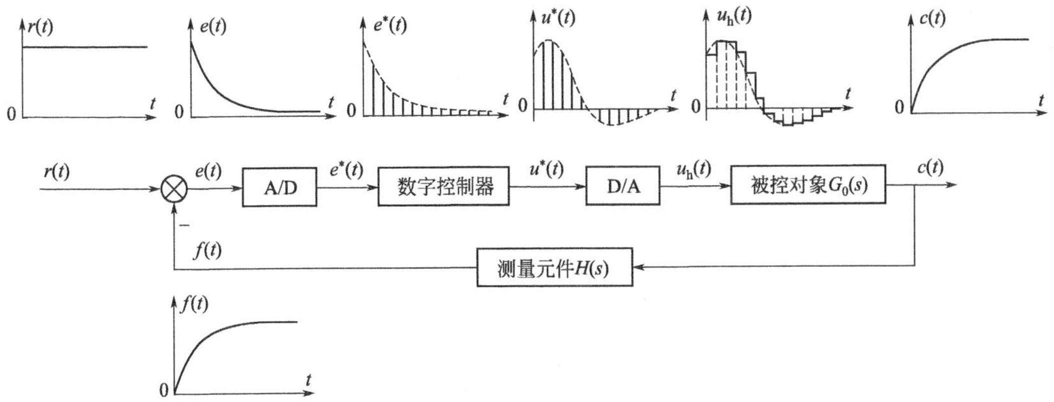

图 7-1 数字控制系统原理框图

的办法。最简单的保持器是零阶保持器，它将前一个采样点的值一直保持到后一个采样点出现之前，因此其输出是阶梯状的连续信号［如图 7-1 中信号 $u_h(t)$］，可以作用到被控对象上。数模转换和信号保持都是由数模转换器（D/A）完成的。

由此可见，图 7-1 中的 A/D 和 D/A 起着模拟量和数字量之间转换的作用。当数字计算机字长足够长，转换精度足够高时，可忽略量化误差影响，近似认为转换有唯一的对应关系，此时，A/D 相当于仅是一个采样开关，D/A 相当于一个保持器，又将计算机的计算规律近似用传递函数 $G_c(s)$ 加一个采样开关来等效描述，这样就可将图 7-1 简化为图 7-2 所示的结构图，从而可以用后面介绍的方法对离散系统进行分析和校正。

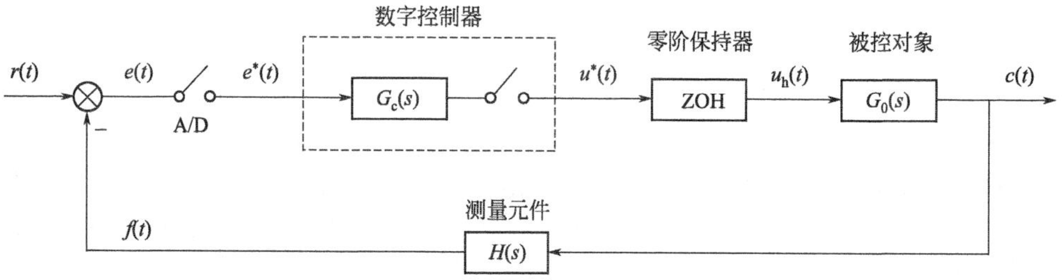

图 7-2 计算机控制系统结构图

数字计算机运算速度快、精度高、逻辑功能强、通用性好、价格低，在自动控制领域中被广泛采用。数字控制系统较之相应的连续系统具有以下优点：

① 由数字计算机构成的数字控制器，控制规律由软件实现，因此，与模拟控制装置相比，控制规律修改调整方便，控制灵活。

② 数字信号的传递可以有效地抑制噪声，从而提高了系统的抗干扰能力。

③ 可用一台计算机分时控制若干个系统，提高设备的利用率，经济性好。同时也为生产的网络化、智能化控制和管理奠定基础。

7.2 信号采样与保持

采样器与保持器是离散系统的两个基本环节，为了定量研究离散系统，必须用数学方法对信号的采样过程和保持过程加以描述。

7.2.1 信号采样

在采样过程中，把连续信号转换成脉冲或数码序列的过程，称作采样过程。实现采样的装置，叫作采样开关或采样器。如果采样开关以周期 T 时间闭合，并且闭合的时间为 τ，这样就把一个连续函数 $e(t)$ 变成了一个断续的脉冲序列 $e^*(t)$，如图 7-3(b) 所示。

在实际中，采样开关闭合持续时间很短，即 $\tau \ll T$，因此在分析时可以近似认为 $\tau \approx 0$，同时假设计算机字长足够长，忽略量化误差的影响，这样，当采样器输入为连续信号 $e(t)$ 时，输出采样信号就是一串理想脉冲，采样瞬时 $e^*(t)$ 的脉冲等于相应瞬时 $e(t)$ 的值，如图 7-3(c) 所示。

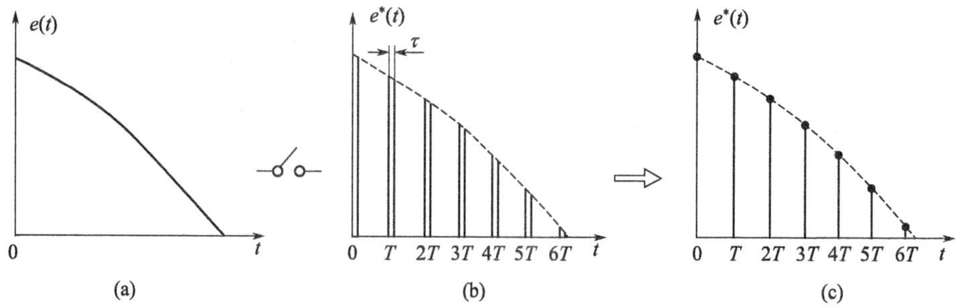

图 7-3 信号的采样

根据图 7-3(c) 可以写出采样过程的数学描述为

$$e^*(t)=e(0)\delta(t)+e(T)\delta(t-T)+\cdots+e(nT)\delta(t-nT)+\cdots \tag{7-1}$$

或

$$e^*(t)=\sum_{n=-\infty}^{\infty}e(nT)\delta(t-nT)=e(t)\sum_{n=-\infty}^{\infty}\delta(t-nT) \tag{7-2}$$

式中，n 是采样拍数。由式(7-2) 可以看出，采样器相当于一个幅值调制器，理想采样序列 $e^*(t)$ 可看成由理想单位脉冲序列 $\delta_T(t)=\sum_{n=-\infty}^{\infty}\delta(t-nT)$ 对连续信号调制而成，如图 7-4 所示。其中 $\delta_T(t)$ 是载波，只决定采样周期，而 $e(t)$ 为被调制信号，其采样时刻的值 $e(nT)$ 决定调制后输出的幅值。

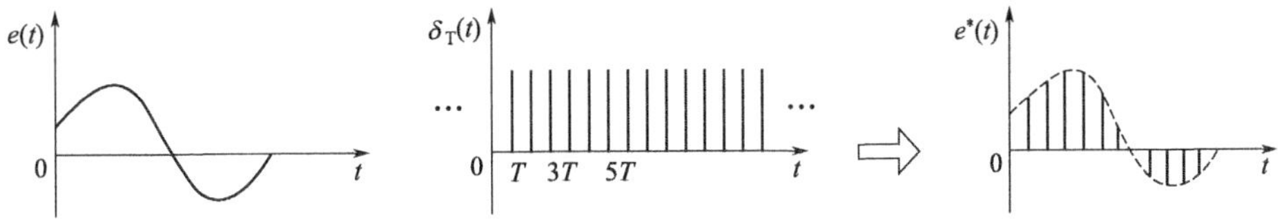

图 7-4 信号的采样

7.2.2 采样定理

一般采样控制系统加到被控对象上的信号都是连续信号，那么如何将离散信号不失真地恢复到原来的形状，便涉及采样频率如何选择的问题。采样定理指出了由离散信号完全恢复相应连续信号的必要条件。

由于理想单位脉冲序列 $\delta_T(t)$ 是周期函数，可以展开为复数形式的傅里叶级数：

$$\delta_T(t)=\sum_{n=-\infty}^{\infty}c_n e^{jnw_s t} \tag{7-3}$$

式中，$\omega_s=2\pi/T$ 为采样角频率，T 为采样周期；c_n 是傅里叶级数系数，它由下式确定

$$c_n=\frac{1}{T}\int_{-T/2}^{+T/2}\delta_T(t)e^{-jnw_s t}dt \tag{7-4}$$

在 $[-T/2,T/2]$ 区间中，$\delta_T(t)$ 仅在 $t=0$ 时有值，且 $e^{-jnw_s t}\big|_{t=0}=1$，所以

$$c_n=\frac{1}{T}\int_{0_-}^{0_+}\delta(t)dt=\frac{1}{T} \tag{7-5}$$

将式(7-5) 代入式(7-3)，得

$$\delta_T(t)=\frac{1}{T}\sum_{n=-\infty}^{+\infty}e^{jnw_s t} \tag{7-6}$$

再把式(7-6) 代入式(7-2)，有

$$e^*(t)=e(t)\frac{1}{T}\sum_{n=-\infty}^{\infty}e^{jnw_s t}=\frac{1}{T}\sum_{n=-\infty}^{\infty}e(nT)e^{jnw_s t} \tag{7-7}$$

上式两边取拉普拉斯变换，由拉普拉斯变换的复数位移定理，得到

$$E^*(s)=\frac{1}{T}\sum_{n=-\infty}^{\infty}E(s+jn\omega_s) \tag{7-8}$$

令 $s=j\omega$，得到采样信号 $e^*(t)$ 的傅里叶变换

$$E^*(j\omega)=\frac{1}{T}\sum_{n=-\infty}^{\infty}E[j(\omega+n\omega_s)] \tag{7-9}$$

式中，$E(j\omega)$ 为相应连续信号 $e(t)$ 的傅里叶变换，$|E(j\omega)|$ 为 $e(t)$ 的频谱。一般来说，连续信号的频带宽度是有限的，其频谱如图 7-5(a) 所示，其中包含的最高频率为 ω_h。

式(7-9) 表明，采样信号 $e^*(t)$ 具有以采样频率为周期的无限频谱，除主频谱外，还包含无限多个附加的高频频谱分量[如图 7-5(b) 所示]，只不过在幅值上变化了 $1/T$ 倍。为了准确复现被采样的连续信号，必须使采样后的离散信号的主频谱和高频频谱彼此不混叠，这样就可以用一个理想的低通滤波器[其幅频特性如图 7-5(b) 中虚线所示]滤掉全部附加的高频频谱分量，保留主频谱。

香农（Shannon）采样定理：如果连续信号 $e(t)$ 频谱中所含的最高频率为 ω_h，当采样频率大于或等

于信号所含最高频率的两倍时，即

$$\omega_s \geqslant 2\omega_h \text{ 或 } T \leqslant \frac{\pi}{\omega_h} \tag{7-10}$$

则 $e^*(t)$ 频谱不混叠，可通过理想滤波器把原信号完整地恢复出来。否则会发生频率混叠［如图 7-5(c) 所示］，此时即使使用理想滤波器，也无法将主频谱分离出来，因而不可能准确复现原有的连续信号。

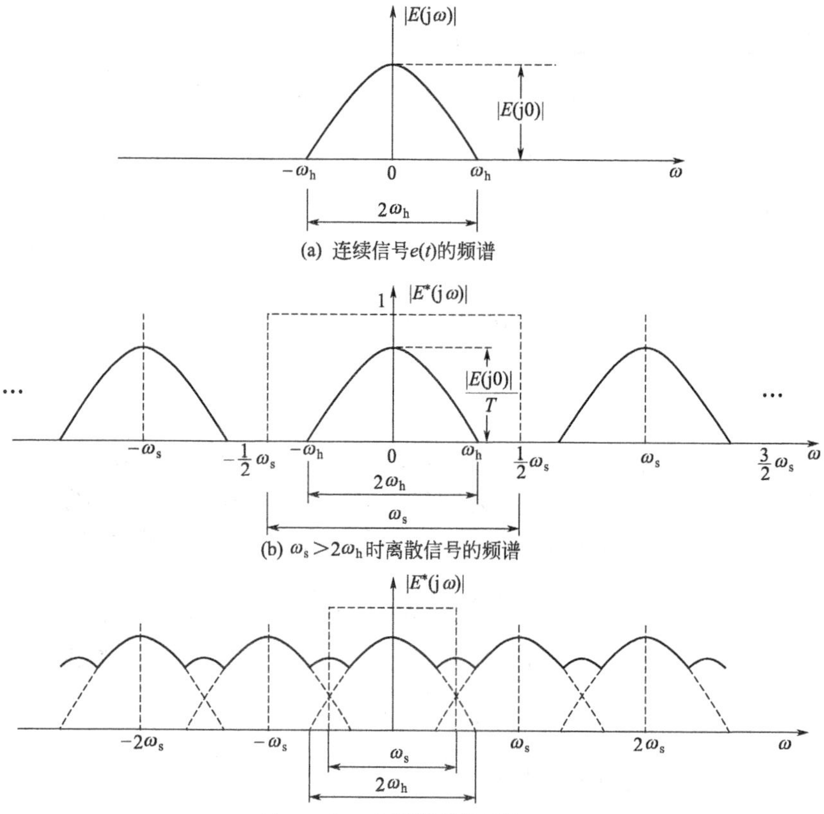

(a) 连续信号 $e(t)$ 的频谱

(b) $\omega_s > 2\omega_h$ 时离散信号的频谱

(c) $\omega_s < 2\omega_h$ 时离散信号的频谱

图 7-5　信号的频谱

7.2.3　采样周期的选择

采样周期 T 是离散控制系统设计中的一个重要因素。采样定理只给出了不产生频率混叠时采样周期 T 的最大值（或采样角频率 ω_s 的最小值），显然，T 选得越小，即采样角频率 ω_s 选得越高，获得的控制过程的信息便越多，控制效果也会越好。但是，如果 T 选得过短，将增加不必要的计算负担，难以实现较复杂的控制律。反之，T 选得过长，会给控制过程带来较大的误差，影响系统的动态性能，甚至导致系统不稳定。因此，采样周期 T 要依据实际情况综合考虑，合理选择。

从频域性能指标来看，控制系统的闭环频率响应通常具有低通滤波特性。当随动系统输入信号的频率高于其闭环幅频特性的带宽频率 ω_b 时，信号通过系统将会被显著衰减，因此可以近似认为通过系统的控制信号最高频率分量为 ω_b。一般随动系统的开环截止频率 ω_c 与闭环系统的带宽频率 ω_b 比较接近，有 $\omega_c \approx \omega_b$。因此可以认为，一般随动系统控制信号的最高频率分量为 ω_c，超过 ω_c 的频率分量通过系统时将被大幅度衰减掉。根据工程实践经验，随动系统的采样角频率可选为

$$\omega_s \approx 10\omega_c$$

因为 $T=2\pi/\omega$，所以采样周期可选为

$$T=\frac{\pi}{5}\times\frac{1}{\omega_c}$$

从时域性能指标来看，采样周期 T 可根据阶跃响应的调节时间 t_s，按下列经验公式

$$T=\frac{1}{40}t_s$$

选取。

7.2.4 零阶保持器

为了控制被控对象，需要将数字计算器输出的离散信号恢复成连续信号。保持器就是将离散信号转换成连续信号的装置。根据采样定理，当 $\omega_s \geqslant 2\omega_h$ 时，离散信号的频谱不会产生混叠，此时用一个幅频特性如图 7-5(b) 中虚线框所示的理想滤波器，就可以将离散信号的主频分量完整地提取出来，从而可以不失真地复现原连续信号。但是，上述的理想滤波器实际上是不可实现的。因此，必须寻找在特性上接近理想滤波器，而物理上又可以实现的滤波器。

零阶保持器实现简单，是工程上最常用的一种保持器。步进电机、数控系统中的寄存器等都是零阶保持器。

零阶保持器的作用是把某采样时刻 nT 的采样值 $e(nT)$ 一直保持到下一采样时刻 $(n+1)T$，从而使采样信号 $e^*(t)$ 变成阶梯信号 $e_h(t)$，如图 7-6 所示。因为 $e_h(t)$ 在每个采样周期内的值保持常数，其导数为零，故称为零阶保持器。

给零阶保持器输入一个理想单位脉冲 $\delta(t)$，则其单位脉冲响应函数 $g_h(t)$ 是幅值为 1，持续时间为 T 的矩形脉冲（如图 7-7 所示），它可分解为两个单位阶跃函数的和

$$g_h(t)=1(t)-t(t-T) \tag{7-11}$$

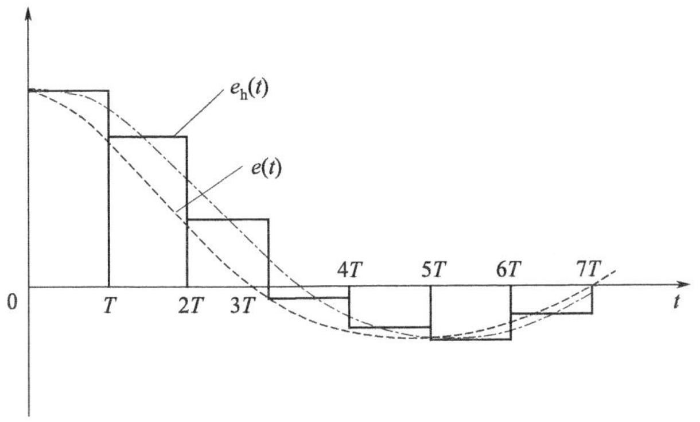

图 7-6 零阶保持器的输出特性

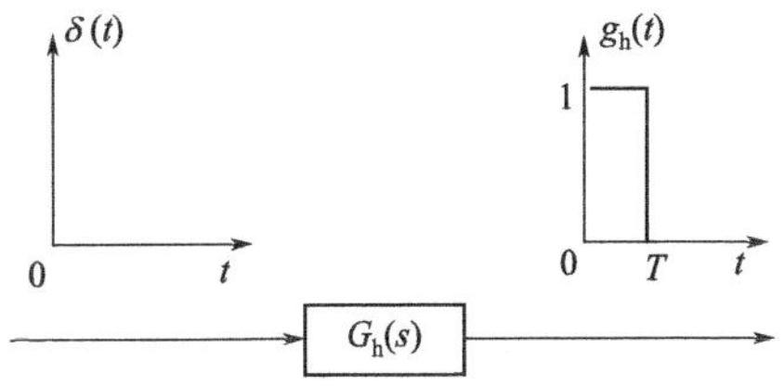

图 7-7 零阶保持器的脉冲响应

对脉冲响应函数 $g_h(t)$ 取拉普拉斯变换，可得零阶保持器的传递函数

$$G_h(s)=\frac{1}{s}-\frac{e^{-Ts}}{s}=\frac{1-e^{-Ts}}{s} \tag{7-12}$$

在式(7-12) 中，令 $s=j\omega$，便得到零阶保持器的频率特性

$$G_h(j\omega)=\frac{1-e^{-j\omega T}}{j\omega}=\frac{2e^{-j\omega T/2}(e^{j\omega T/2}-e^{-j\omega T/2})}{2j\omega}=T\,\frac{\sin(\omega T/2)}{\omega T/2}e^{-j\omega T/2} \tag{7-13}$$

若以采样角频率 $\omega_s=2\pi/T$ 来表示，则式(7-13) 可表示为

$$G_h(j\omega)=\frac{2\pi}{\omega_s}\times\frac{\sin\pi(\omega/\omega_s)}{\pi(\omega/\omega_s)}e^{-j\pi(\omega/\omega_s)} \tag{7-14}$$

根据式(7-14)，可画出零阶保持器的幅频特性 $|G_h(j\omega)|$ 和相频特性 $\angle G_h(j\omega)$ 如图 7-8 所示。由图可见，零阶保持器具有如下特点。

零阶保持器幅频特性的幅值随频率的增大而衰减，具有明显的低通滤波特性，但与理想滤波器幅频特性相比，在 $\omega=\omega_s/2$ 时，其幅值只有初值的 63.7%。另外，零阶保持器除了允许主频分量通过外，还允许一部分高频分量通过。同时，从相频特性可以看出，零阶保持器会产生相角滞后，所以，经过恢复以后所得到的连续信号 $e_h(t)$ 与原有信号 $e(t)$ 是有区别的。

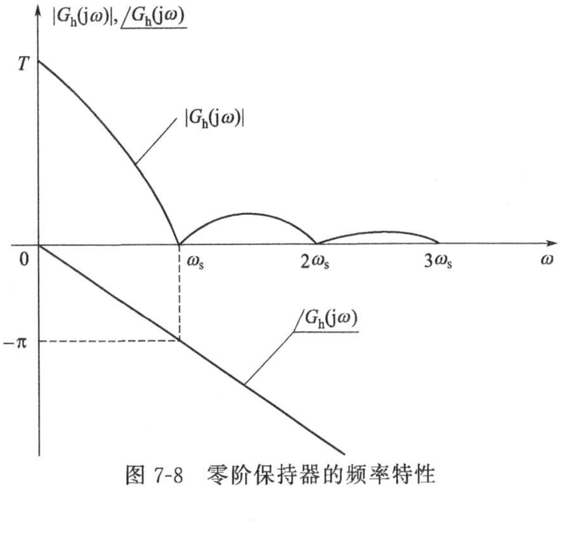

图 7-8 零阶保持器的频率特性

如果把零阶保持器输出的阶梯信号 $e_h(t)$ 的中点

光滑地连接起来，如图 7-6 中点划线所示，可以得到与连续信号 $e(t)$ 形状一致但在时间上滞后 $T/2$ 的曲线 $e(t-T/2)$。所以，粗略地讲，引入零阶保持器，相当于给系统增加了一个延迟时间为 $T/2$ 的延迟环节，会使系统总的相角滞后增大，对系统的稳定性不利，这与零阶保持器相角滞后特性是一致的。

7.3 z 变换

拉普拉斯变换是研究线性定常连续系统的基本数学工具，而 z 变换则是研究线性定常离散系统的基本数学工具。z 变换是在离散信号拉普拉斯变换基础上，经过变量代换引申出来的一种变换方法。

7.3.1 z 变换定义

对式(7-2) 进行拉普拉斯变换，有

$$E^*(s)=\mathrm{L}[e^*(t)]=\sum_{n=0}^{\infty}e(nT)\mathrm{L}[\delta(t-nT)]=\sum_{n=0}^{\infty}e(nT)\mathrm{e}^{-nTs} \tag{7-15}$$

上式中的 e^{-Ts} 是 s 的超越函数，直接运算不方便，为此引入变量

$$z=\mathrm{e}^{Ts} \tag{7-16}$$

式中，T 为采样周期。将式(7-16) 代入式(7-15)，就得到以 z 为自变量的函数，定义其为采样信号 $e^*(t)$ 的 z 变换

$$E(z)=E^*(s)\Big|_{s=\frac{1}{T}\ln z}=\sum_{n=0}^{\infty}e(nT)z^{-n} \tag{7-17}$$

z 变换定义式(7-17) 有明确的物理意义：即变量 z^{-n} 的系数代表连续时间函数 $e(t)$ 在采样时刻 nT 上的采样值。有时也将 $E(z)$ 记为

$$E(z)=Z[e^*(t)]=Z[e(t)]=Z[E(s)] \tag{7-18}$$

都表示对离散信号 $e^*(t)$ 的 z 变换。

7.3.2 z 变换方法

常用的 z 变换方法有级数求和法、部分分式法和留数法。

(1) 级数求和法

根据 z 变换的定义，将连续信号 $e(t)$ 按周期 T 进行采样，将采样点处的值代入式(7-17)，可得 $E(z)$ 的级数展开式

$$E(z)=e(0)+e(T)z^{-1}+e(2T)z^{-2}+\cdots+e(nT)z^{-n}+\cdots$$

这种级数展开式是开放式的，若不能写成闭合形式，实际应用就不太方便。

【例 7-1】 对连续时间函数

$$e(t)=\begin{cases}a^t, t\geqslant 0\\ 0, \ t<0\end{cases}$$

按周期 $T=1$ 进行采样，可得

$$e(n)=\begin{cases}a^n, n\geqslant 0\\ 0, \ n<0\end{cases}$$

试求 $E(z)$。

解 按式(7-17) z 变换的定义

$$E(z)=\sum_{n=0}^{\infty}e(nT)z^{-n}=\sum_{n=0}^{\infty}(az^{-1})^n=1+az^{-1}+(az^{-1})^2+(az^{-1})^3+\cdots$$

若 $|z|>|a|$，则无穷级数是收敛的，利用等比级数求和公式，可得其闭合形式为

$$E(z)=Z[a^n]=\frac{1}{1-az^{-1}}=\frac{z}{z-a}, |z|>|a|$$

(2) 部分分式法（查表法）

已知连续信号 $e(t)$ 的拉普拉斯变换 $E(s)$，将 $E(s)$ 展开成部分分式之和，即

$$E(s)=E_1(s)+E_2(s)+\cdots+E_n(s)$$

且每一个部分分式 $E_i(s)(i=1,2,\cdots,n)$ 都是 z 变换表中所对应的标准函数，其 z 变换即可查表得出

$$E(z)=E_1(z)+E_2(z)+\cdots+E_n(z)$$

【例 7-2】 已知连续函数的拉普拉斯变换为

$$E(s)=\frac{s+2}{s^2(s+1)}$$

试求相应的 z 变换 $E(z)$。

解 将 $E(s)$ 展成部分分式

$$E(s)=\frac{2}{s^2}-\frac{1}{s}+\frac{1}{s+1}$$

对上式逐项查 z 变换表，可得

$$E(z)=\frac{2Tz}{(z-1)^2}-\frac{z}{z-1}+\frac{z}{z-\mathrm{e}^{-T}}=\frac{(2T+\mathrm{e}^{-T}-1)z^2+[1-\mathrm{e}^{-T}(2T+1)]z}{(z-1)^2(z-\mathrm{e}^{-T})}$$

常用函数的 z 变换表见附录 B。由该表可见，这些函数的 z 变换都是 z 的有理分式。

(3) 留数法（反演积分法）

若已知连续信号 $e(t)$ 的拉普拉斯变换 $E(s)$ 和它的全部极点 s_i $(i=1,2,\cdots,n)$，可用下列留数计算公式求 $e(t)$ 的采样序列 $e^*(t)$ 的 z 变换 $E^*(z)$

$$E^*(z)=\sum_{i=1}^{n}\left[\mathrm{Res}E(s)\frac{z}{z-\mathrm{e}^{Ts}}\right]_{s\to s_i} \tag{7-19}$$

若 s_i 为单极点时

$$\left[\mathrm{Res}E(s)\frac{z}{z-\mathrm{e}^{Ts}}\right]_{s\to s_i}=\lim_{s\to s_i}\left[(s-s_i)^m E(s)\frac{z}{z-\mathrm{e}^{Ts}}\right] \tag{7-20}$$

若 s_i 为 m 重极点时

$$\left[\mathrm{Res}E(s)\frac{z}{z-\mathrm{e}^{Ts}}\right]_{s\to s_i}=\frac{1}{(m-1)!}\lim_{s\to s_i}\frac{\mathrm{d}^{m-1}}{\mathrm{d}s^{m-1}}\left[(s-s_i)^m E(s)\frac{z}{z-\mathrm{e}^{Ts}}\right] \tag{7-21}$$

【例 7-3】 已知 $E(s)=\dfrac{s(2s+3)}{(s+1)^2(s+2)}$，试求相应的 z 变换 $E(z)$。

解 $E(s)$ 的极点为 $s_{1,2}=-1$（二重极点），$s_3=-2$，则

$$\begin{aligned}E(z)&=\frac{1}{(2-1)!}\lim_{s\to -1}\frac{\mathrm{d}^{2-1}}{\mathrm{d}s^{2-1}}\left[(s+1)^2\frac{s(2s+3)}{(s+1)^2(s+2)}\frac{z}{z-\mathrm{e}^{Ts}}\right]\\&\quad+\lim_{s\to -2}\left[(s+2)\frac{s(2s+3)}{(s+1)^2(s+2)}\frac{z}{z-\mathrm{e}^{Ts}}\right]\\&=\frac{-Tz\mathrm{e}^{-T}}{(z-\mathrm{e}^{-T})^2}+\frac{2z}{z-\mathrm{e}^{-2T}}\end{aligned}$$

7.3.3 z 变换基本定理

应用 z 变换的基本定理，可以使 z 变换的应用变得简单方便，下面介绍常用的 z 变换定理。

(1) 线性定理

若 $E_1(z)=Z[e_1(t)]$，$E_2(z)=Z[e_2(t)]$，a、b 为常数，则

$$Z[ae_1(t)\pm be_2(t)]=aE_1(z)\pm bE_2(z) \tag{7-22}$$

证明 由 z 变换定义

$$\begin{aligned}Z[ae_1(t)\pm be_2(t)]&=\sum_{n=0}^{\infty}[ae_1(nT)\pm be_2(nT)]z^{-n}\\&=a\sum_{n=0}^{\infty}e_1(nT)z^{-n}\pm b\sum_{n=0}^{\infty}e_2(nT)z^{-n}=aE_1(z)\pm bE_2(z)\end{aligned}$$

式(7-22) 表明，z 变换是一种线性变换，其变换过程满足齐次性与均匀性。

(2) 实数位移定理

实数位移是指整个采样序列 $e(nT)$ 在时间轴上左右平移若干采样周期，其中向左平移 $e(nT+kT)$ 为超前，向右平移 $e(nT-kT)$ 为滞后。实数位移定理表示如下。

如果函数 $e(t)$ 是可 z 变换的，其 z 变换为 $E(z)$，则有滞后定理

$$Z[e(t-kT)]=z^{-k}E(z) \tag{7-23}$$

以及超前定理

$$Z[e(t+kT)]=z^{k}\left[E(z)-\sum_{n=0}^{k-1}e(nT)z^{-n}\right] \tag{7-24}$$

式中，k 为正整数。

证明式(7-23)。由 z 变换定义

$$Z[e(t-kT)]=\sum_{n=0}^{\infty}e(nT-kT)z^{-n}=z^{-k}\sum_{n=0}^{\infty}e[(n-k)T]z^{-(n-k)}$$

令 $m=n-k$，则有

$$Z[e(t-kT)]=z^{-k}\sum_{m=-k}^{\infty}e(mT)z^{-m}$$

由于 z 变换的单边性，当 $m<0$ 时，有 $e(mT)=0$，所以上式可写为

$$Z[e(t-kT)]=z^{-k}\sum_{m=0}^{\infty}e(mT)z^{-m}$$

再令 $m=n$，式(7-23) 得证。

证明式(7-24)。由 z 变换定义

$$Z[e(t+kT)]=\sum_{n=0}^{\infty}e(nT+kT)z^{-n}=z^{k}\sum_{n=0}^{\infty}e(nT+kT)z^{-(n+k)}$$

令 $m=n+k$，则有

$$Z[e(t+kT)]=z^{k}\sum_{m=k}^{\infty}e(mT)z^{-m}=z^{k}\sum_{m=0}^{\infty}e(mT)z^{-m}-z^{k}\sum_{m=0}^{k-1}e(mT)z^{-m}$$

再令 $m=n$，可以得到

$$\begin{aligned}Z[e(t+kT)]&=z^{k}\sum_{n=0}^{\infty}e(nT)z^{-n}-z^{k}\sum_{n=0}^{k-1}e(nT)z^{-n}\\&=z^{k}\left[E(z)-\sum_{n=0}^{k-1}e(nT)z^{-n}\right]\end{aligned}$$

式(7-24) 得证。

由实数位移定理可见，算子 z 有明确的物理意义：z^{-k} 代表时域中的延迟算子，它将采样信号滞后 k 个采样周期。

实数位移定理的作用相当于拉普拉斯变换中的微分或积分定理。应用实数位移定理，可将描述离散系统的差分方程转换为 z 域的代数方程。

【例 7-4】 试用实数位移定理计算滞后函数 $(t-5T)^3$ 的 z 变换。

解 由式(7-23)

$$\begin{aligned}Z[(t-5T)^3]&=z^{-5}Z[t^3]=z^{-5}3!\ Z\left[\frac{t^3}{3!}\right]\\&=6z^{-5}\frac{T^3(z^2+4z+1)}{6(z-1)^4}=\frac{T^3(z^2+4z+1)z^{-5}}{(z-1)^4}\end{aligned}$$

(3) 复数位移定理

如果函数 $e(t)$ 是可 z 变换的，其 z 变换为 $E(z)$，则有

$$Z[a^{\mp bt}e(t)]=E(za^{\pm bT}) \tag{7-25}$$

证明 由 z 变换定义

$$Z[a^{\mp bt}e(t)]=\sum_{n=0}^{\infty}a^{\mp bnT}e(nT)z^{-n}=\sum_{n=0}^{\infty}e(nT)(za^{\pm bT})^{-n}$$

令 $z_1=za^{\pm bT}$，代入上式，则有

$$Z[a^{\mp bt}e(t)]=\sum_{n=0}^{\infty}e(nT)(z_1)^{-n}=E(z_1)=E(za^{\pm bT})$$

式(7-25)得证。

【例 7-5】 试用复数位移定理计算函数 t^2e^{at} 的 z 变换。

解 令 $e(t)=t^2$，查表可得

$$E(z)=Z[t^2]=2Z[\frac{t^2}{2}]=\frac{T^2z(z+1)}{(z-1)^3}$$

根据复数位移定理式(7-25)，有

$$Z[t^2e^{at}]=E(ze^{-aT})=\frac{T^2ze^{-aT}(ze^{-aT}+1)}{(ze^{-aT}-1)^3}=\frac{T^2ze^{aT}(z+e^{aT})}{(z-e^{aT})^3}$$

(4) 初值定理

设 $e(t)$ 的 z 变换为 $E(z)$，并存在极限 $\lim\limits_{z\to\infty}E(z)$，则

$$\lim_{t\to 0}e^*(t)=\lim_{z\to\infty}E(z) \tag{7-26}$$

证明 根据 z 变换定义，有

$$E(z)=\sum_{n=0}^{\infty}e(nT)(z)^{-n}=e(0)+e(T)z^{-1}+e(2T)z^{-2}+\cdots$$

所以

$$\lim_{z\to\infty}E(z)=e(0)=\lim_{t\to 0}e^*(t)$$

(5) 终值定理

如果信号 $e(t)$ 的 z 变换为 $E(z)$，信号序列 $e(nT)$ 为有限值（$n=0,1,2,\cdots$），且极限 $\lim\limits_{n\to\infty}e(nT)$ 存在，则信号序列的终值

$$\lim_{n\to\infty}e(nT)=\lim_{z\to 1}(z-1)E(z) \tag{7-27}$$

证明 根据 z 变换定义，有

$$Z[e(t+T)]-Z[e(t)]=\sum_{n=0}^{\infty}\{e[(n+1)T]-e(nT)\}z^{-n}$$

由实数位移定理

$$Z[e(t+T)]=zE(z)-ze(0)$$

于是

$$(z-1)E(z)-ze(0)=\sum_{n=0}^{\infty}\{e[(n+1)T]-e(nT)\}z^{-n}$$

上式两边取 $z\to 1$ 时的极限，得

$$\begin{aligned}\lim_{z\to 1}(z-1)E(z)-e(0)&=\lim_{z\to 1}\sum_{n=0}^{\infty}\{e[(n+1)T]-e(nT)\}z^{-n}\\&=\sum_{n=0}^{\infty}\{e[(n+1)T]-e(nT)\}\end{aligned}$$

当取 $n=N$ 为有限项时，上式右端可写为

$$\sum_{n=0}^{\infty}\{e[(n+1)T]-e(nT)\}=e[(N+1)T]-e(0)$$

令 $N\to\infty$，上式为

$$\sum_{n=0}^{\infty}\{e[(n+1)T]-e(nT)\}=\lim_{N\to\infty}\{e[(N+1)T]-e(0)\}=\lim_{n\to\infty}e(nT)-e(0)$$

所以

$$\lim_{n\to\infty}e(nT)=\lim_{z\to 1}(z-1)E(z)$$

得证。在离散系统分析中，常采用终值定理求取系统输出序列的稳态值或系统的稳态误差。

【例 7-6】 设 z 变换函数为

$$E(z)=\frac{z^3}{(z-1)(z^2-z+0.5)}$$

试求 $e(nT)$ 的初值和终值。

解 分别由初值定理式(7-26) 和终值定理式(7-27) 可得

$$e(0)=\lim_{z\to\infty}E(z)=\lim_{z\to\infty}\frac{z^3}{(z-1)(z^2-z+0.5)}=1$$

$$e(\infty)=\lim_{z\to 1}(z-1)E(z)=\lim_{z\to 1}\frac{z^3}{(z^2-z+0.5)}=2$$

应当注意，z 变换只反映信号在采样点上的信息，而不能描述采样点间信号的状态。因此 z 变换与采样序列对应，而不对应唯一的连续信号。不论怎样的连续信号，只要采样序列一样，其 z 变换就一样。

7.3.4 z 反变换

已知 z 变换表达式 $E(z)$，求相应离散序列 $e(nT)$ 的过程，称为 z 反变换，记为

$$e^*(t)=Z^{-1}[E(z)] \tag{7-28}$$

当 $n<0$ 时，$e(nT)=0$，信号序列 $e(nT)$ 是单边的，对单边序列常用的 z 反变换法有三种，幂级数法、部分分式法和留数法。

(1) 幂级数法（长除法）

z 变换函数的无穷项级数形式具有鲜明的物理意义。变量 z^{-n} 的系数代表连续时间函数在 nT 时刻上的采样值。若 $E(z)$ 是一个有理分式，则可以直接通过长除法，得到一个无穷项幂级数的展开式。根据 z^{-n} 的系数便可以得出时间序列 $e(nT)$ 的值。

【例 7-7】 设 $E(z)$ 为

$$E(z)=\frac{10z}{(z-1)(z-2)}$$

试用长除法求 $e(nT)$ 或 $e^*(t)$。

解

$$E(z)=\frac{10z}{(z-1)(z-2)}=\frac{10z}{z^2-3z+2}$$

应用长除法，用分母去除分子，即

$$\begin{array}{r l}
 & 10z^{-1}+30z^{-2}+70z^{-3}+150z^{-4}+\cdots \\
z^2-3z+2\,\big) & 10z \\
 & -)\underline{10z-30z^0+20z^{-1}} \\
 & 30z^0-20z^{-1} \\
 & -)\underline{30z^0-90z^{-1}+60z^{-2}} \\
 & 70z^{-1}-60z^{-2} \\
 & -)\underline{70z^{-1}-210z^{-2}+140z^{-3}} \\
 & 150z^{-2}-140z^{-3}
\end{array}$$

$E(z)$ 可写成

$$E(z)=0z^0+10z^{-1}+30z^{-2}+70z^{-3}+150z^{-4}+\cdots$$

所以

$$e^*(t)=10\delta(t-T)+30\delta(t-2T)+70\delta(t-3T)+150\delta(t-4T)+\cdots$$

长除法以序列的形式给出 $e(0),e(T),e(2T),e(3T),\cdots$ 的数值，但不容易得出 $e(nT)$ 的封闭表达形式。

(2) 部分分式法（查表法）

部分分式法又称查表法，根据已知的 $E(z)$，通过查 z 变换表找出相应的 $e^*(t)$，或者 $e(nT)$。考虑到 z 变换表中，所有 z 变换函数 $E(z)$ 在其分子上都有因子 z，所以，通常先将 $E(z)/z$ 展成部分分式之和，然后将等式左边分母中的 z 乘到等式右边各分式中，再逐项查表反变换。

【例 7-8】 设 $E(z)$ 为

$$E(z)=\frac{10z}{(z-1)(z-2)}$$

试用部分分式法求 $e(nT)$。

解 首先将$\dfrac{E(z)}{z}$展开成部分分式，即

$$\frac{E(z)}{z}=\frac{10}{(z-1)(z-2)}=\frac{-10}{z-1}+\frac{10}{z-2}$$

把部分分式中的每一项乘上因子 z 后，得

$$E(z)=\frac{-10z}{z-1}+\frac{10z}{z-2}$$

查 z 变换表得

$$Z^{-1}\left[\frac{z}{z-1}\right]=1, Z^{-1}\left[\frac{z}{z-2}\right]=2^n$$

最后可得

$$e(nT)=10(2^n-1)$$

$$e^*(t)=\sum_{n=0}^{\infty}e(nT)\delta(t-nT)=\sum_{n=0}^{\infty}10(2^n-1)\delta(t-nT) \quad n=0,1,2,\cdots$$

(3) 留数法（反演积分法）

在实际问题中遇到的 z 变换函数 $E(z)$，除了有理分式外，也可能是超越函数，无法应用幂级数法或部分分式法求 z 反变换，此时采用留数法则比较方便。$E(z)$ 的幂级数展开形式为

$$E(z)=\sum_{n=0}^{\infty}e(nT)z^{-n} \tag{7-29}$$

设函数 $E(z)z^{n-1}$ 除有限个极点 $z_1,z_2,\cdots,z_k$ 外，在 z 域上是解析的，则有反演积分公式

$$e(nT)=\frac{1}{2\pi \mathrm{j}}\oint_{\Gamma}E(z)z^{n-1}\mathrm{d}z=\sum_{i=1}^{k}\mathrm{Res}[E(z)z^{n-1}]_{z\to z_i} \tag{7-30}$$

式中，$\mathrm{Res}[E(z)z^{n-1}]_{z\to z_i}$ 表示函数 $E(z)z^{n-1}$ 在极点 z_i 处的留数。留数计算方法如下：

若 $z_i(i=1,2,\cdots,l)$ 为单极点，则

$$\mathrm{Res}[E(z)z^{n-1}]_{z\to z_i}=\lim_{z\to z_i}[(z-z_i)E(z)z^{n-1}] \tag{7-31}$$

若 z_i 为 m 重极点，则

$$\mathrm{Res}[E(z)z^{n-1}]_{z\to z_i}=\frac{1}{(m-1)!}\left\{\frac{\mathrm{d}^{m-1}}{\mathrm{d}z^{m-1}}[(z-z_i)^m E(z)z^{n-1}]\right\}_{z=z_i}$$

【例 7-9】 设 $E(z)$ 为

$$E(z)=\frac{10z}{(z-1)(z-2)}$$

试用留数法求 $e(nT)$。

解 根据式(7-30)，有

$$\begin{aligned}e(nT)&=\sum\mathrm{Res}\left[\frac{10z}{(z-1)(z-2)}z^{n-1}\right]_{z\to z_i}\\&=\left[\frac{10z^n}{(z-1)(z-2)}(z-1)\right]_{z=1}+\left[\frac{10z^n}{(z-1)(z-2)}(z-2)\right]_{z=2}\\&=-10+10\times 2^n=10(-1+2^n) \quad (n=0,1,2,\cdots)\end{aligned}$$

【例 7-10】 设 z 变换函数

$$E(z)=\frac{z^3}{(z-1)(z-5)^2}$$

试用留数法求其 z 反变换。

解 因为函数

$$E(z)z^{n-1}=\frac{z^{n+2}}{(z-1)(z-5)^2}$$

有 $z_1=1$ 是单极点，$z_2=5$ 是 2 重极点，极点处留数

$$\text{Res}[E(z)z^{n-1}]_{z\to z_1}=\lim_{z\to 1}[(z-1)E(z)z^{n-1}]=\lim_{z\to 1}(z-1)\frac{z^{n+2}}{(z-1)(z-5)^2}=\frac{1}{16}$$

$$\begin{aligned}\text{Res}[E(z)z^{n-1}]_{z\to z_2}&=\frac{1}{(m-1)!}\left\{\frac{\mathrm{d}^{2-1}}{\mathrm{d}z^{2-1}}[(z-5)^2E(z)z^{n-1}]\right\}_{z\to 5}\\&=\frac{1}{(2-1)!}\left\{\frac{\mathrm{d}^{2-1}}{\mathrm{d}z^{2-1}}\left[(z-5)^2\frac{z^{n+2}}{(z-1)(z-5)^2}\right]\right\}_{z\to 5}\\&=\frac{(4n+3)5^{n+1}}{16}\end{aligned}$$

所以

$$e(nT)=\sum_{i=1}^{2}\text{Res}[E(z)z^{n-1}]_{z\to z_i}=\frac{1}{16}+\frac{(4n+3)5^{n+1}}{16}=\frac{(4n+3)5^{n+1}+1}{16}$$

相应的采样函数

$$\begin{aligned}e^*(t)&=\sum_{n=0}^{\infty}e(nT)\delta(t-nt)=\sum_{n=0}^{\infty}\frac{(4n+3)5^{n+1}+1}{16}\delta(t-nt)\\&=\delta(t)+11\delta(t-1)+86\delta(t-2)+\cdots\end{aligned}$$

7.3.5 z 变换的局限性

z 变换法是研究线性定常离散系统的一种有效工具，但是 z 变换法也有其本身的局限性，使用时应注意其适用的范围。

① 输出 z 变换函数 $C(z)$ 只确定了时间函数 $C(t)$ 在采样瞬时的值，而不能反映 $C(t)$ 在采样点间的信息。

② 用 z 变换法分析离散系统时，若在采样开关和系统连续部分传递函数 $G(s)$ 之间有零阶保持器，则 $G(s)$ 极点数至少应比其零点数多一个；若没有零阶保持器，则 $G(s)$ 极点数至少应比其零点数多两个，即 $G(s)$ 的脉冲响应在 $t=0$ 时必须没有跳跃，或者满足

$$\lim_{s\to\infty}sG(s)=0$$

否则，用 z 变换法得到的系统采样输出 $c^*(t)$ 与实际连续输出 $c(t)$ 之间会有较大差别。

7.4 离散系统的数学模型

为了研究离散系统的性能，需要建立离散系统的数学模型。本节主要介绍线性定常离散系统的差分方程及其解法，脉冲传递函数的定义，以及求开、闭环脉冲传递函数的方法。

7.4.1 差分方程及其解法

(1) 差分的概念

设连续函数为 $e(t)$，其采样函数为 $e(kT)$，简记为 $e(k)$，则一阶前向差分定义为

$$\Delta e(k)=e(k+1)-e(k) \tag{7-32}$$

二阶前向差分定义为

$$\begin{aligned}\Delta^2e(k)&=\Delta[\Delta e(k)]=\Delta[e(k+1)-e(k)]\\&=\Delta e(k+1)-\Delta e(k)=e(k+2)-2e(k+1)+e(k)\end{aligned} \tag{7-33}$$

n 阶前向差分定义为

$$\Delta^n e(k)=\Delta^{n-1}e(k+1)-\Delta^{n-1}e(k) \tag{7-34}$$

同理，一阶后向差分定义为

$$\nabla e(k)=e(k)-e(k-1) \tag{7-35}$$

二阶后向差分定义为

$$\begin{aligned}\nabla^2e(k)&=\nabla[\nabla e(k)]=\nabla[e(k)-e(k-1)]\\&=\nabla e(k)-\nabla e(k-1)=e(k)-2e(k-1)+e(k-2)\end{aligned} \tag{7-36}$$

n 阶后向差分定义为

$$\nabla^n e(k)=\nabla^{n-1}e(k)-\nabla^{n-1}e(k-1) \tag{7-37}$$

(2) 离散系统的差分方程

对连续系统而言，系统的数学模型可以用微分方程来表示，即

$$\sum_{i=0}^{n} a_i^* \frac{\mathrm{d}^i c(t)}{\mathrm{d}t^i}=\sum_{j=0}^{m} b_j^* \frac{\mathrm{d}^j r(t)}{\mathrm{d}t^j} \tag{7-38}$$

式中，$r(t)$、$c(t)$ 分别表示系统的输入和输出。如果把离散序列 $r(k)$、$c(k)$ 看成连续系统中 $r(t)$、$c(t)$ 的采样结果，那么式(7-38) 可以化为离散系统的差分方程。

设系统采样周期为 T，当 T 足够小时，函数 $r(t)$ 在 $t=kT$ 处的一阶导数近似为

$$\dot{r}(kT)\approx\frac{r(kT)-r[(k-1)T]}{T}$$

可简写为

$$\dot{r}(k)\approx\frac{r(k)-r(k-1)}{T}=\frac{\nabla r(k)}{T} \tag{7-39}$$

同理，可以写出二阶导数

$$\ddot{r}(k)\approx\frac{r(k)-2r(k-1)+r(k-2)}{T^2}=\frac{\nabla^2 r(k)}{T^2} \tag{7-40}$$

如此，可以一直写出 n 阶导数。

同样方法，输出 $c(t)$ 的各阶导数也能写出。所以，离散系统的输入、输出特性可用后向差分方程表示，其一般表达式为

$$\sum_{i=0}^{n} a_i c(k-i)=\sum_{j=0}^{m} b_j r(k-j) \tag{7-41}$$

也可以用前向差分方程表示，其一般表达式为

$$\sum_{i=0}^{n} a_i c(k+i)=\sum_{j=0}^{m} b_j r(k+j) \tag{7-42}$$

前向差分方程和后向差分方程并无本质区别，前向差分方程多用于描述非零初始条件的离散系统，后向差分方程多用于描述零初始条件的离散系统，若不考虑初始条件，就系统输入、输出关系而言，两者完全等价。

差分方程是离散系统的时域数学模型，相当于连续系统的微分方程。

(3) 差分方程求解

差分方程的求解通常采用迭代法或 z 变换法。

① 迭代法。迭代法是一种递推方法，适合于计算机递推运算求解。若已知差分方程式(7-41) 或式(7-42)，并且给定输入序列以及输出序列的初始值，就可以利用递推关系，逐步迭代计算出输出序列。

【例 7-11】 已知二阶连续系统的微分方程为

$$\ddot{c}(t)-4\dot{c}(t)+3c(t)=r(t)=1(t)$$
$$c(t)=0,\ t\leqslant 0$$

现将其离散化，采样周期 $T=1$，求相应的前向差分方程并解之。

解 取 $\frac{\Delta c(k)}{T}=\Delta c(k)\approx\dot{c}(kT)$，$\frac{\Delta^2 c(k)}{T^2}=\Delta^2 c(k)\approx\ddot{c}(kT)$ 代入原微分方程，得

$$\Delta^2 c(k)-4\Delta c(k)+3c(k)=c(k+2)-6c(k+1)+8c(k)=r(k)=1(k)$$

即

$$c(k+2)=6c(k+1)-8c(k)+1(k)$$

根据上式确定的递推关系以及初始条件 $k\leqslant 0$ 时，$c(k)=0$，可以迭代求解如下

$$k=-1: c(1)=6c(0)-8c(-1)+1(-1)=0$$
$$k=0: c(2)=6c(1)-8c(0)+1(0)=1$$
$$k=1: c(3)=6c(2)-8c(1)+1(1)=7$$
$$k=2: c(4)=6c(3)-8c(2)+1(2)=35$$
$$\vdots \qquad \vdots$$

② z 变换法。设差分方程如式(7-42) 所示，对差分方程两端取 z 变换，并利用 z 变换的实数位移定理，得到以 z 为变量的代数方程，然后对代数方程的解 $C(z)$ 取 z 反变换，可求得输出序列 $c(k)$。

【例 7-12】 试用 z 变换法解下列二阶线性齐次差分方程

$$c(k+2)-2c(k+1)+c(k)=0$$

设初始条件 $c(0)=0$，$c(1)=1$。

解 对差分方程的每一项进行 z 变换，根据实数位移定理，有

$$Z[c(k+2)]=z^2C(z)-z^2c(0)-zc(1)=z^2C(z)-z$$
$$Z[-2c(k+1)]=-2zC(z)+2zc(0)=-2zC(z)$$
$$Z[c(k)]=C(z)$$

于是，差分方程变换为关于 z 的代数方程

$$(z^2-2z+1)C(z)=z$$

解出

$$C(z)=\frac{z}{z^2-2z+1}=\frac{z}{(z-1)^2}$$

查 z 变换表，求出 z 反变换

$$c^*(t)=\sum_{n=0}^{\infty}n\delta(t-nT)$$

7.4.2 脉冲传递函数

脉冲传递函数是离散系统的复域数学模型，相当于连续系统的传递函数。

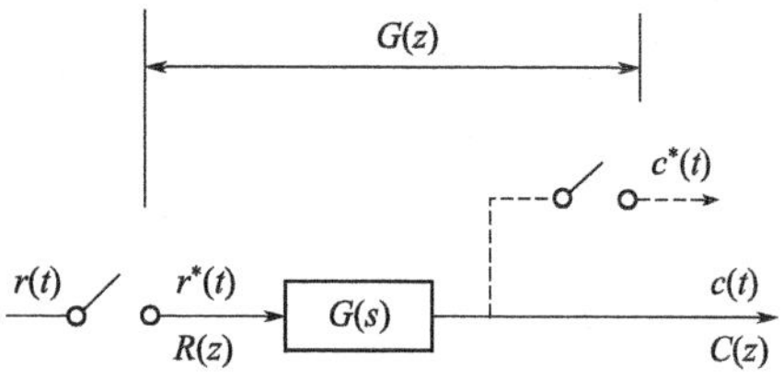

图 7-9 开环采样系统结构图

(1) 脉冲传递函数的定义

图 7-9 所示为典型开环线性离散系统结构图，图中 $G(s)$ 是系统连续部分的传递函数，连续部分的输入是采样周期为 T 的脉冲序列 $r^*(t)$，其输出为经过虚设开关后的脉冲序列 $c^*(t)$，则线性定常离散系统的脉冲传递函数定义为：在零初始条件下，系统输出序列 z 变换与输入序列 z 变换之比，记作

$$G(z)=\frac{Z[c^*(t)]}{Z[r^*(z)]}=\frac{C(z)}{R(z)} \tag{7-43}$$

这里零初始条件的含义是，当 $t<0$ 时，输入脉冲序列值 $r(-T),r(-2T),\cdots$ 以及输出脉冲序列值 $c(-T),c(-2T),\cdots$ 均为零。

式(7-43) 表明，如果已知 $R(z)$ 和 $G(z)$，则在零初始条件下，线性定常离散系统的输出采样信号为

$$c^*(t)=Z^{-1}[C(z)]=Z^{-1}[G(z)R(z)]$$

应当明确，虚设的采样开关假定是与输入采样开关同步工作的，但它实际上不存在，只是表明脉冲传递函数所能描述的只是输出连续函数 $c(t)$ 在采样时刻的离散值 $c^*(t)$。如果系统的实际输出 $c(t)$ 比较平滑，且采样频率较高，则可用 $c^*(t)$ 近似描述 $c(t)$。

(2) 脉冲传递函数的性质

与连续系统传递函数的性质相对应，离散系统脉冲传递函数具有下列性质：

① 脉冲传递函数是复变量 z 的复函数（一般是 z 的有理分式）；

② 脉冲传递函数只与系统自身的结构参数有关；

③ 系统的脉冲传递函数与系统的差分方程有直接联系，z^{-1} 相当于一拍延迟因子；

④ 系统的脉冲传递函数是系统的单位脉冲响应序列的 z 变换。

传递函数 $G(s)$ 的拉普拉斯反变换是系统单位脉冲响应函数 $k(t)$，将 $k(t)$ 离散化得到脉冲响应序列 $k(nT)$，将 $k(nT)$ 进行 z 变换可得到 $G(z)$，这一变换过程可表示如下

$$G(s)\Rightarrow \mathrm{L}^{-1}[G(s)]=k(t)$$
$$\Downarrow \text{离散化}$$
$$k^*(t)=\sum_{n=0}^{\infty}k(nT)\delta(t-nT)\Rightarrow Z[k^*(t)]=G(z)$$

上述变换过程表明，只要将 $G(s)$ 表示成 z 变换表中的标准形式，直接查表就可得 $G(z)$。

由于利用 z 变换表可以直接从 $G(s)$ 得到 $G(z)$，而不必逐步推导，所以常把上述过程表示为 $G(z)=Z[G(s)]$，并称为 $G(s)$ 的 z 变换，这一表示应理解为根据上述过程求出 $G(s)$ 所对应的 $G(z)$，而不能理解为 $G(z)$ 是对 $G(s)$ 直接进行 $z=\mathrm{e}^{Ts}$ 代换的结果。

【例 7-13】 离散系统结构图如图 7-10(a) 所示，采样周期 $T=1$，其中

$$G(s)=\frac{1}{s(s+1)}$$

① 求系统的脉冲传递函数；

② 写出系统的差分方程；

③ 画出系统的零极点分布图。

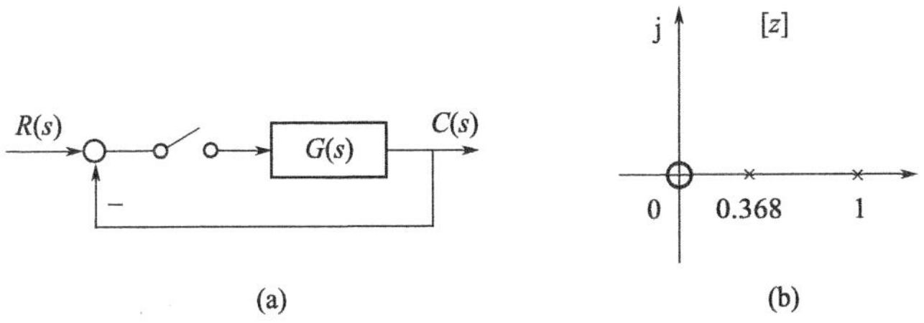

图 7-10 例 7-13 图

解 ①系统的脉冲传递函数为

$$G(z)=Z\left[\frac{1}{s(s+1)}\right]=Z\left[\frac{1}{s}-\frac{1}{s+1}\right]=\frac{(1-\mathrm{e}^{-T})z}{(z-1)(z-\mathrm{e}^{-T})}\bigg|_{T=1}$$

$$=\frac{0.632z}{z^2-1.368z+0.368}=\frac{0.632z^{-1}}{1-1.368z^{-1}+0.368z^{-2}}$$

② 根据 $G(z)=\dfrac{C(z)}{R(z)}=\dfrac{0.632z^{-1}}{1-1.368z^{-1}+0.368z^{-2}}$ 有

$$(1-1.368z^{-1}+0.368z^{-2})C(z)=0.632z^{-1}R(z)$$

等号两端求 z 反变换可得系统差分方程

$$c(k)-1.368c(k-1)+0.368c(k-2)=0.632r(k-1)$$

③ 系统零点 $z=0$，极点 $p_1=\mathrm{e}^{-1}$、$p_2=1$。系统零极点图如图 7-10(b) 所示。

7.4.3 开环系统脉冲传递函数

当开环离散系统由几个环节串联组成时，由于采样开关的数目和位置不同，求出的开环脉冲传递函数也会不同。

(1) 串联环节之间无采样开关时

设开环离散系统如图 7-11 所示，在两个串联连续环节 $G_1(s)$ 和 $G_2(s)$ 之间没有采样开关隔开。此时系统的传递函数为

$$G(s)=G_1(s)G_2(s)$$

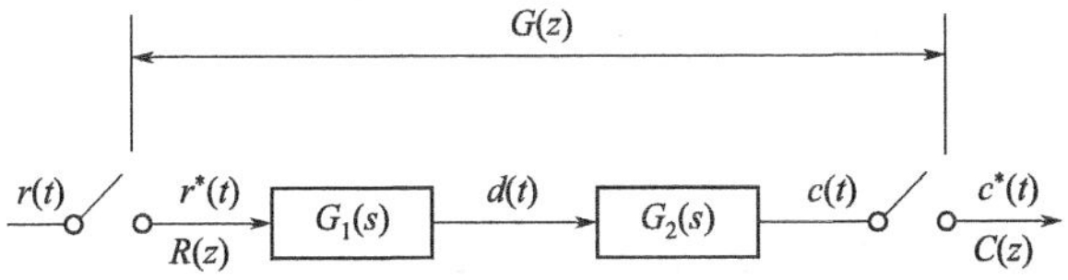

图 7-11 环节间无采样开关的串联离散系统

将它当作整体一起进行 z 变换，由脉冲传递函数定义

$$G(z)=\frac{C(z)}{R(z)}=Z[G_1(s)G_2(s)]=G_1G_2(z) \tag{7-44}$$

式(7-44) 表明，没有采样开关隔开的两个线性连续环节串联时的脉冲传递函数，等于这两个环节传递函数乘积后的 z 变换。这一结论可以推广到 n 个环节相串联时的情形。

(2) 串联环节之间有采样开关时

设开环离散系统如图 7-12 所示，在两个串联连续环节之间有采样开关。

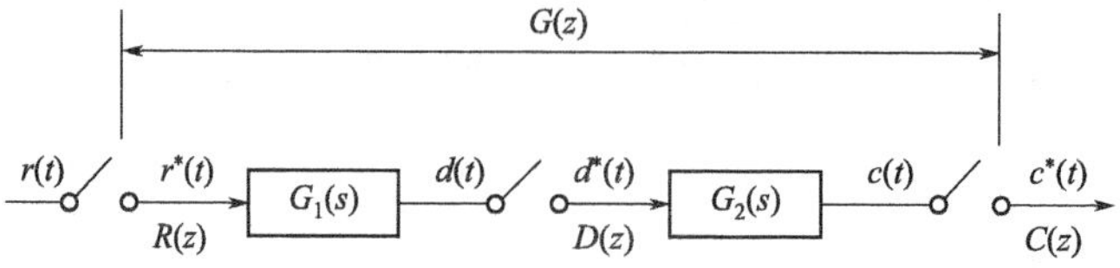

图 7-12 环节间有采样开关的开环离散系统

根据脉冲传递函数定义，有

$$D(z)=G_1(z)R(z),C(z)=G_2(z)D(z)$$

式中，$G_1(z)$、$G_2(z)$ 分别为 $G_1(s)$ 和 $G_2(s)$ 的脉冲传递函数，于是有

$$C(z)=G_2(z)G_1(z)R(z)$$

因此，开环系统脉冲传递函数

$$G(z)=\frac{C(z)}{R(z)}=G_1(z)G_2(z) \tag{7-45}$$

式(7-45) 表明，由采样开关隔开的两个线性连续环节串联时的脉冲传递函数，等于这两个环节各自的脉冲传递函数之积。这一结论，可以推广到 n 个环节串联时的情形。

显然，式(7-45) 与式(7-44) 不等，即

$$G_1(z)G_2(z)\neq G_1G_2(z) \tag{7-46}$$

【例 7-14】 设开环离散系统分别如图 7-11、图 7-12 所示，其中 $G_1(s)=1/s,G_2(s)=a/(s+a)$，输入信号 $r(t)=1(t)$，试求两个系统的脉冲传递函数 $G(z)$ 和输出的 z 变换 $C(z)$。

解 查 z 变换表，输入 $r(t)=1(t)$ 的 z 变换为

$$R(z)=\frac{z}{z-1}$$

对如图 7-11 所示系统

$$G_1(s)G_2(s)=\frac{a}{s(s+a)}$$

$$G(z)=G_1G_2(z)=Z\left[\frac{a}{s(s+a)}\right]=\frac{z(1-e^{-aT})}{(z-1)(z-e^{-aT})}$$

$$C(z)=G(z)R(z)=\frac{z^2(1-e^{-aT})}{(z-1)^2(z-e^{-aT})}$$

对如图 7-12 所示系统

$$G_1(z)=Z\left[\frac{1}{s}\right]=\frac{z}{z-1}$$

$$G_2(z)=Z\left[\frac{a}{s+a}\right]=\frac{az}{z-e^{-aT}}$$

因此

$$G(z)=G_1(z)G_2(z)=\frac{az^2}{(z-1)(z-e^{-aT})}$$

$$C(z)=G(z)R(z)=\frac{az^3}{(z-1)^2(z-e^{-aT})}$$

显然，在串联环节之间有、无同步采样开关隔离时，其总的脉冲传递函数和输出 z 变换是不相同的。但是，不同之处仅表现在其开环零点不同，极点仍然一样。

(3) 开环离散系统有零阶保持器时

设有零阶保持器的开环离散系统如图 7-13(a) 所示。将图 7-13(a) 变换为图 7-13(b) 所示的等效开环系统，则有

$$C(z)=Z[1-e^{-Ts}]\cdot Z\left[\frac{G_p(s)}{s}\right]R(z)=(1-z^{-1})Z\left[\frac{G_p(s)}{s}\right]R(z)$$

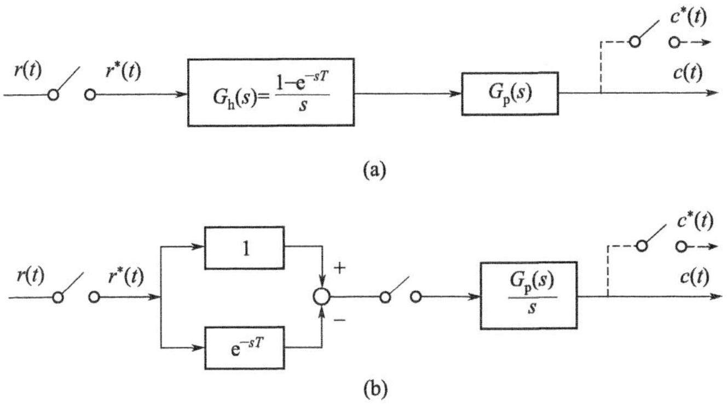

图 7-13 有零阶保持器的开环离散系统

于是，有零阶保持器时，开环系统脉冲传递函数

$$G(z)=\frac{C(z)}{R(z)}=(1-z^{-1})Z\left[\frac{G_p(s)}{s}\right] \tag{7-47}$$

【例 7-15】 设离散系统如图 7-13(a) 所示，已知 $G_p(s)=\frac{a}{s(s+a)}$，试求系统的脉冲传递函数 $G(z)$。

解 因为

$$\frac{G_p(s)}{s}=\frac{a}{s^2(s+a)}=\frac{1}{s^2}-\frac{1}{a}\left(\frac{1}{s}-\frac{1}{s+a}\right)$$

查 z 变换表可得

$$Z\left[\frac{G_p(s)}{s}\right]=\frac{Tz}{(z-1)^2}-\frac{1}{a}\left(\frac{z}{z-1}-\frac{z}{z-e^{-aT}}\right)=\frac{\frac{1}{a}z[(e^{-aT}+aT-1)z+(1-aTe^{-aT}-e^{-aT})]}{(z-1)^2(z-e^{-aT})}$$

因此，有零阶保持器的开环系统脉冲传递函数

$$G(z)=(1-z^{-1})Z\left[\frac{G_p(s)}{s}\right]=\frac{\frac{1}{a}[(e^{-aT}+aT-1)z+(1-aTe^{-aT}-e^{-aT})]}{(z-1)(z-e^{-aT})}$$

把上述结果与例 7-14 所得结果做一比较，可以看出，零阶保持器不改变开环脉冲传递函数的阶数，也不影响开环脉冲传递函数的极点，只影响开环零点。

7.4.4 闭环系统脉冲传递函数

由于采样器在闭环系统中可以有多种配置方式，因此闭环离散系统结构图形式并不唯一。图 7-14 是一种比较常见的误差采样离散系统结构图。图中，虚线所示的采样开关是为了便于分析而设的，所有采样开关都同步工作，采样周期为 T。

根据脉冲传递函数的定义及开环脉冲传递函数的求法，由图 7-14 可以写出离散系统闭环脉冲传递函数为

$$\Phi(z)=\frac{C(z)}{R(z)}=\frac{G(z)}{1+GH(z)} \tag{7-48}$$

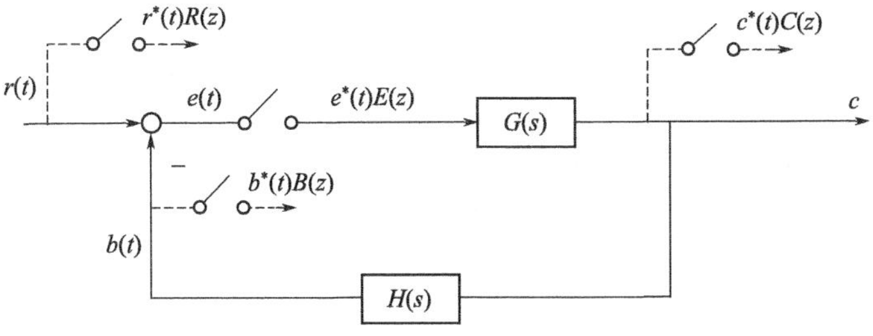

图 7-14 闭环离散系统结构图

同理可以求出闭环离散系统的误差脉冲传递函数

$$\Phi_e(z)=\frac{E(z)}{R(z)}=\frac{1}{1+GH(z)} \tag{7-49}$$

式(7-48)和式(7-49)是研究闭环离散系统时经常用到的两个闭环脉冲传递函数。与连续系统相类似，令 $\Phi(z)$ 或 $\Phi_e(z)$ 的分母多项式为零，便可得到闭环离散系统的特征方程

$$D(z)=1+GH(z)=0 \tag{7-50}$$

式中，$GH(z)$ 为离散系统的开环脉冲传递函数。

需要指出，离散系统闭环脉冲传递函数不能直接从 $\Phi(s)$ 和 $\Phi_e(s)$ 求 z 变换得来，即

$$\Phi(z)\neq Z[\Phi(s)],\Phi_e(z)\neq Z[\Phi_e(s)]$$

这是由于采样器在闭环系统中的配置形式不唯一所至。

用与上面类似的方法，还可以推导出采样器为不同配置形式的闭环系统的脉冲传递函数。但是，如果在误差信号 $e(t)$ 处没有采样开关，则等效的输入采样信号 $r^*(t)$ 便不存在，此时不能求出闭环离散系统的脉冲传递函数，而只能求出输出的 z 变换表达式 $C(z)$。

【例 7-16】 设闭环离散系统结构图如图 7-15 所示，试求闭环脉冲传递函数。

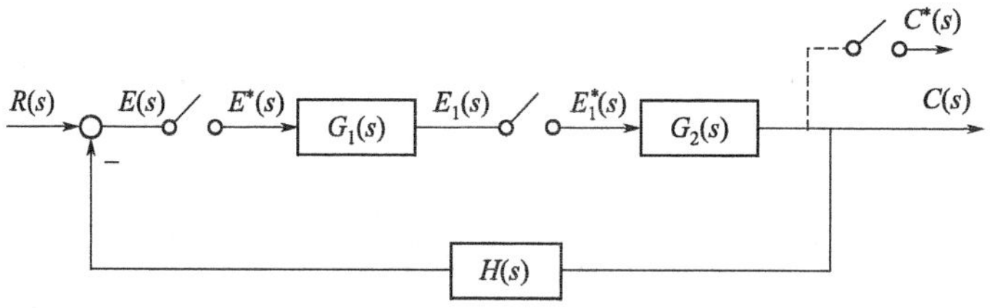

图 7-15　例 7-16 图

解　由图 7-15 可写出

$$C(z)=G_2(z)E_1(z)$$
$$=G_2(z)G_1(z)E(z)$$
$$E(z)=R(z)-G_2H(z)E_1(z)=R(z)-G_2H(z)G_1(z)E(z)$$
$$[1+G_1(z)G_2H(z)]E(z)=R(z)$$
$$E(z)=\frac{1}{1+G_1(z)G_2H(z)}R(z)$$
$$C(z)=\frac{G_1(z)G_2(z)}{1+G_1(z)G_2H(z)}R(z)$$
$$\Phi(z)=\frac{C(z)}{R(z)}=\frac{G_1(z)G_2(z)}{1+G_1(z)G_2H(z)}$$

【例 7-17】 设闭环离散系统结构图如图 7-16 所示，试求输出的 z 变换表达式。

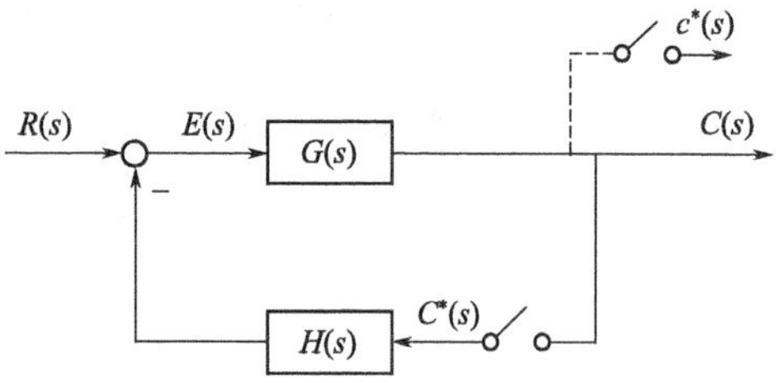

图 7-16　例 7-17 图

解　由图 7-16 有

$$C(z)=GR(z)-GH(z)C(z)$$
$$[1+GH(z)]C(z)=GR(z)$$
$$C(z)=\frac{GR(z)}{1+GH(z)}$$

此题中由于误差信号 $e(t)$ 处无采样开关，从上式解不出 $C(z)/R(z)$，因此求不出闭环脉冲传递函数，但可以求出 $C(z)$ 表达式，进而可以确定闭环系统的采样输出信号 $c^*(t)$。

7.5　稳定性分析

与线性连续系统分析相类似，稳定性分析是线性定常离散系统分析的重要内容。本节主要讨论如何在 z 域和 w 域中分析离散系统的稳定性。

由第3章可知，连续系统稳定的充要条件是其全部闭环极点均位于左半 s 平面，s 平面的虚轴就是系统稳定的边界。对于离散系统，通过 z 变换后，离散系统的特征方程转变为 z 的代数方程，简化了离散系统的分析。z 变换只是以 z 代替了 e^{Ts}，在稳定性分析中，可以把 s 平面上的稳定范围映射到 z 平面上来，在 z 平面上分析离散系统的稳定性。

7.5.1　s 域到 z 域的映射

设 s 域中的任意点可表示为 $s=\sigma+j\omega$，映射到 z 域成为

$$z=e^{(\sigma+j\omega)T}=e^{\sigma T}e^{j\omega T} \tag{7-51}$$

$$|z|=e^{\sigma T},\angle z=\omega T \tag{7-52}$$

当 $\sigma=0$ 时，$|z|=1$，表示 s 平面的虚轴映射到 z 平面上是一个单位圆周。

当 $\sigma>0$ 时，$|z|>1$，表示右半 s 平面映射到 z 平面上是单位圆以外的区域。

当 $\sigma<0$ 时，$|z|<1$，表示左半 s 平面映射到 z 平面上是单位圆内部的区域，如图7-17所示。

再观察 ω 由 $-\infty$ 到 $+\infty$ 变化时，相角 $\angle z$ 的变化情况。当 s 平面上的点沿虚轴从 $-\omega_s/2$ 移到 $\omega_s/2$ 时(其中 $\omega_s=2\pi/T$ 为采样角频率)，z 平面上的相应点沿单位圆从 $-\pi$ 逆时针变化到 π，正好转了一圈；而当 s 平面上的点在虚轴上从 $\omega_s/2$ 移到 $3\omega_s/2$ 时，z 平面上的相应点又将沿单位圆逆时针转过一圈。依次类推，如图7-17所示。由此可见，可以把 s 平面划分为无穷多条平行于实轴的周期带，其中，从 $-\omega_s/2$ 到 $\omega_s/2$ 的周期带称为主频带，其余的周期带称为次频带。

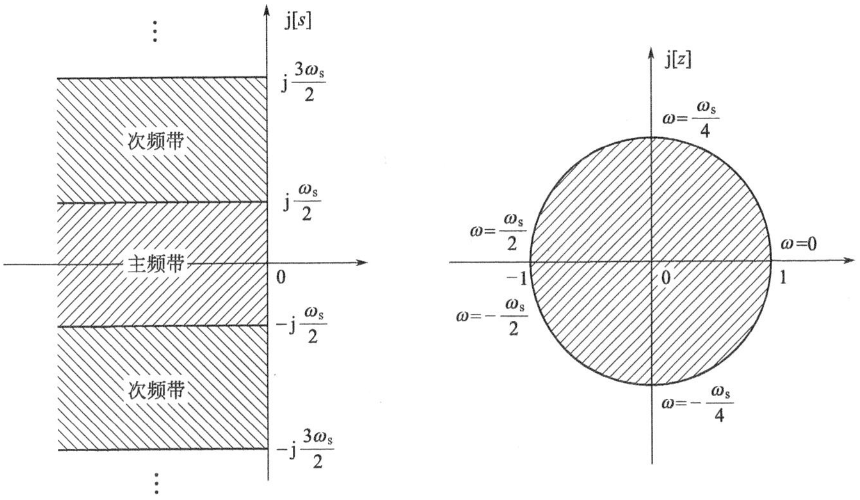

图7-17　s 平面到 z 平面的映射

7.5.2　稳定的充分必要条件

离散系统稳定性的概念与连续系统相同。如果一个线性定常离散系统的脉冲响应序列趋于0，则系统是稳定的，否则系统不稳定。

假设离散控制系统输出 $c^*(t)$ 的 z 变换可以写为

$$C(z)=\frac{M(z)}{D(z)}R(z)$$

式中，$M(z)$ 和 $D(z)$ 分别表示系统闭环脉冲传递函数 $\Phi(z)$ 的分子和分母多项式，并且 $D(z)$ 的阶数高于 $M(z)$ 的阶数。在单位脉冲作用下，系统输出

$$C(z)=\Phi(z)=\frac{M(z)}{D(z)}=\sum_{i=1}^{n}\frac{c_i z}{z-p_i} \tag{7-53}$$

式中，$p_i(i=0,1,2,\cdots,n)$ 为 $\Phi(z)$ 的极点。对式(7-53)求 z 反变换，得

$$c(kT)=\sum_{i=1}^{n}c_i p_i^k \tag{7-54}$$

若要系统稳定，即要使 $\lim\limits_{k\to\infty}c(kT)=0$，必须有 $|p_i|<1(i=1,2,3,\cdots,n)$，这表明离散系统的全部极

点必须严格位于 z 平面的单位圆内。

此外，只要离散系统的全部极点均位于 z 平面的单位圆之内，即 $|p_i|<1(i=1,2,3,\cdots,n)$，则一定有

$$\lim_{k\to\infty} c(kT)=\lim_{k\to\infty}\sum_{i=1}^{n} c_i p_i^k \to 0$$

说明系统稳定。

综上所述，线性定常离散系统稳定的充分必要条件是，系统闭环脉冲传递函数的全部极点均位于 z 平面的单位圆内，或者系统所有特征根的模均小于 1。这与从 s 域到 z 域映射的讨论结果是一致的。

应当指出，上述结论是在闭环特征方程无重根的情况下推导出来的，但对有重根的情况也是正确的。

【例 7-18】 设离散系统如图 7-14 所示，其中 $G(s)=1/[s(s+1)]$，$H(s)=1$，采样周期 $T=1\text{s}$。试分析系统的稳定性。

解 系统开环脉冲传递函数

$$G(z)=Z\left[\frac{1}{s(s+1)}\right]=Z\left[\frac{1}{s}-\frac{1}{s+1}\right]=\frac{z}{z-1}-\frac{z}{z-\mathrm{e}^{-T}}=\frac{(1-\mathrm{e}^{-T})z}{(z-1)(z-\mathrm{e}^{-T})}$$

系统闭环特征方程为

$$D(z)=z^2-2\mathrm{e}^{-T}z+\mathrm{e}^{-T}=z^2-0.736z+0.368=0$$

解出特征方程的根

$$z_1=0.37+\mathrm{j}0.48,\ z_2=0.37-\mathrm{j}0.48$$

因为 $|z_1|=|z_2|=\sqrt{0.37^2+0.48^2}=0.606<1$，所以该离散系统稳定。

应当指出，当例 7-18 中无采样器时，对应的二阶连续系统总是稳定的，引入采样器后，采样点之间的信息会丢失，系统的相对稳定性变差。当采样周期增加时，二阶离散系统有可能变得不稳定。

当系统阶数较高时，直接求解系统特征方程的根很不方便，希望寻找间接的稳定判据，这对于研究离散系统结构、参数、采样周期等对系统稳定性的影响也是必要的。

7.5.3 稳定性判据

连续系统中的劳斯稳定判据，实质上是用来判断系统特征方程的根是否都在左半 s 平面。而在离散系统中需要判断系统特征方程的根是否都在 z 平面的单位圆内。因此在 z 域中不能直接利用劳斯判据，必须引入 w 变换，使 z 平面单位圆内的区域，映射成 w 平面上的左半平面。

(1) w 变换与 w 域中的劳斯判据

如果令

$$z=\frac{w+1}{w-1} \tag{7-55}$$

则有

$$w=\frac{z+1}{z-1} \tag{7-56}$$

w 变换是一种可逆的双向变换。令复变量

$$z=x+\mathrm{j}y,\ w=u+\mathrm{j}v \tag{7-57}$$

代入式(7-56) 得

$$u+\mathrm{j}v=\frac{(x^2+y^2)-1}{(x-1)^2+y^2}-\mathrm{j}\frac{2y}{(x-1)^2+y^2} \tag{7-58}$$

由式(7-58) 可知，当 $|z|=x^2+y^2>1$ 时，$u>0$，表明 z 平面单位圆外的区域映射到 w 平面虚轴的右侧；当 $|z|=x^2+y^2=1$ 时，$u=0$，表明 z 平面单位圆映射为 w 平面的虚轴；当 $|z|=x^2+y^2<1$ 时，$u<0$，表明 z 平面单位圆内的区域映射为 w 平面虚轴的左侧，如图 7-18 所示。

判断一个离散系统是否稳定，可先将离散系统的 z 特征方程 $D(z)$ 变换为 w 特征方程 $D(w)$，然后像线性连续系统那样，用劳斯判据判断离散系统的稳定性。将这种方法称为 w 域中的劳斯稳定判据。

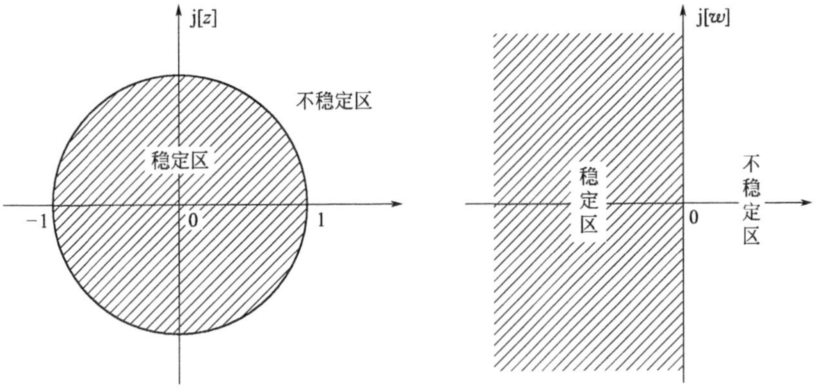

图 7-18 z 平面与 w 平面的对应关系

【例 7-19】 闭环离散系统如图 7-19 所示，其中采样周期 $T=0.1\text{s}$，试确定使系统稳定的 K 值范围。

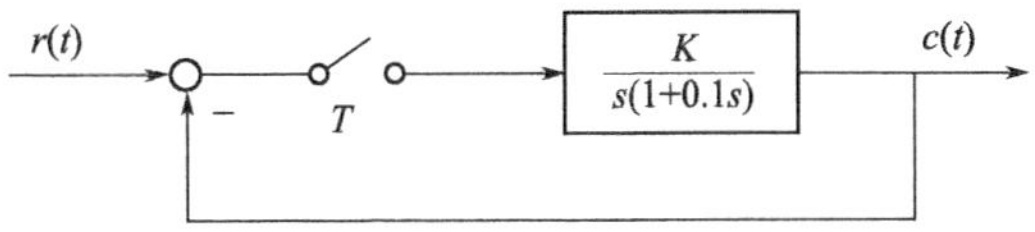

图 7-19 闭环离散系统结构图

解 求出开环脉冲传递函数

$$G(z)=Z\left[\frac{K}{s(0.1s+1)}\right]=\frac{0.632Kz}{z^2-1.368z+0.368}$$

闭环特征方程为

$$1+G(z)=z^2+(0.632K-1.368)z+0.368=0$$

令 $z=(w+1)/(w-1)$，得

$$\left(\frac{w+1}{w-1}\right)^2+(0.632K-1.368)\left(\frac{w+1}{w-1}\right)+0.368=0$$

简化后，得 w 域特征方程

$$0.632Kw^2+1.264w+(2.736-0.632K)=0$$

列劳斯表

$$\begin{array}{c|ll} w^2 & 0.632K & 2.736-0.632K \\ w^1 & 1.264 & 0 \\ w^0 & 2.736-0.632K & \end{array}$$

从劳斯表第一列系数可以看出，为使系统稳定，必须满足

$$0<K<\frac{2.736}{0.632}=4.33$$

(2) 朱利（Jury）判据

朱利判据是直接在 z 域内应用的稳定判据，它直接根据离散系统闭环特征方程 $D(z)=0$ 的系数，判断闭环极点是否全部位于 z 平面的单位圆内，从而判断系统是否稳定。

设线性定常离散系统的闭环特征方程为

$$D(z)=a_0+a_1z+a_2z^2+\cdots+a_nz^n=0$$

式中，$a_n>0$。排出朱利表如表 7-1 所示，其中第一行是特征方程的系数，偶数行的元素是奇数行元素的反顺序排列。

表 7-1 朱利表

行数	z^0	z^1	z^2	z^3	…	z^{n-k}	…	z^{n-2}	z^{n-1}	z^n
1	a_0	a_1	a_2	a_3	…	a_{n-k}	…	a_{n-2}	a_{n-1}	a_n
2	a_n	a_{n-1}	a_{n-2}	a_{n-3}	…	a_k	…	a_2	a_1	a_0
3	b_0	b_1	b_2	b_3	…	b_{n-k}	…	b_{n-2}	b_{n-1}	
4	b_{n-1}	b_{n-2}	b_{n-3}	b_{n-4}	…	b_{k-1}	…	b_1	b_0	
5	c_0	c_1	c_2	c_3	…	c_{n-k}	…	c_{n-2}		
6	c_{n-2}	c_{n-3}	c_{n-4}	c_{n-5}	…	c_{k-2}	…	c_0		

续表

行数	z^0	z^1	z^2	z^3	…	z^{n-k}	…	z^{n-2}	z^{n-1}	z^n
⋮	⋮	⋮	⋮	⋮		⋮				
$2n-5$	p_0	p_1	p_2	p_3						
$2n-4$	p_3	p_2	p_1	p_0						
$2n-3$	q_0	q_1	q_2							
$2n-2$	q_2	q_1	q_0							

表 7-1 所示阵列中的元素定义如下

$$b_k=\begin{vmatrix} a_0 & a_{n-k} \\ a_n & a_k \end{vmatrix},(k=0,1,\cdots,n-1)$$

$$c_k=\begin{vmatrix} b_0 & b_{n-k-1} \\ b_{n-1} & b_k \end{vmatrix},(k=0,1,\cdots,n-2)$$

…………

$$q_0=\begin{vmatrix} p_0 & p_3 \\ p_3 & p_0 \end{vmatrix},\ q_1=\begin{vmatrix} p_0 & p_2 \\ p_3 & p_1 \end{vmatrix},\ q_2=\begin{vmatrix} p_0 & p_1 \\ p_3 & p_2 \end{vmatrix}$$

则线性定常离散系统稳定的充要条件为

$$D(1)>0, D(-1)\begin{cases} >0, n \text{ 为偶数} \\ <0, n \text{ 为奇数} \end{cases}$$

且以下 $n-1$ 个约束条件成立

$$|a_0|<|a_n|, |b_0|>|b_{n-1}|, |c_0|>|c_{n-2}|, \cdots, |q_0|>|q_2|$$

当以上所有条件均满足时，系统稳定，否则不稳定。

【例 7-20】 已知离散系统闭环特征方程为

$$D(z)=z^4+0.2z^3+z^2+0.36z+0.8=0$$

试用朱利判据判断系统的稳定性。

解 根据给定的 $D(z)$ 知 $a_0=0.8$，$a_1=0.36$，$a_2=1$，$a_3=0.2$，$a_4=1$。

首先，检验条件

$$D(1)=3.36>0,\ D(-1)=2.24>0$$

其次，列朱利表，计算朱利表中的元素 b_k 和 c_k

$$b_0=\begin{vmatrix} a_0 & a_4 \\ a_4 & a_0 \end{vmatrix}=-0.36,\ b_1=\begin{vmatrix} a_0 & a_3 \\ a_4 & a_1 \end{vmatrix}=0.088$$

$$b_2=\begin{vmatrix} a_0 & a_2 \\ a_4 & a_2 \end{vmatrix}=-0.2,\ b_3=\begin{vmatrix} a_0 & a_1 \\ a_4 & a_3 \end{vmatrix}=-0.2$$

$$c_0=\begin{vmatrix} b_0 & b_3 \\ b_3 & b_0 \end{vmatrix}=0.0896,\ c_1=\begin{vmatrix} b_0 & b_2 \\ b_3 & b_1 \end{vmatrix}=-0.07168,\ c_2=\begin{vmatrix} b_0 & b_1 \\ b_3 & b_2 \end{vmatrix}=0.0896$$

列出朱利表如表 7-2 所示。

表 7-2 例 7-20 的朱利表

行数	z^0	z^1	z^2	z^3	z^4
1	0.8	0.36	1	0.2	1
2	1	0.2	1	0.36	0.8
3	−0.36	0.088	−0.2	−0.2	—
4	−0.2	−0.2	0.088	−0.36	—
5	0.0896	−0.07168	0.0896	—	—
6	0.0896	−0.07168	0.0896	—	—

检验其他约束条件 $|a_0|=0.8<|a_4|=1$，$|b_0|=0.36>|b_3|=0.2$

$$|c_0|=0.0896=|c_2|，不满足|c_0|>|c_2|的条件$$

由朱利稳定判据可判定，该离散系统不稳定。

对于离散系统而言，采样周期 T 和开环增益都对系统稳定性有影响。当采样周期一定时，加大开环增益会使离散系统的稳定性变差，甚至使系统变得不稳定；当开环增益一定时，采样周期越长，丢失的信息越多，对离散系统的稳定性及动态性能均不利。

7.6 稳态误差计算

连续系统中计算稳态误差的一般方法和静态误差系数法，在一定的条件下可以推广到离散系统中。与连续系统不同的是，离散系统的稳态误差只对采样点而言。

7.6.1 一般方法（利用终值定理）

设单位反馈离散系统如图 7-20 所示，系统误差脉冲传递函数为

$$\Phi_e(s)=\frac{E(z)}{R(z)}=\frac{1}{1+G(z)}$$

$$E(z)=\Phi_e(s)R(z)=\frac{1}{1+G(z)}R(z)$$

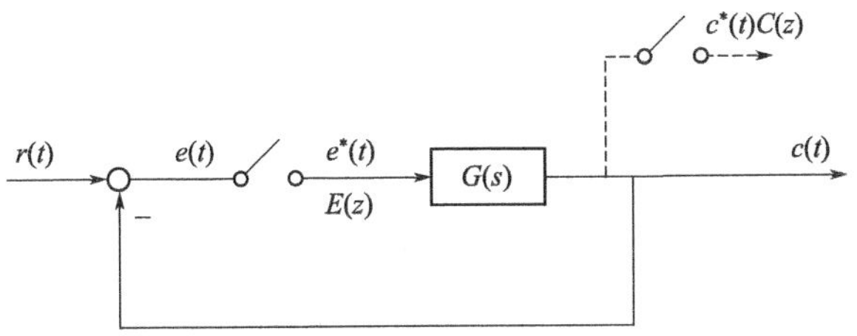

图 7-20 离散系统结构图

如果系统稳定，则可用 z 变换的终值定理求出采样瞬时的稳态误差

$$e(\infty)=\lim_{t\to\infty}e^*(t)=\lim_{z\to1}(z-1)E(z)=\lim_{z\to1}\frac{(z-1)R(z)}{1+G(z)} \tag{7-59}$$

式(7-59) 表明，线性定常离散系统的稳态误差，与系统本身的结构和参数有关，与输入序列的形式及幅值有关，而且与采样周期的选取也有关。

【例 7-21】 设离散系统如图 7-20 所示，其中，$G(s)=1/[s(s+1)]$，采样周期 $T=1\text{s}$，输入连续信号 $r(t)$ 分别为 $1(t)$ 和 t，试求离散系统的稳态误差。

解 系统开环脉冲传递函数

$$G(z)=Z[G(s)]=\frac{z(1-\mathrm{e}^{-1})}{(z-1)(z-\mathrm{e}^{-1})}$$

系统的误差脉冲传递函数

$$\Phi(z)=\frac{1}{1+G(z)}=\frac{(z-1)(z-0.368)}{z^2-0.736z+0.368}$$

闭环极点 $z_{1,2}=0.368\pm \mathrm{j}0.482$ 全部位于 z 平面的单位圆内，可以应用终值定理求稳态误差。

当 $r(t)=1(t)$，相应 $r(nT)=1(nT)$ 时，$R(z)=z/(z-1)$，由式(7-59) 求得

$$e(\infty)=\lim_{z\to1}\frac{z(z-1)(z-0.368)}{z^2-0.736z+0.368}=0$$

当 $r(t)=t$，相应 $r(nT)=nT$ 时，$R(z)=Tz/(z-1)^2$，于是由式(7-59) 求得

$$e(\infty)=\lim_{z\to1}\frac{Tz(z-0.368)}{z^2-0.736z+0.368}=T=1$$

7.6.2 静态误差系数法

由 z 变换算子 $z=\mathrm{e}^{Ts}$ 关系式可知，如果开环传递函数 $G(s)$ 有 v 个 $s=0$ 的极点，即 v 个积分环节，

则与 $G(s)$ 相应的 $G(z)$ 必有 v 个 $z=1$ 的极点。在连续系统中，把开环传递函数 $G(s)$ 具有 $s=0$ 的极点数作为划分系统型别的标准，在离散系统中，对应把开环脉冲传递函数 $G(z)$ 具有 $z=1$ 的极点数，作为划分离散系统型别的标准，类似把 $G(z)$ 中 $v=0$、1、2 的闭环系统，称为 0 型、1 型和 2 型离散系统等。

下面在系统稳定的条件下讨论图 7-20 所示形式的不同型别的离散系统在三种典型输入信号作用下的稳态误差，并建立离散系统静态误差系数的概念。

(1) 阶跃输入时的稳态误差

当系统输入为阶跃函数 $r(t)=A\times1(t)$ 时，其 z 变换函数

$$R(z)=\frac{Az}{z-1}$$

由式(7-59) 知，系统稳态误差为

$$e(\infty)=\lim_{z\to1}\frac{A}{1+G(z)}=\frac{A}{1+\lim\limits_{z\to1}G(z)}=\frac{A}{1+K_p} \tag{7-60}$$

式中

$$K_p=\lim_{z\to1}G(z) \tag{7-61}$$

称为离散系统的静态位置误差系数。

(2) 斜坡输入时的稳态误差

当系统输入为斜坡函数 $r(t)=At$ 时，其 z 变换函数

$$R(z)=\frac{ATz}{(z-1)^2}$$

系统稳态误差为

$$e(\infty)=\lim_{z\to1}\frac{AT}{(z-1)[1+G(z)]}=\frac{AT}{\lim\limits_{z\to1}(z-1)G(z)}=\frac{AT}{K_v} \tag{7-62}$$

式中

$$K_v=\lim_{z\to1}(z-1)G(z) \tag{7-63}$$

称为静态速度误差系数。

(3) 加速度输入时的稳态误差

当系统输入为加速度函数 $r(t)=At^2/2$ 时，其 z 变换函数

$$R(z)=\frac{AT^2z(z+1)}{2(z-1)^3}$$

系统稳态误差

$$e(\infty)=\lim_{z\to1}\frac{AT^2(z+1)}{2(z-1)^2[1+G(z)]}=\frac{AT^2}{\lim\limits_{z\to1}(z-1)^2G(z)}=\frac{AT^2}{K_a} \tag{7-64}$$

式中

$$K_a=\lim_{z\to1}(z-1)^2G(z) \tag{7-65}$$

称为静态加速度误差系数。

归纳上述讨论结果，可以得出典型输入下不同型别离散系统的稳态误差计算规律，见表 7-3。

表 7-3　离散系统的稳态误差

系统型别	$K_p=\lim\limits_{z\to1}G(z)$	$K_v=\lim\limits_{z\to1}(z-1)G(z)$	$K_a=\lim\limits_{z\to1}(z-1)^2G(z)$	位置误差 $r(t)=A\times1(t)$	速度误差 $r(t)=At$	加速度误差 $r(t)=At^2/2$
0 型	K_p	0	0	$A/(1+K_p)$	∞	∞
1 型	∞	K_v	0	0	AT/K_v	∞
2 型	∞	∞	K_a	0	0	AT^2/K_a

可见，与连续系统相比较，离散系统的稳态误差不仅与系统的结构、参数有关，而且与采样周期 T 有关。

【例 7-22】 已知离散系统结构图如图 7-21 所示，采样周期为 T。

① 要使系统稳定，K 和 T 应满足什么条件？

② 当 $T=1$，$r(t)=t$ 时，求系统的最小稳态误差值。

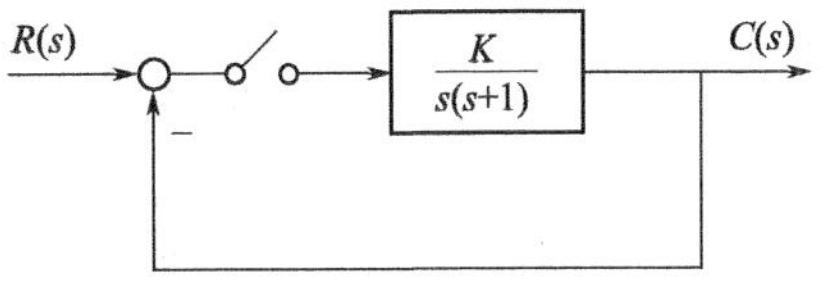

图 7-21 离散系统结构图

解 ① 系统开环脉冲传递函数为

$$G(z)=Z\left[\frac{K}{s(s+1)}\right]=K\cdot Z\left[\frac{1}{s}-\frac{1}{s+1}\right]$$

$$=K\left(\frac{z}{z-1}-\frac{z}{z-e^{-T}}\right)=\frac{K(1-e^{-T})z}{(z-1)(z-e^{-T})}$$

系统特征方程为

$$D(z)=(z-1)(z-e^{-T})+K(1-e^{-T})z$$
$$=z^2+[(1-e^{-T})K-1-e^{-T}]z+e^{-T}=0$$

利用朱利稳定判据

$$\begin{cases}D(1)=K(1-e^{-T})>0\\ D(-1)=2(1+e^{-T})-K(1-e^{-T})>0\end{cases}$$

行数	z_0	z_1	z_2
1	e^{-T}	$(1-e^{-T})K-1-e^{-T}$	1
2	1	$(1-e^{-T})K-1-e^{-T}$	e^{-T}

得到

$$1>e^{-T}$$

联立上述条件，有

$$0<K<\frac{2(1+e^{-T})}{1-e^{-T}},T>0$$

可以绘出使系统稳定的参数范围，如图 7-22 中阴影部分所示。

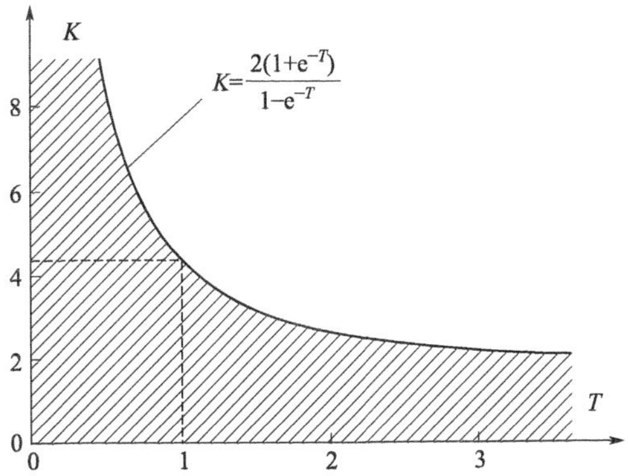

图 7-22 使系统稳定的参数范围

② 系统静态速度误差系数为

$$K_v=\lim_{z\to1}(z-1)G(z)=\lim_{z\to1}\frac{K(1-e^{-T})z}{z-e^{-T}}=K$$

$$e_{ss}^*=\frac{AT}{K_v}=\frac{T}{K}$$

当 $T=1$ 时，使系统稳定的 K 值范围是

$$0<K<\left.\frac{2(1+e^{-T})}{1-e^{-T}}\right|_{T=1}=4.328$$

所以有

$$e_{ssv}^*=\frac{1}{K}>0.231$$

即在稳定范围内，系统可能达到的最小速度误差 $e_{ssv}^*=0.231$，此时开环增益 $K=4.328$。

7.6.3 动态误差系数法

对于一个稳定的线性离散系统，利用终值定理或静态误差系数法，只能求出当时间 $t\to\infty$时系统的稳态误差终值，而不能提供误差随时间变化的规律。通过动态误差系数法，可以获得稳态误差随时间变化的信息。

设系统闭环误差脉冲传递函数为 $\Phi_e(z)$，根据 z 变换的定义，将 $z=e^{Ts}$ 代入 $\Phi_e(z)$，得到以 s 为变量形式的闭环误差脉冲传递函数

$$\Phi_e^*(s)=\Phi_e^*(z)\big|_{z=e^{Ts}} \tag{7-66}$$

将 $\Phi_e^*(s)$ 展开成泰勒级数形式，有

$$\Phi_e^*(s)=c_0+c_1s+c_2s^2+\cdots+c_ms^m+\cdots \tag{7-67}$$

$$c_m=\frac{1}{m!}\cdot\left.\frac{d^m\Phi_e^*(s)}{ds^m}\right|_{s=0}(m=0,1,2,\cdots) \tag{7-68}$$

定义 $c_m(m=0,1,2,\cdots)$ 为动态误差系数，则过渡过程结束后，系统在采样时刻的稳态误差为

$$e_{ss}(kT)=c_0r(kT)+c_1\dot{r}(kT)+c_2\ddot{r}(kT)+\cdots+c_mr^{(m)}(kT)+\cdots,kT>t_s \tag{7-69}$$

这与连续系统用动态误差系数法计算系统稳态误差的方法相似。

【例 7-23】 单位负反馈离散系统的开环脉冲传递函数为

$$G(z)=\frac{e^{-T}z+(1-2e^{-T})}{(z-1)(z-e^{-T})}$$

采样周期 $T=1\text{s}$，系统输入信号 $r(t)=t^2/2$。

① 求系统的静态误差系数 K_p、K_v 和 K_a；

② 用静态误差系数法求稳态误差终值 $e^*(\infty)$；

③ 用动态误差系数法求 $t=20\text{s}$ 时的稳态误差。

解 ① $G(z)=\left.\dfrac{e^{-T}z+1-2e^{-T}}{(z-1)(z-e^{-T})}\right|_{T=1}=\dfrac{0.368z+0.264}{z^2-1.368z+0.368}$

$$K_p=\lim_{z\to1}\frac{0.368z+0.264}{z^2-1.368z+0.368}\to\infty$$

$$K_v=\lim_{z\to1}(z-1)\frac{0.368z+0.264}{z^2-1.368z+0.368}=1$$

$$K_a=\lim_{z\to1}(z-1)^2\frac{0.368z+0.264}{z^2-1.368z+0.368}=0$$

② 系统是 1 型的，当 $r(t)=t^2/2$ 时，稳态误差终值 $e^*(\infty)=1/K_a\to\infty$。

③ 系统闭环误差脉冲传递函数

$$\Phi_e(z)=\frac{1}{1+G(z)}=\frac{z^2-1.368z+0.368}{z^2-z+0.632}$$

因为 $t>0$ 时，$\dot{r}(t)=t$，$\ddot{r}(t)=1$，$\dddot{r}(t)=0$，所以动态误差系数只需求出 c_0、c_1 和 c_2。

$$\Phi_e^*(z)=\Phi_e(z)|_{z=e^{Ts}}=\frac{e^{2s}-1.368e^s+0.368}{e^{2s}-e^s+0.632}$$

$$c_0=\Phi_e^*(0)=0$$

$$c_1=\frac{d}{ds}\Phi_e^*(s)|_{s=0}=1$$

$$c_2=\frac{1}{2}\times\frac{d^2}{ds^2}\Phi_e^*(s)|_{s=0}=\frac{1}{2}$$

系统稳态误差在采样时刻的值为

$$e_{ss}(kT)=c_0r(kT)+c_1\dot{r}(kT)+c_2\ddot{r}(kT)=kT+0.5$$

可见，系统稳态误差是随时间线性增长的。当 $t=20T=20\text{s}$ 时，$e_{ss}(20)=20.5$。

动态误差系数法对单位反馈和非单位反馈系统均适用，还可以计算由扰动信号引起的稳态误差。

7.7 动态性能分析

计算离散系统的动态性能，通常先求取离散系统的阶跃响应序列，再按动态性能指标定义来确定指标值。本节主要介绍离散系统闭环极点分布与其瞬态响应的关系以及动态性能的分析、计算方法。

7.7.1 闭环极点分布与瞬态响应

在连续系统中，闭环极点在 s 平面上的位置与系统的瞬态响应有着密切的关系。闭环极点决定了系统瞬态响应中的模态。同样，在线性离散系统中，闭环脉冲传递函数的极点在 z 平面上的位置，对系统的动态响应具有重要的影响。明确它们之间的关系，对离散系统的分析和综合是有益的。

设系统的闭环脉冲传递函数

$$\Phi(z)=\frac{M(z)}{D(z)}=\frac{b_mz^m+b_{m-1}z^{m-1}+\cdots+b_0}{a_nz^n+a_{n-1}z^{n-1}+\cdots+a_0}=\frac{b_m}{a_n}\frac{\prod_{l=1}^{m}(z-z_l)}{\prod_{i=1}^{n}(z-p_i)}\quad n\geqslant m$$

式中，z_l 表示 $\Phi(z)$ 的零点；p_i 表示 $\Phi(z)$ 的极点。不失一般性，且为了便于讨论，假定 $\Phi(z)$ 无重极点。

当 $r(t)=1(t)$ 时，离散系统输出的 z 变换

$$C(z)=\Phi(z)R(z)=\frac{M(z)}{D(z)}\cdot\frac{z}{z-1}$$

将 $C(z)/z$ 展成部分分式

$$\frac{C(z)}{z}=\frac{M(1)}{D(1)}\times\frac{z}{z-1}+\sum_{i=1}^{n}\frac{C_i}{z-p_i} \tag{7-70}$$

式中

$$C_i=\frac{M(p_i)}{(p_i-1)D'(p_i)},D'(p_i)=\left.\frac{\mathrm{d}D(z)}{\mathrm{d}z}\right|_{z=p_i}$$

于是

$$C(z)=\frac{M(1)}{D(1)}\cdot\frac{z}{z-1}+\sum_{i=1}^{n}\frac{C_i z}{z-p_i} \tag{7-71}$$

对式(7-71) 进行 z 反变换，得

$$c(kT)=\frac{M(1)}{D(1)}+\sum_{i=1}^{n}C_i p_i^k \tag{7-72}$$

其中，$\dfrac{M(1)}{D(1)}$是 $c^*(t)$ 的稳态分量，而瞬态响应中各分量的形式则是由闭环极点 p_i 在 z 平面的位置决定的。下面分几种情况来讨论。

(1) 实数极点

当 p_i 位于实轴上时，对应的瞬态分量为

$$c_i(kT)=C_i p_i^k \tag{7-73}$$

① 若 $0<p_i<1$，极点位于单位圆内的正实轴上，p_i^k 总是正值，并随 k 增大而减小。故瞬态响应序列单调收敛，p_i 越接近原点，其值越小，收敛越快。

② 若 $p_i=1$，极点即单位圆与正实轴的交点，相应的瞬态响应是等幅值序列。

③ 若 $p_i>1$，极点位于单位圆外正实轴上，对应的瞬态响应序列为单调发散序列。

④ 若$-1<p_i<0$，极点位于单位圆内负实轴上，由于 p_i 是负值，所以对应的瞬态响应为正负交替的衰减脉冲序列。

⑤ 若 $p_i=-1$，极点即单位圆与负实轴的交点，对应的瞬态响应为交替变号的等幅脉冲序列，振荡的角频率为 π/T。

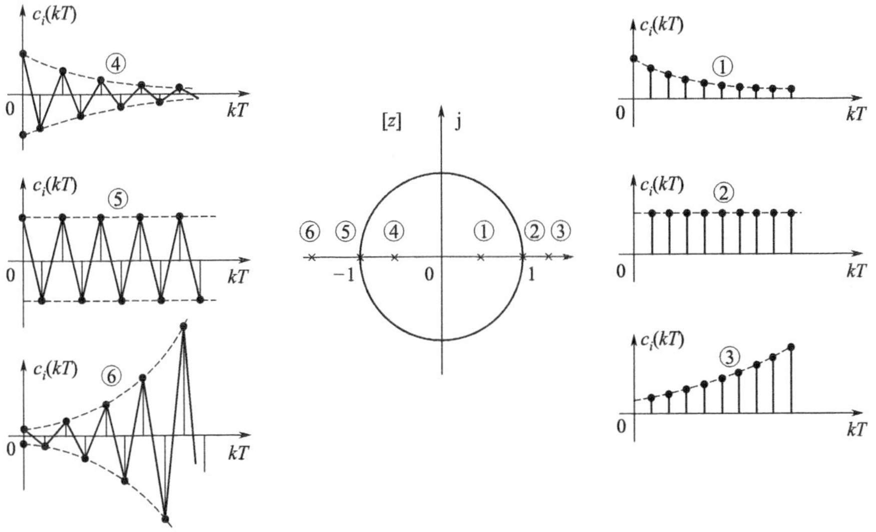

图 7-23　实数极点的瞬态响应

⑥ 若 $p_i<-1$，极点位于单位圆外的负实轴上，对应的瞬态响应为交替变号的发散脉冲序列，振荡的角频率为 π/T。

闭环实数极点分布与相应的瞬态响应形式如图 7-23 所示。

（2）共轭复数极点

由于闭环脉冲传递函数共轭复数极点 p_i、p_{i+1} 是成对出现的，即 $p_{i,i+1}=|p_i|e^{\pm j\theta_i}$，它们所对应的系数 C_i、C_{i+1} 也必定是共轭的，即 $C_{i,i+1}=|C_i|e^{\pm j\varphi_i}$。由式(7-72)，$p_i$、$p_{i+1}$ 对应的瞬态响应分量为

$$\begin{aligned}c_{i,i+1}(kT)&=Z^{-1}\left[\frac{C_i z}{z-p_i}+\frac{C_{i+1}z}{z-p_{i+1}}\right]=C_i p_i^k+C_{i+1}p_{i+1}^k\\&=|C_i|e^{j\varphi_i}\cdot|p_i|^k e^{jk\theta_i}+|C_i|e^{-j\varphi_i}\cdot|p_i|^k e^{-jk\theta_i}\\&=|C_i||p_i|^k[e^{j(k\theta_i+\varphi_i)}+e^{-j(k\theta_i+\varphi_i)}]\\&=2|C_i||p_i|^k\cos(k\theta_i+\varphi_i)\end{aligned}\tag{7-74}$$

由此可见，共轭复数极点对应的瞬态响应是余弦振荡序列。

① 若 $|p_i|<1$，复数极点位于单位圆内，相应的瞬态响应序列衰减振荡，振荡角频率为 θ_i/T。共轭复数极点越接近原点，瞬态响应衰减越快。

② 若 $|p_i|=1$，复数极点位于 z 平面上的单位圆上，对应的瞬态响应为等幅振荡脉冲序列。

③ 若 $|p_i|>1$，复数极点位于单位圆外，相应的瞬态响应序列发散振荡。

闭环共轭复数极点分布与相应瞬态响应形式的关系如图 7-24 所示。

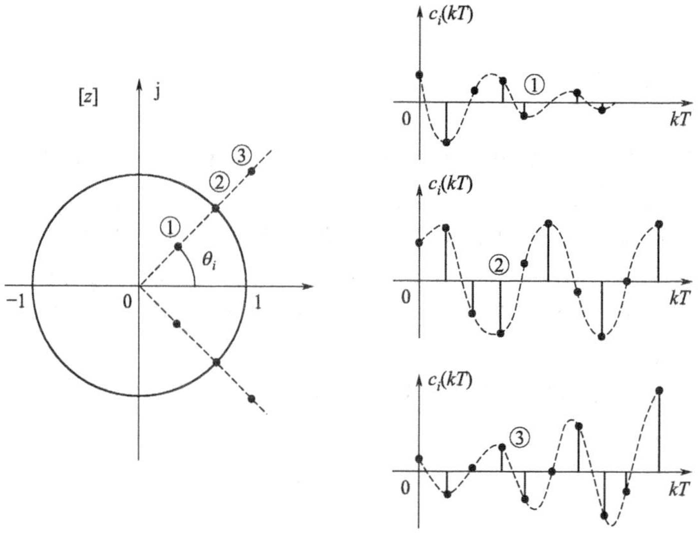

图 7-24 复数极点对应的瞬态响应

综上所述，离散系统的动态特性与闭环极点的分布密切相关。当闭环极点位于 z 平面的左半单位圆内的实轴上时，由于输出衰减脉冲交替变号，故动态过程质量很差；当闭环复极点位于左半单位圆内时，由于输出是衰减的高频脉冲，故系统动态过程性能欠佳。因此，在设计离散系统时，应把闭环极点配置在 z 平面的右半单位圆内，且尽量靠近原点。

7.7.2 动态性能分析

设离散系统的闭环脉冲传递函数 $\Phi(z)=C(z)/R(z)$，则系统单位阶跃响应的 z 变换

$$C(z)=\frac{z}{z-1}\Phi(z)$$

通过 z 反变换，可以求出输出信号的脉冲序列 $c^*(t)$。根据单位阶跃响应序列 $c^*(t)$，可以确定离散系统的动态性能。

【例 7-24】 设有零阶保持器的离散系统如图 7-25 所示，其中 $r(t)=1(t)$，采样周期 $T=1\text{s}$，$K=1$。试分析系统的动态性能。

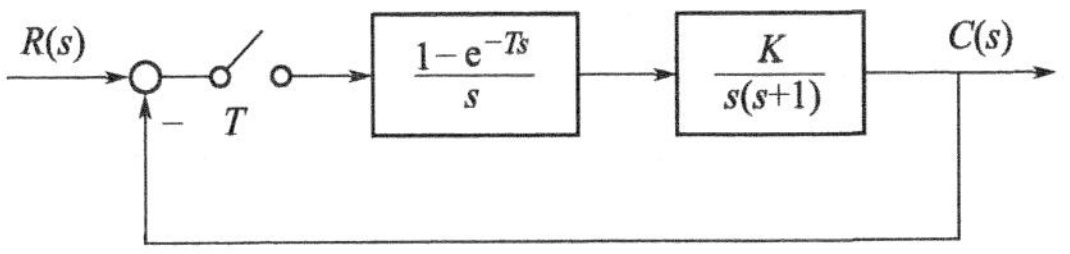

图 7-25 闭环离散系统结构图

解 先求开环脉冲传递函数 $G(z)$

$$G(z)=Z\left[\frac{1-e^{-Ts}}{s^2(s+1)}\right]=(1-z^{-1})Z\left[\frac{1}{s^2(s+1)}\right]=\frac{0.368z+0.264}{(z-1)(z-0.368)}$$

闭环脉冲传递函数

$$\Phi(z)=\frac{G(z)}{1+G(z)}=\frac{0.368z+0.264}{z^2-z+0.632}$$

将 $R(z)=z/(z-1)$ 代入上式，求出单位阶跃响应序列的 z 变换，即

$$C(z)=\Phi(z)R(z)=\frac{0.368z^{-1}+0.264z^{-2}}{1-2z^{-1}+1.632z^{-2}-0.632z^{-3}}$$

用长除法，可得到系统的阶跃响应序列值 $c(nT)$ 为

$c(0T)=0$

$c(1T)=0.3679$ $c(11T)=1.0810$

$c(2T)=1.0000$ $c(12T)=1.0323$

$c(3T)=1.3996$ $c(13T)=0.9811$

$c(4T)=1.3996$ $c(14T)=0.9607$

$c(5T)=1.1470$ $c(15T)=0.9726$

$c(6T)=0.8944$ $c(16T)=0.9975$

$c(7T)=0.8015$ $c(17T)=1.0148$

$c(8T)=0.8682$ $c(18T)=1.0164$

$c(9T)=0.9937$ $c(19T)=1.0070$

$c(10T)=1.0770$ $c(20T)=0.9967$

绘出离散系统的单位阶跃响应序列 $c^*(t)$，如图 7-26 中“○”所示，由响应序列值可以确定离散系统的近似性能指标：超调量 $\sigma\%=40\%$，峰值时间 $t_p=4s$，调节时间 $t_s=12s$。

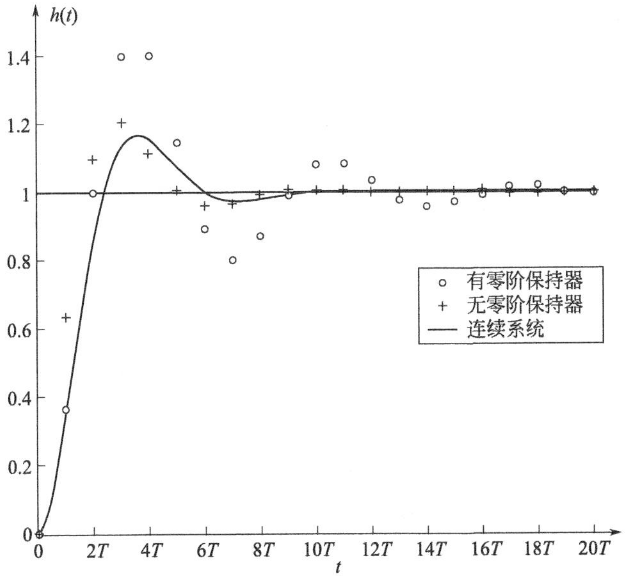

图 7-26 系统单位阶跃响应

应当指出，离散系统的时域性能指标只能按采样点上的值来计算，所以是近似的。

图 7-26 中同时绘出了相应无零阶保持器时离散系统的单位阶跃响应序列（图中“+”所示）和连续

系统的单位阶跃响应（图中实线所示）。可以看出，在相同条件下，由于采样损失了信息，与连续系统相比，离散系统的动态性能会有所降低。由于零阶保持器相当于延时半拍的延迟环节，所以相对于无零阶保持器的离散系统，理论上其相角裕度会降低，稳定程度和动态性能会变差。但在实际系统中，用脉冲序列直接驱动被控对象是不合适的，一般都要经过零阶保持器，用连续的模拟量控制被控对象。

7.8 离散系统的模拟化校正

离散系统的模拟化校正方法是一种有条件的近似方法，当采样频率相对于系统的工作频率足够高时，保持器引起的附加相角滞后不大，这时系统中的数字部分可以用连续环节来近似。整个系统可先按照连续系统的校正方法来设计，连续校正装置确定后，再用合适的离散化方法将其离散化为数字校正装置，用数字计算机来实现。虽然这种方法是近似的，但连续系统的校正方法已被工程技术人员熟悉，并且积累了十分丰富的经验，所以在实际中被广泛运用。模拟化校正方法的步骤如下。

① 将零阶保持器对系统的影响折算到被控对象中，根据性能指标要求，用连续系统的理论设计校正装置的传递函数 $D(s)$。

② 选择合适的离散化方法，由 $D(s)$ 求出离散形式的数字校正装置脉冲传递函数 $D(z)$。

③ 检查离散控制系统的性能是否满足设计的要求。

④ 将 $D(z)$ 变为差分方程形式，并编制计算机程序来实现其控制规律。如果有条件，还可以用数字机模拟机混合仿真的方法来检验设计的正确性。

7.8.1 常用的离散化方法

将模拟校正装置离散化为数字校正装置，首先要满足稳定性条件，即一个稳定的模拟校正装置离散化后，应当也是一个稳定的数字校正装置。如果模拟校正装置只在左半 s 平面有极点，对应的数字校正装置只应在 z 平面单位圆内有极点。此外，数字校正装置在关键频段内的频率特性，应与模拟校正装置相近，这样才能起到设计时预期的综合校正作用。

常见的离散化方法有以下几种。

(1) 一阶差分近似法

一阶差分近似法的基本思想是将变量的导数用差分来近似，即

$$\frac{\mathrm{d}e}{\mathrm{d}t}=\frac{e(k)-e(k-1)}{T}$$

由上式确定的 s 域和 z 域间的关系为 $s=\dfrac{1-z^{-1}}{T}$

于是有

$$D(z)=D(s)\Big|_{s=\frac{1-z^{-1}}{T}} \tag{7-75}$$

(2) 阶跃响应不变法

这种方法是将模拟校正装置传递函数 $D(s)$ 前端串联一个虚拟的零阶保持器，然后再进行 z 变换，得到相应的离散化形式 $D(z)$，即

$$D(z)=Z\left[\frac{1-\mathrm{e}^{-Ts}}{s}D(s)\right] \tag{7-76}$$

阶跃响应不变法可保证数字校正装置 $D(z)$ 的阶跃响应序列等于模拟校正装置 $D(s)$ 的阶跃响应采样值。

(3) 根匹配法

无论是连续系统还是数字系统，其特性都由其零、极点和增益所决定。根匹配法的基本思想如下：

① 平面上一个 $s=-a$ 的零、极点映射为 z 平面上一个 $z=\mathrm{e}^{-a}$ 的零、极点，即

$$(s+a)\rightarrow(1-\mathrm{e}^{-aT}z^{-1})$$

$$(s+a\pm\mathrm{j}b)\rightarrow(1-2\mathrm{e}^{-aT}z^{-1}\cos bT+\mathrm{e}^{-2aT}z^{-2})$$

② 数字装置的增益由其他特性（如终值相等）确定。

③ 当 $D(s)$ 的极点数 n 大于零点数 m 时，可认为在 s 平面无穷远处还存在 $n-m$ 个零点。这样，在

z 平面上需配上 $n-m$ 个相应的零点。如果认为 s 平面上的零点在 $-\infty$，则 z 平面上相应的零点为 $z=e^{-\infty T}=0$。

(4) 双线性变换法

由 z 变换的定义有 $z=e^{Ts}$ 或 $s=\frac{1}{T}\ln z$，而它的级数展开式为

$$\ln z=2\left[\frac{z-1}{z+1}+\frac{1}{3}\left(\frac{z-1}{z+1}\right)^3+\frac{1}{5}\left(\frac{z-1}{z+1}\right)^5+\cdots\right]$$

取其一次近似，即 $\ln z=2\times\frac{z-1}{z+1}$，于是有

$$s=\frac{2}{T}\frac{z-1}{z+1}=\frac{2}{T}\frac{1-z^{-1}}{1+z^{-1}} \tag{7-77}$$

所以，双线性变换的离散化公式为

$$D(z)=D(s)\Big|_{\frac{2}{T}\frac{z-1}{z+1}} \tag{7-78}$$

【例 7-25】 已知 $D(s)=\frac{a}{s+a}$，试分别用上述四种方法对其进行离散化。

解 (1) 一阶差分近似法

$$D_1(z)=\frac{a}{s+a}\Big|_{s=\frac{1-z^{-1}}{T}}=\frac{aT}{1+aT-z^{-1}}=\frac{aTz}{(1+aT)z-1}$$

(2) 阶跃响应不变法

$$D_2(z)=Z\left[\frac{1-e^{-Ts}}{s}\frac{a}{s+a}\right]=\frac{1-e^{-aT}}{z-e^{-aT}}$$

(3) 根匹配法

$$D_3(z)=K\frac{z}{z-e^{-aT}}$$

式中，K 可以根据数字校正装置与模拟校正装置增益相等的条件来确定，即

$$\lim_{s\to 0}\frac{a}{s+a}=\lim_{z\to 1}K\frac{z}{z-e^{-aT}}$$

$$K=\lim_{s\to 0}\frac{a}{s+a}\Big/\lim_{z\to 1}\frac{z}{z-e^{-aT}}=1-e^{-aT}$$

可得

$$D_3(z)=\frac{(1-e^{-aT})z}{z-e^{-aT}}$$

(4) 双线性变换法

$$D_4(z)=\frac{a}{s+a}\Big|_{s=\frac{2}{T}\frac{z-1}{z+1}}=\frac{aT(z+1)}{(aT+2)z+aT-2}$$

由上述各种离散化方法得到的数字控制器 $D(z)$，可以由计算机实现其控制规律。如果系统要求的截止频率为 ω_c，则采样角频率 ω_s 应选择为 $\omega_s>\omega_c$。当采样角频率 ω_s 比较高，即采样周期 T 比较小时，这几种离散化方法的效果相差不多。当采样周期 T 逐渐变大时，效果会相应变差。在这些离散化方法中，相对而言，双线性变换法的效果比较好，应用也比较广泛。

应当指出，由于采样必然带来信息损失，所以不论采用哪一种离散化方法，得出数字校正装置的特性都不可能与原连续校正装置的特性完全一样。

7.8.2 模拟化校正举例

下面通过一个具体例子说明模拟化校正装置的设计方法。

【例 7-26】 计算机控制系统的结构图如图 7-27 所示，采样周期 $T=0.01$s。要求系统开环增益 $K\geqslant 30$，截止频率 $\omega_c^*\geqslant 15$rad/s，相角裕度 $\gamma^*\geqslant 45°$。试用模拟化方法设计数字控制器 $D(z)$。

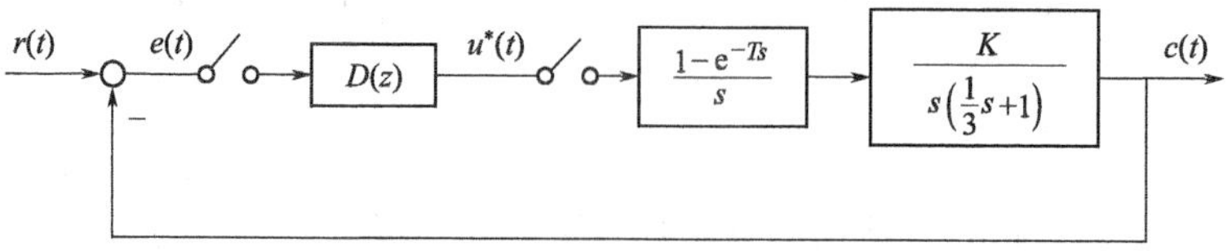

图 7-27　数字控制系统结构图

解　零阶保持器会带来相角滞后，它对系统的影响应折算到未校正系统的开环传递函数中。零阶保持器的传递函数为 $H_0(s)=\dfrac{1-e^{-Ts}}{s}$，将其中的 $e^{-Ts}=e^{-\frac{T}{2}s}\Big/e^{\frac{T}{2}s}$ 展开成幂级数

$$e^{-Ts}=\frac{e^{-\frac{T}{2}s}}{e^{\frac{T}{2}s}}=\frac{1-\dfrac{Ts}{2}+\dfrac{(Ts)^2}{8}-\dfrac{(Ts)^3}{48}+\cdots}{1+\dfrac{Ts}{2}+\dfrac{(Ts)^2}{8}+\dfrac{(Ts)^3}{48}+\cdots}$$

取其一次近似有

$$e^{-Ts}\approx\frac{1-\dfrac{Ts}{2}}{1+\dfrac{Ts}{2}}$$

将其代入 $H_0(s)$ 中，有

$$H_0(s)=\frac{1-e^{-Ts}}{s}\approx\frac{T}{\dfrac{T}{2}s+1}$$

考虑到经采样后离散信号的频谱与原连续信号频谱在幅值上相差 $1/T$ 倍，所以零阶保持器对系统的影响可近似为一个惯性环节，即 $H_0(s)\approx\dfrac{T}{\dfrac{T}{2}s+1}$。

取采样周期 $T=0.01\text{s}$，相应采样角频率为 $\omega_s=\dfrac{2\pi}{T}=628\gg10\omega_c^*=150$，则 $H_0(s)\approx\dfrac{1}{0.005s+1}$。如果取开环增益 $K=30$，并考虑了零阶保持器的影响之后，未校正系统的开环传递函数为

$$G(s)=\frac{30}{s\left(\dfrac{1}{3}s+1\right)(0.005s+1)}$$

画出其对数幅频特性 $L_0(\omega)$ 如图 7-28 所示。

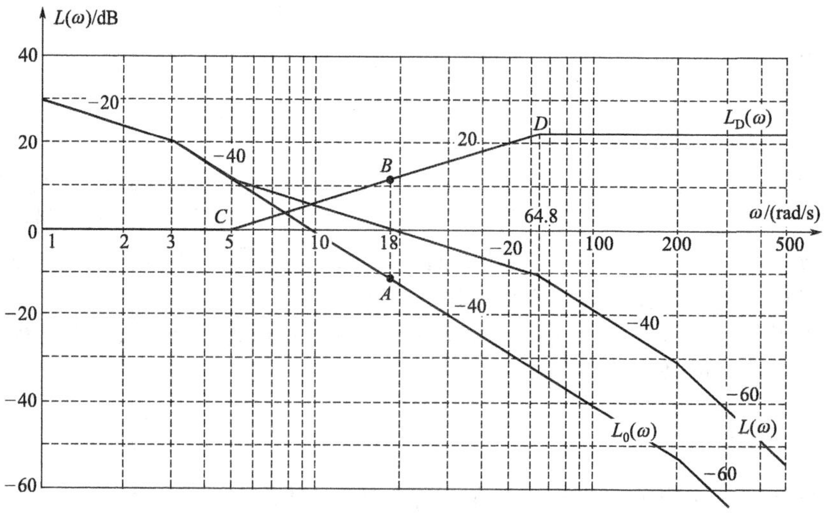

图 7-28　系统开环对数幅频特性

由图可知，未校正系统截止频率为

$$\omega_{c0}=\sqrt{3\times 30}=9.5<15\ (\mathrm{rad/s})$$

未校正系统的相角裕度为

$$\gamma_0=180°-90°-\arctan\frac{9.5}{3}-\arctan(0.005\times 9.5)=14.8°<\gamma^*=45°$$

未校正系统的截止频率 ω_{c0} 和相角裕度 γ_0 两项指标都达不到，采用超前校正。选择校正后系统的截止频率 $\omega_c=18>15$ (rad/s)，在 $\omega_c=18$ (rad/s) 处做垂直线，交 $L_0(\omega)$ 于 A 点，在其镜像点 B 做斜率为 $+20$dB/dec 的直线交 0dB 线于 C 点，C 点对应频率为 $\omega_C=\frac{\omega_{c0}^2}{\omega_c}=\frac{9.5^2}{18}=5$ (rad/s)。在 CB 延长线上定 D 点，使 D 点频率满足 $\frac{\omega_D}{18}=\frac{18}{\omega_C}$，所以 $\omega_D=\frac{\omega_c^2}{\omega_C}=\frac{18^2}{5}=64.8$ (rad/s)。可以得出超前校正装置的传递函数

$$D(s)=\frac{\frac{s}{\omega_C}+1}{\frac{s}{\omega_D}+1}=\frac{\frac{s}{5}+1}{\frac{s}{64.8}+1}$$

校正后系统的开环传递函数为

$$G(s)=D(s)G_0(s)=\frac{30\left(\frac{s}{5}+1\right)}{s\left(\frac{s}{3}+1\right)(0.005s+1)\left(\frac{s}{64.8}+1\right)}$$

校正后系统的截止频率 $\omega_c=18$rad/s，相角裕度为

$$\gamma=180°+\arctan\frac{18}{5}-90°-\arctan\frac{18}{3}-\arctan(0.005\times 18)-\arctan\frac{9.5}{64.8}=63.3°>45°$$

校正后系统满足性能指标的要求。

用双线性变换法将 $D(s)$ 离散化为数字控制器 $D(z)$，注意到采样周期 $T=0.01$s，有

$$D(z)=\frac{U(z)}{E(z)}=D(s)\Big|_{s=\frac{2}{T}\frac{z-1}{z+1}}=\frac{64.8}{5}\times\frac{s+5}{s+64.8}\Big|_{s=\frac{2}{T}\frac{z-1}{z+1}}=\frac{10.0332-9.5438z^{-1}}{1-0.5106z^{-1}}$$

由上式可以得到

$$U(z)=10.0332E(z)-9.5438E(z)z^{-1}+0.5106U(z)z^{-1}$$

对其进行 z 反变换，得到差分方程

$$u(kT)=10.0332e(kT)-9.5438e[(k-1)T]+0.5106u[(k-1)T]$$

按照上式的差分方程编写计算机程序，就可以实现预期的控制规律。

7.9 离散系统的数字校正

线性离散系统的校正，除了用 7.8 节讲的模拟化校正方法外，还可以采用离散化校正方法。离散化校正方法主要有 z 域中的根轨迹法、w 域中的频率法和直接数字设计方法。应用这些方法直接在离散域中对系统进行设计，求出系统校正装置的脉冲传递函数，然后编程实现数字控制器的控制律。本节只介绍直接数字设计方法。

7.9.1 数字控制器的脉冲传递函数

设离散系统如图 7-29 所示。图中，$D(z)$ 为数字控制器（数字校正装置）的脉冲传递函数，$G(s)$ 为保持器和被控对象的传递函数。

设 $G(s)$ 的 z 变换为 $G(z)$，由图可以求出系统的闭环脉冲传递函数

$$\Phi(z)=\frac{C(z)}{R(z)}=\frac{D(z)G(z)}{1+D(z)G(z)} \tag{7-79}$$

以及误差脉冲传递函数

$$\Phi_e(z)=\frac{E(z)}{R(z)}=\frac{1}{1+D(z)G(z)} \tag{7-80}$$

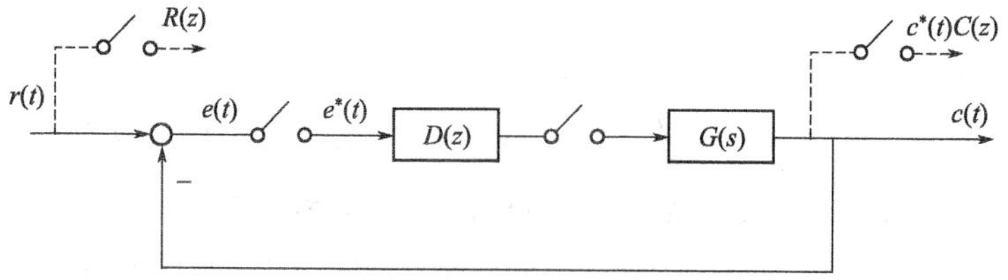

图 7-29　具有数字控制器的离散系统

显然有

$$\Phi_e(z)=1-\Phi(z) \tag{7-81}$$

由式(7-79) 和式(7-80) 可以分别求出数字控制器的脉冲传递函数为

$$D(z)=\frac{\Phi(z)}{G(z)[1-\Phi(z)]} \tag{7-82}$$

或者

$$D(z)=\frac{1-\Phi_e(z)}{G(z)\Phi_e(z)}=\frac{\Phi(z)}{G(z)\Phi_e(z)} \tag{7-83}$$

下面根据对离散系统性能指标的要求，确定闭环脉冲传递函数 $\Phi(z)$ 或误差脉冲传递函数 $\Phi_e(z)$，然后利用式(7-82) 或式(7-83) 确定数字控制器的脉冲传递函数 $D(z)$。

7.9.2　最少拍系统设计

在采样过程中，称一个采样周期为一拍。所谓最少拍系统，是指在典型输入作用下，能以有限拍结束响应过程，且之后在采样时刻上无稳态误差的离散系统。

最少拍系统的设计原则是：设被控对象 $G(z)$ 无延迟且在 z 平面单位圆上及单位圆外无零极点［(1, j0) 除外］，要求选择闭环脉冲传递函数 $\Phi(z)$，使系统在典型输入作用下，经最少采样周期后能使输出序列在各采样时刻的稳态误差为零，达到完全跟踪的目的，进一步由式(7-82) 或式(7-83) 确定数字控制器的脉冲传递函数 $D(z)$。

最少拍系统是针对典型输入信号设计的。常见的典型输入有单位阶跃函数、单位速度函数和单位加速度函数，其 z 变换分别为

$$Z[1(t)]=\frac{z}{z-1}=\frac{1}{1-z^{-1}}$$

$$Z[t]=\frac{Tz}{(z-1)^2}=\frac{Tz^{-1}}{(1-z^{-1})^2}$$

$$Z\left[\frac{t^2}{2}\right]=\frac{T^2z(z+1)}{2(z-1)^3}=\frac{T^2z^{-1}(1+z^{-1})}{2(1-z^{-1})^3}$$

因此，典型输入可表示为一般形式，即

$$R(z)=\frac{A(z)}{(1-z^{-1})^m} \tag{7-84}$$

式中，$A(z)$ 是不含 $(1-z^{-1})$ 因子的 z^{-1} 多项式。

根据最少拍系统的设计原则，首先求误差信号 $e(t)$ 的 z 变换为

$$E(z)=\Phi_e(z)R(z)=\frac{\Phi_e(z)A(z)}{(1-z^{-1})^m} \tag{7-85}$$

根据 z 变换终值定理，离散系统的稳态误差为

$$e(\infty)=\lim_{z\to1}(1-z^{-1})E(z)=\lim_{z\to1}(1-z^{-1})\frac{A(z)}{(1-z^{-1})^m}\Phi_e(z)$$

此式表明，使 $e(\infty)$ 为零的条件是 $\Phi_e(z)$ 中包含有 $(1-z^{-1})^m$ 的因子，即

$$\Phi_e(z)=(1-z^{-1})^mF(z)$$

式中，$F(z)$ 为不含 $(1-z^{-1})$ 因子的多项式。为了使求出的 $D(z)$ 简单，阶数最低，可取 $F(z)=1$，即

$$\Phi_e(z)=(1-z^{-1})^m \tag{7-86}$$

由式(7-81) 可知

$$\Phi(z)=1-\Phi_e(z)=1-(1-z^{-1})^m=\frac{z^m-(z-1)^m}{z^m}$$

即 $\Phi(z)$ 的全部极点均位于 z 平面的原点。

由 z 变换定义，可知

$$E(z)=\sum_{n=0}^{\infty}e(nT)z^{-n}=e(0)+e(T)z^{-1}+e(2T)z^{-2}+\cdots$$

按照最小拍系统设计原则，最小拍系统应该自某个时刻 n 开始，在 $k\geqslant n$ 时，有 $e(kT)=e[(k+1)T]=e[(k+2)T]=\cdots=0$，此时系统的动态过程在 $t=kT$ 时结束，其调节时间 $t_s=kT$。

下面分别讨论最少拍系统在不同典型输入作用下，数字控制器脉冲传递函数 $D(z)$ 的确定方法。

(1) 单位阶跃输入时

由于当 $r(t)=1(t)$ 时，有

$$Z[1(t)]=\frac{z}{z-1}=\frac{1}{1-z^{-1}}$$

由式(7-84) 可知 $m=1$、$A(z)=1$，故由式(7-81) 及式(7-86) 可得

$$\Phi_e(z)=1-z^{-1},\ \Phi(z)=z^{-1}$$

于是，根据式(7-83) 求出

$$D(z)=\frac{z^{-1}}{(1-z^{-1})G(z)}$$

由式(7-85) 知

$$E(z)=\frac{A(z)}{(1-z^{-1})^m}\Phi_e(z)=1$$

表明 $e(0)=1$，$e(T)=e(2T)=\cdots=0$。可见，最少拍系统经过一拍便可完全跟踪输入 $r(t)=1(t)$，如图 7-30 所示。这样的离散系统称为一拍系统，系统调节时间 $t_s=T$。

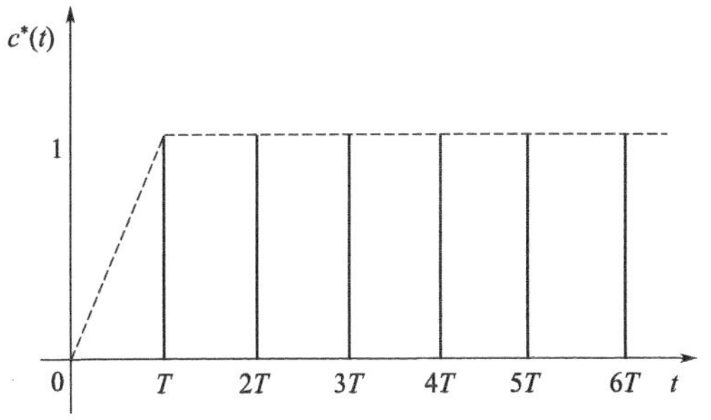

图 7-30 最少拍系统的单位阶跃响应序列

(2) 单位斜坡输入时

当 $r(t)=t$ 时，有

$$R(z)=Z[t]=\frac{Tz}{(z-1)^2}=\frac{Tz^{-1}}{(1-z^{-1})^2}$$

由式(7-84) 可知 $m=2$、$A(z)=Tz^{-1}$，故

$$\Phi_e(z)=(1-z^{-1})^2,\Phi(z)=1-\Phi_e(z)=2z^{-1}-z^{-2}$$

于是

$$D(z)=\frac{\Phi(z)}{G(z)\Phi_e(z)}=\frac{z^{-1}(2-z^{-1})}{(1-z^{-1})^2G(z)}$$

且有

$$E(z)=\frac{A(z)}{(1-z^{-1})^m}\Phi_e(z)=Tz^{-1}$$

即有 $e(0)=0$，$e(T)=T$，$e(2T)=e(3T)=\cdots=0$。可见，最少拍系统经过两拍便可完全跟踪输入 $r(t)=t$，单位斜坡响应为

$$C(z)=\Phi(z)R(z)=(2z^{-1}-z^{-2})\frac{Tz^{-1}}{(1-z^{-1})^2}=2Tz^{-2}+3Tz^{-3}+\cdots+nTz^{-n}+\cdots$$

基于 z 变换定义，得到最少拍系统在单位斜坡作用下的输出序列 $c(nT)$ 为

$$c(0)=0,c(T)=0,c(2T)=2T,c(3T)=3T,\cdots,c(nT)=nT,\cdots$$

响应过程如图 7-31 所示。系统调节时间 $t_s=2T$。

(3) 单位加速度输入时

由于当 $r(t)=t^2/2$ 时，有

$$R(z)=Z\left[\frac{t^2}{2}\right]=\frac{T^2z(z+1)}{2(z-1)^3}=\frac{\frac{1}{2}T^2z^{-1}(1+z^{-1})}{(1-z^{-1})^3}$$

由式(7-84) 可知，$m=3$，$A(z)=\frac{1}{2}T^2z^{-1}(1+z^{-1})$，故

$$\Phi_e(z)=(1-z^{-1})^3$$

$$\Phi(z)=1-\Phi_e(z)=3z^{-1}-3z^{-2}+z^{-3}$$

由式(7-83)，数字控制器脉冲传递函数

$$D(z)=\frac{z^{-1}(3-3z^{-1}+z^{-2})}{(1-z^{-1})^3G(z)}$$

误差脉冲序列及输出脉冲序列的 z 变换分别为

$$E(z)=A(z)=\frac{1}{2}T^2z^{-1}+\frac{1}{2}T^2z^{-2}$$

$$C(z)=\Phi(z)R(z)=\frac{3}{2}Tz^{-2}+\frac{9}{2}T^2z^{-3}+\cdots+\frac{n^2}{2}T^2z^{-n}+\cdots$$

于是有

$$e(0)=0,e(T)=\frac{1}{2}T^2,e(2T)=\frac{1}{2}T^2,e(3T)=e(4T)=\cdots=0$$

$$c(0)=c(T)=0,c(2T)=1.5T^2,c(3T)=4.5T^2,\cdots$$

可见，最少拍系统经过三拍便可完全跟踪输入 $r(t)=t^2/2$。根据 $c(nT)$ 的数值，可以绘出最少拍系统的单位加速度响应序列，如图 7-32 所示。系统调节时间 $t_s=3T$。

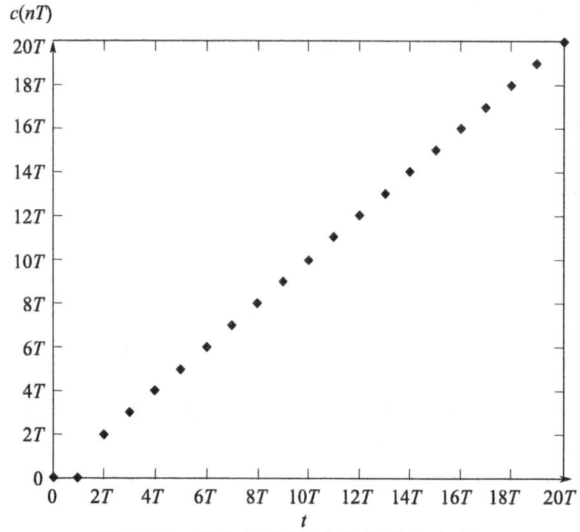

图 7-31　最少拍系统的单位斜坡响应

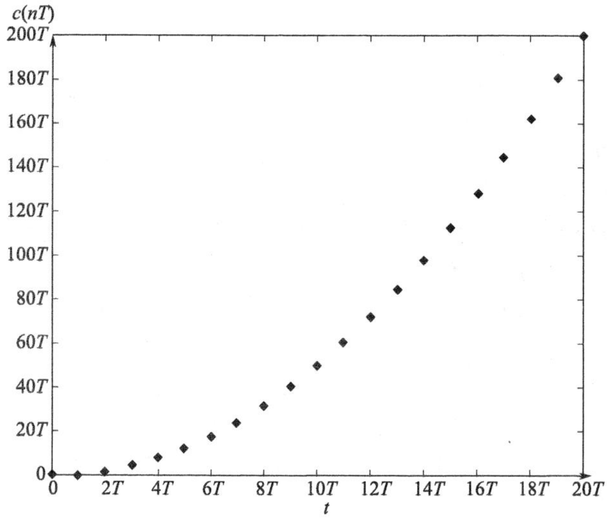

图 7-32　最少拍系统的单位加速度响应

各种典型输入作用下最少拍系统的设计结果列于表 7-4 中。

表 7-4　最少拍系统的设计结果

典型输入		闭环脉冲传递函数		数字控制器脉冲传递函数	调节时间
$r(t)$	$R(z)$	$\Phi_e(z)$	$\Phi(z)$	$D(z)$	t_s
$1(t)$	$\frac{1}{1-z^{-1}}$	$1-z^{-1}$	z^{-1}	$\frac{z^{-1}}{(1-z^{-1})G(z)}$	T
t	$\frac{Tz^{-1}}{(1-z^{-1})^2}$	$(1-z^{-1})^2$	$2z^{-1}-z^{-2}$	$\frac{z^{-1}(2-z^{-1})}{(1-z^{-1})^2G(z)}$	$2T$
$\frac{1}{2}t^2$	$\frac{T^2z^{-1}(1+z^{-1})}{2(1-z^{-1})^3}$	$(1-z^{-1})^3$	$3z^{-1}-3z^{-2}+z^{-3}$	$\frac{z^{-1}(3-3z^{-1}+z^{-2})}{(1-z^{-1})^3G(z)}$	$3T$

【例 7-27】　设单位反馈线性定常离散系统的连续部分和零阶保持器的传递函数分别为

$$G_p(s)=\frac{10}{s(s+1)}$$

$$G_h(s)=\frac{1-e^{-Ts}}{s}$$

其中，采样周期 $T=1\text{s}$。若要求系统在单位斜坡输入时实现最少拍控制，试求数字控制器脉冲传递函数 $D(z)$。

解 系统开环传递函数

$$G(s)=G_p(s)G_h(s)=\frac{10(1-e^{-Ts})}{s^2(s+1)}$$

$$Z\left[\frac{1}{s^2(s+1)}\right]=\frac{Tz}{(z-1)^2}-\frac{(1-e^{T})z}{(z-1)(z-e^{-T})}$$

$$G(z)=10(1-z^{-1})\left[\frac{Tz}{(z-1)^2}-\frac{(1-e^{T})z}{(z-1)(z-e^{-T})}\right]=\frac{3.68z^{-1}(1+0.717z^{-1})}{(1-z^{-1})(1-0.368z^{-1})}$$

根据 $r(t)=t$，由表 7-4 查出最少拍系统应具有的闭环脉冲传递函数和误差脉冲传递函数为

$$\Phi(z)=2z^{-1}(1-0.5z^{-1})$$

$$\Phi_e(z)=(1-z^{-1})^2$$

由式(7-83) 可见，$\Phi_e(z)$ 的零点 $z=1$ 可以抵消 $G(z)$ 在单位圆上的极点 $z=1$；$\Phi(z)$ 的 z^{-1} 可以抵消 $G(z)$ 的传递函数延迟 z^{-1}，故按式(7-83) 算出的 $D(z)$，可以确保系统在 $r(t)=t$ 作用下成为最少拍系统。

根据给定的 $G(z)$ 和查出的 $\Phi(z)$ 及 $\Phi_e(z)$，可得

$$D(z)=\frac{0.543(1-0.368z^{-1})(1-0.5z^{-1})}{(1-z^{-1})(1+0.717z^{-1})}$$

7.9.3 有限拍采样系统设计

当被控对象的脉冲传递函数 $G(z)$ 为非最小相位系统时，只能实现采样控制系统的有限拍响应设计。将式(7-79) 改写为以下形式

$$\Phi(z)=D(z)G(z)\Phi_e(z)$$

或

$$\Phi_e(z)=\frac{\Phi(z)}{D(z)G(z)}$$

从上述两式容易看出，若不发生控制器 $D(z)$ 的极、零点和被控对象 $G(z)$ 的不稳定的零、极点的对消，$\Phi(z)$ 必须包含 $G(z)$ 的所有不稳定的零点作为它的零点，而 $\Phi_e(z)$ 必须包含 $G(z)$ 的所有不稳定的极点作为它的零点。

同时，为实现有限拍响应，$\Phi(z)$ 和 $\Phi_e(z)$ 都应是 z^{-1} 的多项式。

另外，设 $G(z)$ 有 d 拍延时，即 $G(z)$ 的分子 z 多项式的阶次比分母 z 多项式的阶次低 d 阶，为保证 $D(z)$ 的因果性，要求 $\Phi(z)$ 也有 d 拍延时，即 $\Phi(z)$ 以 z^{-d} 作为它的因子。因为 $\Phi(z)=1-\Phi_e(z)$，故 $\Phi_e(z)$ 应为首项为 1(z^{-0} 的系数为 1) 的 z^{-1} 的多项式。

根据上述条件，在根据式 $\Phi_e(z)=(1-z^{-1})^m F(z)$ 设计 $\Phi_e(z)$ 时，就不能像最小拍控制器那样取 $F(z)=1$，$F(z)$ 应将 $G(z)$ 的所有不稳定的极点作为它的因子，同时，$F(z)$ 的选取还应使由式 $\Phi(z)=1-\Phi_e(z)=1-(1-z^{-1})^m F(z)$ 得到的 $\Phi(z)$ 将 $G(z)$ 的所有不稳定的零点作为它的因子。这样做的结果会使采样系统暂态响应的过渡过程时间比最小拍系统的过渡过程时间长。

【例 7-28】 单位反馈采样控制系统如图 7-33 所示，采样周期 $T=0.1\text{s}$，对象的传递函数

$$G_0(s)=\frac{10}{s(0.5s+1)(0.1s+1)}$$

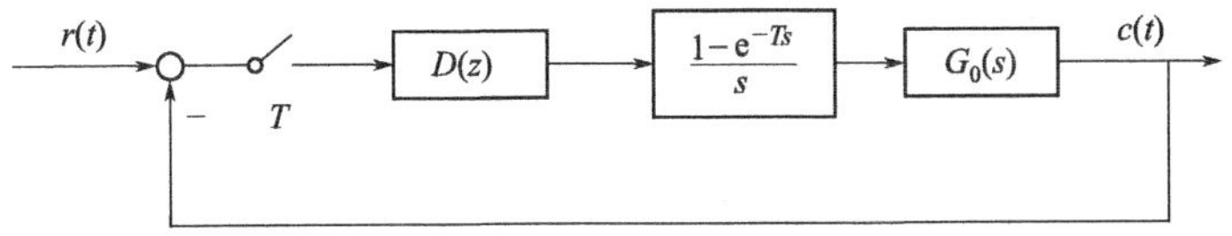

图 7-33 例 7-28 的系统框图

试确定控制器的脉冲传递函数，使系统单位阶跃响应的过渡过程具有最短的调节时间。

解 包括零阶保持器在内，被控对象的脉冲传递函数为

$$G(z)=Z\left[\frac{1-e^{-Ts}}{s}\times\frac{10}{s(0.5s+1)(0.1s+1)}\right]$$
$$=\frac{0.025(z+0.195)(z+2.821)}{(z-1)(z-0.819)(z-0.368)}=\frac{0.025z^{-1}(1+0.195z^{-1})(1+2.821z^{-1})}{(1-z^{-1})(1-0.819z^{-1})(1-0.368z^{-1})}$$

它包含一个在单位圆外的零点，系统输出脉冲传递函数 $\Phi(z)$ 应包含 $1+2.821z^{-1}$ 作为它的一个因子。另外，被控对象有一拍滞后，故 $\Phi(z)$ 必以 z^{-1} 作为它的一个因子，故设

$$\Phi(z)=b_1z^{-1}(1+2.821z^{-1})$$

式中，b_1 是待定系数。

从 $\Phi(z)=1-\Phi_e(z)$ 的关系可见，$\Phi_e(z)$ 是首项为 1 的 z^{-1} 的 2 阶多项式。另外与最小拍采样系统一样，$\Phi_e(z)$ 还必须包含 $R(z)$ 的分母作为它的因子，故设

$$\Phi_e(z)=(1-z^{-1})(1+a_1z^{-1})$$

式中，a_1 是待定系数。将上述结果代入式 $\Phi(z)=1-\Phi_e(z)$ 得到

$$\Phi(z)=b_1z^{-1}(1+2.821z^{-1})=b_1z^{-1}+2.821b_1z^{-2}=1-\Phi_e(z)=(1-a_1)z^{-1}+a_1z^{-2}$$

比较系数有 $b_1=1-a_1$，$2.821b_1=a_1$，于是得到 $a_1=0.739$，$b_1=0.262$。

最后得到

$$D(z)=\frac{\Phi(z)}{G(z)\Phi_e(z)}=\frac{10.48(1-0.819z^{-1})(1-0.368z^{-1})}{(1+0.195z^{-1})(1+0.739z^{-1})}$$

系统的阶跃响应为

$$C(z)=0.262z^{-1}+z^{-2}+z^{-3}+z^{-4}+\cdots$$

从结果看出，这时动态响应过程在 2 个采样周期内完成，比最小拍系统多一拍。这是由于开环脉冲传递函数包含了 1 个不稳定零点的缘故。一般来说，系统动态响应时间和开环脉冲传递函数中所包含的不稳定的零点和极点的个数是成比例的。

图 7-34 给出了系统 $c(k)$、$c(t)$ 和 $u(k)$ 的响应波形。通过图 7-34 可以看出，虽然系统的采样值在 2 拍以后就等于指令值了，但在采样间隔时间内，$c(t)$ 并不等于指令值，控制序列 $u(k)$ 也远没有进入稳态，这种情况称为有纹波设计，在某些场合，这种采样间隔时间内的纹波可能很严重，以至于会影响系统的正常运行。

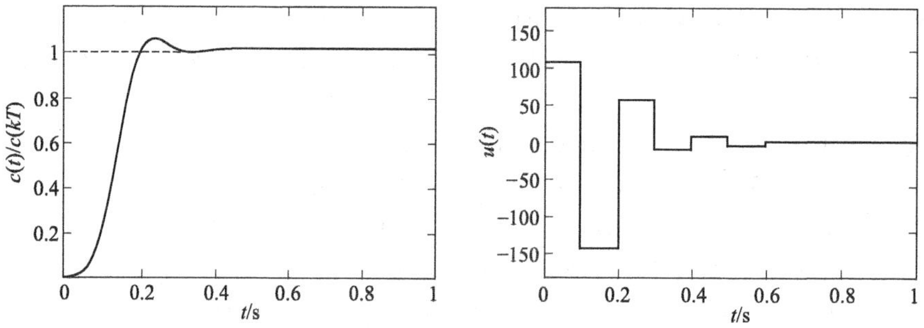

图 7-34　例 7-28 的控制和输出波形

7.9.4　采样系统的有限拍无波纹设计

对图 7-35 所示的系统，参考输入到控制量 $u(k)$ 的脉冲传递函数为

$$\Phi_U(z)=\frac{U(z)}{R(z)}=\frac{D(z)}{1+D(z)G(z)}=\frac{\Phi(z)}{G(z)} \tag{7-87}$$

系统的无纹波设计要求控制序列 $u(k)$ 在有限拍内到达稳态，这要求 $\Phi_U(z)$ 也是 z^{-1} 的有限多项式，从式(7-87) 可以看出，这要求 $\Phi(z)$ 将 $G(z)$ 的所有零点作为它的因子。

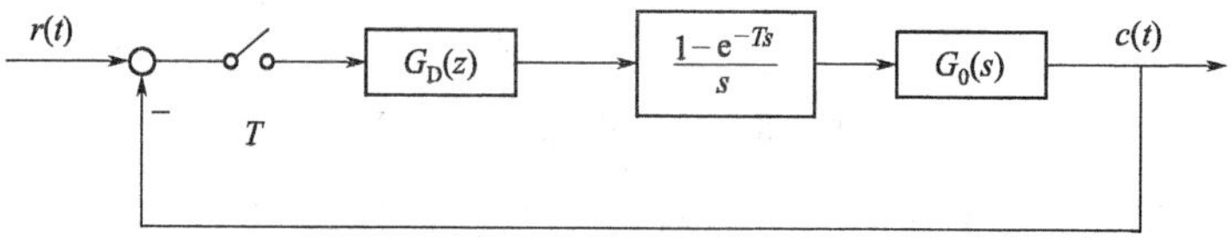

图 7-35　采样系统框图

【例 7-29】 单位反馈采样控制系统同例 7-28，设计最小拍无纹波控制器，并和例 7-28 的结果相比较。

解 包括零阶保持器在内，被控对象的脉冲传递函数为

$$G(z)=\frac{0.025z^{-1}(1+0.195z^{-1})(1+2.821z^{-1})}{(1-z^{-1})(1-0.819z^{-1})(1-0.368z^{-1})}$$

为实现最小拍无纹波设计，系统输出脉冲传递函数 $\Phi(z)$ 应包含 $G(z)$ 的所有零点作为它的因子。另外，被控对象有一拍滞后，故 $\Phi(z)$ 必以 z^{-1} 作为它的一个因子，故设

$$\Phi(z)=b_1z^{-1}(1+0.195z^{-1})(1+2.821z^{-1})$$

式中，b_1 是待定系数。$\Phi(z)=1-\Phi_e(z)$，故 $\Phi_e(z)$ 是首项为 1 的 z^{-1} 的 3 阶多项式，另外 $\Phi_e(z)$ 还必须包含 $R(z)$ 的分母作为它的因子，故设

$$\Phi_e(z)=(1-z^{-1})(1+a_1z^{-1})(1+a_2z^{-1})$$

式中，a_1、a_2 是待定系数。将上述结果代入关系式 $\Phi(z)=1-\Phi_e(z)$ 得到

$$b_1z^{-1}(1+0.195z^{-1})(1+2.821z^{-1})=1-(1-z^{-1})(1+a_1z^{-1})(1+a_2z^{-1})$$

即

$$b_1z^{-1}+3.016b_1z^{-2}+0.5501b_1z^{-3}=-(a_1+a_2-1)z^{-1}-(a_1a_2-a_1-a_2)z^{-2}+a_1a_2z^{-3}$$

比较系数有 $b_1=0.219$，$a_1=0.5694$，$a_2=0.2116$。

最后得到

$$D(z)=\frac{\Phi(z)}{\Phi_e(z)G(z)}=\frac{8.76(1-0.819z^{-1})(1-0.368z^{-1})}{(1+0.5694z^{-1})(1+0.2116z^{-1})}$$

系统的阶跃响应为

$$C(z)=0.219z^{-1}+0.88z^{-2}+z^{-3}+z^{-4}+\cdots$$

从结果看出，动态响应过程在 3 个采样周期内完成。

图 7-36 给出了系统 $c(k)$、$c(t)$、$u(k)$、$u(t)$ 的响应波形。与例 7-28 相比，控制序列 $u(k)$ 第三拍进入稳态，实现了输出无纹波控制。

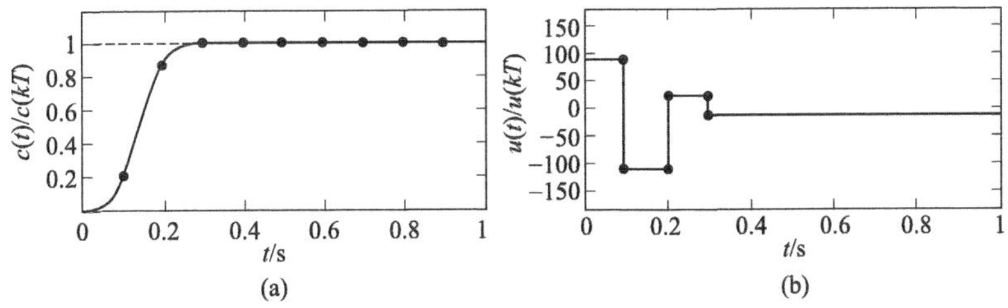

图 7-36 例 7-29 的控制和输出波形

对于最小拍控制，在设计中下面三点应该引起注意：

① 最小拍控制系统的闭环脉冲传递函数是 z^{-1} 的多项式，所以所有的闭环极点都在原点。原点处的多重闭环极点对于系统参数的变化非常敏感。

② 对典型输入信号具有很好的瞬态响应性能，但对于其他类型的输入，可能表现出较差甚至是无法接受的瞬态响应性能。

③ 对于小的采样周期，最小拍控制将更容易使系统进入饱和状态，这种情况下，最小拍控制算法将失效。

本章小结

离散系统广泛存在于工业过程及各行各业的自动化系统中，本章在建立离散系统数学模型的基础上，讨论离散系统的分析问题，主要内容包括 z 变换、信号的采样器和保持器、差分方程、脉冲传递函数；并分析了线性离散系统的稳定性，介绍了判别准则；进行了线性离散系统的动态与稳态特性分析。在下一章中，将重点介绍非线性系统的建模与常用的分析方法。

习 题

7-1 试求取 $X(s)=(1-e^{-s})/[s^2(s+1)]$ 的 z 变换。

7-2　试求取 $X(z)=10z/[(z-1)(z-2)]$ 的 z 反变换 $x(kT_0)$。

7-3　试求取图 7-37 所示离散系统的传递函数 $C(z)/R(z)$。

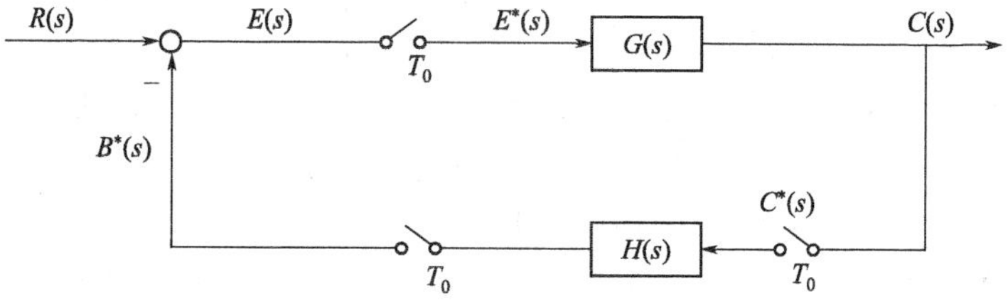

图 7-37　题 7-3 图

7-4　试求取图 7-38 所示离散系统输出变量的 z 变换 $C(z)$。

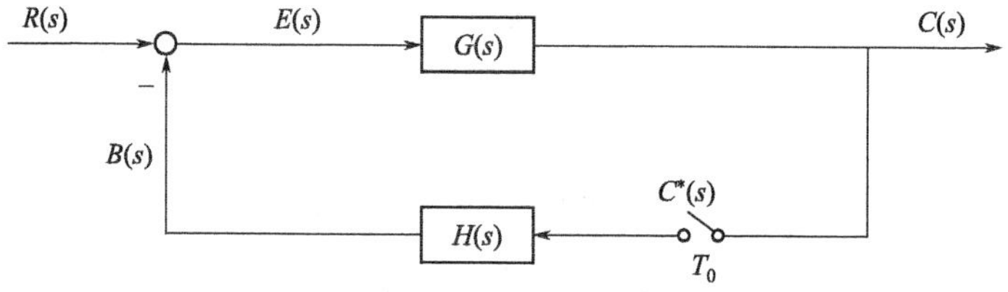

图 7-38　题 7-4 图

7-5　设某离散系统的方框图如图 7-39 所示。试分析系统的稳定性，并确定系统稳定时参数 K 的取值范围。

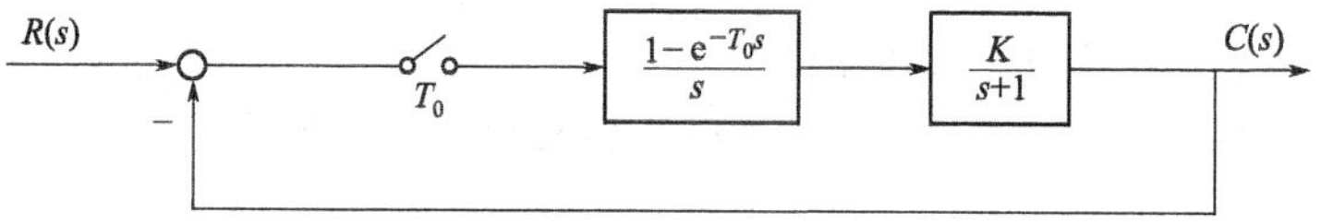

图 7-39　题 7-5 图

7-6　试分析图 7-40 所示离散系统的稳定性，设采样周期 $T_0=0.2\mathrm{s}$。

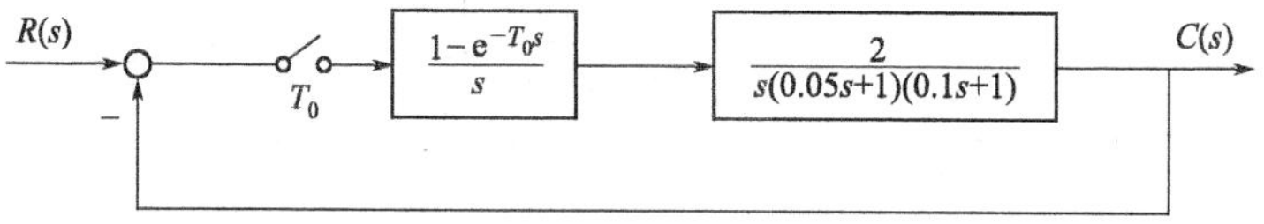

图 7-40　题 7-6 图

7-7　试计算图 7-41 所示离散系统在输入信号：

(1) $r(t)=1(t)$　　(2) $r(t)=t$

(3) $r(t)=t^2$

作用下的稳态误差。已知采样周期 $T_0=0.1\mathrm{s}$。

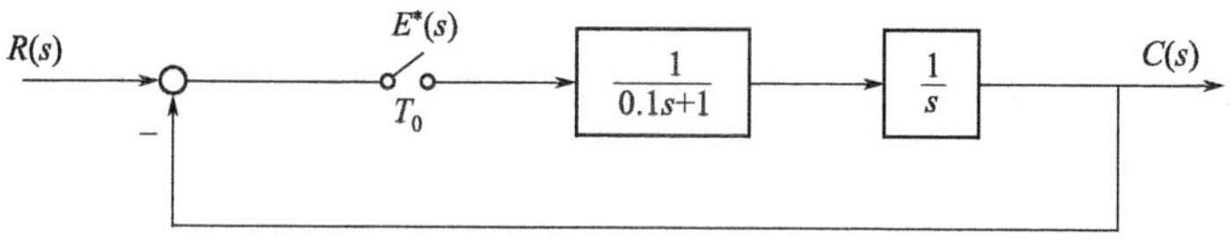

图 7-41　题 7-7 图

7-8　已知采样器的采样角频率 $\omega_s=3\mathrm{rad/s}$，求对下列连续信号采样后得到的脉冲序列的前 8 个值。说明是否满足采样定理，如果不满足采样定理会出现什么现象呢？

(1) $x_1(t)=\sin t$　　(2) $x_2(t)=\sin 4t$

(3) $x_3(t)=\sin t+\sin 3t$

7-9　求下列函数的 z 变换。

(1) $E(s)=\dfrac{1}{(s+a)(s+b)}$　　(2) $E(s)=\dfrac{k}{s(s+a)}$

(3) $E(s)=\dfrac{s+1}{s^2}$ (4) $e(t)=t\mathrm{e}^{-2t}$

(5) $e(t)=t^3$

7-10 求下列函数的 z 反变换。

(1) $X(z)=\dfrac{z}{z-0.4}$ (2) $X(z)=\dfrac{z}{(z-1)(z-2)}$

(3) $X(z)=\dfrac{z}{(z-\mathrm{e}^{-T})(z-\mathrm{e}^{-2T})}$ (4) $X(z)=\dfrac{z}{(z-1)^2(z-2)}$

(5) $X(z)=\dfrac{1}{z-1}$

7-11 求图 7-42 所示系统的开环脉冲传递函数。

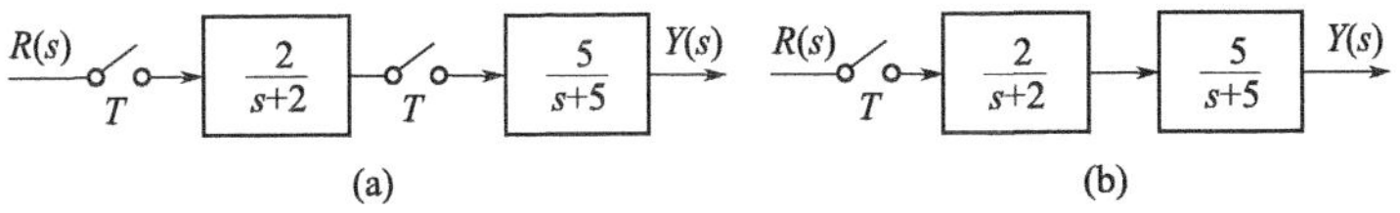

图 7-42 题 7-11 图

7-12 求图 7-43 所示系统闭环传递函数。

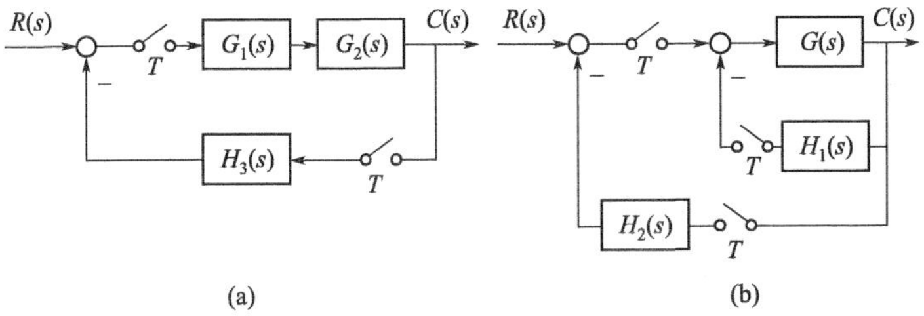

图 7-43 题 7-12 图

7-13 离散系统如图 7-44 所示，采样周期 $T=1\mathrm{s}$。试分析

(1) 当 $K=8$ 时闭环系统是否稳定？

(2) 求系统稳定时 K 的临界值。

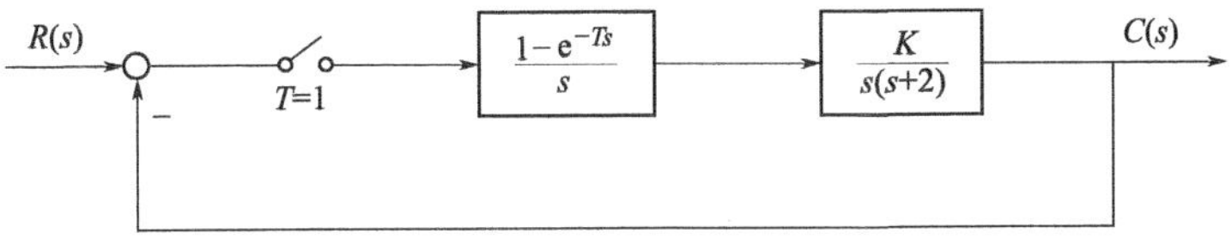

图 7-44 题 7-13 图

7-14 系统结构如图 7-45 所示，采样周期 $T=0.2\mathrm{s}$，输入信号 $r(t)=1+t+\dfrac{1}{2}t^2$。试求该系统在 $t\to\infty$ 时的终值稳态误差。

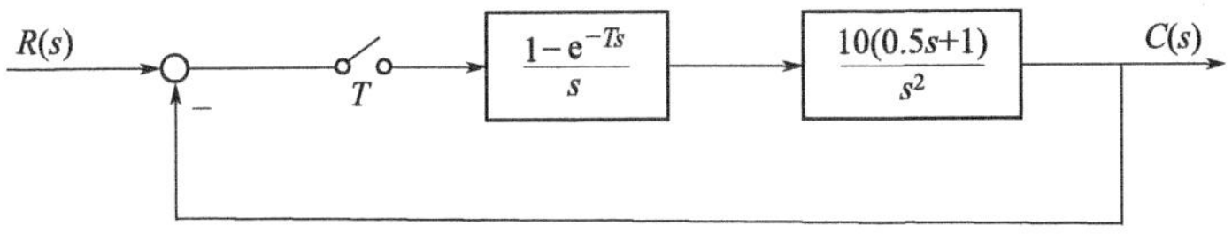

图 7-45 题 7-14 图

7-15 已知离散系统如图 7-46，$T=0.25\mathrm{s}$。当 $r(t)=2+t$ 时，欲使稳态误差小于 0.1，试求 K 值。

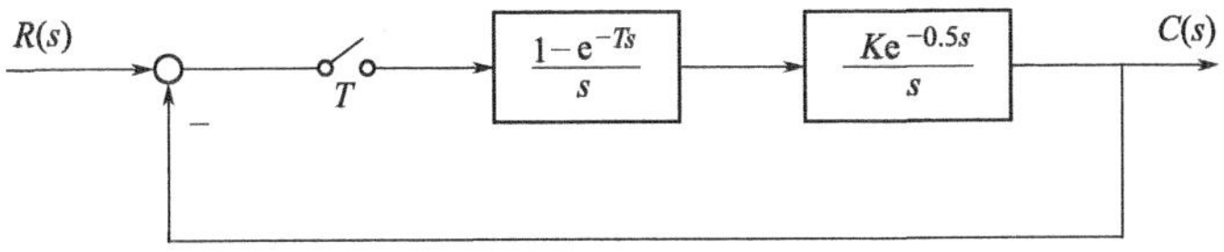

图 7-46 题 7-15 图

7-16　数字控制器的脉冲传递函数为

$$D(s)=\frac{U(z)}{E(z)}=\frac{0.383(1-0.368z^{-1})(1-0.587z^{-1})}{(1-z^{-1})(1+0.592z^{-1})}$$

写出相应的差分方程的形式，求出其单位脉冲响应序列。

7-17　已知差分方程为

$$c(k)-4c(k+1)+c(k+2)=0$$

初始条件为 $c(0)=0$，$c(1)=1$。试用迭代法求输出序列 $c(k)$，$k=0,1,2,3,4$。

7-18　试用 z 变换法求解下列差分方程：

(1) $c^*(t+2T)-6c^*(t+T)+8c^*(t)=r^*(t)$
$r(t)=t, c^*(0)=0, c^*(T)=0$

(2) $c^*(t+2T)+2c^*(t+T)+c^*(t)=r^*(t)$
$c(0)=c(T)=0, r(nT)=n(n=0,1,2,\cdots)$

(3) $c(k+3)+6c(k+2)+11c(k+1)+6c(k)=0$
$c(0)=c(1)=1, c(2)=0$

(4) $c(k+2)+5c(k+1)+6c(k)=\cos k\dfrac{\pi}{2}$
$c(0)=c(1)=0$

7-19　设开环离散系统如图 7-47 所示，试求开环脉冲传递函数 $G(z)$，并用 MATLAB 进行求解过程展示。

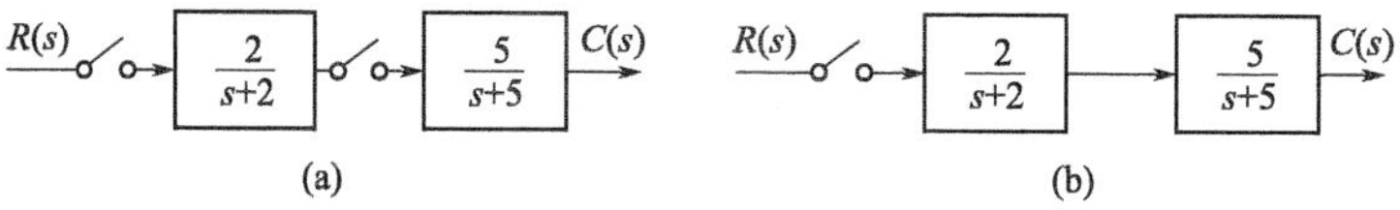

图 7-47　题 7-19 图

7-20　试判断下列系统的稳定性：

(1) 已知闭环离散系统的特征方程为

$$D(z)=(z+1)(z+0.5)(z+2)=0$$

(2) 已知闭环离散系统的特征方程为

$$D(z)=z^4+0.2z^3+z^2+0.36z+0.8=0$$

7-21　设离散系统如图 7-48 所示，其中采样周期 $T=0.2\text{s}$，$K=10$，$r(t)=1+t+t^2/2$，试用终值定理法计算系统的稳态误差 $e_{ss}(\infty)$，并用 MATLAB 进行求解过程展示。

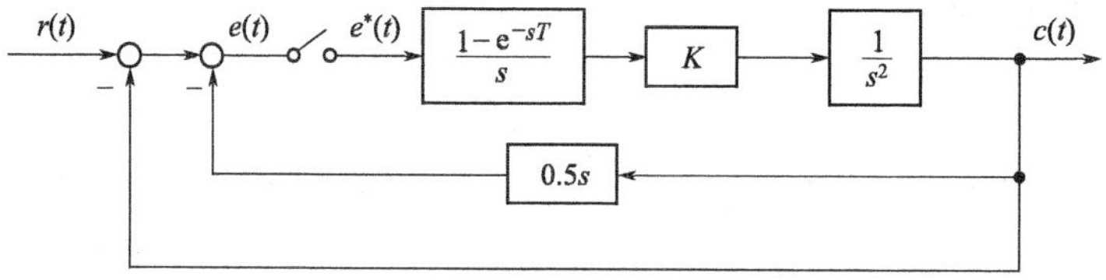

图 7-48　题 7-21 图

7-22　设离散系统如图 7-49 所示，其中 $T=0.1\text{s}$，$K=1$，$r(t)=t$，试求静态误差系数 K_p、K_v、K_a，并求系统稳态误差 $e_{ss}(\infty)$。

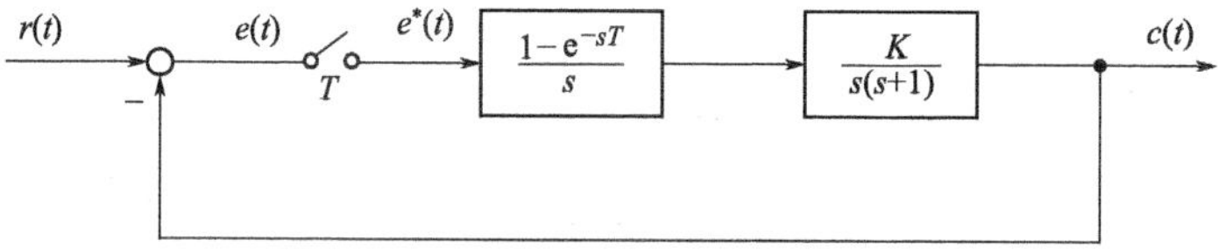

图 7-49　题 7-22 图

7-23　已知离散系统如图 7-50 所示，其中 ZOH 为零阶保持器，$T=0.25\text{s}$。当 $r(t)=2+t$ 时，欲使稳态误差小于 0.1，试求 K 值。

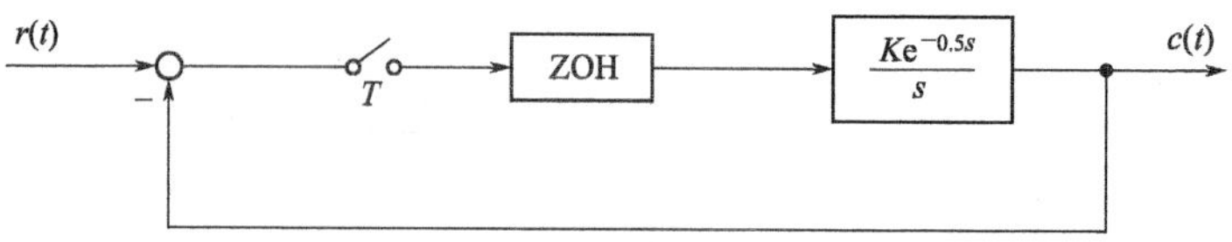

图 7-50　题 7-23 图

7-24　设具有采样器、保持器的闭环离散系统如图 7-51 所示，当采样周期 $T=0.1\text{s}$，输入信号为单位阶跃信号时，试计算系统输出 $C(z)$。

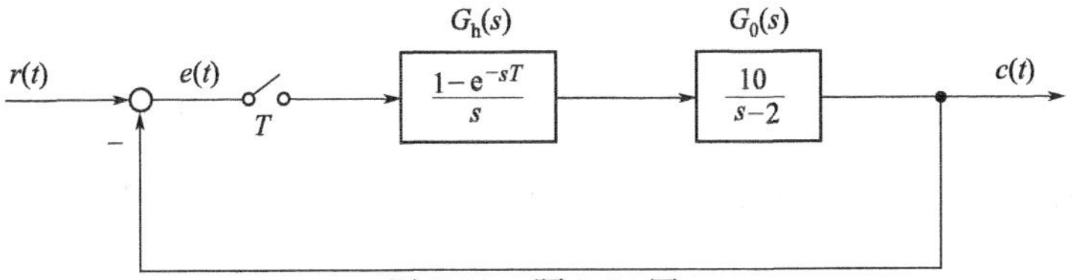

图 7-51　题 7-24 图

7-25　闭环离散控制系统结构图如图 7-52 所示，试求系统输出的 z 变换式 $Y(z)$ 与闭环脉冲传递函数 $Y(z)/R(z)$。

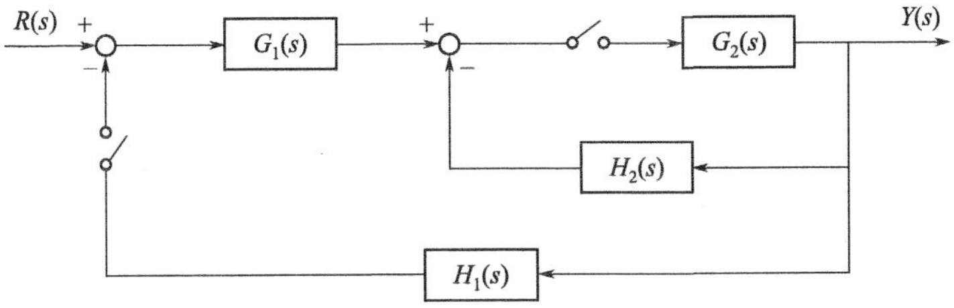

图 7-52　题 7-25 图

7-26　如图 7-53 所示离散系统，试求使系统稳定的采样周期 T 值。

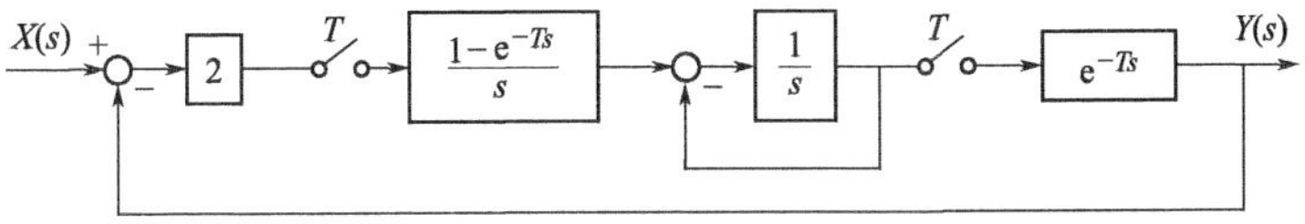

图 7-53　题 7-26 图

7-27　设离散系统如图 7-54 所示，采样周期 $T=1\text{s}$，试给出使系统稳定的 K 值范围。

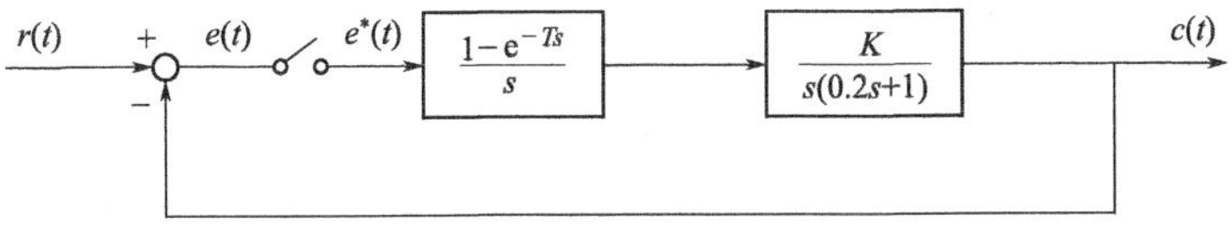

图 7-54　题 7-27 图

7-28　采样系统结构如图 7-55 所示，$T=0.5\text{s}$。图中 $D(z)$ 为控制器，其时域的输入输出关系式为：$u(kT)=u(kT-T)+2e(kT)-e(kT-T)$。试求：

(1) 使得系统稳定的 K 值范围；

(2) 单位阶跃输入时的稳态误差。

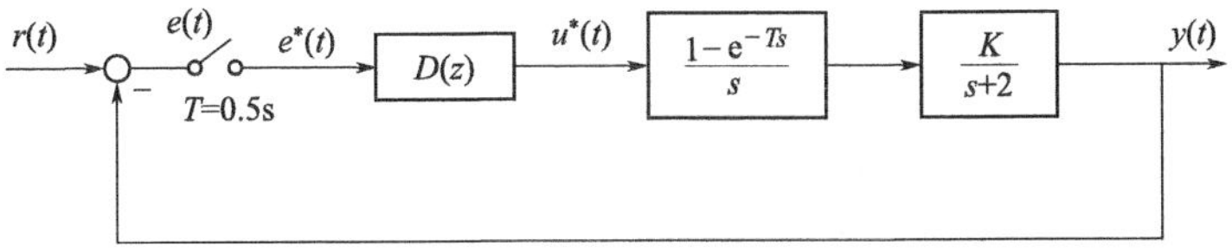

图 7-55　题 7-28 图

第8章 非线性控制系统分析

在构成控制系统的环节中，如果有一个或一个以上的环节具有非线性特性，则此控制系统就属于非线性控制系统。本章涉及的非线性环节是指输入、输出间的静特性不满足线性关系的环节。由于非线性问题概括了除线性以外的所有数学关系，包含的范围非常广泛，因此，对于非线性控制系统，目前还没有统一、通用的分析设计方法。本章主要介绍工程上常用的相平面分析法和描述函数法。

8.1 非线性控制系统概述

8.1.1 非线性现象的普遍性

组成实际控制系统的元部件总存在一定程度的非线性。例如，晶体管放大器有一个线性工作范围，超出这个范围，放大器就会出现饱和现象；电动机输出轴上总是存在摩擦力矩和负载力矩，只有在输入超过启动电压后，电动机才会转动，存在不灵敏区，而当输入达到饱和电压时，由于电动机磁性材料的非线性，输出转矩会出现饱和，因而限制了电动机的最大转速；各种传动机构由于机械加工和装配上的缺陷，在传动过程中总存在着间隙；开关或继电器会导致信号的跳变等。

实际控制系统中，非线性因素广泛存在，线性系统模型只是在一定条件下忽略了非线性因素影响或进行了线性化处理后的理想模型。当系统中包含有本质非线性元件，或者输入的信号过强，使某些元件超出了其线性工作范围时，再用线性分析方法来研究这些系统的性能，得出的结果往往与实际情况相差很远，甚至得出错误的结论。

由于非线性系统不满足叠加原理，前面介绍的线性系统分析设计方法原则上不再适用，因此必须寻求研究非线性控制系统的方法。

8.1.2 控制系统中的典型非线性特性

实际控制系统中的非线性特性种类很多。下面列举几种常见的典型非线性特性。

(1) 饱和非线性特性

只能在一定的输入范围内保持输出和输入之间的线性关系，当输入超出该范围时，其输出限定为一个常值，这种特性称为饱和非线性特性，如图 8-1 所示。图中，x、y 分别为非线性元件的输入、输出信号，其数学表达式为

$$y(t)=\begin{cases}Kx(t), & |x(t)|\leqslant a\\ M\operatorname{sgn}x(t), & |x(t)|>a\end{cases} \tag{8-1}$$

式中，a 为线性区宽度；K 为线性区的斜率。

许多元部件的运动范围由于受到能源、功率等条件的限制，都具有饱和特性。有时，工程上还人为引入饱和特性用以限制过载。

(2) 死区（不灵敏区）非线性特性

一般的测量元件、执行机构都存在不灵敏区。例如某些检测元件对于小于某值的输入量不敏感；某些执行机构在输入信号比较小时不会动作，只有在输入信号大到一定程度以后才会有输出。这种只有在输入

量超过一定值后才有输出的特性称为死区非线性特性，如图 8-2 所示，其数学表达式为

$$y(t)=\begin{cases}0 & |x(t)|\leqslant\Delta \\ K[x(t)-\Delta\operatorname{sgn}x(t)], & |x(t)|>\Delta\end{cases} \tag{8-2}$$

式中，Δ 为死区宽度；K 为线性输出的斜率。

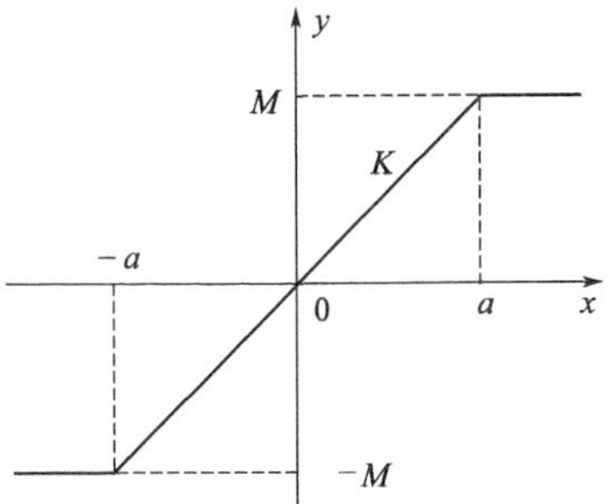

图 8-1 饱和非线性特性

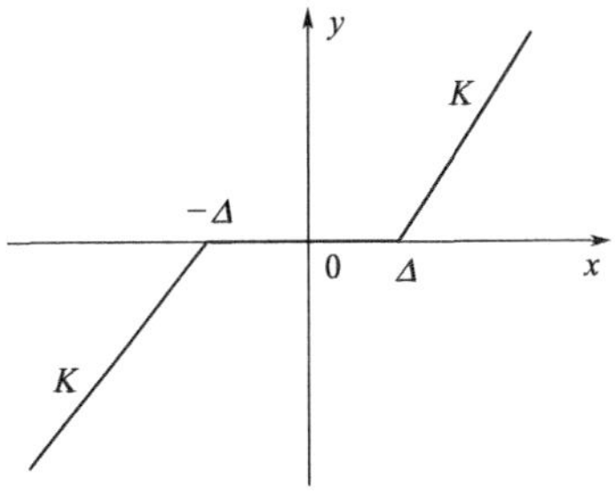

图 8-2 死区非线性特性

(3) 继电非线性特性

由于继电器吸合及释放状态下磁路的磁阻不同，吸合与释放电压是不相同的。因此，继电器的特性有一个滞环，输入输出关系不完全是单值的，这种特性称为具有滞环的三位置继电特性。典型继电特性如图 8-3 所示，其数学表达式为

$$y(t)=\begin{cases}0, & -mh<x(t)<h,\dot{x}(t)>0 \\ 0, & -h<x(t)<mh,\dot{x}(t)<0 \\ M\operatorname{sgn}x(t), & |x(t)|\geqslant h \\ M, & x(t)\geqslant mh,\dot{x}(t)<0 \\ -M, & x(t)\leqslant -mh,\dot{x}(t)>0\end{cases} \tag{8-3}$$

式中，h 为继电器吸合电压；mh 为继电器释放电压；M 为饱和输出。

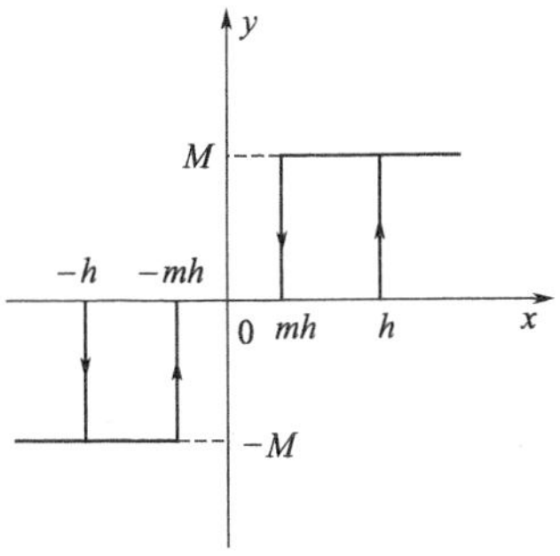

图 8-3 具有滞环的三位置继电特性

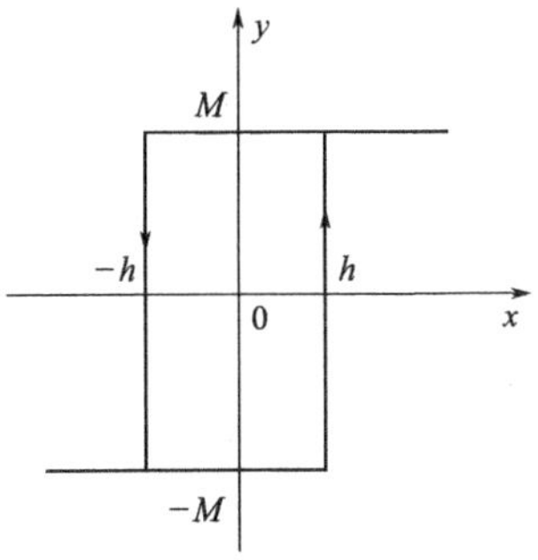

图 8-4 具有纯滞环的两位置继电特性

当 $m=-1$ 时，典型继电特性退化成为纯滞环的两位置继电特性，如图 8-4 所示。当 $m=1$ 时，则成为具有三位置的死区继电特性，如图 8-5 所示。当 $h=0$ 时，成为理想继电特性，如图 8-6 所示。

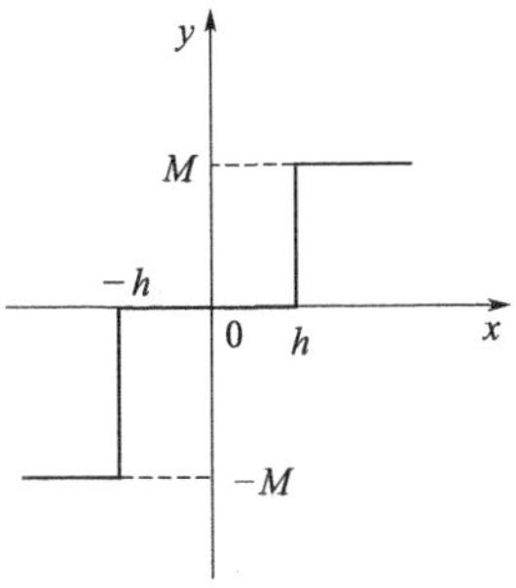

图 8-5 具有三位置的死区继电特性

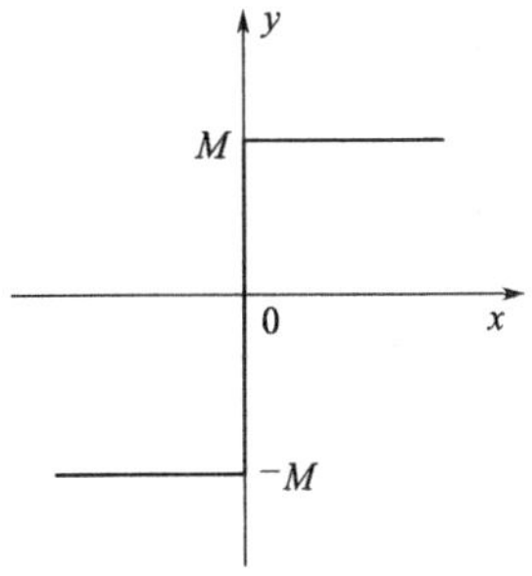

图 8-6 理想继电特性

(4) 间隙非线性特性

间隙非线性的特点是当输入量改变方向时，输出量保持不变，一直到输入量的变化超出一定数值（间

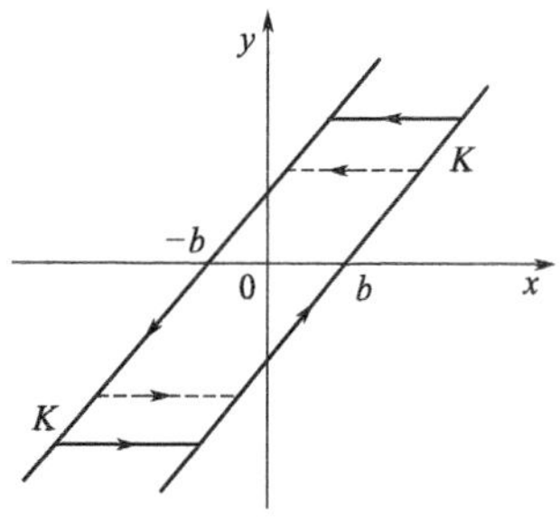

图 8-7 间隙非线性特性

隙消除）后，输出量才跟着变化。在各种传动机构中，由于加工精度和运动部件的动作需要，总会有间隙存在。齿轮传动中的间隙就是典型的例子。间隙非线性特性如图 8-7 所示，其数学表达式为

$$\begin{cases} y(t)=K[x(t)-b\,\mathrm{sgn}x(t)], & \left|\dfrac{y(t)}{K}-x(t)\right|>b \\ \dot{y}(t)=0, & \left|\dfrac{y(t)}{K}-x(t)\right|<b \end{cases} \tag{8-4}$$

式中，$2b$ 为间隙宽度；K 为间隙特性斜率。

8.1.3 非线性控制系统的特点

非线性系统具有许多特殊的运动形式，与线性系统有着本质的区别，主要表现在下述几个方面。

(1) 不满足叠加原理

对于线性系统，如果系统对输入 x_1 的响应为 y_1，对输入 x_2 的响应为 y_2，则在信号 $x=a_1x_1+a_2x_2$ 的作用下（a_1、a_2 为常量），系统的输出为

$$y=a_1y_1+a_2y_2$$

这便是叠加原理。但在非线性系统中，这种关系不成立。

在线性系统中，一般可采用传递函数、频率特性、根轨迹等概念。同时，由于线性系统的运动特征与输入的幅值、系统的初始状态无关，故通常是在典型输入函数和零初始条件下进行研究的。然而，在非线性系统中，由于叠加原理不成立，不能应用上述方法。

线性系统各串联环节的位置可以相互交换，但在非线性系统中，非线性环节之间、非线性环节与线性环节之间的位置一般不能交换，否则会导致错误的结论。

(2) 稳定性

线性系统的稳定性仅取决于系统自身的结构与参数，与外作用的大小、形式以及初始条件无关。线性系统若稳定，则无论受到多大的扰动，扰动消失后一定会回到唯一的平衡点（原点）。

非线性系统的稳定性除了和系统自身的结构与参数有关外，还与外作用以及初始条件有关。非线性系统的平衡点可能不止一个，所以非线性系统的稳定性只能针对确定的平衡点来讨论。一个非线性系统在某些平衡点可能是稳定的，在另外一些平衡点却可能是不稳定的；在小扰动时可能稳定，在大扰动时却可能不稳定。

(3) 正弦响应

线性系统在正弦信号的作用下，系统的稳态输出一定是与输入同频率的正弦信号，仅在幅值和相角上与输入不同。输入信号振幅的变化，仅使输出响应的振幅成比例变化，利用这一特性，可以引入频率特性的概念来描述系统的动态特性。

非线性系统的正弦响应比较复杂。在某一正弦信号作用下，其稳态输出的波形不仅与系统自身的结构与参数有关，还与输入信号的幅值大小密切相关，而且输出信号中常含有输入信号所没有的频率分量。因此，频域分析法不再适合于非线性系统。

(4) 自激振荡

描述线性系统的微分方程可能有一个周期运动解，但这一周期运动实际上不能稳定持续下去。例如，二阶零阻尼系统的自由运动解是 $y(t)=A\sin(\omega t+\varphi)$。这里 ω 取决于系统的结构、参数，而振幅 A 和相角 φ 取决于初始状态。一旦系统受到扰动，A 和 φ 的值都会改变，因此，这种周期运动是不稳定的。非线性系统，即使在没有输入作用的情况下，也有可能产生一定频率和振幅的周期运动，并且受到扰动作用后，运动仍能保持原来的频率和振幅不变。亦即这种周期运动具有稳定性。非线性系统出现的这种稳定周期运动称为自激振荡，简称自振。自振是非线性系统特有的运动现象，是非线性控制理论研究的重要问题之一。

8.1.4 非线性控制系统的分析方法

由于非线性系统的复杂性和特殊性，使得非线性问题的求解非常困难，到目前为止，还没有形成用于研究非线性系统的通用方法。虽然有一些针对特定非线性问题的系统分析方法，但适用范围都有限。这其中，相平面分析法和描述函数法是在工程上广泛应用的方法。

相平面分析法是一种用图解法求解二阶非线性常微分方程的方法。相平面上的轨迹曲线描述了系统状态的变化过程，因此可以在相平面图上分析平衡状态的稳定性和系统的时间响应特性。

描述函数法又称为谐波线性化法，它是一种工程近似方法。描述函数法可以用于研究一类非线性控制系统的稳定性和自振问题，给出自振过程的基本特性（如振幅、频率）与系统参数（如放大系数、时间常数等）的关系，为系统的初步设计提供一个思考方向。

用计算机直接求解非线性微分方程，以数值解形式进行仿真研究，是分析、设计复杂非线性系统的有效方法。随着计算机技术的发展，计算机仿真已成为研究非线性系统的重要手段。

8.2　相平面法

相平面法是 Poincare. H 于 1885 年首先提出来的，它是求解一、二阶线性或非线性系统的一种图解法，可以用来分析系统的稳定性、平衡位置、时间响应、稳态精度以及初始条件和参数对系统运动的影响。

8.2.1　相平面的基本概念

(1) 相平面和相轨迹

设一个二阶系统可以用常微分方程

$$\ddot{x}+f(x,\dot{x})=0 \tag{8-5}$$

来描述。其中，$f(x,\dot{x})$ 是 x 和 $\dot{x}$ 的线性或非线性函数。在非全零初始条件（x_0，$\dot{x}_0$）或输入作用下，系统的运动可以用解析解 $x(t)$ 和 $\dot{x}(t)$ 描述。

取 x 和 $\dot{x}$ 构成坐标平面，称为相平面，则系统的每一个状态均对应于该平面上的一点。当 t 变化时，这一点在 x-$\dot{x}$ 平面上描绘出的轨迹，表征系统状态的演变过程，该轨迹就叫作相轨迹（如图 8-8(a) 所示）。

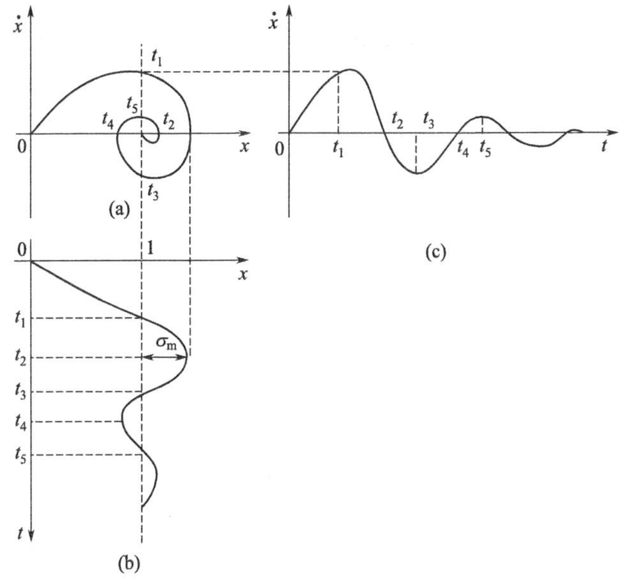

图 8-8　相轨迹

(2) 相平面图

相平面和相轨迹曲线簇构成相平面图。相平面图清楚地表示了系统在各种初始条件或输入作用下的运动过程，可以用来对系统进行分析和研究。

8.2.2　相轨迹的性质

(1) 相轨迹的斜率

相轨迹在相平面上任意一点（x，$\dot{x}$）处的斜率为

$$\frac{d\dot{x}}{dx}=\frac{d\dot{x}/dt}{dx/dt}=\frac{-f(x,\dot{x})}{\dot{x}} \tag{8-6}$$

只要在点 $(x,\dot{x})$ 处不同时满足 $\dot{x}=0$ 和 $f(x,\dot{x})=0$，则相轨迹的斜率就是一个确定的值。这样，通过该点的相轨迹不可能多于一条，相轨迹不会在该点相交。这些点是相平面上的普通点。

(2) 相轨迹的奇点

在相平面上同时满足 $\dot{x}=0$ 和 $f(x,\dot{x})=0$ 的点处，相轨迹的斜率

$$\frac{d\dot{x}}{dx}=\frac{-f(x,\dot{x})}{\dot{x}}=\frac{0}{0}$$

即相轨迹的斜率不确定，通过该点的相轨迹有一条以上。这些点是相轨迹的交点，称为奇点。显然，奇点只分布在相平面的 x 轴上。由于在奇点处 $\ddot{x}=\dot{x}=0$，故奇点也称为平衡点。

(3) 相轨迹的运动方向

相平面的上半平面中，$\dot{x}>0$，相迹点沿相轨迹向 x 轴正方向移动，所以上半部分相轨迹箭头向右；同理，下半相平面 $\dot{x}<0$，相轨迹箭头向左。总之，相迹点在相轨迹上总是按顺时针方向运动的。

(4) 相轨迹通过 x 轴的方向

相轨迹总是以垂直方向穿过 x 轴。因为在 x 轴上的所有点均满足 $\dot{x}=0$，因而除去其中 $f(x,\dot{x})=0$ 的奇点外，在其他点上的斜率 $d\dot{x}/dx\to\infty$，这表示相轨迹与相平面的 x 轴是正交的。

8.2.3 相轨迹的绘制

绘制相轨迹是用相平面法分析系统的基础。相轨迹的绘制方法有解析法和图解法两种。解析法通过求解系统微分方程找出 x 和 $\dot{x}$ 的解析关系，从而在相平面上绘制相轨迹。图解法则通过作图方法间接绘制出相轨迹。

(1) 解析法

描述系统的微分方程比较简单时，适合于用解析法绘制相轨迹。例如，研究以方程

$$\ddot{x}+2\xi\omega_n\dot{x}+\omega_n^2x=0 \tag{8-7}$$

描述的二阶线性系统在一组非全零初始条件下的运动。当 $\xi=0$ 时，式(8-7) 变为

$$\ddot{x}+\omega_n^2x=0$$

考虑到

$$\ddot{x}=\frac{d\dot{x}}{dt}=\frac{d\dot{x}}{dx}\cdot\frac{dx}{dt}=\dot{x}\frac{d\dot{x}}{dx}=-\omega_n^2x$$

用分离变量法进行积分，有

$$\begin{aligned}&\dot{x}\,d\dot{x}=-\omega_n^2x\,dx\\&\int_{\dot{x}_0}^{\dot{x}}\dot{x}\,d\dot{x}=-\omega_n^2\int_{x_0}^{x}x\,dx\\&x^2+\frac{\dot{x}^2}{\omega_n^2}=A^2\end{aligned} \tag{8-8}$$

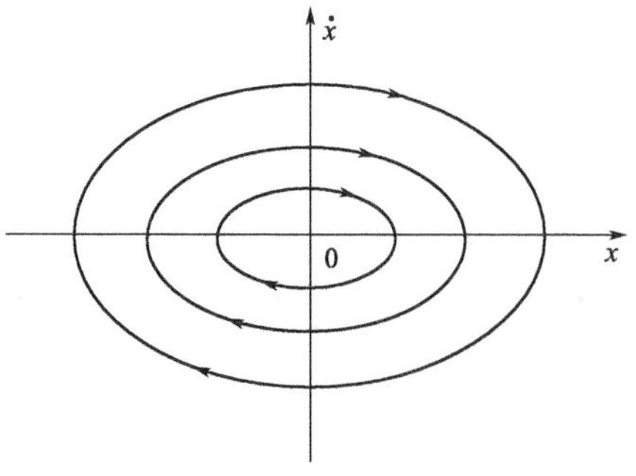

图 8-9　零阻尼二阶系统的相平面图

式中，$A=\sqrt{x_0^2+\frac{\dot{x}_0^2}{\omega_n^2}}$，是由初始条件 $(x_0,\dot{x}_0)$ 决定的常数。式(8-8) 表示相平面上以原点为圆心的椭圆。当初始条件不同时，相轨迹是以 $(x_0,\dot{x}_0)$ 为起始点的椭圆簇。系统的相平面图如图 8-9 所示，表明系统的响应是等幅周期运动。图中箭头表示时间 t 增大的方向。

(2) 图解法

绘制相轨迹的图解法有多种，其中等倾斜线法简单实用，在实际中被广泛采用。

等倾斜线法是一种通过图解方法求相轨迹的方法。由式(8-6) 可求得相平面上某点处的相轨迹斜率

$$\frac{d\dot{x}}{dx}=\frac{-f(x,\dot{x})}{\dot{x}}$$

若取斜率为常数 a，则上式可改写成

$$a=\frac{-f(x,\dot{x})}{\dot{x}} \tag{8-9}$$

式(8-9) 称为等倾斜线方程。很明显，在相平面中，经过等倾斜线上各点的相轨迹斜率都等于 a。给定不同的 a 值，可在相平面上绘出相应的等倾斜线。在各等倾斜线上作出斜率为 a 的短线段，就可以得到相轨迹切线的方向场。沿方向场画连续曲线就可以绘制出相平面图。以下举例说明。

【例 8-1】 设系统微分方程为 $\ddot{x}+\dot{x}+x=0$，用等倾斜线法绘制系统的相平面图。

解 由系统微分方程，有

$$\ddot{x}=-(x+\dot{x})$$

$$\dot{x}\frac{\mathrm{d}\dot{x}}{\mathrm{d}x}=-(x+\dot{x})$$

设 $a=\frac{\mathrm{d}\dot{x}}{\mathrm{d}x}$ 为定值，可得等倾斜线方程为

$$\dot{x}=\frac{-x}{1+a} \tag{8-10}$$

式(8-10) 是直线方程。等倾斜线的斜率为 $-1/(1+a)$。给定不同的 a，便可以得出对应的等倾斜线斜率。表 8-1 列出了不同 a 值下等倾斜线的斜率以及等倾斜线与 x 轴的夹角 β。

表 8-1 不同 a 值下等倾斜线的斜率及 β

a	−6.68	−3.75	−2.73	−2.19	−1.84	−1.58	−1.36	−1.18	−1.00
$\frac{-1}{1+a}$	0.18	0.36	0.58	0.84	1.19	1.73	2.75	5.67	∞
β	10°	20°	30°	40°	50°	60°	70°	80°	90°
a	−0.82	−0.64	−0.42	−0.16	0.19	0.73	1.75	4.68	∞
$\frac{-1}{1+a}$	−5.76	−2.75	−1.73	−1.19	−0.84	−0.58	−0.36	−0.18	0.00
β	100°	110°	120°	130°	140°	150°	160°	170°	180°

图 8-10 绘出了 a 取不同值时的等倾斜线，并在其上画出了代表相轨迹切线方向的短线段。根据这些短线段表示的方向场，很容易绘制出从某一点起始的特定的相轨迹。例如，从图 8-10 中的 A 点出发，顺着短线段的方向可以逐渐过渡到 B 点、C 点……从而绘出一条相应的相轨迹。由此可以得到系统的相平面图，如图 8-10 所示。

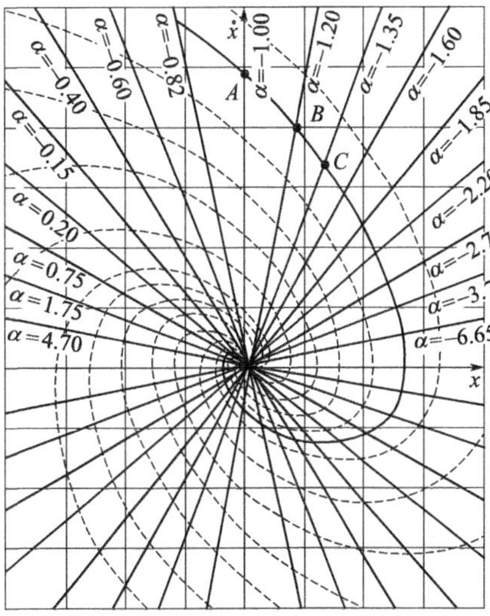

图 8-10 确定相轨迹切线方向的方向场及相平面上的一条相轨迹

8.2.4 由相轨迹求时间解

相轨迹能清楚地反映系统的运动特性。而由相轨迹确定系统的响应时间、周期运动的周期以及过渡过程时间时，会涉及由相轨迹求时间信息的问题。这里介绍增量法。

设系统相轨迹如图 8-11(a) 所示。在时刻 t_A 系统状态位于点 $A(x_A,\dot{x}_A)$，经过一段时间 Δt_{AB} 后，系统状态移动到新的位置点 $B(x_B,\dot{x}_B)$。如果时间间隔比较小，两点间的位移量不大，则可用下式计算该时间段的平均速度：

$$\dot{x}_{AB}=\frac{\Delta x}{\Delta t}=\frac{x_B-x_A}{\Delta t_{AB}}$$

又由

$$\dot{x}_{AB}=\frac{\dot{x}_A+\dot{x}_B}{2}$$

可求出点 A 到点 B 所需的时间

$$\Delta t_{AB}=\frac{2(x_B-x_A)}{\dot{x}_A+\dot{x}_B} \tag{8-11}$$

同理，可求出点 B 和点 C 两点之间所需的时间 Δt_{BC}……利用这些时间信息以及对应的 $x(t)$，就可绘制出相应的 $x(t)$ 曲线，如图 8-11(b) 所示。

注意，在穿过 x 轴的相轨迹段进行计算时，最好将一点选在 x 轴上，以避免出现 $\dot{x}_{AB}=0$ 的情况。

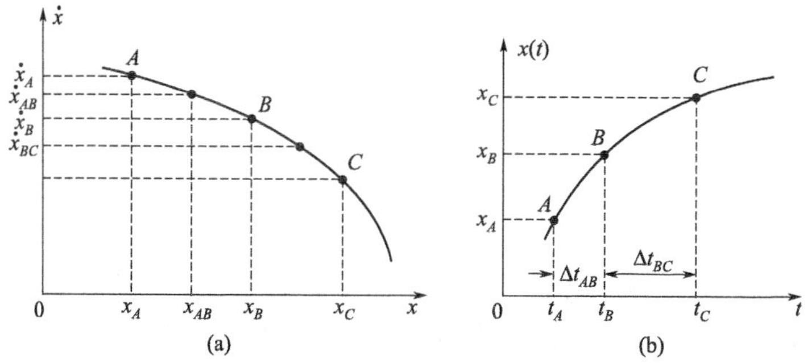

图 8-11　由相轨迹求时间解

8.2.5　二阶线性系统的相轨迹

许多本质性非线性系统常常可以进行分段线性化处理，而许多非本质性非线性系统也可以在平衡点附近做增量线性化处理。因此，可以从二阶线性系统的相轨迹入手进行研究，为非线性系统的相平面分析提供手段。

由式(8-7) 描述的二阶线性系统自由运动的微分方程

$$\ddot{x}+2\xi\omega_n\dot{x}+\omega_n^2x=0$$

可得

$$\frac{d\dot{x}}{dx}=-\frac{\omega_n^2x+2\xi\omega_n\dot{x}}{\dot{x}} \tag{8-12}$$

根据式(8-12) 利用等倾斜线法，或者从式(8-12) 解出系统的相轨迹方程 $\dot{x}=f_1(x)$，就可以绘制出相应的相平面图。将不同情形下的二阶线性系统相平面图归纳整理，列在表 8-2 中。

在式(8-7) 中，令 $\ddot{x}=\dot{x}=0$，可以得出唯一解 $x_e=0$，这表明线性二阶系统的奇点（或平衡点）就是相平面的原点。根据系统极点在复平面上的位置分布，以及相轨迹的形状，将奇点分为不同的类型。

① 当 $\xi\geqslant1$ 时，λ_1、λ_2 为两个负实根，系统处于过阻尼（或临界阻尼）状态，自由响应按指数衰减。对应的相轨迹是一簇趋向相平面原点的抛物线，相应奇点称为稳定的节点。

② 当 $0<\xi<1$ 时，λ_1、λ_2 为一对具有负实部的共轭复根，系统处于欠阻尼状态。自由响应为衰减振荡过程。对应的相轨迹是一簇收敛的对数螺旋线，相应的奇点称为稳定的焦点。

③ 当 $\xi=0$ 时，λ_1、λ_2 为一对共轭纯虚根，系统的自由响应是简谐运动，相轨迹是一簇同心椭圆，称这种奇点为中心点。

④ 当 $-1<\xi<0$ 时，λ_1、λ_2 为一对具有正实部的共轭复根，系统的自由响应振荡发散。对应的相轨迹是发散的对数螺旋线，相应奇点称为不稳定的焦点。

⑤ 当 $\xi\leqslant-1$ 时，λ_1、λ_2 为两个正实根，系统的自由响应为非周期发散状态。对应的相轨迹是发散的抛物线簇，相应的奇点称为不稳定的节点。

⑥ 若系统极点 λ_1、λ_2 为两个符号相反的实根，此时系统的自由响应呈现非周期发散状态。对应的相轨迹是一簇双曲线，相应奇点称为鞍点，是不稳定的平衡点。

当系统至少有一个为零的极点时，很容易解出相轨迹方程（见表 8-2 中序号 7、8、9），由此绘制相平面图，可以分析系统的运动特性。

表 8-2　二阶线性系统的相轨迹

序号	系统方程		极点分布	相轨迹	奇点	相轨迹方程
	方程	参数				
1	$\ddot{x}+2\xi\omega_n\dot{x}+\omega_n^2x=0$	$\xi\geqslant1$	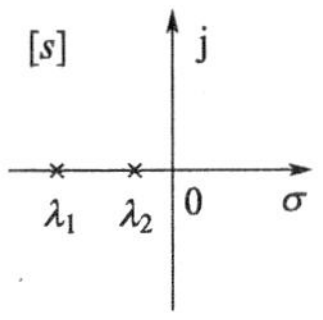	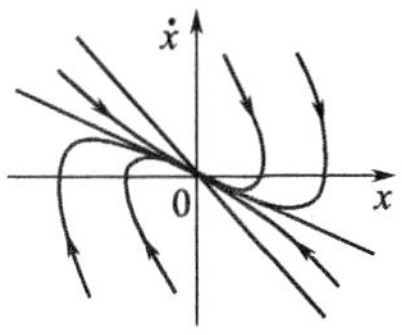	(0,0) 稳定节点	抛物线(收敛) 特殊相轨迹： $\begin{cases}\dot{x}=\lambda_1x\\\dot{x}=\lambda_2x\end{cases}$
2		$0<\xi<1$	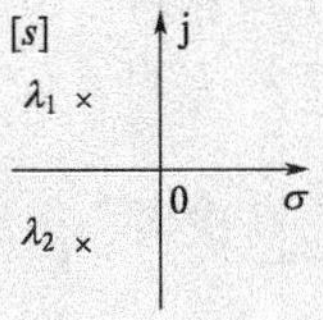	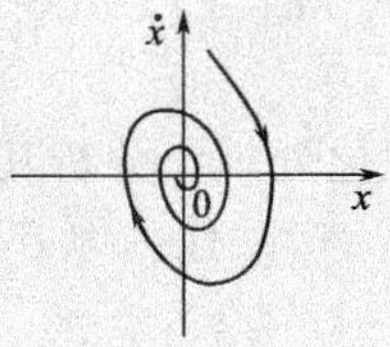	(0,0) 稳定焦点	螺线 (收敛)
3		$\xi=0$	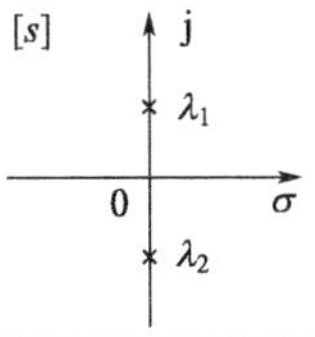	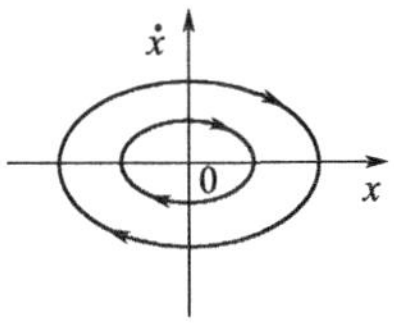	(0,0) 中心	椭圆
4		$-1<\xi<0$	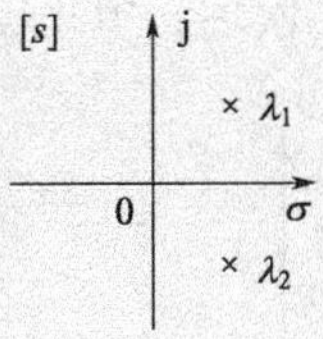	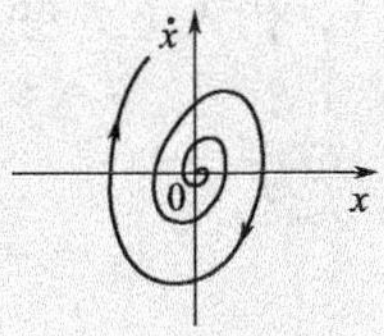	(0,0) 不稳定焦点	螺线 (发散)
5		$\xi\leqslant-1$	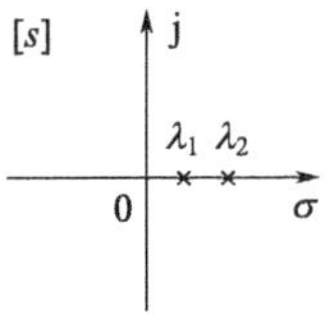	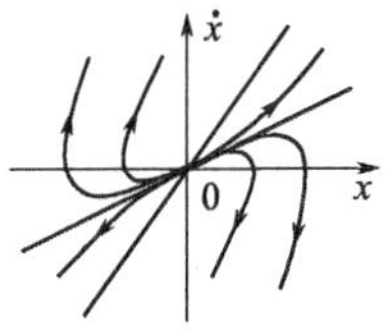	(0,0) 不稳定节点	抛物线(发散) 特殊相轨迹： $\begin{cases}\dot{x}=\lambda_1x\\\dot{x}=\lambda_2x\end{cases}$
6	$\ddot{x}+a\dot{x}-bx=0$	$\begin{cases}a\ 任意\\b>0\end{cases}$	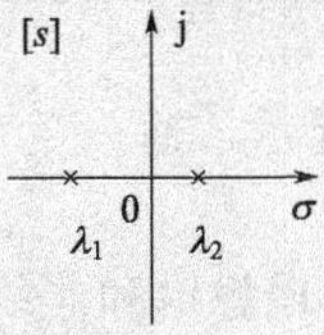	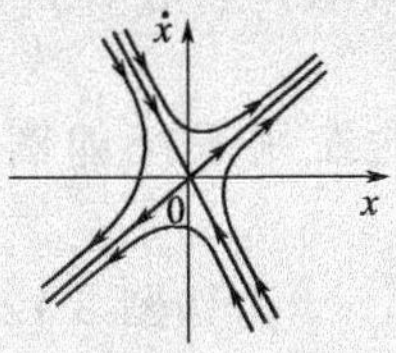	(0,0) 鞍点	双曲线 特殊相轨迹： $\begin{cases}\dot{x}=\lambda_1x\\\dot{x}=\lambda_2x\end{cases}$
7		$\begin{cases}a>0\\b=0\end{cases}$	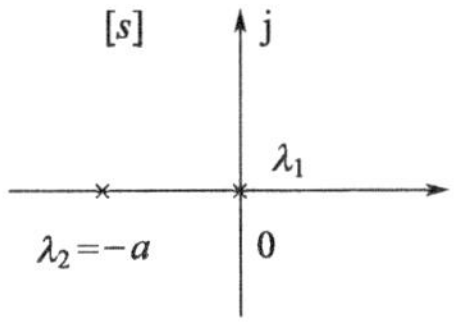	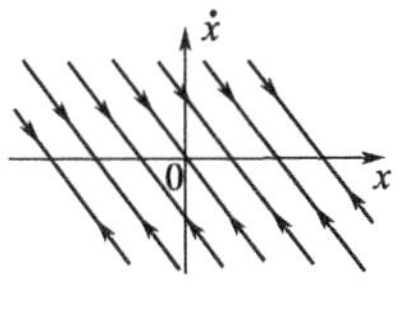	x 轴	$\begin{cases}\dot{x}=0\\\dot{x}=-ax+C\end{cases}$
8		$\begin{cases}a<0\\b=0\end{cases}$	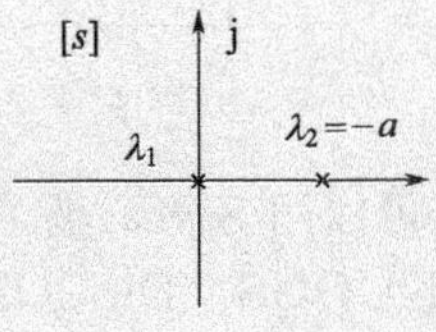	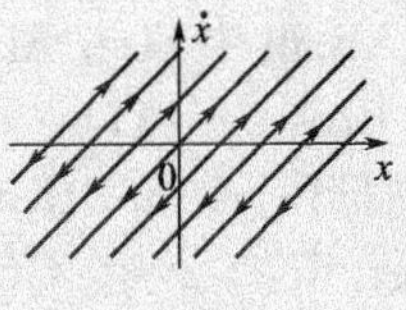	x 轴	$\begin{cases}\dot{x}=0\\\dot{x}=-ax+C\end{cases}$
9		$\begin{cases}a=0\\b=0\end{cases}$	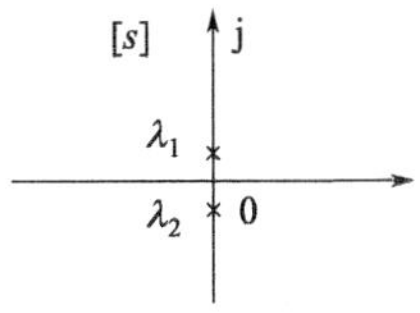	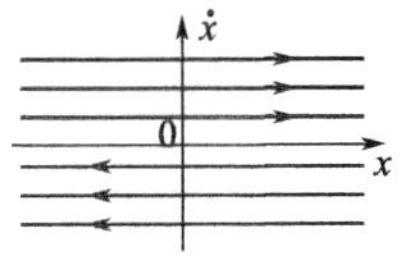	x 轴	$\dot{x}=C$

8.2.6 非线性系统的相平面分析

(1) 非本质非线性系统的相平面分析

如果描述非线性系统的微分方程式(8-5) 中，函数 $f(x,\dot{x})$ 是解析的，则可在平衡点处将其进行小偏差线性化近似，然后按线性二阶系统分析奇点类型，确定系统在该奇点附近的稳定性。也可以绘制系统的相平面图，全面研究系统的动态特性。

【例 8-2】 试确定下列二阶非线性系统的平衡点及其类型。

$$\ddot{x}-(1-x^2)\dot{x}+x-x^2=0$$

解 令 $\ddot{x}=\dot{x}=0$，有 $x-x^2=x(x-1)=0$。系统的平衡点为

$$x_{e1}=0,\ x_{e2}=1$$

分别在各平衡点处对系统进行线性化处理，分析其性质。

在 $x_{e1}=0$ 处，令 $x=\Delta x+x_{e1}=\Delta x$ 代入原方程，略去高次项，得出 x_{e1} 处的线性化方程

$$\Delta\ddot{x}-\Delta\dot{x}+\Delta x=0$$

相应的特征方程为 $s^2-s+1=0$，特征根为

$$\lambda_{1,2}=\frac{1}{2}\pm \mathrm{j}\frac{\sqrt{3}}{2}$$

平衡点 $x_{e1}=0$ 为不稳定的焦点。

同理，令 $x=\Delta x+x_{e2}=\Delta x+1$，代入原方程，略去高次项，得出 x_{e2} 处的线性化方程

$$\Delta\ddot{x}-\Delta x=0$$

相应的特征方程为 $s^2-1=0$，特征根为

$$\lambda_1=-1,\ \lambda_2=+1$$

平衡点 $x_{e2}=1$ 为鞍点。

(2) 本质非线性系统的相平面分析

许多非线性控制系统所含有的非线性特性是分段线性的，或者可以用分段线性特性来近似。用相平面法分析这类系统时，一般采用“分区-衔接”的方法。首先，根据非线性特性的线性分段情况，用几条分界线（开关线）把相平面分成几个线性区域，在各线性区域内，分别用线性微分方程来描述。其次，分别绘出各线性区域的相平面图。最后，将相邻区间的相轨迹衔接成连续的曲线，即可获得系统的相平面图。

【例 8-3】 已知一个非线性控制系统如图 8-12 所示，输入为零初始条件，线性环为 $G(s)=\dfrac{K}{s(Ts+1)}$，其中，$T=1$、$K=4$，N 为如图 8-12 所示的理想饱和非线性，$y=\begin{cases}-0.2, & x<-0.2\\ x, & |x|\leqslant 0.2\\ 0.2, & x>0.2\end{cases}$，系统的初始状态为 0，试：

① 在 e-$\dot{e}$ 平面上画出相轨迹；

② 绘出 $e(t)$，$c(t)$ 的时间响应波形。

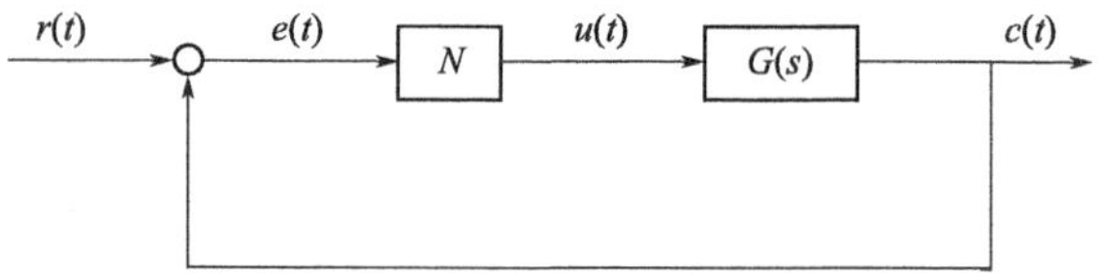

图 8-12 非线性控制系统示意图

解 取状态变量 $e(t)$ 和 $\dot{e}(t)$，使用 Simulink 来解此题的步骤如下。

在 MATLAB 7.0 的 MATLAB 窗中双击 Simulink 图标就打开 Simulink Library Browser 窗口，再在此窗口进入 File \ New \ Model，打开一个 untitled 窗（可以用 Saveas 保存窗口并改名）。

在 Simulink Library Browser 窗口下有 CONTINUOUS、DISCONTINUTIES、MATHOPERATIONS、sinK、SOURCE 等子目录，每个子目录下都包含若干可利用的模块，可直接拖至 untitled 窗口，如图 8-13 所示。

在图 8-13 中，传递函数环节（Transer Fcn）、微分环节（Deritivative）来自 Simulink \ CONTINUOUS；饱和非线性（Saturation）来自 Simulink DISCONTINUTES；求和（Sum）来自 Simulink \ MATH OPERATIONS；双踪示波器（XY Graph）、单踪示波器（Scope）来自 Simulink \ sinK；阶跃函数（Step）来自 Simulink \ SOURCE。

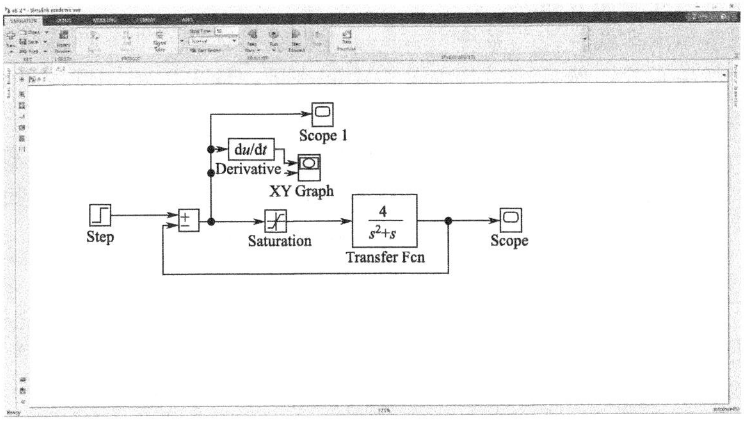

图 8-13 例 8-3 的 Simulink 仿真模型

要在 XY Graph 上绘出相轨迹，关键是要得到 e 和 $\dot{e}$ 信号。显然，e 直接取自比较器的输出（即图中 Sum 环节的输出），$\dot{e}$ 可以在 e 后面加一微分环节实现，然后把这两个信号接到 XY Graph 便可画出相轨迹。

双击饱和模块，就会出现该模块的设置窗口，按照题意设置饱和特性的限幅为［−0.2,0.2］。

在 SIMULATION \ SIMULATION PARAMETERS \ SOLVER 中设置 Solver Type 为 “Fixed Step”，“Solver”（步长）为 0.05，“Stop Time” 为 40。运行 SIMULATION \ START，XY Graph 绘出的相轨迹如图 8-14 所示。

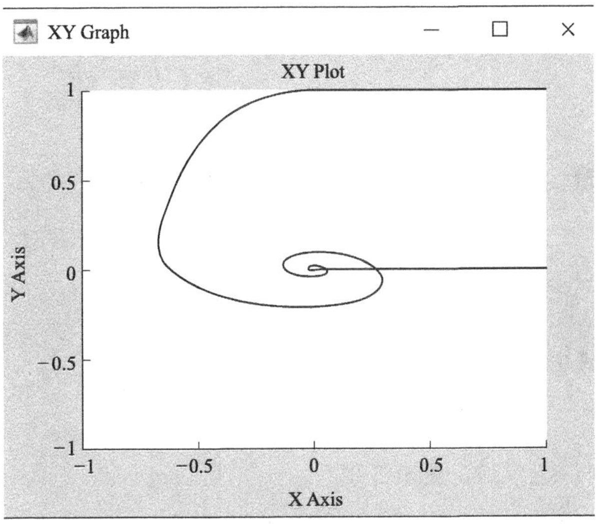

图 8-14 例 8-3 的相轨迹图

双击系统输出连接的单踪示波器，看到 $c(t)$ 的时间响应波形。如图 8-15 所示。双击比较环节输出连接的单踪示波器，看到 $e(t)$ 的时间响应波形，如图 8-16 所示。

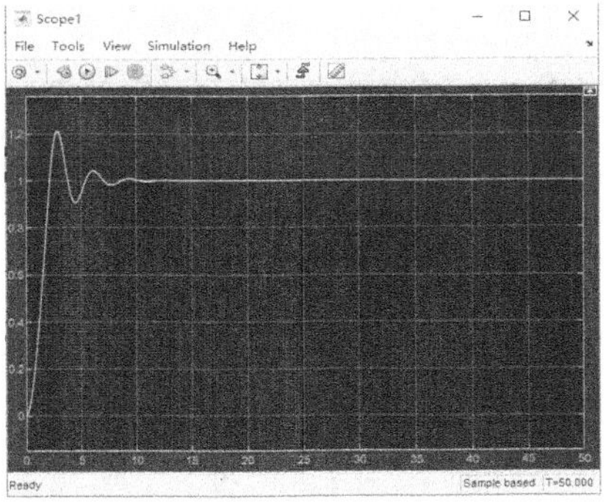

图 8-15 例 8-3 中 $c(t)$ 的时间响应波形

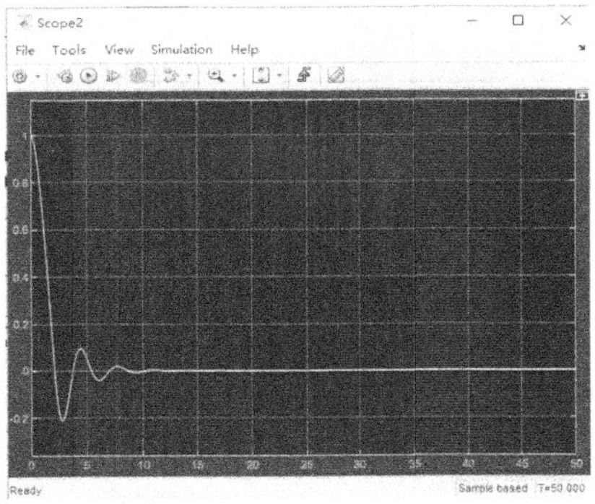

图 8-16 例 8-3 中 $e(t)$ 的时间响应波形

(3) 非线性控制系统的相平面分析

对于用结构图形式表示的非线性控制系统，首先要根据线性环节、非线性环节以及比较点分别列写回路上各个变量之间的数学关系式；然后经过代换消去中间变量，导出以相变量描述的系统方程；最后用本质非线性系统的相平面分析方法进行处理。

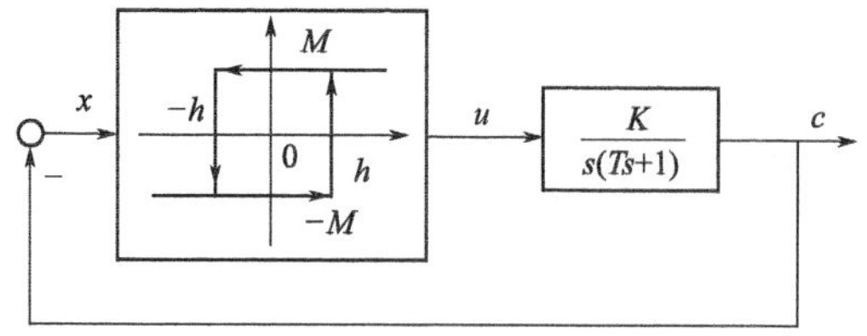

图 8-17 非线性系统结构图

【例 8-4】 系统结构图如图 8-17 所示。试用等倾斜线法或者解微分方程法绘出系统的 x-$\dot{x}$ 相平面图。系统参数为 $K=T=M=h=1$。

解 对线性环节，有

$$\frac{K}{s(Ts+1)}=\frac{C(s)}{U(s)}$$

$$(Ts^2+s)C(s)=KU(s)$$

$$T\ddot{c}+\dot{c}=Ku$$

将 $x=-c$ 代入上式，得出以 x 为变量的系统微分方程

$$T\ddot{x}+\dot{x}=-Ku$$

对非线性环节，有

$$u=\begin{cases}M, & \begin{cases}x>h\\ x>-h,\dot{x}<0\end{cases} \quad \text{Ⅰ区}\\ -M, & \begin{cases}x<-h\\ x<h,\dot{x}>0\end{cases} \quad \text{Ⅱ区}\end{cases}$$

代入微分方程，有

$$\text{Ⅰ区}: T\ddot{x}+\dot{x}=-KM, \begin{cases}x>h\\ x>-h,\dot{x}<0\end{cases}$$

$$\text{Ⅱ区}: T\ddot{x}+\dot{x}=KM, \begin{cases}x<-h\\ x<h,\ \dot{x}>0\end{cases}$$

开关线将相平面分为两个区域，各区域的等倾斜线方程可推导如下：

Ⅰ区：
$$T\ddot{x}+\dot{x}=T\frac{\mathrm{d}\dot{x}}{\mathrm{d}x}\dot{x}+\dot{x}=\left(T\frac{\mathrm{d}\dot{x}}{\mathrm{d}x}+1\right)\dot{x}=-KM$$

令 $a=\dfrac{\mathrm{d}\dot{x}}{\mathrm{d}x}$，得
$$\dot{x}=\frac{-KM}{Ta+1}\quad（水平线）$$

同理可得Ⅱ区的等倾斜线方程

$$\dot{x}=\frac{KM}{Ta+1}$$

计算列表（取 $K=T=M=h=1$），见表 8-3。

表 8-3 例 8-4 计算表

a	$-\frac{1}{2}$	0	1	∞	-3	-2	$-\frac{3}{2}$
Ⅰ区：$\frac{-1}{a+1}$	-2	-1	$-\frac{1}{2}$	0	$\frac{1}{2}$	1	2
Ⅱ区：$\frac{1}{a+1}$	2	1	$\frac{1}{2}$	0	$-\frac{1}{2}$	-1	-2

采用等倾斜线法绘制出系统相平面图如图 8-18 所示。由图可见，系统运动最终趋向于一条封闭的相轨迹，称为“极限环”，它对应系统的一种稳定的周期运动，即自振。由相轨迹图可以看出，对于该系统而言，不论初始条件怎样，系统自由响应的最终形式总是自振。

极限环是非线性系统在相平面上的一条封闭的特殊相轨迹，它将相轨迹分成环内、环外两部分。极限环分为三种类型：稳定的、不稳定的和半稳定的。非线性系统的自振在相平面上对应一个稳定的极限环。

① 稳定的极限环。如果极限环内部和外部的相轨迹都逐渐向它逼近，则这样的极限环称为稳定的极限环，对应系统的自振运动，如图 8-19 所示。

② 不稳定的极限环。如果极限环内部和外部的相轨迹都逐渐远离它而去，这样的极限环称为不稳定的极限环，如图 8-20 所示。

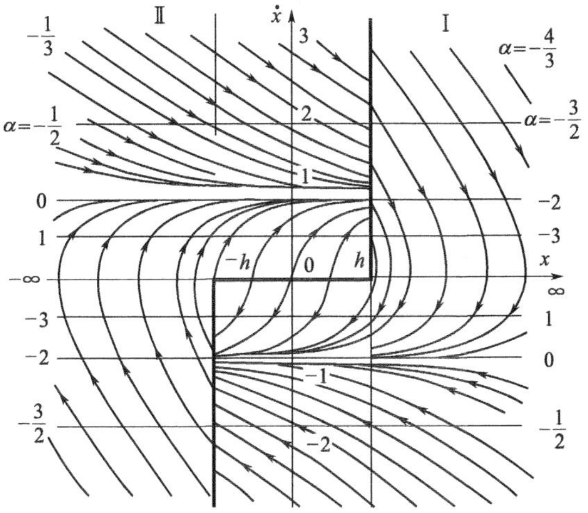

图 8-18 例 8-4 相平面图

③ 半稳定的极限环。如果极限环内部的相轨迹逐渐向它逼近，而外部的相轨迹逐渐远离于它［见图 8-21(a)］，或者反之，内部的相轨迹逐渐远离于它，而外部的相轨迹逐渐向它逼近［见图 8-21(b)］，这样的极限环称为半稳定极限环。具有这种极限环的系统不会产生自振，系统的运动或者趋于发散［见图 8-21(a)］，或者趋于收敛［见图 8-21(b)］。

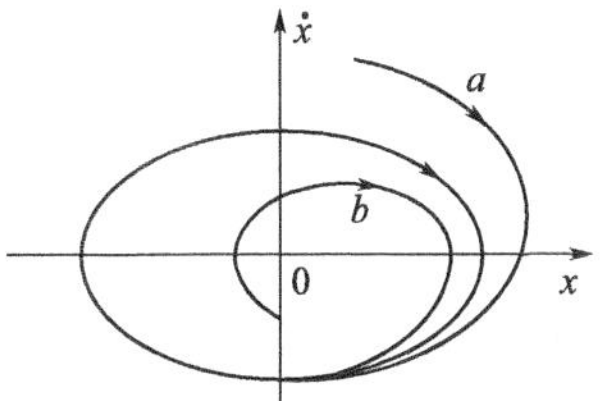

图 8-19 稳定极限环

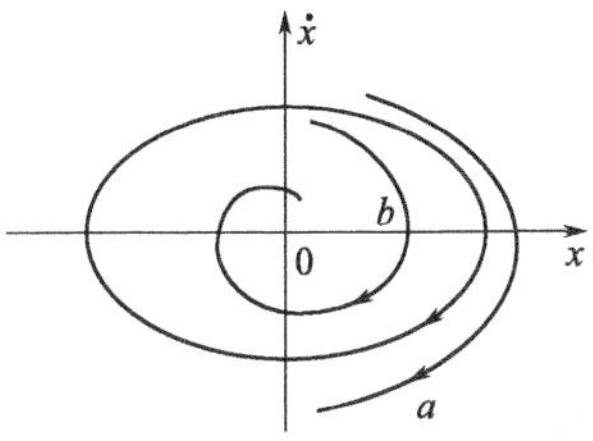

图 8-20 不稳定极限环

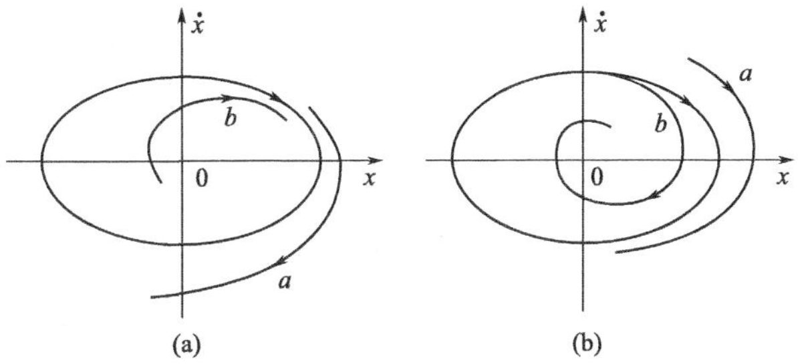

图 8-21 半稳定极限环

非线性控制系统可能没有极限环，也可能有一个或多个极限环。

二阶零阻尼线性系统的相轨迹虽然是封闭的椭圆，但它不是极限环。

【例 8-5】 已知非线性系统结构图及非线性环节特性如图 8-22 所示。系统原来处于静止状态，$0<\beta<1$，$r(t)=-R\cdot 1(t)$，$R>a$。分别绘出没有局部反馈和有局部反馈时系统相平面的大致图形。

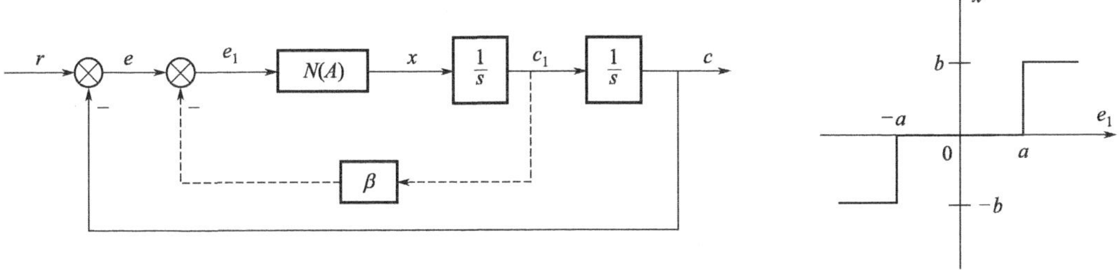

图 8-22 非线性系统结构图及非线性环节特性

解 ① 没有局部反馈时，$e_1=e$，由系统结构图可知，$\dfrac{C(s)}{X(s)}=\dfrac{1}{s^2}$。系统运动方程为

$$\ddot{c}=x=\begin{cases}0, & |e|<a\\ b, & e>a\\ -b, & e<-a\end{cases}$$

因为

$$e=r-c,\ r(t)=-R\cdot 1(t),\ \dot{r}=\ddot{r}=0,\ \ddot{e}=\ddot{r}-\ddot{c}=-\ddot{c}$$

以 $\ddot{e}=-\ddot{c}$ 代入运动方程式，可得

$$\begin{cases}\ddot{e}=0, & |e|<a, \text{Ⅰ区}\\ \ddot{e}=-b, e>a, \text{Ⅱ区}\\ \ddot{e}=b, & e<-a, \text{Ⅲ区}\end{cases}$$

因为 $\ddot{e}=\dot{e}\dfrac{\mathrm{d}\dot{e}}{\mathrm{d}e}$，所以

Ⅰ区：

$$\dot{e}\frac{\mathrm{d}\dot{e}}{\mathrm{d}e}=0, \dot{e}\,\mathrm{d}\dot{e}=0$$

$$\int\dot{e}\,\mathrm{d}\dot{e}=0, \frac{(\dot{e})^2}{2}=c_1, (\dot{e})^2=2c_1=A$$

得

$$\dot{e}=\pm\sqrt{A}$$

式中，A 为任意常数。相轨迹为一簇水平线。

Ⅱ区：

$$\dot{e}\frac{\mathrm{d}\dot{e}}{\mathrm{d}e}=-b, \dot{e}\,\mathrm{d}\dot{e}=-b\,\mathrm{d}e$$

$$\int\dot{e}\,\mathrm{d}\dot{e}=-b\int\mathrm{d}e, \frac{(\dot{e})^2}{2}=-be+A$$

式中，A 为任意常数。相轨迹为一簇抛物线，开口向左。

Ⅲ区：

$$\dot{e}\frac{\mathrm{d}\dot{e}}{\mathrm{d}e}=b, \dot{e}\,\mathrm{d}\dot{e}=b\,\mathrm{d}e$$

$$\int\dot{e}\,\mathrm{d}\dot{e}=\int b\,\mathrm{d}e, \frac{(\dot{e})^2}{2}=be+A$$

式中，A 为任意常数。相轨迹为一簇抛物线，开口向右。

开关线方程 $e=a$，$e=-a$。它是 e-$\dot{e}$ 平面上的两条垂直线。初始位置

$$e(0_+)=r(0_+)-c(0_+)=-R-0=-R$$

$$\dot{e}(0_+)=\dot{r}(0_+)-\dot{c}(0_+)=0-0=0$$

相轨迹如图 8-23(a) 所示，表明系统的误差响应是一个等幅振荡的运动过程。

② 有局部反馈时，非线性环节的输入信号由 e 变为 e_1，系统方程为

$$\ddot{e}=-x$$

$$\begin{cases}\ddot{e}=0, & |e_1|<a, \text{Ⅰ区}\\ \ddot{e}=-b, e_1>a, \text{Ⅱ区}\\ \ddot{e}=b, & e_1<-a, \text{Ⅲ区}\end{cases}$$

系统的方程没有变，方程所表示的图形也没有变，只是分区的条件变了，开关线方程是 $e_1=a$，$e_1=-a$。要绘制 e-$\dot{e}$ 平面上的相轨迹，开关线方程必须消去中间变量 e_1，用 e 和 e_1 来表示。由系统结构图可知

$$e_1=e-\beta\dot{c}=e+\beta\dot{e}$$

令 $e_1=a$，即

$$e+\beta\dot{e}=a, \dot{e}=-\frac{1}{\beta}e+\frac{a}{\beta}$$

令 $e_1=-a$，即

$$e+\beta\dot{e}=-a, \dot{e}=-\frac{1}{\beta}e-\frac{a}{\beta}$$

开关线方程为两条斜率为 $-\dfrac{1}{\beta}$、在纵轴上截距分别为 $\dfrac{a}{\beta}$ 和 $-\dfrac{a}{\beta}$ 的斜线。当 $\dot{e}=0$ 时，e 分别等于 a 和 $-a$，如图 8-23(b) 所示。

相轨迹起始点的位置仍为

$$\dot{e}=0, e=-R$$

相轨迹如图 8-23(b) 所示。可见，加入测速反馈时，系统振荡消除，系统响应最终会收敛。

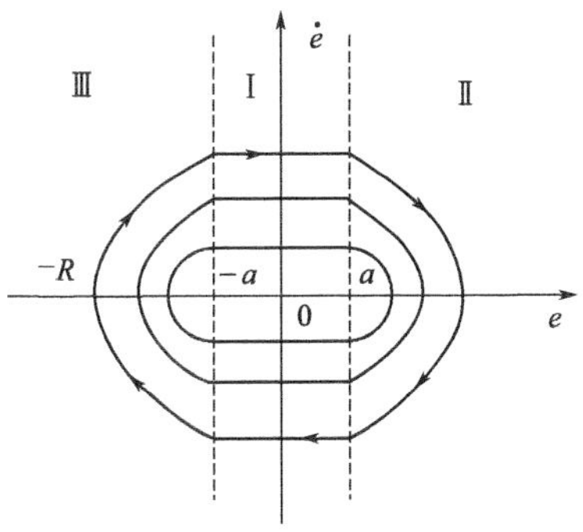

(a)

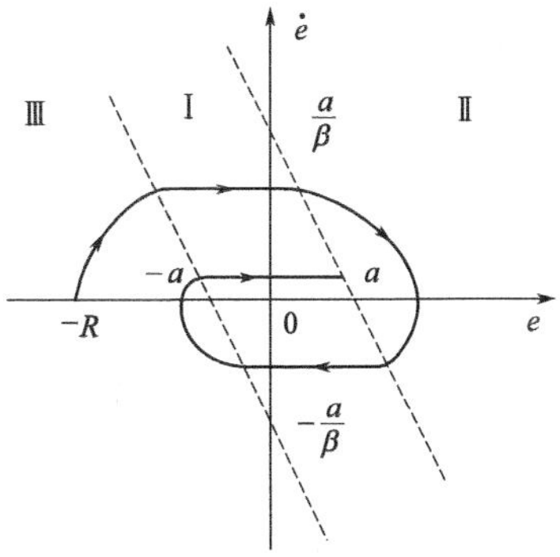

(b)

图 8-23　例 8-5 相轨迹图

8.3　描述函数法

描述函数法是 P. J. Daniel 在 1940 年首先提出的。描述函数法主要用来分析在没有输入信号作用时，一类非线性系统的稳定性和自振问题。这种方法不受系统阶次的限制，但有一定的近似性。另外，描述函数法只能用于研究系统的频率响应特性，不能给出时间响应的确切信息。

8.3.1　描述函数的基本概念

设非线性环节的输入、输出特性为

$$y=f(x)$$

在正弦信号 $x=A\sin\omega t$ 作用下，其输出 $y(t)$ 一般都是非正弦周期信号。把 $y(t)$ 展开为傅里叶级数，即

$$y(t)=A_0+\sum_{n=1}^{\infty}(A_n\cos n\omega t+B_n\sin n\omega t)=A_0+\sum_{n=1}^{\infty}Y_n\sin(n\omega t+\varphi_n)$$

式中

$$A_n=\frac{1}{\pi}\int_0^{2\pi}y(t)\cos n\omega t\,\mathrm{d}(\omega t) \tag{8-13a}$$

$$B_n=\frac{1}{\pi}\int_0^{2\pi}y(t)\sin n\omega t\,\mathrm{d}(\omega t) \tag{8-13b}$$

$$Y_n=\sqrt{A_n^2+B_n^2} \tag{8-13c}$$

$$\varphi_n=\arctan\frac{A_n}{B_n} \tag{8-13d}$$

若非线性特性是中心对称的，则 $y(t)$ 具有奇次对称性，$A_0=0$。输出 $y(t)$ 中的基波分量为

$$y_1(t)=A_1\cos\omega t+B_1\sin\omega t=Y_1\sin(\omega t+\varphi_1) \tag{8-14}$$

描述函数定义为非线性环节稳态正弦响应中的基波分量与输入正弦信号的复数比（幅值比，相角差），即

$$N(A)=\frac{Y_1}{A}\mathrm{e}^{\mathrm{j}\varphi_1}=\frac{\sqrt{A_1^2+B_1^2}}{A}\mathrm{e}^{\mathrm{j}\arctan(A_1/B_1)}=\frac{B_1}{A}+\mathrm{j}\frac{A_1}{A} \tag{8-15}$$

式中，Y_1 为非线性环节输出信号中基波分量的振幅；A 为输入正弦信号的振幅；φ_1 为非线性环节输出信号中基波分量与输入正弦信号的相位差。

很明显，非线性特性的描述函数是线性系统频率特性概念的推广。利用描述函数的概念，在一定条件下可以借用线性系统频域分析方法来分析非线性系统的稳定性和自振运动。

描述函数的定义中，只考虑了非线性环节输出中的基波分量来描述其特性，而忽略了高次谐波的影响，这种方法称为谐波线性化。

应当注意，谐波线性化本质上不同于小扰动线性化，线性环节的频率特性与输入正弦信号的幅值无关，而描述函数则是输入正弦信号振幅的函数。因此，描述函数只是形式上借用了线性系统频率响应的概念，而本质上则保留了非线性的基本特征。

8.3.2 典型非线性特性的描述函数

(1) 饱和特性的描述函数

图 8-24 表示了饱和特性及其在正弦信号 $x(t)=A\sin\omega t$ 作用下的输出波形。输出 $y(t)$ 的数学表达式为

$$y(t)=\begin{cases}KA\sin\omega t, & 0\leqslant\omega t\leqslant\phi_1\\ Ka, & \phi_1\leqslant\omega t\leqslant\dfrac{\pi}{2}\end{cases}$$

式中，K 为线性部分的斜率；a 为线性范围，$\phi_1=\arcsin\dfrac{a}{A}$。

由于饱和特性是单值奇对称的，$y(t)$ 是奇函数，所以 $A_1=0$，$\phi_1=0$。因 $y(t)$ 具有半波和 1/4 波对称的性质，故 B_1 可按下式计算

$$\begin{aligned}B_1&=\frac{1}{\pi}\int_0^{2\pi}y(t)\sin\omega t\,\mathrm{d}(\omega t)\\&=\frac{4}{\pi}\int_0^{\phi_1}KA\sin^2\omega t\,\mathrm{d}(\omega t)+\frac{4}{\pi}\int_{\phi_1}^{\frac{\pi}{2}}Ka\sin\omega t\,\mathrm{d}(\omega t)\\&=\frac{2KA}{\pi}\left[\arcsin\frac{a}{A}+\frac{a}{A}\sqrt{1-\left(\frac{a}{A}\right)^2}\right]\end{aligned}$$

由式(8-15) 可得饱和特性的描述函数

$$N(A)=\frac{B_1}{A}=\frac{2K}{\pi}\left[\arcsin\frac{a}{A}+\frac{a}{A}\sqrt{1-\left(\frac{a}{A}\right)^2}\right],\quad A\geqslant a \tag{8-16}$$

由上式可见，饱和特性的描述函数是一个与输入信号幅值 A 有关的实函数。

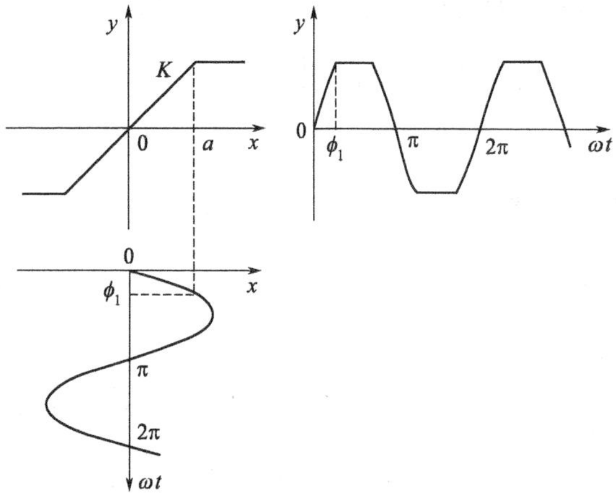

图 8-24 饱和特性及其输入、输出波形

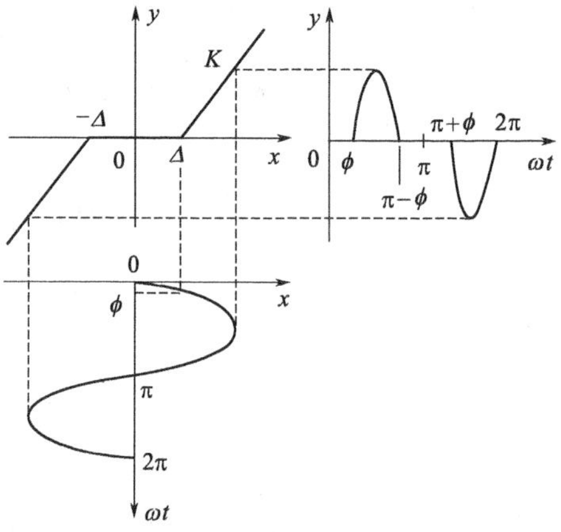

图 8-25 死区特性及其输入、输出波形

(2) 死区特性的描述函数

图 8-25 表示死区特性及其在正弦信号 $x(t)=A\sin\omega t$ 作用下的输出波形。输出 $y(t)$ 的数学表达式为

$$y(t)=\begin{cases}0, & 0\leqslant\omega t\leqslant\phi\\ K(A\sin\omega t-\phi), & \phi\leqslant\omega t\leqslant\pi-\phi\\ 0, & \pi-\phi\leqslant\omega t\leqslant\pi\end{cases}$$

式中，K 为线性部分的斜率；$\phi=\arcsin\dfrac{\Delta}{A}$，$2\Delta$ 为死区宽度。死区特性是单值奇对称的，$y(t)$ 是奇函数，所以 $A_0=A_1=0$。

$$\begin{aligned}B_1&=\frac{1}{\pi}\int_0^{2\pi}y(t)\sin\omega t\,\mathrm{d}(\omega t)=\frac{4}{\pi}\int_0^{\frac{\pi}{2}}y(t)\sin\omega t\,\mathrm{d}(\omega t)\\&=\frac{4}{\pi}\int_{\phi}^{\frac{\pi}{2}}K(A\sin\omega t-\phi)\sin\omega t\,\mathrm{d}(\omega t)=\frac{2KA}{\pi}\left[\frac{\pi}{2}-\arcsin\frac{\Delta}{A}-\frac{\Delta}{A}\sqrt{1-\left(\frac{\Delta}{A}\right)^2}\right]\end{aligned}$$

由式(8-15)可得死区特性的描述函数

$$N(A)=\frac{B_1}{A}=\frac{2K}{\pi}\left[\frac{\pi}{2}-\arcsin\frac{\Delta}{A}-\frac{\Delta}{A}\sqrt{1-\left(\frac{\Delta}{A}\right)^2}\right]\quad (A\geqslant\Delta) \tag{8-17}$$

可见，死区特性的描述函数也是输入信号幅值 A 的实函数。

(3) 继电特性的描述函数

图 8-26 表示了具有滞环和死区的继电特性及其在正弦信号 $x(t)=A\sin\omega t$ 作用下的输出波形。输出 $y(t)$ 的数学表达式为

$$y(t)=\begin{cases}0, & 0\leqslant\omega t\leqslant\phi_1\\ M, & \phi_1\leqslant\omega t\leqslant\phi_2\\ 0, & \phi_2\leqslant\omega t\leqslant\pi\end{cases}$$

式中，M 为继电元件的输出值；$\phi_1=\arcsin\frac{h}{A}$；$\phi_2=\pi-\arcsin\frac{mh}{A}$。由于继电特性是非单值函数，在正弦信号作用下的输出波形既非奇函数也非偶函数，故须分别求 A_1 和 B_1。A_1 和 B_1 的计算式分别为

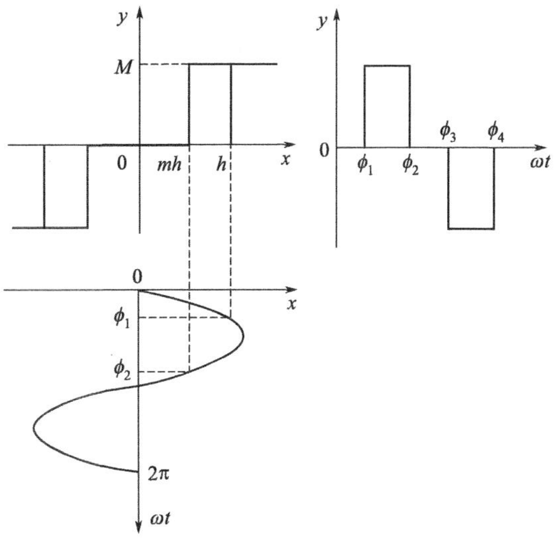

图 8-26 继电特性及其输入、输出波形

$$A_1=\frac{1}{\pi}\int_0^{2\pi}y(t)\cos\omega t\,\mathrm{d}(\omega t)=\frac{2}{\pi}\int_{\phi_1}^{\phi_2}M\cos\omega t\,\mathrm{d}(\omega t)=\frac{2Mh}{\pi A}(m-1)$$

$$B_1=\frac{1}{\pi}\int_0^{2\pi}y(t)\sin\omega t\,\mathrm{d}(\omega t)=\frac{2}{\pi}\int_{\phi_1}^{\phi_2}M\sin\omega t\,\mathrm{d}(\omega t)$$

$$=\frac{2M}{\pi}\left[\sqrt{1-\left(\frac{mh}{A}\right)^2}+\sqrt{1-\left(\frac{h}{A}\right)^2}\right]$$

由式(8-15)可得继电特性的描述函数

$$N(A)=\frac{B_1}{A}+\mathrm{j}\frac{A_1}{A}=\frac{2M}{\pi A}\left[\sqrt{1-\left(\frac{mh}{A}\right)^2}+\sqrt{1-\left(\frac{h}{A}\right)^2}\right]+\mathrm{j}\frac{2Mh}{\pi A^2}(m-1)\quad (A\geqslant h) \tag{8-18}$$

在式(8-18)中，令 $h=0$，就得到理想继电特性的描述函数

$$N(A)=\frac{4M}{\pi A} \tag{8-19}$$

在式(8-18)中，令 $m=1$，就得到三位置死区继电特性的描述函数

$$N(A)=\frac{4M}{\pi A}\sqrt{1-\left(\frac{h}{A}\right)^2}\quad (A\geqslant h) \tag{8-20}$$

在式(8-18)中，令 $m=-1$，就得到具有滞环的两位置继电特性的描述函数

$$N(A)=\frac{4M}{\pi A}\sqrt{1-\left(\frac{h}{A}\right)^2}-\mathrm{j}\frac{4Mh}{\pi A^2}\quad (A\geqslant h) \tag{8-21}$$

(4) 典型非线性环节的串、并联等效

描述函数法适用于形式上只有一个非线性环节的控制系统，当有多个非线性环节串联或并联的情况时，需要等效成一个非线性特性来处理。

① 串联等效。非线性环节串联时，环节之间的位置不能相互交换，也不能采用将各环节描述函数相乘的方法。应该按信号流动的顺序，依次分析前面环节对后面环节的影响，推导出整个串联通路的输入、输出关系。

【例 8-6】 两典型非线性环节串联后的结构图如图 8-27 所示，试求其描述函数。

解 依图 8-27，死区特性、饱和特性的数学表达式分别为

$$y=\begin{cases}K_1(x-\Delta), & x>\Delta\\ 0, & |x|\leqslant\Delta\\ K_1(x+\Delta), & x<-\Delta\end{cases}\qquad z=\begin{cases}K_2a, & y>a\\ K_2y, & |y|\leqslant a\\ K_2a, & y<-a\end{cases}$$

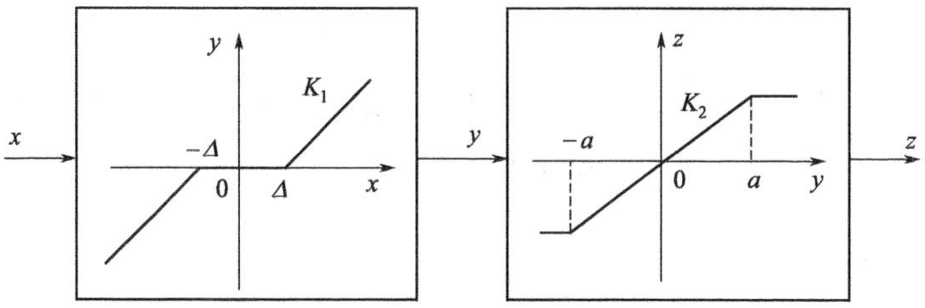

图 8-27　非线性环节串联

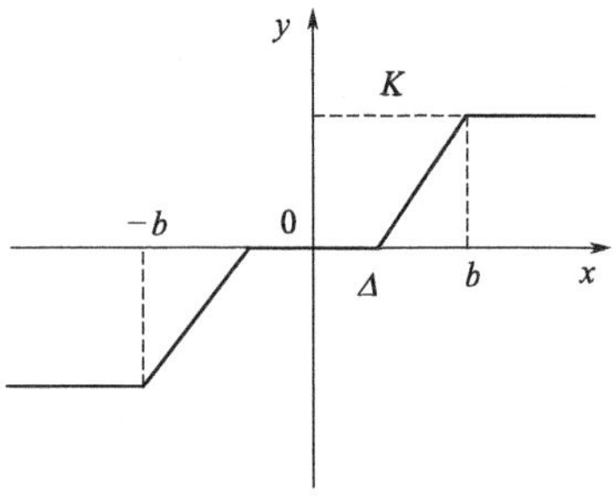

图 8-28　输入输出特性

对应饱和点，有

$$y=a=K_1(x-\Delta)\Rightarrow x=\frac{a}{K_1}+\Delta$$

将上两式联立消去中间变量 y，可得

$$z=\begin{cases}Kb, & x>b\\ K(x-\Delta), & \Delta<x\leqslant b\\ 0, & |x|\leqslant\Delta\\ K(x+\Delta), & -b\leqslant x<-\Delta\\ Kb, & x<-b\end{cases}$$

式中，$K=K_1K_2$；$b=\Delta+a/K_1$。显然，串联后的结果是一个死区-饱和特性，其输入、输出特性如图 8-28 所示。相应的描述函数

$$N(A)=\frac{2K}{\pi}\left[\arcsin\frac{b}{A}-\arcsin\frac{\Delta}{A}+\frac{b}{A}\sqrt{1-\left(\frac{b}{A}\right)^2}-\frac{\Delta}{A}\sqrt{1-\left(\frac{\Delta}{A}\right)^2}\right]\quad(A\geqslant b)$$

② 并联等效。根据描述函数的定义可以证明，非线性环节并联时，总的描述函数等于各非线性环节描述函数的代数和。

将常见非线性特性的描述函数列于表 8-4 中。由表可以看出，非线性特性的描述函数有以下特性：单值非线性特性的描述函数是实函数；非单值非线性特性的描述函数是复函数。

表 8-4　常见非线性特性的描述函数及负倒描述函数曲线

类型	非线性特性	描述函数 $N(A)$	负倒描述函数曲线 $-\frac{1}{N(A)}$
饱和特性	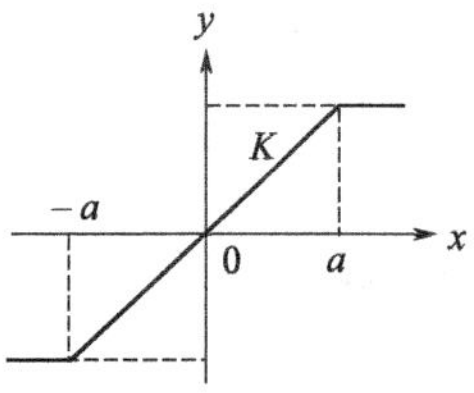	$\frac{2K}{\pi}\left[\arcsin\frac{a}{A}+\frac{a}{A}\sqrt{1-\left(\frac{a}{A}\right)^2}\right]$ $(A\geqslant a)$	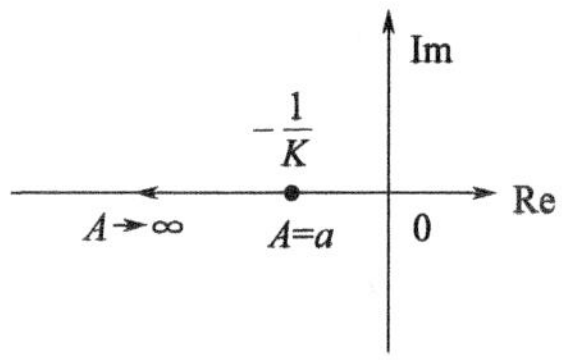
死区特性	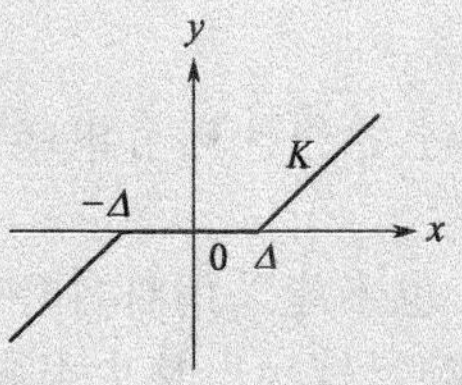	$\frac{2K}{\pi}\left[\frac{\pi}{2}-\arcsin\frac{\Delta}{A}-\frac{\Delta}{A}\sqrt{1-\left(\frac{\Delta}{A}\right)^2}\right]$ $(A\geqslant\Delta)$	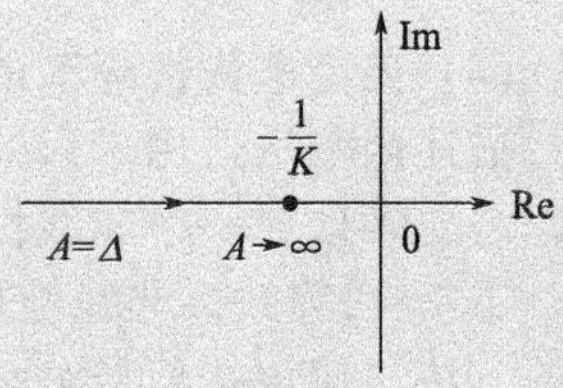
理想继电特性	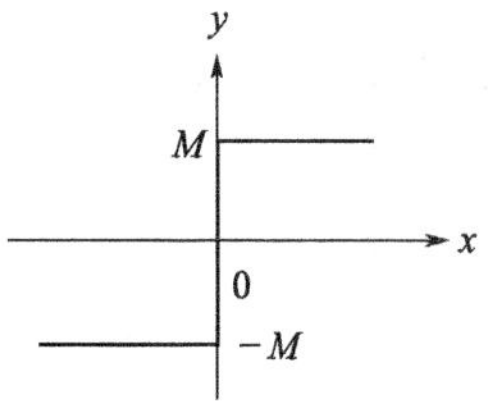	$\frac{4M}{\pi A}$	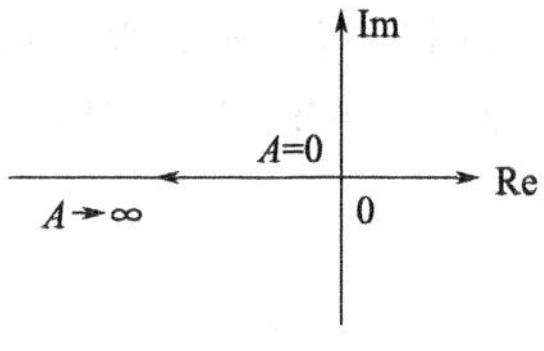

续表

类型	非线性特性	描述函数 $N(A)$	负倒描述函数曲线 $-\frac{1}{N(A)}$
死区继电特性	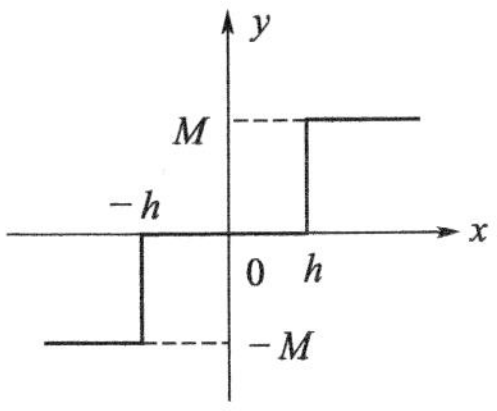	$\frac{4M}{\pi A}\sqrt{1-\left(\frac{h}{A}\right)^2}$ $(A\geqslant h)$	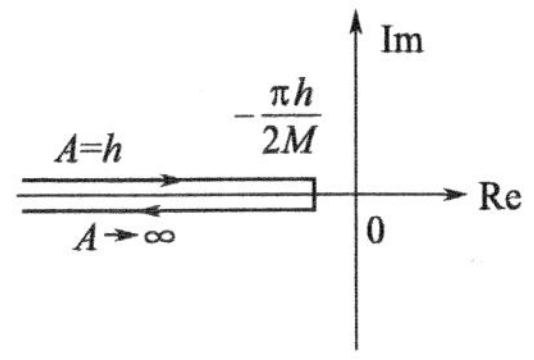
滞环继电特性	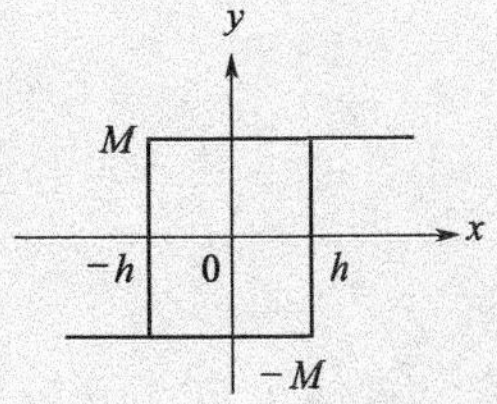	$\frac{4M}{\pi A}\sqrt{1-\left(\frac{h}{A}\right)^2}-\mathrm{j}\frac{4Mh}{\pi A^2}$ $(A\geqslant h)$	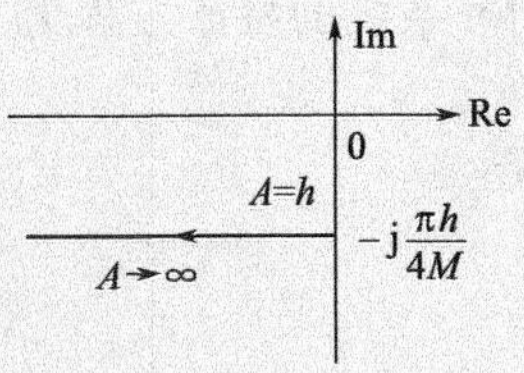
死区加滞环继电特性	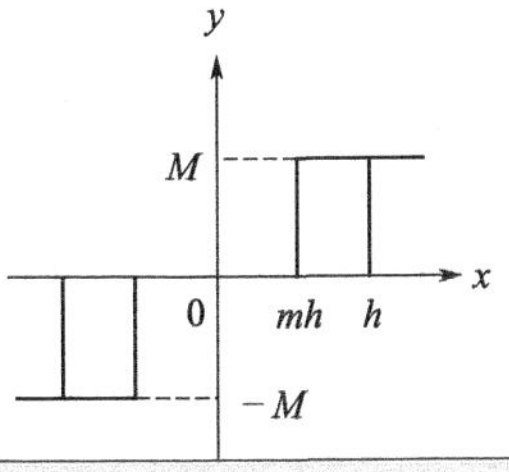	$\frac{2M}{\pi A}\left[\sqrt{1-\left(\frac{mh}{A}\right)^2}+\sqrt{1-\left(\frac{h}{A}\right)^2}\right]+$ $\mathrm{j}\frac{2Mh}{\pi A^2}(m-1)$ $(A\geqslant h)$	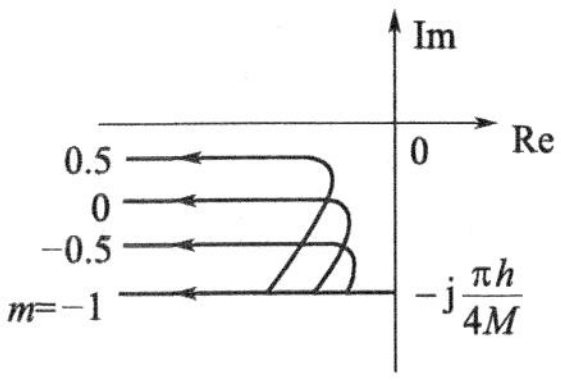
间隙特性	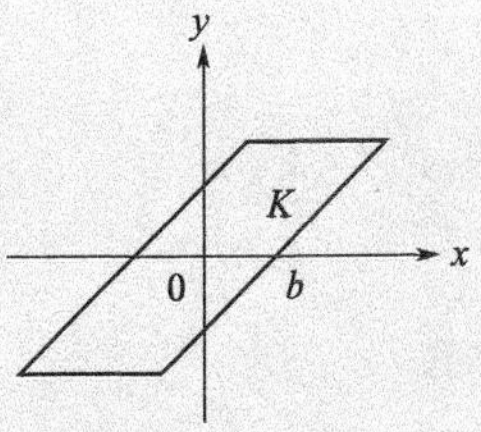	$\frac{2K}{\pi}\left[\frac{\pi}{2}+\arcsin\left(1-\frac{2b}{A}\right)+\right.$ $\left.2\left(1-\frac{2b}{A}\right)\sqrt{\frac{b}{A}\left(1-\frac{b}{A}\right)}\right]+$ $\mathrm{j}\frac{4Kb}{\pi A}\left(\frac{b}{A}-1\right)$ $(A\geqslant b)$	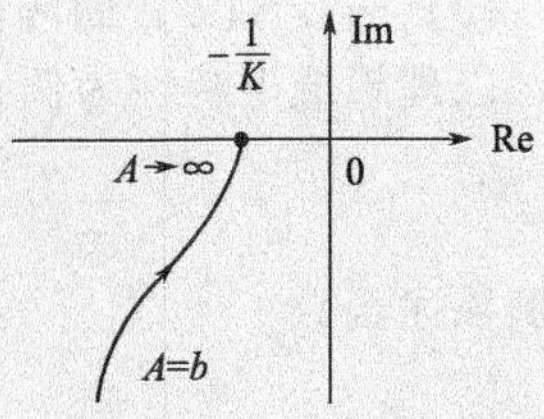
死区加饱和特性	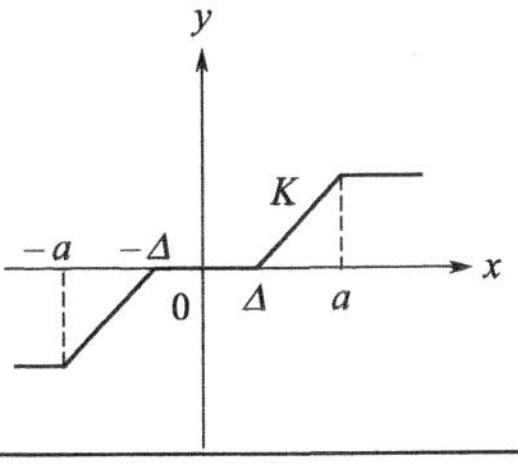	$\frac{2K}{\pi}\left[\arcsin\frac{a}{A}-\arcsin\frac{\Delta}{A}+\right.$ $\left.\frac{a}{A}\sqrt{1-\left(\frac{a}{A}\right)^2}-\frac{\Delta}{A}\sqrt{1-\left(\frac{\Delta}{A}\right)^2}\right]$ $(A\geqslant a)$	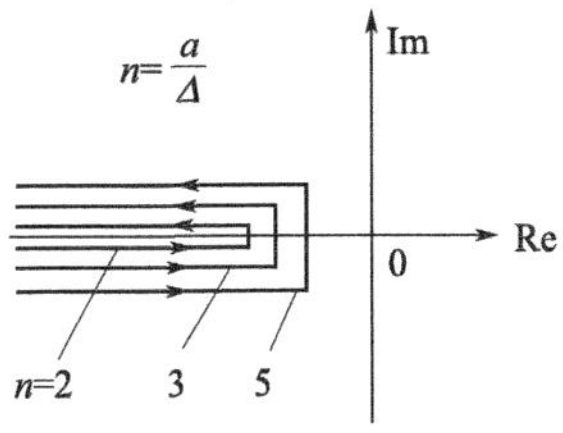

8.3.3 用描述函数法分析非线性系统

(1) 运用描述函数法的基本假设

应用描述函数法分析非线性系统时，要求系统满足以下条件：

① 非线性系统的结构图可以简化成只有一个非线性环节 $N(A)$ 和一个线性部分 $G(s)$ 相串联的典型形式，如图 8-29 所示。

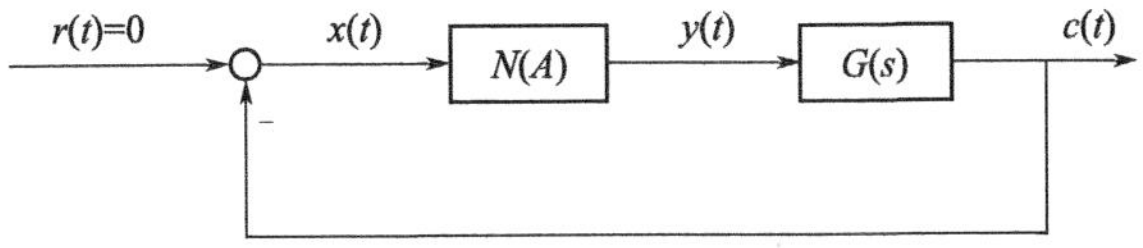

图 8-29 非线性系统典型结构图

② 非线性环节的输入、输出特性是奇对称的，即 $y(-x)=-y(x)$，保证非线性特性在正弦信号作用下的输出不包含常值分量，而且 $y(t)$ 中基波分量幅值占优。

③ 线性部分具有较好的低通滤波性能。这样，当非线性环节输入正弦信号时，输出中的高次谐波分量将被大大削弱，因此闭环通道内近似只有基波信号流通。线性部分的阶次越高，低通滤波性能越好，用描述函数法所得分析结果的准确性也越高。

以上条件满足时，可以将非线性环节近似当作线性环节来处理，用其描述函数当作其“频率特性”，借用线性系统频域法中的奈氏判据分析非线性系统的稳定性。

(2) 非线性系统的稳定性分析

设非线性系统满足上述三个条件，其结构图如图 8-29 所示。图中，$G(s)$ 的极点均在左半 s 平面，则闭环系统的“频率特性”为

$$\Phi(\mathrm{j}\omega)=\frac{C(\mathrm{j}\omega)}{R(\mathrm{j}\omega)}=\frac{N(A)G(\mathrm{j}\omega)}{1+N(A)G(\mathrm{j}\omega)}$$

闭环系统的特征方程为

$$1+N(A)G(\mathrm{j}\omega)=0$$

或

$$G(\mathrm{j}\omega)=-\frac{1}{N(A)} \tag{8-22}$$

式中，$-1/N(A)$ 叫作非线性特性的负倒描述函数。这里，我们将它理解为广义 $(-1,\mathrm{j}0)$ 点。由奈氏判据 $Z=P-2N$ 可知，当 $G(s)$ 在右半 s 平面没有极点时，$P=0$，要使系统稳定，要求 $Z=0$，意味着 $G(\mathrm{j}\omega)$ 曲线不能包围 $-1/N(A)$ 曲线，否则系统不稳定。由此可以得出判定非线性系统稳定性的推广奈氏判据，其内容如下：

若 $G(\mathrm{j}\omega)$ 曲线不包围 $-1/N(A)$ 曲线，则非线性系统稳定；若 $G(\mathrm{j}\omega)$ 曲线包围 $-1/N(A)$ 曲线，则非线性系统不稳定；若 $G(\mathrm{j}\omega)$ 曲线与 $-1/N(A)$ 曲线有交点，则在交点处必然满足式(8-22)，对应非线性系统的等幅周期运动；如果这种等幅运动能够稳定地持续下去，便是系统的自振。

(3) $-1/N(A)$ 曲线的绘制及其特点

以理想继电特性为例。理想继电特性的描述函数

$$N(A)=\frac{4M}{\pi A}$$

负倒描述函数

$$-\frac{1}{N(A)}=\frac{-\pi A}{4M}$$

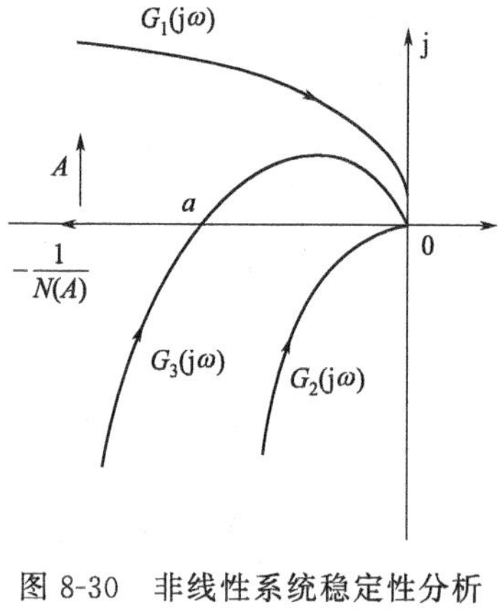

图 8-30 非线性系统稳定性分析

当 $A=0\to\infty$ 变化时，$-1/N(A)$ 在复平面中对应描出从原点沿负实轴趋于 $-\infty$ 的直线，如图 8-30 所示，称为负倒描述函数曲线。

可见，$-1/N(A)$ 不是像点 $(-1,\mathrm{j}0)$ 那样是在负实轴上的固定点，而是随非线性系统运动状态变化的“动点”，当 A 改变时，该点沿负倒描述函数曲线移动。

依据非线性特性的描述函数 $N(A)$，写出 $-1/N(A)$ 表达式，令 A 从小到大取值，并在复平面上描点，就可以绘出对应的负倒描述函数曲线。表 8-4 中给出了常见非线性特性对应的负倒描述函数曲线，供分析时查用。

在图 8-30 中，若 $G(s)$ 是 2 型三阶系统，幅相特性曲线如图 8-30 中 $G_1(\mathrm{j}\omega)$ 所示。这时 $G_1(\mathrm{j}\omega)$ 将 $-1/N(A)$ 曲线完全包围，非线性系统不稳定；若 $G(s)$ 是二阶系统，其幅相特性曲线如 $G_2(\mathrm{j}\omega)$ 所示，$G_2(\mathrm{j}\omega)$ 曲线没有包围 $-1/N(A)$ 曲线，此时非线性系统稳定；若 $G(s)$ 的幅相特性曲线如 $G_3(\mathrm{j}\omega)$ 所示，与 $-1/N(A)$ 曲线有交点 a，对应系统存在周期运动，如果周期运动能稳定地持续下去，便是自振。

(4) 自振分析

① 自振的确定（定性分析）。自振是在没有外部激励条件下，系统内部自身产生的稳定的周期运动，即当系统受到轻微扰动作用时偏离原来的周期运动状态，在扰动消失后，系统运动能重新回到原来的等幅振荡过程。

当 $G(\mathrm{j}\omega)$ 曲线与 $-1/N(A)$ 曲线有交点时，在交点处必然满足条件

$$G(\mathrm{j}\omega)=-\frac{1}{N(A)}$$

即

$$G(\mathrm{j}\omega)N(A)=-1 \tag{8-23}$$

或

$$\left.\begin{aligned}|N(A)||G(\mathrm{j}\omega)|=1\\ \angle N(A)+\angle G(\mathrm{j}\omega)=-\pi\end{aligned}\right\} \tag{8-24}$$

参照图 8-29，可以看出式(8-23) 的意义。它表明，在无外作用的情况下，正弦信号 $x(t)$ 经过非线性环节和线性环节后，输出信号 $c(t)$ 幅值不变，相位正好相差了 180°，经反馈反相后，恰好与输入信号相吻合，系统输出满足自身输入的需求，因此系统可能产生不衰减的振荡。所以，式(8-23) 是系统自振的必要条件。

设非线性系统的 $G(\mathrm{j}\omega)$ 曲线与 $-1/N(A)$ 曲线有两个交点 M_1 和 M_2，如图 8-31 所示，这说明系统中可能产生两个不同振幅和频率的周期运动。这两个周期运动是否都能够维持下去，需要具体分析。

假设系统原来工作在点 M_1，如果受到外界干扰，使非线性特性的输入振幅 A 增大，则工作点将由 M_1 点移至 B 点，由于点 B 不被 $G(\mathrm{j}\omega)$ 曲线包围，系统呈现稳定的趋势，振荡衰减，振幅 A 自行减小，工作点将回到 M_1 点。反之，如果系统受到干扰使振幅 A 减小，则工作点将由 M_1 点移至 C 点，点 C 被 $G(\mathrm{j}\omega)$ 曲线包围，系统不稳定，振荡加剧，振幅 A 会增大，工作点将从 C 点回到 M_1 点。这说明 M_1 点表示的周期运动受到扰动后能够维持，所以 M_1 点是自振点。

又假设系统原来工作在 M_2 点，如果受到干扰后使输入振幅 A 增大，则工作点将由 M_2 点移至 D 点，由于 D 被 $G(\mathrm{j}\omega)$ 曲线包围，系统振荡加剧，工作点进一步离开 M_2 点向 M_1 点移动。反之，如果系统受到干扰使振幅 A 减小，则工作点将由 M_2 点移至 E 点，E 点不被 $G(\mathrm{j}\omega)$ 曲线包围，振幅 A 将继续减小，直至振荡消失，因此 M_2 点对应的周期运动是不稳定的。系统在工作时扰动总是不可避免的，因此不稳定的周期运动实际上不可能出现。

综上所述，非线性系统周期运动的稳定性可以这样来判断：在复平面上，将（最小相角的）线性部分 $G(\mathrm{j}\omega)$ 曲线所包围的区域看成是不稳定区域，而不被 $G(\mathrm{j}\omega)$ 曲线包围的区域是稳定区域，如图 8-32 所示。当交点处的 $-1/N(A)$ 曲线沿着振幅 A 增加的方向由不稳定区进入稳定区时，该交点是自振点。反之，当交点处的 $-1/N(A)$ 曲线，沿着振幅 A 增加的方向由稳定区进入不稳定区时，该点不是自振点。所对应的周期运动实际上不能持续下去。这时，该点的幅值 A_1 确定了一个边界，当 $x(t)$ 起始振幅小于 A_{10} 时，系统运动过程收敛；当 $x(t)$ 起始振幅大于 A_1 时，系统运动过程趋于发散或趋向于另一个幅值更大的自振运动。

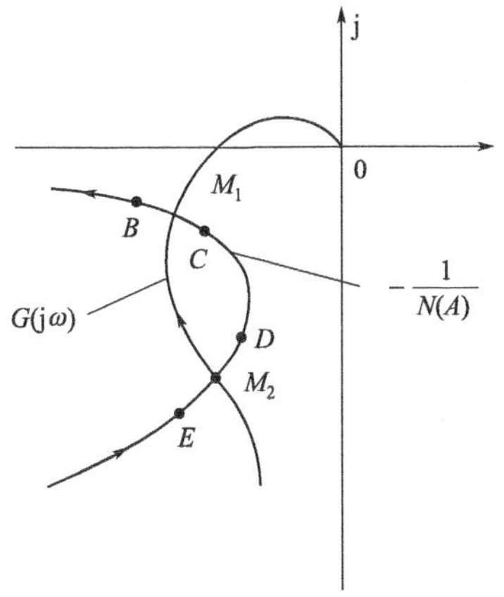

图 8-31 非线性系统的自振分析

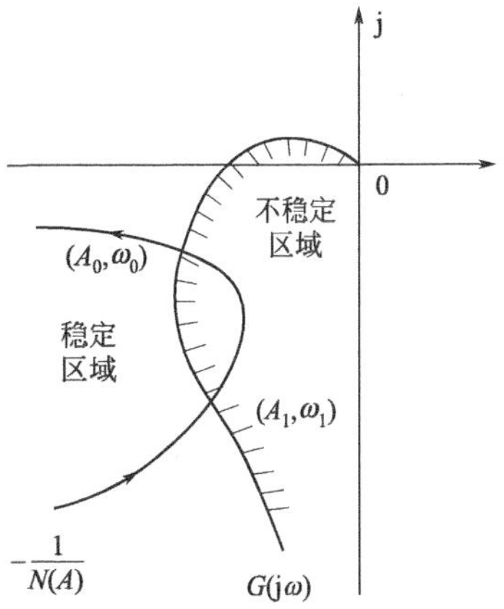

图 8-32 自振分析

② 自振参数计算（定量计算）。如果存在自振点，必然对应系统的自振运动，自振的幅值和频率分别由 $-1/N(A)$ 曲线和 $G(\mathrm{j}\omega)$ 曲线在自振点处的 A 和 ω 决定，利用自振的必要条件式(8-23) 可以求出 A 和 ω。

【例 8-7】 如图 8-33(a) 所示非线性系统，$M=1$，$K=10$。试分析系统的稳定性，如果系统存在自振，确定自振参数。

解 理想继电特性描述函数

$$N(A)=\frac{4M}{\pi A}=\frac{4}{\pi A}$$

将 $G(\mathrm{j}\omega)$ 曲线与 $-1/N(A)$ 曲线同时绘制在复平面上，如图 8-33(b) 所示，可以判定，系统自由响应的最终形式一定是自振。依据自振条件

$$N(A)G(\mathrm{j}\omega)=-1$$

可得

$$\frac{4}{\pi A}\cdot\frac{10}{\mathrm{j}\omega(1+\mathrm{j}\omega)(2+\mathrm{j}\omega)}=-1$$

$$\frac{40}{\pi A}=-\mathrm{j}\omega(1+\mathrm{j}\omega)(2+\mathrm{j}\omega)=3\omega^2-\mathrm{j}\omega(2-\omega^2)$$

比较实部和虚部，有

$$\frac{40}{\pi A}=3\omega^2,\omega(2-\omega^2)=0$$

解得

$$A=\frac{40}{6\pi}=2.122,\omega=\sqrt{2}$$

所以，系统自振振幅 $A=2.122$，自振频率 $\omega=\sqrt{2}$。

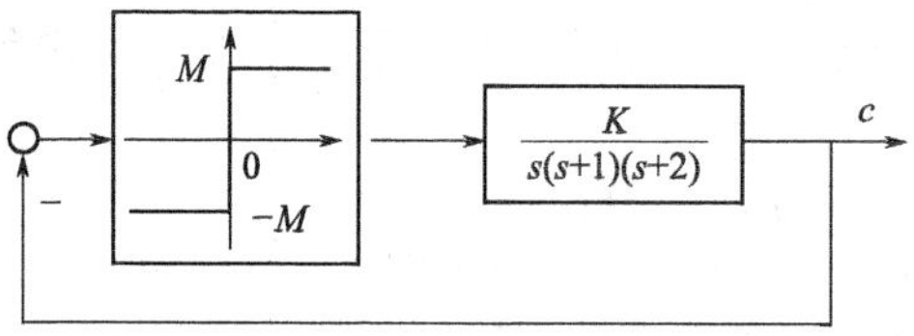

(a) 非线性系统结构图

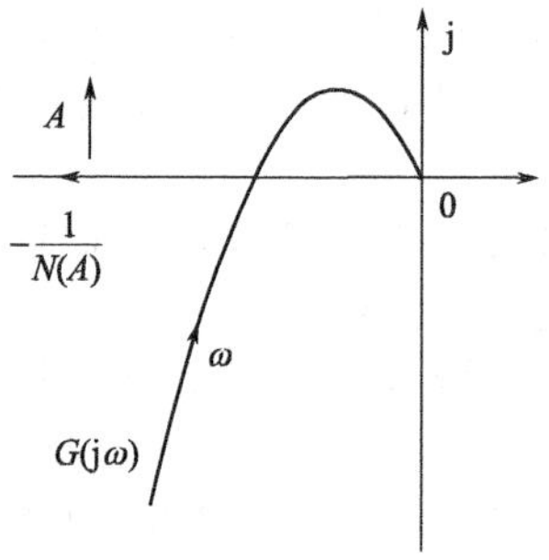

(b) $\frac{-1}{N(A)}$和$G(\mathrm{j}\omega)$曲线图

图 8-33 例 8-7 图

【例 8-8】 如图 8-34(a) 所示非线性系统，$M=1$。要使系统产生 $\omega=1$、$A=4$ 的周期信号，试确定参数 K、τ 的值。

分析 绘出 $-1/N(A)$ 和 $G(\mathrm{j}\omega)$ 曲线如图 8-34(b) 所示，当 K 改变时，只影响系统自振振幅 A，而不改变自振频率 ω；而当 $\tau\neq0$ 时，会使自振频率降低，幅值增加。因此可以调节 K、τ，实现要求的自振运动。

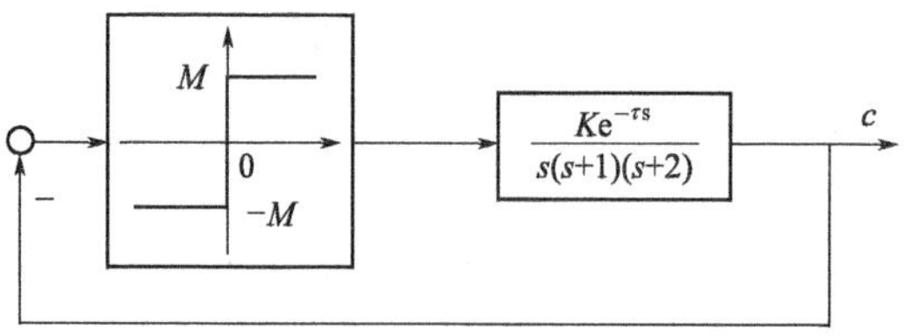

(a) 非线性系统结构图

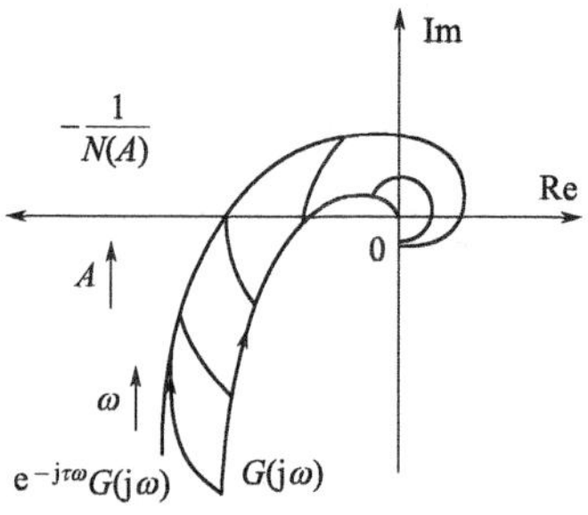

(b) $\frac{-1}{N(A)}$和$G(\mathrm{j}\omega)$曲线图

图 8-34 例 8-8 图

解 由自振条件

$$N(A)G(\mathrm{j}\omega)\mathrm{e}^{-\mathrm{j}\tau\omega}=-1$$

可得

$$\frac{4M}{\pi A}\cdot\frac{K\mathrm{e}^{-\mathrm{j}\omega\tau}}{\mathrm{j}\omega(1+\mathrm{j}\omega)(2+\mathrm{j}\omega)}=-1$$

$$\frac{4MK\mathrm{e}^{-\mathrm{j}\omega\tau}}{\pi A}=3\omega^2-\mathrm{j}\omega(2-\omega^2)=\omega\sqrt{4+5\omega^2+\omega^4}\angle-\arctan\frac{2-\omega^2}{3\omega}$$

代入 $M=1$、$A=4$、$\omega=1$，并比较模和相角，得

$$\begin{cases}\dfrac{K}{\pi}=\sqrt{10}\\ \tau=\arctan\dfrac{1}{3}\end{cases}$$

解出 $K=\sqrt{10}\pi=9.93$，$\tau=\arctan\dfrac{1}{3}=0.322$。即当参数 $K=9.93$、$\tau=0.322$ 时，系统可以产生振幅 $A=4$、频率 $\omega=1$ 的自振运动。

【例 8-9】 已知非线性系统结构图如图 8-35(a) 所示（图中，$M=h=1$）。

① 当 $G_1(s)=\dfrac{1}{s(s+1)}$、$G_2(s)=\dfrac{2}{s}$、$G_3(s)=1$ 时，试分析系统是否会产生自振，若产生自振，求自振的幅值和频率；

② 当①中的 $G_3(s)=s$ 时，试分析对系统的影响。

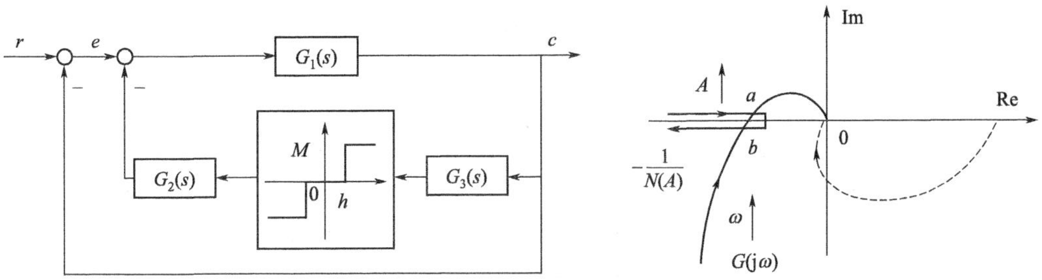

(a) 非线性系统结构图　　(b) $\frac{-1}{N(A)}$和$G(\mathrm{j}\omega)$曲线图

图 8-35　例 8-9 图

解 ① 首先将结构图简化成非线性部分 $N(A)$ 和等效线性部分 $G(s)$ 相串联的结构形式，如图 8-36 所示。

所以，等效线性部分的传递函数

$$G(s)=\frac{G_1(s)G_2(s)G_3(s)}{1+G_1(s)}=\frac{\dfrac{1}{s(s+1)}\cdot\dfrac{2}{s}\cdot 1}{1+\dfrac{1}{s(s+1)}}=\frac{2}{s(s^2+s+1)}$$

非线性部分的描述函数

$$N(A)=\frac{4M}{\pi A}\sqrt{1-\left(\frac{h}{A}\right)^2}$$

绘出 $-1/N(A)$ 和 $G(\mathrm{j}\omega)$ 曲线如图 8-35(b) 所示。可见 $-1/N(A)$ 曲线在 a 点穿入 $G(\mathrm{j}\omega)$ 曲线后，又在 b 点（与 a 点位置相同，但对应较大的 A 值）穿出 $G(\mathrm{j}\omega)$ 曲线，系统存在自振点 b。由自振条件可得

$$-N(A)=\frac{1}{G(\mathrm{j}\omega)}$$

$$\frac{-4M}{\pi A}\sqrt{1-\left(\frac{h}{A}\right)^2}=\frac{\mathrm{j}\omega(1-\omega^2+\mathrm{j}\omega)}{2}=\frac{-\omega^2}{2}+\mathrm{j}\frac{\omega(1-\omega^2)}{2}$$

比较实部、虚部，得

$$\begin{cases}\dfrac{4M}{\pi A}\sqrt{1-\left(\dfrac{h}{A}\right)^2}=\dfrac{\omega^2}{2}\\ 1-\omega^2=0\end{cases}$$

将 $M=1$，$h=1$ 代入，联立解出 $\omega=1$，$A=2.29$（对应较大的 A 值）。

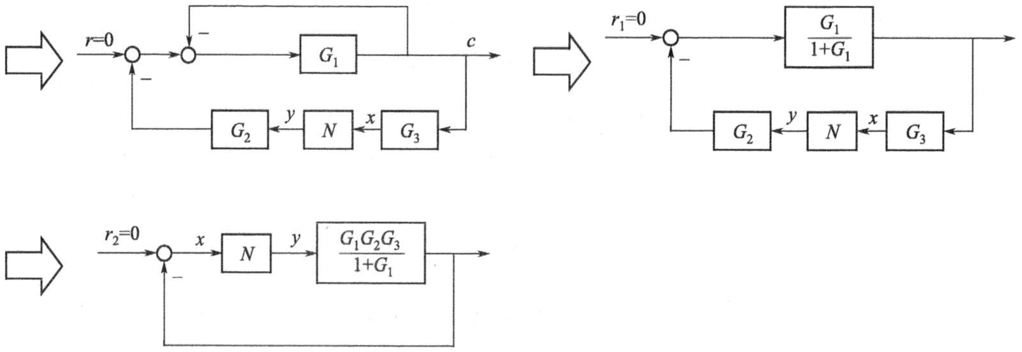

图 8-36　结构图简化过程图

② 当 $G_3(s)=s$ 时，有

$$G(s)=\frac{\frac{1}{s(s+1)}\times\frac{2}{s}\times s}{1+\frac{1}{s(s+1)}}=\frac{2}{s^2+s+1}$$

$G(\mathrm{j}\omega)$ 曲线如图 8-35(b) 中虚线所示，此时 $G(\mathrm{j}\omega)$ 不包围 $-1/N(A)$ 曲线，系统稳定。可见，适当改变系统的结构和参数可以避免自振。

本章小结

非线性系统广泛存在于实际系统中，它不满足叠加性和齐次性，因而线性定常系统的分析方法原则上不适用于非线性系统。本章重点介绍了两种图解方法，相平面分析法可用于研究二阶非线性系统，它清楚地表示了系统在不同初始条件下的自由运动规律；描述函数法是一种对非线性系统进行工程近似的方法，当系统的结构图可表示为典型形式、非线性特性具有奇对称性，且系统的线性部分有良好的低通滤波特性时，可用于分析非线性系统的稳定性和自振。

总之，非线性系统复杂多样，在系统建模、稳定性分析、控制系统设计等各方面仍存在大量问题有待进一步解决。

习　题

8-1　非线性系统的稳定性与哪些因素有关？与线性系统有什么相同与不同之处？

8-2　用描述函数法研究非线性系统的适用条件是什么？

8-3　相平面法可以分析什么样的非线性系统？

8-4　非线性系统的结构图如图 8-37 所示，系统开始时是静止的，输入信号 $r(t)=4\cdot 1(t)$，试写出开关线方程，确定奇点的位置和类型，作出该系统的相平面图，并分析系统的运动特点，并用 MATLAB 展示其求解过程。

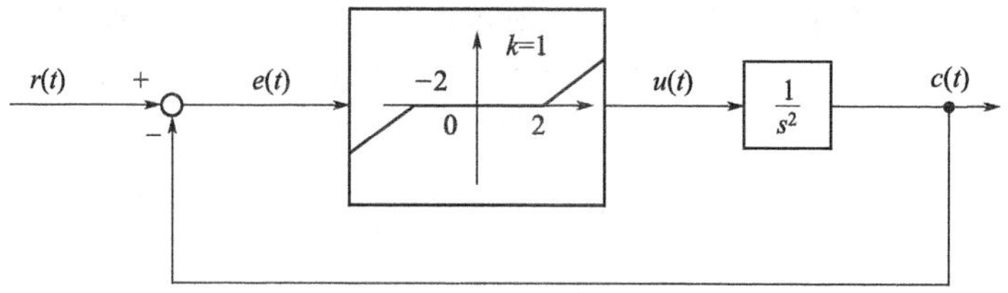

图 8-37　题 8-4 图

8-5　变增益控制系统的结构图及其中非线性元件 $N(A)$ 的输入输出特性如图 8-38 所示，设系统开始处于零初始状态，若输入信号 $r(t)=R\cdot 1(t)$，且 $R>e_0$，$kK<\frac{1}{4T}<K$，试绘出系统的相平面图，并分析采用变增益放大器对系统性能的影响。已知系统参数：$k=0.1$，$e_0=0.6$，$K=5$，$T=0.49$。

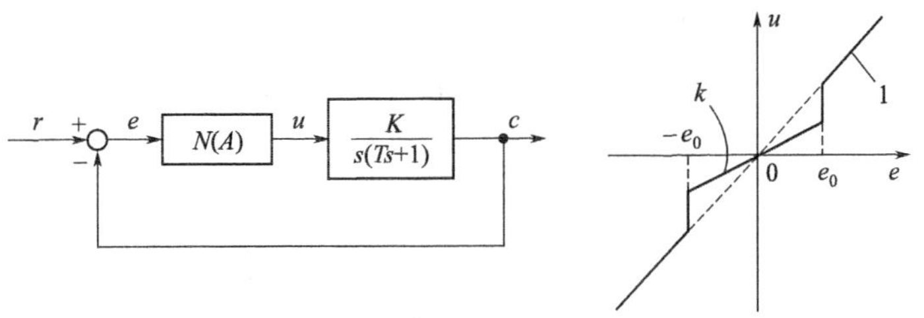

(a) 系统结构图　　(b) 变增益特性

图 8-38　题 8-5 图

8-6　已知具有理想继电器的非线性系统如图 8-39 所示，试用相平面分析：

(1) $T_d=0$ 时系统的运动；

(2) $T_d=0.5$ 时系统的运动，并说明比例微分控制对改善系统性能的作用；

(3) $T_d=2$，并考虑实际继电器有延迟时系统的运动。

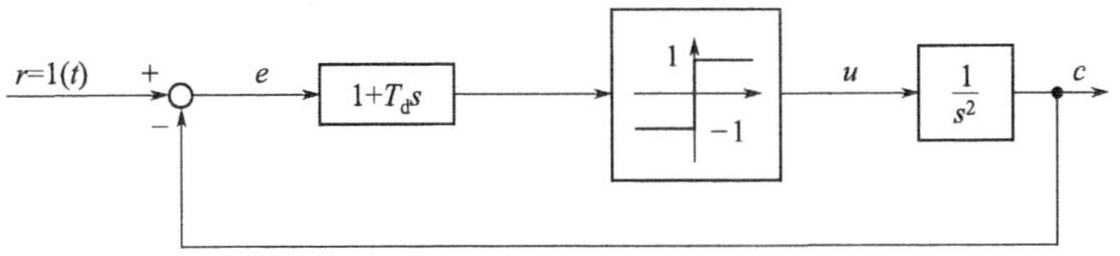

图 8-39　题 8-6 图

8-7　根据已知非线性特性的描述函数，求图 8-40 所示各种非线性特性的描述函数。

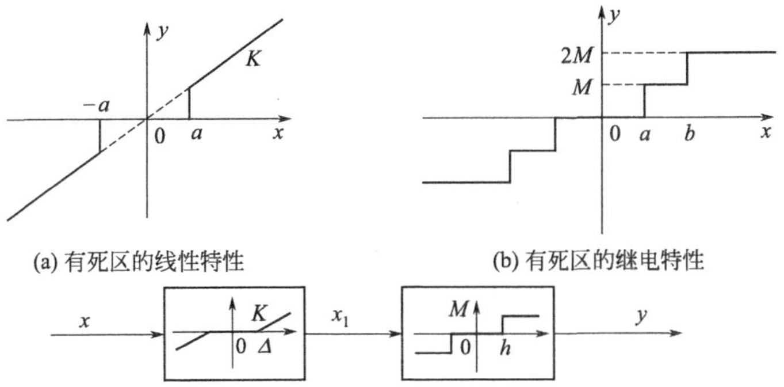

(a) 有死区的线性特性　　(b) 有死区的继电特性

(c) 死区特性与有死区继电特性串联

图 8-40　题 8-7 图

8-8　设系统如图 8-41 所示，试画出 $c(0)=-3$，$\dot{c}(0)=0$ 的相轨迹和相应的时间响应曲线。

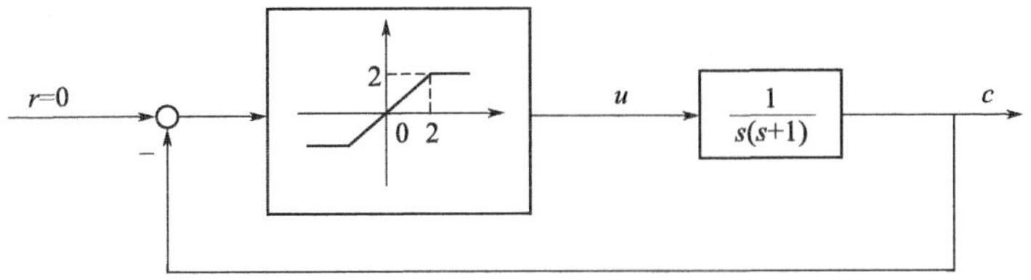

图 8-41　题 8-8 图

8-9　设恒温的结构图如图 8-42 所示。若要求温度保持 200℃，温箱由常温 20℃启动，试在 T_c-$\dot{T}_c$ 相平面上作出温度控制的相轨迹，并计算升温时间和保持温度的精度，并用 MATLAB 展示求解过程。

8-10　试将图 8-43 所示非线性系统简化成非线性部分 $N(A)$ 和等效线性部分 $G(s)$ 相串联的标准结构，并写出等效线性部分的传递函数 $G(s)$。

8-11　设某非线性系统的方框图如图 8-44 所示，其中 $G(s)$ 为线性部分的传递函数，N_1、N_2 分别为描述死区特性与继电特性的典型非线性特性。试将串联的非线性特性 N_1 与 N_2 等效变换为一个等效非线性特性 N。

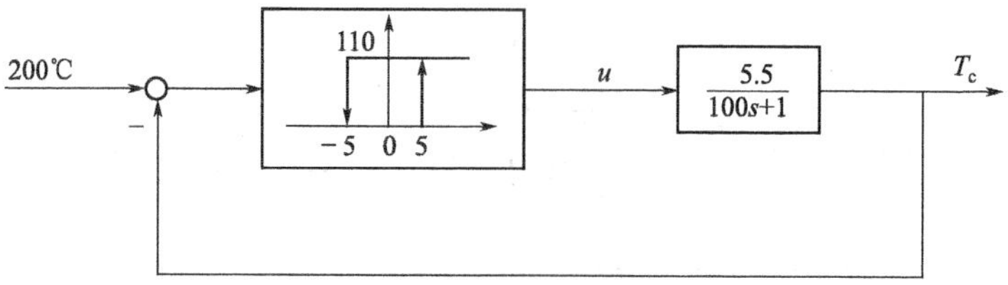

图 8-42　题 8-9 图

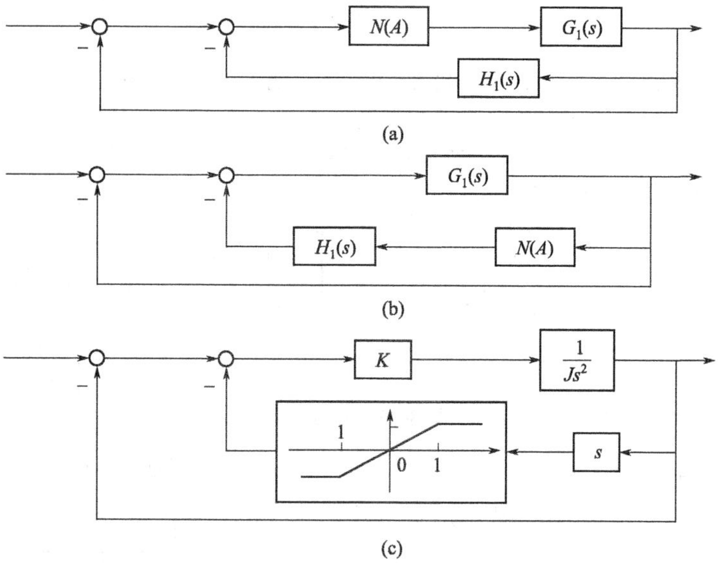

图 8-43　题 8-10 图

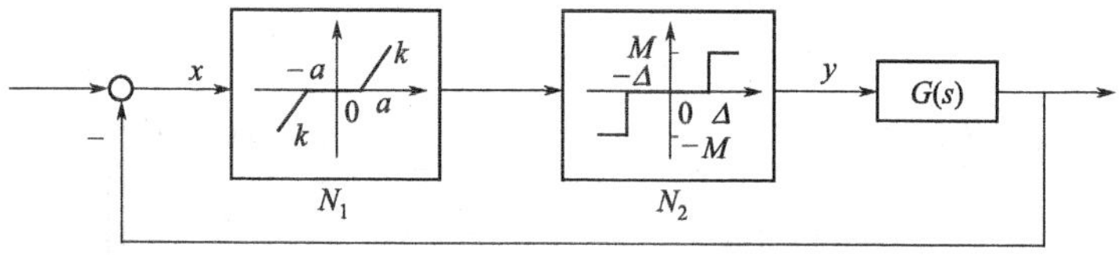

图 8-44　题 8-11 图

8-12　设三个非线性系统具有相同的非线性环节，而线性部分各不相同，它们的传递函数分别为

(1) $G_1(s)=\dfrac{2}{s(0.1s+1)}$　　(2) $G_2(s)=\dfrac{2}{s(s+1)}$

(3) $G_3(s)=\dfrac{2(1.5s+1)}{s(s+1)(0.1s+1)}$

试判断应用描述函数法分析非线性系统的稳定性时，哪个系统的分析准确度高。

8-13　设某非线性系统的方框图如图 8-45 所示。试应用描述函数法分析该系统的稳定性。为使系统稳定，继电器参数 a、b 应如何调整。

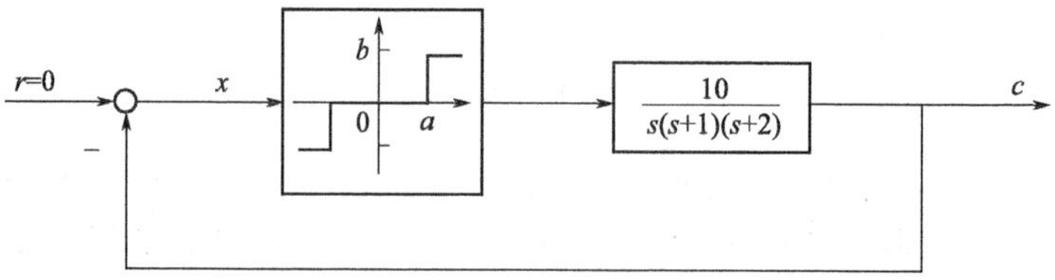

图 8-45　题 8-13 图

8-14　设某控制系统采用非线性反馈时的方框图如图 8-46 所示。试绘制系统响应 $r(t)=R\cdot 1(t)$ 时的相轨迹图，其中 R 为常值。

8-15　求图 8-47 所示串联非线性环节的描述函数。

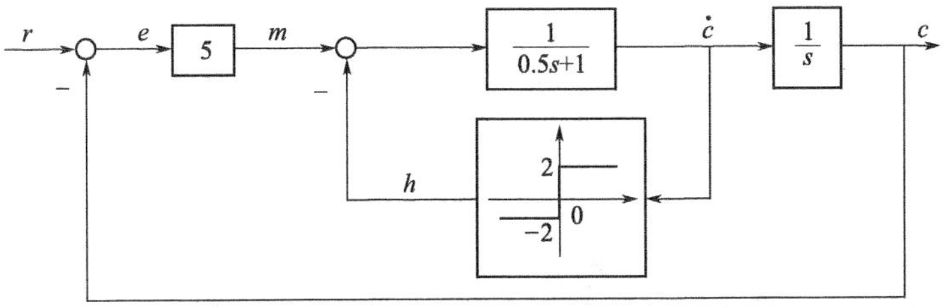

图 8-46 题 8-14 图

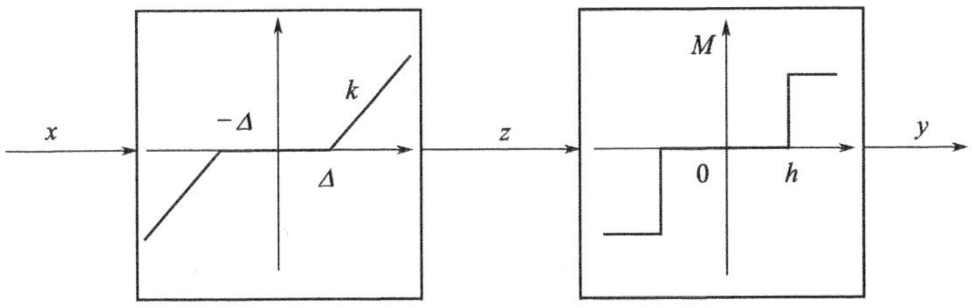

图 8-47 题 8-15 图

8-16 非线性系统如图 8-48 所示。

(1) 已知 $a=1$，$b=3$，$K=11$，试用描述函数法分析系统的稳定性。

(2) 为消除自持振荡，继电器的参数 a 和 b 应如何调整？

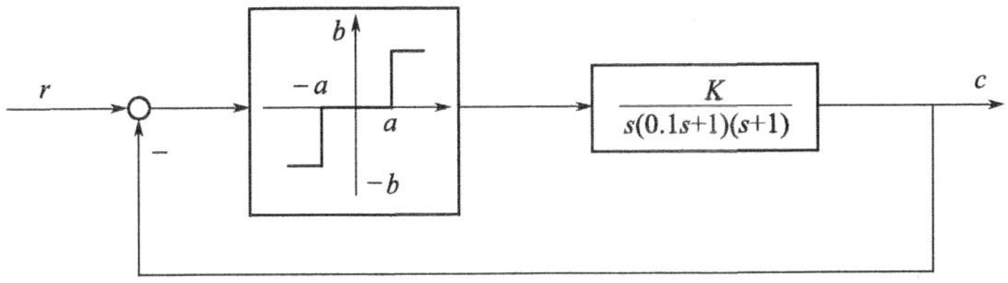

图 8-48 题 8-16 图

8-17 非线性系统如图 8-49 所示，用描述函数法分析其稳定性。

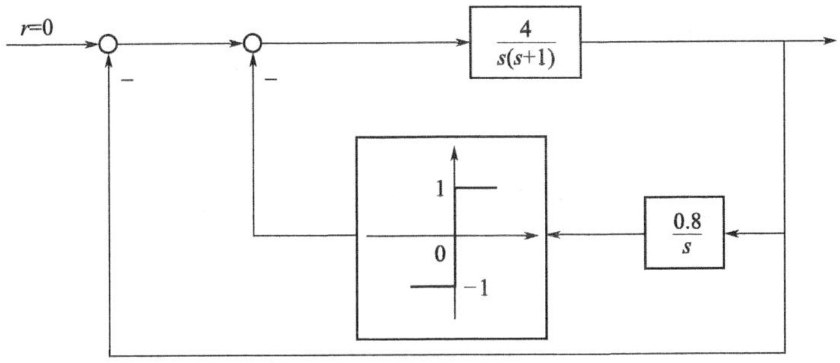

图 8-49 题 8-17 图

8-18 非线性系统如图 8-50 所示，试用描述函数法分析其稳定性，若存在自持振荡，求出振幅和频率。

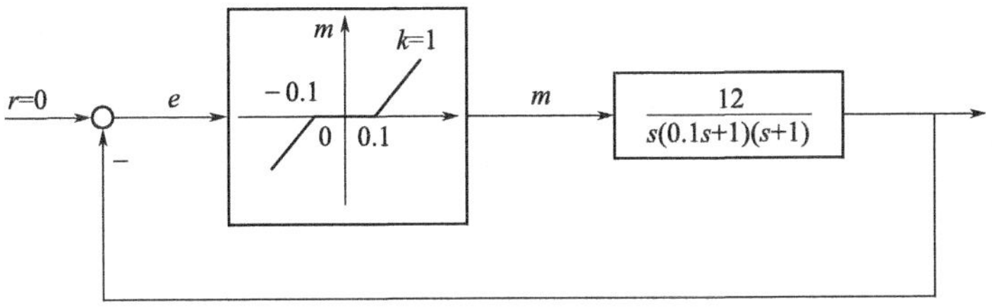

图 8-50 题 8-18 图

第9章 控制系统的状态空间分析

第 1～8 章涉及的内容属于经典控制理论的范畴，系统的数学模型是线性定常微分方程和传递函数，主要的分析与综合方法是时域法、根轨迹法和频域法。经典控制理论通常用于单输入-单输出线性定常系统，其缺点是只能反映输入、输出间的外部特性，难以揭示系统内部的结构和运行状态，不能有效处理多输入-多输出系统、非线性系统、时变系统等复杂系统的控制问题。

随着科学技术的发展，对控制系统速度、精度、适应能力的要求越来越高，经典控制理论已不能满足要求。1960 年前后，在航天技术和计算机技术的推动下，现代控制理论开始发展，一个重要的标志就是美国学者卡尔曼引入了状态空间的概念，它是以系统内部状态为基础进行分析与综合的控制理论。

本章讨论控制系统的状态空间分析与综合，它是现代控制理论的基础。

9.1 控制系统的状态空间描述

9.1.1 系统数学描述的两种基本形式

典型控制系统如图 9-1 所示，由被控对象、传感器、执行器和控制器组成。被控过程（见图 9-2）具有若干输入端和输出端。系统的数学描述通常有两种基本形式：一种是基于输入、输出模型的外部描述，它将系统看成“黑箱”，只是反映输入与输出间的关系，而不去表征系统的内部结构和内部变量，如高阶微分方程或传递函数；另一种是基于状态空间的内部描述，状态空间模型反映系统内部结构与内部变量，由状态方程和输出方程两个方程组成。状态方程反映系统内部变量 $\boldsymbol{x}$ 和输入变量 $\boldsymbol{u}$ 间的动态关系，具有一阶微分方程组或一阶差分方程组的形式；输出方程则表征系统输出向量 $\boldsymbol{y}$ 与内部变量及输入变量间的关系，具有代数方程的形式。外部描述虽能反映系统的外部特性，却不能反映系统内部的结构与运行过程，内部结构不同的两个系统也可能具有相同的外部特性。因此外部描述通常是不完整的，而内部描述则能全面、完整地反映出系统的动力学特征。这些差异将在本章逐步展现。

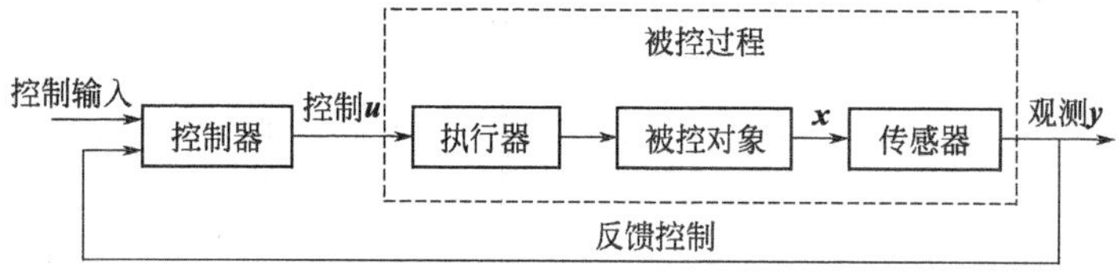

图 9-1 典型控制系统方框图

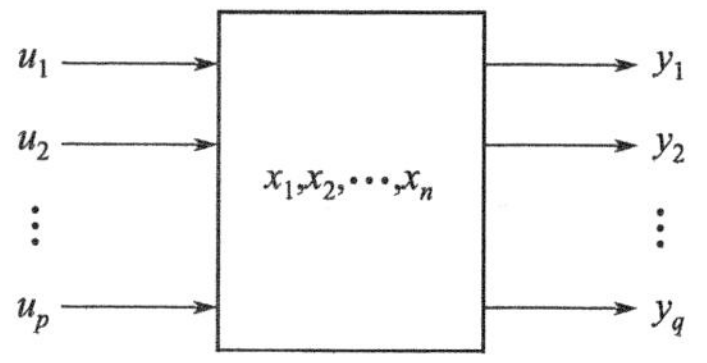

图 9-2 被控过程

下面通过一个简单二阶电路的实例来说明状态空间分析的基本方法和特点。

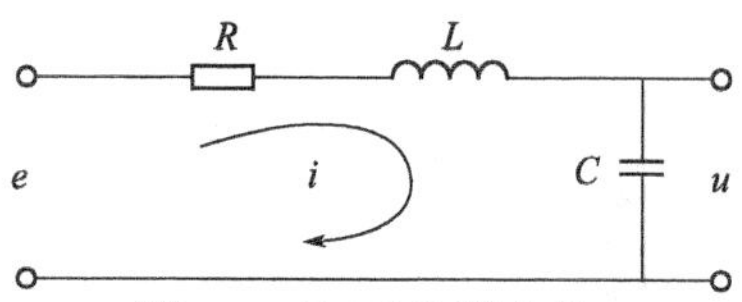

图 9-3 *RLC* 串联电路

【例 9-1】 如图 9-3 所示的 *RLC* 串联电路。

根据回路电压定律 $Ri+L\dfrac{\mathrm{d}i}{\mathrm{d}t}+V_C=e$

电路输出量为 $y=V_C=\dfrac{1}{C}\int i\,\mathrm{d}t$

整理后，得到输入-输出模型

$$LC\frac{\mathrm{d}^2V_C}{\mathrm{d}t^2}+RC\frac{\mathrm{d}V_C}{\mathrm{d}t}+V_C=e$$

和状态空间模型

$$\begin{cases}\dot{x}_1=-\dfrac{R}{L}x_1-\dfrac{1}{L}x_2+\dfrac{1}{L}e\\ \dot{x}_2=\dfrac{1}{C}x_1\\ y=x_2\end{cases}$$

式中，电感器电流 $x_1=i$ 和电容器电压 $x_2=\dfrac{1}{C}\int i\,\mathrm{d}t$ 称为状态变量。在上述表达式中，等号右边不含任何导数项的一阶微分方程组称为状态方程；等号左边为输出量的代数方程（组）称为输出方程。

将状态空间模型写成向量-矩阵形式，有

$$\begin{cases}\begin{bmatrix}\dot{x}_1\\ \dot{x}_2\end{bmatrix}=\begin{bmatrix}-\dfrac{R}{L} & -\dfrac{1}{L}\\ \dfrac{1}{C} & 0\end{bmatrix}\begin{bmatrix}x_1\\ x_2\end{bmatrix}+\begin{bmatrix}\dfrac{1}{L}\\ 0\end{bmatrix}e\\ y=\begin{bmatrix}0 & 1\end{bmatrix}\begin{bmatrix}x_1\\ x_2\end{bmatrix}\end{cases}$$

在知道输入激励电压 $e(t)$、电容器初始电压 $V_C(0)$ 和电感器初始电流 $i(0)$ 的情况下，可以通过求解输入-输出模型或状态空间模型得到输出电压。

从这个例子可以看出，与输入-输出模型相比，状态空间描述的优点在于：

① 状态变量（电容器电压和电感器电流）选自电路核心元器件的关键参数，是该电路系统的内部变量。

② 一旦状态方程解出，系统中任何一变量均可以用代数方法求得，例如对于电路中的电容器电荷、电阻器电压和电感器电压，有

$$q=Cx_2,V_R=Rx_1,V_L=e-Rx_1-x_2$$

③ 分析时，如果对某个物理量感兴趣，只需将该物理量设计成输出量，并列写相应的输出方程即可，例如以电容器电压 y_1 和电感器电压 y_2 为输出的输出方程如下

$$\begin{cases}y_1=x_1\\ y_2=-Rx_1-x_2+e\end{cases}$$

④ 系统输入、输出量可以有多个，所以用状态空间模型描述多输入-多输出系统十分方便。

⑤ 以状态方程和输出方程为核心的状态空间模型较好地反映了系统的内部结构。

在后续的内容中将会看到，状态空间模型有一套求解析表达式的理论和一套求数值解的理论。解析表达式求解过程相对简单和容易；如果系统和输入函数过于复杂，求不出解析表达式，还可以确保用数值方法求得各个状态变量和输出量的数值解。

9.1.2 状态空间描述常用的基本概念

(1) 输入和输出

由外部施加到系统上的激励称为输入，若输入是按被控过程需要人为施加的，又称为控制；系统的被控量或从外部测量到的系统信息称为输出，若输出是由传感器测量得到的，又称为观测。

(2) 状态、状态变量和状态向量

能完整描述和唯一确定系统时域行为或运行过程的一组独立（数目最小）的变量称为系统的状态，其中的各个变量称为状态变量。当状态表示成以各状态变量为分量组成的向量时，称为状态向量。系统的状态 $\boldsymbol{x}(t)$ 由 $t=t_0$ 时的初始状态 $\boldsymbol{x}(t_0)$ 及 $t\geqslant t_0$ 的输入 $\boldsymbol{u}(t)$ 唯一确定。

对 n 阶微分方程描述的系统，当 n 个初始条件 $x(t_0)$，$\dot{x}(t_0),\cdots,x^{(n-1)}(t_0)$ 及 $t\geqslant t_0$ 的输入 $\boldsymbol{u}(t)$ 给定时，可唯一确定方程的解，故 $x,\dot{x},\cdots,x^{(n-1)}$ 这 n 个独立变量可选作状态变量。状态变量以组的形式出现，它对于确定系统的时域行为既是必要的，也是充分的。对于 n 阶系统，其任何一组状态变量中

所含独立变量的个数应该为 n。当变量个数小于 n 时，便不能完全确定系统的状态；而当变量个数大于 n 时，则存在多余的变量，这些多余的变量就不是独立变量。判断变量是否独立的基本方法是看它们之间以及它们与输入量之间是否存在代数约束。如果存在代数约束，则这些变量就不是独立的。

状态变量的选取并不唯一。一个系统的状态变量通常有多种不同的选取方法，但应尽量选取能测量的物理量或独立储能元件的储能变量作为状态变量，以便实现系统设计。在机械系统中，常选取位移和速度作为变量；在 RLC 网络中，常选电感电流和电容电压作为状态变量；在由传递函数绘制的方块图中，常取积分器的输出作为状态变量。

(3) 状态空间

以状态向量的 n 个分量作为坐标轴所组成的 n 维空间称为状态空间。

(4) 状态轨迹

系统在某个时刻的状态，可以看作是状态空间的一个点。随着时间的推移，系统状态不断变化，便在状态空间中描绘出一条轨迹，该轨迹称为状态轨迹。

(5) 状态方程

描述系统状态变量与输入变量之间关系的一阶向量微分方程或差分方程称为系统的状态方程，它不含输入的微积分项。状态方程表征了系统由输入所引起的状态变化，一般情况下，状态方程既是非线性的，又是时变的，它可以表示为

$$\dot{\boldsymbol{x}}(t)=\boldsymbol{f}[\boldsymbol{x}(t),\boldsymbol{u}(t),t] \tag{9-1}$$

(6) 输出方程

描述系统输出变量与系统状态变量和输入变量之间函数关系的代数方程称为输出方程，当输出由传感器得到时，又称为观测方程。输出方程的一般形式为

$$\boldsymbol{y}(t)=\boldsymbol{g}[\boldsymbol{x}(t),\boldsymbol{u}(t),t] \tag{9-2}$$

输出方程表征了系统状态和输入的变化所引起的系统输出变化。

(7) 动态方程

状态方程与输出方程的组合称为动态方程，又称为状态空间表达式。其一般形式为

$$\left.\begin{aligned}\dot{\boldsymbol{x}}(t)&=\boldsymbol{f}[\boldsymbol{x}(t),\boldsymbol{u}(t),t]\\ \boldsymbol{y}(t)&=\boldsymbol{g}[\boldsymbol{x}(t),\boldsymbol{u}(t),t]\end{aligned}\right\} \tag{9-3a}$$

或离散形式

$$\left.\begin{aligned}\boldsymbol{x}(t_{k+1})&=\boldsymbol{f}[\boldsymbol{x}(t_k),\boldsymbol{u}(t_k),t_k]\\ \boldsymbol{y}(t_k)&=\boldsymbol{g}[\boldsymbol{x}(t_k),\boldsymbol{u}(t_k),t_k]\end{aligned}\right\} \tag{9-3b}$$

(8) 线性系统

线性系统的状态方程是一阶向量线性微分方程或差分方程，输出方程是向量代数方程。线性连续时间系统动态方程的一般形式为

$$\left.\begin{aligned}\dot{\boldsymbol{x}}(t)&=\boldsymbol{A}(t)\boldsymbol{x}(t)+\boldsymbol{B}(t)\boldsymbol{u}(t)\\ \boldsymbol{y}(t)&=\boldsymbol{C}(t)\boldsymbol{x}(t)+\boldsymbol{D}(t)\boldsymbol{u}(t)\end{aligned}\right\} \tag{9-4}$$

设状态 $\boldsymbol{x}$、输入 $\boldsymbol{u}$、输出 $\boldsymbol{y}$ 的维数分别为 n、p、q，称 $n\times n$ 矩阵 $\boldsymbol{A}(t)$ 为系统矩阵或状态矩阵，称 $n\times p$ 矩阵 $\boldsymbol{B}(t)$ 为控制矩阵或输入矩阵，称 $q\times n$ 矩阵 $\boldsymbol{C}(t)$ 为输出矩阵或观测矩阵，称 $q\times p$ 矩阵 $\boldsymbol{D}(t)$ 为前馈矩阵或输入输出矩阵。

(9) 线性定常系统

线性系统的 $\boldsymbol{A}$、$\boldsymbol{B}$、$\boldsymbol{C}$、$\boldsymbol{D}$ 中的各元素全部是常数，即

$$\left.\begin{aligned}\dot{\boldsymbol{x}}(t)&=\boldsymbol{A}\boldsymbol{x}(t)+\boldsymbol{B}\boldsymbol{u}(t)\\ \boldsymbol{y}(t)&=\boldsymbol{C}\boldsymbol{x}(t)+\boldsymbol{D}\boldsymbol{u}(t)\end{aligned}\right\} \tag{9-5a}$$

对应的离散形式为

$$\begin{aligned}\boldsymbol{x}(k+1)&=\boldsymbol{G}\boldsymbol{x}(k)+\boldsymbol{H}\boldsymbol{u}(k)\\ \boldsymbol{y}(k)&=\boldsymbol{C}\boldsymbol{x}(k)+\boldsymbol{D}\boldsymbol{u}(k)\end{aligned} \tag{9-5b}$$

$$\boldsymbol{x}=\begin{bmatrix}x_1\\x_2\\ \vdots\\x_n\end{bmatrix}\quad \boldsymbol{u}=\begin{bmatrix}u_1\\u_2\\ \vdots\\u_p\end{bmatrix}\quad \boldsymbol{y}=\begin{bmatrix}y_1\\y_2\\ \vdots\\y_q\end{bmatrix}$$

$$\boldsymbol{A}=\begin{bmatrix} a_{11} & a_{12} & \cdots & a_{1n} \\ a_{21} & a_{22} & \cdots & a_{2n} \\ \vdots & \vdots & \ddots & \vdots \\ a_{n1} & a_{n2} & \cdots & a_{nn} \end{bmatrix} \quad \boldsymbol{B}=\begin{bmatrix} b_{11} & b_{12} & \cdots & b_{1p} \\ b_{21} & b_{22} & \cdots & b_{2p} \\ \vdots & \vdots & \ddots & \vdots \\ b_{n1} & b_{n2} & \cdots & b_{np} \end{bmatrix}$$

$$\boldsymbol{C}=\begin{bmatrix} c_{11} & c_{12} & \cdots & c_{1n} \\ c_{21} & c_{22} & \cdots & c_{2n} \\ \vdots & \vdots & \ddots & \vdots \\ c_{q1} & c_{q2} & \cdots & c_{qn} \end{bmatrix} \quad \boldsymbol{D}=\begin{bmatrix} d_{11} & d_{12} & \cdots & d_{1p} \\ d_{21} & d_{22} & \cdots & d_{2p} \\ \vdots & \vdots & \ddots & \vdots \\ d_{q1} & d_{q2} & \cdots & d_{qp} \end{bmatrix}$$

为书写方便，常把系统式(9-5a) 和系统式(9-5b) 分别简记为 $S(\boldsymbol{A},\boldsymbol{B},\boldsymbol{C},\boldsymbol{D})$和 $S(\boldsymbol{G},\boldsymbol{H},\boldsymbol{C},\boldsymbol{D})$。

(10) 线性系统的结构图

线性系统的动态方程常用结构图表示。图 9-4 为连续系统的结构图；图 9-5 为离散系统的结构图。图中，$\boldsymbol{I}$ 为 $n\times n$ 单位矩阵，s 是拉普拉斯算子，z 为单位延时算子。

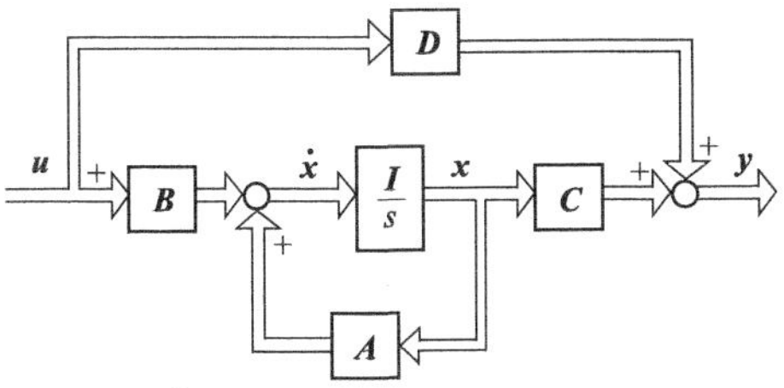

图 9-4 线性连续时间系统结构图

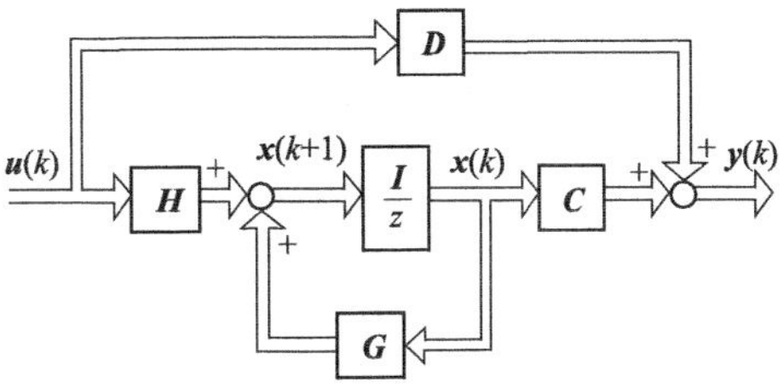

图 9-5 线性离散时间系统结构图

由于状态变量的选取不是唯一的，因此状态方程、输出方程、动态方程也都不是唯一的。但是，用独立变量所描述的系统状态向量的维数应该是唯一的，与状态变量的选取方法无关。

动态方程对于系统的描述是充分的和完整的，即系统中的任何一个变量均可用状态方程和输出方程来描述。状态方程着眼于系统动态演变过程的描述，反映状态变量间的微积分约束；而输出方程则反映系统中变量之间的静态关系，着眼于建立系统中输出变量与状态变量间的代数约束，这也是非独立变量不能作为状态变量的原因之一。动态方程描述的优点是便于采用向量、矩阵记号简化数学描述，便于在计算机上求解，便于考虑初始条件，便于了解系统内部状态的变化特征，便于应用现代设计方法实现最优控制和最优估计，适用于时变、非线性、连续、离散、随机、多变量等各类控制系统。

【例 9-2】 试确定图 9-6(a)、图 9-6(b) 所示电路的独立状态变量。图中 u、i 分别是输入电压和输入电流，y 为输出电压，$x_j(j=1,2,3)$ 为电容器电压或电感器电流。

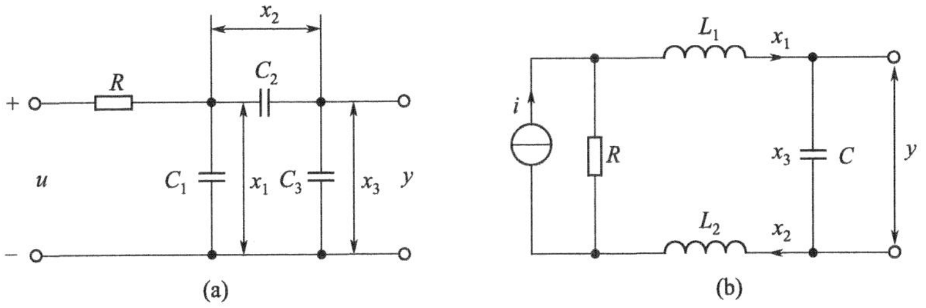

图 9-6 电路的独立变量

解 并非所有电路中的电容器电压和电感器电流都是独立变量。对图 9-6(a) 所示电路，不失一般性，假定电容器初始电压值均为 0，有

$$x_2=\frac{c_3}{c_2+c_3}x_1, x_3=\frac{c_2}{c_2+c_3}x_1$$

因此，三个变量中只有一个变量是独立的，状态变量只能选其中一个，即用其中的任意一个变量作为状态变量便可以确定该电路的行为。实际上，三个串并联的电容可以等效为一个电容。

对图 9-6(b) 所示电路，$x_1=x_2$，因此两者相关，电路只有两个变量是独立的，即（x_1 和 x_3）或（x_2 和 x_3），可以任用其中一组变量如（x_2,x_3）作为状态变量。

9.1.3 系统的传递函数矩阵

设初始条件为零，对线性定常系统的动态方程进行拉氏变换，可以得到

$$\boldsymbol{X}(s)=(s\boldsymbol{I}-\boldsymbol{A})^{-1}\boldsymbol{B}\boldsymbol{U}(s)$$

$$\boldsymbol{Y}(s)=[\boldsymbol{C}(s\boldsymbol{I}-\boldsymbol{A})^{-1}\boldsymbol{B}+\boldsymbol{D}]\boldsymbol{U}(s) \tag{9-6}$$

系统的传递函数矩阵（简称传递矩阵）定义为

$$\boldsymbol{G}(s)=\boldsymbol{C}(s\boldsymbol{I}-\boldsymbol{A})^{-1}\boldsymbol{B}+\boldsymbol{D} \tag{9-7}$$

【例 9-3】 已知系统动态方程为

$$\begin{bmatrix}\dot{x}_1\\ \dot{x}_2\end{bmatrix}=\begin{bmatrix}0 & 1\\ 0 & -2\end{bmatrix}\begin{bmatrix}x_1\\ x_2\end{bmatrix}+\begin{bmatrix}1 & 0\\ 0 & 1\end{bmatrix}\begin{bmatrix}u_1\\ u_2\end{bmatrix}$$

$$\begin{bmatrix}y_1\\ y_2\end{bmatrix}=\begin{bmatrix}1 & 0\\ 0 & 1\end{bmatrix}\begin{bmatrix}x_1\\ x_2\end{bmatrix}$$

试求系统的传递函数矩阵。

解 已知 $\boldsymbol{A}=\begin{bmatrix}0 & 1\\ 0 & -2\end{bmatrix}$，$\boldsymbol{B}=\begin{bmatrix}1 & 0\\ 0 & 1\end{bmatrix}$，$\boldsymbol{C}=\begin{bmatrix}1 & 0\\ 0 & 1\end{bmatrix}$，$\boldsymbol{D}=0$

故 $$(s\boldsymbol{I}-\boldsymbol{A})^{-1}=\begin{bmatrix}s & -1\\ 0 & s+2\end{bmatrix}^{-1}=\begin{bmatrix}\dfrac{1}{s} & \dfrac{1}{s\ (s+2)}\\ 0 & \dfrac{1}{s+2}\end{bmatrix}$$

$$\boldsymbol{G}(s)=\boldsymbol{C}(s\boldsymbol{I}-\boldsymbol{A})^{-1}\boldsymbol{B}=\begin{bmatrix}1 & 0\\ 0 & 1\end{bmatrix}\begin{bmatrix}\dfrac{1}{s} & \dfrac{1}{s(s+2)}\\ 0 & \dfrac{1}{s+2}\end{bmatrix}\begin{bmatrix}1 & 0\\ 0 & 1\end{bmatrix}=\begin{bmatrix}\dfrac{1}{s} & \dfrac{1}{s(s+2)}\\ 0 & \dfrac{1}{s+2}\end{bmatrix}$$

9.1.4 线性定常系统动态方程的建立

（1）根据系统物理模型建立动态方程

【例 9-1（续）】 试列写如图 9-3 所示的 *RLC* 电路方程，选择几组状态变量并建立相应的动态方程，并就所选状态变量间的关系进行讨论。

解 有明确物理意义的常用变量主要有电流、电阻器电压、电容器的电压与电荷、电感器的电压与磁通。

根据回路电压定律 $$Ri+L\frac{\mathrm{d}i}{\mathrm{d}t}+\frac{1}{C}\int i\,\mathrm{d}t=e$$

电路输出量为 $$y=V_C=\frac{1}{C}\int i\,\mathrm{d}t$$

① 设状态变量为电感器电流和电容器电压，即 $x_1=i$，$x_2=\dfrac{1}{C}\int i\,\mathrm{d}t$

根据例 9-1 给出的结果，动态方程的向量-矩阵形式为

$$\begin{cases}\begin{bmatrix}\dot{x}_1\\ \dot{x}_2\end{bmatrix}=\begin{bmatrix}-\dfrac{R}{L} & -\dfrac{1}{L}\\ \dfrac{1}{C} & 0\end{bmatrix}\begin{bmatrix}x_1\\ x_2\end{bmatrix}+\begin{bmatrix}\dfrac{1}{L}\\ 0\end{bmatrix}e\\ y=[0\quad 1]\begin{bmatrix}x_1\\ x_2\end{bmatrix}\end{cases}$$

简记为 $$\begin{cases}\dot{\boldsymbol{x}}=\boldsymbol{A}\boldsymbol{x}+\boldsymbol{b}e\\ y=\boldsymbol{c}\boldsymbol{x}\end{cases}$$

式中

$$\dot{\boldsymbol{x}}=\begin{bmatrix}\dot{x}_1\\ \dot{x}_2\end{bmatrix},\boldsymbol{x}=\begin{bmatrix}x_1\\ x_2\end{bmatrix},\boldsymbol{A}=\begin{bmatrix}-\dfrac{R}{L} & -\dfrac{1}{L}\\ \dfrac{1}{C} & 0\end{bmatrix},\boldsymbol{b}=\begin{bmatrix}\dfrac{1}{L}\\ 0\end{bmatrix},\boldsymbol{c}=[0\quad 1]$$

② 设状态变量为电容器电流和电荷，即 $x_1=i$，$x_2=\int i\,dt$，则有动态方程

$$\begin{bmatrix}\dot{x}_1\\ \dot{x}_2\end{bmatrix}=\begin{bmatrix}-\dfrac{R}{L} & -\dfrac{1}{LC}\\ 1 & 0\end{bmatrix}\begin{bmatrix}x_1\\ x_2\end{bmatrix}+\begin{bmatrix}\dfrac{1}{L}\\ 0\end{bmatrix}e,y=\begin{bmatrix}0 & \dfrac{1}{C}\end{bmatrix}\begin{bmatrix}x_1\\ x_2\end{bmatrix}$$

③ 设状态变量 $x_1=\dfrac{1}{C}\int i\,dt+Ri$，$x_2=\dfrac{1}{C}\int i\,dt$，可以推出

$$\dot{x}_1=\dot{x}_2+R\frac{di}{dt}=\frac{1}{RC}(x_1-x_2)+\frac{R}{L}(-x_1+e)$$

$$\dot{x}_2=\frac{1}{C}i=\frac{1}{RC}(x_1-x_2)$$

$$y=x_2$$

动态方程的向量-矩阵形式为

$$\begin{cases}\begin{bmatrix}\dot{x}_1\\ \dot{x}_2\end{bmatrix}=\begin{bmatrix}\dfrac{1}{RC}-\dfrac{R}{L} & -\dfrac{1}{RC}\\ \dfrac{1}{RC} & -\dfrac{1}{RC}\end{bmatrix}\begin{bmatrix}x_1\\ x_2\end{bmatrix}+\begin{bmatrix}\dfrac{R}{L}\\ 0\end{bmatrix}e\\ y=[0\quad 1]\begin{bmatrix}x_1\\ x_2\end{bmatrix}\end{cases}$$

可见对同一系统，状态变量的选择不具有唯一性，动态方程也不是唯一的。

【例 9-4】 对于图 9-7 所示的机械系统，若不考虑重力对系统的作用，试列写该系统以拉力 F 为输入，以质量块 m_1 和 m_2 的位移 y_1 和 y_2 为输出的动态方程。

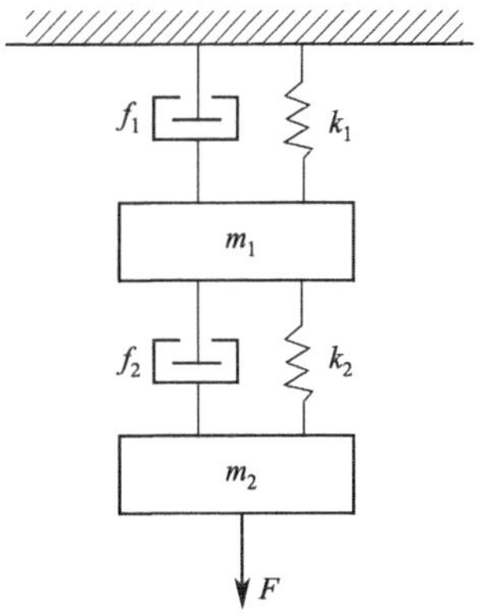

图 9-7 双质量块机械系统

解 根据牛顿定律，系统微分方程为

$$m_1\ddot{y}_1=k_2(y_2-y_1)+f_2(\dot{y}_2-\dot{y}_1)-k_1y_1-f_1\dot{y}_1$$

$$m_2\ddot{y}_2=F-k_2(y_2-y_1)-f_2(\dot{y}_2-\dot{y}_1)$$

式中，k_1、k_2 为弹簧刚度；f_1、f_2 为阻尼系数。

该系统有 4 个独立的储能元件，即弹簧 k_1、k_2 和质量块 m_1、m_2，故选择 4 个相互独立的变量作为系统的状态变量，现选择 $x_1=y_1$，$x_2=y_2$，$x_3=\dot{y}_1$，$x_4=\dot{y}_2$，经过整理，可得到系统的动态方程，即

$$\begin{bmatrix}\dot{x}_1\\ \dot{x}_2\\ \dot{x}_3\\ \dot{x}_4\end{bmatrix}=\begin{bmatrix}0 & 0 & 1 & 0\\ 0 & 0 & 0 & 1\\ -\dfrac{k_1+k_2}{m_1} & \dfrac{k_2}{m_1} & -\dfrac{f_1+f_2}{m_1} & \dfrac{f_2}{m_1}\\ \dfrac{k_2}{m_2} & -\dfrac{k_2}{m_2} & \dfrac{f_2}{m_2} & -\dfrac{f_2}{m_2}\end{bmatrix}\begin{bmatrix}x_1\\ x_2\\ x_3\\ x_4\end{bmatrix}+\begin{bmatrix}0\\ 0\\ 0\\ \dfrac{1}{m_2}\end{bmatrix}F$$

$$\begin{bmatrix}y_1\\ y_2\end{bmatrix}=\begin{bmatrix}1 & 0 & 0 & 0\\ 0 & 1 & 0 & 0\end{bmatrix}\begin{bmatrix}x_1\\ x_2\\ x_3\\ x_4\end{bmatrix}$$

(2) 由高阶微分方程建立动态方程

① 微分方程不含输入量的导数项。

$$y^{(n)}+a_{n-1}y^{(n-1)}+a_{n-2}y^{(n-2)}+\cdots+a_1\dot{y}+a_0y=\beta_0u \tag{9-8}$$

选 n 个状态变量为 $x_1=y$，$x_2=\dot{y}$，…，$x_n=y^{(n-1)}$，有

$$\left.\begin{aligned}\dot{x}_1&=x_2\\ \dot{x}_2&=x_3\\ &\vdots\\ \dot{x}_{n-1}&=x_n\\ \dot{x}_n&=-a_0x_1-a_1x_2-\cdots-a_{n-1}x_n+\beta_0u\\ y&=x_1\end{aligned}\right\} \tag{9-9}$$

得到动态方程

$$\left.\begin{aligned}\dot{\boldsymbol{x}}&=\boldsymbol{A}\boldsymbol{x}+\boldsymbol{b}u\\ y&=\boldsymbol{c}\boldsymbol{x}\end{aligned}\right\} \tag{9-10}$$

式中

$$\boldsymbol{x}=\begin{bmatrix}x_1\\x_2\\\vdots\\x_{n-1}\\x_n\end{bmatrix},\boldsymbol{A}=\begin{bmatrix}0&1&0&\cdots&0\\0&0&1&\cdots&0\\\vdots&\vdots&\vdots&\ddots&\vdots\\0&0&0&\cdots&1\\-a_0&-a_1&-a_2&\cdots&-a_{n-1}\end{bmatrix},\boldsymbol{b}=\begin{bmatrix}0\\0\\\vdots\\0\\\beta_0\end{bmatrix},\boldsymbol{c}=[1\quad 0\quad\cdots\quad 0]$$

按式(9-10) 绘制的结构图称为状态变量图，如图 9-8 所示。其主要特点是每个积分器的输出都是对应的状态变量。

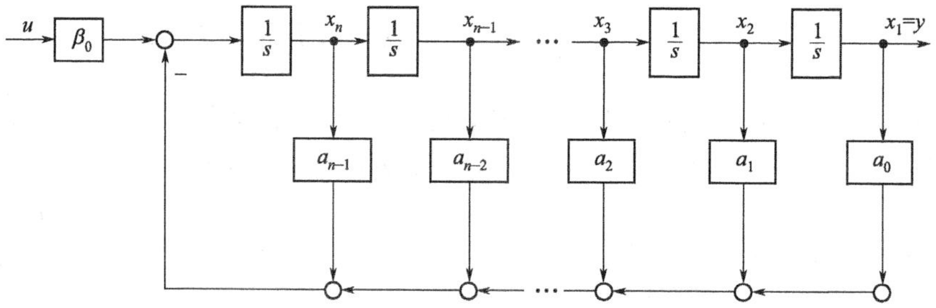

图 9-8　系统的状态变量图

② 微分方程含有输入量的导数项。

$$y^{(n)}+a_{n-1}y^{(n-1)}+\cdots+a_1\dot{y}+a_0y=b_nu^{(n)}+b_{n-1}u^{(n-1)}+\cdots+b_1\dot{u}+b_0u \tag{9-11}$$

一般输入导数项的次数小于或等于系统的阶数 n。为了避免在状态方程中出现输入导数项，可按如下规则选择一组状态变量

$$\left.\begin{aligned}x_1&=y-h_0u\\ x_i&=\dot{x}_{i-1}-h_{i-1}u\quad(i=2,3,\cdots,n)\end{aligned}\right\} \tag{9-12}$$

其展开式为

$$\left.\begin{aligned}x_1&=y-h_0u\\ x_2&=\dot{x}_1-h_1u=\dot{y}-h_0\dot{u}-h_1u\\ x_3&=\dot{x}_2-h_2u=\ddot{y}-h_0\ddot{u}-h_1\dot{u}-h_2u\\ &\vdots\\ x_n&=\dot{x}_{n-1}-h_{n-1}u=y^{(n-1)}-h_0u^{(n-1)}-h_1u^{(n-2)}-\cdots-h_{n-1}u\end{aligned}\right\} \tag{9-13}$$

式中，h_0、h_1、…、h_{n-1} 是 n 个待定常数。由式(9-13) 的第一个方程可得输出方程

$$y=x_1+h_0u$$

并由余下的方程得到 $(n-1)$ 个状态分量方程

$$\left.\begin{aligned}\dot{x}_1&=x_2+h_1u\\ \dot{x}_2&=x_3+h_2u\\ &\vdots\\ \dot{x}_{n-1}&=x_n+h_{n-1}u\end{aligned}\right\}$$

对式(9-13) 中的最后一个方程求导数并考虑式(9-11)，有

$$\begin{aligned}\dot{x}_n&=y^{(n)}-h_0u^{(n)}-h_1u^{(n-1)}-\cdots-h_{n-1}\dot{u}\\ &=[-a_{n-1}y^{(n-1)}-\cdots-a_1\dot{y}-a_0y+b_nu^{(n)}+\cdots+b_0u]-h_0u^{(n)}-h_1u^{(n-1)}-\cdots-h_{n-1}\dot{u}\end{aligned}\tag{9-14}$$

由式(9-14)，将 $y^{(n-1)},\cdots,\dot{y},y$ 均以 x_i 及 u 的各阶导数表示，经整理可得

$$\begin{aligned}\dot{x}_n=&-a_0x_1-\cdots-a_{n-1}x_n+(b_n-h_0)u^{(n)}+(b_{n-1}-h_1-a_{n-1}h_0)u^{(n-1)}+\cdots\\ &+(b_1-h_{n-1}-a_{n-1}h_{n-2}-\cdots-a_1h_0)\dot{u}+(b_0-a_{n-1}h_{n-1}-\cdots-a_1h_1-a_0h_0)u\end{aligned}$$

令上式中 u 的各阶导数的系数为零，可确定各 h 的值，即

$$\begin{aligned}h_0&=b_n\\ h_1&=b_{n-1}-a_{n-1}h_0\\ &\vdots\\ h_{n-1}&=b_1-a_{n-1}h_{n-2}-\cdots-a_1h_0\end{aligned}$$

记 $$h_n=b_0-a_{n-1}h_{n-1}-\cdots-a_1h_1-a_0h_0$$

故 $$\dot{x}_n=-a_0x_1-\cdots-a_{n-1}x_n+h_nu$$

则系统的动态方程为

$$\left.\begin{aligned}\dot{\boldsymbol{x}}&=\boldsymbol{Ax}+\boldsymbol{b}u\\ y&=\boldsymbol{cx}+du\end{aligned}\right\}$$

式中

$$\boldsymbol{A}=\begin{bmatrix}0&1&0&\cdots&0\\0&0&1&\cdots&0\\ \vdots&\vdots&\vdots&\ddots&\vdots\\0&0&0&\cdots&1\\-a_0&-a_1&-a_2&\cdots&-a_{n-1}\end{bmatrix},\boldsymbol{b}=\begin{bmatrix}h_1\\h_2\\ \vdots\\h_{n-1}\\h_n\end{bmatrix},\boldsymbol{c}=[1\quad 0\quad 0\quad \cdots\quad 0],d=h_0$$

若输入量中仅含 m 次导数，且 $m<n$，可将高于 m 次导数项的系数置零，仍可应用上述公式。

(3) 由系统传递函数建立动态方程

高阶微分方程式(9-11) 对应的单输入-单输出系统传递函数

$$G(s)=\frac{Y(s)}{U(s)}=\frac{b_ns^n+b_{n-1}s^{n-1}+\cdots+b_1s+b_0}{s^n+a_{n-1}s^{n-1}+\cdots+a_1s+a_0}\tag{9-15}$$

应用综合除法，有

$$G(s)=b_n+\frac{\beta_{n-1}s^{n-1}+\cdots+\beta_1s+\beta_0}{s^n+a_{n-1}s^{n-1}+\cdots+a_1s+a_0}\overset{\text{def}}{=}b_n+\frac{N(s)}{D(s)}\tag{9-16}$$

式中，b_n 是联系输入、输出的前馈系数，当 $G(s)$ 的分母多项式的阶数大于分子多项式的阶数时，$b_n=0$。$\dfrac{N(s)}{D(s)}$是严格有理真分式，其分子各次项的系数分别为

$$\left.\begin{aligned}\beta_0&=b_0-a_0b_n\\ \beta_1&=b_1-a_1b_n\\ &\vdots\\ \beta_{n-1}&=b_{n-1}-a_{n-1}b_n\end{aligned}\right\}\tag{9-17}$$

下面介绍由$\dfrac{N(s)}{D(s)}$导出几种标准型动态方程的方法。

① $\dfrac{N(s)}{D(s)}$串联分解。如图 9-9 所示，取中间变量 z，将$\dfrac{N(s)}{D(s)}$串联分解为两部分，有

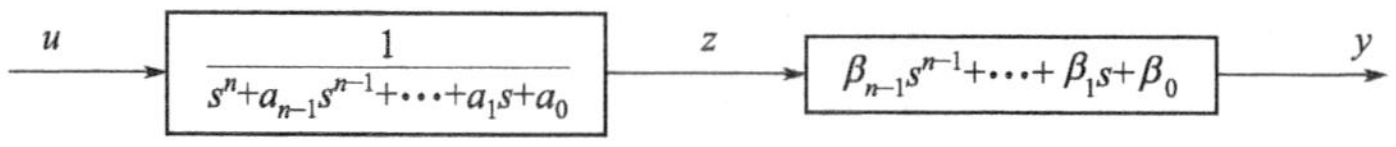

图 9-9 $\frac{N(s)}{D(s)}$串联分解

$$z^{(n)}+a_{n-1}z^{(n-1)}+\cdots+a_1\dot{z}+a_0z=u$$

$$y=\beta_{n-1}z^{(n-1)}+\cdots+\beta_1\dot{z}+\beta_0z$$

选取状态变量 $x_1=z, x_2=\dot{z}, \cdots, x_n=z^{(n-1)}$

则状态方程为
$$\begin{cases}\dot{x}_1=x_2\\ \dot{x}_2=x_3\\ \vdots\\ \dot{x}_n=-a_0z-a_1\dot{z}-\cdots-a_{n-1}z^{(n-1)}+u=-a_0x_1-a_1x_2-\cdots-a_{n-1}x_n+u\end{cases}$$

输出方程为 $y=\beta_0x_1+\beta_1x_2+\cdots+\beta_{n-1}x_n$

其向量-矩阵形式为
$$\begin{cases}\dot{\boldsymbol{x}}=\boldsymbol{A}_c\boldsymbol{x}+\boldsymbol{b}_c u\\ y=\boldsymbol{c}_c\boldsymbol{x}\end{cases}$$

式中
$$\boldsymbol{A}_c=\begin{bmatrix}0&1&0&\cdots&0\\0&0&1&\cdots&0\\ \vdots&\vdots&\vdots&\ddots&\vdots\\0&0&0&\cdots&1\\-a_0&-a_1&-a_2&\cdots&-a_{n-1}\end{bmatrix},\boldsymbol{b}_c=\begin{bmatrix}0\\0\\ \vdots\\0\\1\end{bmatrix},\boldsymbol{c}_c=[\beta_0\quad\beta_1\quad\cdots\quad\beta_{n-1}]$$

$\boldsymbol{A}_c$ 和 $\boldsymbol{b}_c$ 具有以上形式时，$\boldsymbol{A}_c$ 矩阵称为友矩阵，相应的动态方程称为可控标准型。

当 $G(s)=b_n+\frac{N(s)}{D(s)}$时，$\boldsymbol{A}_c$、$\boldsymbol{b}_c$、$\boldsymbol{c}_c$ 均不变，仅输出方程变为 $y=\boldsymbol{c}_c\boldsymbol{x}+b_nu$。

若选取 $\boldsymbol{A}_o=\boldsymbol{A}_c^T$，$\boldsymbol{c}_o=\boldsymbol{b}_c^T$，$\boldsymbol{b}_o=\boldsymbol{c}_c^T$，则可以构造出新的动态方程。
$$\begin{cases}\dot{\boldsymbol{x}}=\boldsymbol{A}_o\boldsymbol{x}+\boldsymbol{b}_o u\\ y=\boldsymbol{c}_o\boldsymbol{x}\end{cases}$$

式中
$$\boldsymbol{A}_o=\begin{bmatrix}0&0&\cdots&0&-a_0\\1&0&\cdots&0&-a_1\\0&1&\cdots&0&-a_2\\ \vdots&\vdots&\ddots&\vdots&\vdots\\0&0&\cdots&1&-a_{n-1}\end{bmatrix},\boldsymbol{b}_o=\begin{bmatrix}\beta_0\\ \beta_1\\ \vdots\\ \beta_{n-1}\end{bmatrix},\boldsymbol{c}_o=[0\quad\cdots\quad0\quad1]$$

请注意 $\boldsymbol{A}_o$、$\boldsymbol{c}_o$ 的形状特征，其所对应的动态方程称为可观测标准型。

关于可控和可观测的概念，在 9.4 节还要进行详细的论述。可控标准型与可观测标准型之间存在以下对偶关系：

$$\boldsymbol{A}_c=\boldsymbol{A}_o^T,\boldsymbol{b}_c=\boldsymbol{c}_o^T,\boldsymbol{c}_c=\boldsymbol{b}_o^T \tag{9-18}$$

式中，下标 c 表示可控标准型，o 表示可观测标准型；上标 T 为转置符号。请读者从传递函数矩阵式 (9-7) 出发自行证明：可控标准型和可观测标准型是同一传递函数的不同实现。可控标准型和可观测标准型的状态变量图如图 9-10 和图 9-11 所示。

【例 9-5】 设二阶系统微分方程为 $\ddot{y}+2\xi\omega\dot{y}+\omega^2y=T\dot{u}+u$，试列写可控标准型、可观测标准型动态方程，并分别确定状态变量与输入、输出量的关系。

解 系统的传递函数

$$G(s)=\frac{Y(s)}{U(s)}=\frac{Ts+1}{s^2+2\xi\omega s+\omega^2}$$

于是，可控标准型动态方程的各矩阵为

$$\boldsymbol{x}_c=\begin{bmatrix}x_{c1}\\x_{c2}\end{bmatrix}\quad \boldsymbol{A}_c=\begin{bmatrix}0&1\\-\omega^2&-2\xi\omega\end{bmatrix}\quad \boldsymbol{b}_c=\begin{bmatrix}0\\1\end{bmatrix}\quad \boldsymbol{c}_c=[1\quad T]$$

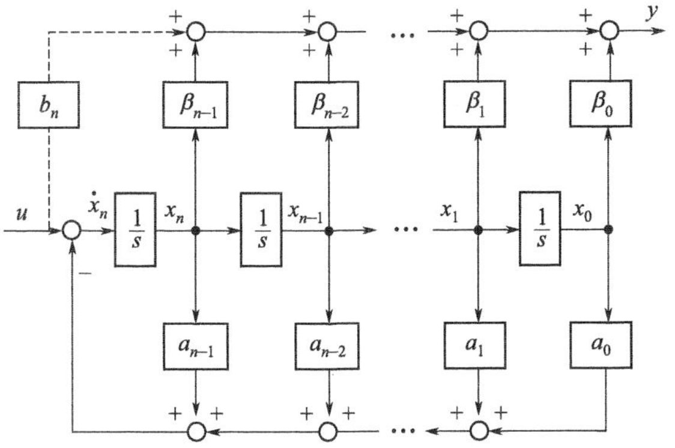

图 9-10 可控标准型状态变量图

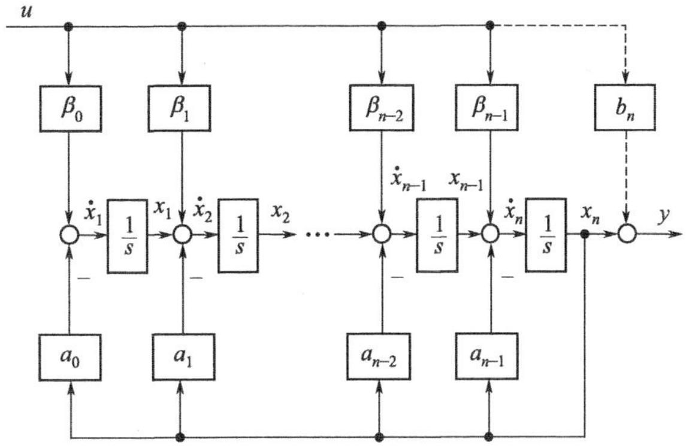

图 9-11 可观测标准型状态变量图

由 $G(s)$ 串联分解并引入中间变量 z，有

$$\begin{cases}\ddot{z}+2\xi\omega\dot{z}+\omega^2 z=u\\ y=T\dot{z}+z\end{cases}$$

对 y 求导并考虑上述关系式，则有

$$\dot{y}=T\ddot{z}+\dot{z}=(1-2\xi\omega T)\dot{z}-\omega^2 Tz+Tu$$

令 $x_{c1}=z$，$x_{c2}=\dot{z}$，可导出状态变量与输入、输出量的关系为

$$x_{c1}=[-T\dot{y}+(1-2\xi\omega T)y+T^2u]/(1-2\xi\omega T+\omega^2T^2)$$

$$x_{c2}=(\dot{y}+\omega^2Ty-Tu)/(1-2\xi\omega T+\omega^2T^2)$$

可观测标准型动态方程中各矩阵为

$$\boldsymbol{x}_o=\begin{bmatrix}x_{o1}\\x_{o2}\end{bmatrix},\boldsymbol{A}_o=\begin{bmatrix}0&-\omega^2\\1&-2\xi\omega\end{bmatrix},\boldsymbol{b}_o=\begin{bmatrix}1\\T\end{bmatrix},\boldsymbol{c}_o=[0\quad 1]$$

状态变量与输入、输出量的关系为

$$x_{o1}=\dot{y}+2\xi\omega y-Tu,x_{o2}=y$$

图 9-12 分别给出了该系统的可控标准型与可观测标准型的状态变量图。

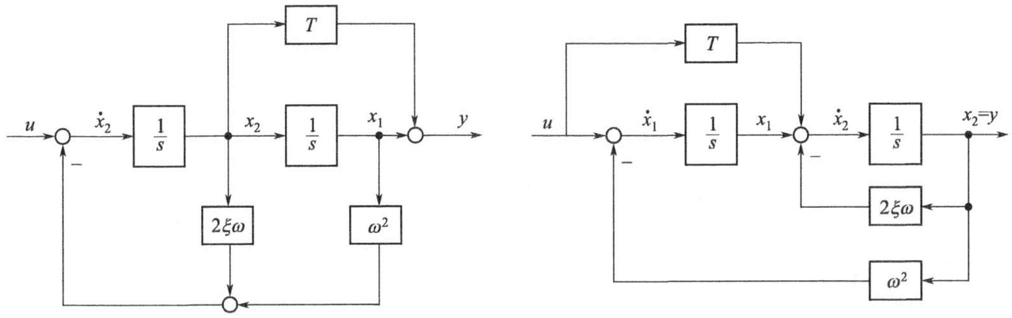

(a) 可控标准型实现

(b) 可观标准型实现

图 9-12 例 9-5 的状态变量图

② $\dfrac{N(s)}{D(s)}$只含单实极点时的情况。当$\dfrac{N(s)}{D(s)}$只含单实极点时，动态方程除了可化为可控标准型或可观测标准型以外，还可化为对角型动态方程，其 **A** 矩阵是一个对角阵。设 $D(s)$ 可分解为

$$D(s)=(s-\lambda_1)(s-\lambda_2)\cdots(s-\lambda_n)$$

式中，$\lambda_1,\lambda_2,\cdots,\lambda_n$ 为系统的极点，则传递函数可展成部分分式之和，即

$$\frac{Y(s)}{U(s)}=\frac{N(s)}{D(s)}=\sum_{i=1}^{n}\frac{c_i}{s-\lambda_i}$$

而 $c_i=\left[\dfrac{N(s)}{D(s)}(s-\lambda_i)\right]\Bigg|_{s=\lambda_i}$ 为$\dfrac{N(s)}{D(s)}$在极点 λ_i 处的留数，且有 $Y(s)=\displaystyle\sum_{i=1}^{n}\frac{c_i}{s-\lambda_i}u(s)$。

若令状态变量

$$X_i(s)=\frac{1}{s-\lambda_i}U(s) \quad (i=1,2,\cdots,n)$$

其反变换结果为

$$\begin{cases}\dot{x}_i(t)=\lambda_i x_i(t)+u(t)\\ y(t)=\sum_{i=1}^{n}c_i x_i(t)\end{cases}$$

展开得

$$\begin{cases}\dot{x}_1=\lambda_1 x_1+u\\ \dot{x}_2=\lambda_2 x_2+u\\ \vdots\\ \dot{x}_n=\lambda_n x_n+u\\ y=c_1x_1+c_2x_2+\cdots+c_nx_n\end{cases}$$

其向量-矩阵形式为

$$\begin{bmatrix}\dot{x}_1\\ \dot{x}_2\\ \vdots\\ \dot{x}_n\end{bmatrix}=\begin{bmatrix}\lambda_1 & & & 0\\ & \lambda_2 & & \\ & & \ddots & \\ 0 & & & \lambda_n\end{bmatrix}\begin{bmatrix}x_1\\ x_2\\ \vdots\\ x_n\end{bmatrix}+\begin{bmatrix}1\\ 1\\ \vdots\\ 1\end{bmatrix}u \quad y=\begin{bmatrix}c_1 & c_2 & \cdots & c_n\end{bmatrix}\begin{bmatrix}x_1\\ x_2\\ \vdots\\ x_n\end{bmatrix} \tag{9-19}$$

其状态变量如图 9-13(a) 所示。若令状态变量满足 $X_i(s)=\frac{c_i}{s-\lambda_i}U(s)$

则
$$Y(s)=\sum_{i=1}^{n}X_i(s)$$

进行反变换并展开有

$$\begin{cases}\dot{x}_1=\lambda_1 x_1+c_1u\\ \dot{x}_2=\lambda_2 x_2+c_2u\\ \vdots\\ \dot{x}_n=\lambda_n x_n+c_nu\\ y=x_1+x_2+\cdots+x_n\end{cases}$$

其向量-矩阵形式为

$$\begin{bmatrix}\dot{x}_1\\ \dot{x}_2\\ \vdots\\ \dot{x}_n\end{bmatrix}=\begin{bmatrix}\lambda_1 & & & 0\\ & \lambda_2 & & \\ & & \ddots & \\ 0 & & & \lambda_n\end{bmatrix}\begin{bmatrix}x_1\\ x_2\\ \vdots\\ x_n\end{bmatrix}+\begin{bmatrix}c_1\\ c_2\\ \vdots\\ c_n\end{bmatrix}u \quad y=\begin{bmatrix}1 & 1 & \cdots & 1\end{bmatrix}\begin{bmatrix}x_1\\ x_2\\ \vdots\\ x_n\end{bmatrix} \tag{9-20}$$

其状态变量图如图 9-13(b) 所示。显然，式(9-19) 与式(9-20) 存在对偶关系。可以看出，对角型的实现不是唯一的，输入矩阵全“1”型和输出矩阵全“1”型只是其中的两种典型形式。

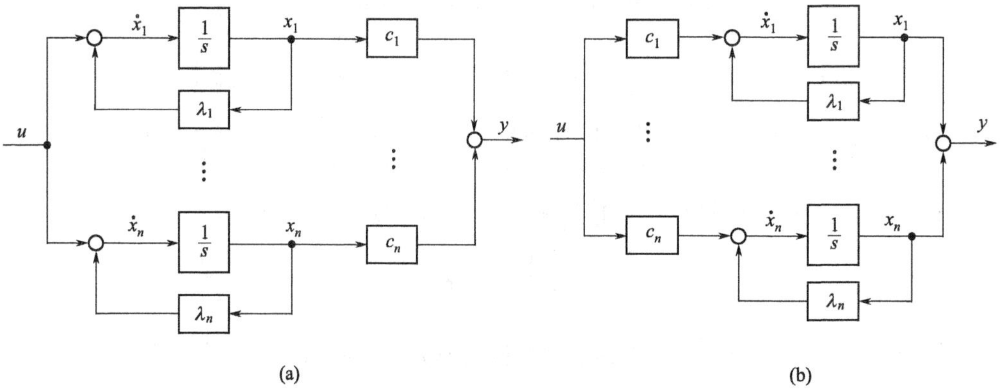

图 9-13　对角型动态方程状态变量图

③ $\dfrac{N(s)}{D(s)}$含重实极点时的情况。当传递函数除含单实极点之外还含有重实极点时，不仅可化为可控标准型或可观测标准型，还可化为约当标准型动态方程，其 **A** 矩阵是一个含约当块的矩阵。设 $D(s)$ 可分解为

$$D(s)=(s-\lambda_1)^3(s-\lambda_4)\cdots(s-\lambda_n) \tag{9-21}$$

式中，λ_1 为三重实极点，$\lambda_4,\cdots,\lambda_n$ 为单实极点，则传递函数可展成部分分式之和，即

$$\frac{Y(s)}{U(s)}=\frac{N(s)}{D(s)}=\frac{c_{11}}{(s-\lambda_1)^3}+\frac{c_{12}}{(s-\lambda_1)^2}+\frac{c_{13}}{s-\lambda_1}+\sum_{i=4}^{n}\frac{c_i}{s-\lambda_i}$$

其状态变量的选取方法与之含单实极点时相同，可分别得出向量-矩阵形式的动态方程为

$$\begin{bmatrix}\dot{x}_{11}\\ \dot{x}_{12}\\ \dot{x}_{13}\\ \dot{x}_4\\ \vdots\\ \dot{x}_n\end{bmatrix}=\begin{bmatrix}\lambda_1 & 1 & & & & \\ & \lambda_1 & 1 & & 0 & \\ & & \lambda_1 & & & \\ & & & \lambda_4 & & \\ & 0 & & & \ddots & \\ & & & & & \lambda_n\end{bmatrix}\begin{bmatrix}x_{11}\\ x_{12}\\ x_{13}\\ x_4\\ \vdots\\ x_n\end{bmatrix}+\begin{bmatrix}0\\0\\1\\1\\ \vdots\\1\end{bmatrix}u \tag{9-22}$$

$$y=[c_{11}\quad c_{12}\quad c_{13}\quad c_4\quad \cdots c_n]\boldsymbol{x}$$

或

$$\begin{bmatrix}\dot{x}_{11}\\ \dot{x}_{12}\\ \dot{x}_{13}\\ \dot{x}_4\\ \vdots\\ \dot{x}_n\end{bmatrix}=\begin{bmatrix}\lambda_1 & & & & & \\ 1 & \lambda_1 & & & 0 & \\ & 1 & \lambda_1 & & & \\ & & & \lambda_4 & & \\ & 0 & & & \ddots & \\ & & & & & \lambda_n\end{bmatrix}\begin{bmatrix}x_{11}\\ x_{12}\\ x_{13}\\ x_4\\ \vdots\\ x_n\end{bmatrix}+\begin{bmatrix}c_{11}\\c_{12}\\c_{13}\\c_4\\ \vdots\\c_n\end{bmatrix}u \tag{9-23}$$

$$y=[0\quad 0\quad 1\quad 1\quad \cdots\quad 1]\boldsymbol{x}$$

其对应的状态变量图如图 9-14 所示。式(9-22) 与式(9-23) 也存在对偶关系。

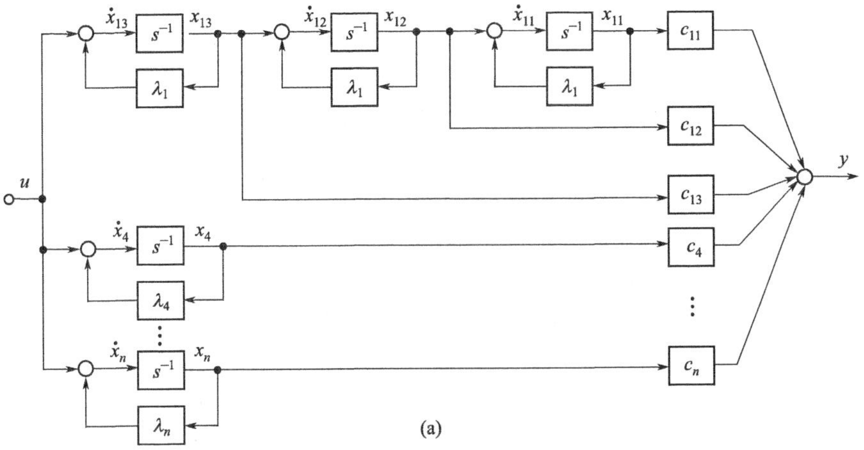

(a)

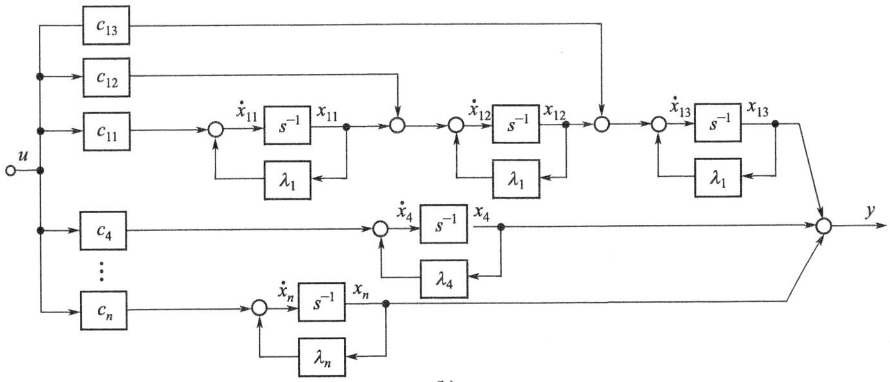

(b)

图 9-14 约当型动态方程状态变量图

(4) 由差分方程和脉冲传递函数建立动态方程

离散系统的特点是系统中的各个变量只在离散的采样点上有定义，线性离散系统的动态方程可以利用系统的差分方程建立，也可以将线性动态方程离散化得到。在经典控制理论中，离散系统通常用差分方程或脉冲传递函数来描述。单输入-单输出线性定常离散系统差分方程的一般形式为

$$\begin{aligned}&y(k+n)+a_{n-1}y(k+n-1)+\cdots+a_1y(k+1)+a_0y(k)\\&=b_nu(k+n)+b_{n-1}u(k+n-1)+\cdots+b_1u(k+1)+b_0u(k)\end{aligned}\tag{9-24}$$

两端取 z 变换，并整理得脉冲传递函数

$$G(z)=\frac{Y(z)}{U(z)}=\frac{b_nz^n+b_{n-1}z^{n-1}+\cdots+b_1z+b_0}{z^n+a_{n-1}z^{n-1}+\cdots+a_1z+a_0}=b_n+\frac{\beta_{n-1}z^{n-1}+\cdots+\beta_1z+\beta_0}{z^n+a_{n-1}z^{n-1}+\cdots+a_1z+a_0}\tag{9-25}$$

式(9-25) 与式(9-16) 在形式上相同，故连续系统动态方程的建立方法可用于离散系统。利用 z 变换关系 $Z^{-1}[X_i(z)]=x_i(k)$ 和 $Z^{-1}[zX_i(z)]=x_i(k+1)$，可以得到动态方程为

$$\left.\begin{aligned}&\begin{bmatrix}x_1(k+1)\\x_2(k+1)\\\vdots\\x_{n-1}(k+1)\\x_n(k+1)\end{bmatrix}=\begin{bmatrix}0&1&0&\cdots&0\\0&0&1&\cdots&0\\\vdots&\vdots&\vdots&\ddots&\vdots\\0&0&0&\cdots&1\\-a_0&-a_1&-a_2&\cdots&-a_{n-1}\end{bmatrix}\begin{bmatrix}x_1(k)\\x_2(k)\\\vdots\\x_{n-1}(k)\\x_n(k)\end{bmatrix}+\begin{bmatrix}0\\0\\\vdots\\0\\1\end{bmatrix}u(k)\\&y(k)=[\beta_0\quad\beta_1\quad\cdots\quad\beta_{n-1}]\boldsymbol{x}(k)+b_nu(k)\end{aligned}\right\}\tag{9-26}$$

简记

$$\left.\begin{aligned}\boldsymbol{x}(k+1)&=\boldsymbol{Gx}(k)+\boldsymbol{h}u(k)\\y(k)&=\boldsymbol{cx}(k)+du(k)\end{aligned}\right\}\tag{9-27}$$

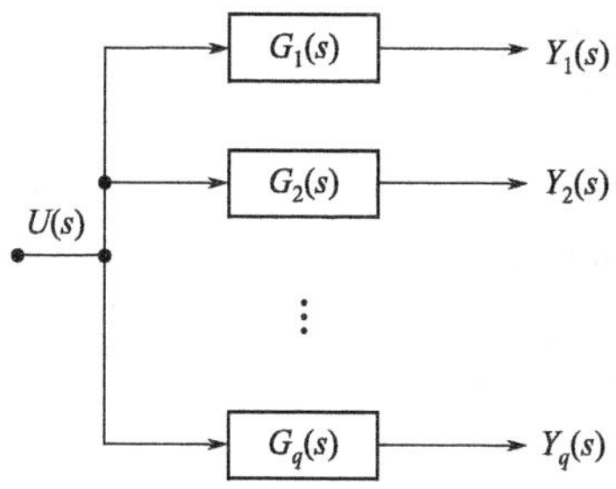

图 9-15 单输入-多输出系统结构图

(5) 由传递函数矩阵建立动态方程

给定一传递函数矩阵 $\boldsymbol{G}(s)$，若有一系统 $S(\boldsymbol{A},\boldsymbol{B},\boldsymbol{C},\boldsymbol{D})$ 能使

$$\boldsymbol{C}(s\boldsymbol{I}-\boldsymbol{A})^{-1}\boldsymbol{B}+\boldsymbol{D}=\boldsymbol{G}(s)\tag{9-28}$$

成立，则称系统 $S(\boldsymbol{A},\boldsymbol{B},\boldsymbol{C},\boldsymbol{D})$ 是 $\boldsymbol{G}(s)$ 的一个实现。传递函数矩阵的实现问题就是由传递函数矩阵寻求对应的动态方程的问题。由于实现问题比较复杂，这里的讨论仅限于单输入-多输出和多输入-单输出系统。

① 单输入-多输出系统传递函数矩阵的实现。设单输入 q 维输出系统如图 9-15 所示，系统可看作由 q 个独立子系统组成，其传递函数矩阵

$$\boldsymbol{G}(s)=\begin{bmatrix}G_1(s)\\G_2(s)\\\vdots\\G_q(s)\end{bmatrix}=\begin{bmatrix}d_1+\hat{G}_1(s)\\d_2+\hat{G}_2(s)\\\vdots\\d_q+\hat{G}_q(s)\end{bmatrix}=\begin{bmatrix}d_1\\d_2\\\vdots\\d_q\end{bmatrix}+\begin{bmatrix}\hat{G}_1(s)\\\hat{G}_2(s)\\\vdots\\\hat{G}_q(s)\end{bmatrix}=\boldsymbol{d}+\hat{\boldsymbol{G}}(s)\tag{9-29}$$

式中，$\boldsymbol{d}$ 为常数向量；$\hat{G}_i(s)(i=1,2,\cdots,q)$ 为不可约分的严格有理真分式（即分母阶数大于分子阶数）函数。通常 $\hat{G}_1(s)$、$\hat{G}_2(s)$、…、$\hat{G}_q(s)$ 的特性并不相同，具有不同的分母。设最小公分母为

$$D(s)=s^n+a_{n-1}s^{n-1}+\cdots+a_1s+a_0\tag{9-30}$$

则 $\hat{\boldsymbol{G}}(s)$ 的一般形式为

$$\hat{\boldsymbol{G}}(s)=\frac{1}{D(s)}\begin{bmatrix}\beta_{1,n-1}s^{n-1}+\cdots+\beta_{11}s+\beta_{10}\\\beta_{2,n-1}s^{n-1}+\cdots+\beta_{21}s+\beta_{20}\\\vdots\\\beta_{q,n-1}s^{n-1}+\cdots+\beta_{q1}s+\beta_{q0}\end{bmatrix}\tag{9-31}$$

引入中间变量 z 对 $\hat{\boldsymbol{G}}(s)$ 作串联分解，即

$$Z(s)=U(s)/D(s)$$

并设 $x_1=z$、$x_2=\dot{z}$、…、$x_n=z^{n-1}$，便可得到可控标准型实现的状态方程，即

$$\dot{x}=\begin{bmatrix}0&1&0&\cdots&0\\0&0&1&\cdots&0\\\vdots&\vdots&\vdots&\ddots&\vdots\\0&0&0&\cdots&1\\-a_0&-a_1&-a_2&\cdots&-a_{n-1}\end{bmatrix}\begin{bmatrix}x_1\\x_2\\\vdots\\x_{n-1}\\x_n\end{bmatrix}+\begin{bmatrix}0\\0\\\vdots\\0\\1\end{bmatrix}u=\boldsymbol{A}\boldsymbol{x}+\boldsymbol{b}u \tag{9-32}$$

每个子系统的输出方程均表示为 z 及其各阶导数的线性组合，即

$$\begin{aligned}y_1&=\beta_{10}x_1+\beta_{11}x_2+\cdots+\beta_{1,n-1}x_n+d_1u\\y_2&=\beta_{20}x_1+\beta_{21}x_2+\cdots+\beta_{2,n-1}x_n+d_2u\\&\vdots\\y_q&=\beta_{q0}x_1+\beta_{q1}x_2+\cdots+\beta_{q,n-1}x_n+d_qu\end{aligned}$$

其向量-矩阵形式为

$$\boldsymbol{y}=\begin{bmatrix}y_1\\y_2\\\vdots\\y_q\end{bmatrix}=\begin{bmatrix}\beta_{10}&\beta_{11}&\cdots&\beta_{1,n-1}\\\beta_{20}&\beta_{21}&\cdots&\beta_{2,n-1}\\\vdots&\vdots&\ddots&\vdots\\\beta_{q0}&\beta_{q1}&\cdots&\beta_{q,n-1}\end{bmatrix}\begin{bmatrix}x_1\\x_2\\\vdots\\x_n\end{bmatrix}+\begin{bmatrix}d_1\\d_2\\\vdots\\d_q\end{bmatrix}u=\boldsymbol{C}\boldsymbol{x}+\boldsymbol{d}u \tag{9-33}$$

由于单输入-多输出系统的输入矩阵为 q 维列向量，输出矩阵为 $q\times n$ 矩阵，故不存在其对偶形式，即不存在可观测标准型实现。

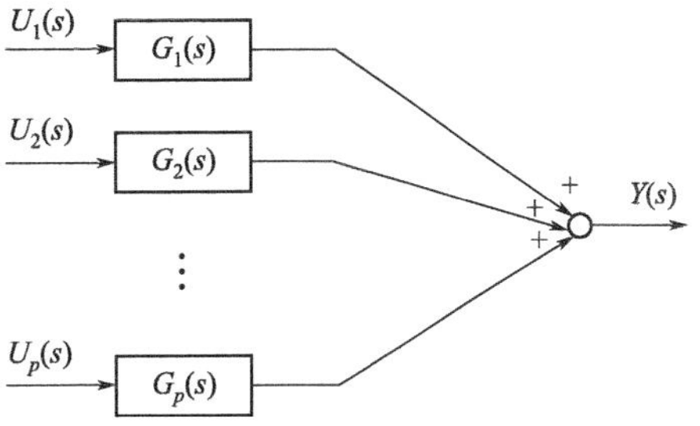

图 9-16 多输入-单输出系统结构图

② 多输入-单输出系统传递矩阵的实现。设 p 维输入-单输出系统的结构图如图 9-16 所示，系统由 p 个独立子系统组成，系统输出由子系统输出合成为图 9-16 多输入-单输出系统结构图。

$$\begin{aligned}Y(s)&=G(s)U(s)=G_1(s)U_1(s)+G_2(s)U_2(s)+\cdots+G_p(s)U_p(s)\\&=[G_1(s)\quad G_2(s)\quad\cdots\quad G_p(s)]\begin{bmatrix}U_1(s)\\U_2(s)\\\vdots\\U_p(s)\end{bmatrix}\end{aligned} \tag{9-34}$$

式中

$$\begin{aligned}\boldsymbol{G}(s)&=[G_1(s)\quad G_2(s)\quad\cdots\quad G_p(s)]\\&=[d_1+\hat{G}_1(s)\quad d_2+\hat{G}_2(s)\quad\cdots\quad d_p+\hat{G}_p(s)]\\&=[d_1\quad d_2\quad\cdots\quad d_p]+[\hat{G}_1(s)\quad \hat{G}_2(s)\quad\cdots\quad \hat{G}_p(s)]\\&=\boldsymbol{d}+\hat{\boldsymbol{G}}(s)\end{aligned}$$

同理，设 $\hat{G}_1(s)$、$\hat{G}_2(s)$、…、$\hat{G}_q(s)$ 的最小公分母为 $D(s)$，则

$$\boldsymbol{G}(s)=[d_1\quad\cdots\quad d_p]+\frac{1}{D(s)}[\beta_{1,n-1}s^{n-1}+\cdots+\beta_{11}s+\beta_{10}\cdots\beta_{p,n-1}s^{n-1}+\cdots+\beta_{p1}s+\beta_{p0}]$$

若将 $\boldsymbol{A}$ 矩阵写成友矩阵的转置形式，便可得到可观测标准型实现的动态方程，即

$$\left.\begin{aligned}\dot{x}&=\begin{bmatrix}0&0&\cdots&0&-a_0\\1&0&\cdots&0&-a_1\\0&1&\cdots&0&-a_2\\\vdots&\vdots&\ddots&\vdots&\vdots\\0&0&\cdots&1&-a_{n-1}\end{bmatrix}\begin{bmatrix}x_1\\x_2\\x_3\\\vdots\\x_n\end{bmatrix}+\begin{bmatrix}\beta_{10}&\beta_{20}&\cdots&\beta_{p0}\\\beta_{11}&\beta_{21}&\cdots&\beta_{p1}\\\beta_{12}&\beta_{22}&\cdots&\beta_{p2}\\\vdots&\vdots&\ddots&\vdots\\\beta_{1,n-1}&\beta_{2,n-1}&\cdots&\beta_{p,n-1}\end{bmatrix}\begin{bmatrix}u_1\\u_2\\u_3\\\vdots\\u_p\end{bmatrix}=\boldsymbol{A}\boldsymbol{x}+\boldsymbol{B}\boldsymbol{u}\\y&=[0\quad\cdots\quad0\quad1]\boldsymbol{x}+[d_1\quad d_2\quad\cdots\quad d_p]\boldsymbol{u}=\boldsymbol{c}\boldsymbol{x}+\boldsymbol{d}\boldsymbol{u}\end{aligned}\right\} \tag{9-35}$$

由于多输入-单输出系统的输入矩阵为 $n\times p$ 矩阵，输出矩阵为 p 维行向量，故不存在其对偶形式，即不存在可控标准型实现。

【例 9-6】 已知单输入-多输出系统的传递函数矩阵

$$G(s)=\begin{bmatrix}\dfrac{s+3}{(s+1)(s+2)}\\ \dfrac{s+4}{s+1}\end{bmatrix}$$

求其传递矩阵的可控标准型实现及对角型实现。

解 由于系统是单输入-多输出的，故输入矩阵只有一列，输出矩阵有两行。将 $G(s)$ 化为严格有理真分式，即

$$G(s)=\begin{bmatrix}\dfrac{s+3}{(s+1)(s+2)}\\ 1+\dfrac{3}{s+1}\end{bmatrix}=\begin{bmatrix}0\\1\end{bmatrix}+\begin{bmatrix}\dfrac{s+3}{(s+1)(s+2)}\\ \dfrac{3}{s+1}\end{bmatrix}=d+\hat{G}(s)$$

$\hat{G}(s)$ 中各元素的最小公分母 $D(s)$ 为 $D(s)=(s+1)(s+2)$，故

$$G(s)=\begin{bmatrix}0\\1\end{bmatrix}+\frac{1}{(s+1)(s+2)}\begin{bmatrix}s+3\\3(s+2)\end{bmatrix}=\begin{bmatrix}0\\1\end{bmatrix}+\frac{1}{s^2+3s+2}\begin{bmatrix}s+3\\3s+6\end{bmatrix}$$

可控标准型动态方程为

$$\dot{x}=Ax+bu=\begin{bmatrix}0&1\\-2&-3\end{bmatrix}\begin{bmatrix}x_1\\x_2\end{bmatrix}+\begin{bmatrix}0\\1\end{bmatrix}u$$

$$y=Cx+du=\begin{bmatrix}3&1\\6&3\end{bmatrix}\begin{bmatrix}x_1\\x_2\end{bmatrix}+\begin{bmatrix}0\\1\end{bmatrix}u$$

由 $D(s)$ 可确定系统极点为 -1、-2，它们构成对角型状态矩阵的元素。鉴于输入矩阵只有一列，这里不能选取极点的留数来构成输入矩阵，而只能取元素全为 1 的输入矩阵。于是，对角型实现的状态方程为

$$\dot{x}=Ax+bu=\begin{bmatrix}-1&0\\0&-2\end{bmatrix}\begin{bmatrix}x_1\\x_2\end{bmatrix}+\begin{bmatrix}1\\1\end{bmatrix}u$$

其输出矩阵由极点对应的留数组成，$G(s)$ 在 -1、-2 处的留数分别为

$$c_1=\hat{G}(s)(s+1)|_{s=-1}=\left\{\frac{1}{s+2}\begin{bmatrix}s+3\\3(s+2)\end{bmatrix}\right\}_{s=-1}=\begin{bmatrix}2\\3\end{bmatrix}$$

$$c_2=\hat{G}(s)(s+2)|_{s=-2}=\left\{\frac{1}{s+1}\begin{bmatrix}s+3\\3(s+2)\end{bmatrix}\right\}_{s=-2}=\begin{bmatrix}-1\\0\end{bmatrix}$$

故其输出方程为 $y=Cx+du=[c_1\quad c_2]\ x+du=\begin{bmatrix}2&-1\\3&0\end{bmatrix}\begin{bmatrix}x_1\\x_2\end{bmatrix}+\begin{bmatrix}0\\1\end{bmatrix}u$

9.2 线性系统的运动分析

9.2.1 线性定常连续系统的自由运动

在没有控制作用下，线性定常系统由初始条件引起的运动称为线性定常系统的自由运动，可由齐次状态方程描述，即

$$\dot{x}(t)=Ax(t) \tag{9-36}$$

齐次状态方程通常采用幂级数法、拉氏变换法和凯莱-哈密顿定理求解。

(1) 幂级数法

设齐次方程的解是时间 t 的向量幂级数，即

$$x(t)=b_0+b_1t+b_2t^2+\cdots+b_kt^k+\cdots$$

式中，$x,b_0,b_1,\cdots,b_k,\cdots$ 都是 n 维向量，且 $x(0)=b_0$，求导并考虑状态方程，得

$$\dot{x}(t)=b_1+2b_2t+\cdots+kb_kt^{k-1}+\cdots=A(b_0+b_1t+b_2t^2+\cdots+b_kt^k+\cdots)$$

由等号两边对应的系数相等，有

$$b_1=Ab_0$$

$$\boldsymbol{b}_2=\frac{1}{2}\boldsymbol{A}\boldsymbol{b}_1=\frac{1}{2}\boldsymbol{A}^2\boldsymbol{b}_0$$

$$\boldsymbol{b}_3=\frac{1}{3}\boldsymbol{A}\boldsymbol{b}_2=\frac{1}{6}\boldsymbol{A}^3\boldsymbol{b}_0$$

$$\vdots$$

$$\boldsymbol{b}_k=\frac{1}{k}\boldsymbol{A}\boldsymbol{b}_{k-1}=\frac{1}{k!}\boldsymbol{A}^k\boldsymbol{b}_0$$

$$\vdots$$

故

$$\boldsymbol{x}(t)=(\boldsymbol{I}+\boldsymbol{A}t+\frac{1}{2}\boldsymbol{A}^2t^2+\cdots+\frac{1}{k!}\boldsymbol{A}^kt^k+\cdots)\boldsymbol{x}(0)$$

定义

$$\mathrm{e}^{\boldsymbol{A}t}=\boldsymbol{I}+\boldsymbol{A}t+\frac{1}{2}\boldsymbol{A}^2t^2+\cdots+\frac{1}{k!}\boldsymbol{A}^kt^k+\cdots=\sum_{k=0}^{\infty}\frac{1}{k!}\boldsymbol{A}^kt^k \tag{9-37}$$

则

$$\boldsymbol{x}(t)=\mathrm{e}^{\boldsymbol{A}t}\boldsymbol{x}(0) \tag{9-38}$$

标量微分方程 $\dot{x}=ax$ 的解与指数函数 e^{at} 的关系为 $\boldsymbol{x}(t)=\mathrm{e}^{at}\boldsymbol{x}(0)$，由此可以看出，向量微分方程式(9-36) 的解与其在形式上是相似的，故把 $\mathrm{e}^{\boldsymbol{A}t}$ 称为矩阵指数函数，简称矩阵指数。由于 $\boldsymbol{x}(t)$ 是由 $\boldsymbol{x}(0)$ 转移而来的，$\mathrm{e}^{\boldsymbol{A}t}$ 又称为状态转移矩阵，记为 $\boldsymbol{\Phi}(t)$，即

$$\boldsymbol{\Phi}(t)=\mathrm{e}^{\boldsymbol{A}t} \tag{9-39}$$

从上述分析可看出，齐次状态方程的求解问题，核心就是状态转移矩阵 $\boldsymbol{\Phi}(t)$ 的计算问题。因此有必要进一步研究状态转移矩阵的算法和性质。

(2) 拉氏变换法

将式(9-36) 取拉氏变换，有

$$\boldsymbol{X}(s)=(s\boldsymbol{I}-\boldsymbol{A})^{-1}\boldsymbol{x}(0) \tag{9-40}$$

进行拉氏反变换，有

$$\boldsymbol{x}(t)=\mathrm{L}^{-1}[(s\boldsymbol{I}-\boldsymbol{A})^{-1}]\boldsymbol{x}(0) \tag{9-41}$$

与式(9-38) 相比有

$$\mathrm{e}^{\boldsymbol{A}t}=\mathrm{L}^{-1}[(s\boldsymbol{I}-\boldsymbol{A})^{-1}] \tag{9-42}$$

式(9-42) 是 $\mathrm{e}^{\boldsymbol{A}t}$ 的闭合形式。

【例 9-7】 设系统状态方程为 $\begin{bmatrix}\dot{x}_1(t)\\ \dot{x}_2(t)\end{bmatrix}=\begin{bmatrix}0 & 1\\ -2 & -3\end{bmatrix}\begin{bmatrix}x_1(t)\\ x_2(t)\end{bmatrix}$，试用拉氏变换求解。

解 $s\boldsymbol{I}-\boldsymbol{A}=\begin{bmatrix}s & 0\\ 0 & s\end{bmatrix}-\begin{bmatrix}0 & 1\\ -2 & -3\end{bmatrix}=\begin{bmatrix}s & -1\\ 2 & s+3\end{bmatrix}$

$$(s\boldsymbol{I}-\boldsymbol{A})^{-1}=\frac{\mathrm{adj}(s\boldsymbol{I}-\boldsymbol{A})}{|s\boldsymbol{I}-\boldsymbol{A}|}=\frac{1}{(s+1)(s+2)}\begin{bmatrix}s+3 & 1\\ -2 & s\end{bmatrix}$$

$$=\begin{bmatrix}\frac{2}{s+1}-\frac{1}{s+2} & \frac{1}{s+1}-\frac{1}{s+2}\\ \frac{-2}{s+1}+\frac{2}{s+2} & \frac{-1}{s+1}+\frac{2}{s+2}\end{bmatrix}$$

$$\boldsymbol{\Phi}(t)=\mathrm{L}^{-1}[(s\boldsymbol{I}-\boldsymbol{A})^{-1}]=\begin{bmatrix}2\mathrm{e}^{-t}-\mathrm{e}^{-2t} & \mathrm{e}^{-t}-\mathrm{e}^{-2t}\\ -2\mathrm{e}^{-t}+2\mathrm{e}^{-2t} & -\mathrm{e}^{-t}+2\mathrm{e}^{-2t}\end{bmatrix}$$

状态方程的解为

$$\begin{bmatrix}x_1(t)\\ x_2(t)\end{bmatrix}=\boldsymbol{\Phi}(t)\begin{bmatrix}x_1(0)\\ x_2(0)\end{bmatrix}=\begin{bmatrix}2\mathrm{e}^{-t}-\mathrm{e}^{-2t} & \mathrm{e}^{-t}-\mathrm{e}^{-2t}\\ -2\mathrm{e}^{-t}+2\mathrm{e}^{-2t} & -\mathrm{e}^{-t}+2\mathrm{e}^{-2t}\end{bmatrix}\begin{bmatrix}x_1(0)\\ x_2(0)\end{bmatrix}$$

(3) 凯莱-哈密顿定理法

凯莱-哈密顿定理 矩阵 $\boldsymbol{A}$ 满足它自己的特征方程。即若 n 阶矩阵 $\boldsymbol{A}$ 的特征多项式为

$$f(\lambda)=\det[\lambda\boldsymbol{I}-\boldsymbol{A}]=\lambda^{n}+a_{n-1}\lambda^{n-1}+\cdots+a_{1}\lambda+a_{0} \tag{9-43}$$

则有

$$f(\boldsymbol{A})=\boldsymbol{A}^{n}+a_{n-1}\boldsymbol{A}^{n-1}+\cdots+a_{1}\boldsymbol{A}+a_{0}\boldsymbol{I}=\boldsymbol{0} \tag{9-44}$$

从该定理还可导出以下两个推论。

推论 1 矩阵 $\boldsymbol{A}$ 的 k 次幂，$k\geqslant n$，可表示为 $\boldsymbol{A}$ 的（$n-1$）阶多项式，即

$$\boldsymbol{A}^{k}=\sum_{m=0}^{n-1}\alpha_{m}\boldsymbol{A}^{m}\quad(k\geqslant n) \tag{9-45}$$

推论 2 矩阵指数 $e^{\boldsymbol{A}t}$ 可表示为 $\boldsymbol{A}$ 的（$n-1$）阶多项式，即

$$e^{\boldsymbol{A}t}=\sum_{m=0}^{n-1}\alpha_{m}(t)\boldsymbol{A}^{m} \tag{9-46}$$

且各 $\alpha_m(t)$ 作为时间的函数是线性无关的。

由凯莱-哈密顿定理可知，矩阵 $\boldsymbol{A}$ 满足它自己的特征方程，即在式(9-46) 中用 $\boldsymbol{A}$ 的特征值 λ_i（$i=1,2,\cdots,n$）替代 $\boldsymbol{A}$ 后，等式仍能满足

$$e^{\lambda_i t}=\sum_{j=0}^{k-1}\alpha_{j}(t)\lambda_i^{j} \tag{9-47}$$

利用式(9-47) 和 n 个 λ_i 就可以确定待定系数 $\alpha_j(t)$。

若 λ_i 互不相等，则根据式(9-47) 可写出各 $\alpha_j(t)$ 所构成的 n 元一次方程组为

$$\left.\begin{aligned}
e^{\lambda_1 t}&=\alpha_0+\alpha_1\lambda_1+\alpha_2\lambda_1^2+\cdots+\alpha_{n-1}\lambda_1^{n-1}\\
e^{\lambda_2 t}&=\alpha_0+\alpha_1\lambda_2+\alpha_2\lambda_2^2+\cdots+\alpha_{n-1}\lambda_2^{n-1}\\
&\vdots\\
e^{\lambda_n t}&=\alpha_0+\alpha_1\lambda_n+\alpha_2\lambda_n^2+\cdots+\alpha_{n-1}\lambda_n^{n-1}
\end{aligned}\right\} \tag{9-48}$$

求解式(9-48)，可求得系数 α_0、α_1、$\cdots$、α_{n-1}，它们都是时间 t 的函数，将其代入式(9-46) 后即可得出 $e^{\boldsymbol{A}t}$。

【例 9-8】 已知 $\boldsymbol{A}=\begin{bmatrix}-3 & 1\\ 2 & -2\end{bmatrix}$，求 $e^{\boldsymbol{A}t}$。

解 首先求矩阵 $\boldsymbol{A}$ 的特征值。由 $|\lambda\boldsymbol{I}-\boldsymbol{A}|=0$，得 $\begin{vmatrix}\lambda+3 & -1\\ -2 & \lambda+2\end{vmatrix}=0$，即

$$\lambda^2+5\lambda+4=0$$

解得

$$\lambda_1=-1,\ \lambda_2=-4$$

将其代入式(9-47)，有

$$\begin{cases}e^{-t}=\alpha_0+\alpha_1(-1)\\ e^{-4t}=\alpha_0+\alpha_1(-4)\end{cases}$$

解出系数

$$\begin{cases}\alpha_0=\dfrac{4}{3}e^{-t}-\dfrac{1}{3}e^{-4t}\\[2mm] \alpha_1=\dfrac{1}{3}e^{-t}-\dfrac{1}{3}e^{-4t}\end{cases}$$

于是

$$\begin{aligned}
e^{\boldsymbol{A}t}&=\alpha_0\boldsymbol{I}+\alpha_1\boldsymbol{A}=\left(\frac{4}{3}e^{-t}-\frac{1}{3}e^{-4t}\right)\begin{bmatrix}1 & 0\\ 0 & 1\end{bmatrix}+\left(\frac{1}{3}e^{-t}-\frac{1}{3}e^{-4t}\right)\begin{bmatrix}-3 & 1\\ 2 & -2\end{bmatrix}\\
&=\begin{bmatrix}\dfrac{1}{3}e^{-t}+\dfrac{2}{3}e^{-4t} & \dfrac{1}{3}e^{-t}-\dfrac{1}{3}e^{-4t}\\[2mm] \dfrac{2}{3}e^{-t}-\dfrac{2}{3}e^{-4t} & \dfrac{2}{3}e^{-t}+\dfrac{1}{3}e^{-4t}\end{bmatrix}
\end{aligned}$$

若矩阵 $\boldsymbol{A}$ 的特征值 λ_1 是 m 阶的重根，则求解各系数 α_j 的方程组的前 m 个方程可以写成

$$
\begin{aligned}
&e^{\lambda_1 t}=\alpha_0+\alpha_1\lambda_1+\cdots+\alpha_{n-1}\lambda_1^{n-1}\\
&\frac{d}{d\lambda}e^{\lambda t}\bigg|_{\lambda=\lambda_1}=\alpha_1+2\alpha_2\lambda_1+\cdots+(n-1)\alpha_{n-1}\lambda_1^{n-2}\\
&\vdots\\
&\frac{d^{m-1}}{d\lambda^{m-1}}e^{\lambda t}\bigg|_{\lambda=\lambda_1}=(m-1)!\ \alpha_{m-1}+m!\ \alpha_m\lambda_1+\frac{(m+1)!}{2!}\alpha_{m+1}\lambda_1^2+\cdots+\frac{(n-1)!}{(n-m)!}\alpha_{n-1}\lambda_1^{k-m}
\end{aligned}
\tag{9-49}
$$

其他由 $\lambda_i(i=1,2,\cdots,n-m+1)$ 组成的 $(n-m)$ 个方程仍与式(9-48) 的形式相同，它们与式(9-49) 联立，即可解出各待定系数。

【例 9-9】 已知 $\boldsymbol{A}=\begin{bmatrix}-2 & 0\\ -1 & -2\end{bmatrix}$，求 $e^{\boldsymbol{A}t}$。

解 先求矩阵 $\boldsymbol{A}$ 的特征值，由 $|\lambda\boldsymbol{I}-\boldsymbol{A}|=0$，得

$$\begin{vmatrix}\lambda+2 & 0\\ 1 & \lambda+2\end{vmatrix}=0$$

即

$$\lambda^2+4\lambda+4=0$$

解得 $\lambda_{1,2}=-2$ 为一个二重根，由式(9-49) 有

$$\begin{cases}e^{-2t}=\alpha_0+\alpha_1(-2)\\ te^{-2t}=\alpha_1\end{cases}$$

解得

$$\begin{cases}\alpha_0(t)=e^{-2t}(1+2t)\\ \alpha_1(t)=te^{-2t}\end{cases}$$

于是求得

$$e^{\boldsymbol{A}t}=e^{-2t}(1+2t)\begin{bmatrix}1 & 0\\ 0 & 1\end{bmatrix}+te^{-2t}\begin{bmatrix}-2 & 0\\ -1 & -2\end{bmatrix}=e^{-2t}\begin{bmatrix}1 & 0\\ t & 1\end{bmatrix}$$

9.2.2 状态转移矩阵的性质

状态转移矩阵 $\boldsymbol{\Phi}(t)$ 具有下述运算性质。

① $\boldsymbol{\Phi}(0)=\boldsymbol{I}$ (9-50)

② $\dot{\boldsymbol{\Phi}}(t)=\boldsymbol{A\Phi}(t)=\boldsymbol{\Phi}(t)\boldsymbol{A}$ (9-51)

③ $\boldsymbol{\Phi}(t_1\pm t_2)=\boldsymbol{\Phi}(t_1)\boldsymbol{\Phi}(\pm t_2)=\boldsymbol{\Phi}(\pm t_2)\boldsymbol{\Phi}(t_1)$ (9-52)

式(9-51) 表明 $\boldsymbol{A}$ 与 $\boldsymbol{\Phi}(t)$ 可交换，且有 $\dot{\boldsymbol{\Phi}}(0)=\boldsymbol{A}$。

$\boldsymbol{\Phi}(t_1)$、$\boldsymbol{\Phi}(t_2)$、$\boldsymbol{\Phi}(t_1\pm t_2)$ 分别表示由状态 $\boldsymbol{x}(0)$ 转移至状态 $\boldsymbol{x}(t_1)$、$\boldsymbol{x}(t_2)$、$\boldsymbol{x}(t_1\pm t_2)$ 的状态转移矩阵。该性质表明 $\boldsymbol{\Phi}(t_1\pm t_2)$ 可分解为 $\boldsymbol{\Phi}(t_1)$ 与 $\boldsymbol{\Phi}(\pm t_2)$ 的乘积，且 $\boldsymbol{\Phi}(t_1)$ 与 $\boldsymbol{\Phi}(\pm t_2)$ 是可交换的。上述性质利用矩阵指数级数定义式(9-37) 很容易证明，可令 $t=t_1\pm t_2$。

④ $\boldsymbol{\Phi}^{-1}(t)=\boldsymbol{\Phi}(-t),\boldsymbol{\Phi}^{-1}(-t)=\boldsymbol{\Phi}(t)$ (9-53)

证明 由性质③，有

$$\boldsymbol{\Phi}(t-t)=\boldsymbol{\Phi}(t)\boldsymbol{\Phi}(-t)=\boldsymbol{\Phi}(-t)\boldsymbol{\Phi}(t)=\boldsymbol{\Phi}(0)=\boldsymbol{I}$$

根据逆矩阵的定义可得式(9-53)。根据 $\boldsymbol{\Phi}(t)$ 的这一性质，对于线性定常系统，显然有

$$\boldsymbol{x}(t)=\boldsymbol{\Phi}(t)\boldsymbol{x}(0),\boldsymbol{x}(0)=\boldsymbol{\Phi}^{-1}(t)\boldsymbol{x}(t)=\boldsymbol{\Phi}(-t)\boldsymbol{x}(t)$$

⑤ $\boldsymbol{x}(t_2)=\boldsymbol{\Phi}(t_2-t_1)\boldsymbol{x}(t_1)$ (9-54)

证明 由于 $\boldsymbol{x}(t_1)=\boldsymbol{\Phi}(t_1)\boldsymbol{x}(0)$，$\boldsymbol{x}(0)=\boldsymbol{\Phi}^{-1}(t_1)\boldsymbol{x}(t_1)=\boldsymbol{\Phi}(-t_1)\boldsymbol{x}(t_1)$，故

$$\boldsymbol{x}(t_2)=\boldsymbol{\Phi}(t_2)\boldsymbol{x}(0)=\boldsymbol{\Phi}(t_2)\boldsymbol{\Phi}(-t_1)\boldsymbol{x}(t_1)=\boldsymbol{\Phi}(t_2-t_1)\boldsymbol{x}(t_1)$$

即由 $\boldsymbol{x}(t_1)$ 转移至 $\boldsymbol{x}(t_2)$ 的状态转移矩阵为 $\boldsymbol{\Phi}(t_2-t_1)$。

⑥ $\boldsymbol{\Phi}(t_2-t_0)=\boldsymbol{\Phi}(t_2-t_1)\boldsymbol{\Phi}(t_1-t_0)$ (9-55)

证明 由 $\boldsymbol{x}(t_2)=\boldsymbol{\Phi}(t_2-t_1)\boldsymbol{x}(t_1)$ 和 $\boldsymbol{x}(t_1)=\boldsymbol{\Phi}(t_1-t_0)\boldsymbol{x}(t_0)$，得到

$$\boldsymbol{x}(t_2)=\boldsymbol{\Phi}(t_2-t_1)\boldsymbol{x}(t_1)=\boldsymbol{\Phi}(t_2-t_1)\boldsymbol{\Phi}(t_1-t_0)\boldsymbol{x}(t_0)=\boldsymbol{\Phi}(t_2-t_0)\boldsymbol{x}(t_0)$$

⑦ $[\boldsymbol{\Phi}(t)^k=\boldsymbol{\Phi}(kt)]$ (9-56)

证明

$$[\boldsymbol{\Phi}(t)]^k=(\mathrm{e}^{\boldsymbol{A}t})^k=\mathrm{e}^{k\boldsymbol{A}t}=\mathrm{e}^{\boldsymbol{A}(kt)}=\boldsymbol{\Phi}(kt)$$

⑧ 若 $\boldsymbol{AB}=\boldsymbol{BA}$，则

$$\mathrm{e}^{(\boldsymbol{A}+\boldsymbol{B})t}=\mathrm{e}^{\boldsymbol{A}t}\mathrm{e}^{\boldsymbol{B}t}=\mathrm{e}^{\boldsymbol{B}t}\mathrm{e}^{\boldsymbol{A}t} \tag{9-57}$$

【例 9-10】 已知状态转移矩阵为 $\boldsymbol{\Phi}(t)=\begin{bmatrix}2\mathrm{e}^{-t}-\mathrm{e}^{-2t} & \mathrm{e}^{-t}-\mathrm{e}^{-2t}\\ -2\mathrm{e}^{-t}+2\mathrm{e}^{-2t} & -\mathrm{e}^{-t}+2\mathrm{e}^{-2t}\end{bmatrix}$，试求 $\boldsymbol{\Phi}^{-1}(-t)$，$\boldsymbol{A}$。

解 根据状态转移矩阵的运算性质有

$$\boldsymbol{\Phi}^{-1}(t)=\boldsymbol{\Phi}(-\mathrm{t})=\begin{bmatrix}2\mathrm{e}^{t}-\mathrm{e}^{2t} & \mathrm{e}^{t}-\mathrm{e}^{2t}\\ -2\mathrm{e}^{t}+2\mathrm{e}^{2t} & -\mathrm{e}^{t}+2\mathrm{e}^{2t}\end{bmatrix}$$

$$\boldsymbol{A}=\dot{\boldsymbol{\Phi}}(0)=\begin{bmatrix}-2\mathrm{e}^{-t}+2\mathrm{e}^{-2t} & -\mathrm{e}^{-t}+2\mathrm{e}^{-2t}\\ 2\mathrm{e}^{-t}-4\mathrm{e}^{-2t} & \mathrm{e}^{-t}-4\mathrm{e}^{-2t}\end{bmatrix}_{t=0}=\begin{bmatrix}0 & 1\\ -2 & -3\end{bmatrix}$$

9.2.3 线性定常连续系统的受控运动

线性定常系统在控制作用下的运动称为线性定常系统的受控运动，其数学描述为非齐次状态方程，即

$$\dot{\boldsymbol{x}}(t)=\boldsymbol{Ax}(t)+\boldsymbol{Bu}(t) \tag{9-58}$$

该方程主要有两种解法。

① 积分法。由式(9-58)，有

$$\mathrm{e}^{-\boldsymbol{A}t}[\dot{\boldsymbol{x}}(t)-\boldsymbol{Ax}(t)]=\mathrm{e}^{-\boldsymbol{A}t}\boldsymbol{Bu}(t)$$

由于

$$\frac{\mathrm{d}}{\mathrm{d}t}[\mathrm{e}^{-\boldsymbol{A}t}\boldsymbol{x}(t)]=-\boldsymbol{A}\mathrm{e}^{-\boldsymbol{A}t}\boldsymbol{x}(t)+\mathrm{e}^{-\boldsymbol{A}t}\dot{\boldsymbol{x}}(t)=\mathrm{e}^{-\boldsymbol{A}t}[\dot{\boldsymbol{x}}(t)-\boldsymbol{Ax}(t)]$$

积分后有

$$\mathrm{e}^{-\boldsymbol{A}t}\boldsymbol{x}(t)-\boldsymbol{x}(0)=\int_0^t\mathrm{e}^{-\boldsymbol{A}\tau}\boldsymbol{Bu}(\tau)\mathrm{d}\boldsymbol{\tau}$$

即

$$\boldsymbol{x}(t)=\mathrm{e}^{\boldsymbol{A}t}\boldsymbol{x}(0)+\int_0^t\mathrm{e}^{\boldsymbol{A}(t-\tau)}\boldsymbol{Bu}(\tau)\mathrm{d}\tau=\boldsymbol{\Phi}(t)\boldsymbol{x}(0)+\int_0^t\boldsymbol{\Phi}(t-\tau)\boldsymbol{Bu}(\tau)\mathrm{d}\tau \tag{9-59}$$

式(9-59) 中，等号右边第一项为状态转移项，是系统对初始状态的响应，即零输入响应；第二项是系统对输入作用的响应，即零状态响应。通过变量代换，式(9-59) 又可表示为

$$\boldsymbol{x}(t)=\boldsymbol{\Phi}(t)\boldsymbol{x}(0)+\int_0^t\boldsymbol{\Phi}(\tau)\boldsymbol{Bu}(t-\tau)\mathrm{d}\tau \tag{9-60}$$

若取 t_0 作为初始时刻，则有

$$\boldsymbol{x}(t)=\mathrm{e}^{\boldsymbol{A}(t-t_0)}\boldsymbol{x}(t_0)+\int_{t_0}^t\mathrm{e}^{\boldsymbol{A}(t-\tau)}\boldsymbol{Bu}(\tau)\mathrm{d}\tau=\boldsymbol{\Phi}(t-t_0)\boldsymbol{x}(t_0)+\int_{t_0}^t\boldsymbol{\Phi}(t-\tau)\boldsymbol{Bu}(\tau)\mathrm{d}\tau \tag{9-61}$$

② 拉氏变换法。将式(9-58) 两端取拉氏变换，有

$$s\boldsymbol{X}(s)-\boldsymbol{X}(0)=\boldsymbol{AX}(s)+\boldsymbol{BU}(s)$$

$$\boldsymbol{X}(s)=(s\boldsymbol{I}-\boldsymbol{A})^{-1}\boldsymbol{X}(0)+(s\boldsymbol{I}-\boldsymbol{A})^{-1}\boldsymbol{BU}(s)$$

进行拉氏反变换有

$$\boldsymbol{x}(t)=\mathrm{L}^{-1}(s\boldsymbol{I}-\boldsymbol{A})^{-1}\boldsymbol{x}(0)+\mathrm{L}^{-1}[(s\boldsymbol{I}-\boldsymbol{A})^{-1}\boldsymbol{BU}(s)] \tag{9-62}$$

【例 9-11】 设系统状态方程为

$$\begin{bmatrix}\dot{x}_1\\ \dot{x}_2\end{bmatrix}=\begin{bmatrix}0 & 1\\ -2 & -3\end{bmatrix}\begin{bmatrix}x_1\\ x_2\end{bmatrix}+\begin{bmatrix}0\\ 1\end{bmatrix}u$$

且 $\boldsymbol{x}(0)=[x_1(0) \quad x_2(0)]^{\mathrm{T}}$，试求在 $u(t)=1(t)$ 作用下状态方程的解。

解 由于 $u(t)=1(t)$，$u(t-\tau)=1$，根据式(9-60)，可得

$$\boldsymbol{x}(t)=\boldsymbol{\Phi}(t)\boldsymbol{x}(0)+\int_0^t\boldsymbol{\Phi}(\tau)\boldsymbol{B}\mathrm{d}\tau$$

由例 9-7 已求得 $\boldsymbol{\Phi}(t)=\begin{bmatrix} 2e^{-t}-e^{-2t} & e^{-t}-e^{-2t} \\ -2e^{-t}+2e^{-2t} & -e^{-t}+2e^{-2t} \end{bmatrix}$，因此有

$$\int_0^t \boldsymbol{\Phi}(\tau)\boldsymbol{B}d\tau=\int_0^t \begin{bmatrix} e^{-\tau}-e^{-2\tau} \\ -e^{-\tau}+2e^{-2\tau} \end{bmatrix} d\tau=\begin{bmatrix} -e^{-\tau}+\frac{1}{2}e^{-2\tau} \\ e^{-\tau}-e^{-2\tau} \end{bmatrix}\Bigg|_0^t=\begin{bmatrix} -e^{-t}+\frac{1}{2}e^{-2t}+\frac{1}{2} \\ e^{-t}-e^{-2t} \end{bmatrix}$$

故

$$\boldsymbol{x}(t)=\begin{bmatrix} x_1(t) \\ x_2(t) \end{bmatrix}=\begin{bmatrix} 2e^{-t}-e^{-2t} & e^{-t}-e^{-2t} \\ -2e^{-t}+2e^{-2t} & -e^{-t}+2e^{-2t} \end{bmatrix}\begin{bmatrix} x_1(0) \\ x_2(0) \end{bmatrix}+\begin{bmatrix} -e^{-t}+\frac{1}{2}e^{-2t}+\frac{1}{2} \\ e^{-t}-e^{-2t} \end{bmatrix}$$

9.2.4 线性定常离散系统的运动分析

求解离散系统运动的方法主要有 z 变换法和递推法，前者只适用于线性定常系统，而后者对非线性系统、时变系统都适用，且特别适合计算机计算。下面介绍用递推法求解系统响应。重写系统的动态方程如下

$$\begin{cases} \boldsymbol{x}(k+1)=\boldsymbol{\Phi x}(k)+\boldsymbol{Gu}(k) \\ \boldsymbol{y}(k)=\boldsymbol{Cx}(k)+\boldsymbol{Du}(k) \end{cases}$$

令状态方程中的 $k=0$、1、…、$k-1$，可得到 T、$2T$、…、kT 时刻的状态，即

$k=0$　　$\boldsymbol{x}(1)=\boldsymbol{\Phi x}(0)+\boldsymbol{Gu}(0)$

$k=1$　　$\boldsymbol{x}(2)=\boldsymbol{\Phi x}(1)+\boldsymbol{Gu}(1)=\boldsymbol{\Phi}^2\boldsymbol{x}(0)+\boldsymbol{\Phi G u}(0)+\boldsymbol{Gu}(1)$

$k=2$　　$\boldsymbol{x}(3)=\boldsymbol{\Phi x}(2)+\boldsymbol{Gu}(2)=\boldsymbol{\Phi}^3\boldsymbol{x}(0)+\boldsymbol{\Phi}^2\boldsymbol{Gu}(0)+\boldsymbol{\Phi G u}(1)+\boldsymbol{Gu}(2)$

⋮

$k=k-1$　　$\boldsymbol{x}(k)=\boldsymbol{\Phi x}(k-1)+\boldsymbol{Gu}(k-1)=\boldsymbol{\Phi}^k\boldsymbol{x}(0)+\sum_{i=0}^{k-1}\boldsymbol{\Phi}^{k-1-i}\boldsymbol{Gu}(i)$

$$\boldsymbol{y}(k)=\boldsymbol{Cx}(k)+\boldsymbol{Du}(k)=\boldsymbol{C\Phi}^k\boldsymbol{x}(0)+\boldsymbol{C}\sum_{i=0}^{k-1}\boldsymbol{\Phi}^{k-1-i}\boldsymbol{Gu}(i)+\boldsymbol{Du}(k)$$

于是，系统解为

$$\begin{cases} \boldsymbol{x}(k)=\boldsymbol{\Phi}^k\boldsymbol{x}(0)+\sum_{i=0}^{k-1}\boldsymbol{\Phi}^{k-1-i}\boldsymbol{Gu}(i) \\ \boldsymbol{y}(k)=\boldsymbol{C\Phi}^k\boldsymbol{x}(0)+\boldsymbol{C}\sum_{i=0}^{k-1}\boldsymbol{\Phi}^{k-1-i}\boldsymbol{Gu}(i)+\boldsymbol{Du}(k) \end{cases} \tag{9-63}$$

9.2.5 连续系统的离散化

计算机只能处理离散信号，现代控制系统是基于计算机的控制系统。因此，无论是控制，还是分析计算，都存在信号的离散化问题。连续系统离散化实际上是状态方程的离散化。

(1) 线性定常连续系统的离散化

已知线性定常连续系统状态方程 $\dot{\boldsymbol{x}}=\boldsymbol{Ax}+\boldsymbol{Bu}$ 及 $\boldsymbol{u}(t)$ 作用下的解为

$$\boldsymbol{x}(t)=\boldsymbol{\Phi}(t-t_0)\boldsymbol{x}(t_0)+\int_{t_0}^t \boldsymbol{\Phi}(t-\tau)\boldsymbol{Bu}(\tau)d\tau \tag{9-64}$$

假定采样过程时间间隔相等，令 $t_0=kT$，则 $\boldsymbol{x}(t_0)=\boldsymbol{x}(kT)=\boldsymbol{x}(k)$；令 $t=(k+1)T$，则 $\boldsymbol{x}(t)=\boldsymbol{x}[(k+1)T]=\boldsymbol{x}(k+1)$；并假定在 $t\in[k,k+1]$ 区间内，$\boldsymbol{u}(t)=\boldsymbol{u}(kT)=$常数，于是其解化为

$$\boldsymbol{x}(k+1)=\boldsymbol{\Phi}[(k+1)T-kT]\boldsymbol{x}(k)+\int_{kT}^{(k+1)T}\boldsymbol{\Phi}[(k+1)T-\tau]\boldsymbol{B}d\tau\boldsymbol{u}(k)$$

若记

$$\boldsymbol{G}(T)=\int_{kT}^{(k+1)T}\boldsymbol{\Phi}[(k+1)T-\tau]\boldsymbol{B}d\tau$$

则通过变量代换得到

$$\boldsymbol{G}(T)=\int_0^T \boldsymbol{\Phi}(\tau)\boldsymbol{B}d\tau \tag{9-65}$$

故离散化状态方程为

$$\boldsymbol{x}(k+1)=\boldsymbol{\Phi}(T)\boldsymbol{x}(k)+\boldsymbol{G}(T)\boldsymbol{u}(k) \tag{9-66}$$

式中，$\boldsymbol{\Phi}(T)$ 与连续状态转移矩阵 $\boldsymbol{\Phi}(t)$ 的关系为

$$\boldsymbol{\Phi}(T)=\boldsymbol{\Phi}(t)|_{t=T} \tag{9-67}$$

(2) 非线性时变系统的离散化及分析方法

对于式(9-1) 表示的非线性时变系统，状态方程很难求得解析解，常采用近似的离散化处理方法。当采样周期足够小时，按导数定义有

$$\dot{\boldsymbol{x}}(k)\approx\frac{1}{T}[\boldsymbol{x}(k+1)-\boldsymbol{x}(k)]$$

代入式(9-3a) 得到离散化状态方程

$$\boldsymbol{x}(k+1)=\boldsymbol{x}(k)+Tf[\boldsymbol{x}(k),\boldsymbol{u}(k),k] \tag{9-68}$$

对于非线性时变系统，一般都是先离散化，然后再用递推计算求数值解的方法进行系统的运动分析。

9.3 有界输入、有界输出稳定性

单输入-单输出的线性定常系统，它的输入、输出之间的关系可用传递函数表示，也可通过脉冲响应函数表示。故系统的输入、输出特性也可以通过传递函数和脉冲响应函数来研究。

设系统的动态方程为

$$\begin{aligned}\dot{\boldsymbol{x}}&=\boldsymbol{Ax}+\boldsymbol{b}u\\ y&=\boldsymbol{cx}\end{aligned} \tag{9-69}$$

根据(9-69) 可知，它在 $\boldsymbol{x}(0)=0$ 时的输出为

$$y(t)=\int_0^t \boldsymbol{c}\mathrm{e}^{\boldsymbol{A}(t-\tau)}\boldsymbol{b}u(\tau)\mathrm{d}\tau$$

$$g(t)=\boldsymbol{c}\mathrm{e}^{\boldsymbol{A}t}\boldsymbol{b}\quad t>0 \tag{9-70}$$

则有

$$y(t)=\int_0^t g(t-\tau)u(\tau)\mathrm{d}\tau \tag{9-71}$$

式中，$g(t)$ 为脉冲响应函数。

式(9-69) 对应的传递函数之间的关系为 $G(s)=\boldsymbol{c}(s\boldsymbol{I}-\boldsymbol{A})^{-1}\boldsymbol{b}$，即有

$$y(s)=\boldsymbol{c}(s\boldsymbol{I}-\boldsymbol{A})^{-1}\boldsymbol{b}u(s) \tag{9-72}$$

传递函数 $G(s)$ 与脉冲响应函数之间的关系为

$$\mathrm{L}[\boldsymbol{c}\mathrm{e}^{\boldsymbol{A}t}\boldsymbol{b}]=\boldsymbol{c}(s\boldsymbol{I}-\boldsymbol{A})^{-1}\boldsymbol{b} \tag{9-73}$$

式(9-71) 和式(9-72) 都是式(9-69) 所描述系统的输入、输出特性描述。现在针对输入、输出特性来定义一种稳定性，即有界输入有界输出稳定性，首先明确有界的含义。

如果一个函数 $h(t)$，在时间区间 $[0,\infty)$ 中，它的幅值不会增至无穷，即存在一个实常数 K，使得对于 $[0,\infty)$ 中的所有 t，恒有

$$|h(t)|\leqslant k\leqslant\infty$$

成立，则称 $h(t)$ 有界。

若所有的有界输入引起的零状态响应的输出是有界的，则称系统为有界输入有界输出稳定或简称 BIBO 稳定。

若系统的输入、输出关系为式(9-71)，则系统 BIBO 稳定的充分必要条件为

$$\int_0^{\infty}|g(t)|\mathrm{d}t<K \tag{9-74}$$

这里 K 是一个实的正数。

证明 充分性。设 $|u(t)|<k_1$，则

$$|y(t)|=\left|\int_0^t g(t-\tau)u(\tau)\mathrm{d}\tau\right|\leqslant\int_0^t|g(t-\tau)u(\tau)|\mathrm{d}\tau$$

$$\leqslant \int_0^{\infty} |g(t-\tau)||u(\tau)| \mathrm{d}\tau \leqslant k_1 \int_0^{\infty} |g(t_1)| \mathrm{d}t_1$$
$$\leqslant k_1 K$$

再证必要性。用反证法。若有 t 存在，使得

$$\int_0^{\infty} |g(t)| \mathrm{d}t > M$$

这里 M 为任意的正实数，取有界输入如下

$$u(\tau)=\mathrm{sign}[g(t_1-\tau)], \tau \in [0, t_1]$$

其中 $\mathrm{sign}x$ 表示 x 的符号，这时

$$y(t)=\int_0^{t} g(t_1-\tau)u(\tau)\mathrm{d}\tau=\int_0^{t} |g(t-\tau)| \mathrm{d}\tau$$
$$=\int_0^{t} |g(\mu)| \mathrm{d}\mu > M$$

上式表明有界输入导致了无界输出，这与 BIBO 稳定矛盾。

当系统用传递函数 $G(s)$ 描述时，系统 BIBO 稳定的充分必要条件为 $G(s)$ 的极点具有负实部。

这一事实可由 $G(s)$ 与 $g(t)$ 的关系来确定，因为已证明式(9-74) 是系统 BIBO 稳定的充分必要条件，现只要说明式(9-74) 和 $G(s)$ 的极点均具有负实部等价即可。由拉氏反变换式

$$\mathrm{L}^{-1}[G(s)]=g(t)$$

可知 $g(t)$ 由 $\mathrm{e}^{\lambda t}$ 和 $t^k \mathrm{e}^{\lambda t}(k=1,2,\cdots)$ 这样形式的项所组成，这里 λ 代表 $G(s)$ 的各极点。故当且仅当 $G(s)$ 的极点均具有负实部时，式(9-74) 成立。

判断 $G(s)$ 的极点是否全部具有负实部，可以参考第 3 章的方法。

用 $G(s)$ 的极点来判断 BIBO 稳定性比用式(9-74) 更加实用与方便。顺便指出，第 3 章谈到的稳定性，实质上是系统的 BIBO 稳定性。

若式(9-69) 中的 $\boldsymbol{A}$ 阵，其特征值均在复平面左半部，则称动态方程是渐近稳定的。

现在研究渐近稳定和 BIBO 稳定之间的关系。首先看一个例子。

【例 9-12】 试分析下列系统的输入、输出稳定性及渐近稳定性。

$$\dot{\boldsymbol{x}}=\boldsymbol{A}x+\boldsymbol{b}u$$
$$y=\boldsymbol{c}x$$

其中 $$\boldsymbol{A}=\begin{bmatrix}0 & 6\\1 & -1\end{bmatrix}, \boldsymbol{b}=\begin{bmatrix}-2\\1\end{bmatrix}, \boldsymbol{c}=[0 \quad 1]$$

解 $\boldsymbol{A}$ 阵的特征方程式为

$$\det[s\boldsymbol{I}-\boldsymbol{A}]=s(s+1)-6=(s-2)(s+3)=0$$

于是得 $\boldsymbol{A}$ 阵的特征值 $\lambda_1=+2$，$\lambda_2=-3$。故系统不是渐近稳定的。

系统传递函数可写为

$$G(s)=\boldsymbol{c}(s\boldsymbol{I}-\boldsymbol{A})^{-1}\boldsymbol{b}=[0 \quad 1]\begin{bmatrix}s & -6\\-1 & s+1\end{bmatrix}^{-1}\begin{bmatrix}-2\\1\end{bmatrix}$$
$$=[0 \quad 1]\begin{bmatrix}\dfrac{-2}{(s+3)}\\ \dfrac{1}{s+3}\end{bmatrix}=\frac{1}{s+3}$$

由于传递函数的极点位于 s 左半平面，故系统是输入、输出稳定的。这是因为具有正实部的特征值 $\lambda_1=+2$ 被对消掉，而在零初始状态的输入、输出特性中没有表现出来。

渐近稳定性与输入、输出稳定性之间存在如下关系：对于系统 $(\boldsymbol{A}, \boldsymbol{b}, \boldsymbol{c})$，其渐近稳定性由 $\boldsymbol{A}$ 的特征值确定，而输入、输出稳定性由 $G(s)$ 的极点确定。由于 $G(s)$ 的所有极点都是 $\boldsymbol{A}$ 的特征值，故系统的渐近稳定性就包含着输入、输出稳定性。但是，正如上例所指出的那样，不是所有 $\boldsymbol{A}$ 的特征值都是 $G(s)$

的极点，因此输入、输出稳定的系统可以不是渐近稳定的。这是由于$G(s)$可能存在零、极点对消。当$G(s)$有零、极点对消时，系统是不可控或不可观测的。如果$\boldsymbol{A}$的每个特征值都是$G(s)$的极点，则$(\boldsymbol{A},\boldsymbol{b},\boldsymbol{c})$是$G(s)$的一个最小实现，这时系统$(\boldsymbol{A},\boldsymbol{b},\boldsymbol{c})$是可控的和可观测的。

由上述分析可引出下列结论：若系统$(\boldsymbol{A},\boldsymbol{b},\boldsymbol{c})$是渐近稳定的，则输入、输出也是稳定的；若系统$(\boldsymbol{A},\boldsymbol{b},\boldsymbol{c})$是输入、输出稳定的，且又是可控和可观测的，则系统$(\boldsymbol{A},\boldsymbol{b},\boldsymbol{c})$是渐近稳定的。

9.4 线性系统的可控性和可观测性

9.4.1 可控性和可观测性的概念

本节介绍系统的两个重要特性，即系统的可控性和可观测性，这两个特性是经典控制理论中所没有的。在用传递函数描述的经典控制系统中，输出量一般是可控的和可以被测量的，因而不需要特别地提及可控性及可观测性的概念。现代控制理论用状态方程和输出方程描述系统，输出和输入构成系统的外部变量，而状态为系统的内部变量。系统就好比是一块集成电路芯片，内部结构可能十分复杂，物理量很多，而外部只有少数几个引脚，对电路内部物理量的控制和观测都只能通过这为数不多的几个引脚进行。这就存在着系统内的所有状态是否都受输入控制和所有状态是否都可以从输出反映出来的问题，这就是可控性和可观测性问题。如果系统所有状态变量的运动都可以通过有限控制点的输入来使其由任意的初态达到任意设定的终态，则称系统是可控的，更确切地说是状态可控的；否则，就称系统是不完全可控的，简称系统不可控。相应地，如果系统所有状态变量任意形式的运动均可由有限测量点的输出完全确定出来，则称系统是可观测的，简称系统可观测；反之，则称系统是不完全可观测的，简称系统不可观测。

可控性与可观测性的概念，是用状态空间描述系统引申出来的新概念，在现代控制理论中起着重要的作用。可控性、可观测性与稳定性是现代控制系统的三大基本特性。

下面举几个例子直观地说明系统的可控性和可观测性。

对图9-17所示的结构图，其中，由图9-17(a)显见，x_1受u的控制，但x_2与u无关，故系统不可控；系统输出量$y=x_1$，但x_1是受x_2影响的，y能间接获得x_2的信息，故系统是可观测的。图9-17(b)中的x_1、x_2均受u的控制，故系统可控，但y与x_2无关，故系统不可观测。图9-17(c)中所示的x_1、x_2均受u的控制，且在y中均能观测到x_1、x_2，故系统是可控可观测的。

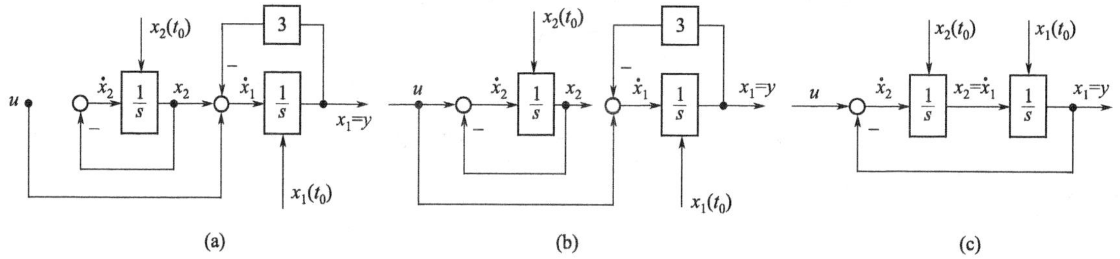

图9-17 电路系统可控性和可观测性的直观判别

只有少数简单的系统可以从结构图或信号流图直接判别系统的可控性与可观测性。如果系统结构复杂，就只能借助于数学方法进行分析与研究，才能得到正确的结论。

9.4.2 线性定常系统的可控性

可控性分为状态可控性和输出可控性，若不特别指明，一般指状态可控性。状态可控性只与状态方程有关，与输出方程无关。下面分别对离散、连续定常系统的可控性加以研究，先从单输入离散系统入手。

(1) 离散系统的可控性

① 单输入离散系统的状态可控性。n阶单输入线性定常离散系统状态可控性定义为：在有限时间间隔$t\in[0,nT]$内，存在无约束的阶梯控制序列$u(0),\cdots,u(n-1)$，能使系统从任意初态$\boldsymbol{x}(0)$转移至任意终态$\boldsymbol{x}(n)$，则称该系统状态完全可控，简称可控。

下面导出系统可控性的条件。设单输入系统状态方程为

$$x(k+1)=\boldsymbol{\Phi}\boldsymbol{x}(k)+\boldsymbol{g}u(k) \tag{9-75}$$

其解为

$$\boldsymbol{x}(k)=\boldsymbol{\Phi}^{k}\boldsymbol{x}(0)+\sum_{i=0}^{k-1}\boldsymbol{\Phi}^{k-1-i}\boldsymbol{g}u(i) \tag{9-76}$$

定义

$$\Delta\boldsymbol{x}=\boldsymbol{x}(n)-\boldsymbol{\Phi}^{n}\boldsymbol{x}(0) \tag{9-77}$$

由于 $\boldsymbol{x}(0)$ 和 $\boldsymbol{x}(n)$ 的取值都可以是任意的，因此 $\Delta\boldsymbol{x}$ 的取值也可以是任意的。将式(9-77) 写成矩阵形式，有

$$\begin{aligned}\Delta\boldsymbol{x}&=\boldsymbol{\Phi}^{n-1}\boldsymbol{g}u(0)+\boldsymbol{\Phi}^{n-2}\boldsymbol{g}u(1)+\cdots+\boldsymbol{g}u(n-1)\\&=[\boldsymbol{g}\quad\boldsymbol{\Phi g}\quad\cdots\quad\boldsymbol{\Phi}^{n-1}\boldsymbol{g}]\begin{bmatrix}u(n-1)\\u(n-2)\\\vdots\\u(0)\end{bmatrix}\end{aligned} \tag{9-78}$$

记

$$\boldsymbol{S}_1=[\boldsymbol{g}\quad\boldsymbol{\Phi g}\quad\cdots\quad\boldsymbol{\Phi}^{n-1}\boldsymbol{g}] \tag{9-79}$$

称 $n\times n$ 方阵 $\boldsymbol{S}_1$ 为单输入离散系统的可控性矩阵。式(9-78) 是一个非齐次线性方程组，n 个方程中有 n 个未知数 $u(0),\cdots,u(n-1)$。由线性方程组解的存在定理可知，当矩阵 $\boldsymbol{S}_1$ 的秩与增广矩阵 $[\boldsymbol{S}_1 \vdots \boldsymbol{x}(0)]$ 的秩相等时，方程组有解（在此尚有唯一解），否则无解。注意到在 $\Delta\boldsymbol{x}$ 为任意的情况下，要使方程组有解的充分必要条件是：矩阵 $\boldsymbol{S}_1$ 满秩，即

$$\operatorname{rank}\boldsymbol{S}_1=n \tag{9-80}$$

或矩阵 $\boldsymbol{S}_1$ 的行列式不为零，或矩阵 $\boldsymbol{S}_1$ 是非奇异的，即

$$\det\boldsymbol{S}_1\neq 0 \tag{9-81}$$

式(9-80) 和式(9-81) 都称为可控性判据。

当 $\operatorname{rank}\boldsymbol{S}_1<n$ 时，系统不可控，表示不存在能使任意 $\boldsymbol{x}(0)$ 转移至任意 $\boldsymbol{x}(n)$ 的控制。

从以上推导看出，状态可控性取决于 $\boldsymbol{\Phi}$ 和 $\boldsymbol{g}$，当 $u(k)$ 不受约束时，可控系统的状态转移过程至多以 n 个采样周期便可以完成，有时状态转移过程还可能少于 n 个采样周期。

上述过程不仅导出了单输入离散系统可控性条件，而且式（9-78）还给出了求取控制输入的具体方法。

② 多输入离散系统的状态可控性。单输入离散系统可控性的判断方法可推广到多输入系统，设系统状态方程为

$$\boldsymbol{x}(k+1)=\boldsymbol{\Phi x}(k)+\boldsymbol{G u}(k) \tag{9-82}$$

可控性矩阵为

$$\boldsymbol{S}_2=[\boldsymbol{G}\quad\boldsymbol{\Phi G}\quad\cdots\quad\boldsymbol{\Phi}^{n-1}\boldsymbol{G}] \tag{9-83}$$

$$\Delta\boldsymbol{x}=[\boldsymbol{G}\quad\boldsymbol{\Phi G}\quad\cdots\quad\boldsymbol{\Phi}^{n-1}\boldsymbol{G}]\begin{bmatrix}\boldsymbol{u}(n-1)\\\vdots\\\boldsymbol{u}(0)\end{bmatrix} \tag{9-84}$$

该矩阵为 $n\times np$ 矩阵，由于列向量 $\boldsymbol{u}(n-1),\cdots,\boldsymbol{u}(0)$ 构成的控制列向量是 np 维的，式(9-84) 含有 n 个方程和 np 个待求的控制量。由于 $\Delta\boldsymbol{x}$ 是任意的，根据解存在定理，矩阵 $\boldsymbol{S}_2$ 的秩为 n 时，方程组才有解。于是多输入线性定常离散系统状态可控的充分必要条件是

$$\operatorname{rank}\boldsymbol{S}_2=\operatorname{rank}[\boldsymbol{G}\quad\boldsymbol{\Phi G}\quad\cdots\quad\boldsymbol{\Phi}^{n-1}\boldsymbol{G}]=n \tag{9-85}$$

或

$$\det\boldsymbol{S}_2\boldsymbol{S}_2^{\mathrm{T}}\neq 0 \tag{9-86}$$

矩阵 $\boldsymbol{S}_2$ 的行数总小于列数，在列写矩阵 $\boldsymbol{S}_2$ 时，若能知道 $\boldsymbol{S}_2$ 的秩为 n，便不必把 $\boldsymbol{S}_2$ 的其余列都计算和列写出来。另外，用式(9-86) 计算一次 n 阶行列式便可确定可控性了，这比可能需要多次计算矩阵 $\boldsymbol{S}_2$ 的 n 阶行列式要简单些。

多输入线性定常离散系统的状态转移过程一般可少于 n 个采样周期（见例 9-21）

【例 9-13】 设单输入线性定常离散系统状态方程为

$$\boldsymbol{x}(k+1)=\begin{bmatrix}1&0&0\\0&2&-2\\-1&1&0\end{bmatrix}\boldsymbol{x}(k)+\begin{bmatrix}1\\0\\1\end{bmatrix}u(k)$$

试判断可控性；若初始状态 $\boldsymbol{x}(0)=[2\quad 1\quad 0]^{\mathrm{T}}$，确定使 $\boldsymbol{x}(3)=0$ 的控制序列 $u(0)$、$u(1)$、$u(2)$；研究使 $\boldsymbol{x}(2)=0$ 的可能性。

解 由题意知

$$\boldsymbol{\Phi}=\begin{bmatrix}1&0&0\\0&2&-2\\-1&1&0\end{bmatrix},\boldsymbol{g}=\begin{bmatrix}1\\0\\1\end{bmatrix}$$

$$\mathrm{rank}\boldsymbol{S}_1=\mathrm{rank}[\boldsymbol{g}\quad \boldsymbol{\Phi g}\quad \boldsymbol{\Phi}^2\boldsymbol{g}]=\mathrm{rank}\begin{bmatrix}1&1&1\\0&2&-2\\1&-1&-3\end{bmatrix}=3=n$$

故该系统可控。

按式(9-84) 可求出 $u(0),u(1),u(2)$。下面则用递推法来求控制序列。令 $k=0$、1、2，可得状态序列

$$\boldsymbol{x}(1)=\boldsymbol{\Phi x}(0)+\boldsymbol{g}u(0)=\begin{bmatrix}2\\2\\-1\end{bmatrix}+\begin{bmatrix}1\\0\\1\end{bmatrix}u(0)$$

$$\boldsymbol{x}(2)=\boldsymbol{\Phi x}(1)+\boldsymbol{g}u(1)=\begin{bmatrix}2\\6\\0\end{bmatrix}+\begin{bmatrix}1\\-2\\-1\end{bmatrix}u(0)+\begin{bmatrix}1\\0\\1\end{bmatrix}u(1)$$

$$\boldsymbol{x}(3)=\boldsymbol{\Phi x}(2)+\boldsymbol{g}u(2)=\begin{bmatrix}2\\12\\4\end{bmatrix}+\begin{bmatrix}1\\-2\\-3\end{bmatrix}u(0)+\begin{bmatrix}1\\-2\\-1\end{bmatrix}u(1)+\begin{bmatrix}1\\0\\1\end{bmatrix}u(2)$$

令 $\boldsymbol{x}(3)=0$，即解方程组 $\begin{bmatrix}1&1&1\\-2&-2&0\\-3&-1&1\end{bmatrix}\begin{bmatrix}u(0)\\u(1)\\u(2)\end{bmatrix}=\begin{bmatrix}-2\\-12\\-4\end{bmatrix}$

其系数矩阵即可控性矩阵 $\boldsymbol{S}_1$，它的非奇异性可给出的解为

$$\begin{bmatrix}u(0)\\u(1)\\u(2)\end{bmatrix}=\begin{bmatrix}1&1&1\\-2&-2&0\\-3&-1&1\end{bmatrix}^{-1}\begin{bmatrix}2\\-12\\-4\end{bmatrix}=\begin{bmatrix}\frac{1}{2}&\frac{1}{2}&-\frac{1}{2}\\-\frac{1}{2}&-1&\frac{1}{2}\\1&\frac{1}{2}&0\end{bmatrix}\begin{bmatrix}-2\\-12\\-4\end{bmatrix}=\begin{bmatrix}-5\\11\\-8\end{bmatrix}$$

若令 $\boldsymbol{x}(2)=0$，即解方程组 $\begin{bmatrix}1&1\\-2&0\\-1&1\end{bmatrix}\begin{bmatrix}u\ (0)\\u\ (1)\end{bmatrix}=\begin{bmatrix}-2\\-6\\0\end{bmatrix}$

容易看出其系数矩阵的秩为 2，但增广矩阵 $\begin{bmatrix}1&1&-2\\-2&0&-6\\-1&1&0\end{bmatrix}$ 的秩为 3，两个秩不等，方程组无解，所以不能在第二个采样周期内使给定初态转移至原点。若该两个秩相等，便意味着可用两步完成状态转移。

【例 9-14】 多输入线性定常离散系统的状态方程为 $\boldsymbol{x}(k+1)=\boldsymbol{\Phi x}(k)+\boldsymbol{Gu}(k)$，其中

$$\boldsymbol{\Phi}=\begin{bmatrix}-2&2&-1\\0&-2&0\\1&-4&0\end{bmatrix},\quad \boldsymbol{G}=\begin{bmatrix}0&0\\0&1\\1&0\end{bmatrix}$$

试判断可控性，设初始状态为 $[-1\quad 0\quad 2]^{\mathrm{T}}$，研究使 $\boldsymbol{x}(1)=0$ 的可能性。

解
$$\boldsymbol{S}_2=[\boldsymbol{G}\quad \boldsymbol{\Phi G}\quad \boldsymbol{\Phi}^2\boldsymbol{G}]=\begin{bmatrix}0&0&-1&2&2&-4\\0&1&0&-2&0&4\\1&0&0&-4&-1&10\end{bmatrix}$$

由前三列组成的矩阵的行列式不为零，故该系统可控，一定能求得控制序列使系统从任意初态在三步

内转移到原点。由 $\boldsymbol{x}(1)=\boldsymbol{\Phi x}(0)+\boldsymbol{Gu}(0)=0$，给出

$$\boldsymbol{x}(0)=-\boldsymbol{\Phi}^{-1}\boldsymbol{Gu}(0)=-\begin{bmatrix}0 & -2 & 1\\ 0 & -\frac{1}{2} & 0\\ 1 & 3 & -2\end{bmatrix}\begin{bmatrix}0 & 0\\ 0 & 1\\ 1 & 0\end{bmatrix}\begin{bmatrix}u_1(0)\\ u_2(0)\end{bmatrix}=\begin{bmatrix}-1 & 2\\ 0 & \frac{1}{2}\\ 2 & -3\end{bmatrix}\begin{bmatrix}u_1(0)\\ u_2(0)\end{bmatrix}$$

设初始状态为 $[-1\quad 0\quad 2]^{\mathrm{T}}$，并且 $\mathrm{rank}\begin{bmatrix}-1 & 2\\ 0 & \frac{1}{2}\\ 2 & -3\end{bmatrix}=\mathrm{rank}\begin{bmatrix}-1 & 2 & -1\\ 0 & \frac{1}{2} & 0\\ 2 & -3 & 2\end{bmatrix}=2$，可求得 $u_1(0)=1$，$u_2(0)=0$，在一步内使该初态转移到原点。当初始状态为 $[2\quad 1/2\quad -3]^{\mathrm{T}}$ 时亦然，只是 $u_1(0)=0$，$u_2(0)=1$。但本例不能在一步内使任意初态转移到原点。

(2) 连续系统的可控性

① 单输入连续系统的状态可控性。单输入线性连续定常系统状态可控性定义为：在有限时间间隔 $t\in[t_0,t_f]$ 内，如果存在无约束的分段连续控制函数 $u(t)$，能使系统从任意初态 $\boldsymbol{x}(t_0)$ 转移至任意终态 $\boldsymbol{x}(t_f)$，则称该系统是状态完全可控的，简称是可控的。

设状态方程为

$$\dot{\boldsymbol{x}}=\boldsymbol{Ax}+\boldsymbol{b}u \tag{9-87}$$

终态解为

$$\boldsymbol{x}(t_f)=\mathrm{e}^{\boldsymbol{A}(t_f-t_0)}\boldsymbol{x}(t_0)+\int_{t_0}^{t_f}\mathrm{e}^{\boldsymbol{A}(t_f-\tau)}\boldsymbol{b}u(\tau)\mathrm{d}\tau \tag{9-88}$$

定义

$$\Delta\boldsymbol{x}=\boldsymbol{x}(t_f)-\mathrm{e}^{\boldsymbol{A}(t_f-t_0)}\boldsymbol{x}(t_0)$$

显然，$\Delta\boldsymbol{x}$ 的取值也是任意的。于是有

$$\Delta\boldsymbol{x}=\int_{t_0}^{t_f}\mathrm{e}^{\boldsymbol{A}(t_f-\tau)}\boldsymbol{b}u(\tau)\mathrm{d}\tau \tag{9-89}$$

利用凯莱-哈密顿定理的推论

$$\mathrm{e}^{-\boldsymbol{A}\tau}=\sum_{m=0}^{n-1}\alpha_m(\tau)\boldsymbol{A}^m$$

有

$$\Delta\boldsymbol{x}=\mathrm{e}^{\boldsymbol{A}t_f}\int_{t_0}^{t_f}\sum_{m=0}^{n-1}\alpha_m(\tau)\boldsymbol{A}^m\boldsymbol{b}u(\tau)\mathrm{d}\tau=\mathrm{e}^{\boldsymbol{A}t_f}\sum_{m=0}^{n-1}\boldsymbol{A}^m\boldsymbol{b}\left[\int_{t_0}^{t_f}\alpha_m(\tau)u(\tau)\mathrm{d}\tau\right]$$

令

$$u_m=\int_{t_0}^{t_f}\alpha_m(\tau)u(\tau)\mathrm{d}\tau\quad(m=0,1,\cdots,n-1) \tag{9-90}$$

考虑到 u_m 是标量，则有

$$\mathrm{e}^{-\boldsymbol{A}t_f}\Delta\boldsymbol{x}=\sum_{m=0}^{n-1}\boldsymbol{A}^m\boldsymbol{b}u_m=[\boldsymbol{b}\quad \boldsymbol{Ab}\quad\cdots\quad \boldsymbol{A}^{n-1}\boldsymbol{b}]\begin{bmatrix}u_0\\ u_1\\ \vdots\\ u_{n-1}\end{bmatrix} \tag{9-91}$$

记

$$\boldsymbol{S}_3=[\boldsymbol{b}\quad \boldsymbol{Ab}\quad\cdots\quad \boldsymbol{A}^{n-1}\boldsymbol{b}] \tag{9-92}$$

$\boldsymbol{S}_3$ 为单输入线性定常连续系统可控性矩阵，为 $n\times n$ 矩阵。可以证明：由于各 $\alpha_m(\tau)$ 之间线性无关，利用式(9-91) 得到的 u_m 是无约束的阶梯序列。同离散系统一样，根据解的存在定理，其状态可控的充分必要条件是

$$\mathrm{rank}\boldsymbol{S}_3=n \tag{9-93}$$

② 多输入线性定常连续系统的可控性。对多输入系统

$$\dot{\boldsymbol{x}}=\boldsymbol{Ax}+\boldsymbol{Bu} \tag{9-94}$$

记可控性矩阵

$$\boldsymbol{S}_4=[\boldsymbol{B}\quad \boldsymbol{AB}\quad\cdots\quad \boldsymbol{A}^{n-1}\boldsymbol{B}] \tag{9-95}$$

状态可控的充分必要条件为

$$\operatorname{rank}\boldsymbol{S}_4=n \quad 或 \quad \det\boldsymbol{S}_4\boldsymbol{S}_4^{\mathrm{T}}\neq 0 \tag{9-96}$$

与离散系统一样，连续系统状态可控性只与状态方程中的 $\boldsymbol{A}$、$\boldsymbol{B}$ 矩阵有关。

【例 9-15】 试用可控性判据判断图 9-18 所示桥式电路的可控性。

解 选取状态变量：$x_1=i_L$，$x_2=u_C$，电路的状态方程如下：

$$\begin{cases}\dot{x}_1=-\dfrac{1}{L}\left(\dfrac{R_1R_2}{R_1+R_2}+\dfrac{R_3R_4}{R_3+R_4}\right)x_1+\dfrac{1}{L}\left(\dfrac{R_1}{R_1+R_2}-\dfrac{R_3}{R_3+R_4}\right)x_2+\dfrac{1}{L}u\\ \dot{x}_2=\dfrac{1}{C}\left(\dfrac{R_2}{R_1+R_2}-\dfrac{R_4}{R_3+R_4}\right)x_1-\dfrac{1}{C}\left(\dfrac{1}{R_1+R_2}-\dfrac{1}{R_3+R_4}\right)x_2\end{cases}$$

可控性矩阵为

$$\boldsymbol{S}_3=[\boldsymbol{b}\quad \boldsymbol{Ab}]=\begin{bmatrix}\dfrac{1}{L} & -\dfrac{1}{L^2}\left(\dfrac{R_1R_2}{R_1+R_2}+\dfrac{R_3R_4}{R_3+R_4}\right)\\ 0 & \dfrac{1}{LC}\left(\dfrac{R_2}{R_1+R_2}-\dfrac{R_4}{R_3+R_4}\right)\end{bmatrix}$$

当 $R_1R_4\neq R_2R_3$ 时，$\operatorname{rank}\boldsymbol{S}_3=2=n$，系统可控；反之当 $R_1R_4=R_2R_3$，即电桥处于平衡状态时，$\operatorname{rank}\boldsymbol{S}_3=\operatorname{rank}[\boldsymbol{b}\quad \boldsymbol{Ab}]=\operatorname{rank}\begin{bmatrix}\dfrac{1}{L} & -\dfrac{1}{L^2}\left(\dfrac{R_1R_2}{R_1+R_2}+\dfrac{R_3R_4}{R_3+R_4}\right)\\ 0 & 0\end{bmatrix}$，系统不可控，显然，$u$ 不能控制 x_2。

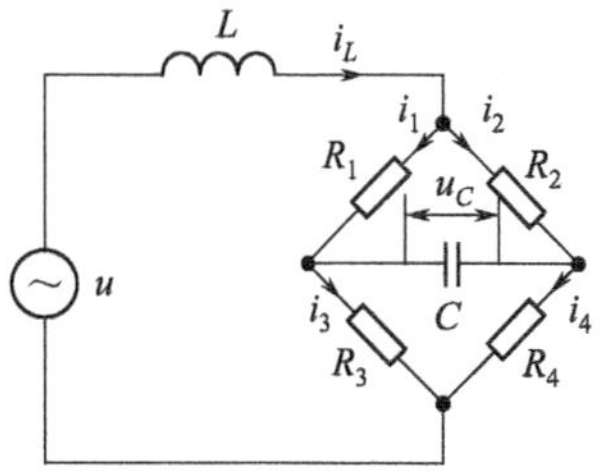

图 9-18 电桥电路

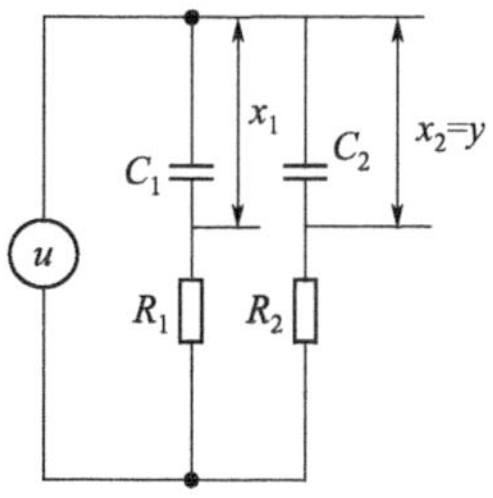

图 9-19 并联电路

【例 9-16】 试判断图 9-19 所示并联网络的可控性。

解 网络的微分方程为

$$x_1+R_1C_1\dot{x}_1=x_2+R_2C_2\dot{x}_2=u$$

式中

$$x_1=u_{C_1}=\frac{1}{C_1}\int i_1\mathrm{d}t,\quad x_2=u_{C_2}=\frac{1}{C_2}\int i_2\mathrm{d}t$$

状态方程为

$$\begin{cases}\dot{x}_1=-\dfrac{1}{R_1C_1}x_1+\dfrac{1}{R_1C_1}u\\ \dot{x}_2=-\dfrac{1}{R_2C_2}x_2+\dfrac{1}{R_2C_2}u\end{cases}$$

于是

$$\operatorname{rank}[\boldsymbol{b}\quad \boldsymbol{Ab}]=\operatorname{rank}\begin{bmatrix}\dfrac{1}{R_1C_1} & -\dfrac{1}{R_1^2C_1^2}\\ \dfrac{1}{R_2C_2} & -\dfrac{1}{R_2^2C_2^2}\end{bmatrix}$$

当 $R_1C_1\neq R_2C_2$ 时，系统可控。当 $R_1=R_2$、$C_1=C_2$ 时，有 $R_1C_1=R_2C_2$，$\operatorname{rank}[\boldsymbol{b}\quad \boldsymbol{Ab}]=1<n$，系统不可控。实际上，设初始状态 $x_1(t_0)=x_2(t_0)$，u 只能使 $x_1(t)\equiv x_2(t)$，而不能将 $x_1(t)$ 与 $x_2(t)$ 分别转移到不同的数值，即不能同时控制住两个状态变量。

【例 9-17】 判断下列状态方程的可控性：

$$\begin{bmatrix}\dot{x}_1\\ \dot{x}_2\\ \dot{x}_3\end{bmatrix}=\begin{bmatrix}1 & 3 & 2\\ 0 & 2 & 0\\ 0 & 1 & 3\end{bmatrix}\begin{bmatrix}x_1\\ x_2\\ x_3\end{bmatrix}+\begin{bmatrix}2 & 1\\ 1 & 1\\ -1 & -1\end{bmatrix}\begin{bmatrix}u_1\\ u_2\end{bmatrix}$$

解　$$\boldsymbol{S}_4=[\boldsymbol{B}\quad \boldsymbol{AB}\quad \boldsymbol{A}^2\boldsymbol{B}]=\begin{bmatrix}2&1&3&2&5&4\\1&1&2&2&4&4\\-1&-1&-2&-2&-4&-4\end{bmatrix}$$

显见 $\boldsymbol{S}_4$ 矩阵的第二、第三行元素绝对值相同，$\text{rank}\boldsymbol{S}_4=2<3$，系统不可控。

(3) A 矩阵为对角阵或约当阵时的可控性判据

当系统矩阵 $\boldsymbol{A}$ 已化成对角阵或约当阵时，由可控性矩阵能导出更简捷直观的可控性判据。下面先来研究两个简单的引例。

设二阶系统 $\boldsymbol{A}$，$\boldsymbol{b}$ 矩阵分别为

$$\boldsymbol{A}=\begin{bmatrix}\lambda_1&0\\0&\lambda_2\end{bmatrix},\boldsymbol{b}=\begin{bmatrix}b_1\\b_2\end{bmatrix}$$

其可控性矩阵 $\boldsymbol{S}_3$ 的行列式为

$$\det\boldsymbol{S}_3=\det[\boldsymbol{b}\quad \boldsymbol{Ab}]=\begin{vmatrix}b_1&\lambda_1b_1\\b_2&\lambda_2b_2\end{vmatrix}=b_1b_2(\lambda_2-\lambda_1)$$

当 $\det\boldsymbol{S}_3\neq0$ 时系统可控。于是要求：当 $\boldsymbol{A}$ 矩阵有相异特征值（$\lambda_2\neq\lambda_1$）时，应存在 $b_1\neq0$，$b_2\neq0$，意为 $\boldsymbol{A}$ 矩阵对角化且有相异元素时，只需根据输入矩阵没有全零行即可判断系统可控。若 $\lambda_2=\lambda_1$ 时，则不能这样判断，这时 $\det\boldsymbol{S}_3\equiv0$，系统总是不可控的。

又设二阶系统 $\boldsymbol{A}$，$\boldsymbol{b}$ 矩阵为

$$\boldsymbol{A}=\begin{bmatrix}\lambda_1&1\\0&\lambda_1\end{bmatrix},\quad \boldsymbol{b}=\begin{bmatrix}b_1\\b_2\end{bmatrix}$$

其可控性矩阵 $\boldsymbol{S}_3$ 的行列式为

$$\det\boldsymbol{S}_3=\det[\boldsymbol{b}\quad \boldsymbol{Ab}]=\begin{vmatrix}b_1&\lambda_1b_1+b_2\\b_2&\lambda_1b_2\end{vmatrix}=-b_2^2$$

当 $\det\boldsymbol{S}_3\neq0$ 时系统可控。于是要求，$b_2\neq0$，与 b_1 是否为零无关，即当 $\boldsymbol{A}$ 矩阵约当化且相同特征值分布在一个约当块时，只需根据输入矩阵中与约当块最后一行所对应的行不是全零行，即可判断系统可控，与输入矩阵中的其他行是否为零行是无关的。

以上判断方法可推广到 $\boldsymbol{A}$ 矩阵对角化、约当化的 n 阶系统。设系统状态方程为

$$\begin{bmatrix}\dot{x}_1\\\dot{x}_2\\\vdots\\\dot{x}_n\end{bmatrix}=\begin{bmatrix}\lambda_1&&&0\\&\lambda_2&&\\&&\ddots&\\0&&&\lambda_n\end{bmatrix}\begin{bmatrix}x_1\\x_2\\\vdots\\x_n\end{bmatrix}+\begin{bmatrix}r_{11}&\cdots&r_{1p}\\r_{21}&\cdots&r_{2p}\\\vdots&&\vdots\\r_{n1}&\cdots&r_{np}\end{bmatrix}\begin{bmatrix}u_1\\u_2\\\vdots\\u_p\end{bmatrix}\tag{9-97}$$

式中，$\lambda_1,\cdots,\lambda_n$ 为系统相异特征值。

将式(9-97) 展开，每个方程只含一个状态变量，状态变量之间解除了耦合，只要每个方程中含有一个控制分量，则对应状态变量便是可控的，而这意味着输入矩阵的每一行都是非零行。当第 i 行出现全零时，$\dot{x}_i$ 方程中不含任何控制分量，x_i 不可控。于是 $\boldsymbol{A}$ 矩阵为对角阵时的可控性判据又可表述为：$\boldsymbol{A}$ 矩阵为对角阵且元素各异时，输入矩阵不存在全零行。

当 $\boldsymbol{A}$ 矩阵为对角阵且含有相同元素时，上述判据不适用，应根据可控性矩阵的秩来判断。设系统状态方程为

$$\begin{bmatrix}\dot{x}_1\\\dot{x}_2\\\dot{x}_3\\\vdots\\\dot{x}_n\end{bmatrix}=\begin{bmatrix}\lambda_1&1&&&\\&\lambda_1&&&\\&&\lambda_3&&\\&&&\ddots&\\&&&&\lambda_n\end{bmatrix}\begin{bmatrix}x_1\\x_2\\x_3\\\vdots\\x_n\end{bmatrix}+\begin{bmatrix}r_{11}&\cdots&r_{1p}\\r_{21}&\cdots&r_{2p}\\r_{31}&\cdots&r_{3p}\\\vdots&&\vdots\\r_{n1}&\cdots&r_{np}\end{bmatrix}\begin{bmatrix}u_1\\u_2\\u_3\\\vdots\\u_p\end{bmatrix}\tag{9-98}$$

式中，λ_1 为系统的二重特征值且构成一个约当块，$\lambda_3,\cdots,\lambda_n$ 为系统的相异特征值。展开式(9-98) 可见，$\dot{x}_2,\cdots,\dot{x}_n$ 各方程的状态变量是解耦的，上述 $\boldsymbol{A}$ 矩阵对角化的判据仍适用；而 $\dot{x}_1$ 方程中既含 x_1 又含 x_2，在 x_2 受控条件下，即使 $\dot{x}_1$ 方程中不存在任何控制分量，也能通过 x_2 间接传递控制作用，使 x_1

仍可控。于是 $\boldsymbol{A}$ 矩阵约当化时的可控性判据又可表述为：输入矩阵中与约当块最后一行所对应的行不是全零行（与约当块其他行所对应的行允许是全零行）；输入矩阵中与相异特征值所对应的行不是全零行。

当 $\boldsymbol{A}$ 矩阵的相同特征值分布在两个或更多个约当块时，例如 $\begin{bmatrix} \lambda_1 & 1 & 0 \\ 0 & \lambda_1 & 0 \\ 0 & 0 & \lambda_1 \end{bmatrix}$，以上判据不适用，应根据可控性矩阵的秩来判断。

【例 9-18】 下列系统是可控的，试自行说明。

(1) $\begin{bmatrix} \dot{x}_1 \\ \dot{x}_2 \end{bmatrix} = \begin{bmatrix} -2 & 0 \\ 0 & -3 \end{bmatrix} \begin{bmatrix} x_1 \\ x_2 \end{bmatrix} + \begin{bmatrix} 1 \\ 2 \end{bmatrix} u$

(2) $\begin{bmatrix} \dot{x}_1 \\ \dot{x}_2 \\ \dot{x}_3 \end{bmatrix} = \begin{bmatrix} -1 & 1 & 0 \\ 0 & -1 & 0 \\ 0 & 0 & 2 \end{bmatrix} \begin{bmatrix} x_1 \\ x_2 \\ x_3 \end{bmatrix} + \begin{bmatrix} 0 & 0 \\ 1 & 0 \\ 0 & 1 \end{bmatrix} \begin{bmatrix} u_1 \\ u_2 \end{bmatrix}$

(3) $\begin{bmatrix} \dot{x}_1 \\ \dot{x}_2 \\ \dot{x}_3 \\ \dot{x}_4 \\ \dot{x}_5 \\ \dot{x}_6 \end{bmatrix} = \begin{bmatrix} \lambda_1 & 1 & & & & \\ & \lambda_1 & & & & \\ & & \lambda_2 & & & \\ & & & \lambda_3 & 1 & \\ & & & & \lambda_3 & 1 \\ & & & & & \lambda_3 \end{bmatrix} \begin{bmatrix} x_1 \\ x_2 \\ x_3 \\ x_4 \\ x_5 \\ x_6 \end{bmatrix} + \begin{bmatrix} 0 & 0 & 0 \\ 0 & 0 & 1 \\ 0 & 1 & 0 \\ 0 & 0 & 0 \\ 0 & 0 & 0 \\ 1 & 0 & 0 \end{bmatrix} \begin{bmatrix} u_1 \\ u_2 \\ u_3 \end{bmatrix}$

(4) 可控标准型问题

在前面研究状态空间表达式的建立问题时，曾对单输入-单输出定常系统建立的状态方程为

$$\begin{bmatrix} \dot{x}_1 \\ \dot{x}_2 \\ \vdots \\ \dot{x}_{n-1} \\ \dot{x}_n \end{bmatrix} = \begin{bmatrix} 0 & 1 & 0 & \cdots & 0 \\ 0 & 0 & 1 & \cdots & 0 \\ \vdots & \vdots & \vdots & \ddots & \vdots \\ 0 & 0 & 0 & \cdots & 1 \\ -a_0 & -a_1 & -a_2 & \cdots & -a_{n-1} \end{bmatrix} \begin{bmatrix} x_1 \\ x_2 \\ \vdots \\ x_{n-1} \\ x_n \end{bmatrix} + \begin{bmatrix} 0 \\ 0 \\ \vdots \\ 0 \\ 1 \end{bmatrix} u \tag{9-99}$$

其可控性矩阵为

$$\boldsymbol{S}_3 = [\boldsymbol{b} \quad \boldsymbol{Ab} \quad \cdots \boldsymbol{A}^{n-1}\boldsymbol{b}] = \begin{bmatrix} 0 & 0 & 0 & \cdots & 0 & 1 \\ 0 & 0 & 0 & \cdots & 1 & -a_{n-1} \\ \vdots & \vdots & \vdots & \ddots & \vdots & \vdots \\ 0 & 0 & 1 & \cdots & \times & \times \\ 0 & 1 & -a_{n-1} & \cdots & \times & \times \\ 1 & -a_{n-1} & \times & \cdots & \times & \times \end{bmatrix} \tag{9-100}$$

与该状态方程对应的可控性矩阵 $\boldsymbol{S}_3$ 是一个右下三角阵，且其副对角线元素均为 1，系统一定是可控的，这就是式(9-99) 称为可控标准型的由来。

9.4.3 线性定常系统的可观测性

如果某个状态变量可直接用仪器测量，它必然是可观测的。在多变量系统中，能直接测量的状态变量一般不多，大多数状态变量往往只能通过对输出量的测量间接得到，有些状态变量甚至根本就不可观测。需要注意的是，出现在输出方程中的状态变量不一定可观测，不出现在输出方程中的状态变量也不一定就不可观测。

(1) 离散系统的状态可观测性

其定义为：已知输入向量序列 $\boldsymbol{u}(0),\cdots,\boldsymbol{u}(n-1)$ 及在有限采样周期内测量到的输出向量序列 $\boldsymbol{y}(0),\cdots,\boldsymbol{y}(n-1)$，能唯一确定任意初始状态向量 $\boldsymbol{x}(0)$，则称系统是完全可观测的，简称系统可观测。下面研究多输入-多输出离散系统的可观测条件。设系统状态空间描述为

$$\begin{cases} \boldsymbol{x}(k+1)=\boldsymbol{\Phi x}(k)+\boldsymbol{Gu}(k) \\ \boldsymbol{y}(k)=\boldsymbol{Cx}(k)+\boldsymbol{Du}(k) \end{cases} \tag{9-101}$$

因为是讨论可观测性，可假设输入为零，其动态方程解 $\boldsymbol{y}(k)$ 写成展开式为

$$\boldsymbol{x}(k)=\boldsymbol{\Phi}^k\boldsymbol{x}(0)$$

$$\boldsymbol{y}(k)=\boldsymbol{C\Phi}^k\boldsymbol{x}(0)$$

$$\begin{cases} \boldsymbol{y}(0)=\boldsymbol{Cx}(0) \\ \boldsymbol{y}(1)=\boldsymbol{C\Phi x}(0) \\ \vdots \\ \boldsymbol{y}(n-1)=\boldsymbol{C\Phi}^{n-1}\boldsymbol{x}(0) \end{cases} \tag{9-102}$$

其向量-矩阵形式为

$$\begin{bmatrix} \boldsymbol{C} \\ \boldsymbol{C\Phi} \\ \vdots \\ \boldsymbol{C\Phi}^{n-1} \end{bmatrix}\boldsymbol{x}(0)=\begin{bmatrix} \boldsymbol{y}(0) \\ \boldsymbol{y}(1) \\ \vdots \\ \boldsymbol{y}(n-1) \end{bmatrix} \tag{9-103}$$

令

$$\boldsymbol{V}_1^{\mathrm{T}}=\begin{bmatrix} \boldsymbol{C} \\ \boldsymbol{C\Phi} \\ \vdots \\ \boldsymbol{C\Phi}^{n-1} \end{bmatrix} \tag{9-104}$$

称 $nq\times n$ 矩阵 $\boldsymbol{V}_1^{\mathrm{T}}$ 为线性定常离散系统的可观测性矩阵。式(9-103) 展开后有 nq 个方程，若其中有 n 个独立方程，便可唯一确定一组 $x_1(0),\cdots,x_n(0)$。当独立方程个数多于 n 时，解会出现矛盾；当独立方程个数少于 n 时，便有无穷解。故可观测的充分必要条件为

$$\mathrm{rank}\boldsymbol{V}_1^{\mathrm{T}}=n \tag{9-105}$$

由于 $\mathrm{rank}\boldsymbol{V}_1^{\mathrm{T}}=\mathrm{rank}\boldsymbol{V}_1$，故离散系统可观测性判据又可以表示为

$$\mathrm{rank}\boldsymbol{V}_1=\mathrm{rank}[\boldsymbol{C}^{\mathrm{T}} \quad \boldsymbol{\Phi}^{\mathrm{T}}\boldsymbol{C}^{\mathrm{T}} \quad \cdots \quad (\boldsymbol{\Phi}^{\mathrm{T}})^{n-1}\boldsymbol{C}^{\mathrm{T}}]=n \tag{9-106}$$

【例 9-19】 判断下列线性定常离散系统的可观测性，并讨论可观测性的物理解释。其输出矩阵有两种情况，即

$$\boldsymbol{x}(k+1)=\boldsymbol{\Phi x}(k)+\boldsymbol{g}u(k), \quad \boldsymbol{y}(k)=\boldsymbol{C}_i\boldsymbol{x}(k),(i=1,2)$$

$$\boldsymbol{\Phi}=\begin{bmatrix} 1 & 0 & -1 \\ 0 & -2 & 1 \\ 3 & 0 & 2 \end{bmatrix}, \quad \boldsymbol{g}=\begin{bmatrix} 2 \\ -1 \\ 1 \end{bmatrix}, \quad \boldsymbol{C}_1=[0 \quad 1 \quad 0], \quad \boldsymbol{C}_2=\begin{bmatrix} 0 & 0 & 1 \\ 1 & 0 & 0 \end{bmatrix}$$

解 计算可观测性矩阵 $\boldsymbol{V}_1$

当 $i=1$ 时

$$\boldsymbol{C}_1^{\mathrm{T}}=\begin{bmatrix} 0 \\ 1 \\ 0 \end{bmatrix}, \quad \boldsymbol{\Phi}^{\mathrm{T}}\boldsymbol{C}_1^{\mathrm{T}}=\begin{bmatrix} 0 \\ -2 \\ 1 \end{bmatrix}, \quad (\boldsymbol{\Phi}^{\mathrm{T}})^2\boldsymbol{C}_1^{\mathrm{T}}=\begin{bmatrix} 3 \\ 4 \\ 0 \end{bmatrix}, \det\boldsymbol{V}_1=\begin{vmatrix} 0 & 0 & 3 \\ 1 & -2 & 4 \\ 0 & 1 & 0 \end{vmatrix}=3\neq 0$$

故系统可观测。由输出方程 $y(k)=x_2(k)$ 可见，在第 k 步便可由输出确定状态变量 $x_2(k)$。由于

$$y(k+1)=x_2(k+1)=-2x_2(k)+x_3(k)$$

故在第 $k+1$ 步便可确定 $x_3(k)$。由于

$$y(k+2)=x_2(k+2)=-2x_2(k+1)+x_3(k+1)=4x_2(k)+3x_1(k)$$

故在第 $k+2$ 步便可确定 $x_1(k)$。

该系统为三阶系统，可观测意味着至多观测三步便能由 $y(k)$、$y(k+1)$、$y(k+2)$ 的输出测量值来确定三个状态变量。

当 $i=2$ 时

$$\boldsymbol{C}_2^{\mathrm{T}}=\begin{bmatrix} 0 & 1 \\ 0 & 0 \\ 1 & 0 \end{bmatrix}, \quad \boldsymbol{\Phi}^{\mathrm{T}}\boldsymbol{C}_2^{\mathrm{T}}=\begin{bmatrix} 3 & 1 \\ 0 & 0 \\ 2 & -1 \end{bmatrix}, \quad (\boldsymbol{\Phi}^{\mathrm{T}})^2\boldsymbol{C}_2^{\mathrm{T}}=\begin{bmatrix} 9 & -2 \\ 0 & 0 \\ 1 & -3 \end{bmatrix}$$

$$\text{rank}\boldsymbol{V}_1=\begin{bmatrix}0&1&3&1&9&-2\\0&0&0&0&0&0\\1&0&2&-1&1&-3\end{bmatrix}=2\neq 3$$

故系统不可观测。由输出方程 $\boldsymbol{y}(k)=\begin{bmatrix}x_3(k)\\x_1(k)\end{bmatrix}$，得

$$\boldsymbol{y}(k+1)=\begin{bmatrix}x_3(k+1)\\x_1(k+1)\end{bmatrix}=\begin{bmatrix}3x_1(k)+2x_3(k)\\x_1(k)-x_3(k)\end{bmatrix}$$

$$\boldsymbol{y}(k+2)=\begin{bmatrix}x_3(k+2)\\x_1(k+2)\end{bmatrix}=\begin{bmatrix}3x_1(k+1)+2x_3(k+1)\\x_1(k+1)-x_3(k+1)\end{bmatrix}=\begin{bmatrix}9x_1(k)+x_3(k)\\-2x_1(k)-3x_3(k)\end{bmatrix}$$

可看出三步的输出测量值中始终不含 $x_2(k)$，故 $x_2(k)$ 是不可观测的状态变量。只要有一个状态变量不可观测，系统就不可观测。

(2) 连续系统的状态可观测性

其定义为：已知输入及在有限时间间隔 $t\in[t_0\quad t_f]$ 内测量到的输出 $\boldsymbol{y}(t)$，能唯一确定初始状态 $\boldsymbol{x}(t_0)$，则称系统是完全可观测的，简称系统可观测。

对多输入-多输出连续系统，系统可观测的充分必要条件是

$$\text{rank}\boldsymbol{V}_2^{\text{T}}=\text{rank}\begin{bmatrix}\boldsymbol{C}\\\boldsymbol{CA}\\\vdots\\\boldsymbol{CA}^{n-1}\end{bmatrix}=n \tag{9-107}$$

或

$$\text{rank}\boldsymbol{V}_2=\text{rank}[\boldsymbol{C}^{\text{T}}\quad\boldsymbol{A}^{\text{T}}\boldsymbol{C}^{\text{T}}\quad(\boldsymbol{A}^{\text{T}})^2\boldsymbol{C}^{\text{T}}\quad\cdots\quad(\boldsymbol{A}^{\text{T}})^{n-1}\boldsymbol{C}^{\text{T}}]=n \tag{9-108}$$

$\boldsymbol{V}_2^{\text{T}}$、$\boldsymbol{V}_2$ 均称为可观测性矩阵。

当系统矩阵 $\boldsymbol{A}$ 已化成对角阵或约当阵时，由可观测性矩阵能导出更简捷直观的可观测性判据。

设二阶系统动态方程中 $\boldsymbol{A}$、$\boldsymbol{C}$ 矩阵分别为 $\boldsymbol{A}=\begin{bmatrix}\lambda_1&0\\0&\lambda_2\end{bmatrix}$、$\boldsymbol{C}=[c_1\quad c_2]$。

可观测矩阵 $\boldsymbol{V}_2$ 的行列式为 $\det\boldsymbol{V}_2=\det[\boldsymbol{C}^{\text{T}}\quad\boldsymbol{A}^{\text{T}}\boldsymbol{C}^{\text{T}}]=\begin{vmatrix}c_1&\lambda_1c_1\\c_2&\lambda_2c_2\end{vmatrix}=c_1c_2(\lambda_2-\lambda_1)$

当 $\det\boldsymbol{V}_2\neq0$ 时系统状态可观测。于是要求：当对角阵 $\boldsymbol{A}$ 有相异特征值（$\lambda_2\neq\lambda_1$）时，应存在 $c_1\neq0$、$c_2\neq0$，即只需根据输出矩阵中没有全零列便可判断系统可观测。若 $\lambda_2=\lambda_1$ 时，则不能这样判断，这时 $\det\boldsymbol{V}_2\equiv0$，系统总是不可观测的。

设二阶系统动态方程中 $\boldsymbol{A}$、$\boldsymbol{C}$ 矩阵分别为 $\boldsymbol{A}=\begin{bmatrix}\lambda_1&1\\0&\lambda_1\end{bmatrix}$、$\boldsymbol{C}=[c_1\quad c_2]$。

则

$$\det\boldsymbol{V}_2=\det[\boldsymbol{C}^{\text{T}}\quad\boldsymbol{A}^{\text{T}}\boldsymbol{C}^{\text{T}}]=\begin{vmatrix}c_1&\lambda_1c_1\\c_2&c_1+\lambda_1c_2\end{vmatrix}=c_1^2$$

显见，只要 $c_1\neq0$，系统便可观测，与 c_2 无关，意为 $\boldsymbol{A}$ 矩阵约当化且相同特征值分布在一个约当块内时，只需根据输出矩阵中与约当块最前一列所对应的列不是全零列，即可判断系统可观测，与输出矩阵中的其他列是否为全零列无关。当 $\boldsymbol{A}$ 矩阵的相同特征值分布在两个或更多个约当块内时，例如 $\begin{bmatrix}\lambda_1&1&0\\0&\lambda_1&0\\0&0&\lambda_1\end{bmatrix}$，以上判断方法不适用。

以上判断方法可推广到 $\boldsymbol{A}$ 矩阵对角化、约当化的 n 阶系统。设系统动态方程（令 $\boldsymbol{u}=0$）为

$$\dot{\boldsymbol{x}}=\begin{bmatrix}\lambda_1&&&\\&\lambda_2&&\\&&\ddots&\\&&&\lambda_n\end{bmatrix}\boldsymbol{x}\quad \boldsymbol{y}=\begin{bmatrix}c_{11}&\cdots&c_{1n}\\c_{21}&\cdots&c_{2n}\\\vdots&\ddots&\vdots\\c_{q1}&\cdots&c_{qn}\end{bmatrix}\boldsymbol{x} \tag{9-109}$$

式中，$\lambda_1,\cdots,\lambda_n$ 为系统相异特征值，状态变量间解耦，输出解为

$$\begin{bmatrix} y_1 \\ y_2 \\ \vdots \\ y_q \end{bmatrix}=\begin{bmatrix} c_{11} & \cdots & c_{1n} \\ c_{21} & \cdots & c_{2n} \\ \vdots & \ddots & \vdots \\ c_{q1} & \cdots & c_{qn} \end{bmatrix}\begin{bmatrix} e^{\lambda_1 t}x_1(0) \\ e^{\lambda_2 t}x_2(0) \\ \vdots \\ e^{\lambda_n t}x_n(0) \end{bmatrix} \tag{9-110}$$

由式(9-110) 可见，当 $\boldsymbol{C}$ 矩阵第一列全为零时，在 y_1、…、y_q 诸分量中均不含 $x_1(0)$，则 $x_1(0)$ 不可观测。于是 $\boldsymbol{A}$ 矩阵为对角阵时可观测判据又可表述为：$\boldsymbol{A}$ 矩阵为对角阵且元素各异时，输出矩阵不存在全零列。

当 $\boldsymbol{A}$ 矩阵为对角阵但含有相同元素时，上述判据不适用，应根据可观测矩阵的秩来判断。

设系统动态方程为

$$\begin{bmatrix} \dot{x}_1 \\ \dot{x}_2 \\ \dot{x}_3 \\ \vdots \\ \dot{x}_n \end{bmatrix}=\begin{bmatrix} \lambda_1 & 1 & & & \\ & \lambda_1 & & & \\ & & \lambda_3 & & \\ & & & \ddots & \\ & & & & \lambda_n \end{bmatrix}\begin{bmatrix} x_1 \\ x_2 \\ x_3 \\ \vdots \\ x_n \end{bmatrix} \quad \begin{bmatrix} y_1 \\ y_2 \\ \vdots \\ y_q \end{bmatrix}=\begin{bmatrix} c_{11} & \cdots & c_{1n} \\ c_{21} & \cdots & c_{2n} \\ \vdots & \ddots & \vdots \\ c_{q1} & \cdots & c_{qn} \end{bmatrix}\begin{bmatrix} x_1 \\ x_2 \\ \vdots \\ x_n \end{bmatrix} \tag{9-111}$$

λ_1 为二重特征值且构成一个约当块，λ_3、…、λ_n 为相异特征值。动态方程解为

$$\begin{bmatrix} x_1 \\ x_2 \\ x_3 \\ \vdots \\ x_n \end{bmatrix}=\begin{bmatrix} e^{\lambda_1 t} & te^{\lambda_1 t} & & & \\ & e^{\lambda_1 t} & & \boldsymbol{0} & \\ & & e^{\lambda_3 t} & & \\ & \boldsymbol{0} & & \ddots & \\ & & & & e^{\lambda_n t} \end{bmatrix}\begin{bmatrix} x_1(0) \\ x_2(0) \\ x_3(0) \\ \vdots \\ x_n(0) \end{bmatrix}$$

$$\begin{bmatrix} y_1 \\ y_2 \\ y_3 \\ \vdots \\ y_q \end{bmatrix}=\begin{bmatrix} c_{11} & \cdots & c_{1n} \\ c_{21} & \cdots & c_{2n} \\ c_{31} & \cdots & c_{3n} \\ \vdots & \ddots & \vdots \\ c_{q1} & \cdots & c_{qn} \end{bmatrix}\begin{bmatrix} e^{\lambda_1 t}x_1(0)+te^{\lambda_1 t}x_2(0) \\ e^{\lambda_1 t}x_2(0) \\ e^{\lambda_3 t}x_3(0) \\ \vdots \\ e^{\lambda_n t}x_n(0) \end{bmatrix} \tag{9-112}$$

由式(9-112) 可见，当 $\boldsymbol{C}$ 矩阵第一列全为零时，在 y_1、…、y_q 诸分量中均不含 $x_1(0)$；若第一列不全为零，则必有输出分量既含 $x_1(0)$，又含 $x_2(0)$，于是 $\boldsymbol{C}$ 矩阵第二列允许全为零。故 $\boldsymbol{A}$ 矩阵为约当阵且相同特征值分布在一个约当块内时，可观测判据又可表述为：输出矩阵中与约当块最前一列对应的列不是全零列（与约当块其他列所对应的列允许是全零列）；输出矩阵中与相异特征值所对应的列不是全零列。

对于相同特征值分布在两个或更多个约当块内的情况，以上判据不适用，仍应根据可观测矩阵的秩来判断。

【例 9-20】 下列系统可观测，试自行说明。

(1) $\begin{bmatrix} \dot{x}_1 \\ \dot{x}_2 \\ \dot{x}_3 \end{bmatrix}=\begin{bmatrix} -2 & 1 & 0 \\ 0 & -2 & 0 \\ 0 & 0 & 5 \end{bmatrix}\begin{bmatrix} x_1 \\ x_2 \\ x_3 \end{bmatrix}$，$\begin{bmatrix} y_1 \\ y_2 \end{bmatrix}=\begin{bmatrix} 2 & 0 & 0 \\ 0 & 0 & -1 \end{bmatrix}\begin{bmatrix} x_1 \\ x_2 \\ x_3 \end{bmatrix}$

(2) $\begin{bmatrix} \dot{x}_1 \\ \dot{x}_2 \\ \dot{x}_3 \\ \dot{x}_4 \\ \dot{x}_5 \end{bmatrix}=\begin{bmatrix} -1 & 1 & & & \\ & -1 & & & \\ & & -2 & 1 & \\ & & & -2 & 1 \\ & & & & -2 \end{bmatrix}\begin{bmatrix} x_1 \\ x_2 \\ x_3 \\ x_4 \\ x_5 \end{bmatrix}$，$y=[-5 \quad 0 \quad 2 \quad 0 \quad 0]\boldsymbol{x}$

【例 9-21】 下列系统不可观测，试自行说明。

(1) $\dot{\boldsymbol{x}}=\begin{bmatrix} -2 & 0 \\ 0 & -3 \end{bmatrix}\boldsymbol{x}$，$y=[1 \quad 0]\boldsymbol{x}$

(2) $\dot{\boldsymbol{x}}=\begin{bmatrix}1 & 0\\0 & 1\end{bmatrix}\boldsymbol{x}$，$y=[1\quad 1]\boldsymbol{x}$

(3) 可观测标准型问题

当动态方程中的 $\boldsymbol{A}$，$\boldsymbol{c}$ 矩阵具有下列形式

$$\boldsymbol{A}=\begin{bmatrix}0 & 0 & \cdots & 0 & 0 & -a_0\\1 & 0 & \cdots & 0 & 0 & -a_1\\0 & 1 & \cdots & 0 & 0 & -a_2\\\vdots & \vdots & \ddots & \vdots & \vdots & \vdots\\0 & 0 & \cdots & 1 & 0 & -a_{n-2}\\0 & 0 & \cdots & 0 & 1 & -a_{n-1}\end{bmatrix} \tag{9-113}$$

$$\boldsymbol{c}=[0\quad 0\quad \cdots\quad 0\quad 0\quad 1]$$

时，其可观测性矩阵

$$\boldsymbol{V}_2=[\boldsymbol{c}^{\mathrm{T}}\quad \boldsymbol{A}^{\mathrm{T}}\boldsymbol{c}^{\mathrm{T}}\quad \cdots\quad (\boldsymbol{A}^{\mathrm{T}})^{n-1}\boldsymbol{c}^{\mathrm{T}}]=\begin{bmatrix}0 & 0 & 0 & \cdots & 0 & 0\\0 & 0 & 0 & \cdots & 1 & -a_{n-1}\\\vdots & \vdots & \vdots & \ddots & \vdots & \vdots\\0 & 0 & 1 & \cdots & \times & \times\\0 & 1 & -a_{n-1} & \cdots & \times & \times\\1 & -a_{n-1} & \times & \cdots & \times & \times\end{bmatrix}$$

$\boldsymbol{V}_2$ 是一个右下三角阵，$\det\boldsymbol{V}_2\neq 0$，系统一定可观测，这就是形如式(9-113) 所示的 $\boldsymbol{A}$、$\boldsymbol{c}$ 矩阵称为可观测标准型名称的由来。一个可观测系统，当 $\boldsymbol{A}$、$\boldsymbol{c}$ 矩阵不具有可观测标准型时，也可选择适当的变换化为可观测标准型。

9.4.4 可控性、可观测性与传递函数矩阵的关系

(1) 单输入-单输出系统

设系统动态方程为

$$\begin{cases}\dot{\boldsymbol{x}}=\boldsymbol{A}\boldsymbol{x}+\boldsymbol{b}u\\y=\boldsymbol{c}\boldsymbol{x}\end{cases} \tag{9-114}$$

当 $\boldsymbol{A}$ 矩阵具有相异特征值 λ_1、…、λ_n 时，通过线性变换，定可使矩阵 $\boldsymbol{A}$ 对角化为

$$\dot{\boldsymbol{z}}=\begin{bmatrix}\lambda_1 & & 0\\ & \ddots & \\0 & & \lambda_n\end{bmatrix}\boldsymbol{z}+\begin{bmatrix}r_1\\\vdots\\r_n\end{bmatrix}u \tag{9-115}$$

$$y=[f_1\quad \cdots\quad f_n]\boldsymbol{z}=\sum_{i=1}^{n}f_iz_i$$

根据 $\boldsymbol{A}$ 矩阵对角化的可控、可观测性判据，可知：当 $r_i=0$ 时，x_i 不可控；当 $f_i=0$ 时，x_i 不可观测。试看传递函数 $G(s)$ 所具有的相应特点。由于

$$G(s)=\frac{Y(s)}{U(s)}=\boldsymbol{c}(s\boldsymbol{I}-\boldsymbol{A})^{-1}\boldsymbol{b} \tag{9-116}$$

式中，$(s\boldsymbol{I}-\boldsymbol{A})^{-1}\boldsymbol{b}$ 是输入至状态向量之间的传递矩阵。这可由状态方程两端取拉氏变换（令初始条件为零）来导出，即

$$\boldsymbol{X}(s)=(s\boldsymbol{I}-\boldsymbol{A})^{-1}\boldsymbol{b}U(s) \tag{9-117}$$

若 $r_1=0$，即 x_1 不可控，则 $(s\boldsymbol{I}-\boldsymbol{A})^{-1}\boldsymbol{b}$ 矩阵一定会出现零、极点对消现象，例如

$$(s\boldsymbol{I}-\boldsymbol{A})^{-1}\boldsymbol{b}=\begin{bmatrix}s-\lambda_1 & & 0\\ & \ddots & \\0 & & s-\lambda_n\end{bmatrix}^{-1}\begin{bmatrix}0\\r_2\\\vdots\\r_n\end{bmatrix}=\begin{bmatrix}\dfrac{1}{s-\lambda_1}\cdot 0\\\dfrac{1}{s-\lambda_2}\cdot r_2\\\vdots\\\dfrac{1}{s-\lambda_n}\cdot r_n\end{bmatrix}$$

$$=\frac{(s-\lambda_1)}{(s-\lambda_1)(s-\lambda_2)\cdots(s-\lambda_n)}\begin{bmatrix}0\\(s-\lambda_3)\cdots(s-\lambda_n)r_2\\ \vdots\\(s-\lambda_2)\cdots(s-\lambda_{n-1})r_n\end{bmatrix}$$

式(9-116) 中，$\boldsymbol{c}(s\boldsymbol{I}-\boldsymbol{A})^{-1}$ 则是初始状态至输出向量之间的传递矩阵，即

$$y(s)=\boldsymbol{cx}(s)=\boldsymbol{c}(s\boldsymbol{I}-\boldsymbol{A})^{-1}\boldsymbol{x}_0 \tag{9-118}$$

若 $f_1=0$，即 x_1 不可观测，则 $\boldsymbol{c}(s\boldsymbol{I}-\boldsymbol{A})^{-1}$ 也一定会出现零、极点对消现象，例如

$$\boldsymbol{c}(s\boldsymbol{I}-\boldsymbol{A})^{-1}=[0\quad f_2\quad\cdots\quad f_n]\begin{bmatrix}s-\lambda_1 & & & 0\\ & s-\lambda_2 & & \\ & & \ddots & \\ 0 & & & s-\lambda_n\end{bmatrix}^{-1}$$

$$=\left[\frac{0}{s-\lambda_1}\quad\frac{f_2}{s-\lambda_2}\quad\cdots\quad\frac{f_n}{s-\lambda_n}\right]$$

$$=\frac{(s-\lambda_1)}{(s-\lambda_1)(s-\lambda_2)\cdots(s-\lambda_n)}\cdot[0\quad(s-\lambda_3)\cdots(s-\lambda_n)f_2\quad\cdots\quad(s-\lambda_2)\cdots(s-\lambda_{n-1})f_n]$$

当 $r_i=0$ 及 $f_i=0$ 时，系统既不可控，也不可观测；当 $r_i\neq0$ 及 $f_i\neq0$ 时，系统可控、可观测。

对于 $\boldsymbol{A}$ 矩阵约当化的情况，经类似推导可得出相同结论，与特征值是否分布在一个约当块内无关。单输入-单输出系统可控、可观测的充分必要条件是由动态方程导出的传递函数不存在零、极点对消（即传递函数不可约），系统可控的充分必要条件是 $(s\boldsymbol{I}-\boldsymbol{A})^{-1}\boldsymbol{b}$ 不存在零、极点对消，系统可观测的充分必要条件是 $\boldsymbol{c}(s\boldsymbol{I}-\boldsymbol{A})^{-1}$ 不存在零、极点对消。

以上判据仅适用于单输入-单输出系统，对多输入-多输出系统一般不适用。

由不可约传递函数列写的动态方程一定是可控、可观测的，不能反映系统中可能存在的不可控和不可观测的特性。由动态方程导出可约传递函数时，表明系统或是可控、不可观测的，或是可观测、不可控的，或是不可控、不可观测的，三者必居其一；反之亦然。

传递函数可约时，传递函数分母阶次将低于系统特征方程阶次。若对消掉的是系统的一个不稳定特征值，便可能掩盖了系统固有的不稳定性而误认为系统稳定。通常说用传递函数描述系统特性不完全，就是指它可能掩盖系统的不可控性、不可观测性及不稳定性。只有当系统可控又可观测时，传递函数描述与状态空间描述才是等价的。

【例 9-22】 已知下列动态方程，试研究其可控性、可观测性与传递函数的关系。

(1) $\dot{\boldsymbol{x}}=\begin{bmatrix}0 & 1\\2.5 & -1.5\end{bmatrix}\boldsymbol{x}+\begin{bmatrix}0\\1\end{bmatrix}u$，$y=[2.5\quad 1]\boldsymbol{x}$

(2) $\dot{\boldsymbol{x}}=\begin{bmatrix}0 & 2.5\\1 & -1.5\end{bmatrix}\boldsymbol{x}+\begin{bmatrix}2.5\\1\end{bmatrix}u$，$y=[0\quad 1]\boldsymbol{x}$

(3) $\dot{\boldsymbol{x}}=\begin{bmatrix}1 & 0\\0 & -2.5\end{bmatrix}\boldsymbol{x}+\begin{bmatrix}1\\0\end{bmatrix}u$，$y=[1\quad 0]\boldsymbol{x}$

解 三个系统的传递函数均为 $G(s)=\dfrac{Y(s)}{U(s)}=\dfrac{s+2.5}{(s+2.5)(s-1)}$，存在零、极点对消。

(1) 系统 $\boldsymbol{A}$、$\boldsymbol{b}$ 矩阵为可控标准型，故可控、不可观测。

(2) 系统 $\boldsymbol{A}$、$\boldsymbol{c}$ 矩阵为可观测标准型，故可观测、不可控。

(3) 由系统 $\boldsymbol{A}$ 矩阵对角化时的可控、可观测判据可知，系统不可控、不可观测，x_2 为不可控、不可观测的状态变量。

【例 9-23】 设二阶系统结构图如图 9-20 所示，试用状态空间及传递函数描述判断系统的可控性与可观测性，并说明传递函数描述的不完全性。

解 由结构图列写系统传递函数

$$X_1(s)=\frac{-5}{s+4}[U(s)-X_2(s)]$$

$$X_2(s)=\frac{1}{s-1}Y(s)$$

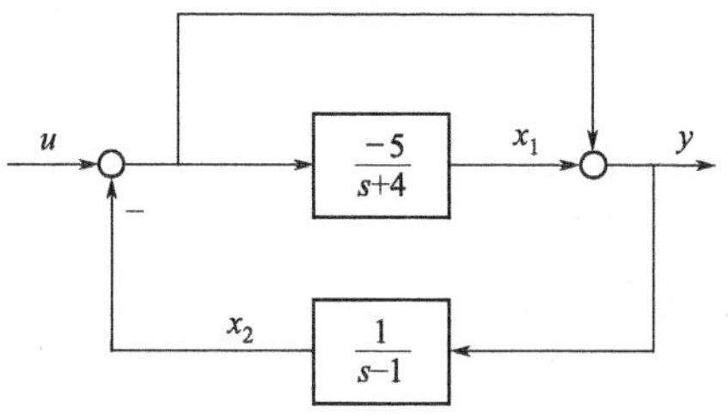

图 9-20　例 9-23 系统结构图

$$Y(s)=X_1(s)+[U(s)-X_2(s)]$$

再写成向量-矩阵形式的动态方程为

$$\begin{cases}\begin{bmatrix}\dot{x}_1\\ \dot{x}_2\end{bmatrix}=\begin{bmatrix}-4 & 5\\ 1 & 0\end{bmatrix}\begin{bmatrix}x_1\\ x_2\end{bmatrix}+\begin{bmatrix}-5\\ 1\end{bmatrix}u=\boldsymbol{A}\boldsymbol{x}+\boldsymbol{b}u\\ y=[1\quad -1]\boldsymbol{x}+u=\boldsymbol{c}\boldsymbol{x}+u\end{cases}$$

由状态可控性矩阵 $\boldsymbol{S}_3$ 及可观性矩阵 $\boldsymbol{V}_2$，有

$$\boldsymbol{S}_3=[\boldsymbol{b}\quad \boldsymbol{A}\boldsymbol{b}]=\begin{bmatrix}-5 & 25\\ 1 & -5\end{bmatrix},\ |\boldsymbol{S}_3|=0$$

故不可控。

$$\boldsymbol{V}_2=[\boldsymbol{c}^{\mathrm{T}}\quad \boldsymbol{A}^{\mathrm{T}}\boldsymbol{c}^{\mathrm{T}}]=\begin{bmatrix}1 & -5\\ -1 & 5\end{bmatrix},\ |\boldsymbol{V}_2|=0$$

故不可观测。由传递矩阵

$$(s\boldsymbol{I}-\boldsymbol{A})^{-1}\boldsymbol{b}=\begin{bmatrix}s+4 & -5\\ -1 & s\end{bmatrix}^{-1}\begin{bmatrix}-5\\ 1\end{bmatrix}=\frac{1}{s^2+4s-5}\begin{bmatrix}s & 5\\ 1 & s+4\end{bmatrix}\begin{bmatrix}-5\\ 1\end{bmatrix}$$

$$=\frac{(s-1)}{(s-1)\ (s+5)}\begin{bmatrix}-5\\ 1\end{bmatrix}$$

$$\boldsymbol{c}(s\boldsymbol{I}-\boldsymbol{A})^{-1}=\frac{1}{s^2+4s-5}[1\quad -1]\begin{bmatrix}s & 5\\ 1 & s+4\end{bmatrix}=\frac{(s-1)}{(s-1)(s+5)}[1\quad -1]$$

两式均出现零、极点对消，系统不可控、不可观测。系统特征多项式为 $|s\boldsymbol{I}-\boldsymbol{A}|=(s+5)(s-1)$，二阶系统的特征多项式是二次多项式，经零、极点对消后，系统降为一阶。本系统原是不稳定系统，其中一个特征值 $s=\lambda=1$，但如果用对消后的传递函数来描述系统，会误认为系统稳定。

（2）多输入-多输出系统

多输入-多输出系统传递函数矩阵存在零、极点对消时，系统并非一定是不可控或不可观测的，需要利用传递函数矩阵中的行或列的线性相关性来判断。

传递函数矩阵的元素是 $\boldsymbol{G}(s)$ 的多项式，设 $\boldsymbol{G}(s)$ 以下面列向量组来表示

$$\boldsymbol{G}(s)=[\boldsymbol{g}_1(s)\quad \boldsymbol{g}_2(s)\quad \cdots\quad \boldsymbol{g}_n(s)] \tag{9-119}$$

若存在不全为零的实常数 a_1、a_2、…、a_n，使式

$$a_1\boldsymbol{g}_1(s)+a_2\boldsymbol{g}_2(s)+\cdots+a_n\boldsymbol{g}_n(s)=0 \tag{9-120}$$

成立，则称函数 $\boldsymbol{g}_1(s),\boldsymbol{g}_2(s),\cdots,\boldsymbol{g}_n(s)$ 是线性相关的。若只有当 $a_1,a_2,\cdots,a_n$ 全为零时，式(9-120）才成立，则称函数 $\boldsymbol{g}_1(s),\boldsymbol{g}_2(s),\cdots,\boldsymbol{g}_n(s)$ 是线性无关的。

下面不加证明给出用传递矩阵判断多输入-多输出系统可控性、可观测性的判据。

定理　多输入系统可控的充分必要条件是：传递矩阵 $(s\boldsymbol{I}-\boldsymbol{A})^{-1}\boldsymbol{B}$ 的 n 行线性无关。

定理　多输出系统可观测的充分必要条件是：传递矩阵 $\boldsymbol{C}(s\boldsymbol{I}-\boldsymbol{A})^{-1}$ 的 n 列线性无关。

运用以上判据判断多输入-多输出系统的可控性、可观测性时，只需检查对应传递矩阵的行或列的线性相关性，至于对应传递矩阵中是否出现零、极点对消，则是不用考虑的。

行（列）线性相关性的判据更具一般性，该判据同样适用于单输入-单输出系统。线性无关时必不存在零、极点对消；线性相关时必存在零、极点对消。

【例 9-24】　试用传递矩阵判据判断下列双输入-双输出系统的可控性和可观测性。

$$\boldsymbol{A}=\begin{bmatrix}1 & 3 & 2\\ 0 & 4 & 2\\ 0 & 0 & 1\end{bmatrix},\ \boldsymbol{B}=\begin{bmatrix}0 & 1\\ 0 & 0\\ 1 & 0\end{bmatrix},\ \boldsymbol{C}=\begin{bmatrix}1 & 0 & 0\\ 0 & 0 & 1\end{bmatrix}$$

解　$$(s\boldsymbol{I}-\boldsymbol{A})^{-1}=\begin{bmatrix}s-1 & -3 & -2\\ 0 & s-4 & -2\\ 0 & 0 & s-1\end{bmatrix}^{-1}=\frac{(s-1)}{(s-1)^2(s-4)}\begin{bmatrix}s-4 & 3 & 2\\ 0 & s-1 & 2\\ 0 & 0 & s-4\end{bmatrix}$$

写出特征多项式 $|s\boldsymbol{I}-\boldsymbol{A}|$，将矩阵中各元素的公因子提出矩阵符号外面以便判断。故

$$(s\boldsymbol{I}-\boldsymbol{A})^{-1}\boldsymbol{B}=\frac{(s-1)}{(s-1)^2(s-4)}\begin{bmatrix}2 & s-4\\2 & 0\\s-4 & 0\end{bmatrix}$$

若存在非全零的实常数 a_1、a_2、a_3，能使向量方程

$$a_1[2\quad s-4]+a_2[2\quad 0]+a_3[s-4\quad 0]=0$$

成立，则称三个行向量线性相关；若只有当 $a_1=a_2=a_3=0$ 时上式才成立，则称三个行向量线性无关。运算时可先令向量方程式成立，可分列出

$$2a_1+2a_2+(s-4)a_3=0$$
$$(s-4)a_1=0$$

解得

$$a_1=0$$

且

$$2a_2+a_3s-4a_3=0$$

同幂项系数应相等，有

$$a_2=0\quad a_3=0$$

故只有 $a_1=a_2=a_3=0$ 时才能满足上述向量方程，于是可断定 $(s\boldsymbol{I}-\boldsymbol{A})^{-1}\boldsymbol{B}$ 的三行线性无关，系统可控。由

$$\boldsymbol{C}(s\boldsymbol{I}-\boldsymbol{A})^{-1}=\frac{(s-1)}{(s-1)^2(s-4)}\begin{bmatrix}s-4 & 3 & 2\\0 & 0 & s-4\end{bmatrix}$$

令

$$a_1\begin{bmatrix}s-4\\0\end{bmatrix}+a_2\begin{bmatrix}3\\0\end{bmatrix}+a_3\begin{bmatrix}2\\s-4\end{bmatrix}=0$$

可分列为

$$a_1(s-4)+3a_2+2a_3=0$$
$$(s-4)a_3=0$$

解得

$$a_1=0，a_2=0，a_3=0$$

故 $\boldsymbol{C}(s\boldsymbol{I}-\boldsymbol{A})^{-1}$ 的三列线性无关，系统可观测。显见，这时与传递矩阵出现零、极点对消无关。利用可控性矩阵及可观测性矩阵的判据，可得相同结论。

【例 9-25】 试用传递矩阵判据判断下列单输入-单输出系统的可控性、可观测性。

$$\boldsymbol{A}=\begin{bmatrix}2 & 0 & 0\\0 & 2 & 0\\0 & 3 & 1\end{bmatrix}，\boldsymbol{b}=\begin{bmatrix}0\\1\\-1\end{bmatrix}，\boldsymbol{c}=[1\quad 1\quad 1]$$

解

$$(s\boldsymbol{I}-\boldsymbol{A})^{-1}=\begin{bmatrix}s-2 & 0 & 0\\0 & s-2 & 0\\0 & -3 & s-1\end{bmatrix}^{-1}$$
$$=\frac{1}{(s-2)^2(s-1)}\begin{bmatrix}(s-2)(s-1) & 0 & 0\\0 & (s-2)(s-1) & 0\\0 & 3(s-2) & (s-2)^2\end{bmatrix}$$

故

$$(s\boldsymbol{I}-\boldsymbol{A})^{-1}\boldsymbol{b}=\frac{(s-2)}{(s-2)^2(s-1)}\begin{bmatrix}0\\s-1\\-(s-5)\end{bmatrix}$$

令

$$a_1\cdot 0+a_2(s-1)-a_3(s-5)=0$$

分列出

$$a_2-a_3=0,\quad -a_2+5a_3=0$$

解得 $a_2=a_3=0$，a_1 可为任意值。于是能求得不全为零的 a_1、a_2、a_3 使上述代数方程满足，故 $(s\boldsymbol{I}-\boldsymbol{A})^{-1}b$ 的三行线性相关，系统不可控。该单输入系统，$(s\boldsymbol{I}-\boldsymbol{A})^{-1}\boldsymbol{b}$ 存在零、极点对消，由此同样得出不可控的结论。由

$$\boldsymbol{c}(s\boldsymbol{I}-\boldsymbol{A})^{-1}=\frac{(s-2)}{(s-2)^2(s-1)}[s-1\quad s+2\quad s-2]$$

令

$$a_1(s-1)+a_2(s+2)-a_3(s-2)=0$$

可分列为

$$a_1+a_2+a_3=0,\quad -a_1+2a_2-2a_3=0$$

解得

$$-\frac{3}{4}a_1=3a_2=a_3$$

可见存在不全为零的 a_1、a_2、a_3，满足上述代数方程，故 $\boldsymbol{c}(s\boldsymbol{I}-\boldsymbol{A})^{-1}$ 的三列线性相关，系统不可观测。此时 $\boldsymbol{c}(s\boldsymbol{I}-\boldsymbol{A})^{-1}$ 也存在零、极点对消，同样得出不可观测的结论。

9.4.5 连续系统离散化后的可控性与可观测性

一个可控的连续系统，在其离散化后并不一定能保持其可控性；一个可观测的连续系统，离散化后也并不一定能保持其可观测性。下面举例说明。

设连续系统动态方程为

$$\begin{bmatrix}\dot{x}_1\\ \dot{x}_2\end{bmatrix}=\begin{bmatrix}0 & 1\\ -\omega^2 & 0\end{bmatrix}\begin{bmatrix}x_1\\ x_2\end{bmatrix}+\begin{bmatrix}0\\ 1\end{bmatrix}u,\quad y=[1\quad 0]\begin{bmatrix}x_1\\ x_2\end{bmatrix}$$

它是可控标准型，故一定可控。其状态转移矩阵

$$\boldsymbol{\Phi}(t)=\mathrm{L}^{-1}[(s\boldsymbol{I}-\boldsymbol{A})^{-1}]=\mathrm{L}^{-1}\begin{bmatrix}\dfrac{s}{s^2+\omega^2} & \dfrac{1}{s^2+\omega^2}\\ \dfrac{-\omega^2}{s^2+\omega^2} & \dfrac{s}{s^2+\omega^2}\end{bmatrix}=\begin{bmatrix}\cos\omega t & \dfrac{\sin\omega t}{\omega}\\ -\omega\sin\omega t & \cos\omega t\end{bmatrix}$$

$$\boldsymbol{G}(T)=\int_0^T\boldsymbol{\Phi}(\tau)\boldsymbol{B}\,\mathrm{d}\tau=\begin{bmatrix}\dfrac{1-\cos\omega T}{\omega^2}\\ \dfrac{\sin\omega T}{\omega}\end{bmatrix}$$

其离散化状态方程为

$$\begin{aligned}\boldsymbol{x}(k+1)&=\boldsymbol{\Phi}(T)\boldsymbol{x}(k)+\boldsymbol{G}(T)u(k)\\ &=\begin{bmatrix}\cos\omega T & \dfrac{\sin\omega T}{\omega}\\ -\omega\sin\omega T & \cos\omega T\end{bmatrix}\begin{bmatrix}x_1(k)\\ x_2(k)\end{bmatrix}+\begin{bmatrix}\dfrac{1-\cos\omega T}{\omega^2}\\ \dfrac{\sin\omega T}{\omega}\end{bmatrix}u(k)\end{aligned}\tag{9-121}$$

离散化系统的可控性矩阵为

$$\boldsymbol{S}=[\boldsymbol{G}\quad \boldsymbol{\Phi G}]=\begin{bmatrix}\dfrac{1-\cos\omega T}{\omega^2} & \dfrac{\cos\omega T-\cos^2\omega T+\sin^2\omega T}{\omega^2}\\ \dfrac{\sin\omega T}{\omega} & \dfrac{2\sin\omega T\cos\omega T-\sin\omega T}{\omega}\end{bmatrix}$$

当采样周期 $T=\dfrac{k\pi}{\omega}$ $(k=1,2,\cdots)$ 时，可控性矩阵为零矩阵，系统不可控。故离散化系统的采样周期选择不当时，便不能保持原连续系统的可控性。当连续系统状态方程不可控时，不管采样周期 T 如何选择，离散化系统一定是不可控的。读者可自行证明：上述系统离散化后不一定可观测。

9.5 线性系统非奇异线性变换及系统的规范分解

为了便于揭示系统的固有特性，经常需要对系统进行非奇异线性变换。例如，将 $\boldsymbol{A}$ 矩阵对角化、约当化；将系统化为可控标准型、可观测标准型。为了便于分析与设计，需要对动态方程进行规范分解，往往也涉及线性变换。如何变换？经过变换后，系统的固有特性是否会发生改变呢？这些问题必须加以研究解决。

9.5.1 线性系统的非奇异线性变换及其性质

(1) 非奇异线性变换

设系统动态方程为

$$\begin{cases}\dot{\boldsymbol{x}}(t)=\boldsymbol{A}\boldsymbol{x}(t)+\boldsymbol{B}\boldsymbol{u}(t)\\ \boldsymbol{y}(t)=\boldsymbol{C}\boldsymbol{x}(t)+\boldsymbol{D}\boldsymbol{u}(t)\end{cases}\tag{9-122}$$

令

$$\boldsymbol{x}=\boldsymbol{P}\bar{\boldsymbol{x}}\tag{9-123}$$

式中，非奇异矩阵 $\boldsymbol{P}$（$\det\boldsymbol{P}\neq 0$，有时以 $\boldsymbol{P}^{-1}$ 形式出现）将状态 $\boldsymbol{x}$ 变换为状态 $\bar{\boldsymbol{x}}$。设变换后的动态方程为

$$\begin{cases}\dot{\bar{\boldsymbol{x}}}(t)=\bar{\boldsymbol{A}}\bar{\boldsymbol{x}}(t)+\bar{\boldsymbol{B}}\boldsymbol{u}(t)\\ \boldsymbol{y}(t)=\bar{\boldsymbol{C}}\bar{\boldsymbol{x}}(t)+\bar{\boldsymbol{D}}\boldsymbol{u}(t)\end{cases}\tag{9-124}$$

则有

$$\bar{\boldsymbol{x}}=\boldsymbol{P}^{-1}\boldsymbol{x},\bar{\boldsymbol{A}}=\boldsymbol{P}^{-1}\boldsymbol{A}\boldsymbol{P},\bar{\boldsymbol{B}}=\boldsymbol{P}^{-1}\boldsymbol{B},\bar{\boldsymbol{C}}=\boldsymbol{C}\boldsymbol{P},\bar{\boldsymbol{D}}=\boldsymbol{D}\tag{9-125}$$

上述过程就是对系统进行非奇异线性变换。线性变换的目的在于使 $\boldsymbol{A}$ 矩阵或系统规范化，以便于揭示系统特性，简化分析、计算与设计，在系统建模，可控性、可观测性、稳定性分析，系统综合设计方面特别有用。非奇异线性变换不会改变系统的固有性质，所以是等价变换。待计算出所需结果之后，再引入反变换 $\bar{\boldsymbol{x}}=\boldsymbol{P}^{-1}\boldsymbol{x}$，将新系统变回原来的状态空间中去，获得最终结果。

(2) 非奇异线性变换的性质

系统经过非奇异线性变换，系统的传递矩阵、特征值、可控性、可观测性等重要性质均保持不变。下面进行证明。

① 变换后系统传递矩阵不变。

证明 列出变换后系统传递矩阵 $\bar{\boldsymbol{G}}$ 为

$$\begin{aligned}\bar{\boldsymbol{G}}&=\boldsymbol{C}\boldsymbol{P}(s\boldsymbol{I}-\boldsymbol{P}^{-1}\boldsymbol{A}\boldsymbol{P})^{-1}\boldsymbol{P}^{-1}\boldsymbol{B}+\boldsymbol{D}\\&=\boldsymbol{C}\boldsymbol{P}(\boldsymbol{P}^{-1}s\boldsymbol{I}\boldsymbol{P}-\boldsymbol{P}^{-1}\boldsymbol{A}\boldsymbol{P})^{-1}\boldsymbol{P}^{-1}\boldsymbol{B}+\boldsymbol{D}\\&=\boldsymbol{C}\boldsymbol{P}[\boldsymbol{P}^{-1}(s\boldsymbol{I}-\boldsymbol{A})\boldsymbol{P}]^{-1}\boldsymbol{P}^{-1}\boldsymbol{B}+\boldsymbol{D}\\&=\boldsymbol{C}\boldsymbol{P}\boldsymbol{P}^{-1}(s\boldsymbol{I}-\boldsymbol{A})^{-1}\boldsymbol{P}\boldsymbol{P}^{-1}\boldsymbol{B}+\boldsymbol{D}\\&=\boldsymbol{C}(s\boldsymbol{I}-\boldsymbol{A})\boldsymbol{B}^{-1}+\boldsymbol{D}=\boldsymbol{G}\end{aligned}$$

表明变换前、后的系统传递矩阵相同。

② 变换后系统特征值不变。

证明 列出变换后系统的特征多项式，即

$$\begin{aligned}|\lambda\boldsymbol{I}-\boldsymbol{P}^{-1}\boldsymbol{A}\boldsymbol{P}|&=|\lambda\boldsymbol{I}\boldsymbol{P}^{-1}\boldsymbol{P}-\boldsymbol{P}^{-1}\boldsymbol{A}\boldsymbol{P}|=|\boldsymbol{P}^{-1}\lambda\boldsymbol{I}\boldsymbol{P}-\boldsymbol{P}^{-1}\boldsymbol{A}\boldsymbol{P}|\\&=|\boldsymbol{P}^{-1}(\lambda\boldsymbol{I}-\boldsymbol{A})\boldsymbol{P}|=|\boldsymbol{P}^{-1}||\lambda\boldsymbol{I}-\boldsymbol{A}||\boldsymbol{P}|\\&=|\boldsymbol{P}^{-1}||\boldsymbol{P}||\lambda\boldsymbol{I}-\boldsymbol{A}|=|\boldsymbol{I}||\lambda\boldsymbol{I}-\boldsymbol{A}|=|\lambda\boldsymbol{I}-\boldsymbol{A}|\end{aligned}$$

表明变换前、后的特征多项式相同，故特征值不变。由此可以推出，非奇异变换后，系统的稳定性不变。

③ 变换后系统可控性不变。

证明 列出变换后系统可控性矩阵的秩为

$$\begin{aligned}\operatorname{rank}\boldsymbol{S}_4&=\operatorname{rank}[\boldsymbol{P}^{-1}\boldsymbol{B}\quad(\boldsymbol{P}^{-1}\boldsymbol{A}\boldsymbol{P})\boldsymbol{P}^{-1}\boldsymbol{B}\quad(\boldsymbol{P}^{-1}\boldsymbol{A}\boldsymbol{P})^2\boldsymbol{P}^{-1}\boldsymbol{B}\quad\cdots\quad(\boldsymbol{P}^{-1}\boldsymbol{A}\boldsymbol{P})^{n-1}\boldsymbol{P}^{-1}\boldsymbol{B}]\\&=\operatorname{rank}[\boldsymbol{P}^{-1}\boldsymbol{B}\quad\boldsymbol{P}^{-1}\boldsymbol{A}\boldsymbol{B}\quad\boldsymbol{P}^{-1}\boldsymbol{A}^2\boldsymbol{B}\quad\cdots\quad\boldsymbol{P}^{-1}\boldsymbol{A}^{n-1}\boldsymbol{B}]\end{aligned}$$

$$=\mathrm{rank}\boldsymbol{P}^{-1}[\boldsymbol{B}\quad \boldsymbol{AB}\quad \boldsymbol{A}^2\boldsymbol{B}\quad \cdots\quad \boldsymbol{A}^{n-1}\boldsymbol{B}]$$
$$=\mathrm{rank}[\boldsymbol{B}\quad \boldsymbol{AB}\quad \boldsymbol{A}^2\boldsymbol{B}\quad \cdots\quad \boldsymbol{A}^{n-1}\boldsymbol{B}]$$

表明变换前、后的可控性矩阵的秩相同，故可控性不变。

④ 变换后系统可观测性不变。

证明 列出变换后可观测性矩阵的秩为

$$\begin{aligned}\mathrm{rank}\boldsymbol{V}_2&=\mathrm{rank}[(\boldsymbol{CP})^{\mathrm{T}}\quad (\boldsymbol{P}^{-1}\boldsymbol{AP})^{\mathrm{T}}(\boldsymbol{CP})^{\mathrm{T}}\quad \cdots\quad (((\boldsymbol{P}^{-1}\boldsymbol{AP})^{n-1})^{\mathrm{T}}\boldsymbol{CP})^{\mathrm{T}}]\\&=\mathrm{rank}[\boldsymbol{P}^{\mathrm{T}}\boldsymbol{C}^{\mathrm{T}}\quad \boldsymbol{P}^{\mathrm{T}}\boldsymbol{A}^{\mathrm{T}}\boldsymbol{C}^{\mathrm{T}}\quad \cdots\quad \boldsymbol{P}^{\mathrm{T}}(\boldsymbol{A}^{n-1})^{\mathrm{T}}\boldsymbol{C}^{\mathrm{T}}]\\&=\mathrm{rank}\boldsymbol{P}^{\mathrm{T}}[\boldsymbol{C}^{\mathrm{T}}\quad \boldsymbol{A}^{\mathrm{T}}\boldsymbol{C}^{\mathrm{T}}\quad \cdots\quad (\boldsymbol{A}^{n-1})^{\mathrm{T}}\boldsymbol{C}^{\mathrm{T}}]\\&=\mathrm{rank}[\boldsymbol{C}^{\mathrm{T}}\quad \boldsymbol{A}^{\mathrm{T}}\boldsymbol{C}^{\mathrm{T}}\quad \cdots\quad (\boldsymbol{A}^{n-1})^{\mathrm{T}}\boldsymbol{C}^{\mathrm{T}}]\end{aligned}$$

表明变换前、后可观测性矩阵的秩相同，故可观测性不变。

⑤ $\boldsymbol{\Phi}(t)=\mathrm{e}^{\overline{\boldsymbol{A}}t}=\boldsymbol{P}^{-1}\mathrm{e}^{\boldsymbol{A}t}\boldsymbol{P}=\boldsymbol{P}^{-1}\boldsymbol{\Phi}(t)\boldsymbol{P}$

证明

$$\begin{aligned}\mathrm{e}^{\boldsymbol{P}^{-1}\boldsymbol{AP}t}&=\boldsymbol{I}+\boldsymbol{P}^{-1}\boldsymbol{AP}t+\frac{1}{2}(\boldsymbol{P}^{-1}\boldsymbol{AP})^2t^2+\cdots+\frac{1}{k!}(\boldsymbol{P}^{-1}\boldsymbol{AP})^kt^k+\cdots\\&=\boldsymbol{P}^{-1}\boldsymbol{IP}+\boldsymbol{P}^{-1}\boldsymbol{AP}t+\frac{1}{2}(\boldsymbol{P}^{-1}\boldsymbol{AP})^2t^2+\cdots+\frac{1}{k!}(\boldsymbol{P}^{-1}\boldsymbol{AP})^kt^k+\cdots\\&=\boldsymbol{P}^{-1}(\boldsymbol{I}+\boldsymbol{A}t+\frac{1}{2}\boldsymbol{A}^2t^2+\cdots+\frac{1}{k!}\boldsymbol{A}^kt^k+\cdots)\boldsymbol{P}=\boldsymbol{P}^{-1}\mathrm{e}^{\boldsymbol{A}t}\boldsymbol{P}\end{aligned}$$

9.5.2 几种常用的线性变换

(1) 化 A 矩阵为对角阵

① **A** 矩阵为任意方阵，且有互异实数特征根 $\lambda_1,\lambda_2,\cdots,\lambda_n$，则由非奇异变换可将其化为对角阵，即

$$\overline{\boldsymbol{A}}=\boldsymbol{P}^{-1}\boldsymbol{AP}=\begin{bmatrix}\lambda_1&&&\\&\lambda_2&&\\&&\ddots&\\&&&\lambda_n\end{bmatrix}\tag{9-126}$$

P 矩阵由特征向量 $\boldsymbol{p}_i(i=1,2,\cdots,n)$ 组成，即

$$\boldsymbol{P}=[\boldsymbol{p}_1\quad \boldsymbol{p}_2\quad \cdots\quad \boldsymbol{p}_n]\tag{9-127}$$

特征向量满足

$$\boldsymbol{A}\boldsymbol{p}_i=\lambda_i\boldsymbol{p}_i\quad (i=1,2,\cdots,n)\tag{9-128}$$

② **A** 矩阵为友矩阵，且有互异实数特征根 $\lambda_1,\lambda_2,\cdots,\lambda_n$。则用范德蒙特（Vandermode）矩阵 **P** 可以将 **A** 矩阵对角化。

$$\boldsymbol{A}=\begin{bmatrix}0&1&0&\cdots&0\\0&0&1&\cdots&0\\\vdots&\vdots&\vdots&\ddots&\vdots\\0&0&0&\cdots&1\\-a_0&-a_1&-a_2&\cdots&-a_{n-1}\end{bmatrix}\quad \boldsymbol{P}=\begin{bmatrix}1&1&\cdots&1\\\lambda_1&\lambda_2&\cdots&\lambda_n\\\lambda_1^2&\lambda_2^2&\cdots&\lambda_n^2\\\vdots&\vdots&&\vdots\\\lambda_1^{n-1}&\lambda_2^{n-1}&\cdots&\lambda_n^{n-1}\end{bmatrix}\tag{9-129}$$

③ **A** 矩阵为任意方阵，有 m 重实数特征根（$\lambda_1=\lambda_2=\cdots=\lambda_m$），其余（$n-m$）个特征根为互异实数特征根，但在求解 $\boldsymbol{A}\boldsymbol{p}_i=\lambda_i\boldsymbol{p}_i(i=1,2,\cdots,m)$ 时，仍有 m 个独立的特征向量 $\boldsymbol{p}_1,\boldsymbol{p}_2,\cdots,\boldsymbol{p}_m$，则仍可以将 **A** 矩阵化为对角阵。

$$\overline{\boldsymbol{A}}=\boldsymbol{P}^{-1}\boldsymbol{AP}=\begin{bmatrix}\lambda_1&&&&&\\&\ddots&&&&\\&&\lambda_1&&&\\&&&\lambda_{m+1}&&\\&&&&\ddots&\\&&&&&\lambda_n\end{bmatrix}\tag{9-130}$$

$$\boldsymbol{P}=[\boldsymbol{p}_1\quad \boldsymbol{p}_2\quad \cdots\quad \boldsymbol{p}_m\quad \boldsymbol{p}_{m+1}\quad \cdots\quad \boldsymbol{p}_n]\tag{9-131}$$

式中，$\boldsymbol{p}_{m+1},\boldsymbol{p}_{m+2},\cdots,\boldsymbol{p}_n$ 是互异实数特征根 $\lambda_{m+1},\lambda_{m+2},\cdots,\lambda_n$ 对应的特征向量。

(2) 化A矩阵为约当阵

① 当$\boldsymbol{A}$矩阵有m重实数特征根($\lambda_1=\lambda_2=\cdots=\lambda_m$),其余($n-m$)个特征根为互异实数特征根,但重根只有一个独立的特征向量$\boldsymbol{p}_1$时,只能将$\boldsymbol{A}$矩阵化为约当阵$\boldsymbol{J}$。

$$\boldsymbol{J}=\boldsymbol{P}^{-1}\boldsymbol{AP}=\begin{bmatrix}\lambda_1 & & & & & \\ & \ddots & & & & \\ & & \lambda_1 & & & \\ & & & \lambda_{m+1} & & \\ & & & & \ddots & \\ & & & & & \lambda_n\end{bmatrix} \tag{9-132}$$

$$\boldsymbol{P}=[\boldsymbol{p}_1 \quad \boldsymbol{p}_2 \quad \cdots \quad \boldsymbol{p}_m \ \vdots\ \boldsymbol{p}_{m+1} \quad \cdots \quad \boldsymbol{p}_n] \tag{9-133}$$

式中,$\boldsymbol{p}_1,\boldsymbol{p}_{m+1},\boldsymbol{p}_{m+2},\cdots,\boldsymbol{p}_n$分别是互异实数特征根$\lambda_1,\lambda_{m+1},\lambda_{m+2},\cdots,\lambda_n$对应的特征向量,而$\boldsymbol{p}_2$,$\boldsymbol{p}_3,\cdots,\boldsymbol{p}_m$是广义特征向量,可由下式求得

$$[\boldsymbol{p}_1 \quad \boldsymbol{p}_2 \quad \cdots \quad \boldsymbol{p}_m]\begin{bmatrix}\lambda_1 & 1 & & \\ & \lambda_1 & \ddots & \\ & & \ddots & 1 \\ & & & \lambda_1\end{bmatrix}=\boldsymbol{A}[\boldsymbol{p}_1 \quad \boldsymbol{p}_2 \quad \cdots \quad \boldsymbol{p}_m] \tag{9-134}$$

② 当$\boldsymbol{A}$矩阵为友矩阵,具有m重实数特征根($\lambda_1=\lambda_2=\cdots=\lambda_m$),其余($n-m$)个特征根为互异实数特征根,但重根只有一个独立的特征向量$\boldsymbol{p}_1$时,将$\boldsymbol{A}$矩阵约当化的$\boldsymbol{P}$矩阵为

$$\boldsymbol{P}=\left[\boldsymbol{p}_1 \quad \frac{\partial \boldsymbol{p}_1}{\partial \lambda_1} \quad \frac{\partial^2 \boldsymbol{p}_1}{\partial \lambda_1^2} \quad \cdots \quad \frac{\partial^{m-1} \boldsymbol{p}_1}{\partial \lambda_1^{m-1}} \ \vdots\ \boldsymbol{p}_{m+1} \quad \cdots \quad \boldsymbol{p}_n\right] \tag{9-135}$$

③ $\boldsymbol{A}$矩阵有五重特征根λ_1,但有两个独立特征向量$\boldsymbol{p}_1$、$\boldsymbol{p}_2$,其余($n-5$)个特征根为互异特征根,一般可化$\boldsymbol{A}$矩阵为如下形式的约当阵$\boldsymbol{J}$

$$\boldsymbol{J}=\boldsymbol{P}^{-1}\boldsymbol{AP}=\begin{bmatrix}\lambda_1 & 1 & & & & & & \\ & \lambda_1 & 1 & & & & & \\ & & \lambda_1 & & & & & \\ & & & \lambda_1 & 1 & & & \\ & & & & \lambda_1 & & & \\ & & & & & \lambda_6 & & \\ & & & & & & \ddots & \\ & & & & & & & \lambda_n\end{bmatrix} \tag{9-136}$$

$$\boldsymbol{P}=\left[\boldsymbol{p}_1 \quad \frac{\partial \boldsymbol{p}_1}{\partial \lambda_1} \quad \frac{\partial^2 \boldsymbol{p}_1}{\partial \lambda_1^2} \ \vdots\ \boldsymbol{p}_2 \quad \frac{\partial \boldsymbol{p}_2}{\partial \lambda_1} \ \vdots\ \boldsymbol{p}_6 \quad \cdots \quad \boldsymbol{p}_n\right] \tag{9-137}$$

(3) 化可控状态方程为可控标准型

前面曾对单输入-单输出建立了可控标准型状态方程,即

$$\begin{bmatrix}\dot{x}_1 \\ \dot{x}_2 \\ \vdots \\ \dot{x}_{n-1} \\ \dot{x}_n\end{bmatrix}=\begin{bmatrix}0 & 1 & 0 & \cdots & 0 \\ 0 & 0 & 1 & \cdots & 0 \\ \vdots & \vdots & \vdots & \ddots & \vdots \\ 0 & 0 & 0 & \cdots & 1 \\ -a_0 & -a_1 & -a_2 & \cdots & -a_{n-1}\end{bmatrix}\begin{bmatrix}x_1 \\ x_2 \\ \vdots \\ x_{n-1} \\ x_n\end{bmatrix}+\begin{bmatrix}0 \\ 0 \\ \vdots \\ 0 \\ 1\end{bmatrix}u \tag{9-138}$$

与该状态方程对应的可控性矩阵$\boldsymbol{S}$是一个右下三角阵,且其副对角线元素均为1,即

$$\boldsymbol{S}=[\boldsymbol{b} \quad \boldsymbol{Ab} \quad \cdots \quad \boldsymbol{A}^{n-1}\boldsymbol{b}]=\begin{bmatrix}0 & 0 & 0 & \cdots & 0 & 1 \\ 0 & 0 & 0 & \cdots & 1 & -a_{n-1} \\ \vdots & \vdots & \vdots & \ddots & \vdots & \vdots \\ 0 & 0 & 1 & \cdots & \times & \times \\ 0 & 1 & -a_{n-1} & \cdots & \times & \times \\ 1 & -a_{n-1} & \times & \cdots & \times & \times\end{bmatrix} \tag{9-139}$$

一个可控系统，当 $\boldsymbol{A}$、$\boldsymbol{b}$ 不具有可控标准型时，定可选择适当的线性变换化为可控标准型。设系统状态方程为

$$\dot{\boldsymbol{x}}=\boldsymbol{A}\boldsymbol{x}+\boldsymbol{b}u \tag{9-140}$$

进行 $\boldsymbol{P}^{-1}$ 变换，即令

$$\boldsymbol{x}=\boldsymbol{P}^{-1}\boldsymbol{z} \tag{9-141}$$

状态方程变换为

$$\dot{\boldsymbol{z}}=\boldsymbol{P}\boldsymbol{A}\boldsymbol{P}^{-1}\boldsymbol{z}+\boldsymbol{P}\boldsymbol{b}u \tag{9-142}$$

要求

$$\boldsymbol{P}\boldsymbol{A}\boldsymbol{P}^{-1}=\begin{bmatrix}0 & 1 & 0 & \cdots & 0\\ 0 & 0 & 1 & \cdots & 0\\ \vdots & \vdots & \vdots & \ddots & \vdots\\ 0 & 0 & 0 & \cdots & 1\\ -a_0 & -a_1 & -a_2 & \cdots & -a_{n-1}\end{bmatrix}\quad \boldsymbol{P}\boldsymbol{b}=\begin{bmatrix}0\\0\\ \vdots\\0\\1\end{bmatrix} \tag{9-143}$$

设变换矩阵为

$$\boldsymbol{P}=[\boldsymbol{p}_1^{\mathrm{T}}\quad \boldsymbol{p}_2^{\mathrm{T}}\quad \cdots\quad \boldsymbol{p}_n^{\mathrm{T}}]^{\mathrm{T}} \tag{9-144}$$

根据 $\boldsymbol{A}$ 矩阵变换要求，变换矩阵 $\boldsymbol{P}$ 应满足式(9-144)，即

$$\begin{bmatrix}\boldsymbol{p}_1\\ \boldsymbol{p}_2\\ \vdots\\ \boldsymbol{p}_{n-2}\\ \boldsymbol{p}_{n-1}\\ \boldsymbol{p}_n\end{bmatrix}\boldsymbol{A}=\begin{bmatrix}0 & 1 & 0 & \cdots & 0\\ 0 & 0 & 1 & \cdots & 0\\ \vdots & \vdots & \vdots & \ddots & \vdots\\ 0 & 0 & 0 & \cdots & 0\\ 0 & 0 & 0 & \cdots & 1\\ -a_0 & -a_1 & -a_2 & \cdots & -a_{n-1}\end{bmatrix}\begin{bmatrix}\boldsymbol{p}_1\\ \boldsymbol{p}_2\\ \vdots\\ \boldsymbol{p}_{n-2}\\ \boldsymbol{p}_{n-1}\\ \boldsymbol{p}_n\end{bmatrix} \tag{9-145}$$

展开后

$$\begin{aligned}&\boldsymbol{p}_1\boldsymbol{A}=\boldsymbol{p}_2\\ &\boldsymbol{p}_2\boldsymbol{A}=\boldsymbol{p}_3\\ &\qquad\vdots\\ &\boldsymbol{p}_{n-2}\boldsymbol{A}=\boldsymbol{p}_{n-1}\\ &\boldsymbol{p}_{n-1}\boldsymbol{A}=\boldsymbol{p}_n\\ &\boldsymbol{p}_n\boldsymbol{A}=-a_0\boldsymbol{p}_1-a_1\boldsymbol{p}_2-\cdots-a_{n-2}\boldsymbol{p}_{n-1}-a_{n-1}\boldsymbol{p}_n\end{aligned}$$

增补一个方程

$$\boldsymbol{p}_1=\boldsymbol{p}_1$$

整理后，得到变换矩阵为

$$\boldsymbol{P}=\begin{bmatrix}\boldsymbol{p}_1\\ \boldsymbol{p}_1\boldsymbol{A}\\ \vdots\\ \boldsymbol{p}_1\boldsymbol{A}^{n-1}\end{bmatrix} \tag{9-146}$$

另根据 $\boldsymbol{b}$ 矩阵变换要求，$\boldsymbol{P}$ 应满足式(9-146)，有

$$\begin{bmatrix}\boldsymbol{p}_1\\ \boldsymbol{p}_1\boldsymbol{A}\\ \vdots\\ \boldsymbol{p}_1\boldsymbol{A}^{n-1}\end{bmatrix}\boldsymbol{b}=\begin{bmatrix}\boldsymbol{p}_1\boldsymbol{b}\\ \boldsymbol{p}_1\boldsymbol{A}\boldsymbol{b}\\ \vdots\\ \boldsymbol{p}_1\boldsymbol{A}^{n-1}\boldsymbol{b}\end{bmatrix}=\begin{bmatrix}0\\0\\ \vdots\\1\end{bmatrix} \tag{9-147}$$

即
$$\boldsymbol{p}_1[\boldsymbol{b}\quad \boldsymbol{A}\boldsymbol{b}\quad \cdots\quad \boldsymbol{A}^{n-1}\boldsymbol{b}]=[0\quad 0\quad \cdots\quad 1] \tag{9-148}$$

故
$$\boldsymbol{p}_1=[0\quad 0\quad \cdots\quad 1][\boldsymbol{b}\quad \boldsymbol{A}\boldsymbol{b}\quad \cdots\quad \boldsymbol{A}^{n-1}\boldsymbol{b}]^{-1} \tag{9-149}$$

该式表示 $\boldsymbol{p}_1$ 是可控性矩阵逆阵的最后一行。于是可以得到变换矩阵 $\boldsymbol{P}$ 的求法如下：

① 计算可控性矩阵

$$\boldsymbol{S}_3=[\boldsymbol{b}\quad \boldsymbol{A}\boldsymbol{b}\quad \cdots\quad \boldsymbol{A}^{n-1}\boldsymbol{b}]$$

② 计算可控性矩阵的逆阵

$$S_3^{-1}=\begin{bmatrix} s_{11} & \cdots & s_{1n} \\ \vdots & \ddots & \vdots \\ s_{n1} & \cdots & s_{nn} \end{bmatrix}$$

③ 取出 $\boldsymbol{S}_3^{-1}$ 的最后一行（即第 n 行）构成 $\boldsymbol{p}_1$ 行向量

$$\boldsymbol{p}_1=[s_{n1} \quad \cdots \quad s_{nn}]$$

④ 按下列方式构造 $\boldsymbol{P}$ 矩阵

$$\boldsymbol{P}=\begin{bmatrix} \boldsymbol{p}_1 \\ \boldsymbol{p}_1\boldsymbol{A} \\ \vdots \\ \boldsymbol{p}_1\boldsymbol{A}^{n-1} \end{bmatrix}$$

⑤ $\boldsymbol{P}$ 便是将普通可控状态方程化为可控标准型状态方程的变换矩阵。

当然，也可先将任意矩阵 $\boldsymbol{A}$ 化为对角型，然后再用将对角阵化为友矩阵的方法将 $\boldsymbol{A}$ 化为友矩阵。

9.5.3 对偶原理

设有系统 $S_1(\boldsymbol{A},\boldsymbol{B},\boldsymbol{C})$，则称系统 $S_2(\boldsymbol{A}^{\mathrm{T}},\boldsymbol{C}^{\mathrm{T}},\boldsymbol{B}^{\mathrm{T}})$ 为系统 S_1 的对偶系统。其动态方程分别为

系统 S_1： $\dot{\boldsymbol{x}}=\boldsymbol{A}\boldsymbol{x}+\boldsymbol{B}\boldsymbol{u},\boldsymbol{y}=\boldsymbol{C}\boldsymbol{x}$

系统 S_2： $\dot{\boldsymbol{z}}=\boldsymbol{A}^{\mathrm{T}}\boldsymbol{z}+\boldsymbol{C}^{\mathrm{T}}\boldsymbol{v},\quad \boldsymbol{w}=\boldsymbol{B}^{\mathrm{T}}\boldsymbol{z}$ (9-150)

式中，$\boldsymbol{x}$、$\boldsymbol{z}$ 均为 n 维状态向量，$\boldsymbol{u}$，$\boldsymbol{w}$ 均为 p 维向量，$\boldsymbol{y}$，$\boldsymbol{v}$ 均为 q 维向量。

注意：系统与对偶系统之间，其输入、输出向量的维数是相交换的。当 S_2 为 S_1 的对偶系统时，S_1 也是 S_2 的对偶系统。如果系统 S_1 可控，则 S_2 必然可观测；如果系统 S_1 可观测，则 S_2 必然可控；反之亦然，这就是对偶原理。

实际上，不难验证：系统 S_1 的可控性矩阵与对偶系统 S_2 的可观测性矩阵完全相同；系统 S_1 的可观测性矩阵与对偶系统 S_2 的可控性矩阵完全相同。

在动态方程建模、系统可控性和可观测性的判别、系统线性变换等问题上，应用对偶原理，往往可以使问题得到简化。应用对偶原理，可以把可观测的单输入-单输出系统化为可观测标准型的问题，转化为将其对偶系统化为可控标准型的问题。

设单输入-单输出系统动态方程为

$$\dot{\boldsymbol{x}}=\boldsymbol{A}\boldsymbol{x}+\boldsymbol{b}u,\quad y=\boldsymbol{c}\boldsymbol{x} \tag{9-151}$$

系统可观测，但 $\boldsymbol{A}$、$\boldsymbol{c}$ 不是可观测标准型。其对偶系统动态方程为

$$\dot{\boldsymbol{z}}=\boldsymbol{A}^{\mathrm{T}}\boldsymbol{z}+\boldsymbol{c}^{\mathrm{T}}\boldsymbol{v},\quad \boldsymbol{w}=\boldsymbol{b}^{\mathrm{T}}\boldsymbol{z} \tag{9-152}$$

对偶系统一定可控，但不是可控标准型。可利用可控标准型变换的原理和步骤，先将对偶系统化为可控标准型，再一次使用对偶原理，便可获得可观测标准型。下面仅给出其计算步骤。

① 列出对偶系统的可控性矩阵（即原系统的可观测性矩阵 $\boldsymbol{V}_2$）

$$\boldsymbol{V}_2=[\boldsymbol{c}^{\mathrm{T}} \quad \boldsymbol{A}^{\mathrm{T}}\boldsymbol{c}^{\mathrm{T}} \quad \cdots \quad (\boldsymbol{A}^{\mathrm{T}})^{n-1}\boldsymbol{c}^{\mathrm{T}}] \tag{9-153}$$

② 求矩阵 $\boldsymbol{V}_2$ 的逆阵 $\boldsymbol{V}_2^{-1}$，且记为行向量组

$$\boldsymbol{V}_2^{-1}=\begin{bmatrix} \boldsymbol{v}_1^{\mathrm{T}} \\ \boldsymbol{v}_2^{\mathrm{T}} \\ \vdots \\ \boldsymbol{v}_n^{\mathrm{T}} \end{bmatrix} \tag{9-154}$$

③ 取 $\boldsymbol{V}_2^{-1}$ 的第 n 行 $\boldsymbol{v}_n^{\mathrm{T}}$，并按下列规则构造变换矩阵

$$\boldsymbol{P}=\begin{bmatrix} \boldsymbol{v}_n^{\mathrm{T}} \\ \boldsymbol{v}_n^{\mathrm{T}}\boldsymbol{A}^{\mathrm{T}} \\ \vdots \\ \boldsymbol{v}_n^{\mathrm{T}}(\boldsymbol{A}^{\mathrm{T}})^{n-1} \end{bmatrix} \tag{9-155}$$

④ 求矩阵 $\boldsymbol{P}$ 的逆阵 $\boldsymbol{P}^{-1}$，并引入 $\boldsymbol{P}^{-1}$ 变换，即 $z=\boldsymbol{P}^{-1}\bar{z}$，变换后的动态方程为

$$\dot{\bar{z}}=\boldsymbol{P}\boldsymbol{A}^{\mathrm{T}}\boldsymbol{P}^{-1}\bar{z}+\boldsymbol{P}\boldsymbol{c}^{\mathrm{T}}v,\quad w=\boldsymbol{b}^{\mathrm{T}}\boldsymbol{P}^{-1}\bar{z} \tag{9-156}$$

⑤ 对对偶系统再利用对偶原理，便可获得原系统的可观测标准型，结果为

$$\begin{aligned}\dot{\bar{x}}&=(\boldsymbol{P}\boldsymbol{A}^{\mathrm{T}}\boldsymbol{P}^{-1})^{\mathrm{T}}\bar{x}+(\boldsymbol{b}^{\mathrm{T}}\boldsymbol{P}^{-1})^{\mathrm{T}}u=(\boldsymbol{P}^{-1})^{\mathrm{T}}\boldsymbol{A}\boldsymbol{P}^{\mathrm{T}}\bar{x}+(\boldsymbol{P}^{-1})^{\mathrm{T}}\boldsymbol{b}u\\ y&=(\boldsymbol{P}\boldsymbol{c}^{\mathrm{T}})^{\mathrm{T}}\bar{x}=\boldsymbol{c}\boldsymbol{P}^{\mathrm{T}}\bar{x}\end{aligned} \tag{9-157}$$

与原系统动态方程相比较，可知将原系统化为可观测标准型必须进行变换，即令

$$x=\boldsymbol{P}^{\mathrm{T}}\bar{x} \tag{9-158}$$

式中

$$\boldsymbol{P}^{\mathrm{T}}=[v_n\quad \boldsymbol{A}v_n\quad \cdots\quad \boldsymbol{A}^{n-1}v_n] \tag{9-159}$$

v_n 为原系统可观测性矩阵的逆阵中第 n 行的转置。

9.5.4 线性系统的规范分解

不可控系统含有可控、不可控两种状态变量，状态变量可以分解成可控 x_{c}、不可控 $x_{\bar{\mathrm{c}}}$ 两类；与之相应，系统和状态空间可分成可控子系统和不可控子系统、可控子空间和不可控子空间。同样，不可观测系统状态变量可以分解成可观测 x_{o}、不可观测 $x_{\bar{\mathrm{o}}}$ 两类，系统和状态空间也分成可观测子系统和不可观测子系统、可观测子空间和不可观测子空间。这个分解过程称为系统的规范分解。通过规范分解能明晰系统的结构特性和传递特性，简化系统的分析与设计。具体方法是选取一种特殊的线性变换，使原动态方程中的 $\boldsymbol{A}$、$\boldsymbol{B}$、$\boldsymbol{C}$ 矩阵变换成某种标准构造的形式。上述分解过程还可以进一步深入，状态变量可以分解成可控、可观测 x_{co}，可控、不可观测 $x_{\mathrm{c}\bar{\mathrm{o}}}$，不可控、可观测 $x_{\bar{\mathrm{c}}\mathrm{o}}$，不可控、不可观测 $x_{\bar{\mathrm{c}}\bar{\mathrm{o}}}$ 四类，对应的状态子空间和子系统也分成四类。规范分解过程可以先从系统的可控性分解开始，将可控、不可控的状态变量分离开，继而分别对可控和不可控的子系统再进行可观测性分解，便可以分离出四类状态变量及四类子系统。当然，也可以先对系统进行可观测性分解，然后再进行可控性分解。下面仅介绍可控性分解和可观测性分解的方法，有关证明从略。

(1) 可控性分解

设不可控系统动态方程为

$$\dot{x}=\boldsymbol{A}x+\boldsymbol{B}u,\quad y=\boldsymbol{C}x \tag{9-160}$$

假定可控性矩阵的秩为 $r(r<n)$，从可控性矩阵中选出 r 个线性无关列向量，再附加上任意尽可能简单的 $n-r$ 个列向量，构成非奇异阵的 $\boldsymbol{T}^{-1}$ 变换矩阵，那么，只须引入 $\boldsymbol{T}^{-1}$ 变换矩阵，即令

$$x=\boldsymbol{T}^{-1}\begin{bmatrix}x_{\mathrm{c}}\\ x_{\bar{\mathrm{c}}}\end{bmatrix} \tag{9-161}$$

式(9-161) 就可变换成如下的标准构造

$$\begin{bmatrix}\dot{x}_{\mathrm{c}}\\ \dot{x}_{\bar{\mathrm{c}}}\end{bmatrix}=\boldsymbol{T}\boldsymbol{A}\boldsymbol{T}^{-1}\begin{bmatrix}x_{\mathrm{c}}\\ x_{\bar{\mathrm{c}}}\end{bmatrix}+\boldsymbol{T}\boldsymbol{B}u,\quad y=\boldsymbol{C}\boldsymbol{T}^{-1}\begin{bmatrix}x_{\mathrm{c}}\\ x_{\bar{\mathrm{c}}}\end{bmatrix} \tag{9-162}$$

式中，x_{c} 为 r 维可控状态子向量，$x_{\bar{\mathrm{c}}}$ 为 $(n-r)$ 维不可控状态子向量。

$$\boldsymbol{T}\boldsymbol{A}\boldsymbol{T}^{-1}=\underset{r\text{ 列}\quad(n-r)\text{列}}{\begin{bmatrix}\bar{\boldsymbol{A}}_{11} & \bar{\boldsymbol{A}}_{12}\\ \boldsymbol{0} & \bar{\boldsymbol{A}}_{22}\end{bmatrix}}\begin{matrix}r\text{ 行}\\ (n-r)\text{行}\end{matrix}\qquad \boldsymbol{T}\boldsymbol{B}=\underset{p\text{ 列}}{\begin{bmatrix}\bar{\boldsymbol{B}}_1\\ \boldsymbol{0}\end{bmatrix}}\begin{matrix}r\text{ 行}\\ (n-r)\text{行}\end{matrix}$$

$$\boldsymbol{C}\boldsymbol{T}^{-1}=\underset{r\text{ 列}\quad(n-r)\text{列}}{[\bar{\boldsymbol{C}}_1\quad \bar{\boldsymbol{C}}_2]}\ q\text{ 行} \tag{9-163}$$

展开式(9-163)，得

$$\begin{aligned}\dot{x}_{\mathrm{c}}&=\bar{\boldsymbol{A}}_{11}x_{\mathrm{c}}+\bar{\boldsymbol{A}}_{12}x_{\bar{\mathrm{c}}}+\bar{\boldsymbol{B}}_1u\\ \dot{x}_{\bar{\mathrm{c}}}&=\bar{\boldsymbol{A}}_{22}x_{\bar{\mathrm{c}}}\\ y&=\bar{\boldsymbol{C}}_1x_{\mathrm{c}}+\bar{\boldsymbol{C}}_2x_{\bar{\mathrm{c}}}\end{aligned}$$

将输出向量进行分解，可得可控子系统状态方程

$$\dot{x}_{\mathrm{c}}=\bar{\boldsymbol{A}}_{11}x_{\mathrm{c}}+\bar{\boldsymbol{A}}_{12}x_{\bar{\mathrm{c}}}+\bar{\boldsymbol{B}}_1u,\quad y_1=\bar{\boldsymbol{C}}_1x_{\mathrm{c}} \tag{9-164}$$

和不可控子系统状态方程

$$\dot{x}_{\bar{c}}=\bar{A}_{22}x_{\bar{c}},\quad y_2=\bar{C}_2x_{\bar{c}} \tag{9-165}$$

可控性分解后的系统结构图如图 9-21 所示。

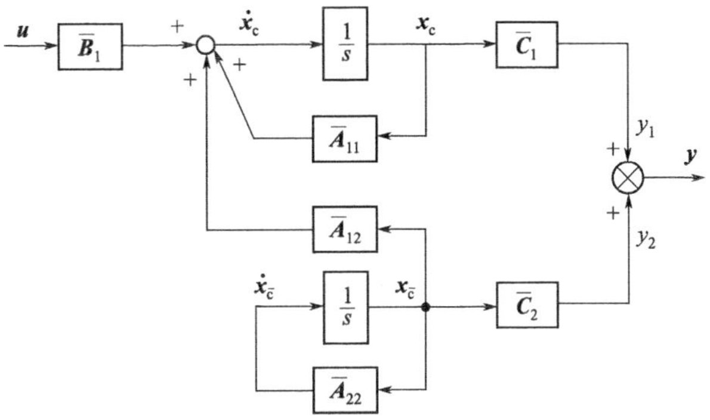

图 9-21 系统的可控性规范分解结构图

由于 u 仅通过可控子系统传递到输出，故 u 至 y 之间的传递函数矩阵描述不能反映不可控部分的特性。但是可控子系统的状态响应 $x_c(t)$ 及系统输出响应 $y(t)$ 均与 $x_{\bar{c}}(t)$ 有关，不可控子系统对整个系统的影响依然存在，如果要求整个系统稳定，则 $\bar{A}_{22}$ 应仅含稳定特征值。

至于选择怎样的 $(n-r)$ 个附加列向量是无关紧要的，只要构成的 T^{-1} 非奇异，并不会改变规范分解的结果。

【例 9-26】 已知系统 $S(A,b,c)$，试按可控性进行规范分解。

$$A=\begin{bmatrix}1&2&-1\\0&1&0\\1&-4&3\end{bmatrix},b=\begin{bmatrix}0\\0\\1\end{bmatrix},c=\begin{bmatrix}1&-1&1\end{bmatrix}$$

解 计算可控性矩阵的秩，即

$$\text{rank}[b\quad Ab\quad A^2b]=\text{rank}\begin{bmatrix}0&-1&-4\\0&0&0\\1&3&8\end{bmatrix}=2<n$$

故系统不可控。从中选出两个线性无关列，附加任意列向量 $[0\quad 1\quad 0]^T$，构成非奇异变换矩阵 T^{-1}，并计算变换后的各矩阵。则有

$$T^{-1}=\begin{bmatrix}0&-1&0\\0&0&1\\1&3&0\end{bmatrix},\quad T=(T^{-1})^{-1}=\begin{bmatrix}3&0&1\\-1&0&0\\0&1&0\end{bmatrix}$$

$$TAT^{-1}=\begin{bmatrix}0&-4&2\\1&4&-2\\0&0&1\end{bmatrix},\quad Tb=\begin{bmatrix}1\\0\\0\end{bmatrix},\quad cT^{-1}=[1\quad 2\quad -1]$$

可控子系统动态方程为

$$\dot{x}_c=\begin{bmatrix}0&-4\\1&4\end{bmatrix}x_c+\begin{bmatrix}2\\-2\end{bmatrix}x_{\bar{c}}+\begin{bmatrix}1\\0\end{bmatrix}u,\quad y_1=[1\quad 2]x_c$$

不可控子系统动态方程为

$$\dot{x}_{\bar{c}}=x_{\bar{c}},\quad y_2=-x_{\bar{c}}$$

(2) 可观测性分解

设系统可观测矩阵的秩为 l，$l<n$，从可观测性矩阵中选出 l 个线性无关列向量，再附加上任意尽可能简单的 $(n-l)$ 个列向量，构成非奇异的 T^T 变换矩阵，那么，只须引入 T^{-1} 变换矩阵，即令

$$x=T^{-1}\begin{bmatrix}x_o\\x_{\bar{o}}\end{bmatrix} \tag{9-166}$$

式(9-166) 便变换成下列标准构造

$$\begin{bmatrix}\dot{x}_o\\\dot{x}_{\bar{o}}\end{bmatrix}=TAT^{-1}\begin{bmatrix}x_o\\x_{\bar{o}}\end{bmatrix}+TBu,y=CT^{-1}\begin{bmatrix}x_o\\x_{\bar{o}}\end{bmatrix} \tag{9-167}$$

式中，x_o 为 l 维可观测状态子向量，$x_{\bar{o}}$ 为 $(n-l)$ 维不可观测状态子向量。

$$TAT^{-1}=\begin{bmatrix}\bar{A}_{11}&0\\\bar{A}_{21}&\bar{A}_{22}\end{bmatrix}\begin{matrix}l\text{ 行}\\(n-l)\text{行}\end{matrix}\quad TB=\begin{bmatrix}\bar{B}_1\\\bar{B}_2\end{bmatrix}\begin{matrix}l\text{ 行}\\(n-l)\text{行}\end{matrix} \tag{9-168}$$

l 列 $(n-l)$列 $\qquad$ p 列

$$\boldsymbol{CT}^{-1}=[\bar{\boldsymbol{C}}_1\quad \boldsymbol{0}]\quad q\text{行}$$
$$l\text{列}\qquad (n-l)\text{列}$$

展开式(9-168)，有

$$\begin{aligned}\dot{\boldsymbol{x}}_{\mathrm{o}}&=\bar{\boldsymbol{A}}_{11}\boldsymbol{x}_{\mathrm{o}}+\bar{\boldsymbol{B}}_1\boldsymbol{u}\\ \dot{\boldsymbol{x}}_{\bar{\mathrm{o}}}&=\bar{\boldsymbol{A}}_{21}\boldsymbol{x}_{\mathrm{o}}+\bar{\boldsymbol{A}}_{22}\boldsymbol{x}_{\bar{\mathrm{o}}}+\bar{\boldsymbol{B}}_2\boldsymbol{u}\\ \boldsymbol{y}&=\bar{\boldsymbol{C}}_1\boldsymbol{x}_{\mathrm{o}}\end{aligned}\tag{9-169}$$

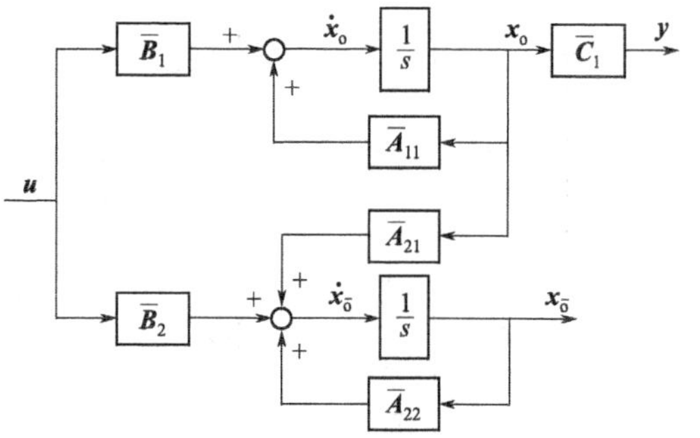

图 9-22 系统的可观测性规范分解结构图

可观测子系统动态方程为

$$\dot{\boldsymbol{x}}_{\mathrm{o}}=\bar{\boldsymbol{A}}_{11}\boldsymbol{x}_{\mathrm{o}}+\bar{\boldsymbol{B}}_1\boldsymbol{u},\quad \boldsymbol{y}_1=\bar{\boldsymbol{C}}_1\boldsymbol{x}_{\mathrm{o}}=\boldsymbol{y}\tag{9-170}$$

不可观测子系统动态方程为

$$\dot{\boldsymbol{x}}_{\bar{\mathrm{o}}}=\bar{\boldsymbol{A}}_{21}\boldsymbol{x}_{\mathrm{o}}+\bar{\boldsymbol{A}}_{22}\boldsymbol{x}_{\bar{\mathrm{o}}}+\bar{\boldsymbol{B}}_2\boldsymbol{u},\quad \boldsymbol{y}_2=\boldsymbol{0}\tag{9-171}$$

可观测性分解后的系统结构图如图 9-22 所示。

【例 9-27】 试将例 9-26 所示系统按可观测性进行分解。

解 计算可观测性矩阵的秩，即

$$\mathrm{rank}[\boldsymbol{c}^{\mathrm{T}}\quad \boldsymbol{A}^{\mathrm{T}}\boldsymbol{c}^{\mathrm{T}}\quad (\boldsymbol{A}^{\mathrm{T}})^2\boldsymbol{c}^{\mathrm{T}}]=\mathrm{rank}\begin{bmatrix}1 & 2 & 4\\ -1 & -3 & -7\\ 1 & 2 & 4\end{bmatrix}=2<n$$

故系统不可观测，从中选出两个线性无关列，附加任意一列，构成非奇异变换矩阵，并计算变换后的各矩阵。则有

$$\boldsymbol{T}^{\mathrm{T}}=\begin{bmatrix}1 & 2 & 0\\ -1 & -3 & 0\\ 1 & 2 & 1\end{bmatrix},\quad \boldsymbol{T}=\begin{bmatrix}1 & -1 & 1\\ 2 & -3 & 2\\ 0 & 0 & 1\end{bmatrix},\quad \boldsymbol{T}^{-1}=\begin{bmatrix}3 & -1 & 1\\ 2 & -1 & 0\\ 0 & 0 & 1\end{bmatrix}$$

$$\boldsymbol{TAT}^{-1}=\begin{bmatrix}0 & 1 & 0\\ -2 & 3 & 0\\ -5 & 3 & 2\end{bmatrix},\quad \boldsymbol{Tb}=\begin{bmatrix}1\\ 2\\ 1\end{bmatrix},\quad \boldsymbol{cT}^{-1}=[1\quad 0\quad 0]$$

可观测子系统动态方程为

$$\dot{\boldsymbol{x}}_{\mathrm{o}}=\begin{bmatrix}0 & 1\\ -2 & 3\end{bmatrix}\boldsymbol{x}_{\mathrm{o}}+\begin{bmatrix}1\\ 2\end{bmatrix}\boldsymbol{u},\quad y_1=[1\quad 0]\quad \boldsymbol{x}_{\mathrm{o}}=\boldsymbol{y}$$

不可观测子系统动态方程为

$$\dot{\boldsymbol{x}}_{\bar{\mathrm{o}}}=[-5\quad 3]\boldsymbol{x}_{\mathrm{o}}+2\boldsymbol{x}_{\bar{\mathrm{o}}}+\boldsymbol{u},\quad y_2=\boldsymbol{0}$$

9.6 状态反馈与极点配置

系统状态变量可测量是用状态反馈进行极点配置的前提。状态反馈有两种基本形式：一种为状态反馈至状态微分处；另一种为状态反馈至控制输入处。前者可以任意配置系统矩阵，从而任意配置状态反馈系统的极点，使系统性能达到最佳，且设计上只须将状态反馈矩阵与原有的系统矩阵合并即可。但是，需要为反馈控制量增加新的注入点，否则无法实施反馈控制，显然这在工程上往往是难以实现的。而后者则是状态反馈控制信号与原有的控制输入信号叠加后在原控制输入处注入，正好解决了反馈控制量的注入问题，工程可实现性较好。因此本书对后者进行重点介绍。设单输入系统的动态方程为

$$\dot{\boldsymbol{x}}=\boldsymbol{Ax}+\boldsymbol{B}u,\ \boldsymbol{y}=\boldsymbol{Cx}$$

状态向量 $\boldsymbol{x}$ 通过待设计的状态反馈矩阵 $\boldsymbol{k}$，负反馈至控制输入处，于是

$$u=v-\boldsymbol{kx}\tag{9-172}$$

从而构成了状态反馈系统（见图 9-23）。

状态反馈系统的动态方程为

$$\dot{\boldsymbol{x}}=\boldsymbol{Ax}+\boldsymbol{b}(v-\boldsymbol{kx})=(\boldsymbol{A}-\boldsymbol{bk})\boldsymbol{x}+\boldsymbol{b}v,\quad \boldsymbol{y}=\boldsymbol{Cx}\tag{9-173}$$

式中，$\boldsymbol{k}$ 为 $1\times n$ 矩阵，$(\boldsymbol{A}-\boldsymbol{bk})$ 称为闭环状态矩阵，闭环特征多项式为 $|\lambda\boldsymbol{I}-(\boldsymbol{A}-\boldsymbol{bk})|$。显见引入状态反馈后，只改变了系统矩阵及其特征值，$\boldsymbol{b}$、$\boldsymbol{C}$ 矩阵均无改变。

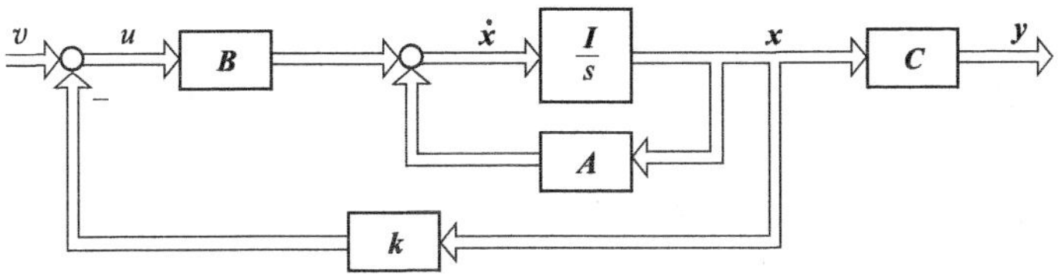

图 9-23　状态反馈至控制输入

定理　用状态反馈任意配置系统闭环极点的充分必要条件是系统可控，且状态反馈不改变系统的可控性。

证明　这里仅对单输入系统进行证明。设单输入系统可控，通过 $\boldsymbol{x}=\boldsymbol{P}^{-1}\bar{\boldsymbol{x}}$ 变换，将状态方程化为可控标准型，有

$$\bar{\boldsymbol{A}}=\boldsymbol{PAP}^{-1}=\begin{bmatrix}0&1&0&\cdots&0\\0&0&1&\cdots&0\\\vdots&\vdots&\vdots&\ddots&\vdots\\0&0&0&\cdots&1\\-a_0&-a_1&-a_2&\cdots&-a_{n-1}\end{bmatrix}$$

$$\bar{\boldsymbol{C}}=\boldsymbol{CP}^{-1}=\begin{bmatrix}\beta_{10}&\beta_{11}&\cdots&\beta_{1,n-1}\\\beta_{20}&\beta_{21}&\cdots&\beta_{2,n-1}\\\vdots&\vdots&\ddots&\vdots\\\vdots&\vdots&\cdots&\vdots\\\beta_{q0}&\beta_{q1}&\cdots&\beta_{q,n-1}\end{bmatrix}$$

$$\bar{\boldsymbol{b}}=\boldsymbol{Pb}=[0\quad 0\quad\cdots\quad 0\quad 1]^{\mathrm{T}}$$

在变换后的状态空间内，引入状态反馈矩阵 $\bar{\boldsymbol{k}}$

$$\bar{\boldsymbol{k}}=[\bar{k}_0\quad \bar{k}_1\quad\cdots\quad \bar{k}_{n-1}]\tag{9-174}$$

$$u=v-\bar{\boldsymbol{k}}\bar{\boldsymbol{x}}\tag{9-175}$$

这里，$\bar{k}_0,\cdots,\bar{k}_{n-1}$ 分别是由 $\bar{x},\cdots,\bar{x}_n$ 引出的反馈系数，故变换后的状态方程为

$$\dot{\bar{\boldsymbol{x}}}=(\bar{\boldsymbol{A}}-\bar{\boldsymbol{b}}\bar{\boldsymbol{k}})\bar{\boldsymbol{x}}+\bar{\boldsymbol{b}}v,\quad \boldsymbol{y}=\bar{\boldsymbol{C}}\bar{\boldsymbol{x}}\tag{9-176}$$

式中

$$\bar{\boldsymbol{A}}-\bar{\boldsymbol{b}}\bar{\boldsymbol{k}}=\begin{bmatrix}0&1&0&\cdots&0\\0&0&1&\cdots&0\\\vdots&\vdots&\vdots&\ddots&\vdots\\0&0&0&\cdots&1\\-a_0-\bar{k}_0&-a_1-\bar{k}_1&-a_2-\bar{k}_2&\cdots&-a_{n-1}-\bar{k}_{n-1}\end{bmatrix}\tag{9-177}$$

可见，极点配置后的系统仍为可控标准型，故引入状态反馈后，系统可控性不变。其闭环特征方程为

$$|\lambda\boldsymbol{I}-(\bar{\boldsymbol{A}}-\bar{\boldsymbol{b}}\bar{\boldsymbol{k}})|=\lambda^n+(a_{n-1}+\bar{k}_{n-1})\lambda^{n-1}+\cdots+(a_1+\bar{k}_1)\lambda+(a_0+\bar{k}_0)=0\tag{9-178}$$

于是，适当选择 $\bar{k}_0,\cdots,\bar{k}_{n-1}$，可满足特征方程中 n 个任意特征值的要求，因而闭环极点可任意配置。充分性得证。

再证必要性。设系统不可控，必有状态变量与输入 u 无关，不可能实现全状态反馈。于是不可控子系统的特征值不可能重新配置，传递函数不反映不可控部分的特性。必要性得证。

经典控制中的调参及校正方案，其可调参数有限，只能影响特征方程的部分系数，比如根轨迹法仅能在根轨迹上选择极点，它们往往做不到任意配置极点。而状态反馈的待选参数多，如果系统可控，特征方程的全部 n 个系数都可独立任意设置，便获得了任意配置闭环极点的效果。

对变换后在状态空间中设计的 $\boldsymbol{k}$ 应换算回到原状态空间中去，由于

$$u=v-\bar{k}\bar{x}=v-\bar{k}Px=v-kx$$

故

$$k=\bar{k}P \tag{9-179}$$

对原受控系统直接采用状态反馈矩阵 $\boldsymbol{k}$，可获得与式(9-173) 相同的特征值，这是因为线性变换后系统特征值不变。

实际求解状态反馈矩阵时，并不一定要进行到可控标准型的变换，只须校验系统可控，计算特征多项式 $|\lambda \boldsymbol{I}-(\boldsymbol{A}-\boldsymbol{bk})|$（其系数均为 $\bar{k}_0,\cdots,\bar{k}_{n-1}$ 的函数）和特征值，并通过与具有希望特征值的特征多项式相比较，便可确定 $\boldsymbol{k}$ 矩阵。一般 $\boldsymbol{k}$ 矩阵元素的值越大，闭环极点离虚轴越远，频带越宽，响应速度越快，但稳态抗干扰能力越差。

状态反馈对系统零点和可观测性的影响是需要注意的问题。按照可控标准型实施的状态反馈只改变友矩阵 $\boldsymbol{A}$ 的最后一行，即 $a_1,a_2,\cdots,a_n$ 的值，而不会改变矩阵 $\boldsymbol{C}$ 和 $\boldsymbol{b}$，因此状态反馈系统仍是可控标准型系统。因为非奇异线性变换后传递函数矩阵不变，故原系统的传递函数矩阵

$$\boldsymbol{G}_1(s)=\frac{1}{s^n+a_{n-1}s^{n-1}+\cdots+a_1s+a_0}\begin{bmatrix}\beta_{10} & \cdots & \beta_{1,n-1}\\ \vdots & \ddots & \vdots\\ \beta_{q0} & \cdots & \beta_{q,n-1}\end{bmatrix}\begin{bmatrix}1\\ s\\ \vdots\\ s^{n-1}\end{bmatrix}$$

而状态反馈系统的传递函数矩阵

$$\boldsymbol{G}_2(s)=\frac{1}{s^n+(a_{n-1}+\bar{k}_{n-1})s^{n-1}+\cdots+(a_1+\bar{k}_1)s+(a_0+\bar{k}_0)}\begin{bmatrix}\beta_{10} & \cdots & \beta_{1,n-1}\\ \vdots & \ddots & \vdots\\ \beta_{q0} & \cdots & \beta_{q,n-1}\end{bmatrix}\begin{bmatrix}1\\ s\\ \vdots\\ s^{n-1}\end{bmatrix} \tag{9-180}$$

显然，$\boldsymbol{G}_1(s)$、$\boldsymbol{G}_2(s)$ 的分子相同，即引入状态反馈前、后系统闭环零点不变。因此，当状态反馈系统存在极点与零点对消时，系统的可观测性将会发生改变，原来可观测的系统可能变为不可观测的，原来不可观测的系统则可能变为可观测的。只有当状态反馈系统的极点中不含原系统的闭环零点时，状态反馈才能保持原有的可观测性。这个结论仅适用于单输入系统，对多输入系统不适用。根据经典控制理论，闭环零点对系统动态性能是有影响的，故在极点配置时，须予以考虑。

【例 9-28】 设系统传递函数为 $\dfrac{Y(s)}{U(s)}=\dfrac{10}{s(s+1)(s+2)}=\dfrac{10}{s^3+3s^2+2s}$，试用状态反馈使闭环极点配置在 -2、$-1\pm \mathrm{j}$。

解 该系统传递函数无零、极点对消，故系统可控、可观测。其可控标准型实现为

$$\dot{\boldsymbol{x}}=\begin{bmatrix}0 & 1 & 0\\ 0 & 0 & 1\\ 0 & -2 & -3\end{bmatrix}\boldsymbol{x}+\begin{bmatrix}0\\ 0\\ 1\end{bmatrix}u,\quad y=[10\quad 0\quad 0]\boldsymbol{x}$$

状态反馈矩阵为

$$\boldsymbol{k}=[k_0\quad k_1\quad k_2]$$

状态反馈系统特征方程为

$$|\lambda \boldsymbol{I}-(\boldsymbol{A}-\boldsymbol{bk})|=\lambda^3+(3+k_2)\lambda^2+(2+k_1)\lambda+k_0=0$$

期望闭环极点对应的系统特征方程为

$$(\lambda+2)(\lambda+1-\mathrm{j})(\lambda+1+\mathrm{j})=\lambda^3+4\lambda^2+6\lambda+4=0$$

由两特征方程同幂项系数应相同，可得

$$k_0=4,\quad k_1=4,\quad k_2=1$$

即系统反馈矩阵 $\boldsymbol{k}=[4\quad 4\quad 1]$ 将系统闭环极点配置在 -2、$-1\pm \mathrm{j}$。

【例 9-29】 设受控系统的状态方程为 $\begin{bmatrix}\dot{x}_1\\ \dot{x}_2\end{bmatrix}=\begin{bmatrix}0 & 0\\ 0 & 1\end{bmatrix}\begin{bmatrix}x_1\\ x_2\end{bmatrix}+\begin{bmatrix}1\\ 1\end{bmatrix}u$，试用状态反馈使闭环极点配置在 -1。

解 由系统矩阵为对角阵，显见系统可控，但不稳定。设反馈控制律为 $u=v-\boldsymbol{kx}$，$\boldsymbol{k}=[k_1$

k_2]，则

$$\begin{bmatrix}\dot{x}_1\\ \dot{x}_2\end{bmatrix}=\begin{bmatrix}-k_1 & -k_2\\ -k_1 & -k_2+1\end{bmatrix}\begin{bmatrix}x_1\\ x_2\end{bmatrix}+\begin{bmatrix}1\\ 1\end{bmatrix}v$$

闭环特征多项式为

$$\begin{vmatrix}\lambda+k_1 & k_2\\ k_1 & \lambda+k_2-1\end{vmatrix}=\lambda^2+(k_1+k_2-1)\lambda-k_1=\lambda^2+2\lambda+1$$

因此

$$\boldsymbol{k}=[k_1 \quad k_2]=[-1 \quad 4]$$

最后，闭环系统的状态方程为

$$\begin{bmatrix}\dot{x}_1\\ \dot{x}_2\end{bmatrix}=\begin{bmatrix}1 & -4\\ 1 & -3\end{bmatrix}\begin{bmatrix}x_1\\ x_2\end{bmatrix}+\begin{bmatrix}1\\ 1\end{bmatrix}v$$

【例 9-30】 设受控系统传递函数

$$\frac{Y(s)}{U(s)}=\frac{1}{s(s+6)(s+12)}=\frac{1}{s^3+18s^2+72s}$$

综合指标为：①超调量：$\sigma\%\leqslant 5\%$；②峰值时间：$t_p\leqslant 0.5$s；③系统带宽：$\omega_b=10$；④位置误差 $e_p=0$。试用极点配置法进行综合。

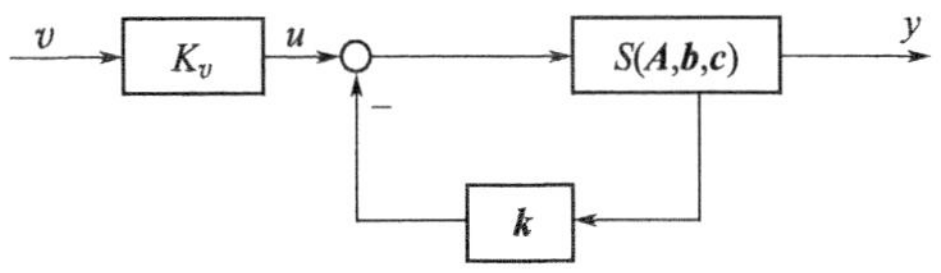

图 9-24 带输入变换的状态反馈

解 ①列动态方程。如图 9-24 所示，本题要用带输入变换的状态反馈来解题，原系统可控标准型动态方程为

$$\begin{bmatrix}\dot{x}_1\\ \dot{x}_2\\ \dot{x}_3\end{bmatrix}=\begin{bmatrix}0 & 1 & 0\\ 0 & 0 & 1\\ 0 & -72 & -18\end{bmatrix}\begin{bmatrix}x_1\\ x_2\\ x_3\end{bmatrix}+\begin{bmatrix}0\\ 0\\ 1\end{bmatrix}u$$

$$y=[1 \quad 0 \quad 0]\boldsymbol{x}$$

② 根据技术指标确定希望极点。系统有三个极点，为方便，选一对主导极点 s_1、s_2，另外一个为可忽略影响的非主导极点。由第 3 章知，已知的指标计算公式为

$$\sigma\%=\mathrm{e}^{-\frac{\pi\xi}{\sqrt{1-\xi^2}}},\quad t_p=\frac{\pi}{\omega_n\sqrt{1-\xi^2}},\quad \omega_b=\omega_n\sqrt{1-2\xi^2+\sqrt{2-4\xi^2+4\xi^4}}$$

式中，ξ 和 ω_n 分别为阻尼比和自然频率。将已知数据代入，从前两个指标可以分别求出 $\xi\approx 0.707$，$\omega_n\approx 9.0$；代入带宽公式，可求得 $\omega_b\approx 9.0$；综合考虑响应速度和带宽要求，取 $\omega_n=10$。于是，闭环主导极点为 $s_{1,2}=-7.07\pm \mathrm{j}7.07$，取非主导极点为 $s_3=-10\omega_n=-100$。

③ 确定状态反馈矩阵 $\boldsymbol{k}$。状态反馈系统的特征多项式为

$$|\lambda\boldsymbol{I}-(\boldsymbol{A}-\boldsymbol{bk})|=(\lambda+100)(\lambda^2+14.1\lambda+100)=\lambda^3+114.1\lambda^2+1510\lambda+10000$$

由此，求得状态反馈矩阵为

$$\boldsymbol{k}=[10000-0 \quad 1510-72 \quad 114.1-18]=[10000 \quad 1438 \quad 96.1]$$

④ 确定输入放大系数。状态反馈系统闭环传递函数

$$G(s)=\frac{Y(s)}{U(s)}=\frac{K_v}{(s+100)(s^2+14.1s+100)}=\frac{K_v}{s^3+114.1s^2+1510s+10000}$$

令

$$e_p=\lim_{s\to 0}s\frac{1}{s}G_e(s)=\lim_{s\to 0}[1-G(s)]=0$$

有 $\lim\limits_{s\to 0}G(s)=1$，可以求出 $K_v=10000$。

本章小结

本章重点讨论了状态空间模型及分析方法，它适用范围广，便于用计算机求解；介绍了基于状态空间理论的系统能控性与能观性的定义，以及状态反馈等设计方法。通过本章的学习，可发现现代控制理论方法可应用

系统内部状态对系统进行更加宽泛的设计。随着人工智能和大数据的快速发展，现代控制理论也在朝着解决更加智能化、数字化、网络化的复杂系统的控制相关问题的方向发展，有很多来源于实际应用中复杂系统的控制分析与设计问题仍有待进一步深入研究。

习 题

9-1 求下列齐次状态方程的解析解。

$$\begin{bmatrix}\dot{x}_1\\ \dot{x}_2\end{bmatrix}=\begin{bmatrix}-1 & 0\\ 1 & 1\end{bmatrix}\begin{bmatrix}x_1\\ x_2\end{bmatrix}$$

9-2 求下列齐次状态方程的解析解，并用 MATLAB 展示求解过程。

$$\begin{bmatrix}\dot{x}_1\\ \dot{x}_2\\ \dot{x}_3\end{bmatrix}=\begin{bmatrix}-1 & 0 & 0\\ 0 & -2 & 0\\ 0 & 0 & -3\end{bmatrix}\begin{bmatrix}x_1\\ x_2\\ x_3\end{bmatrix}$$

9-3 试求下述系统在单位阶跃输入下的时间响应。$t=0$ 时，初始状态为 $x_1(0)=1$，$x_2(0)=0$。

$$\begin{bmatrix}\dot{x}_1\\ \dot{x}_2\end{bmatrix}=\begin{bmatrix}1 & 0\\ 1 & 1\end{bmatrix}\begin{bmatrix}x_1\\ x_2\end{bmatrix}+\begin{bmatrix}1\\ 1\end{bmatrix}u$$

9-4 已知线性定常离散系统的状态方程为

$$\begin{aligned}x_1(k+1)&=x_1(k)+3x_2(k)\\ x_2(k+1)&=-3x_1(k)-2x_2(k)-3x_3(k)\\ x_3(k+1)&=x_1(k)\end{aligned}$$

试分析系统平衡状态的稳定性。

9-5 已知线性定常离散系统的齐次状态方程为

$$x(k+1)=\boldsymbol{A}x(k)=\begin{bmatrix}0 & 1 & 0\\ 0 & 0 & 1\\ 0 & K & 0\end{bmatrix}x(k)$$

试确定系统在平衡状态 $\boldsymbol{X}_e=0$ 处渐近稳定时参数 K 的取值范围，并用 MATLAB 展示求解过程。

9-6 判断 $\dot{\boldsymbol{x}}=\begin{bmatrix}1 & 3 & 2\\ 0 & 2 & 0\\ 0 & 1 & 3\end{bmatrix}\boldsymbol{x}+\begin{bmatrix}2 & 1\\ 1 & 1\\ -1 & -1\end{bmatrix}u$ 的能控性。

9-7 已知系统状态空间表达式为 $\dot{\boldsymbol{x}}=\begin{bmatrix}a & b\\ c & d\end{bmatrix}\boldsymbol{x}+\begin{bmatrix}1\\ 1\end{bmatrix}\boldsymbol{u}$，$\boldsymbol{y}=[1\quad 0]\boldsymbol{x}$，试确定系统满足状态完全能控和完全能观的 a、b、c、d 值。

9-8 已知系统状态方程为 $\dot{\boldsymbol{x}}=\begin{bmatrix}0 & 2 & -2\\ 1 & 1 & -2\\ 2 & -2 & 1\end{bmatrix}\boldsymbol{x}+\begin{bmatrix}2\\ 1\\ 1\end{bmatrix}\boldsymbol{u}$，$\boldsymbol{y}=[1\quad 1\quad 1]\boldsymbol{x}$。

(1) 将该系统化为能控标准型；

(2) 将该系统化为能观标准型。

9-9 设系统状态方程为

$$\dot{\boldsymbol{x}}=\begin{bmatrix}0 & 1\\ -1 & a\end{bmatrix}\boldsymbol{x}+\begin{bmatrix}1\\ b\end{bmatrix}\boldsymbol{u}$$

设状态可控，试求 a、b。

9-10 设系统传递函数为

$$G(s)=\frac{s+a}{s^3+7s^2+14s+8}$$

设状态可控，试求 a。

9-11 已知系统各矩阵为

$$A=\begin{bmatrix}1&3&2\\0&4&2\\0&0&1\end{bmatrix},\quad B=\begin{bmatrix}0&1\\0&0\\1&0\end{bmatrix},\quad C=\begin{bmatrix}1&0&0\\0&0&1\end{bmatrix}$$

试用传递矩阵判断系统可控性、可观性，并用MATLAB展示求解过程。

9-12　给定二阶系统

$$\dot{x}(t)=\begin{bmatrix}a&1\\0&b\end{bmatrix}x(t)+\begin{bmatrix}1\\1\end{bmatrix}u(t)$$

$$y(t)=[1\quad -1]x(t)$$

a 和 b 取何值时，系统状态既完全能控又完全能观。

9-13　已知系统的传递函数为 $G(s)=\dfrac{Y(s)}{U(s)}=\dfrac{s+3}{s(s+1)(s+2)}$，写出系统的可控标准型实现；写出系统的可观标准型实现。

9-14　设连续系统的状态空间表达式为

$$\dot{x}(t)=\begin{bmatrix}1&0\\0&-1\end{bmatrix}x(t)+\begin{bmatrix}1\\0\end{bmatrix}u(t)$$

$$y(t)=[0\quad 1]x(t)$$

(1) 判断状态的能控性和能观性。

(2) 求离散化之后的状态空间表达式。

(3) 判断离散化之后系统的状态能控性和能观性。

9-15　已知线性定常连续系统如下，请将该系统按能控性分解。

$$\dot{x}(t)=\begin{bmatrix}0&0&-1\\1&0&-3\\0&1&-3\end{bmatrix}x(t)+\begin{bmatrix}1\\1\\0\end{bmatrix}u(t)$$

$$y(t)=[0\quad 1\quad -2]x(t)+5u(t)$$

9-16　已知线性定常连续系统如下，请将该系统按能观性分解，并用MATLAB展示求解过程。

(1) $\dot{x}(t)=\begin{bmatrix}1&2&-1\\0&1&0\\1&-4&3\end{bmatrix}x(t)+\begin{bmatrix}0\\0\\1\end{bmatrix}u(t)$

$y(t)=[1\quad -1\quad 1]x(t)$

(2) $\dot{x}(t)=\begin{bmatrix}1&2&-1\\0&1&0\\1&-4&3\end{bmatrix}x(t)+\begin{bmatrix}0\\0\\1\end{bmatrix}u(t)$

$y(t)=[1\quad -1\quad 1]x(t)$

9-17　判别下列系统 $(\boldsymbol{A},\boldsymbol{B},\boldsymbol{C})$ 的能观性，如果完全能观，请将该系统化为能观规范型；如果不完全能观，请找出其能观子空间。

$$A=\begin{bmatrix}0&1&1\\0&0&1\\0&1&0\end{bmatrix},\quad B=\begin{bmatrix}0&0\\0&1\\1&0\end{bmatrix},\quad C=\begin{bmatrix}0&0&1\\0&1&0\end{bmatrix}$$

9-18　开环受控系统的系数矩阵如下

$$A=\begin{bmatrix}0&1\\-2&-3\end{bmatrix},\quad b=\begin{bmatrix}0\\1\end{bmatrix},\quad C=[3\quad 1]$$

试说明状态反馈不会改变系统的能控性，但有可能改变系统的能观性。

9-19　开环受控系统 $(\boldsymbol{A},\boldsymbol{b})$ 的系数矩阵如下

$$A=\begin{bmatrix}-2&-3\\4&-9\end{bmatrix},\quad b=\begin{bmatrix}3\\1\end{bmatrix}$$

试求出状态反馈矩阵，使得闭环系统极点配置在 $-1\pm 2\mathrm{j}$。

9-20　设某系统由状态方程

$$\dot{x}=\begin{bmatrix}0 & 1\\ -2 & 4\end{bmatrix}x+\begin{bmatrix}0\\ 2\end{bmatrix}u,\quad y=[2\quad 1]x$$

表示。要求：(1) 设计状态反馈矩阵 $\boldsymbol{K}$，以达到将闭环极点配置在-3、-6的目的；(2) 确定在初始状态 $x(0)=[1\quad -1]^{\mathrm{T}}$ 作用下的状态响应。

9-21　设受控系统传递函数为 $\dfrac{y(s)}{u(s)}=\dfrac{10}{s^3+3s^2+2s}$，要求：

(1) 设计状态反馈矩阵，使闭环系统极点为-2、$-1\pm\mathrm{j}$；

(2) 给出系统的闭环传递函数。

9-22　已知系统状态方程为

$$\dot{x}=\begin{bmatrix}0 & 1 & 0\\ 0 & -1 & 1\\ 0 & -1 & -10\end{bmatrix}x+\begin{bmatrix}0\\ 0\\ 10\end{bmatrix}u$$

试问能否通过状态反馈将闭环极点配置在-10、$-1\pm\mathrm{j}\sqrt{3}$处？如有可能，请求出相应的状态反馈矩阵 K。

9-23　一个 SISO 系统由状态方程 $\dot{x}_{\mathrm{p}}=\boldsymbol{A}_{\mathrm{p}}x_{\mathrm{p}}+\boldsymbol{b}_{\mathrm{p}}u$ 表示，其中

$$\boldsymbol{A}_{\mathrm{p}}=\begin{bmatrix}-1 & 0 & 0\\ 0 & -2 & -2\\ -1 & 0 & -3\end{bmatrix},\quad \boldsymbol{b}_{\mathrm{p}}=\begin{bmatrix}1\\ 1\\ 1\end{bmatrix}$$

(1) 确定系统的能控性；

(2) 求出系统的特征值；

(3) 求出将状态方程变换为能控标准型状态方程的变换矩阵 $\boldsymbol{T}_{\mathrm{c}}$；

(4) 求出将闭环极点配置为 $\sigma(A_{\mathrm{cl}})=\{-2,-4,-6\}$ 的状态反馈矩阵 $\boldsymbol{K}_{\mathrm{p}}$。

附录A 拉普拉斯变换

1. 拉普拉斯变换的定义

单值函数 $f(t)$ 在 $(0,\infty)$ 区间有定义时，$f(t)$ 的拉普拉斯积分为

$$F(s)=\int_0^{\infty} f(t)e^{-st}dt, s>0$$

称为 $f(t)$ 的拉普拉斯变换，记为

$$L[f(t)]=F(s)$$

如果 $f(t)$ 在有限区间内不连续点的数目是有限的，并在 t 大于某个时间 T 时，存在满足 $|f(t)|e^{-at}<M$ 的正实数 a 和 M，那么 $\int_0^{\infty} f(t)e^{-st}dt$ 对 $\mathrm{Re}(s)>a$ 的所有复数 s 是绝对收敛的。

2. 拉普拉斯变换的定理和运算

如果 $f(t)$、$f_1(t)$ 和 $f_2(t)$ 是可以进行拉普拉斯变换的，它们的拉普拉斯变换分别是 $F(s)$、$F_1(s)$ 和 $F_2(s)$，那么可以证明如下定理。

(1) 线性定理

$$L[af(t)]=aF(s)$$

$$L[af_1(t)+bf_2(t)]=aF_1(s)+bF_2(s)$$

(2) t 域内的位移定理

$$L[f(t-\tau_0)]=e^{-\tau_0 s}F(s)$$

(3) 卷积定理

$$L\left[\int_0^t f_1(t-\tau)f_2(t)dt\right]=F_1(s)F_2(s)$$

$$f_1(t)*f_2(t)=\int_0^t f_1(t-\tau)f_2(t)d\tau=\int_0^t f_2(t-\tau)f_1(\tau)d\tau$$

(4) 函数乘以或除以 t

$$L[tf(t)]=-\frac{dF(s)}{ds}$$

$$L\left[\frac{f(t)}{t}\right]=\int_s^{\infty} F(s)ds$$

(5) s 域内的位移定理

$$L[e^{-at}f(t)]=F(s+a)$$

(6) 相似定理

$$L\left[f\left(\frac{t}{a}\right)\right]=aF(as)$$

(7) t 域内的微分定理

设 $\frac{d^n f(t)}{dt^n}$ 是可以进行拉普拉斯变换的，则

$$L\left[\frac{df(t)}{dt}\right]=sF(s)-f(0)$$

$$L\left[\frac{d^2f(t)}{dt^2}\right]=s^2F(s)-[sf(0)+\dot{f}(0)]$$

$$L\left[\frac{d^nf(t)}{dt^n}\right]=s^nF(s)-[s^{n-1}f(0)+s^{n-2}\dot{f}(0)+\cdots+f^{(n-1)}(0)]$$

(8) 积分定理

$$L\left[\int f(t)dt\right]=\frac{1}{s}F(s)+\frac{1}{s}f^{(-1)}(0)$$

式中，$f^{(-1)}(0)$ 是 $\int f(t)dt$ 在 $t=0$ 时的值。

$$L\left[\iint f(t)(dt)^2\right]=\frac{1}{s^2}F(s)+\frac{1}{s^2}f^{(-1)}(0)+\frac{1}{s}f^{(-2)}(0)$$

$$L\left[\underbrace{\int\cdots\int}_{n} f(t)(dt)^n\right]=\frac{1}{s^n}F(s)+\frac{1}{s^n}f^{(-1)}(0)+\cdots+\frac{1}{s}f^{(-n)}(0)$$

式中，$f^{(-1)}(0),f^{(-2)}(0),\cdots,f^{(-n)}(0)$为 $f(t)$ 的各重积分在 $t=0$ 时的值。如果 $f^{(-1)}(0)=f^{(-2)}(0)=\cdots=f^{(-n)}(0)=0$，则有

$$L\left[\underbrace{\int\cdots\int}_{n} f(t)(dt)^n\right]=\frac{1}{s^n}F(s)$$

(9) 初值定理

设若函数 $f(t)$ 及其一阶导数都是可以拉普拉斯变换的，则函数 $f(t)$ 的初值为

$$f(0_+)=\lim_{t\to 0_+}f(t)=\lim_{s\to\infty}sF(s)$$

(10) 终值定理

设若函数 $f(t)$ 及其一阶导数都是可以拉普拉斯变换的，则函数 $f(t)$ 的终值为

$$\lim_{t\to\infty}f(t)=\lim_{s\to 0}sF(s)$$

3. 拉普拉斯反变换

拉普拉斯反变换通过下述公式计算

$$f(t)=\frac{1}{2\pi j}\int_{c-j\omega}^{c+j\omega}F(s)e^{st}dt, t>0$$

式中，c 大于 $F(s)$ 所有奇点的实部。

拉普拉斯反变换计为

$$f(t)=L^{-1}[F(s)]$$

4. 拉普拉斯变换表

序号	$F(s)$	$f(t)(t\geqslant 0)$
1	1	$\delta(t)$或 $u_0(t)$，$t=0$ 时的单位冲激
2	$\frac{1}{s}$	1 或 $u_{-1}(t)$，单位阶跃在 $t=0$ 时开始
3	$\frac{1}{s^2}$	$tu_{-1}(t)$，单位斜坡
4	$\frac{1}{s^n}$	$\frac{1}{(n-1)!}t^{n-1}$，n 为正整数
5	$\frac{1}{s}e^{-as}$	$u_{-1}(t-a)$
6	$\frac{1}{s}(1-e^{-as})$	$u_{-1}(t)-u_{-1}(t-a)$

续表

序号	$F(s)$	$f(t)(t\geqslant 0)$
7	$\dfrac{1}{s+a}$	e^{-at}
8	$\dfrac{1}{(s+a)^n}$	$\dfrac{1}{(n-1)!}t^{n-1}\mathrm{e}^{-at}$，$n$ 为正整数
9	$\dfrac{1}{s(s+a)}$	$\dfrac{1}{a}(1-\mathrm{e}^{-at})$
10	$\dfrac{1}{s(s+a)(s+b)}$	$\dfrac{1}{ab}\left(1-\dfrac{b}{b-a}\mathrm{e}^{-at}+\dfrac{a}{b-a}\mathrm{e}^{-bt}\right)$
11	$\dfrac{s+\alpha}{s(s+a)(s+b)}$	$\dfrac{1}{ab}\left[\alpha-\dfrac{b(\alpha-a)}{b-a}\mathrm{e}^{-at}+\dfrac{a(\alpha-b)}{b-a}\mathrm{e}^{-bt}\right]$
12	$\dfrac{1}{(s+a)(s+b)}$	$\dfrac{1}{b-a}(\mathrm{e}^{-at}-\mathrm{e}^{-bt})$
13	$\dfrac{s}{(s+a)(s+b)}$	$\dfrac{1}{a-b}(a\mathrm{e}^{-at}-b\mathrm{e}^{-bt})$
14	$\dfrac{s+\alpha}{(s+a)(s+b)}$	$\dfrac{1}{b-a}[(\alpha-a)\mathrm{e}^{-at}-(\alpha-b)\mathrm{e}^{-bt}]$
15	$\dfrac{1}{(s+a)(s+b)(s+c)}$	$\dfrac{\mathrm{e}^{-at}}{(b-a)(c-a)}+\dfrac{\mathrm{e}^{-bt}}{(c-b)(a-b)}+\dfrac{\mathrm{e}^{-ct}}{(a-c)(b-c)}$
16	$\dfrac{s+\alpha}{(s+a)(s+b)(s+c)}$	$\dfrac{(\alpha-a)\mathrm{e}^{-at}}{(b-a)(c-a)}+\dfrac{(\alpha-b)\mathrm{e}^{-bt}}{(c-b)(a-b)}+\dfrac{(\alpha-c)\mathrm{e}^{-ct}}{(a-c)(b-c)}$
17	$\dfrac{\omega}{s^2+\omega^2}$	$\sin\omega t$
18	$\dfrac{s}{s^2+\omega^2}$	$\cos\omega t$
19	$\dfrac{s+\alpha}{s^2+\omega^2}$	$\dfrac{\sqrt{\alpha^2+\omega^2}}{\omega}\sin(\omega t+\phi)$，$\phi=\arctan\dfrac{\omega}{\alpha}$
20	$\dfrac{s\sin\theta+\omega\cos\theta}{s^2+\omega^2}$	$\sin(\omega t+\theta)$
21	$\dfrac{1}{s(s^2+\omega^2)}$	$\dfrac{1}{\omega^2}(1-\cos\omega t)$
22	$\dfrac{s+\alpha}{s(s^2+\omega^2)}$	$\dfrac{\alpha}{\omega^2}-\dfrac{\sqrt{\alpha^2+\omega^2}}{\omega^2}\cos(\omega t+\phi)$，$\phi=\arctan\dfrac{\omega}{\alpha}$
23	$\dfrac{1}{(s+a)(s^2+\omega^2)}$	$\dfrac{\mathrm{e}^{-at}}{a^2+\omega^2}+\dfrac{1}{\omega\sqrt{a^2+\omega^2}}\sin(\omega t-\phi)$，$\phi=\arctan\dfrac{\omega}{a}$
24	$\dfrac{1}{(s+a)^2+b^2}$	$\dfrac{1}{b}\mathrm{e}^{-at}\sin bt$
24a	$\dfrac{1}{s^2+2\zeta\omega_{\mathrm{n}}s+\omega_{\mathrm{n}}^2}$	$\dfrac{1}{\omega_{\mathrm{n}}\sqrt{1-\zeta^2}}\mathrm{e}^{-\zeta\omega_{\mathrm{n}}t}\sin\omega_{\mathrm{n}}\sqrt{1-\zeta^2}\,t$
25	$\dfrac{s+a}{(s+a)^2+b^2}$	$\mathrm{e}^{-at}\cos bt$
26	$\dfrac{s+\alpha}{(s+a)^2+b^2}$	$\dfrac{\sqrt{(\alpha-a)^2+b^2}}{b}\mathrm{e}^{-at}\sin(bt+\phi)$，$\phi=\arctan\dfrac{b}{\alpha-a}$
27	$\dfrac{1}{s[(s+a)^2+b^2]}$	$\dfrac{1}{a^2+b^2}+\dfrac{1}{b\sqrt{a^2+b^2}}\mathrm{e}^{-at}\sin(bt-\phi)$ $\phi=\arctan\dfrac{b}{-a}$
27a	$\dfrac{1}{s(s^2+2\zeta\omega_{\mathrm{n}}s+\omega_{\mathrm{n}}^2)}$	$\dfrac{1}{\omega_{\mathrm{n}}^2}-\dfrac{1}{\omega_{\mathrm{n}}^2\sqrt{1-\zeta^2}}\mathrm{e}^{-\zeta\omega_{\mathrm{n}}t}\sin(\omega_{\mathrm{n}}\sqrt{1-\zeta^2}\,t+\phi)$ $\phi=\arccos\zeta$
28	$\dfrac{s+\alpha}{s[(s+a)^2+b^2]}$	$\dfrac{\alpha}{a^2+b^2}+\dfrac{1}{b}\sqrt{\dfrac{(\alpha-a)^2+b^2}{a^2+b^2}}\mathrm{e}^{-at}\sin(bt+\phi)$ $\phi=\arctan\dfrac{b}{\alpha-a}-\arctan\dfrac{b}{-a}$

续表

序号	$F(s)$	$f(t)(t\geqslant 0)$
29	$\frac{1}{(s+c)[(s+a)^2+b^2]}$	$\frac{e^{-ct}}{(c-a)^2+b^2}+\frac{e^{-at}\sin(bt-\phi)}{b\sqrt{(c-a)^2+b^2}}$ $\phi=\arctan\frac{b}{c-a}$
30	$\frac{1}{s(s+c)[(s+a)^2+b^2]}$	$\frac{1}{c(a^2+b^2)}-\frac{e^{-ct}}{c[(c-a)^2+b^2]}+\frac{e^{-at}\sin(bt-\phi)}{b\sqrt{a^2+b^2}\sqrt{(c-a)^2+b^2}}$ $\phi=\arctan\frac{b}{-a}+\arctan\frac{b}{c-a}$
31	$\frac{s+\alpha}{s(s+c)[(s+a)^2+b^2]}$	$\frac{\alpha}{c(a^2+b^2)}+\frac{(c-\alpha)e^{-ct}}{c[(c-a)^2+b^2]}+\frac{\sqrt{(\alpha-a)^2+b^2}}{b\sqrt{a^2+b^2}\sqrt{(c-a)^2+b^2}}e^{-at}\sin(bt+\phi)$ $\phi=\arctan\frac{b}{\alpha-a}-\arctan\frac{b}{-a}-\arctan\frac{b}{c-a}$
32	$\frac{1}{s^2(s+a)}$	$\frac{1}{a^2}(at-1+e^{-at})$
33	$\frac{1}{s(s+a)^2}$	$\frac{1}{a^2}(1-e^{-at}-ate^{-at})$
34	$\frac{s+\alpha}{s(s+a)^2}$	$\frac{1}{a^2}[\alpha-\alpha e^{-at}+a(a-\alpha)te^{-at}]$
35	$\frac{s^2+\alpha_1 s+\alpha_0}{s(s+a)(s+b)}$	$\frac{\alpha_0}{ab}+\frac{a^2-\alpha_1 a+\alpha_0}{a(a-b)}e^{-at}-\frac{b^2-\alpha_1 b+\alpha_0}{b(a-b)}e^{-bt}$
36	$\frac{s^2+\alpha_1 s+\alpha_0}{s[(s+a)^2+b^2]}$	$\frac{\alpha_0}{c^2}+\frac{1}{bc}[(a^2-b^2-\alpha_1 a+\alpha_0)+b^2(\alpha_1-2a)^2]^{1/2}e^{-at}\sin(bt+\phi)$ $\phi=\arctan\frac{b(\alpha_1-2a)}{a^2-b^2-\alpha_1 a+\alpha_0}-\arctan\frac{b}{-a}$ $c^2=a^2+b^2$
37	$\frac{1}{(s^2+\omega^2)[(s+a)^2+b^2]}$	$\frac{(1/\omega)\sin(\omega t+\phi_1)+(1/b)e^{-at}\sin(bt+\phi_2)}{[4a^2\omega^2+(a^2+b^2-\omega^2)^2]^{1/2}}$ $\phi_1=\arctan\frac{-2a\omega}{a^2+b^2-\omega^2}, \phi_2=\arctan\frac{2ab}{a^2-b^2+\omega^2}$
38	$\frac{s+\alpha}{(s^2+\omega^2)[(s+a)^2+b^2]}$	$\frac{1}{\omega}\left(\frac{\alpha^2+\omega^2}{c}\right)^{1/2}\sin(\omega t+\phi_1)+\frac{1}{b}\left[\frac{(\alpha-a)^2+b^2}{c}\right]^{1/2}e^{-at}\sin(bt+\phi_2)$ $c=(2a\omega)^2+(a^2+b^2-\omega^2)^2$ $\phi_1=\arctan\frac{\omega}{a}-\arctan\frac{2a\omega}{a^2+b^2+\omega^2}$ $\phi_2=\arctan\frac{b}{\alpha-a}+\arctan\frac{2ab}{a^2-b^2+\omega^2}$
39	$\frac{s+\alpha}{s^2[(s+a)^2+b^2]}$	$\frac{1}{c}\left(\alpha t+1-\frac{2\alpha a}{c}\right)+\frac{[b^2+(\alpha-a)^2]^{1/2}}{bc}e^{-at}\sin(bt+\phi)$ $c=a^2+b^2$ $\phi=2\arctan\left(\frac{b}{a}\right)+\arctan\frac{b}{\alpha-a}$
40	$\frac{s^2+\alpha_1 s+\alpha_0}{s^2(s+a)(s+b)}$	$\frac{\alpha_1+\alpha_0 t}{ab}-\frac{\alpha_0(a+b)}{(ab)^2}-\frac{1}{a-b}\left(1-\frac{\alpha_1}{a}+\frac{\alpha_0}{a^2}\right)e^{-at}-\frac{1}{1-b}$ $\left(1-\frac{\alpha_1}{b}+\frac{\alpha_0}{b^2}\right)e^{-bt}$

附录B 常用函数z变换表

序号	拉氏变换 $E(s)$	时间函数 $e(t)$	z 变换 $E(z)$
1	e^{-nsT}	$\delta(t-nT)$	z^{-n}
2	1	$\delta(t)$	1
3	$\frac{1}{s}$	$1(t)$	$\frac{z}{z-1}$
4	$\frac{1}{s^2}$	t	$\frac{Tz}{(z-1)^2}$
5	$\frac{1}{s^3}$	$\frac{t^2}{2!}$	$\frac{T^2z(z+1)}{2(z-1)^3}$
6	$\frac{1}{s^4}$	$\frac{t^3}{3!}$	$\frac{T^3(z^2+4z+1)}{6(z-1)^4}$
7	$\frac{1}{s-(1/T)\ln a}$	$a^{t/T}$	$\frac{z}{z-a}$
8	$\frac{1}{s+a}$	e^{-at}	$\frac{z}{z-e^{-aT}}$
9	$\frac{1}{(s+a)^2}$	te^{-at}	$\frac{Tze^{-aT}}{(z-e^{-aT})^2}$
10	$\frac{1}{(s+a)^3}$	$\frac{1}{2}t^2e^{-at}$	$\frac{T^2ze^{-aT}}{2(z-e^{-aT})^2}+\frac{T^2ze^{-2aT}}{(z-e^{-aT})^3}$
11	$\frac{a}{s(s+a)}$	$1-e^{-at}$	$\frac{(1-e^{-aT})z}{(z-1)(z-e^{-aT})}$
12	$\frac{a}{s^2(s+a)}$	$t-\frac{1}{a}(1-e^{-aT})$	$\frac{Tz}{(z-1)^2}-\frac{(1-e^{-aT})z}{a(z-1)(z-e^{-aT})}$
13	$\frac{1}{(s+a)(s+b)(s+c)}$	$\frac{e^{-at}}{(b-a)(c-a)}+\frac{e^{-bt}}{(a-b)(c-b)}+\frac{e^{-ct}}{(a-c)(b-c)}$	$\frac{z}{(b-a)(c-a)(z-e^{-aT})}+\frac{z}{(a-b)(c-b)(z-e^{-bT})}+\frac{z}{(a-c)(b-c)(z-e^{-cT})}$
14	$\frac{s+d}{(s+a)(s+b)(s+c)}$	$\frac{(d-a)}{(b-a)(c-a)}e^{-at}+\frac{(d-b)}{(a-b)(c-b)}e^{-bt}+\frac{(d-c)}{(a-c)(b-c)}e^{-ct}$	$\frac{(d-a)z}{(b-a)(c-a)(z-e^{-aT})}+\frac{(d-b)z}{(a-b)(c-b)(z-e^{-bT})}+\frac{(d-c)z}{(a-c)(b-c)(z-e^{-cT})}$
15	$\frac{abc}{s(s+a)(s+b)(s+c)}$	$1-\frac{bc}{(b-a)(c-a)}e^{-at}-\frac{ca}{(c-b)(a-b)}e^{-bt}-\frac{ab}{(a-c)(b-c)}e^{-ct}$	$\frac{z}{z-1}-\frac{bcz}{(b-a)(c-a)(z-e^{-aT})}-\frac{caz}{(c-b)(a-b)(z-e^{-bT})}-\frac{abz}{(a-c)(b-c)(z-e^{-cT})}$
16	$\frac{\omega}{s^2+\omega^2}$	$\sin\omega t$	$\frac{z\sin\omega T}{z^2-2z\cos\omega T+1}$

续表

序号	拉氏变换 $E(s)$	时间函数 $e(t)$	z 变换 $E(z)$
17	$\frac{s}{s^2+\omega^2}$	$\cos\omega t$	$\frac{z(z-\cos\omega T)}{z^2-2z\cos\omega T+1}$
18	$\frac{\omega}{s^2-\omega^2}$	$\sinh\omega t$	$\frac{z\sinh\omega T}{z^2-2z\cosh\omega T+1}$
19	$\frac{s}{s^2-\omega^2}$	$\cosh\omega t$	$\frac{z(z-\cosh\omega T)}{z^2-2z\cosh\omega T+1}$
20	$\frac{\omega^2}{s(s^2+\omega^2)}$	$1-\cos\omega t$	$\frac{z}{z-1}-\frac{z(z-\cos\omega T)}{z^2-2z\cos\omega T+1}$
21	$\frac{\omega}{(s+a)^2+\omega^2}$	$e^{-at}\sin\omega t$	$\frac{ze^{-aT}\sin\omega T}{z^2-2ze^{-aT}\cos\omega T+e^{-2aT}}$
22	$\frac{s+a}{(s+a)^2+\omega^2}$	$e^{-at}\cos\omega t$	$\frac{z^2-ze^{-aT}\cos\omega T}{z^2-2ze^{-aT}\cos\omega T+e^{-2aT}}$
23	$\frac{b-a}{(s+a)(s+b)}$	$e^{-at}-e^{-bt}$	$\frac{z}{z-e^{-aT}}-\frac{z}{z-e^{-bT}}$
24	$\frac{a^2b^2}{s^2(s+a)(s+b)}$	$abt-(a+b)-\frac{b^2}{a-b}e^{-at}+\frac{a^2}{a-b}e^{-bt}$	$\frac{abTz}{(z-1)^2}-\frac{(a+b)z}{z-1}-\frac{b^2z}{(a-b)(z-e^{-aT})}+\frac{a^2z}{(a-b)(z-e^{-bT})}$

参考文献

[1] 胡寿松. 自动控制原理. 第6版. 北京：科学出版社，2013.
[2] 李友善. 自动控制原理. 第3版. 北京：国防工业出版社，2005.
[3] 田玉平. 自动控制原理. 第2版. 北京：科学出版社，2006.
[4] 孙优贤，王慧. 自动控制原理. 北京：化学工业出版社，2011.
[5] 卢京潮. 自动控制原理. 北京：清华大学出版社，2013.
[6] 王建辉，顾树生. 自动控制原理. 北京：清华大学出版社，2007.
[7] 夏德钤，翁贻方. 自动控制理论. 第4版. 北京：机械工业出版社，2012.
[8] 王诗宓，杜继红，窦日轩. 自动控制理论例题习题集. 北京：清华大学出版社，2002.
[9] 孙虹，姜萍萍，吴婷. 自动控制原理习题与解析. 第3版. 北京：国防工业出版社，2005.
[10] 李国勇，谢可明，杨丽娟. 计算机仿真技术与CAD-基于MATLAB的控制系统. 第3版. 北京：电子工业出版社，2009.
[11] 孙增圻. 系统分析与控制. 北京：清华大学出版社，1994.